U0378186

计算机
科学与技术丛书

C#码农笔记

从第一行代码到项目实战

周家安 ◎ 编著

清华大学出版社

北京

内 容 简 介

C#是一种完全面向对象、类型安全、组件化且功能强大的计算机编程语言。C#依托.NET环境，可以生成运行于Windows、Linux、Mac OS等操作系统上的应用程序。借助强大的Visual Studio集成开发环境，C#具备更良好的高效开发能力。本书通过平实易懂的语言和丰富的实例全面讲述C#的基础知识，包括语法基础、泛型与集合、I/O、网络通信、安全与加密等。

本书可作为高等院校与培训机构的参考教材，也可作为编程爱好者的辅助学习资料。

图书在版编目（CIP）数据

C#码农笔记：从第一行代码到项目实战 / 周家安编著. —北京：清华大学出版社，2022.7
（计算机科学与技术丛书）
ISBN 978-7-302-60286-6

Ⅰ. ①C… Ⅱ. ①周… Ⅲ. ①C语言—程序设计 Ⅳ. ①TP312.8

中国版本图书馆CIP数据核字（2022）第039103号

责任编辑： 盛东亮　钟志芳
封面设计： 吴　刚
责任校对： 时翠兰
责任印制： 丛怀宇

出版发行： 清华大学出版社
　　　　　　网　　　址：http://www.tup.com.cn，http://www.wqbook.com
　　　　　　地　　　址：北京清华大学学研大厦A座　　邮　　编：100084
　　　　　　社 总 机：010-83470000　　　　　　邮　　购：010-62786544
　　　　　　投稿与读者服务：010-62776969，c-service@tup.tsinghua.edu.cn
　　　　　　质 量 反 馈：010-62772015，zhiliang@tup.tsinghua.edu.cn
　　　　　　课 件 下 载：http://www.tup.com.cn，010-83470236
印 装 者： 艺通印刷（天津）有限公司
经　　销： 全国新华书店
开　　本： 203mm×260mm　　**印　　张：** 35.25　　**字　　数：** 1014千字
版　　次： 2022年8月第1版　　　　　　　　**印　　次：** 2022年8月第1次印刷
印　　数： 1～2500
定　　价： 128.00元

产品编号：094278-01

前 言
PREFACE

C#（C Sharp，"#"读作 Sharp，初学者容易误读为"井"）是微软公司推出的一种完全面向对象、简单易学、现代化的新型编程语言。经过几个版本的演化，C#的语法已经变得更加丰富和成熟，并且具有许多其他高级程序设计语言所不具备的特性，如 LINQ、异步等待等。

C#与.NET 平台高度集成，也就是说，C#编写的应用程序必须依赖于.NET 平台，并可以与如 Visual Basic.NET、Visual C++.NET 等语言编写的组件进行交互。.NET 平台向开发者公开庞大的 API 库，帮助开发人员快速构建强大的应用程序。

1. 本书内容

本书全方位讲述 C#语言的各项特性与技术要点。由于 C#语言与.NET 平台密切相关，因此本书除阐述 C#编程语言的知识点外，还包含许多与.NET 有关的基础内容，如控制台、Windows 窗体、WPF 应用程序的编写、目录与文件操作、异步编程、互操作等。

2. 本书特点

本书采用通俗易懂的讲解风格，尽量避免出现晦涩难懂的描述与理论说教，以降低入门者的理解难度。同时，书中针对每个知识点都附有简单的示例程序。读者在阅读本书时，可以先阅读每个知识点的介绍说明，然后将附带的示例程序动手操作一遍。在完成书中示例程序后，读者应该运行一下，并观察执行结果，然后思考一下为什么会得到这样的结果。不要做完示例就马上抛在脑后，而应当学会举一反三。

当读者了解书中的示例后，也可以进行"二次创作"，即适当地将示例代码进行修改，使其变成一个新的示例。如此一来，一个示例可以变成两个、三个，甚至更多的示例，读者从中也学会了如何灵活运用学到的知识。当然，该做法对于从未进行过任何程序开发的入门者而言，会有些困难。刚开始的时候，读者可以抱着尝试的心态去做，不要在乎付出的劳动是否马上得到回报，"欲速则不达"，只要坚持不懈，一点一滴地积累和总结，相信每个有志于步入编程殿堂的人都会收获颇丰。

在学习编写代码的过程中，读者不妨学会多问几个"为什么"。比如，这段代码为什么要先执行第 1 行，才能去执行第 2 行？如果把第 1 行代码与第 2 行代码调换后会发生什么？这个程序为什么要这样写？如果不这样写又会遇到哪些问题？……这种学习方法有助于初学者形成清晰的思路，养成良好的编程习惯。因为程序代码都是人写的，它是人们事先安排好的交给计算机去执行的一系列指令，程序代码体现了人的主观意志，所以在编写代码时，思路非常重要。有了好的思路，并且在满足技术条件的情况下，才能开发出优秀的应用程序。若是思路不清晰，写出来的代码会非常混乱，将来维护起来也会十分艰难。

第 20 章提供了两个稍综合一些的实例，读者通过了解这两个实例核心功能的实现过程，会初步认识到如何将各个知识点搭配运用，从而加深各个知识点的印象。

3. 读者对象

本书内容侧重基础知识，适合以下读者对象：

- 希望通过自学走上编程之路却不具备基础知识的读者
- 希望从其他编程语言转向.NET 方向的读者

- 对 C#及.NET 相关技术感兴趣的读者
- 培训机构或高等院校学习.NET 相关课程的学生

C#代码的运行依赖.NET 平台，除了可以开发常见的控制台、Windows 应用程序，还可以开发 Web 应用程序（如网站）和运行在移动设备（如面向 Windows 10 设备）上的应用程序。另外，由于.NET 已完成跨平台支持，使用 C#编写的应用程序也可在 Linux、Mac OS 等操作系统上运行。

本书能够顺利完成，离不开亲朋好友们的鼓舞和支持。感谢众多网友所给予的肯定，也感谢清华大学出版社给了我一个写作的机会，感谢盛东亮编辑，在书稿的写作过程中给了我极大的帮助和支持。

由于编者水平有限，而且编写本书的时间仓促，书中难免会有一些不妥之处，望读者不吝指出和反馈。

编　者

2022 年 7 月

目 录
CONTENTS

准 备 工 作

作为全书的开篇，本章将涉及以下内容，为即将开始的 C#语言学习之旅做一些必要的准备工作。
- 为什么要编写程序
- C#与.NET 的关系
- 认识 Visual Studio 开发环境
- 动手完成第一个应用程序
- 理解解决方案与项目的关系

第 1 集

1.1 为什么要编写程序

计算机可以为我们完成许多事情，不仅效率高，而且准确率高。但是，计算机不同于人的大脑，它自身不会思考问题，为了让计算机能够按照人们预先设定好的顺序或步骤去处理数据，人们就得事先编写好用于解决某个问题的一整套指令集，然后将这些指令输入计算机，并经过专门的"翻译"程序，把已编写好的指令翻译为计算机可以识别的机器指令。最后，计算机就会根据编写好的程序来完成工作，并得到预期的结果。

例如要让计算机实现：用户通过键盘输入一个数字，计算机接收到数字后进行分析，判断该数值是否大于或等于 100，如果是就在屏幕上显示"你输入了一个大于或等于 100 的数"，否则显示"你输入了一个小于 100 的数"。这个程序的执行过程示意图如图 1–1 所示。

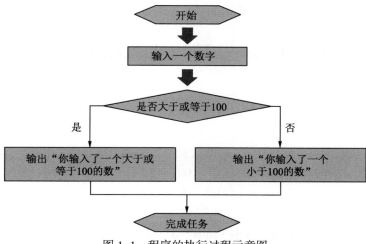

图 1–1 程序的执行过程示意图

因此，需要告诉计算机依次执行以下几条命令：

指令 1	接收键盘输入的数字
指令 2	判断输入的数字是否大于或等于 100，如果是，跳转到指令 3 并执行，否则就跳转到指令 4 并执行
指令 3	在屏幕上显示消息"你输入了一个大于或等于 100 的数"
指令 4	在屏幕上显示消息"你输入了一个小于 100 的数"

从这个简单的例子可知，只要为计算机编写好正确的指令，计算机就会按照既定的指令一步一步去执行，并反馈最后的处理结果。试想一下，如果能够编写程序让计算机完成很复杂的并且需要多次重复的计算，人们就能够从繁杂的工作中解放出来，利用这些节约出来的时间去完成其他工作，生产效率就会显著提高。

总体而言：编写程序是为了快速有效地解决实际问题。

1.2　C#与.NET 的关系

C#编写的应用程序必须放置于.NET 环境中才能正常运行。C#代码最终会被编译为"中间语言"（Microsoft Intermediate Language，MSIL），这样一来就可以与其他.NET 所支持的语言编写的代码融合到一起，如使用 Visual Basic.NET 或托管 C++所编写的代码。为什么要把各种语言的源代码都编译为 MSIL 呢？例如，公司有一个团队，成员 A 擅长 Visual Basic 语言，成员 B 则对 C#语言较为熟悉，在开发过程中，团队中各成员只需要使用自己所熟知的语言去编写程序，最后可以统一编译为 MSIL 代码。这无疑提升了团队内部的协作能力，而团队中的成员也不必花时间去学习另一门语言就可以融入团队的项目中。

尽管.NET 平台支持多种编程语言，但是 C#语言是专为.NET 平台而推出的，因此人们在学习.NET 开发相关技术时会优先考虑 C#语言。当然，也不是绝对地非要使用 C#不可。

我们要清楚的一点是，不能错误地认为 C#就是.NET，.NET 就是 C#。二者之间不存在对等关系，.NET 是一个运行环境，它支持使用多种编程语言开发程序，而 C#只是其中的一门语言。

那么.NET 又是用来做什么的呢？它包含各种应用程序所需要的运行库，使开发者所编写的应用程序可以顺利运行。如果说.NET 是一个"大舞台"，那么程序就是舞台上的表演者。这就好比，我们要下厨做一顿饭，所需要的各种原材料都需要事先购买，然后拿到厨房去加工处理，直到把饭菜做好。不可能在需要用电饭煲时，自己去造一个，显然那是不现实的。我们学会如何穿衣服，并不一定要学会纺织衣服。.NET 集成了许多的"零部件"，在开发应用程序时，开发者可以根据具体需要拿来用即可。

1.3　强大的开发工具——Visual Studio

1.3.1　下载和安装

如果手头上有一张很不错的音乐 CD，但是没有良好的音响设备，那么仍然无法聆听到美妙动听的音乐。同理，使用 C#语言进行编程，如果没有一款强大的开发工具，在编写程序时也会感到有些吃力。就像人们处理文档使用 Word，美化照片使用 Photoshop 一样，使用 C#语言进行开发，微软公司准备了一个强大的集成开发环境，即开发工具。从建模到编写代码，再到测试都可以在同一个工具中完成，而且还可以完成设计数据库和表结构等任务。

这个工具叫作 Visual Studio，简称 VS。Visual Studio 有许多版本，都是为不同规模的开发团队所准备的，

Visual Studio 的官方网站 http://www.visualstudio.com/zh-cn 上有各版本的说明。对于小型团队和初学者来说，没有必要考虑高级版本，只需要下载免费的 Community 版本（即社区版）即可。

下载并运行安装程序，它会启动一个 Visual Studio 的专用安装器窗口，如图 1-2 所示。在窗口中找到要安装的 Visual Studio 版本，单击"安装"按钮，进入安装选项界面，如图 1-3 所示。

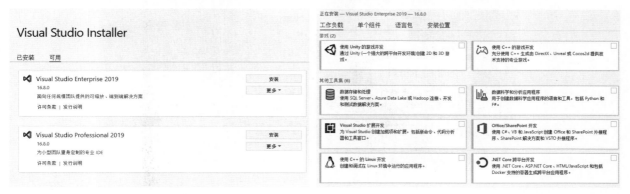

图 1-2　Visual Studio 的专用安装器窗口　　　　　　　　　图 1-3　安装选项页面

从"工作负载"标签页中找到".NET Core 跨平台开发"，并单击其右上角的选择框，使其处于被选中状态，如图 1-4 所示。

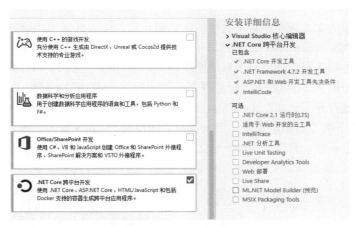

图 1-4　选中要安装的功能

页面右侧的"安装详细信息"栏中会列出即将要安装的组件。其中，"可选"节点下的组件一般不经常使用，可以不选择。最后单击"安装"按钮，安装程序会自动下载并完成设置，整个过程都是自动的，不需要手动操作。

1.3.2　认识 Visual Studio

与其他应用软件一样，安装成功后就可以在"开始"菜单中找到 Visual Studio 的快捷方式，单击即可启动。或者直接按下快捷键 Win + S，通过集成搜索找到它。为了方便调用，也可以把 Visual Studio 的快捷方式添加到桌面或任务栏上的快捷启动列表中。

Visual Studio 主界面如图 1-5 所示，其主窗口比较整齐简洁。和其他应用软件一样，Visual Studio 的主窗口包括标题栏、菜单栏、工具栏和状态栏，并且在主窗口的左、右两侧，以及底部都可以停靠子窗口。

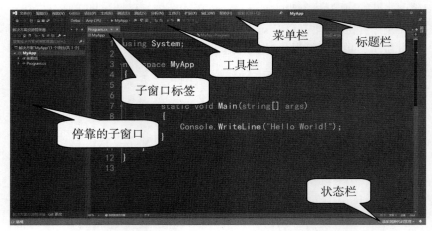

图 1-5　Visual Studio 主界面

菜单栏和工具栏用于调用指定的功能，状态栏则负责呈现一些提示信息，如是否编译成功。与多窗口浏览器相似，打开的子窗口可以排列在窗口列表选项卡上，其他工具窗口可以在停靠栏中排列。

1.3.3　快捷键

快捷键显示在菜单项的文本后面或者工具栏按钮的提示信息中，普通的快捷键如 Ctrl+F，相信大家都知道如何去激活。仔细观察 Visual Studio 主窗口中的各个菜单项，会发现许多菜单项的快捷键有些陌生，比如【视图】菜单下的【团队资源管理器】后的快捷键显示为 Ctrl + \, Ctrl + M，其使用方法如下：先按下 Ctrl + \，这时状态栏上提示 "(Ctrl + \)已按下，正在等待按下第二个键…"，接着，再按下 Ctrl + M，这时 "团队资源管理器" 窗口就被打开了，如图 1-6 所示。

再如，【视图】菜单下的【对象浏览器】后面显示的快捷键为 Ctrl + W, J，该类快捷键的激活方法与上面的【团队资源管理器】相似，具体方法如下：先按下 Ctrl + W，这时状态栏提示 "(Ctrl + W)已按下，正在等待按下第二个键…"，接着按下 Ctrl + J，"对象浏览器" 窗口就打开了，如图 1-7 所示。

图 1-6　"团队资源管理器" 窗口

图 1-7　"对象浏览器" 窗口

1.3.4　放置子窗口

不仅可以通过拖动来调整选项卡列表上的窗口次序，还可以将其拖出 Visual Studio 主窗口，成为一个顶级窗口，方法如下：按住窗口标题按钮，然后拖动鼠标，把窗口拖离主窗口，最后释放鼠标即可，如图 1-8 所示。

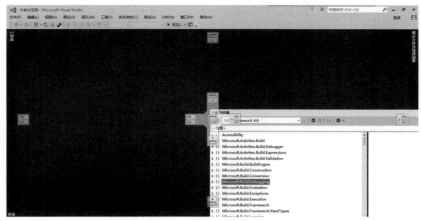

图 1-8　将子窗口拖离主窗口

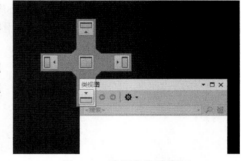

如果希望把窗口重新放回到 Visual Studio 的主窗口中，只需要用鼠标按住窗口的标题栏将其拖回即可。如果计算机连接了多个显示器，也可以把窗口拖到另一个屏幕。

对于停靠栏中的窗口，也可以进行拖动。如图 1-9 所示，拖动"类视图"窗口时，在主窗口上会出现几个定位点，把窗口拖到对应的点上然后松开鼠标，窗口就放置到指定的位置上了。

1.3.5　自动隐藏窗口

许多子窗口的右上角会有个图钉图标，如果图钉呈现为垂直

图 1-9　重新定位子窗口

方向，表明窗口固定在主窗口中；如果图钉呈现为水平方向，则当窗口失去焦点后会自动隐藏到左右两侧或者上下两端的停靠栏中。固定窗口和自动隐藏窗口如图 1-10 所示，窗口两个状态间的切换也很简单，单击窗口右上角的图钉图标即可。

（a）固定窗口　　　　　　　　　　（b）自动隐藏窗口

图 1-10　固定窗口和自动隐藏窗口

1.3.6　巧用快速启动

Visual Studio 的"快速启动"可以搜索菜单项、"选项"窗口中的选项及最近使用过的项目等内容。

"快速启动"搜索框位于标题栏的右侧，激活输入框的快捷键是 Ctrl + Q。如果在标题栏的右侧没有看见输入框，那是因为"快速启动"功能被关闭了，可以通过以下方法开启。

（1）在菜单栏上依次执行【工具】→【选项】。

（2）在随即打开的"选项"窗口左上角的搜索输入框中输入"快速启动"，如图 1-11 所示。

（3）在搜索结果列表中单击"快速启动"。

（4）在右侧的设置页中选中"启用快速启动"，并勾选"启用以下提供程序"下面的全部列表项，如图 1-12 所示。

图 1-11　输入搜索关键词　　　　　　　图 1-12　开启"快速启动"功能

（5）单击"选项"窗口右下角的"确定"按钮保存设置。

接下来通过两个例子演示如何使用"快速启动"功能。

第一个例子是用"快速启动"搜索"类视图"菜单项，操作方法：在 Visual Studio 主界面上按下快捷键 Ctrl + Q，这时输入焦点已经定位到标题栏右侧的输入框中，接着输入"类视图"，如图 1-13 所示。在搜索结果中单击"视图→类视图"，"类视图"窗口就打开了，如图 1-14 所示。

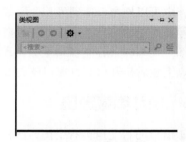

图 1-13　选择搜索结果　　　　　　　　图 1-14　"类视图"窗口

接下来的例子是通过"快速启动"功能来直接定位"选项"中的"字体和颜色"设置项，操作方法：在 Visual Studio 的主界面上按下快捷键 Ctrl + Q，这时输入焦点位于"快速启动"输入框中，然后输入"字体"，如图 1-15 所示，随后从搜索结果中选择"环境→字体和颜色"，就会打开"选项"窗口并自动定位到"字体和颜色"的设置节点上，如图 1-16 所示。

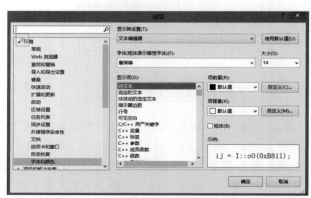

图 1-15　输入搜索关键字　　　　　　　图 1-16　自动定位到"字体和颜色"的设置节点

1.3.7　个性化设置

读者可以根据个人偏好去设置 Visual Studio 开发环境，所有的设置都在"选项"窗口中，在 1.3.6 节中已经使用过"选项"窗口了，接下来将演示如何更改几个较为常用的设置项。

1．选择颜色主题

这个选项不是很重要，不过也可以根据个人喜好来更改，在 Visual Studio 的菜单栏上依次执行【工具】→【选项】，打开"选项"窗口，从左侧的导航列表中找到"环境"→"常规"，然后在右侧的设置页面中的"颜色主题"的下拉列表中选择一种风格，可供选择的方案有蓝色、浅色和深色三种，如图 1–17 所示。

2．简化启动环境

在默认情况下，Visual Studio 开发环境启动后显示起始页，并下载相关的新闻。其实很多时候可能不需要这些信息，因此可以设置 Visual Studio 启动为空环境，既能使界面更为简洁，也可以加快开发环境的启动速度。方法是依次执行菜单【工具】→【选项】，打开"选项"窗口，从左侧的导航栏中定位到"环境"→"启动"节点，然后在右侧的设置页面中"启动时"的下拉列表中选择"显示空环境"，如图 1–18 所示，并且取消"下载内容的时间间隔"的勾选，最后单击窗口右下方的"确定"按钮保存设置。

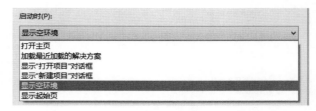

图 1–17　选择颜色主题　　　　　　　　　　　　图 1–18　选择"显示空环境"

3．设置自动恢复

意外情况（如突然断电）有可能导致未保存的代码丢失，为了将损失降到最低，应该开启自动恢复功能。参照前面的方法（可以用前面提到的快速启动法）打开"选项"窗口，在导航列表中找到"环境"→"自动恢复"节点，随后在右侧的页面中选中"保存自动恢复信息的时间间隔"，如图 1–19 所示，并在下方输入一个合适的值，然后保存设置。推荐的时间不要短于 5 分钟，因为如果时间间隔太短，将频繁向硬盘写入数据，会影响硬盘的寿命。

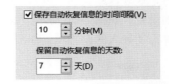

图 1–19　设置自动保存的时间间隔

4．设置字体和颜色

在"选项"窗口中导航到"环境"→"字体和颜色"，此处可以对不同代码编辑窗口中各类文本的字体和颜色进行设置，通常来说，修改最多的是字体大小，如图 1–20 所示，把字号调大一点，确保在编写代码时能看得更清楚。设置后可以在"示例："下面看到即时效果，如果满意，则单击窗口右下方的"确定"按钮保存。

5．导入和导出设置

如果不小心把设置弄得很混乱，但又不知道如何恢复默认设置时可以考虑使用"导入和导出设置"，该功能既可以导入和导出设置信息，也可以用来重置所有设置项。

　　从菜单栏依次执行【工具】→【导入和导出设置…】(也可以在"快速启动"中输入"导入和导出设置"找到菜单项),随即打开"导入和导出设置向导",如图 1-21 所示。

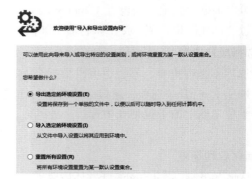

图 1-20　修改字体大小	图 1-21　"导入和导出设置向导"

　　(1)若要导出设置,选中"导出选定的环境设置",单击"下一步"按钮;从"要导出哪些设置"下面选择要导出的内容,单击"下一步"按钮,如图 1-22 所示;接着为导出文件命名,并指定存放目录,如图 1-23 所示;然后单击"完成"按钮;最后单击"关闭"按钮,设置项就被导出到文件中了。

图 1-22　选择要导出的内容	图 1-23　指定文件名和保存位置

　　(2)若要导入设置,在"导入和导出设置向导"中选中"导入选定的环境设置",如图 1-24 所示,并单击"下一步"按钮;然后向导询问是否备份当前设置,如果只希望用导入的设置覆盖当前设置,应选择"否,仅导入新设置,覆盖我的当前设置",如图 1-25 所示。选择要导入的设置时,如果列表中没有所需要的设置,如图 1-26 所示,可以单击下方的"浏览"按钮选择设置数据文件,单击"下一步"按钮;接着选择需要导入的设置项,如图 1-27 所示。导入完成后关闭向导窗口即可。

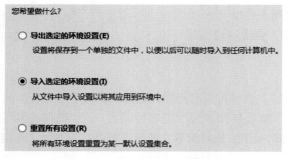

图 1-24　导入选定的环境设置	图 1-25　覆盖当前设置

　　(3)重置所有设置,如果在使用过程中把设置修改得过于混乱,要手动改回到默认状态会相当麻烦,这时候不妨考虑重置所有设置项来恢复。如图 1-28 所示,在"导入和导出设置向导"首页选择"重置所有

设置",然后单击"下一步"按钮;如图 1-29 所示,如果不希望备份当前设置,可以选择"否,仅重置设置,从而覆盖我的当前设置",再单击"下一步"按钮;因为现在使用的是 C#语言来编写程序,因此应当选择重置为 Visual C#开发环境集合,如图 1-30 所示;然后单击"完成"按钮,待处理完成后关闭向导窗口即可。

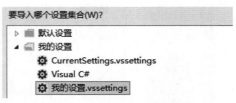

图 1-26　选择要导入的设置

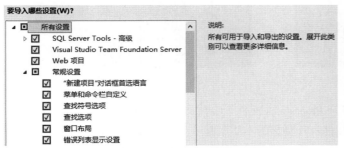

图 1-27　选择要导入的设置项

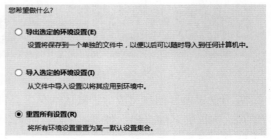

图 1-28　选择重置所有设置

图 1-29　选择覆盖现有设置

图 1-30　选择恢复为 Visual C#环境设置

1.4　创建第一个应用程序

1.3 节介绍了 Visual Studio 开发环境的使用,本节读者将有机会动手实践,创建第一个应用程序。本节练习的实例位于随书源代码目录下的\第 1 章\Example_1 中,具体操作步骤如下:

(1)启动 Visual Studio 开发环境,依次执行【文件】→【新建】→【项目】,或者使用"快速启动"输入"新建项目"来激活菜单项,也可以按快捷键 Ctrl + Shift + N 激活菜单项。

(2)在"创建新项目"窗口中有三个下拉列表框,可用于筛选要创建的项目类型,如图 1-31 所示。

(3)在所有语言下拉列表中选择 C#,在所有平台下拉列表中选择 Windows,在所有项目类型下拉列表中选择"控制台"。

(4)在项目模板列中选择"控制台应用(.NET Core)",如图 1-32 所示。

(5)单击窗口右下角的"下一步"按钮。然后输入项目名称、位置和解决方案名称,这些内容可以视实际情况而定,如项目名称输入 Example_1,默认情况下,解决方案的名称和项目名称一致,这里仅按默认处理,不修改解决方案名称,如图 1-33 所示。

(6)单击窗口右下方的"创建"按钮,Visual Studio 就开始创建项目。

图 1-31   "创建新项目"窗口

图 1-32   选择项目模板

应用程序项目创建完成后，默认情况下会打开 Program.cs 文件。C#代码文件的扩展名是.cs，即 C Sharp 的缩写，该扩展名的代码文件就是 C#代码的源文件。其实它的本质就是一个文本文件，我们所编写的程序代码就是一系列文本内容而已，编译器把这些代码编译并生成应用程序（如可执行文件.exe）。

找到 Main 方法，把输入光标定位到左大括号后面，并按下 Enter 键。这时屏幕上的内容应与图 1-34 相似。

图 1-33   输入项目与解决方案名称

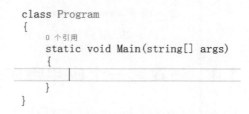

图 1-34   定位输入点

然后输入以下代码：

```
Console.WriteLine("编程是一件快乐的事。");
Console.Read();
```

输入时，要注意标点符号，如括号、引号、分号都需要使用英文标点，输入完成后，屏幕上的内容应与图 1-35 相似。

完成上述操作后代码编辑器的左侧有一段黄颜色的突出标记，如图 1-36 所示。

```
static void Main(string[] args)
{
    Console.WriteLine("编程是一件快乐的事。");
    Console.Read();
}
```

图 1-35   输入 C#代码

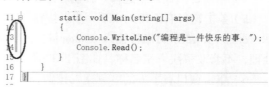

图 1-36   左侧的突出标记

这段突出的标记告诉我们，哪些代码是读者自己输入的，Visual Studio 所生成的代码是不带标记的，这样一来，读者就可以很轻松地知道自己写了哪些代码。而标记为黄色是在提醒开发者，输入的代码还没有保存到文件，如果这时突然关闭 Visual Studio，那么刚才输入的代码就会丢失，只能重新写了。如果已经输入了大量的代码，不及时保存就会损失惨重。

单击工具栏上的"保存"按钮，会看到显示为黄色的标记变成了绿色，这表明输入的代码已经保存了，如图 1-37 所示。

至此，第一个应用程序已经完成了。要调试运行应用程序可以单击工具栏上的 按钮，或者按下快捷键 F5。程序运行后会看到如图 1-38 所示的效果。

```
static void Main(string[] args)
{
    Console.WriteLine("编程是一件快乐的事。");
    Console.Read();
}
```

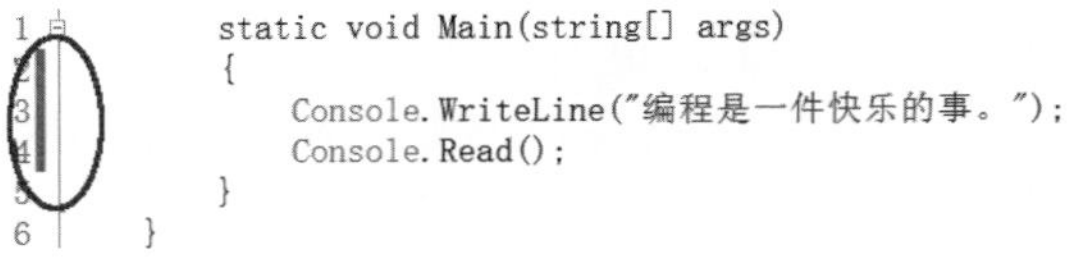

图 1-37　代码已经保存　　　　　　　图 1-38　运行后的效果

要退出正在运行的程序，除直接关闭程序外，还可以单击工具栏上的"停止调试"按钮，或者按下快捷键 Shift + F5。

本例创建了一个非常简单的控制台应用程序，运行后会看到一个 DOS 窗口，然后在窗口上输出一串文本。

现在打开"解决方案资源管理器"窗口，查看一个应用程序项目都包含了哪些文件。如果"解决方案资源管理器"窗口已经停靠在 Visual Studio 的主界面中，可以直接单击将其展开；如果还没有打开，按下快捷键 Ctrl + Q，然后输入"解决方案资源管理器"激活窗口。如图 1-39 所示，"解决方案资源管理器"显示了与项目有关的文件资源。

（1）"依赖项"节点主要列出当前项目引用了哪些程序集，包括开发者自己写的程序集、第三方组件和.NET 自身的程序集（比如此项目中的 Microsoft.NETCore.App）。开发者在代码中要调用哪个程序集的类型，都必须先引用该程序集（通过反射技术来调用可以不引用，后面会介绍）。

（2）前面介绍过，扩展名为.cs 的文件是 C#的源代码文件，上述的两行代码就是写在这个文件中的。将该节点展开，可以看到该文件所包含的代码中定义了哪些类型，如图 1-40 所示。上述的例子中，项目模板定义了一个 Program 类，类中定义了一个 Main 方法。

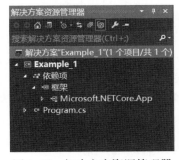
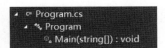

图 1-39　解决方案资源管理器　　　　　図 1-40　显示代码文件内部定义的类型

（3）除了核心的代码文件，根据项目的需要也可以包括其他文件，如资源文件、图像文件、音视频文件等。

1.5 解决方案与项目的关系

当人们需要解决一个非常复杂的问题时，只有一个应用程序项目是不够的。比如一个庞大的 ERP 系统，需要多人一起协作开发，每人负责一个项目模块，完成后把所有的项目合并为一个解决方案来发布。

因此，一个解决方案至少包含一个项目（当然也可以使用空的解决方案，但是没有实际意义），复杂的解决方案包含多个项目。

举个简单的例子，图 1-41 所示是一个加法计算器，要解决的问题是计算两个输入整数的和。该解决方案划分为两个项目，AddCalLib 是一个类库，负责完成计算功能，MyApp 是一个 Windows 窗体应用程序，它负责与用户交互（接收用户输入，向用户展示处理结果）。其中，MyApp 项目为主项目，因为类库项目最后会生成一个.dll 文件，.dll 文件不能直接执行。用户运行 MyApp 项目生成的.exe 文件会调用 AddCalLib 项目生成的.dll 文件，来处理两个整数的相加运算。加法计算器的用户界面如图 1-42 所示。

图 1-41　加法计算器解决方案

图 1-42　加法计算器的用户界面

这里涉及"主项目"的概念，也称"启动项目"（为了与 Visual Studio 中的叫法一致，后文皆用启动项目），即当运行整个解决方案时首先启动的项目。通常，作为启动项目的应用程序应该是可执行的，如.exe 文件，如果一个解决方案中所有项目都是类库（编译为.dll 文件），都不能独立运行，则该解决方案就需要被其他能够独立运行的应用程序调用。

Visual Studio 会把当前解决方案中最先创建的项目定义为启动项目，如上面提到的加法计算器的例子，由于先创建 MyApp 项目再创建 AddCalLib 项目，因此 MyApp 成为该解决方案的启动项目。启动项目在"解决方案资源管理器"中显示为粗体（字体加粗）。

但是问题又来了，比如有一个 X 解决方案，里面包含了 A、B、C 三个项目，如图 1-43 所示。由于在创建时，先创建了 B 项目，再创建 A 项目，最后创建 C 项目，在默认情况下，B 项目就成为 X 解决方案的启动项目了（粗体显示），然而我们的初衷是希望 A 项目作为启动项目的，因此需要进行调整。

选中解决方案节点，单击"解决方案资源管理器"窗口工具栏上的 🖉 按钮（或者在解决方案节点上右击，从弹出的快捷菜单中选择【属性】，也可以按快捷键 Alt + Enter）打开解决方案的属性设置窗口，从左边的导航列表中选择"通用属性"→"启动项目"，在窗口右侧区域选中"单启动项目"，并在列表框中选择 A 项目（如图 1-44 所示），最后单击窗口右下方的"确定"按钮保存。这时候 A 项目就成为启动项目了，项目名称会显示为粗体。

图 1-43　X 解决方案的结构

图 1-44　设置启动项目

第 2 章

语 法 基 础

通过前面的学习，读者应该对 Visual Studio 开发工具有了感性的认识。从本章开始，将使用 Visual Studio 编写代码。

本章将介绍 C#的基本语法。

- C#代码的基本结构
- 程序入口点
- 变量与常量
- 理解与使用语句
- 运算符
- 代码流程控制
- 为代码加上注释
- 基本数据类型
- 顶层语句

第 2 集

2.1 代码的基本结构

首先观察下面这段代码。

```
namespace TestCommon
{
    class Program
    {
        static void Main(string[] args)
        {
            Console.WriteLine("学无止境。");
        }
    }
}
```

可以看到，在代码编辑器中的缩进格式是有规律的，这使得代码的结构层次更明显，如图 2-1 所示。上面这段代码首先定义了名为 TestCommon 的 namespace，可翻译为命名空间；接着在 TestCommon 命名空间下定义了 Program 类（class）；在 Program 类中包含一个静态（static）方法 Main，Main 方法中编写了一行代码。可以用图 2-2 表示这段程序的基本结构。

图 2-1　代码的缩进格式

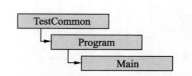

图 2-2　TestCommon 程序的代码结构

2.2　命名空间

一个命名空间可以包含多种类型（类、接口、委托等），而且命名空间中也可以包含命名空间，比如：

```
namespace MyApp
{
    public class Test1 { }

    namespace MyProc
    {
        public class Scanner { }
    }
}
```

上面代码中定义了命名空间 MyApp，其中包含了一个 Test1 类和一个命名空间 MyProc，而 MyProc 命名空间下包含了 Scanner 类。

2.2.1　为什么要使用命名空间

使用命名空间是为了避免命名冲突。举个例子：

```
namespace M1
{
    public class C { }
}

namespace M2
{
    public class C { }
}
```

如上面代码所示，如果定义了两个 C 类，由于名字上产生冲突，编译器无法识别该调用哪个 C 类，就无法通过编译。但是，如果两个 C 类位于不同的命名空间下，就不存在命名冲突了，因为一个是 M1.C，另一个则是 M2.C。

另外一点就是，如果自定义的类型和.NET 框架提供的类型名称相同，使用命名空间来包装自定义的类型就显得十分必要了。比如，System 命名空间下有个 Array 类，而开发者自己也定义了一个 Array 类，为了避免冲突，可以把自定义的 Array 类放到一个命名空间中（如 MyLib.Array）。

2.2.2　如何访问命名空间中的成员

在 C#语言中，任何层次的对象的成员都可以使用成员运算符（.）来访问。成员运算符是一个英文句点。

比如，命名空间 ABC 下有个 F 类，就可以使用 BAC.F 的方式来访问 F 类。

完整的示例代码请参考\第 2 章\Example_1。具体实现步骤如下：

（1）启动 Visual Studio 开发环境，新建一个控制台应用程序。

（2）项目创建后，Program.cs 文件应该自动打开，如果没有打开，可以在"解决方案资源管理器"窗口中双击 Program.cs 打开文件。把输入焦点定位到文件的最后，按两下 Enter 键，以空出新行，接着在新的一行输入以下代码

```
namespace MyNamespace
{
    public class MyClass { }
}
```

（3）回到 Main 方法体中，在大括号中间输入以下代码

```
static void Main(string[] args)
{
    // 调用 MyNamespace 中的 MyClass 类
    MyNamespace.MyClass obj = new MyNamespace.MyClass();
}
```

（4）保存。

在这个例子中，定义了一个 MyNamespace 命名空间，并在其中定义了一个 MyClass 类，然后在 Main 方法中通过 MyNamespace.MyClass 的形式访问 MyClass 类，并创建了一个实例。

2.2.3　引入命名空间

有时候会遇到命名空间的名字很长，或者层次较多的情况，如 MyNamespace.TestCode.SampleClasses。这样编写代码时会不方便，为了简化代码，可以考虑在代码文件的顶部加上一条 using 语句，例如：

```
using MyNamespace.TestCode.SampleClasses;
```

using 后跟一个空格，接着就是要引入的命名空间的名字，以英文的分号结尾。假设上面的命名空间中有一个 Work 类，在程序代码中调用时，直接用 Work 就可以了，而不需要使用 MyNamespace.TestCode.SampleClasses.Work 这样冗长的代码。

比如在创建新项目时，在 Visual Studio 自动生成的代码文件中我们会看到如图 2-3 所示的代码，这几行代码引入了比较常用的几个命名空间。

前面说过，使用命名空间的目的是避免名称冲突，如果使用了 using 语句，假设 A 命名空间下有个 T 类，而 B 命名空间下又有个 T 类，然后在代码文件的前面用 using 语句导入了 A、B 两个命名空间，即

```
1 using System;
2 using System.Collections.Generic;
3 using System.Linq;
4 using System.Text;
5 using System.Threading.Tasks;
```

图 2-3　生成的 using 代码

```
using A;
using B;
```

这样一来，当在代码中使用 T 类时，也会造成名称冲突的问题，解决方法是在引入命名空间时为其分配一个别名，如

```
using na = A;
using nb = B;
```

在代码中如果要用到命名空间 A 中的 T 类就输入 na.T，若要使用命名空间 B 中的 T 类就输入 nb.T，就

不会有冲突了。

在引入命名空间之前，读者要考虑目标命名空间的来源，如果不是本项目的，则要先引用目标命名空间所在的程序集，然后再用 using 语句来引入，否则编译器无法找到目标类型，相关的内容会在本书后面讲述类库项目时进一步介绍。

2.2.4　using static 指令

在 using 关键字后面加上 static 不仅可以引入目标命名空间，还可以引入目标命名空间下的静态类型。当静态类型被 using static 指令引入后，在代码中访问静态类的成员时就不必输入类型的名称，而是直接输入静态类型的成员名称就可以了。下面将通过一个示例来演示 using static 指令的用法。

Console 类位于 System 命名空间下，并且它是一个静态类，所以它的所有成员都是静态的。所谓静态类型，即它是基于类型本身的，而不是基于类型实例的。在调用静态类型的成员之前不需要进行实例化，可以直接访问类型的成员。

首先，通过 using static 指令把 System 命名空间下的 Console 类引入。

```
using static System.Console;
```

如果只引入了 System 命名空间，那么在访问 Console 类的成员时，需要写上类名，如

```
Console.WriteLine(…);
```

而本例中，已经使用 using static 指令将 Console 类也引入了，所以在调用它的成员时，直接输入成员名字就可以了，不必再输入类名。比如：

```
// 直接调用 Console 类的 WriteLine 方法
WriteLine("可以直接调用静态方法。");
// 直接调用 Console 类的 ReadKey 方法
ReadKey();
```

在上面的代码中不必输入 Console，就可以调用 WriteLine 和 ReadKey 方法了。要注意的是，如果使用 using static 指令引用指定的类型，在代码中只能访问该类型的静态成员（即带有 static 关键字声明的成员），不能访问实例成员（因为实例成员必须在类型实例化后才能访问）。

完整的示例代码请参考\第 2 章\Example_2。

2.3　Main 入口点

在 C 语言中，以一个 main 函数（也叫"主函数"）作为整个应用程序的入口点。C#是从 C 语言继承而来的，所以它也需要一个入口点，但由于 C#是一种完全面向对象的编程语言，它不能像 C 或 C++语言那样直接写一个 main 函数。在 C#中，入口点有以下特点：

（1）必须声明在一个类中。

（2）必须声明为静态方法，即加上 static 关键字。

（3）入口点可以不返回结果，即返回类型为 void，也可以返回一个整数（int 类型），对于一个正常执行的应用程序，应返回 0。Main 入口点只能返回以上两种类型，使用其他返回类型都会导致错误。

（4）入口点方法的名字必须是 Main，注意首字母 M 是大写的，而 C/C++语言中入口点函数是完全小写的。

2.3.1　程序代码真的从 Main 方法开始执行吗

为了验证这个问题，不妨先编写一个简单的示例程序来进行测试。完整的示例代码请参考\第 2 章 \Example_3。操作步骤如下：

（1）启动 Visual Studio 开发环境，新建一个控制台应用程序项目。

（2）按 Ctrl + A 快捷键全选 Program.cs 文件中的所有代码，再按 Delete 键全部删除。

（3）在代码编辑器中输入以下代码

```
namespace MyApp
{
    class Program
    {
        static void Main(string[] args)
        {
            // 输出文本信息
            Console.WriteLine("Happy!");
        }
    }
}
```

（4）在 Visual Studio 的菜单栏中依次执行【调试】→【逐语句】，或者按下快捷键 F11，应用程序开始调试运行。

这时第一条被执行的代码就进入了 Main 方法，如图 2-4 所示。

这个例子表明，应用程序是从入口点开始执行的。当代码跳出 Main 方法后，整个应用程序就退出了。

图 2-4　代码执行进入 Main 方法

2.3.2　如何选择入口点

启动 Visual Studio 开发环境，新建一个控制台应用程序，完整的代码如下：

```
namespace MyApp
{
    class Test1
    {
        static void Main(string[] args)
        {M
            Console.Write("入口点 A。");
            Console.Read();
        }
    }

    class Test2
    {
        static void Main(string[] args)
        {
            Console.Write("入口点 B。");
            Console.Read();
        }
    }
}
```

上面的代码中定义了两个类——Test1 和 Test2，每个类中都定义了一个 Main 方法，而每个应用程序只能有一个入口点，所以必须选择其中一个作为应用程序的入口点。一种方法是在 Visual Studio 的菜单栏中依次执行【项目】→【<项目名> 属性】命令来打开项目属性窗口，另一种方法是在"解决方案资源管理器"窗口中右击项目名称节点，从弹出的快捷菜单中选择【属性】。

如图 2-5 所示，在左侧的选项卡上选中"应用程序"，在窗口右侧区域中找到"启动对象"，并从其下拉列表框中选择一个入口点。然后按下快捷键 Ctrl + S 保存，并关闭项目属性窗口。

按下 F5 键运行应用程序，结果如图 2-6 所示。

图 2-5　选择程序入口点　　　　　图 2-6　所选择的 Main 方法输出的信息

完整的示例代码请参考\第 2 章\Example_4。

2.4　变量与常量

变量与常量是两个相对的概念，简单地说，变量是可变的，常量是不可变的。

2.4.1　变量

声明变量就是定义一个符号，然后通过赋值把数据存放在变量中。声明变量时要指定其类型，目的是让应用程序在运行时能够准确地分配内存空间，因此变量的声明语法如下：

```
<变量类型> 变量名 [ = <初始值>];
```

比如声明一个整型的变量 x 并赋值为 100，代码如下：

```
int x = 100;
```

在声明变量时也可以不赋初始值，如

```
int x;
```

还可以用 default 关键字赋默认的值，如

```
int x = default(int);
```

可以简写为

```
int x = default;
```

因为 int 类型的默认值为 0，所以 x 中存储的值为 0。

既然变量是可变的，那么它的"变"是如何表现出来的呢？请考虑下面代码片段

```
// 声明变量
double data = default(double);
// 输出变量的默认值
```

```
Console.WriteLine("变量的默认值：{0}。", data);
// 修改变量的值
data = 126.357721d;
// 输出变量的当前值
Console.WriteLine("变量的当前值：{0}。", data);
// 再次修改变量的值
data = 99.0000012d;
// 再次输出变量的当前值
Console.WriteLine("变量的当前值：{0}。", data);
```

在上面代码中，首先声明了一个 double 类型（双精度数值，后面在讲述数据类型时会提及）的变量 data，输出其默认值；接着两次修改变量的值，并在每次修改后输出变量 data 的当前值。其运行后的输出结果如图 2-7 所示。

完整的示例代码请参考\第 2 章\Example_5。

通过这个示例可知，变量的"变"是指它被声明后，只要生命周期没有结束，程序代码可以在任意时刻改变变量的值。

图 2-7　输出变量被修改后的值

1. 使用var关键字声明变量

变量的声明还可以使用 var 关键字，其数据类型将由编译器根据赋值自动推断，例如：

```
var a = "xyz";
var b = 0.0135d;
var c = 3005000U;
```

通过对变量 a 的赋值，可以推断出它的数据类型为 string（字符串）。同理，变量 b 的数据类型为 double（双精度浮点数），变量 c 的数据类型为 uint（无符号的 32 位整数）。

var 关键字声明变量时必须马上初始化（即赋值），否则编译会失败。这是因为编译器在缺少变量初始值的情况下无法判断出变量的数据类型。下面代码会发生错误

```
var d;                          // 必须在声明时进行赋值
d = 5000;
```

完整的示例代码请参考\第 2 章\Example_6。

2. 变量的生命周期

变量是用来临时存储数据的，应用程序结束后变量中保存的数据就不复存在。而且变量是存放在内存中的，必然会消耗系统资源，因此变量不可能一直存在于内存中，在合适的时候要将其销毁以释放被占用的系统资源。

```
public class Test
{
    // 变量的生命周期与该类的实例同步
    // 当类实例被清理时销毁
    byte bt = 255;

    public void Do()
    {
        // 变量的生命周期只在 Do 方法内
        // 当方法执行完毕，变量会被销毁
        int num = 300;
    }
}
```

在上面的代码中，定义了一个 Test 类，在类中定义了变量 bt，因为它是在类级别定义的，所以不仅在整个类中可以访问变量 bt，而且在类实例被回收之前，变量 bt 将一直存在；变量 num 则不同，因为它是在Do 方法中定义的，方法以外的代码无法访问它，并且当 Do 方法执行完毕后，变量 num 会被销毁。

2.4.2 常量

与变量不同，常量是不可变的，也就是说，常量一旦被声明，就不可更改，后续代码只能读取常量的值，而不能改变常量的值。正因为如此，在声明常量时必须赋一个确定的值，赋给常量的值必须也是常量，如 5、100、abc 等。调用方法返回或者代码处理得到的值不能赋值给常量，因为这些值是不确定的。

常量使用 const 关键字来定义，语法为

```
[可访问性，如 public、private 等，可选] const <常量类型> 常量名 = <常量的值>;
```

举一个例子，请考虑以下代码

```
class Program
{
    // 整型常量
    const int NUMBER = 90000;
    // 字符串常量
    const string STR = "abcde";
    static void Main(string[] args)
    {
        // 只能读取常量的值
        Console.WriteLine("NUMBER 常量的值: {0}", NUMBER);
        Console.WriteLine("STR 常量的值: {0}", STR);
        // 常量不能修改，下面代码将报错
        //NUMBER = 250;
        //STR = "head";
        Console.Read();
    }
}
```

示例代码在 Program 类中定义了两个常量，一个是整型，另一个是字符串类型。随后，在 Main 方法中读取两个常量的值并输出到屏幕上。后面有两行代码被注释掉了，因为常量一旦声明后是不能更改的，所以不要向常量赋值。示例的运行结果如图 2-8 所示。

按照习惯，常量的命名方式是使用大写字母，当然也不是绝对的，只是一种约定，但不能违背命名规则，相关内容将在后面讲述。

完整的示例代码请参考\第 2 章\Example_7。

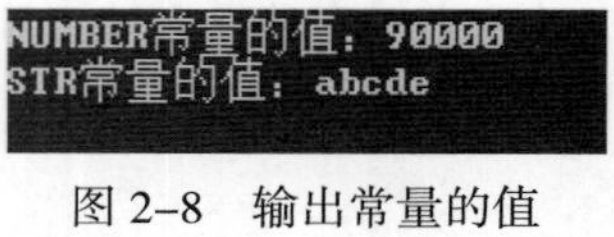

```
NUMBER常量的值: 90000
STR常量的值: abcde
```

图 2-8　输出常量的值

2.5　命名规则

不管是变量名、命名空间的名称，还是定义的类型名称，都必须遵守统一的命名规范。总的来说，名称可以包含以下内容：

（1）任意英文字母。

（2）下画线（_）。

（3）可以使用中文来命名，如

```
int 整数 = 500;
```

（4）不能使用数字开头，如"6a"这样的命名是不合规范的。

下画线（_）可以在名称的任意位置使用，如"_abcd""my_num"等，但是所取的名称（如变量名）不能使用现有的语言关键字，比如下面的声明会导致错误

```
int int = 3000;
```

如果确实要用关键字来命名，可以在前面加上"@"符号，如下面的声明是可行的

```
int @int = 3000;
```

但是不建议使用关键字来作为标识名称，一来容易造成语义不明，二来也不便于代码的阅读，会给代码的阅读者带来不少疑惑。

2.6　运算符

运算符的作用是让代码表达式完成特定的运算功能，这和数学中的运算法则差不多，简单的如加、减、乘、除，复杂的有按位运算等。

要使运算符能够发挥作用，还需要操作数的参与，例如 1 + 1 的运算结果是 2。其中，"+"是运算符，负责加法运算，而两个 1 就是操作数，如果只有运算符而没有操作数参与，那么这个运算就没有意义了。

再比如，5 + 6 * 2，读者也可以轻易地知道它的运算结果是 17，其中"+"负责加法运算，"*"负责乘法运算，参与运算的操作数是 5、6 和 2。

不过，程序中的运算符远比数学中的运算符要复杂得多，而且运算的方式也有所扩展。在程序中，有三类运算符。

第一类是一元运算符，即只有一个操作数。这个理解起来也不难，比如+6，根据数学知识也能明白它指的是正整数 6，再如–75 就是负整数 75。

第二类是二元运算符，也就是有两个操作数参与运算的运算符，如10–5。

第三类是三元运算符（也叫三目运算符），它的使用方法如下：

```
<判断条件> ? <条件为真时的表达式> : <条件为假时的表达式>
```

这是一个带有条件判断的运算符，如

```
int a = 20;
string str = a > 10 ? "a 的值大于 10" : "a 的值小于或等于 10";
Console.WriteLine(str);
```

在上面代码中，首先声明了一个整型的变量 a，初始化为 20。接着声明一个 string 类型（字符串）的变量 str，而它的值由 a 的值来决定。如果 a 的值大于 10，则 str 初始化为"a 的值大于 10"；如果 a 的值小于或等于 10，则 str 初始化为"a 的值小于或等于 10"。因为 a 的值已初始化为 20，是大于 10 的，所以 str 应被初始化为"a 的值大于 10"。

为了让读者能够更好地理解运算符，下面介绍四个示例。

2.6.1　简单运算

本例将演示最简单的数学运算符的使用，如加、减、乘、除，以及取余。具体的代码如下：

```
// 加法运算
int a1 = 25;
int b1 = 30;
```

```
// 输出结果
Console.WriteLine("{0} + {1} = {2}", a1, b1, a1 + b1);
//------------------------------
// 除法运算
int a2 = 40;
int b2 = 5;
// 输出结果
Console.WriteLine("{0} / {1} = {2}", a2, b2, a2 / b2);
//------------------------------
// 取余
int a3 = 105;
int b3 = 6;
// 输出结果
Console.WriteLine("{0} % {1} = {2}", a3, b3, a3 % b3);
```

示例代码完成了三次运算：第一次是加法运算，a1 的值 25，b1 的值是 30，所以两个变量相加的结果

图 2-9　输出结果

为 25 + 30 = 55；第二次是除法运算，a2 的值是 40，b2 的值是 5，因而两个变量的运算结果是 40 ÷ 5 = 8；第三次是取余，获取两个操作数相除的余数使用%运算符，a3 的值是 105，b3 的值为 6，因此两个变量相除，得到的余数为 3。输出结果如图 2-9 所示。

完整的示例代码请参考\第 2 章\Example_8。

2.6.2　自增和自减运算

自增运算符（++）和自减运算符（--）都是一元运算符，它只有一个操作数参与运算。自增运算是将操作数加 1，自减就是将操作数减 1。例如，a++，假设 a 的值为 3，那么 a 自增运算之后的值应为 4。

自增和自减运算符比较有趣的地方是在何时进行运算。如++i 和 i++有什么区别呢？++i 是在参与其他运算之前就加上 1，而 i++则相反，是参与运算后才加 1。这似乎不太好理解，请看示例代码

```
int n = 50;
int k = 50;
Console.WriteLine(++n);
Console.WriteLine(k++);
```

代码声明了两个整型变量 n 和 k，初始值都是 50，然后分别输出++n 和 k++的值。++n 是在参与运算前加 1，所以在调用 Console.WriteLine(++n)时 n 的值已经加上 1 了，输出的结果应为 51。而 k++是参与运算后才加 1，所以调用 Console.WriteLine(k++)时 k 的值还没有加 1，输出的结果应为原值 50。

自减运算的原理也一样，下面是示例的另一段代码

```
int x = 70;
int y = 70;
Console.WriteLine(--x);
Console.WriteLine(y--);
```

变量 x 和 y 的值都初始化为 70，在调用 Console.WriteLine(--x)时因为 x 的值已经减去 1，所以输出的结果为 69，而 Console.WriteLine(y--)调用时 y 的值还没有减 1，所以输出 70，y 的值是在 Console.WriteLine(y--)执行完之后才变为 69。

最后的运行结果如图 2-10 所示。

完整的示例代码请参考\第 2 章\Example_9。

图 2-10　自增和自减运算的结果

2.6.3　位运算

位运算主要是指二进制位之间的运算，在程序中有五种常用的运算方式。

（1）按位与。运算符为&，将两个数的二进制位分别进行与运算，必须二者同时为真时，结果才是真（1），否则为假（0）。如 001 与 101 进行按位与运算，从高位看起，001 的第一位为 0，101 的第一位为 1，它们没有同时为真，所以结果为 0；第二位是 0 和 0 进行与运算，因为二者均为假，所以结果为 0；第三位是 1 和 1 进行与运算，因为二者同时为真，所以结果为 1。最后的结果是 001 & 101 = 001。运算过程如图 2-11 所示。

（2）按位或。运算符为|（管道符号），将两个数的每个二进制位进行或运算，只要有一个是真（1），结果就为真（1）。如 100 和 011 进行按位或运算，从高位开始，100 的第一位是 1，011 的第一位为 0，因为有一个为真，所以结果为真；第二位是 0 和 1 进行或运算，同理有一个为真，所以结果为真；第三位是 0 和 1 进行或运算，其结果为 1。最后的结果为 111。运算过程如图 2-12 所示。

图 2-11　按位与的运算过程

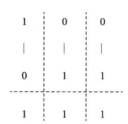

图 2-12　按位或的运算过程

（3）左移。运算符为<<，即把某个数的二进制位都向左移动若干位。如 00011 << 2，就是把 00011 的所有位向左移动 2 位，即 01100。

（4）右移。运算符为>>，即把某个数的二进制位都向右移动若干位，如 10010000 >> 4，就是把所有位都右移 4 位，所以后面的四个 0 就去掉了，变为 1001。

（5）异或。运算符为^，即把两个数中对应的二进制位进行异或运算。异或运算是两个操作数中只有一个为真（1）时才为真（1），否则为假（0）。例如 0101 ^ 0011，从高位起，从左到右，第一位是 0 与 0 进行异或，二者都不为真，所以结果为 0；第二位是 1 和 0 异或，因为是一真一假，所以结果为 1；第三位是 0 和 1 异或，也是一真一假，所以结果也为 1；第四位是 1 和 1 异或，因为两者都为 1，不为真，所以结果为 0。最后的结果为 0110。

以下代码演示了位运算符的使用方法，完整的示例代码请参考\第 2 章\Example_10。

```
        // 按位与
        byte a1 = 36;
        byte b1 = 100;
        Console.WriteLine("{0} & {1} = {2}", Convert.ToString(a1, 2), Convert.
ToString(b1, 2), Convert.ToString(a1 & b1, 2));

        // 按位或
        byte a2 = 19;
        byte b2 = 218;
        Console.WriteLine("{0} | {1} = {2}", Convert.ToString(a2, 2), Convert.
ToString(b2, 2), Convert.ToString(a2 | b2, 2));
```

```
            // 向左移 3 位
            byte a3 = 167;
            Console.WriteLine("{0} << 3 = {1}", Convert.ToString(a3, 2), Convert.
ToString(a3 << 3, 2));

            // 向右移 5 位
            byte a4 = 200;
            Console.WriteLine("{0} >> 5 = {1}", Convert.ToString(a4, 2), Convert.
ToString(a4 >> 5, 2));
```

上面代码分别演示了按位与、按位或、按位左移及按位右移四种运算。这里使用 Convert.ToString 方法的作用是把十进制的数值输出为二进制字符串形式，好处是方便读者观察它们的运算结果。屏幕输出内容如图 2-13 所示。

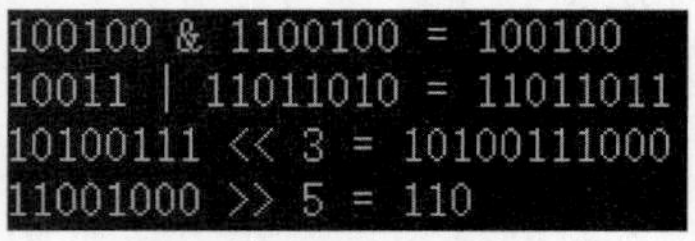

```
100100 & 1100100 = 100100
10011 | 11011010 = 11011011
10100111 << 3 = 10100111000
11001000 >> 5 = 110
```

图 2-13 位运算输出结果

2.6.4 比较运算

顾名思义，比较运算的用途就是比较两个表达式，运算结果为布尔类型。也就是说，比较运算符操作的结果只有两种情况，要么是真（true），要么是假（false）。比如，5 < 3 的结果就是假，因为 5 是比 3 要大；而 1 < 6 的结果则是真，因为 1 确实比 6 要小。

除了比较大小，比较运算符也可以作相等比较，如 3 == 5，因为 3 和 5 是不相等的，所以运算结果是假。判断两个表达式是否相等，使用==运算符，这一点要注意，它与我们平常数学中的等号不一样，数学运算中要判断两个表达式是否相等，使用的是一个等号，而在 C#代码中要使用两个等号。

如果是不等号呢？在数学运算中使用的是 ≠，但在 C#代码中是用!=来表示的，即一个英文的叹号加上一个英文的等号。例如，3 != 5 的运算结果是真，因为 3 确实不等于 5。

把大于号（>）和小于号（<）与等号连起来用，就出现两个运算符：大于或等于（>=）和小于或等于（<=）。如 100 >= 100 的运算结果应为真，100 虽然没有大于 100，但它等于 100。

以上介绍运算方式都是基于一个表达式的，如果要综合多个比较表达式的运算结果来进行判断，就很有必要用到与运算符（&&）和或运算符（||）了。举个例子，如果需要一个程序，在学员的考试成绩表中，把 90 分以上的男同学的信息显示出来。根据这个要求分析，在筛选学员成绩信息时必须同时满足两个条件：①性别是男的学员；②考试分数在 90 分以上（即>=90）。这两个条件缺一不可，也就是说两个条件都为 true 时才成立，所以应选用与运算符，产生的伪代码如下：

```
if ( 性别 == 男 ) && ( 成绩 >= 90 ) then 显示该条记录
```

下面举一个例子：

```
double d = 99.960255;
if (d > 100)
{
    // 由于 d 不是大于 100 的数，不符合条件
    // 所以这条消息不会输出
    Console.WriteLine("d 是一个大于 100 的数。");
}
```

上面代码的意思是如果 d 的值大于 100 就显示一条消息。因为 d 的值为 99.960255，小于 100，即 d > 100 的运算结果为 false，使得 Console.WriteLine 这行代码不会被执行，因此屏幕上没有显示任何信息。

再看一个例子：

```
int n = 29700;
if (n % 2 == 0)
{
    // n 可以被 2 整除，为偶数
    Console.WriteLine("n 是偶数。");
}
else
{
    Console.WriteLine("n 是奇数。");
}
```

我们知道，要判断一个整数是否为偶数，就看其能否被 2 整除，如果 n％2 的值等于 0 说明没有余数，即 n 是偶数，否则就是奇数。

完整的示例代码请参考\第 2 章\Example_11。

2.7 流程控制

代码是开发者为应用程序的执行逻辑安排的一系列指令。程序有可能按照代码的顺序逐行执行，也有可能跳到某一行去执行，还有可能在某一段代码中重复执行。代码的执行路线怎么走，就看如何去控制其流程了。

2.7.1 顺序执行

在默认的条件下，程序代码是按照从上到下，一行一行地执行，每句代码皆以英文的分号（；）结束。一般的做法是一行代码写一句，如

```
string s = "abc";
double d = 0.0000001;
```

程序运行时先执行第一行，然后再执行第二行。也可以把多个语句写到一行中，比如这样

```
byte b = 255; int x = 36; float f = 33.33f;
```

其实这里包含了三句代码，只是写在一行里面而已。为了保证代码的可读性，不推荐把多个语句写到一行中，一行写一条语句最为合理。

2.7.2 有选择地执行

并不是任何时候代码都要按顺序执行，有时需要做出判断，哪些代码要执行，哪些代码不要执行，这种有选择性地执行代码的结构也称"分支结构"。

分支代码有两种，一种是 if 语句，另一种是 switch 语句。先看 if 语句的写法

```
if ( <判断条件> )
{
    <代码块 1>
}
else
{
    <代码块 2>
}
```

这个语句比较好理解，如果条件为真就执行"代码块 1"，否则（else）就执行"代码块 2"。后面的 else

子句是可选的，如果代码只有一个分支，就不必写上 else 子句，如

```
if ( a == b )
{
    ......
}
```

如果要判断更多的条件，也可使用 else if 子句，如

```
if ( a > 50 )
{
    <代码块 1>
}
else if ( a >= 30 )
{
    <代码块 2>
}
else
{
    <代码块 3>
}
```

上面代码的意思是，如果 a > 50 就执行"代码块 1"；否则再分两种情况考虑：如果 a >= 30 成立则执行"代码块 2"；若上述条件都不成立则执行"代码块 3"。

下面的实例（完整的示例代码请参考\第 2 章\Example_12）要求用户输入一个 100 以内的数字，如果数字大于 100，则提示为"无效数字"；如果数字小于或等于 30，则显示"A 阶段"；如果数字大于 30 且小于或等于 70，则提示为"B 阶段"；如果数字大于 70 且小于或等于 100，则提示为"C 阶段"。代码如下：

```
Console.WriteLine("请输入一个 100 以内（含 100）的数字：");
// 读取用户输入的内容
string readInput = Console.ReadLine();
// 将接收到的字符串转为双精度数值
double d = double.Parse(readInput);
// 进行判断处理
if (d > 100)
{
    Console.WriteLine("无效数字");
}
else if (d > 70)
{
    Console.WriteLine("C 阶段");
}
else if (d > 30)
{
    Console.WriteLine("B 阶段");
}
else
{
    Console.WriteLine("A 阶段");
}
```

代码首先通过 Console.ReadLine 读取输入的内容，类型为字符串；然后将读取的字符串转换为 double 类型的数值；接着通过判断数值的大小来输出对应的信息。

在判断数值时，是从大到小来安排 if 语句的，这样做的好处是可以避免越到后面判断条件越复杂的情

况，如果先判断 d > 30，还要考虑输入的数值是否大于 70 或 100，这样处理就很不方便。

　　虽然是分支语句，但是程序总的执行顺序还是自上而下，所以代码肯定先判断第一个 if 中的条件，再去判断下一个 else if 语句，依此类推。如果从大到小来判断，即先判断是否大于 100，如果是就直接输出"无效数字"，其他分支就不用再分析了；同理，如果输入的是 75，d > 70 成立就输出 "C 阶段"，后面的分支就不必再分析了，也不必考虑它是否大于 30 了。

　　最后的运行结果如图 2-14 所示。

　　接下来再看看 switch 语句，该语句和 if 语句有相似之处，switch 也可以进行多分支选择，但与 if 语句不同，switch 所判断的条件都要求是

图 2-14　最后的输出结果

一个固定的值。简单地说，switch 语句不对>、>=、<、<=、!=等条件进行判断，而是用==来判断。switch 把每个分支上的值与给定的条件进行相等比较，只有相等才会执行分支上的代码。

　　switch 语句的用法如下：

```
switch(<判断目标>)
{
    case <值1>:
        <代码1>
        break;
    case <值2>
        <代码2>
        break;
    default:
        <代码3>
        break;
}
```

　　从"判断目标"中取值，先与"值 1"进行比较，如果相等就执行"代码 1"；再与"值 2"比较，如果相等就执行"代码 2"，依此类推。default 关键字在所有 case 中的条件都不满足的情况下执行，也就是用来"垫底"的选项。

　　一个例子的核心代码如下：

```
int a = 3;
// 第一种情况
switch(a)
{
    case 1:
        Console.WriteLine("一");
        break;
    case 2:
        Console.WriteLine("二");
        break;
    case 3:
        Console.WriteLine("三");
        break;
    default:
        Console.WriteLine("未知");
        break;
}
// 第二种情况
a = 2;
switch(a)
```

```
{
    case 1:
        Console.WriteLine("一");
        break;
    case 2:
    case 3:
        Console.WriteLine("二或三");
        break;
    default:
        Console.WriteLine("未知");
        break;
}
```

本示例演示两个 switch 语句，两个 switch 语句都是对变量 a 的值进行判断。在第一个 switch 语句中，case 1 是当 a 的值为 1 时成立，case 2 是当 a 的值为 2 时成立，case 3 是当 a 的值为 3 时成立，正好 a 的值为 3，所以屏幕上将输出"三"。

第二个 switch 语句是当 a 的值等于 2 或者 3 的时候都成立，都会输出"二或三"，正好 a 的值为 2，所以屏幕上输出"二或三"。

完整的示例代码请参考\第 2 章\Example_13。

2.7.3　循环执行

控制程序执行的另一种模式就是循环，也就是程序在某段代码上重复执行。有些文档中所提到的"迭代语句"指的也是循环语句。

1. for语句

for 语句的使用频率较高，它包括三部分：一是初始状态，也就是循环开始之前的状态，通常用一个变量来存储；二是步长值，即增量，每执行一次循环后都会修改变量的值；三是退出条件，当条件不再成立时，就会退出循环。

```
for (<初始状态>; <条件>; <更新状态>)
{
    <代码块>
}
```

for 循环是在条件成立时才会继续，如果给定条件的运算结果为 false，就会退出循环。

```
for (int i = 0; i < 10; i++)
{
    Console.Write(i);
}
```

上面例子中，设定变量 i 的初始值为 0，条件是在 i<10 时进行循环，i++在前面讲过，即自增加 1，所以 i 参与一轮循环后会加上 1。

i 的初始值为 0，所以在第一轮循环时 Console.Write 输出的是 0；接着执行 i++，i 的值变为 1，在第二轮循环中 Console.Write 输出 1；接着又执行 i++，i 的值变为 2，进而输出 2……依此类推，直到 i 不再小于 10 为止，也就是说，这段代码循环到输出 9 后就不再循环了，代码退出循环后继续顺序往下执行。

再看一个更复杂的 for 语句的示例

```
double d;
for (string x = Console.ReadLine(); double.TryParse(x,out d); x = Console.ReadLine())
```

```
{
        Console.WriteLine("你输入的数字是：{0}", d);
}
```

这段代码有点复杂，其思路是：先在循环体外定义一个 double 类型（双精度数值）的变量 d，然后进入 for 循环，变量 x 是一个字符串类型的变量，初始状态是等待用户输入；double.TryParse 判断刚才输入的字符串是否能够转换为 double 数值，如果能就返回 true，即条件成立就执行循环；如果不能转换则返回 false，即条件不成立，会退出循环；每执行一轮循环后，都会通过 x = Console.ReadLine() 修改 x 的值，然后再用 double.TryParse 去验证条件，如果成立就继续循环，如果不成立则退出循环。

以上两个示例的运行结果如图 2-15 所示。

完整的示例代码请参考\第 2 章\Example_14。

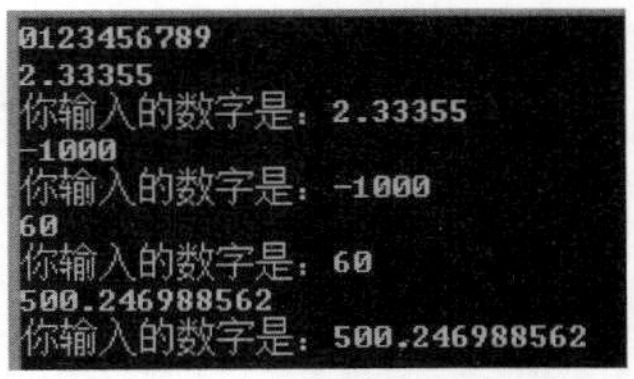

图 2-15　for 示例的执行结果

2．foreach语句

foreach 语句很适合用来枚举如数组、列表、集合之类的数据结构中的元素，事先也不必准确知道元素的个数。如果基础数据中不包含任何元素，则 foreach 循环不执行。

foreach 语句常常与 in 关键字一同使用，用法如下：

```
foreach ( <元素> in <基础数据> )
{
        <代码块>
}
```

下面是一个 foreach 的示例，核心代码如下：

```
// 创建一个整型数组
int[] numbers = new int[] { 2, 50, 22, 9, 17, 85 };
// 循环输出数组中的每个元素
foreach (int n in numbers)
{
        Console.Write("{0} ", n);
}
```

图 2-16　foreach 语句示例的执行结果

在上面代码中，首先声明一个带有 6 个元素的整型数组，随后通过 foreach 循环来输出数组中的所有元素。最后的执行结果如图 2-16 所示。

完整的示例代码请参考\第 2 章\Example_15。

3．while语句

while 循环指定一个条件，只要条件成立，就执行循环，若条件不成立，就退出循环。while 循环有两种写法，先看第一种

```
while ( <条件> )
{
        <代码块>
}
```

只在条件成立时才会执行循环体中的代码，如果条件一开始就不成立，那么就直接跳过，不会再进入循环体。

```
string s = "";
while (s.Length < 15)
```

```
{
    s = s + "*";
    Console.WriteLine(s);
}
```

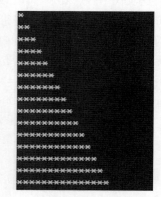

图 2-17 while 循环拼接的字符串

以上代码并不复杂，在进入循环之前定义了一个字符串变量 s，并初始化为空字符串。接着进入 while 循环，当字符串的长度小于 15 个字符时循环才进行，在循环体代码中在 s 后面追加一个 "*" 字符，直到它的长度等于 15 时，条件不成立就退出循环。结果如图 2-17 所示。

while 的另一种用法如下：

```
do
{
    <代码块>
}
while ( <条件> );
```

这个循环是先执行一轮循环，再去判断 while 的条件，如果条件成立就继续循环，否则退出循环。与前面的 while 循环不同，就算条件不成立，它都至少会执行一轮循环。

请考虑以下例子

```
// 至少循环一次
int k = 3;
do
{
    Console.WriteLine("至少执行一次，输出：{0}", k);
    k++;
} while (k < 2);
```

判断条件是 k < 2，而 k 在进入循环语句前就被初始化为 3，显然条件是不成立的，但是代码仍然会执行一轮循环体中的代码，所以屏幕上会输出信息，如图 2-18 所示。

下面的例子是通过循环依次访问 0～20 的整数，但只输出偶数（可被 2 整除）。

```
// 在 0 到 20 的整数中，输出偶数
int n = 0;
do
{
    if ( (n % 2) == 0 )
    {
        Console.Write("{0} ", n);
    }
    // 把 n 加上 1
    n++;
} while (n <= 20);
```

最后输出如图 2-19 所示的结果。

至少执行一次，输出：3

图 2-18 循环至少执行了一次

图 2-19 输出 0～20 的偶数

完整的示例代码请参考\第 2 章\Example_16。

4．跳出循环

有时开发者并不希望完成所有的循环，可能满足特定条件时就想直接跳出循环。比较典型的例子是在数组中查找某个元素，如果找到就没有必要再往后找了，这时候也可以考虑直接从循环中跳出。

使用 break 语句可以完成即时跳出循环的功能，例如：

```
int[] sources = new int[] { 20, 46, 24, 71, 120, 53, 12, 92, 38, 126 };
foreach (int n in sources)
{
    if (n == 53)
    {
        Console.WriteLine("元素已找到，马上跳出循环。");
        break;
    }
    else
    {
        Console.WriteLine("暂未找到元素……");
    }
}
```

在这个例子中，先是定义了一个整型数组，接着通过 foreach 循环逐个访问数组中的元素，如果遇到 53，表明元素已经找到，后面的元素就不必再访问了，此时可以使用 break 语句跳出循环。

break 是个独立语句，后面直接用英文的分号（;）结束。完整的示例代码请参考\第 2 章\Example_17。

还有一种情况，开发者可能不希望跳出整个循环，而只是跳过某一轮循环。要达到这一目的，可以使用 continue 语句，举个例子，请考虑下面代码的执行结果

```
for (int i = 0; i < 6; i++)
{
    if ((i % 2) == 0)
    {
        continue;
    }
    Console.WriteLine(i);
}
```

在上面代码中，循环会进行 6 次（i 分别为 0、1、2、3、4、5），但是循环体中做了个判断，如果 i 除以 2 的余数为 0 就跳过，所以最后的输出结果是 1、3、5。continue 不会跳出循环体，而是跳过本次循环，直接进入下一轮循环。

5．死循环

所谓死循环就是永远无法退出的循环，在编写程序时，一定要注意不要出现死循环，死循环会永远执行下去，除非强行关闭应用程序。

下面代码就是一个死循环：

```
while ( 1 == 1 )
{
    ……
}
```

因为 1 和 1 是永远相等的，循环无法退出，除非在循环体中遇到 break 语句，循环才会退出。

2.8　注释

注释不参与编译，它只是用来对代码进行说明。对于复杂的代码，哪怕是自己写的，过一段时间后可能会忘记。别人在阅读我们写的代码时，没有注释作为提示也会无从读起。因此，在编写代码时，适当地加上注释，既方便他人，也方便自己。

注释分为多行注释、单行注释和文档注释三种。

多行注释以/*开头，以*/结尾，如

```
/*
    这是一段注释。
    作者：小明
    修订日期：2013-12-2
*/
```

多行注释也可以写在一行，如

```
/* 这是一行注释 */
```

单行注释只能写在一行内，以//开头，如

```
// 注释1
// 注释2
// 注释3
```

为了增加注释的可读性，可以在//和注释内容之间留一个空格，读者不妨比较以下两行注释，看看哪一行看起来更佳。

```
//注释内容
// 注释内容
```

文档注释主要针对定义的类型、类型中的成员等，下面是一个文档注释的例子

```
/// <summary>
/// 学员基本信息
/// </summary>
public class Student
{
    /// <summary>
    /// 学员的姓名
    /// </summary>
    public string Name
    {
        get;
        set;
    }

    /// <summary>
    /// 返回对象的字符串表示形式
    /// </summary>
    /// <returns>一个字符串</returns>
    public override string ToString()
    {
        return Name;
    }
}
```

　　文档注释是以///开头的，上面代码中分别在类、类的属性、类的方法上应用了文档注释。文档注释的作用可以体现在以下地方。

　　（1）智能提示中的文本，如图 2-20 所示。

　　（2）"对象浏览器"窗口显示的信息，如图 2-21 所示。

　　（3）代码编辑器中的弹出提示，如图 2-22 所示。

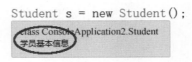

图 2-20　智能提示中的文本　　图 2-21　"对象浏览器"窗口显示的信息　　图 2-22　代码编辑器中的弹出提示

　　在 Visual Studio 的代码编辑器中，只要输入///就会自动生成文档注释，但位置要把握好。比如，要为类生成文档注释，就需要在类的定义上方输入///；如果希望为方法生成文档注释，就在方法定义的上方输入///。

2.9　基本数据类型

　　通俗来讲，数据类型就是为了存储特定内容而定义的一种结构。比如，Int32 结构体用来表示一个整数数值。再比如，我们希望有一个数据类型可以表示一位学员的基本信息，然而一位学员的基本信息又不是一个单一值，它可能包括姓名、年龄、联系方式、籍贯等信息。因此，会考虑设计一个学员类，该类包含姓名、年龄等属性。如此一来，就可以把一位学员的一系列信息当作一个整体来处理。

　　这就好像放在书架上的书一样，每本书都有封面和封底将其内容包裹起来，内容也按页面顺序排列好，并完整地装订起来。为什么书本不分开一页一页地卖呢？显然这样是不可行的，如果一本书分开一页一页地出售，不仅使用起来麻烦，也很容易丢失书页，所以平时看到的书都是整本的。同样，在编程过程中，有些数据也不能零乱地处理，所以就需要通过数据类型来维护各种数据内容。

　　要理解数据类型，读者首先要记住一个大前提：.NET 是面向对象的开发平台，因此它支持的编程语言也是面向对象的，当然也包括本书正在讲述的 C#语言。所有类型都有一个共同的始祖——Object 类，任何数据类型都是从 Object 类直接或间接派生出来的。

　　数据类型尽管有类、结构、委托及匿名等类型，不过在大体上也就分为两类——引用类型和值类型，关于这两个概念，在后面讨论面向对象时会提及。

　　本节的主旨是介绍基本类型，即组成复杂代码的最基础的数据类型，比如前面多次使用到的 int、string、double 等。

　　这里不做一一介绍，读者在学习过程中也无须特意地去记住它们。除了在 MSDN（微软开发者社区）提供的帮助文档中可以找到这些类型的详细说明外，在 Visual Studio 开发环境中也可以把它们找出来。

　　在 Visual Studio 开发环境中，在菜单栏上依次执行【视图】→【对象浏览器】命令，打开"对象浏览器"窗口。从"浏览"右边的下拉列表框中选择一个.NET 的版本，如图 2-23 所示。

　　在程序集列表框的任意位置右击，从弹出的快捷菜单中选择【查看命名空

图 2-23　选择浏览目标

间】，如图 2-24 所示。

展开 System 节点，然后一直往下滚动，直至找到如图 2-25 所示的一系列类型。如果列表比较混乱，可以右击列表中的任意项，从弹出的快捷菜单中选择【按对象类型排序】即可。

图 2-24　查看命名空间　　　　　　图 2-25　基本数据类型列表

这些类型的图标与其他类型是不同的。C#语言也为每种基本类型定义了对应的关键字，具体可以参考表 2-1。

表 2-1　.NET框架与C#语言的基本类型对照

.NET中的基本类型	C#关键字
System.Boolean	bool
System.Byte	byte
System.Char	char
System.Decimal	decimal
System.Double	double
System.Int16	short
System.Int32	int
System.Int64	long
System.Object	object
System.SByte	sbyte
System.Single	float
System.String	string
System.UInt16	ushort
System.UInt32	uint
System.UInt64	ulong

另外，为了便于编写没有返回值的方法，.NET 类库中的 System.Void 与 C#语言中的 void 关键字也对应着，delegate 关键字也映射到 System.Delegate 类。也就是说，在 C#代码中定义的委托类型在默认情况下是从 System.Delegate 类派生的，但这种派生是由编译器自动完成的，无须开发者自行处理。

System.Enum 结构也对应着 C#语言中的 enum 关键字，即枚举类型。枚举类型的本质是数值，默认是

32 位整型 int，所以枚举的每个成员都是一个数值，但它可以命名，这使得枚举类型的成员更容易理解，如

```
enum 工作日
{
    星期一 = 1,
    星期二 = 2,
    星期三 = 3,
    星期四 = 4,
    星期五 = 5
}
```

这样就定义了一个表示周一到周五的有关工作日的枚举类型，读者会看到，其实它是用 1 来表示星期一，用 2 来表示星期二……不过，它不仅仅是一个数字，每个成员都有分配名称。当别人使用我们定义的枚举类型时，根据成员名字就能猜出其含义，更容易被理解。

本书在后面讲述有关面向对象编程的章节中，会进一步讲解数据类型。

2.10　顶层语句

C#是一种面向对象的编程语言，Main 方法作为应用程序的入口点，通常情况下应该封装在一个类中（比如项目模板默认生成的 Program 类），就像这样

```
namespace App
{
    class Program
    {
        static void Main(string[] args)
        {
            Console.WriteLine("Hello World!");
        }
    }
}
```

不过，C#语言也提供了一种可选功能，称为 "Top-level statements"，可以翻译为 "顶层语句" 或 "顶级语句"。其含义是允许省略命名空间和类，以及 Main 方法的定义。比如上述输出 "Hello World!" 的代码，可以简化为

```
using System;

Console.WriteLine("Hello World!");
```

尽管代码被简化了，但编译器会自动生成以下代码

```
static class $Program
{
    static void $Main(string[] args)
    {
        Console.WriteLine("Hello World!");
    }
}
```

顶层代码功能使 C#代码实现类似脚本语言（如 Javascript、Python 等）的编程方式，适用于教学演示或者比较简单的控制台应用程序。

使用顶层语句时要注意以下两点：

（1）在一个项目中，只允许一个代码文件使用顶层语句。

（2）由于顶层语句在编译时会自动生成入口点方法（Main），这就相当于应用程序已经指定了入口点，所以在同一个项目中不能再选择其他入口点方法（即编译器选项中不能使用/main 或–main 开关）。

下面示例使用顶层语句生成两个随机数，并输出它们的积。

```
using System;

// 创建 Random 实例，用于生成随机数
Random rand = new Random();
// 产生两个 100 以内随机整数
int a = rand.Next(0, 100);
int b = rand.Next(0, 100);
// 计算它们的乘积
int res = a * b;
// 输出计算结果
Console.WriteLine("{0} × {1} = {2}", a, b, res);
```

运行示例程序，将得到以下输出

```
84 × 89 = 7476
```

完整的示例代码请参考\第 2 章\Example_18。

第 3 章
CHAPTER 3

面向对象编程

面向对象编程（Object Oriented Programming，OOP）是一种很重要的程序设计模型，也是一种被广泛应用的编程思想。通俗地讲，面向对象编程认为应用程序是由许多单个的对象组成的，对象自身具有很大的灵活性、封装性和扩展性，既能方便开发者管理代码结构，也比较容易将代码模型和程序的业务逻辑紧密结合。

要理解面向对象编程还得从实战入手，通过编写代码，不断地练习，才能对面向对象编程有更为直观的理解。

C#是一种完全面向对象的编程语言。在 C#代码中可以使用的对象有类、结构、枚举、接口和委托。

3.1 类

类是从客观事物中进行抽象和总结出来的"蓝图"。

第 3 集

第 2 章中讲述基本数据类型时曾提到过，定义数据类型是为了能够更好地组织和存储数据，这些数据是临时的，只存在内存中，随时可以被清理，变量用于存放与某个类型相关的数据。

既然数据类型要存储数据，那么它内部肯定会包含必要的成员。比如，一个企业内部有多个职能部门（财务部、市场部、人力资源部等），每个部门负责不同的工作，彼此协作，整个企业才能正常运作。因此，类的内部也会定义以下几种不同的成员。

（1）属性。属性用于描述对象的特征。比如对于一个汽车类来说，可以用产品型号、颜色、最大时速等特点来描述，这些都是汽车的属性。

（2）方法。可以把方法比喻为对象的行为。

（3）事件。事件是在特定条件下触发的行为，可以理解为"条件反射"。比如，下课铃响了，学生们就知道放学了。再比如，一个气球内部充满了气体，然后拿一根针去扎它一下，由于遇到被扎这一事件，气球会做出响应——爆裂。

（4）构造器。构造器也叫构造函数、构造方法。它是一种特殊的方法，在创建对象实例时调用，用来进行一些初始化工作。

定义类使用 class 关键字，下面代码定义了一个表示图书的 Book 类。

```
class Book
{
    // 类的成员

}
```

注意： 关键字和类型名称之间要有空格。

3.1.1 字段

字段其实是在类（或结构）内部定义的一种变量，例如

```
struct Point
{
    public int X;
    public int Y;
}
```

上面代码定义了一个 Point 结构，它表示一个平面坐标点，其中字段 X 和 Y 分别表示横坐标和纵坐标的值。再比如

```
class Student
{
    string name;
    int age;
    string address;
}
```

上面代码定义了一个表示学生信息的 Student 类，其中包含三个字段：name 表示学生姓名，age 表示学生年龄，address 表示学生的住址。

3.1.2 属性

属性用于描述类的特征，它可以对字段进行封装。通常属性带有 get 和 set 访问器，get 访问器用来获取属性的值，而 set 访问器则用来设置属性的值。

再次定义一个 Student 类，把 name、age、address 三个字段用属性来封装。代码如下：

```
class Student
{
    // 姓名
    string name;
    public string Name
    {
        get { return this.name; }
        set { this.name = value; }
    }

    // 年龄
    int age;
    public int Age
    {
        get { return this.age; }
        set { this.age = value; }
    }

    // 住址
    string address;
    public string Address
    {
        get { return this.address; }
```

```
        set { this.address = value; }
    }
}
```

以 Name 属性为例，当获取属性的值时，通过 get 访问器将 name 字段的值直接返回；当修改 Name 属性的值时，通过 set 访问器把新值传递给 value 关键字，然后再把 value 赋值给 name 字段。另外两个属性情况类似。如果希望让属性只读，即只能获取其值而不允许对其进行赋值，直接去掉 set 访问器即可，仅保留 get 访问器。

通过上面的分析可以发现，字段是真正存储数据值的变量，而属性只是一个对外公开的"窗口"，数据通过属性来传递。当获取属性的值时，可以通过 return 关键字直接把字段中存放的值返回。当要设置属性的值时，调用 set 访问器把外部传进来的数据存放到 value 中，再以 value 作为纽带把数据赋给字段。

上面的示例似乎不足以说明为什么要使用属性。所以，接下来可以把上面的 Student 类进行如下修改

```
class Student
{
    // 姓名
    string name;
    public string Name
    {
        get { return this.name; }
        set
        {
            if (value == "")
            {
                throw new ArgumentException("姓名不能为空字符串。");
            }
            this.name = value;
        }
    }

    // 年龄
    int age;
    public int Age
    {
        get { return this.age; }
        set
        {
            if (value < 1 || value > 100)
            {
                throw new ArgumentException("年龄超出了有效范围。");
            }
            this.age = value;
        }
    }
    ......
}
```

经过修改后，Name 属性不接受空字符串，Age 属性不接受小于 1 或大于 100 的整数。如果设置的属性值不符合要求，就会抛出异常，即发生错误。上面代码充分展示了属性封装的好处，无论是获取还是设置属性的值，代码都可以事先做出相应的验证和处理，避免属性被设置为意外的值。如果直接把字段暴露给外部的调用代码，则字段很有可能被赋了不满足要求的值，严重时可能会破坏整个类的数据结构。

如果属性值不需要特殊验证处理，可以使用简化的属性声明语法，例如

```
public string Name { get; set; }
```

在编译时，会自动生成存储属性值的字段。由于这种简洁的语法省去了封装私有字段的过程，若希望在声明属性时设置默认值，可以在属性声明后面直接赋值，例如

```
public int MyValue { get; set;} = 700;
```

对于只读属性，只需要在声明时直接忽略 set 语句，比如

```
public string ProductNo { get; }
```

对于只读属性，还可以使用类似 Lambda 表达式的形式来声明，比如

```
public int MaxTaskNum => 500;
```

MaxTaskNum 属性是只读属性，返回整数值 500。当使用"=>"操作符来声明只读属性时，不需要写 get 语句，也不需要 return 关键字，"=>"后面直接写上要返回的值即可。

若将 set 语句改为 init 语句，表示属性是只读的，并且必须在类型初始化阶段进行赋值，例如

```
public class Person
{
    public int Id { get; init; }
    public string Name { get; init; }
}
```

在创建 Person 类型实例时，必须为 Id、Name 属性赋值。

```
Person psn = new Person
{
    Id = 5271,
    Name = "Jack"
};
```

3.1.3 方法

方法可以认为是类的行为，通常指的是一个动作。请考虑下面代码

```
class Music
{
    public string Title { get; set; }

    public int Year { get; set; }

    public void Play()
    {
        // 方法体内容
    }
}
```

上面代码中使用了属性的快速定义方式。代码定义了一个 Music 类，表示一段音乐的基本信息。Title 和 Year 是属性，用于描述音乐的特征（标题、发行年份），而 Play 是方法，因为播放音乐是一种行为，void 表示方法不带有返回值。

如果希望方法返回处理结果，可以定义带返回值的方法，如

```
int ReturnInt()
{
```

```
    return 100;
}
```

ReturnInt 方法调用后会返回一个整数 100。有时需要提供一些数据给方法内部的代码进行处理，这样一来，方法不仅需要返回值，而且还得用上参数，例如下面的 Add 方法

```
int Add(int a, int b)
{
    return a + b;
}
```

Add 方法的功能是计算两个整数的和，所以它不但要返回计算结果，还需要提供两个参数 a 和 b，以便在调用时可以传递用来进行加法运算的两个操作数。比如，可以这样调用：Add(2, 3)，方法执行完成后返回 5。

在调用方法时，最常用的方法是依据参数定义的类型和顺序来传递，如上面的 Add(2, 3)，2 传递给参数 a，3 传递给参数 b。那么，如果不想按照参数的声明顺序来传递，又如何处理呢？

方法也很简单，在调用方法时写上参数的名字就可以了，比如

```
Add(b:5, a:3)
```

写上参数的名字，后跟一个冒号（英文），然后再写上要传递的值，如上面的代码，传递给 a 参数的值是 3，而传递给 b 参数的值是 5。

读者还可以在方法中定义可选参数。可选参数顾名思义，就是在调用时，可以忽略的参数。正因为如此，可选参数要赋默认值。

```
void DoWork(string p1, string p2 = "abc")
{
    // 方法内容
}
```

在这个方法中，p1 是必选参数，p2 由于已赋了默认值，就成了可选参数。DoWork 方法可以这样调用

```
DoWork("123");
```

因为 p2 是可选参数，所以以上调用是允许的。但是，如果把 DoWork 方法改为以下形式，就会出错。

```
static void DoWork(string p1 = "abc", string p2)
{
    // 方法内容
}
```

此时，p1 就成了可选参数。如图 3-1 所示，如果仍然采取上面的调用方式，就会提示错误。即使在代码提示中为 p1 加上中括号（凡是可选参数，在提示中都会加上中括号），也无济于事。

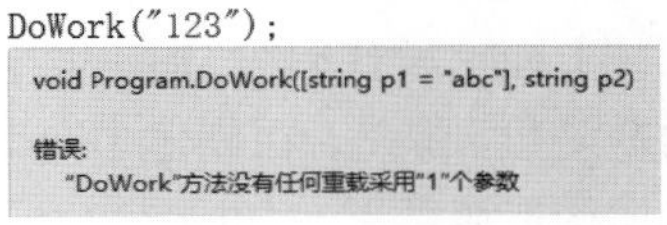

由此可见，可选参数要放在参数列表的最后才合理，因为如果可选参数放在前面，而代码在调用时又忽略掉，那么编译器就无法让传入的值与参数列表一一对应了。

```
DoWork("123");
void Program.DoWork([string p1 = "abc"], string p2)

错误:
    "DoWork"方法没有任何重载采用"1"个参数
```

图 3-1　错误提示

跟前面属性的声明相似，方法也可以使用 Lambda 表达式的形式来声明，比如

```
public string PickName() => "Jack";
```

PickName 方法没有参数，返回一个字符串实例。

同样，带参数的方法也可以用 Lambda 表达式来声明。不妨把上面举例的 Add 方法修改为

```
public int Add(int a, int b) => a + b;
```

在"=>"操作符右侧可以省略 return 关键字，直接写上 a + b 的运算结果即可。

3.1.4　构造函数与析构函数

构造函数在类被实例化时（即创建类的对象实例时）调用，它也是类的成员，具有以下特点
（1）构造函数的名称必须与类名相同。
（2）构造函数没有返回值。
（3）默认构造函数没有参数，但也可以定义参数。

即使开发人员不为类编写构造函数，它默认就有一个不带参数的构造函数。考虑以下代码

```
class Car
{
    // 内部代码
}

class Car1
{
    public Car1() { }
}
```

Car 和 Car1 的定义其实是一样的，如下面代码所示，在使用 new 运算符创建类的实例时，所产生的结果是相同的。

```
Car c1 = new Car();
Car1 c2 = new Car1();
```

既然有默认的无参数的构造函数，开发者为什么还要自己去写一个呢？如果希望在类型初始化的过程中加入自己的处理代码，就有必要自己来定义构造函数了。另外，如果要使用带参数的构造函数，就得自己编写了，因为类型默认的构造函数是无参数的。

考虑以下代码

```
class Toy
{
    public Toy(string name)
    {
        Console.WriteLine("正在创建{0}玩具。", name); ;
    }
}
```

上面这段代码为 Toy 类定义了一个带字符串类型参数的构造函数。但是，在创建 Toy 类的实例时无法再使用无参数的默认构造函数了，如图 3-2 所示。

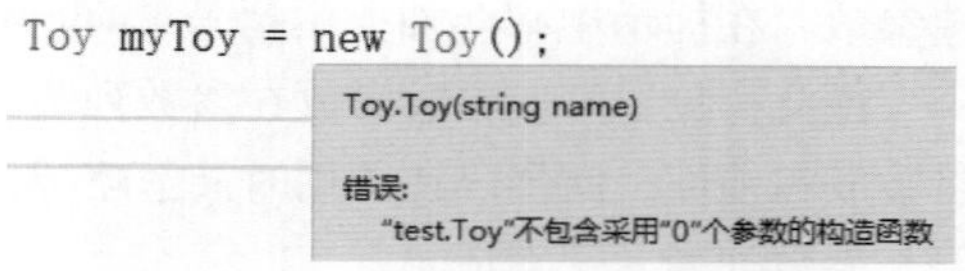

这表明，如果自己编写了构造函数，那么默认构造函数就会被覆盖。如果仍然希望用无参数的构造函数，就必须把无参构造函数也一并写上，所以上面代码应该做如下修改

```
Toy myToy = new Toy();
    Toy.Toy(string name)
    错误：
    "test.Toy"不包含采用"0"个参数的构造函数
```

图 3-2　默认构造函数无法使用

```
class Toy
{
    // 无参数的构造函数
    public Toy() { }
```

```
    // 带参数的构造函数
    public Toy(string name)
    {
        Console.WriteLine("正在创建{0}玩具。", name); ;
    }
}
```

要使用带参数的构造函数来创建类型的实例，就需要传递数据给对应的参数，如

```
Toy thetoy = new Toy("小汽车");
```

对象实例是暂存在内存中的，它不可能永远存在，在不需要使用时就会被清理。在 C++中，类实例通过调用构造函数创建，通过调用析构函数来销毁。在 C#中也可以为类型编写析构函数，如下面代码所示，为 Toy 类加上析构函数。

```
class Toy
{
    // 无参数的构造函数
    public Toy() { }
    // 析构函数
    ~Toy() { }
……
}
```

析构函数是以"~"开头的，没有返回值，后紧跟类名，无参数。析构函数只能在类中使用，而且只能有一个析构函数。不能在代码中去调用析构函数，它在资源被销毁时由.NET 运行时调用，同时会调用 Object 类的 Finalize 方法。前面曾提到过，.NET 中的所有类型都是从 Object 类派生的，因此不管被定义的是类还是结构，又或者是其他数据类型，在这些类型的实例被销毁时都会调用公共基类 Object 的 Finalize 方法。但是，由于 C#编译器无法直接调用 Finalize 方法，所以在代码中无须直接重写 Finalize 方法。

如果存在需要开发者手动进行清理的资源，除了使用析构函数，还有以下替代方案

```
class Speaker:IDisposable
{
    public void Dispose()
    {
        // 在这里进行清理
    }
}
```

若要实现 IDisposable 接口，在 Dispose 方法中写上自己的处理代码，使用方法如下：

```
Speaker sp = new Speaker();
// 其他代码
sp.Dispose(); //执行清理
```

也可以把实现了 IDisposable 接口的类的实例写到一个 using 语句块中，当代码执行完成 using 语句块时会自动调用对象的 Dispose 方法以释放占用的资源，比如

```
using (Speaker sp = new Speaker())
{
    // 处理代码
}
```

这里的 using 语句和引入命名空间的 using 语句含义不同。这里的 using 语句是限定一个范围，当代码执行到这个范围的结尾时会自动释放实现了 IDisposable 接口的对象实例。

using 语句还可以省略后面的一对大括号，即

```
using (Speaker sp = new Speaker());
// 处理代码
```

大括号省略后，当变量 sp 的生命周期结束时会自动调用 Dispose 方法。

那么，一个类的实例在创建时真的会调用构造函数，在被销毁时会调用析构函数吗？有没有办法来验证呢？

当然有，而且方法也不复杂，下面就来验证一下上述问题。启动 Visual Studio 开发环境，新建一个控制台应用程序，然后在 Program.cs 文件中定义一个 Test 类，代码如下：

```
public class Test
{
    // 构造函数
    public Test()
    {
        System.Diagnostics.Debug.WriteLine("构造函数被调用。");
    }

    // 析构函数
    ~Test()
    {
        System.Diagnostics.Debug.WriteLine("析构函数被调用。");
    }
}
```

在 Test 类的构造函数和析构函数中分别使用 System.Diagnostics.Debug.WriteLine 方法来输出调试信息，这里不使用 Console.WriteLine 方法来输出是因为当 Test 类的实例被回收时应用程序已经结束，读者就看不到输出结果了，而使用 Debug 类输出的内容显示在 Visual Studio 的 "输出" 窗口中，程序退出后这些信息还会保留，如果其中包含相关的文本就说明构造函数和析构函数被调用过。

接下来，在 Main 入口点中加入以下代码，创建 Test 类的实例。

```
static void Main(string[] args)
{
    Test t = new Test();
}
```

按下 F5 键调试运行，很快应用程序就退出了。然后通过菜单栏中的【视图】→【输出】命令打开 "输出" 窗口，如果代码正确执行了，就会在 "输出" 窗口中看到如图 3-3 所示的内容，这也说明 Test 类的构造函数和析构函数被调用了。

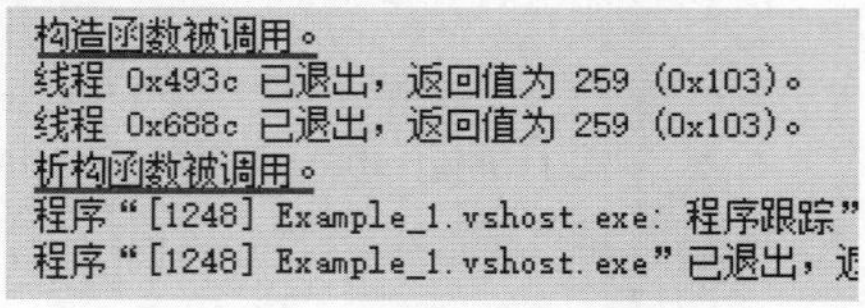

完整的示例代码请参考\第 3 章\Example_1。

图 3-3　输出调试信息

3.1.5　record 类型

record 类型在声明时使用 record 关键字，其格式和用法与 class（类）相同，区别在于相等比较的计算方法上。

使用 class 关键字来声明 Person 类型。

```
public class Person
{
    public int Id { get; set; }
```

```
    public string Name { get; set; }
    public int Age { get; set; }
}
```

然后实例化两个 Person 对象，并且它们的属性值相同。

```
// 第一个对象实例
Person p1 = new Person();
p1.Id = 2102;
p1.Name = "Bob";
p1.Age = 29;
// 第二个对象实例
Person p2 = new Person();
p2.Id = 2102;
p2.Name = "Bob";
p2.Age = 29;
// 相等比较
bool eq = p1 == p2;
if (eq)
{
    Console.WriteLine("两个对象描述的是同一个人");
}
else
{
    Console.WriteLine("两个对象描述的不是同一个人");
}
```

上面代码执行后会输出以下文本

两个对象描述的不是同一个人

　　尽管两个对象的属性值相同，但由于它们不是同一个实例，因此相等比较的结果是 false（不相等）。这在数据处理方案中会带来许多问题，比如应用程序从客户端接收到一个 Person 实例，接着从数据库查询并返回另一个 Person 实例，最后通过相等比较运算来确定这两个 Person 对象所描述是不是同一个人的信息。根据上面例子的运行结果，身份 ID、姓名和年龄都相同的两个对象，从逻辑上看它们描述的都是同一个人的信息，但计算机给出了否定的结果。

　　如果把 Person 类型的声明改为 record 关键字，那么开发人员不需要手动编写代码去比较两个 Person 对象中各个属性的值是否相同，编译器会自动完成这些工作。

　　将上文中的代码做如下修改

```
public record Person
{
    public int Id { get; set; }
    public string Name { get; set; }
    public int Age { get; set; }
}
```

再次执行程序代码，就会输出逻辑正确的结果了。

3.2　结构

　　结构与类比较相似，它内部同样可以包含字段、属性、方法等成员。但与类相比，结构有许多限制，比如

（1）结构只能声明带参数的构造函数，不能声明默认构造函数，（不带参数的构造函数），而类是可以的。

（2）结构不能进行继承和派生，但可以实现接口。结构默认是从 System.ValueType 派生的，而类默认是从 System.Object 派生的。所以类是引用类型，结构是值类型。

（3）结构在实例化时可以忽略 new 运算符，而类不可以。

结构使用 struct 关键字来声明，如

```
struct Pet
{
    public string Name;
    public int Age;
}
```

在实例化 Pet 结构时，可以不用 new 来创建，如下面代码所示

```
// 声明变量，但不需要 new 来实例化
Pet pet;
// 给 Pet 实例的成员赋值
pet.Name = "Jack";
pet.Age = 3;
```

当然，也可以用 new 来创建实例

```
// 使用 new 来创建实例
Pet pet2 = new Pet();
pet2.Name = "Tom";
pet2.Age = 2;
```

需要注意的是，在结构中声明的字段不能进行初始化，如果把上面的 Pet 结构改为以下形式就会发生错误。

```
struct Pet
{
    public string Name = "";
    public int Age = 1;
}
```

如图 3-4 所示，因为结构中的字段成员是不能设定初始值的。

如果在结构中定义了属性或者方法等成员，那么也要注意一个问题。举个例子，请考虑下面代码

```
struct Book
{
    public string Name { get; set; }

    public string ISBN { get; set; }

    public void Read()
    {
        Console.WriteLine("this book is reading...");
    }
}
```

Book 结构定义了两个属性，Name 表示书名，ISBN 表示图书的 ISBN 编码，Read 方法表示阅读此书的行为。按照前面的做法把 Book 结构实例化，代码如下：

```
Book theBook;
theBook.Name = "书名";
theBook.ISBN = "XXX-XX-X-XXXXX";
theBook.Read();
```

这时就会发生错误，如图 3-5 所示，提示未赋值的变量。这告诉我们，在未使用 new 关键字实例化结构的前提下，只能调用其字段，而属性、方法等成员无法调用。

```
string Name = "";
int Age  "App.Pet.Name": 结构中不能有实例字段初始值设定项
```

```
Book theBook;
theBook.Name = "书名";
(局部变量) Book theBook
使用了未赋值的局部变量"theBook"
```

图 3-4　结构中字段不能设定初始值 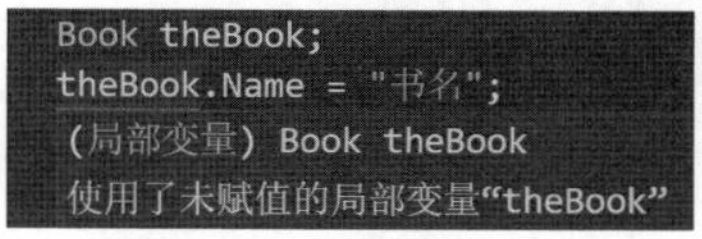　　　　　图 3-5　错误提示

于是，把代码进行如下修正

```
Book theBook = new Book();
theBook.Name = "书名";
theBook.ISBN = "XXX-XX-X-XXXXX";
theBook.Read();
```

通过以上例子可以发现，结构的使用有着很多限制，不像类那样灵活。因此，如果要定义属性、方法、事件等成员，应当优先考虑使用类，结构一般用来定义一些比较简单的类型，比如只包含几个公共字段的结构就比较合理，类似于 C 语言中的结构体。当然，类和结构还有一个更值得关注的区别——类是引用类型，结构是值类型。

3.3　引用类型与值类型

通常，类是引用类型，结构是值类型。那么什么是引用类型，什么是值类型？下面通过两个示例来演示两者的区别。

第一个示例演示的是引用类型（完整的示例代码请参考第 3 章\Example_2）。首先定义一个 Person 类，代码如下：

```
public class Person
{
    public string Name { get; set; }
    public int Age { get; set; }
}
```

随后，声明两个 Person 类型的变量，第一个变量创建一个 Person 实例，接着把第一个变量赋值给第二个变量，代码如下：

```
// 创建两个 Person 实例
Person ps1 = new Person { Name = "Time", Age = 22 };
// 把 ps1 赋值给 ps2
Person ps2 = ps1;
// 输出 ps2 的属性值
Console.WriteLine("ps1 被修改前：\nps2.Name：{0}\nps2.Age：{1}", ps2.Name, ps2.Age);
// 修改 ps1 的属性值
ps1.Name = "Jack";
ps1.Age = 28;
```

```
// 再次输出 ps2 的属性值
Console.WriteLine("\nps1 被修改后:\nps2.Name : {0}\nps2.Age : {1}", ps2.Name, ps2.Age);
```

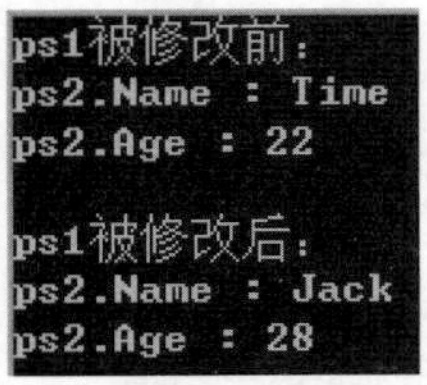

图 3-6　两次输出 ps2 的属性值

第一次输出 ps2 的属性值时，ps1 的属性没有被修改，因此 ps2 各个属性的值与 ps1 相同。但之后代码修改了 ps1 的 Name 和 Age 属性的值，我们重点关注这时 ps2 中各个属性的值会不会跟随 ps1 一起发生改变。程序运行后输出的内容如图 3-6 所示。

接下来实现第二个示例，该示例演示值类型（完整的示例代码请参考第 3 章\Example_3）。同样，先定义一个 Person 结构（注意是结构，不是类），代码如下：

```
struct Person
{
    public string Name { get; set; }
    public int Age { get; set; }
}
```

和第一个示例类似，声明 Person 结构的两个变量，ps1 创建新的实例，然后赋值给 ps2，并输出 ps2 各个属性的值。代码如下：

```
// 实例化 Person 结构
Person ps1 = new Person { Name = "Bob", Age = 21 };
// 将 ps1 赋值给 ps2
Person ps2 = ps1;
// 输出 ps2 的属性值
Console.WriteLine("ps1 被修改前: \nps2.Name : {0}\nps2.Age : {1}", ps2.Name, ps2.Age);
// 修改 ps1 的属性值
ps1.Name = "Tom";
ps1.Age = 33;
// 再次输出 ps2 的属性值
Console.WriteLine("\nps1 被修改后:\nps2.Name : {0}\nps2.Age : {1}", ps2.Name, ps2.Age);
```

程序的输出结果如图 3-7 所示。

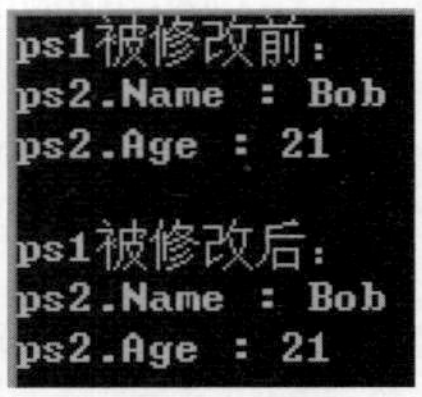

对比以上两个示例的运行结果，在第一个示例中，把 ps1 赋值给 ps2 后，修改 ps1 也会同时改变 ps2，因为对于引用类型来说，实例化是在托管堆中动态分配内存的，变量只是保存该实例的地址，即 ps1 存的只是指向 Person 实例引用的符号。哪怕是将 ps1 赋值给 ps2，ps2 中保存的还是指向那个 Person 实例的引用，它们所引用的是同一个实例，所以对 ps1 进行修改其实改变的是它所引用的那个实例，输出的 ps2 的属性值自然就是更新后的值了。可以用图 3-8 演示这一过程。

图 3-7　两次输出 ps2 的属性值 2

在第二个示例中，由于 Person 结构是值类型，它所创建的实例不在托管堆中分配内存，而是直接存储在变量中。当 ps1 赋值给 ps2 时，就等于把自己复制了一遍，包括其内部成员，即 ps1 把 Name 和 Age 属性的值一同复制到 ps2 中，就变成两个实例了，因此当代码修改了 ps1 的属性值后，与 ps2 并没有直接关系，它们是两个独立的实例。同样也可以用图 3-9 演示这一过程。

快捷方式是 Windows 操作系统中特殊的文件类型，其实引用类型与快捷方式很像。引用类型就相当于用户为某个文件创建快捷方式（比如桌面快捷方式）。不管创建了多少个快捷方式，只要指向的是同一个文件，那么当这个文件被修改或者被删除后，会影响到指向该文件的所有快捷方式。

值类型就相当于用户在操作系统中复制文件。比如，把文件 A 从 C 盘复制到 D 盘，然后打开 D 盘下的

A 文件进行修改并保存，存放在 C 盘中的 A 文件丝毫不受影响，因为这两个 A 文件是相互独立的。

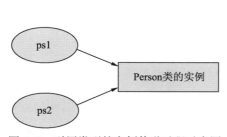

图 3-8　引用类型的实例传递过程示意图

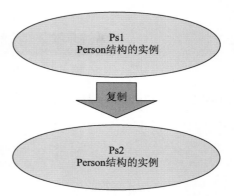

图 3-9　引用值类型的实例传递过程示意图

3.4　ref 参数与 out 参数

3.3 节中已经对引用类型和值类型进行了比较，因此就会引出一个新的疑问：变量作为参数传给方法，并希望在方法执行完成后，对参数所做的修改能够反映到变量上，这该如何处理呢？

对于引用类型是比较好处理的，因为引用类型的变量保存的是对象实例的地址，直接传递给方法的参数即可。可以用一个示例来验证。

完整的示例代码请参考\第 3 章\Example_4。首先，定义一个 Person 类用于测试。

```
public class Person
{
    public string Name { get; set; }
    public int Age { get; set; }
}
```

然后，定义一个 TestMethod1 方法，接收一个 Person 类型的参数，并在方法中修改它的属性。

```
/// <summary>
/// 参数传递的是引用，因此可以把更改反映到外部变量上
/// </summary>
static void TestMethod1(Person p)
{
    p.Name = "Loo";
    p.Age = 33;
}
```

最后，声明一个 Person 类型的变量，并调用 TestMethod1 方法。

```
Person ps = new Person { Name = "John", Age = 25 };
// 调用 TestMethod1 方法前
Console.WriteLine("在调用 TestMethod1 方法前，ps.Name : {0}, ps.Age : {1}", ps.Name,
ps.Age);
TestMethod1(ps);
// 调用 TestMethod1 方法后，再次输出 ps 的属性值
Console.WriteLine("在调用 TestMethod1 方法后，ps.Name : {0}, ps.Age : {1}", ps.Name,
ps.Age);
```

屏幕输出的结果如图 3-10 所示。在 TestMethod1 方法调用完成后，ps 的 Name 属性和 Age 属性将会发生改变。

```
在调用TestMethod1方法前, ps.Name : John, ps.Age : 25
在调用TestMethod1方法后, ps.Name : Loo, ps.Age : 33
```

图 3-10　变量 ps 的属性在调用方法后被修改

下面再定义一个 TestMethod2 方法。

```
static void TestMethod2(Person p)
{
    p = new Person { Name = "Chen", Age = 29 };
}
```

这次代码不是修改 p 参数的属性，而是直接创建了一个新的实例，并且为 Name 属性和 Age 属性赋了值。代码中采用了一种简便的写法，即在 new 运算符后用一对大括号直接设定属性的值。比如下面的两个写法都是允许的。

```
Person ps = new Person() { Name = "abc", Age = 22 };
Person ps = new Person { Name = "xyz", Age = 33 };
```

两种写法的区别不大，就是在 new 后面调用构造函数时是否带有一对小括号。为什么会允许这两种写法呢？不妨设想一下，如果类的构造函数没有参数（默认构造函数），就不必写上一对小括号；如果类的构造函数带有参数，肯定要传递参数，因此小括号就不能省略了。

接着，调用 TestMethod2 方法。

```
Person ps2 = new Person();
ps2.Name = "Xin";
ps2.Age = 35;
Console.WriteLine("在调用 TestMethod2 方法前,\nps2.Name : {0}\nps2.Age : {1}", ps2.Name,
ps2.Age);
// 调用 TestMethod2 方法
TestMethod2(ps2);
// 再次输出 ps2 的属性值
Console.WriteLine("在调用 TestMethod2 方法后:\nps2.Name : {0}\nps2.Age : {1}", ps2.Name,
ps2.Age);
```

屏幕的输出结果如图 3-11 所示。

ps2 变量是引用类型的实例，传递到 TestMethod2 方法后就新建了一个新的实例，而且还给属性赋了值，为什么方法执行完成后 ps2 的属性值没有改变？ps2 在传给 TestMethod2 方法的参数时它自身被复制到参数 p，只不过它复制的是引用地址而不是对象实例本身。也就是说，ps2 把它引用的实例的地址复制给了 TestMethod2 方法的参数 p，如果 TestMethod2 方法的参数 p 引用了其他对象的实例，那么参数中保存的引用就变了，但是它

```
在调用TestMethod2方法前,
ps2.Name : Xin
ps2.Age : 35
在调用TestMethod2方法后,
ps2.Name : Xin
ps2.Age : 35
```

图 3-11　ps2 的属性在调用
TestMethod2 方法后不变

的改变并不与 ps2 有直接关系，因为 ps2 与参数 p 是两个独立的变量，只不过在进入 TestMethod2 方法时它们都引用了共同的实例。这就好比用户在操作系统中为文件 A 创建了快捷方式 AA，然后复制快捷方式 AA 到 BB，这时快捷方式 BB 指向的依然是文件 A。但是如果把快捷方式 BB 改为指向文件 B，这时快捷方式 AA 是不受影响的，它仍然指向文件 A。可以使用图 3-12 和图 3-13 演示这一过程。

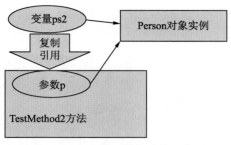

图 3-12　ps2 传入方法时的示意图

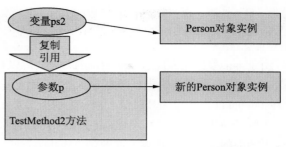

图 3-13　方法执行后 ps2 变量的示意图

要解决以上问题，就要考虑在定义方法的参数时加上 ref 或 out 关键字，这两个关键字比较相似，ref 参数在传入前必须先初始化，而 out 参数不需要事先进行初始化，只要在传入前声明变量即可。我们可以用 ref 和 out 关键字来解决上面的问题。

```
static void TestMethod3(ref Person p)
{
    p = new Person();
    p.Name = "Lee";
    p.Age = 12;
}

static void TestMethod4(out Person p)
{
    p = new Person();
    p.Name = "Huang";
    p.Age = 27;
}
```

上述两个方法的实现方式是一样的，只是 TestMethod3 方法使用 ref 关键字来修饰参数 p，TestMethod4 方法则使用 out 关键字来修饰参数 p。

随后分别调用这两个方法。

```
Person ps3 = new Person();
ps3.Name = "Li";
ps3.Age = 10;
Console.WriteLine("在调用 TestMethod3 方法前:\nps3.Name : {0}\nps3.Age : {1}", ps3.Name,
ps3.Age);
// 调用 TestMethod3 方法
TestMethod3(ref ps3);
// 调用 TestMethod3 方法后再次输出 ps3 的属性值
Console.WriteLine("在调用 TestMethod3 方法后:\nps3.Name : {0}\nps3.Age : {1}", ps3.Name,
ps3.Age);

Console.Write("\n\n");
Person ps4;
// 调用 TestMethod4 方法
// 变量在传递给 out 参数前可以不进行初始化
TestMethod4(out ps4);
// 调用 TestMethod4 方法后输出 ps4 的属性值
if (ps4 != null)
{
```

```
        Console.WriteLine("在调用 TestMethod4 方法后：\nps4.Name : {0}\nps4.Age : {1}",
    ps4.Name, ps4.Age);
    }
```

由于 out 参数允许传递未初始化的变量，所以在调用 TestMethod4 方法时，ps4 没有进行初始化，即为 null（空引用），然后传递给 out 参数，在 TestMethod4 方法中为其赋值。程序的输出结果如图 3-14 所示。

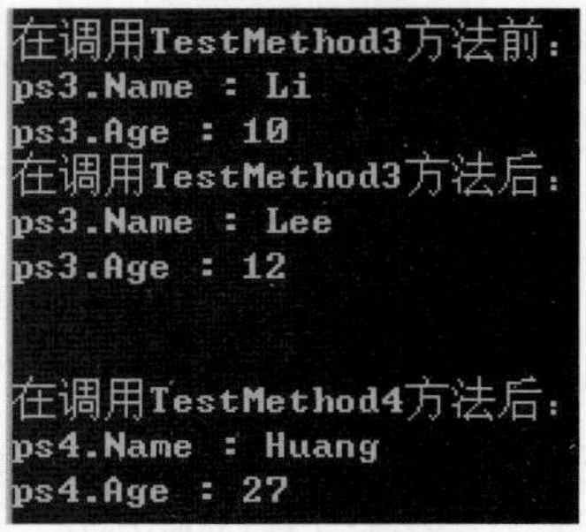

不管是使用 ref 关键字还是 out 关键字来修饰参数，在调用方法时都要带上相应的关键字，比如上面的 TestMethod3(ref ps3) 和 TestMethod4(out ps4)。

用 ref 或 out 关键字来修饰方法参数还能解决值类型变量的传递问题。值类型变量之间的赋值是把自身进行一次复制，因此把值类型的变量传递给方法的参数后，就把自身复制到参数中。而在方法中对参数的修改不会影响到方法外部的变量，因为它们是相互独立的。为了让值类型的变量也能按引用传递，以达到修改外部变量的目的，可以在方法的相应参数上加上 ref 或 out 关键字。

图 3-14　ref 和 out 参数调用结果

同样，也可以用一个示例来演示（完整的示例代码请参考\第 3 章\Example_5）。首先定义用来测试的 Dress 结构。

```
public struct Dress
{
    public string Color;
    public double Size;
    // 构造函数
    public Dress(string color, double size)
    {
        Color = color;
        Size = size;
    }
}
```

Dress 结构包含一个 string 类型的 Color 字段和一个 double 类型的 Size 字段。接下来定义三个方法。

```
static void F1(Dress d)
{
    d.Color = "红色";
    d.Size = 17.213d;
}

static void F2(ref Dress d)
{
    d.Color = "紫色";
    d.Size = 19.5d;
}

static void F3(out Dress d)
{
    d = new Dress("浅灰", 18.37d);
}
```

F1 方法的参数 d 不带任何修饰符，F2 方法的参数 d 用 ref 关键字来修饰，F3 方法的参数 d 则使用 out 关键字来修饰。随后，代码分别调用这三个方法，注意观察和比较屏幕上输出的信息。

```
        Dress d1 = new Dress("白色", 3.125d);
        Console.WriteLine("调用F1方法前: \nd1.Color:{0}\nd1.Size:{1}", d1.Color,
d1.Size);
        // 调用 F1 方法
        F1(d1);
        // 调用 F1 方法后输出 d1 的成员的值
        Console.WriteLine("调用F1方法后: \nd1.Color:{0}\nd1.Size:{1}", d1.Color,
d1.Size);
        ……
        Dress d2 = new Dress("绿色", 8.5777d);
        Console.WriteLine("调用F2方法前: \nd2.Color:{0}\nd2.Size:{1}", d2.Color,
d2.Size);
        // 调用 F2 方法
        F2(ref d2);
        // 调用 F2 方法后再次输出 d2 的成员的值
        Console.WriteLine("调用F2方法后: \nd2.Color:{0}\nd2.Size:{1}", d2.Color,
d2.Size);
        ……
        Dress d3;
        // 调用 F3 方法
        F3(out d3);
        // 调用 F3 方法后输出 d3 的成员的值
        Console.WriteLine("调用F3方法后: \nd3.Color:{0}\nd3.Size:{1}", d3.Color,
d3.Size);
```

　　F1 方法的参数不带任何修饰，因此调用时是按值传递的，故在 F1 方法内部对参数 d 的修改不影响变量 d1，输出结果如图 3-15 所示。

　　F2 方法的参数加了 ref 关键字，因此调用时是按引用传递的，所以在 F2 方法内部修改 d 参数会影响变量 d2，输出结果如图 3-16 所示。

　　F3 方法使用了 out 关键字来修饰参数 d（输出参数），所以在调用方法后会给变量 d3 赋值，输出结果如图 3-17 所示。

图 3-15　按值传递不影响变量 d1　　图 3-16　按 ref 传参后会影响变量 d2　　图 3-17　修改 out 参数影响变量 d3

3.5　方法重载

　　所谓方法重载，就是在类型内部存在名字相同但签名不同的方法。以下情况可以构成重载。

　　（1）具有不同类型的返回值且参数有差异的同名方法可以重载。例如：

```
public string DoWork(int n);
public int DoWork();
```

　　两个方法都命名为 DoWork，第一个 DoWork 方法的返回类型是 string，并带有一个 int 类型的参数，而第二个 DoWork 方法则返回 int 类型，没有参数，所以它们可以重载。但是，参数列表相同，只是返回值类型不同的两个同名方法是不能构成重载的。

（2）参数列表的类型及顺序不同，可以构成重载。例如：

```
void OnTest(string a) { }
void OnTest(float b, double a) { }
```

第一个 OnTest 方法只有一个参数，类型为 string；第二个 OnTest 方法有两个参数，分别是 float 类型和 double 类型，因此它们可以构成重载。但是下面的方法声明不能与上面的 OnTest 构成重载

```
void OnTest(float a, double b) { }
```

虽然参数的名字不同，但是参数的类型和顺序相同，不能构成重载。编译器只关注参数的个数、类型和顺序，而参数的名字并不编译。比如：

```
void Send(int a, int b) { }
void Send(string a, string b) { }
```

上面两个 Send 方法虽然都有名为 a、b 的两个参数，但是它们的类型不同，前者是 int 类型，后者是 string 类型，故构成重载。

（3）带 ref 或 out 修饰符的参数。如果一个方法的参数带有 ref 关键字修饰的参数，而另一个同名方法不带有 ref 关键字修饰的参数，那么这两个方法构成重载。例如：

```
void Compute(ref short v) { }
void Compute(short v) { }
```

同理，如果一个方法的参数使用 out 关键字修饰，而另一个与之同名的方法的参数不使用 out 关键字修饰，也能构成重载，如下面两个方法

```
void Compute(short v) { }
void Compute(out short v) { v = 2; }
```

由于编译器不区分 ref 和 out 参数，所以如果一个方法使用 ref 参数，而另一个方法使用 out 参数，而且参数的个数、类型和顺序相同，则不能构成重载。

```
void Compute(ref short v) { }                          // 编译错误
void Compute(out short v) { v = 2; }                   // 编译错误
```

以上两个方法名称相同，参数个数和类型相同，第一个 Compute 方法使用了 ref 参数，而第二个 Compute 方法使用了 out 参数，因此这两个方法不能重载，在编译时会报错。

构造函数也是一种特殊的方法，因而也支持重载，前面在讲述类的定义时，已经介绍过构造函数的重载了，即为类型定义多个构造函数。比如下面的 Goods 类

```
public class Goods
{
    public Goods() { }
    public Goods(string goodsName) { }
}
```

在 Goods 类中，定义了两个构造函数，第一个是默认构造函数，第二个构造函数是一个重载，带有一个 string 类型的参数。

3.6 静态类与静态成员

static 关键字既可以修饰类型，也可以修饰类型中的成员。使用了 static 关键字即表示声明为静态类型或静态成员。静态是相对于动态而言的，前面曾讲述过变量和常量，变量是动态声明的，而且可以动态地

进行赋值。也就是说，变量是在使用时才去分配内存，即对象的实例；而静态类型或静态成员正好相反，它们不是基于实例的，所以在使用前不需要实例化，它们是基于类型本身的，直接就可以调用静态成员。

下面代码定义了一个 DataOperator 类，内部定义了两个静态方法——AddNew 和 UpdateNow。

```
public class DataOperator
{
    public static void AddNew() { }
    public static void UpdateNow() { }
}
```

在调用时，无须声明 DataOperator 类型的变量，也不需要进行实例化，而是直接调用它的公共方法即可。比如：

```
DataOperator.AddNew();
DataOperator.UpdateNow();
```

其实这个也很好掌握，直接写上类型的名字，然后用点号（成员运算符）来访问其公共成员即可。static 关键字不仅能修饰方法，而且可以用来修饰字段、属性、事件等成员。例如下面代码定义了两个静态属性。

```
public class Car
{
    public static string CarName { get; set; }
    public static double Speed { get; set; }
}
```

同理，向这两个属性赋值前不用声明变量，也不用实例化，直接访问类型的成员即可。

```
Car.CarName = "高档汽车";
Car.Speed = 170d;
```

如果将 static 关键字用于修饰类型，表明整个类型都是静态。在这种条件下，类型只能定义静态成员。比如，下面代码在编译时就会报错。

```
public static class Test
{
    public void SayHello() { }                     // 错误
    public string Message { get; set; }            // 错误
}
```

Test 已声明为静态类，因此它只能定义静态成员，以上代码中的 SayHello 方法和 Message 属性是不能通过编译的。正确的代码如下：

```
public static class Test
{
    public static void SayHello() { }              // 正确
    public static string Message { get; set; }     // 正确
}
```

3.7　只读字段

在声明字段成员时，如果加上 readonly 关键字，此字段就会变成只读。例如：

```
public class Test
{
    public readonly string FixLabel;
}
```

Test 类实例化之后无法修改 FixLabel 字段，因此下面代码在编译时会报错。

```
Test n = new Test();
n.FixLabel = "somework";
```

只读字段可以在声明时赋值。

```
public readonly string FixLabel = "something";
```

或者在构造函数里面进行赋值。

```
public class Test
{
    public readonly string FixLabel;

    // 构造函数
    public Test()
    {
        FixLabel = "something";
    }
}
```

结构类型也可以定义只读字段。下面例子中，D1 字段为只读。

```
public struct Test
{
    public readonly int D1;
    public int D2;
    public int D3;
}
```

如果在声明结构类型时加上 readonly 关键字，那么结构类型内部所有字段都必须声明为只读。

```
public readonly struct Test
{
    public readonly int D1;
    public readonly int D2;
    public readonly int D3;
}
```

3.8　可访问性与继承性

前面介绍了类和结构的定义，尤其是类，因为它的应用更为广泛，因此本书随后会把与类有关的内容作为重点讲述对象。类的定义可以体现面向对象编程中的封装性，本节将会介绍可访问性与继承性。

3.8.1　可访问性

清楚各种可访问性的限制，可以更好地保护和管理自己编写的类型。常用的可访问修饰符可以参考表 3–1。

表 3-1　可访问性修饰符

修　饰　符	说　　明
public	无限制
internal	只允许在同一个程序集内访问
protected	通常允许派生类访问

修　饰　符	说　　明
protected internal	实际上是protected和internal的合并
private	只能在当前类型中访问

许多初学者会认为有关可访问性的内容不好记忆，其实可访问性并不需要去记忆，只要多动手去写一下代码就能够掌握，在学习过程中，应该学会自己编写代码去验证问题。

启动 Visual Studio 开发环境，然后按照以下步骤练习。

（1）按快捷键 Ctrl + Shift + N，打开"新建项目"窗口，从项目模板列表中选择"控制台应用程序"，输入项目名、解决方案名及存放路径，最后单击"确定"按钮完成项目的创建。

（2）在 Program 类所在的命名空间下声明一个 A 类。

```
public class A
{
    private int Value { get; set; }
}
```

（3）在 Main 方法中创建 A 类的实例，并尝试访问 Value 属性。

```
A va = new A();
va.Value = 5;                              // 错误
```

这时会得到 Value 属性不可访问的提示，因为它被定义为 private，只能在类的内部使用。

（4）定义一个 B 类，同样也定义一个 Value 属性，但访问修饰符为 public。

```
public class B
{
    public int Value { get; set; }
}
```

（5）在 Main 方法中实例化一个 B 对象，并向其 Value 属性赋值。

```
B vb = new B();
vb.Value = 100;                            // 正确
```

由于 B 类的 Value 属性定义为 public，即公共属性，没有访问限制，故在类的外部可以访问。

（6）internal 关键字只允许同一程序集内的代码访问。通常情况下，在使用 Visual Studio 进行开发时，一个项目就是一个程序集。所以，接下来可以在当前解决方案中再新建一个项目。打开"解决方案资源管理器"窗口，在解决方案节点上右击，并从弹出的快捷菜单中选择【添加】→【新建项目】，在打开的"新建项目"窗口中选择"类库"，然后输入项目的名字，单击"确定"按钮完成。

（7）在新建的项目中用 internal 关键字声明一个 M 类。

```
internal class M
{
    public void MakeMessage()
    {
        // 方法内容
    }
}
```

（8）按 Ctrl + S 快捷键保存，然后在"解决方案资源管理器"窗口中，在控制台应用程序项目的"引用"节点上右击，从弹出的快捷菜单中选择【添加引用】。

（9）在"引用管理器"窗口左侧导航到"解决方案"→"项目"，然后在窗口的中间区域选中新建的类库项目，然后单击"确定"按钮，如图 3-18 所示。

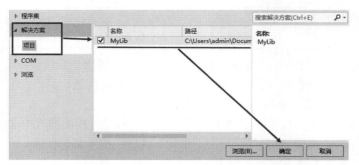

图 3-18　添加引用

（10）在 Main 方法中尝试把类库项目中的 M 类进行实例化。

```
MyLib.M m = new MyLib.M();                 // 错误
```

这时会出现错误提示，因为 M 类声明为 internal，只能在它所在程序集中使用，在其他程序集中无法访问。当然，把 M 类改为 public 就可以访问了，public 是不受限制的。另外，由于在命名空间下类的默认访问方式为 internal，所以在命名空间下直接定义类可以省略 internal 关键字。

完整的示例代码请参考\第 3 章\Example_6。

3.8.2　继承性

因为结构是不能派生的，所以继承是对类而言的。

在对客观事物进行抽象提取过程中，人们需要根据客观事物的发展特点做出有层次性的描述。例如，星球是对宇宙中各类星体的总概括，具体划分起来，可能会有恒星、行星等，再往下分就会有木星、土星、地球等。然而对于星球这个类来说，它可以囊括所有星体的一些共同特征，比如自转速度、公转速度、直径等。所以，类与类之间可以存在一种层次关系，这种关系就类似于"父子"关系。例如，衣服是一个基类，它可以用尺寸、颜色、布料等特点来描述，但是衣服是可以分为很多种，于是可以从衣服类派生出其他衣服类，如毛衣、运动裤、裙子等。这些类不仅继承了衣服类中定义的属性或其他成员，而且它们可以根据自身的特点来扩展一些新的成员。

下面通过一个示例实现类的继承。在 Visual Studio 开发环境中新建一个控制台应用程序项目。首先，定义一个 Person 类，它具有 Name、Address、Age 三个属性。

```
public class Person
{
    /// <summary>
    /// 姓名
    /// </summary>
    public string Name { get; set; }
    /// <summary>
    /// 住址
    /// </summary>
    public string Address { get; set; }
    /// <summary>
    /// 年龄
```

```
    /// </summary>
    public int Age { get; set; }
}
```

其次，定义一个表示学员信息的 Student 类，从 Person 类派生，并增加一个新的属性 Course，表示学员学习的课程。

```
public class Student : Person
{
    /// <summary>
    /// 课程
    /// </summary>
    public string Course { get; set; }
}
```

最后，在代码中创建一个 Student 的实例，并向其属性赋值，然后输出到屏幕上。

```
Student st = new Student();
st.Name = "Tom";
st.Age = 21;
st.Address = "test";
st.Course = "C++编程入门";
// 输出到屏幕
Console.WriteLine("学员信息：\n 姓名：{0}\n 住址：{1}\n 年龄：{2}\n 课程：{3}",
            st.Name,
            st.Address,
            st.Age,
            st.Course);
```

Student 实例的成员除新增的 Course 属性外，还保留了 Person 类所定义的几个属性。这说明，派生类（子类）在基类（父类）的基础上进行了扩展，其实就是"子承父业"。屏幕输出结果如图 3-19 所示。

图 3-19　屏幕输出结果

既然派生类是基类的扩展，那么在创建派生类的实例时，调用的是派生类的构造函数还是基类的构造函数？如果都被调用，那么谁先谁后呢？要回答这个问题并不难，只需要修改一下 Person 类和 Student 类定义的代码，分别为它们加上构造函数和析构函数，并使用 Debug 类输出调试信息。

```
public class Person
{
    /// <summary>
    /// 构造函数
    /// </summary>
    public Person()
    {
        System.Diagnostics.Debug.WriteLine("Person 类的构造函数被调用。");
    }
    /// <summary>
    /// 析构函数
    /// </summary>
    ~Person()
    {
        System.Diagnostics.Debug.WriteLine("Person 类的析构函数被调用。");
    }
    ......
```

```
    }

    public class Student : Person
    {
        /// <summary>
        /// 构造函数
        /// </summary>
        public Student()
        {
            System.Diagnostics.Debug.WriteLine("Student 类的构造函数被调用。");
        }
        /// <summary>
        /// 析构函数
        /// </summary>
        ~Student()
        {
            System.Diagnostics.Debug.WriteLine("Student 类的析构函数被调用。");
        }
    ......
    }
```

运行程序，然后按键盘上的任意一个键将其关闭。打开"输出"窗口（可以在快速启动搜索框中输入"输出"来查找），会看到输出的调试信息，如图 3-20 所示。

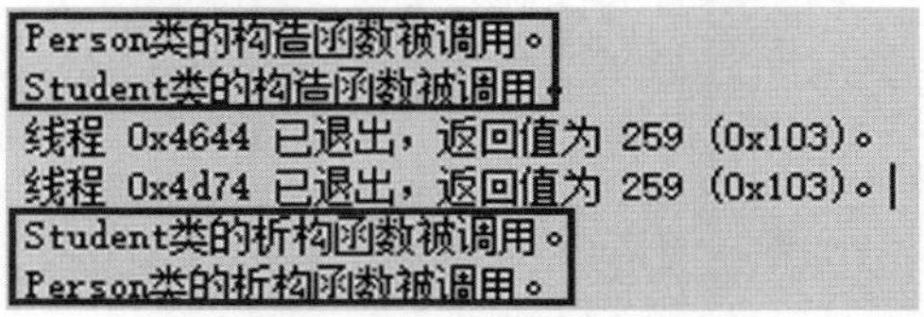

在实例化 Student 类时，先调用基类的构造函数，再调用派生类的构造函数；在实例被释放时，析构函数的调用顺序与构造函数的调用正好相反。

完整的示例代码请参考\第 3 章\Example_7。

```
Person类的构造函数被调用。
Student类的构造函数被调用。
线程 0x4644 已退出，返回值为 259 (0x103)。
线程 0x4d74 已退出，返回值为 259 (0x103)。
Student类的析构函数被调用。
Person类的析构函数被调用。
```

图 3-20 输出的调试信息

3.8.3 注意可访问性要一致

派生类的可访问性要与基类保持一致，至少派生类的可访问性不要比基类高。请考虑以下代码

```
internal class A
{
    public void OnTest() { }
}

public class B : A
{
    public float Value { get; set; }
}
```

乍一看这段代码并没有问题，B 类自身定义了一个 Value 属性，并从 A 类继承了一个 OnTest 方法，然而当将上述代码进行编译时，就会发现错误。

导致错误的原因是基类和子类的可访问性不一致。那么为什么要求派生类的可访问性要跟基类一致呢？A 类的可访问性是定义为 internal 的，即只能在当前程序集中访问，而 B 类从 A 类派生，并且 B 类的可访问性是 public 的，访问不受限制。当 A 类和 B 类放在同一个程序集中时似乎不成问题，但是如果要从另一个程序集来访问 B 类，由于 B 类是公共的，自然可以创建 B 类的实例，只是 OnTest 方法是从 A 类继承过来的，A 类又声明为 internal，这就使得 OnTest 方法无法被访问，显然就出现访问冲突了。

因此，为了保证从基类继承下来的成员都能被有效访问，派生类的可访问性不应该比基类高。派生类的可访问性可以比基类低，因为这样不影响对基类成员的访问，所以如果 A 类声明为 public，B 类从 A 类派生，并声明为 internal，是没有问题的，因为它保证了基类的公共成员可以被有效访问。

3.8.4　隐藏基类的成员

下面一段代码中，A 类定义了一个 Play 方法，可访问性为 private，即私有方法；B 类从 A 类派生，也定义了一个 Play 方法，可访问性为 public。

```
public class A
{
    private void Play() { Console.WriteLine("A"); }
}

internal class B : A
{
    public void Play() { Console.WriteLine("B"); }
}
```

如果实例化和调用 B 类的 Play 方法，屏幕上输出的是 B，因为 A 类中的 Play 方法不会被调用。A 类中的 Play 方法是私有（private）方法，只能在 A 类内部访问，派生类也无法访问。

把代码改为

```
public class A
{
    public void Play() { Console.WriteLine("A"); }
}

internal class B : A
{
    public void Play() { Console.WriteLine("B"); }
}
```

A 类和 B 类的 Play 方法被定义为 public，那么，B 类的实例到底会调用哪个 Play 方法呢？仍然是选择了 B 类的 Play 方法。这里涉及隐藏基类成员的问题。上面的代码在 B 类中定义了一个和 A 类中相同的 Play 方法，这样就会把 A 类中的 Play 方法给隐藏了，因此在 B 类中就不再调用 A 类中的 Play 方法了。

虽然这样做在编译时不会报错，但会收到警告。这种警告提醒开发者是否不小心隐藏了基类的成员。有时候代码量较大，开发者在编写代码时，可能忘了在 A 类中已经写过了 Play 方法，于是在编写 B 类时，又重复定义了 Play 方法，所以编译器才会发出警告。

如果确实要隐藏基类的成员，就应该明确地告诉编译器，方法是在方法的声明上加一个 new 关键字。这个 new 和用来实例化对象时用的 new 操作符是同一个单词，但在这里它的含义不是创建实例，而是隐藏基类的成员。所以上面的代码可以改为

```
internal class B : A
{
    public new void Play() { Console.WriteLine("B"); }
}
```

3.8.5　覆写基类成员

在编写派生类时，根据当前类的具体需要，可能要用相同的成员来覆盖或者扩展基类的成员。3.8.4 节

第 4 集

已经介绍了使用 new 关键字来隐藏基类的成员，但会引发一个问题。下面用一个例子就可以说明问题

```
public class F
{
    public string ThisName
    {
        get { return "F"; }
    }
}
public class G : F
{
    public new string ThisName
    {
        get { return "G"; }
    }
}
```

F 类定义了一个属性 ThisName，返回字符串 F；G 类从 F 类派生，也定义了一个 ThisName 属性，并且隐藏了 F 类的 ThisName 属性。

接着创建一个 G 类的实例，并输出其 ThisName 属性的值。

```
F g = new G();
Console.WriteLine(g.ThisName);
```

最后输出的字符串是 F，而不是 G。因为变量 g 被声明为 F 类型，但是赋值时引用了 G 类的实例。这里做了一次隐式转换，是允许的，派生类的实例可以赋值给用基类类型声明的变量，后面在讲述类型转换时还会提到。在这个例子中，预期的结果是输出字符串 G，但是因为变量 g 被声明为 F 类型，尽管它引用了派生类 G 的实例，变量仍会选择调用基类 F 的成员。

要解决上述问题，就要使用 virtual 和 override 关键字，方法是将基类中需要被覆写的成员加上 virtual 关键字使其"虚化"，接着把派生类中覆写的成员加上 override 关键字。

接下来将通过一个实例来演示处理过程（完整的示例代码请参考\第 3 章\Example_8）。下面代码声明了 D 类，包含一个公共的 Work 方法，定义为虚方法（virtual）；E 类从 D 类派生，用 override 覆写了 D 类的 Work 方法。

```
public class D
{
    public virtual void Work()
    {
        Console.WriteLine("调用了 D 类的 Work 方法。");
    }
}
public class E : D
{
    public override void Work()
    {
        Console.WriteLine("调用了 E 类的 Work 方法。");
    }
}
```

分别以 D 类来声明两个变量，变量 d 引用 D 类的实例，变量 e 引用 E 类的实例。之后分别用这两个变量调用 Work 方法。

```
// 分别声明两个D类的变量
D d, e;
// 变量d引用D类的实例
d = new D();
d.Work();                          // 调用D类的Work方法
// 变量e引用E类的实例
e = new E();
e.Work();                          // 调用E类的Work方法
```

虽然变量 d、e 都以 D 类来声明，但由于 virtual 和 override 关键字协同实现了类型的多态性，运行时库会根据变量所引用的实例类型来判断应该调用谁的 Work 方法。预期的结果也达到了，输出结果如图 3-21 所示。

override 不仅能覆写基类的成员，它还能实现对基类成员的扩展，因为在使用 override 关键字覆写基类成员的同时，也可以使用 base 关键字来调用基类的成员。base 关键字与 this 关键字是相对的，this 关键字引用的是当前类的实例，而 base 关键字引用的是基类的实例。

调用了D类的Work方法。
调用了E类的Work方法。

图 3-21　两个 Work 方法的调用结果

下面继续完成示例。定义一个 X 类，包含一个 virtual 的 Output 方法，再定义一个 Y 类，从 X 类派生，并且覆写 X 类的 Output 方法，同时也调用基类的 Output 方法。

```
public class X
{
    public virtual void Output()
    {
        Console.WriteLine("调用了X类的Output方法。");
    }
}
public class Y : X
{
    public override void Output()
    {
        base.Output();                      // 调用基类成员
        Console.WriteLine("调用了Y类的Output方法。");
    }
}
```

然后使用以下代码进行测试。

```
X y = new Y();
y.Output();
```

由于在 Y 类的 Output 方法中加了 "base.Output();"，因此基类的 Output 方法也被调用。最终得到如图 3-22 所示的结果。

调用了X类的Output方法。
调用了Y类的Output方法。

图 3-22　扩展基类成员的输出结果

3.8.4 节中提到的隐藏基类成员及本节所讲述的成员覆写，构成了面向对象编程中的多态性，应用程序在运行过程中会根据类的继承状态自动识别出应该调用哪些成员。

3.8.6　阻止类被继承

有时开发者并不希望自己写的类被继承，可以在定义类时加上 sealed 关键字。用 sealed 关键字声明的类也叫密封类。比如下面代码

```
public sealed class Room { }
```

Room 被定义为密封类，因此就无法从 Room 类派生。

如果只是想阻止虚成员被后续的派生类覆写，而并不打算阻止整个类被继承，那么方法与密封类相同，在覆写虚成员时加上 sealed 关键字即可。请考虑下面一段代码

```
public class A
{
    protected virtual void Run() { }
}

public class B : A
{
    protected sealed override void Run()
    {
        base.Run();
    }
}
```

A 类中定义了虚方法 Run，B 类继承 A 类，并覆写 Run 方法，同时使用 sealed 关键字，使得从 B 类派生的类不能再覆写 Run 方法。将成员声明为 protected，只允许当前类和派生类访问，其他外部对象无法访问。

3.9 抽象类

第 5 集

人们通常把抽象类视为公共基类。抽象类最明显的特征是不能实例化，所以通常抽象类中定义抽象成员，即不提供实现代码。请考虑下面代码，T 类是一个抽象类，它包含一个抽象方法 Check。

```
public abstract class T
{
    public abstract void Check();
}
```

通过上面的代码，我们会发现：①使用 abstract 关键字表示类或成员是抽象的；②抽象方法因为不提供具体的实现，所以没有方法体（一对大括号所包裹的内容），语句以分号结束。抽象类仅对成员进行声明，但不提供实现代码，就等于设计了一个"空架子"，描绘一幅大致的蓝图，具体如何实现取决于派生类。正因为抽象类自身不提供实现，所以不能进行实例化，调用没有实现代码的实例没有实际意义。

在 Visual Studio 开发环境中新建一个控制台应用程序项目（完整的示例代码请参考\第 3 章\Example_9），先定义一个表示所有球类的基类 Ball，该类为抽象类。

```
public abstract class Ball
{
    /// <summary>
    /// 获取球类的名称
    /// </summary>
    public abstract string CateName { get; }
    /// <summary>
    /// 打球
    /// </summary>
    public abstract void Play();
}
```

CateName 属性返回某种球类的名称，如果是足球就返回"足球"，如果是排球就返回"排球"。Play 方法会根据不同的派生类提供不同的实现，如果是足球，就输出"正在踢足球……"。

接下来分别用 FootBall 类和 BasketBall 类来实现抽象类 Ball。读者可以使用 Visual Studio 代码编辑器提供的辅助功能来自动完成抽象类实现。操作方法是，当输入抽象类的名称后，在抽象类的类名下方会显示一个智能标记，单击该标记，从下拉菜单中选择【实现抽象类"类名"】，如图 3-23 所示。

生成代码后，实现抽象类的抽象成员也使用 override 关键字，与前面提到的成员覆写相似，实现抽象类，也可以看作对基类成员进行覆写。对生成的代码进行修改，最终的实现代码如下：

图 3-23　自动完成抽象类的实现

```csharp
public class FootBall : Ball
{
    public override string CateName
    {
        get { return "足球"; }
    }

    public override void Play()
    {
        Console.WriteLine("正在踢足球……");
    }
}

public class BasketBall : Ball
{
    public override string CateName
    {
        get { return "篮球"; }
    }

    public override void Play()
    {
        Console.WriteLine("正在打篮球……");
    }
}
```

下面在项目模板自动生成的 Program 类中声明一个 PlayBall 方法，代码如下：

```csharp
static void PlayBall(Ball ball)
{
    Console.WriteLine("\n 球类：{0}", ball.CateName);
    ball.Play();
}
```

PlayBall 方法可以体现抽象类的用途，参数 ball 只声明为 Ball 类型，即定义的抽象类。这样的好处在于，不管调用方传递进来的是什么类型的对象，只要是实现了 Ball 抽象类的类型即可。抽象类 Ball 已经规范了派生类肯定存在 CateName 属性和 Play 方法两个成员。显然这种处理方式比较灵活。

最后在 Main 入口点方法中进行调用测试。

```csharp
FootBall football = new FootBall();
BasketBall basketball = new BasketBall();
// 调用 PlayBall 方法
```

```
PlayBall(football);
PlayBall(basketball);
```

输出结果如图 3-24 所示。

另外，需要注意的是，在抽象类中是可以定义实现代码的，即非抽象成员。
不妨把上面的 Ball 类修改一下，增加一个 Radius 属性，该属性提供了具体的实现。

图 3-24　屏幕输出结果

```
public abstract class Ball
{
……
    private decimal _r;
    /// <summary>
    /// 球的半径
    /// </summary>
    public decimal Radius
    {
        get { return _r; }
        set
        {
            if (value <= 0)
            {
                _r = 1;
            }
            if (value > 15)
            {
                _r = 15;
            }
        }
    }
}
```

但是，在非抽象类中不能声明抽象成员。这一点其实很好理解，因为非抽象类是可以用 new 来实例化
的，如果存在未实现的抽象成员，代码在调用实例成员时就没有意义了。反过来，在抽象类中定义非抽象
成员是允许的，因为抽象类不能用 new 来实例化，而实现抽象类的派生类会继承这些成员，所以代码在调
用时，访问的必定是派生类的成员，不会出现没有意义的代码。

3.10　接口

接口为后续的代码编写与程序开发制定了一个"协定"，也就是一个规范。不管代码由谁来编写，都以
预先设计好的接口为基准，对项目的后续扩展起到一定的约束作用。接口就好比每个国家都会制定一部宪
法，然后其他的法律条文都以宪法为底本来进行补充和深化。

提到接口，很容易让人想到抽象类，因为接口在形式和使用方法上与抽象类很类似。因此，不妨根据
抽象类的特点来猜测接口可能具备的特点

（1）不能被实例化。

（2）自身不提供实现代码。

第（1）项特点对于抽象类和接口来说是相同的；第（2）项特点对于抽象类与接口并不完全相同，可
以通过以下两段代码很好地区分出来。

```
public abstract class TestBase                    public interface ITest
{                                                 {
    public void DoWork()                              void DoWork();
    {                                                 int Value { get; set; }
        Console.WriteLine("working");             }
    }
    public abstract int Value { get; set; }
}
```

在上面两段代码中，左侧是抽象类的定义，右侧是接口的定义。仔细观察会找到以下几点差异：

（1）抽象类的成员定义是带有可访问性关键字的（如 public），而接口是不带可访问性关键字的，因为接口中所声明的成员都是公共的，所以没有必要添加访问修饰符。

（2）抽象类除了包含抽象成员，还可以包含非抽象成员，也包含构造函数，而接口不能包含具备实现代码的成员，也不能包含构造函数。因为接口是另一种类型，不是类，而抽象类也是类的一种。

通过上面罗列的几个特点可以知道，接口与抽象类确实有着一些共同点。不过，接口的特点并不只是这些。

3.10.1　定义接口

定义接口使用 interface 关键字，如下面代码所示，定义了一个 IBook 接口。

```
public interface IBook { …… }
```

在命名接口时，根据习惯，会在前面加上一个大写字母“I”。并不是说一定要这样做，这仅仅是一种习惯，.NET 类库中许多接口都是以“I”开头的（取 interface 的首字母），这种命名方式的好处是便于识别。很多时候，开发者设计接口主要起到规范作用。而后面实现接口的代码并不一定由同一位开发者来编写，有可能会交给别人来实现。如果能做到对接口进行合理命名，那么实现代码的人就可以很方便地识别出接口类型。虽然在 Visual Studio 中会以不同的图标来显示不同类型，但是在编写接口时最好能够按照习惯去命名，没有必要去破坏这个习惯。

在默认情况下，接口和类一样，将声明为允许内部访问（internal），即只能在同一程序集中访问，因此如果要让接口对外公开，应当加上 public 修饰符。

3.10.2　接口与多继承

在 C++ 语言中允许多继承，即一个类可以同时继承多个基类。而在 C# 语言中，只允许单继承，即一个类只能从一个类派生，允许多层次派生，但一个子类不能同时继承多个基类。在 C# 语言中，以下定义是错误的。

```
public class A { }
public class B { }
public class C : A, B { }                    // 错误
```

C 类可以从 A 类派生，或者从 B 类派生，但不能同时派生自 A、B 两个类。

但是，一个类是可以实现多个接口，这在形式上达到了多继承的效果。比如下面代码

```
public interface IA { }
public interface IB { }
public class C : IA, IB { }
```

在上面的代码中，C 类同时实现了 IA、IB 两个接口。多个接口间用逗号（英文）分隔。

3.10.3　实现接口

由于接口中定义的成员都是公共成员，因此在实现接口时，无论是结构（结构可以实现接口）还是类，都必须以公共成员来实现接口的成员，而且必须实现接口的所有成员。请考虑下面代码

```
public interface IX
{
    int Num { get; }
    void Work();
}

public class Z : IX
{
    // 错误：成员没有声明为public
    protected int Num { get; set; }
    public void Work() { }
}

public class Y : IX
{
    public int Num
    {
        get { return 0; }
    }
    // 错误：未实现Work方法
}
```

在上述代码中，IX 定义了一个属性和一个方法。Z 类的错误是没有将 Num 属性声明为 public，因为接口中定义的都是公共成员，因此在实现接口时也要将成员声明为公共成员。对于属性中的 get 和 set 访问器没有严格的要求，不要求与接口中定义的一致。

Y 类的错误是没有完全实现 IX 接口的成员，只实现了 Num 属性，Work 方法没有实现。

接口也可以继承接口，如果 B 接口继承了 A 接口，那么 B 接口也包含 A 接口中定义的成员，这一点与类的继承相似。请看下面的代码

```
public interface IA
{
    void DoA();
}

public interface IB : IA
{
    string Name { get; set; }
}

public class Test : IB
{
    public string Name { get; set; }
    public void DoA() { }
}
```

DoA 方法是在 IA 接口中定义的，Name 属性是在 IB 接口中定义的。Test 类实现 IB 接口，而 IB 接口继承 IA 接口，因此 IB 接口包括了 Name 属性和 DoA 方法。故 Test 类实际上是实现了两个成员——Name 属

性和 DoA 方法。

3.10.4　显式实现接口

显式实现接口是为了解决接口成员冲突的问题，这种冲突主要表现在成员名称上会出现重复。请考虑下面代码

```
public interface IA
{
    void Speak();
}
public interface IB
{
    void Speak();
}
public class Test : IA, IB
{
    public void Speak() { }
}
```

由于 IA 接口和 IB 接口所定义的成员相同，Test 类在实现 IA 和 IB 两个接口时，也只能实现一个 Speak 方法。那么，IA 和 IB 接口不就一样吗？这样声明是否还有意义呢？如果仅从代码层面上说，确实没有实际意义。不过，有时需要定义不同的接口，但是不能排除多个接口之间会定义重复的成员。比如上面的例子，假设两个接口的 Speak 方法代表的是不同含义或不同用途的成员，开发人员希望两个 Speak 方法实现不同的功能，当然也可以用不同的类分别实现 IA 和 IB 接口。可是，如果确实需要用一个类同时实现两个接口，而又要保证两个 Speak 方法都能实现，有效的解决方法是使用显式实现接口。

所谓显式实现接口，就是在类中实现的接口成员前面加上接口的名字，以说明该成员来自哪个接口。下面通过一个实例来演示如何显式实现接口。

在 Visual Studio 开发环境中新建一个控制台应用程序项目。定义两个接口 ITest1 和 ITest2，它们都有一个同名方法 Run。

```
public interface ITest1
{
    void Run();
}
public interface ITest2
{
    void Run();
}
```

接着，定义一个 Test 类，显式实现这两个接口，可以使用 Visual Studio 的自动生成代码的功能来完成。如图 3-25 所示，在写完 Test 类实现 ITest1 和 ITest2 接口的代码后，在 ITest1 和 ITest2 下方都会出现一个智能标记，分别单击智能标记，并从菜单中选择【显式实现接口】命令。

图 3-25　显式实现接口

实现接口的代码如下：

```
public class Test : ITest1, ITest2
{
```

```
    void ITest1.Run()
    {
        Console.WriteLine("调用 ITest1.Run 方法。");
    }
    void ITest2.Run()
    {
        Console.WriteLine("调用 ITest2.Run 方法。");
    }
}
```

显式实现接口的成员，在名字前面要加上所属接口的名字及一个成员运算符（.）。

接下来介绍如何使用 Test 类。显式实现了接口的成员无法通过类的实例来调用，只能通过对应的接口来调用。也就是说，Test 类的实例无法调用 Run 方法。那么能否通过隐式转换的方法来实现调用呢？既然 Test 类实现了 ITest1 和 ITest2 接口，那么分别声明 ITest1 和 ITest2 类型的变量，再赋以 Test 类的实例，就可以调用了，代码如下：

```
ITest1 t1 = new Test();
ITest2 t2 = new Test();
t1.Run();
t2.Run();
```

这样确实可以分别调用 Run 方法，但是存在一个问题：上面代码中其实创建了两个 Test 实例，这两个实例是相互独立的，如果两个 Run 方法之间涉及类中的一些数据，比如私有字段等，显然两个 Run 方法不是调用自同一个实例，这样会造成数据的不统一。

因此，正确的调用方法是先创建 Test 类的实例，然后把这个实例分别转换为对应的接口类型来调用特定的 Run 方法。具体代码如下：

```
Test t = new Test();
// 调用 ITest1.Run 方法
((ITest1)t).Run();
// 调用 ITest2.Run 方法
((ITest2)t).Run();
```

最后输出的内容如图 3-26 所示。

完整的示例代码请参考\第 3 章\Example_10。

```
调用 ITest1.Run 方法。
调用 ITest2.Run 方法。
```

图 3-26　输出结果

3.11　扩展方法

第 7 集

扩展方法是一种比较有趣的方法，它可以在不继承现有类型的前提下扩展类型。扩展方法可以合并到要扩展类型的实例上。因此，扩展方法要定义为静态方法，并且第一个参数必须为要扩展类型的当前实例（参数前面要加上 this 关键字）。

扩展方法使用起来并不复杂，在定义扩展方法时，必须先定义一个静态类。然后将扩展方法包含在该类中就可以了。

下面的示例将扩展.NET 类库中现有的 System.String 类，把字符串中的各个字符用两个空格来分隔，比如字符串为"jack"，调用扩展方法后就变为"j　　a　　c　　k"。

首先定义扩展方法，代码如下：

```
public static class StringExt
{
```

```
public static string SplitBySpace(this string str)
{
    string strRes;
    // 将字符串转换为字符数组
    char[] cs = str.ToCharArray();
    // 调用 Join 方法将字符重新串联起来
    strRes = string.Join(" ", cs);
    return strRes;
}
}
```

其次，通过 String 类的实例来调用该扩展方法。

```
string s = "abcdefg";
// 调用 SplitBySpace 扩展方法
Console.WriteLine(s.SplitBySpace());
```

最后，得到如图 3-27 所示的结果。

完整的示例代码请参考\第 3 章\Example_11。

a b c d e f g

图 3-27　输出的每个字符间都带有空格

3.12　委托与事件

委托是一种在形式上与方法签名相似的类型。委托实例化后可以与方法关联，在调用委托实例的同时会调用与之关联的方法。这使得代码可以把方法当作参数来传递给其他方法。从运行方式来看，委托与 C 语言中的函数指针有些类似。

3.12.1　定义和使用委托

第 8 集

委托的声明和方法的声明相似，不过要使用 delegate 关键字，以告诉编译器这是委托类型。由于它是一种类型，因此是可以独立声明的。

使用委托时要先实例化，和类一样，使用 new 关键字来产生委托的新实例，然后将一个或多个与委托签名匹配的方法与委托实例关联。随后调用委托时，就会调用所有与该委托实例关联的方法。与委托关联的可以是任何类或结构中的方法，也可以是静态方法，只要是可以访问的方法都可以。

例如，下面代码定义了一个 DoSome 委托

```
public delegate void DoSome(string msg);
```

分析哪些方法可以与 DoSome 委托匹配。该委托能匹配的方法必须返回 void 类型（不返回任何内容），而且接受一个 string 类型的参数。不妨看几个例子，下面的 TestDo 方法是匹配的。

```
static void TestDo(string str) { }
```

下面的 Test2 方法就不能匹配，因为它的参数不是 string 类型。

```
public void Test2(int n) { }
```

下面的 WorkAs 方法也不匹配，因为它没有参数，而且有返回值。

```
public float WorkAs() { }
```

再看下面的 ToDone 方法，虽然它返回 void，参数也是 string 类型，但是它有两个参数，而 DoSome 委托只有一个参数，所以也不匹配。

```
private void ToDone(string str1, string str2) { }
```

任何数据类型都会隐含有公共基类，因为任何类型都是从 System.Object 类派生的。而委托类型隐含的公共基类是 System.Delegate 或 System.MulticastDelegate 类，后者实现了委托的多路广播，即一个委托类型的实例可以与多个方法关联。在实际使用中，.NET 框架所支持的每种编程语言都会实现与委托类型相关的关键字，在 C#语言中为 delegate。编译器会自动完成从 System.Delegate 或者 System.MulticastDelegate 类的隐式继承，开发者不能自己编写代码来继承这些类型，只能在代码中使用 delegate 关键字来声明委托类型，剩下的工作将由编译器来完成。

在实例化委托时，可以将要关联的方法作为参数来传递，例如使用上面例中的 DoSome 委托跟与之匹配的 TestDo 方法进行关联，就可以这样来实例化

```
DoSome d = new DoSome(TestDo);
```

还可以使用更简洁的方法来实例化委托，即直接把与委托匹配的方法赋值给委托类型的变量。

```
DoSome d = TestDo;
```

调用委托与调用普通方法相似，有参数就传递参数，有返回值就接收返回值，例如：

```
d("abc");
```

委托之间可以进行相加和相减运算，但这与数学中的加减运算不同，委托的加运算可以增加所关联的方法，而减法则是从委托所关联的方法列表中移除指定的方法，例如：

```
d += new DoSome(TestRun);
```

在 Visual Studio 开发环境中新建一个控制台应用程序项目（完整的示例代码请参考\第 3 章\Example_12）。

在项目生成的 Program 类中定义三个静态方法，这三个方法必须签名相同，以便稍后使用。

```
static void TestMethod1(string str)
{
    Console.WriteLine("这是方法一。参数：{0}", str);
}
static void TestMethod2(string str)
{
    Console.WriteLine("这是方法二。参数：{0}", str);
}
static void TestMethod3(string str)
{
    Console.WriteLine("这是方法三。参数：{0}", str);
}
```

三个方法都带一个 string 类型的参数，并且在方法体中会向屏幕输出相关文本和参数。
定义委托类型。

```
public delegate void MyDelegate(string s);
```

创建三个 MyDelegate 实例，分别与上面三个方法关联，并逐个进行调用。

```
// 定义三个委托变量
MyDelegate d1, d2, d3;
// d1 关联 TestMethod1 方法
d1 = TestMethod1;
// d2 关联 TestMethod2 方法
d2 = TestMethod2;
// d3 关联 TestMethod3 方法
```

```
d3 = TestMethod3;
// 分别调用三个委托实例
Console.WriteLine("分别调用三个委托实例，输出结果如下：");
d1("d1");
d2("d2");
d3("d3");
```

屏幕输出结果如图 3-28 所示。

再创建一个 MyDelegate 委托实例 d4，并且与三个方法关联，在调用 d4 时就能同时调用这三个方法。

```
// 先与 TestMethod1 方法关联
MyDelegate d4 = TestMethod1;
// 再与 TestMethod2 和 TestMethod3 方法关联
d4 += TestMethod2;
d4 += TestMethod3;
// 调用 d4
Console.WriteLine("\n 调用 d4 可同时调用三个方法，结果如下：");
d4("d4");
```

d4 在实例化时与 TestMethod1 方法进行了关联，而后通过相加运算又与 TestMethod2 和 TestMethod3 方法进行关联。也就是说，d4 是多播委托，它同时与多个方法关联，调用该委托实例可同时调用多个方法，输出结果如图 3-29 所示。

将 TestMethod2 方法从 d4 关联的方法列表中移除，并再次调用 d4。

```
// 从 d4 关联的方法列表中移除 TestMethod2 方法
d4 -= TestMethod2;
// 再次调用 d4
Console.WriteLine("\n 移除与 TestMethod2 方法关联后：");
d4("d4");
```

结果如图 3-30 所示，可以看到 TestMethod2 方法就不再被调用了。

图 3-28　调用三个委托实例的　　　图 3-29　同时调用多个方法　　　图 3-30　TestMethod2 方法
　　　　　输出结果　　　　　　　　　　　　　　　　　　　　　　　　移除后 d4 的调用结果

3.12.2　将方法作为参数传递

委托可以让方法作为参数传递给其他方法。下面用一个示例阐述这一问题。完整的示例代码请参考\第 3 章\Example_13。定义一个委托类型，代码如下：

```
public delegate void MyDelegate();
```

在项目生成的 Program 类中定义两个方法 M1 和 M2，因为本例稍后会顺便验证委托的传值方式。

```
static void M1() { Console.WriteLine("方法一"); }
static void M2() { Console.WriteLine("方法二"); }
```

再定义一个 Test 方法

```
static void Test(MyDelegate d)
{
    // 调用委托
```

第 9 集

```
    if (d != null)
    {
        d();
    }
    // 改为与 M2 方法关联
    d = M2;
}
```

在方法体中调用委托，随后将参数 d 与 M2 方法关联。进行测试调用

```
MyDelegate de = M1;
Test(de);
// 执行 Test 方法后重新调用委托
de();
```

声明委托变量 de 并与 M1 方法关联，然后调用 Test 方法，在调用 Test 方法后再调用一次委托变量 de。最终得到如图 3-31 所示的结果。

图 3-31　输出结果　　　　在 Test 方法中代码修改了参数 d，与 M2 方法进行了关联，但是当方法执行完成后，在方法外再次调用 de，输出的仍然是 "方法一"。因此，本示例不仅演示了如何通过委托实现将方法作为参数传递，同时也说明了委托类型在传递时是进行自我复制的。参数 d 在方法内部被修改，但不影响方法外部的 de 变量。虽然委托是引用类型，但是在方法内部让委托变量与 M2 方法进行了关联，就等于参数 d 引用了新的委托实例。而外部的委托变量传递给参数 d 时，只是把委托实例的地址进行了复制，所以方法调用完成后，外部的变量所引用的仍然是原来的委托实例。

3.12.3　使用事件

事件与委托有着密切的关系，因为事件自身就是委托类型。由于委托可以绑定和调用多个方法，所以会为事件的处理带来方便。类型只需对外公开事件，就可以与外部的其他方法关联，从而实现事件订阅。

假设我们订阅了某新闻平台的邮件通知服务，只要有新闻更新，服务提供方就要发送通知邮件。事件订阅也是如此，前面分析过选用委托作为事件的类型的理由，就是委托可以与其他方法关联，当 A 方法与 X 事件进行了关联，只要 X 事件发生（相当于新闻内容有更新），就会调用作为事件的委托（相当于服务提供方发送通知邮件），因为 A 方法与 X 事件关联，所以 A 方法也会被调用，于是代码就能够响应事件。

事件是委托类型，因此要在类中声明事件，首先要定义用来作为事件封装类型的委托，然后在类中用 event 关键字来声明事件。为了允许派生类重写引发事件的代码，通常会在类中声明一个受保护的方法，习惯上命名为 On<事件名>，然后在这个方法中调用事件。在.NET 类库中许多类型都采用这种封装形式。

示例\第 3 章\Example_14 将演示事件的使用方法。该示例运行后，只要用户按下空格键，就会在屏幕中给出提示，如果按下其他键，不做处理。运行结果如图 3-32 所示。

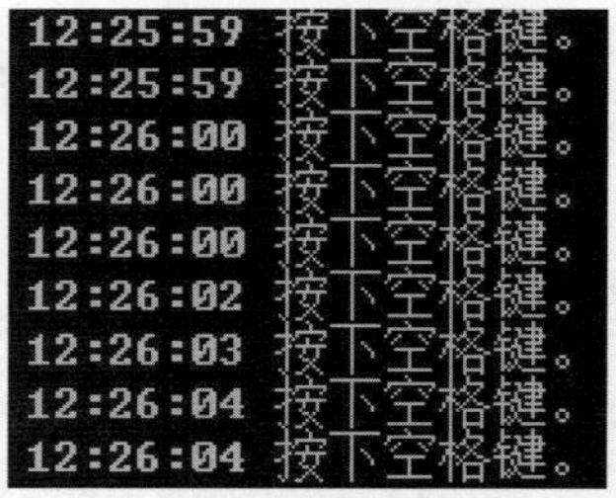

图 3-32　响应事件的输出信息

定义一个委托类型，作为响应按下空格键这一事件的封装类型。

```
public delegate void SpaceKeyPressedEventHandler();
```

定义一个 MyApp 类，代码如下：

```
public class MyApp
{
```

```
/// <summary>
/// 声明事件
/// </summary>
public event SpaceKeyPressedEventHandler SpaceKeyPressed;
/// <summary>
/// 通过该方法引发事件
/// </summary>
protected virtual void OnSpaceKeyPressed()
{
    if (this.SpaceKeyPressed != null)
    {
        SpaceKeyPressed();
    }
}
public void StartRun()
{
    while (true)
    {
        ConsoleKeyInfo keyinfo = Console.ReadKey();
        if (keyinfo.Key == ConsoleKey.Spacebar)
        {
            // 引发事件
            OnSpaceKeyPressed();
        }
        if (keyinfo.Key == ConsoleKey.Escape)
        {
            // 跳出循环
            break;
        }
    }
}
```

在类中，用定义的委托声明了 SpaceKeyPressed 事件，然后封装在 OnSpaceKeyPressed 方法中调用，因为这个表示事件的委托有可能是空的，调用方可能不响应事件处理，即没有与之关联的方法。所以，在调用前必须先判断一下表示事件的委托实例是否为 null。

还有一种更简便的写法，不需要写 if 语句进行判断，而是直接调用事件，但在事件名称后面加上一个"?"（英文的问号），代码如下：

```
protected virtual void OnSpaceKeyPressed()
{
    this.SpaceKeyPressed?.Invoke();
}
```

加上"?"符号之后，程序会自动判断 SpaceKeyPressed 是否为 null。如果为 null，这行代码就不会执行，直接跳过，如果不为 null，就执行这行代码。

在 StartRun 方法中启动一个无限循环，因为 while 后面的判断条件是 true，true 永远都是 true，也就成了一个死循环，所以需要用下面这段代码来跳出循环

```
if (keyinfo.Key == ConsoleKey.Escape)
{
    // 跳出循环
    break;
}
```

当按下 Esc 键时，用 break 语句直接退出循环。

如果按下的键是空格键，就调用 OnSpaceKeyPressed 方法，这样一来，事件就被触发了。而代码在使用 MyApp 类时，先创建一个实例，然后通过+=运算符使 SpaceKeyPressed 事件与相关的方法关联起来。在 Visual Studio 中，在事件名后面输入+=，再按下 Tab 键，会生成一个默认的方法名（变量名_方法名），因为这个方法名处于选定状态，可以对其进行重命名，如图 3-33 所示。如果不需要重命名，再按一下 Tab 键，就会生成事件处理方法。

```
app.SpaceKeyPressed +=app SpaceKeyPressed;
app.StartRun(); // 开    按 Tab 在此类中生成处理程序"app_SpaceKeyPressed"
```

图 3-33　生成事件处理代码

方法中的处理代码如下：

```
static void app_SpaceKeyPressed()
{
    Console.WriteLine("{0} 按下空格键。", DateTime.Now.ToLongTimeString());
}
```

Main 方法中的代码如下：

```
static void Main(string[] args)
{
    MyApp app = new MyApp();
    // 关联事件处理方法
    app.SpaceKeyPressed += app_SpaceKeyPressed;
    app.StartRun();                              // 开始运行
}
```

运行应用程序后，只要按下空格键，屏幕上就会输出提示信息。

在引发事件时，许多情况下都会考虑传递一些数据。比如一个捕捉鼠标操作的事件，光是引发事件是不够的，事件的处理程序还需要知道用户进行了哪些鼠标操作，是移动了鼠标指针，还是按下了鼠标上的某个键；如果是按下了鼠标上的键，是左键还是右键……可见，在引发事件时，还相当有必要传递一些描述性的信息，以便事件处理代码能够获得更详细的数据。

通常，事件委托有两个参数，一个是 Object 类型，表示引发事件的对象，即谁引发了事件，多数情况下在调用事件时把类的当前实例引用（this）传递过去。另一个参数是从 System.EventArgs 派生的类的实例。这是一个标准的事件处理程序的签名，为了规范事件的处理，.NET 类库已经定义好一个 System.EventHandler 委托，专用于声明事件。它的原型如下：

```
public delegate void EventHandler(object sender, System.EventArgs e);
```

引发事件的对象实例将传递给 sender 参数，而与事件相关的数据则传递给 e 参数。如果不需要传递过多的数据，可以通过 System.EventArgs.Empty 静态成员返回一个空的 EventArgs 对象来传递。

不同的事件要传递的参数不同，显然一个 EventHandler 委托是不能满足各种情况的。如果针对不同的事件也定义一个对应的委托，数量一旦多起来，既混乱，又不好管理。为了解决这个问题，.NET 类库又提供了一个带有泛型参数的事件处理委托，原型如下：

```
public delegate void EventHandler<TEventArgs>(object sender, TEventArgs e);
```

TEventArgs 是一个泛型参数，但是 TEventArgs 应该是 System.EventArgs 类或者 System.EventArgs 类的派生类型。

有了 EventHandler<TEventArgs>委托，开发者就可以应对各种各样的事件了，因为对于不同的事件，第一个参数是不变的，只是第二个参数的类型有差异。

　　下面的示例捕捉用户的键盘输入，然后引发 KeyPressed 事件，在事件参数中传递用户按下的键。运行结果如图 3-34 所示。

　　示例大致的实现步骤如下：

　　（1）在 Visual Studio 开发环境中新建一个控制台应用程序项目。

　　（2）定义一个 KeyPressedEventArgs 类，用来存放事件参数，PressedKey 属性表示用户按下的键。

```
public class KeyPressedEventArgs : EventArgs
{
    public KeyPressedEventArgs(ConsoleKey key)
    {
        PressedKey = key;
    }
    public ConsoleKey PressedKey { get; private set; }
}
```

图 3-34　响应事件处理结果

　　（3）定义 MyApp 类，代码如下：

```
public class MyApp
{
    // 捕捉按键的事件
    public event EventHandler<KeyPressedEventArgs> KeyPressed;

    // 通过该方法引发事件
    protected virtual void OnKeyPressed(KeyPressedEventArgs e)
    {
        if (this.KeyPressed != null)
        {
            this.KeyPressed(this, e);
        }
    }

    public void Start()
    {
        while (true)
        {
            ConsoleKeyInfo keyinfo = Console.ReadKey();
            // 如果按下 Esc 键，则退出循环
            if (keyinfo.Key == ConsoleKey.Escape)
            {
                break;
            }
            // 引发事件
            OnKeyPressed(new KeyPressedEventArgs(keyinfo.Key));
        }
    }
}
```

　　使用 EventHandler<KeyPressedEventArgs>委托声明 KeyPressed 事件，并通过 OnKeyPressed 方法来引发事件。在 Start 方法中，通过一个无限循环来捕捉按键输入，并引发 KeyPressed 事件。

　　（4）在 Main 方法中实例化 MyApp 类，并关联 KeyPressed 事件的处理方法，调用 Start 方法开启循环。

```
static void Main(string[] args)
{
```

```
    MyApp app = new MyApp();
    app.KeyPressed += app_KeyPressed;
    app.Start();
}

// 响应处理事件
static void app_KeyPressed(object sender, KeyPressedEventArgs e)
{
    Console.WriteLine("已按下了{0}键。", e.PressedKey.ToString());
}
```

完整的示例代码请参考\第 3 章\Example_15。

3.13 枚举

枚举可以被认为是一种由多个整数常量组成的类型。枚举中的每个成员都必须是整数（不包括 char 类型），因此枚举的基础类型支持以下类型：byte、sbyte、short、ushort、int、uint、long、ulong。非整数的值类型，如 double 是不允许作为枚举的基础类型的。枚举的默认基础类型是 int 类型。

尽管枚举类型的结构比较简单，只是一系列数值的组合，但是使用枚举类型有两个明显的好处：

（1）严格规范性，防止意外调用。比如，一周有七天，星期日到星期六，某个方法需要传递一个表示一周中某一天的参数，如果使用单个整数值，很难进行规范，程序代码无法事前预知方法的调用方会传递哪个数值作为参数，这会让参数的合法性验证变得十分困难。但是，如果定义了枚举类型作为参数，调用方在传递参数时只能从枚举类型所声明的值中进行选择，就不会出现意外的值。

（2）增强可读性。枚举中的每个值都可以进行命名，代码调用方通过这些名称就能够轻松地推测各个值所指代的含义。比如，一个表示电源开关状态的枚举，假设用 0 表示关闭，用 1 表示打开，并且命名为 On = 1，Off = 0。代码的调用者只要看到 On 便知道是表示打开的状态。

枚举类型默认继承自 Enum 类（由编译器实现），而 Enum 类从 ValueType 类派生。据此可以得知，枚举类型属于值类型。

3.13.1 使用枚举类型

声明枚举类型使用 enum 关键字，内部各个常数用英文逗号隔开。例如：

```
enum Test { a, b, c}
```

上面代码声明了一个 Test 枚举，它包含三个成员 a、b、c。由于使用了默认方式来定义，所以 Test 枚举的基础类型是 int，而其中的常数值从 0 开始进行排列，即 a 的值为 0，b 的值为 1，c 的值为 2。可以用下面代码来验证

```
Console.WriteLine("a 的值为:{0}\nb 的值为:{1}\nc 的值为:{2}", (int)Test.a, (int)Test.b, (int)Test.c);
```

结果输出如图 3-35 所示的文本信息。

自定义枚举中各常数的值方法和赋值一样，比如

```
enum Test { a = 3, b, c}
```

这时 a 的值为 3，b 和 c，没指定具体的值，就以 a 的值为基础，累加 1，所以 b 的值为 4，c 的值为 5。再举一例

图 3-35　验证枚举的值

```
enum Test { a, b = 10, c}
```

此例中只为 b 赋了具体的值，对于 a 来说，还是默认值 0，而 b 已赋值 10，c 的值以 b 的值为基础累加 1，所以 c 的值应为 11。

当然，也可以向所有命名成员赋值，如

```
enum Test { a = 9, b = 25, c = 0x00EC}
```

由于 Test 枚举中所有成员都赋了值，所以此时 a、b、c 的值就不是连续的整数了，a 的值为 9，b 的值为 25，c 的值是 236（用十六进制来表示）。

要将枚举声明为 int 以外的整数类型，需要在枚举的类型名称后面加上英文冒号，紧接着是目标类型，例如：

```
enum Mode : byte
{
    None = 0,
    Option = 30,
    Save = 5
}
```

上面代码定义了一个 Mode 枚举，该枚举基于 byte 类型，因此其中的各个常数都是字节（byte）类型。

既然枚举是值类型，而且其基础类型与各整数类型有关，那么程序在运行时为枚举所分配的存储空间大小会与它的基础类型相等吗？我们知道，一个 byte 类型的值占 1 字节的存储空间，一个 int 类型的值占 4 字节的存储空间。那么，相应的枚举的值又会占用多少字节的存储空间呢？

先来完成一个示例程序，通过该示例可以直观地回答上面的疑问。在 Visual Studio 开发环境中新建一个控制台应用程序项目。

为每种基础类型各声明一个枚举。

```
// int 类型
enum intEnum { V1, V2 }

// byte 类型
enum byteEnum : byte { V1, V2, V3 = 20 }

// sbyte 类型
enum sbyteEnum : sbyte { B1, B2 }

// short 类型
enum shortEnum : short { S1 }

// ushort 类型
enum ushortEnum : ushort { Q1, Q2 }

// uint 类型
enum uintEnum : uint { I1, I2 }

// long 类型
enum longEnum : long { L1, L2, L3 }

// ulong 类型
enum ulongEnum : ulong { U }
```

在 Main 方法中使用 sizeof 运算符来获取并输出每个枚举值的大小，以字节为单位。

```
Console.WriteLine("int 类型的枚举的大小为{0}字节。", sizeof(intEnum));
Console.WriteLine("byte 类型的枚举的大小为{0}字节。", sizeof(byteEnum));
Console.WriteLine("sbyte 类型的枚举的大小为{0}字节。", sizeof(sbyteEnum));
Console.WriteLine("short 类型的枚举的大小为{0}字节。", sizeof(shortEnum));
Console.WriteLine("ushort 类型的枚举的大小为{0}字节。", sizeof(ushortEnum));
Console.WriteLine("uint 类型的枚举的大小为{0}字节。", sizeof(uintEnum));
Console.WriteLine("long 类型的枚举的大小为{0}字节。", sizeof(longEnum));
Console.WriteLine("ulong 类型的枚举的大小为{0}字节。", sizeof(ulongEnum));
```

sizeof 运算符可以返回一个对象所占用的内存空间大小，计算单位为字节。运行本程序，会得到如图 3-36 所示的结果。

从输出的结果中可以看到，枚举值的大小与其基础类型的大小相等。如一个 int 类型的值大小为 4 字节，则 intEnum 枚举的值的大小也是 4 字节；再如，byte 类型的值大小为 1 字节，则 byteEnum 枚举的值的大小也是 1 字节。尽管枚举内部定义了一组数值，但是在同一时刻只能向枚举类型的变量赋其中一个值。即使是按位运算后的枚举也是如此，因为按位运算后，基本类型不会改变，故枚举的值的大小也不会改变。

图 3-36　输出各个枚举的大小

完整的示例代码请参考\第 3 章\Example_16。

3.13.2　获取枚举的值列表

由于枚举类型在编译时默认以 Enum 类为基类，因此 Enum 类的成员对枚举类型是有效的。通过调用一个名为 GetValues 的静态方法，将指定枚举类型中所有成员的值列表以数组的形式返回。如果枚举类型在定义时以 byte 为基础类型，则返回 byte 类型的数组；如果枚举是以 uint 类型为基础类型定义的，则返回 uint 类型的数组。

下面用一个示例来演示如何获取指定枚举类型中的值列表。完整的示例代码请参考\第 3 章 \Example_17。首先定义一个枚举类型，代码如下：

```
enum Test : ushort
{
    Value1 = 100,
    Value2 = 101,
    Value3 = 103
}
```

Test 枚举基于 ushort 类型，里面定义了三个值。下面就用 Enum.GetValues 方法把这些值都取出来，并通过 foreach 循环将它们逐一输出到屏幕上。

```
var values = Enum.GetValues(typeof(Test));
// 输出这些枚举值
foreach (ushort v in values)
{
    Console.Write(v + "\t");
}
```

GetValues 是静态方法，因此可以直接调用。GetValues 方法的原型如下：

```
public static Array GetValues(Type enumType);
```

参数是一个 Type 对象，Type 也是一个类，它包装与类型相关的信息。通过这个参数告诉 GetValues 方法，代码希望获取哪个枚举类型的值列表。返回值为 Array 类型，即数组的基类，由于枚举可能基于 byte 类型，也可能基于 int，返回什么类型的数组取决于枚举的数值的类型。将返回类型定义为 Array，可以兼容各种类型的数组。不管返回的是 byte 类型的数组还是 uint 类型的数组，都是 Array 的派生类，都是允许的。这里也体现了抽象类的一个作用：能够在运行阶段动态引用派生类的实例。

由于 GetValues 方法返回的数组类型不是固定的，而是动态决定的，因此可以考虑使用 var 关键字来声明变量，如上面的

```
var values = Enum.GetValues(…);
```

用 var 关键字来声明变量不必指定变量的具体类型，而是根据给变量赋的值来推断变量的类型。比如，下面代码中，变量 c 的类型为字符串类型（string）。

```
var c = "xyz";
```

本示例的运行结果如图 3-37 所示。

图 3-37　获取到的枚举类型的值

3.13.3　获取枚举中各成员名称

Enum 类有两个静态方法可以获取一个枚举类型中各数值的名称。第一个是 GetName 方法，它的原型如下：

```
public static string GetName(
    Type enumType,         // 要获取名称的枚举的类型
    Object value           // 具体的枚举值
)
```

该方法获取单个枚举值的名称。如果希望获取一个枚举类型中所有常数值的名称，应当改用下面的静态方法：

```
public static string[] GetNames(
    Type enumType          // 枚举类型的 Type
)
```

这两个方法使用起来也比较简单，因为是静态方法，所以直接调用即可。接下来用一个示例来演示这两个方法的用法。该示例用.NET 类库中的 System.DayOfWeek 枚举做测试，先通过 GetName 方法获取常数 Thursday 的名称，接着使用 GetNames 方法得到 DayOfWeek 枚举中所有常数的名称，代码如下：

```
// 获取值 DayOfWeek.Thursday 的名称
Console.Write("常数 DayOfWeek.Thursday 的名称：{0}\n\n", Enum.GetName(typeof(DayOfWeek),
DayOfWeek.Thursday));

// 获取 DayOfWeek 枚举中所有常数值的名称
string[] names = Enum.GetNames(typeof(DayOfWeek));
// 输出各值的名称
foreach (string n in names)
{
    Console.Write("{0} ", n);
}
```

图 3-38　将获取到的名称输出到屏幕

GetNames 方法返回一个字符串数组，该数组包含了枚举中每个值所对应的名称。输出结果如图 3-38 所示。

完整的示例代码请参考\第 3 章\Example_18。

第 11 集

3.13.4　枚举的位运算

既然枚举类型是以整数值为基础的（无论是 int 还是其他整数类型），故可以对枚举中的各个值进行位运算，比如按位"与"、按位"或"等运算。

通常，如果考虑让枚举中的值能进行位运算，应当在定义枚举类型时附加上 FlagsAttribute 特性，有关特性的使用会在 3.14 节中介绍。

下面用示例来演示。完整的示例代码请参考\第 3 章\Example_19。定义一个 Test 枚举，记得要加上 FlagsAttribute 特性。

```
[Flags]
enum Test
{
    /// <summary>
    /// 二进制 0
    /// </summary>
    None = 0,
    /// <summary>
    /// 二进制 1
    /// </summary>
    Music = 1,
    /// <summary>
    /// 二进制 10
    /// </summary>
    Video = 2,
    /// <summary>
    /// 二进制 100
    /// </summary>
    Text = 4
}
```

Test 枚举包含四个常数，换算成二进制分别为 0、1、10、100。这样声明可以方便理解其中是如何进行位运算的，比如要将 Music 和 Video 进行或运算，其计算过程为

```
01 | 10 = 11
```

因为对于或运算，只要其中有一个值为 1，其结果就为 1，所以通常会通过或运算来对多个枚举值进行合并。把上面的 Test 枚举看作一个三位数的二进制数，如果枚举值中包含 Music，则第一位为 1，合并后的值为 001；如果用这个值再与 Video 进行合并，得到的值就是 011；接着再与 Text 组合，最终的值就会变为 111。

那么，如何去判断一个经过组合后的枚举变量是否包含指定的值呢？这就要用到与运算了，原理就是在与运算中，必须两个操作数同时为 1 时，计算结果才会为 1。利用这一点，如果要判断上面的组合值 111 中是否包含 Video，可以这样运算

```
判断 111 & 010 是否等于 010
```

把 111 与 010 进行与运算，第一位和第三位都为 0，所以最终的结果取决于第二位，如果为 1 就表明组合的值中包含 Video，否则就不包含 Video。

下面代码声明变量 v，并把 Music、Video 和 Text 三个值进行组合，然后赋给变量 v。

```
// 变量 v 相当于二进制 111
Test v = Test.Music | Test.Text | Test.Video;
```

检查变量 v 中是否包含 Text。

```
// 检查变量 v 中是否包含 Text
if ((v & Test.Text) == Test.Text)
{
    Console.WriteLine("变量 v 中包含了 Text。");
}
else
{
    Console.WriteLine("变量 v 中不包含 Text。");
}
```

因为 v 中确实包含了 Text，所以(v & Test.Text) == Test.Text 条件成立。屏幕上会输出"变量 v 中包含了 Text。"

如果要从某个组合值中去掉某个值，可以先将该值取反（运算符为~）。比如要从 v 中去掉 Music，先将 Music 取反（就是将每个位上的 1 变为 0，0 变为 1），即~001 = 110。再把这个取反后的值与组合数进行与运算，即 111 & 110 = 110，如此一来，就把 Music 所在位上的值去掉了，如下面代码所示

```
// 从 v 中去掉 Music
v = v & ~Test.Music;
// 检查是否还含有 Music
if ((v & Test.Music) == Test.Music)
{
    Console.WriteLine("变量 v 中仍含有 Music 的值。");
}
else
{
    Console.WriteLine("变量 v 中不包含 Music 的值。");
}
```

由于 Music 被去掉，因此 v 中不再包含 Music 的值了。示例的运行结果如图 3-39 所示。

枚举值也是个整型值，就算声明的枚举类型不带有 FlagsAttribute 特性也能进行组合运算，为什么还要附加上 FlagsAttribute 特性呢？在上面的示例中并不能看出区别，因此再用一个示例来验证附加了 FlagsAttribute 特性的枚举与未附加 FlagsAttribute 特性的枚举到底有没有不同之处。

图 3-39　输出结果

在 Visual Studio 开发环境中新建一个控制台应用程序项目（完整的示例代码请参考\第 3 章\Example_20），接着定义两个枚举类型。其中，A 枚举不带 FlagsAttribute 特性，而 B 枚举则加上 FlagsAttribute 特性，两个枚举中定义的常数值相同。代码如下：

```
/// <summary>
/// V1 的二进制值为 1，V2 的二进制值为 10，V3 的二进制值为 100
/// </summary>
enum A { V1 = 1, V2 = 2, V3 = 4 }

/// <summary>
/// V1 的二进制值为 1，V2 的二进制值为 10，V3 的二进制值为 100
/// </summary>
[Flags]
enum B { V1 = 1, V2 = 2, V3 = 4 }
```

把上面枚举中定义的三个数值进行组合（即或运算），得到二进制结果为 111，转换为十进制就是 7。

因此，上面两个枚举中，如果把三个数值都进行组合，得到的结果就是 7。在代码中定义一个 int 类型的变量，赋值 7，然后分别把这个 7 强制转换为 A 枚举和 B 枚举，代码如下：

```
// 001 | 010 | 100 == 111，十进制值为 7
int testValue = 7;
/*
 * 无法从组合的值中识别出 A 枚举
 */
Console.WriteLine((A)testValue);
/*
 * 可以从组合数值中识别出 B 枚举
 */
Console.WriteLine((B)testValue);
```

运行应用程序，屏幕上输出的内容如图 3-40 所示。

从结果中可以看到，不带 FlagsAttribute 特性的枚举，尽管它的三个值的组合结果为 7，但是强制转换为 A 枚举类型后无法识别，所以只能输出原值 7；而附加了 FlagsAttribute 特性声明的 B 枚举能够识别出 7 是 V1、V2、V3 三个枚举值的组合，因此转换为 B 枚举类型后会输出正确的结果。

图 3-40　屏幕上输出的内容

3.14　特性

特性可以为程序集、类型及类型内部的各种成员添加扩展信息，用于表示一些附加信息。通常，表示特性的类都派生自 System.Attribute 类，比如 AttributeUsageAttribute 类等。

在 C# 语言中使用特性必须放在一对中括号（英文）中。默认情况下，特性将应用于紧跟其后的对象。举例如下：

```
[Serializable]
public class A { }
```

在上面代码中，SerializableAttribute 特性之后定义了 A 类，因此该特性将应用于 A 类。另外，通过上面的例子可以发现，在 C# 中可以略去 "Attribute"，因此在代码中只需输入 Serializable 即可，但一定要注意要把特性放在一对中括号中。

SerializableAttribute 类的原型定义如下：

```
[AttributeUsage(AttributeTargets.Class | AttributeTargets.Struct | AttributeTargets.
Enum | AttributeTargets.Delegate, Inherited = false)]
[ComVis (true)]
public sealed class SerializableAttribute : Attribute {  }
```

查看 SerializableAttribute 类的定义可知，在定义特性类时也可以应用其他特性，其中使用最多的就是 AttributeUsageAttribute，其定义如下：

```
[Serializable]
[AttributeUsage(AttributeTargets.Class, Inherited = true)]
[ComVisible(true)]
public sealed class AttributeUsageAttribute : Attribute
```

AttributeUsageAttribute 类在定义时也应用了 AttributeUsage 特性。该类指定特性类的适用范围，用 AttributeTargets 枚举来表示，比如特性应用于程序集，或者应用于类、类的属性等；也可以组合多个应用目标，因为 AttributeTargets 枚举也有 FlagsAttribute 特性，作为标记的枚举可以组合使用。

如果特性存在带参数的构造函数，可以在特性后用一对小括号括起来，然后在其中传递参数，和调用普通类的构造函数一样，例如

```
[AttributeUsage(AttributeTargets.Class)]
public class MyInfo : Attribute
```

如上面例子所示，AttributeUsageAttribute 类有一个带一个参数的构造函数，参数类型为 AttributeTargets 枚举，因此在上面例子中，将 AttributeTargets.Class 传递给 AttributeUsageAttribute 类的构造函数。

如果要为特性类的属性或字段赋值，也是写到一对小括号中，用英文逗号分隔，如

```
[MyInfo(AppName = "Compute", Ver = "1.0.0")]
public class Test { }
```

也可以同时附加多个特性，比如

```
[MyInfo(AppName = "Compute", Ver = "1.0.0")]
[Serializable]
public class Test { }
```

因此，在上面代码中，Test 类应用了 MyInfo 和 Serializable 两个特性。同样，也可以把多个特性放到一对中括号中，用英文逗号分隔，如

```
[MyInfo(AppName = "Compute", Ver = "1.0.0"), Serializable]
public class Test { }
```

3.14.1　自定义特性

定义特性类与定义普通类是一样的，既可以声明构造函数、字段、属性、方法等成员，也可以派生子类，但有一个前提，那就是得从 System.Attribute 类或者 System.Attribute 的子类派生。总的来说，就是要表明它是一个特性类。

下面代码定义了一个 AppInfoAttribute 特性。

```
[AttributeUsage(AttributeTargets.Class | AttributeTargets.Method | AttributeTargets.
Property)]
public class AppInfoAttribute : Attribute
{
    public string Title { get; set; }
    public string VerNo { get; set; }
}
```

AppInfoAttribute 类可以用于类、方法和属性上，并声明 Title 和 VerNo 两个公共属性。按照习惯，特性类名后应跟上 Attribute 作为后缀，在 C#语言中使用时可以把后面的 Attribute 省略。当然，特性类名也可以不带 Attribute 结尾，加上 Attribute 作为后缀只是为了方便识别该类是特性类。在自定义特性类时，应当加上 Attribute 后缀，既方便自己阅读代码，也能方便其他人更容易识别出来。

定义了特性类后，就可以应用到其他类型中了，如下面代码所示

```
// 特性应用于类
[AppInfo(Title = "draw", VerNo = "1.0")]
public class Drawer
{
    // 特性应用于属性
    [AppInfo(Title = "color", VerNo = "1.0")]
    public  Color Color { get; set; }
```

```
    // 特性用于方法
    [AppInfo(Title = "color", VerNo = "1.0")]
    public void DrawRectangle() { }

    // 特性用于字段，编译时会发生错误
    [AppInfo(Title = "thick", VerNo = "1.0")]
    public int Thickness;
}
```

这里要注意，当 AppInfoAttribute 特性用于字段时发生编译错误，因为 AppInfoAttribute 类在定义时已经指明它只能用于类、方法、属性，并未指定其可用于字段。

3.14.2 将特性应用到方法的返回值

在默认条件下，特性将应用于跟随其后的对象，如在类的声明前面加上特性，就是将特性应用于类。将特性应用于方法也一样，在方法声明的前面加上特性；同理，也可以为方法中的参数应用特性，如下面代码所示

```
public static string Run([In]string pt, [Optional]int x) { return string.Empty; }
```

为参数应用特性只需放在参数前面即可。但是，如果要为返回值应用特性，那么是不是把特性放在返回值前面就可以了呢？就像这样

```
public [MarshalAs(UnmanagedType.SysInt)] int Compute()
```

这样做是错误的，编译无法通过，那是不是说，特性就不能应用于返回值了呢？不是的，在解决这个疑问之前，需要了解一些知识。

前面曾提到，默认情况下特性是应用于跟随其后的对象的，因此在许多时候，在使用特性时都会省略表示特性目标的关键字。以下是特性应用于目标对象时的完整格式。

```
[<目标> : <特性列表>]
```

应用目标关键字与特性列表之间用一个冒号（英文）隔开，有效的特性目标关键字及其相关说明如表 3–2 所示。

表 3-2 有效的特性目标关键字及其相关说明

关　键　字	说　　　明
assembly	表示特性将应用于当前程序集，通常放在程序集中命名空间或所有类型定义之前
module	用于当前模块，该特性用得比较少
field	该特性用于字段，如果特性后紧跟着字段的声明代码，则该关键字可以省略
event	特性用于事件，默认情况下可以省略
method	该特性用于方法，也可以用于属性中的get和set访问器，该特性用得较少
param	表示特性用于方法中的参数或属性定义中set访问器中的参数（value），默认情况下该关键字可以省略
property	表示特性用于属性，默认情况下可以省略
type	表示特性用于类型，如类、结构、委托、枚举等，默认情况下可以省略
return	特性用于方法的返回值，或者属性中get访问器的返回值。由于无法在返回值前面附加特性声明，因此若要为返回值应用特性，return关键字不能省略

将特性应用到方法上，并且注明特性的应用目标为 return，如下面代码所示

```
[return:MarshalAs(UnmanagedType.SysInt)]
public int Compute() { return 0; }
```

3.14.3　通过反射技术检索特性

本节主要介绍如何查找特性，需要用到反射技术。本书在前面讲过，特性可以理解为附加在类型上的一些扩展信息，因此可以通过在类型中找到指定的特性来验证代码的调用方是否符合特定的要求。

下面示例将定义一个 TypeInfoAttribute 特性，它有一个 Description 属性，表示类型的描述信息。接着通过反射技术来获得这些描述信息。

在 Visual Studio 开发环境中新建一个控制台应用程序。在 Program 类中声明一个 TypeInfoAttribute 特性类，代码如下：

```
[AttributeUsage(AttributeTargets.All)]
public class TypeInfoAttribute : Attribute
{
    public string Description { get; set; }
}
```

AttributeTargets.All 表示该特性可以应用于所有目标。接下来声明一个枚举和一个类，并应用 TypeInfoAttribute 特性。

```
[TypeInfo(Description = "这是我们定义的枚举类型。")]
enum TestEnum { One = 1, Two, Three }

[TypeInfo(Description = "这是我们定义的一个类。")]
public class Goods { }
```

在 Main 方法中把以上定义的两个类型的 TypeInfoAttribute 特性读出来，代码如下：

```
// 用 Type 类的 GetCustomAttributes 方法可以获取指定类型上附加的特性列表
// 返回一个 object 类型的数组，数组中的每个元素表示一个特性类的实例
// GetCustomAttributes 方法的其中一个重载可以将一个 Type 作为参数传递
// 该 Type 表示要获取的特性的类型，typeof 运算符返回某个类型的一个 Type
// 本例中要获取 TypeInfoAttribute 特性列表
// 由于上面定义 TestEnum 枚举和 Goods 类时，只应用了一个 TypeInfoAttribute 特性
// 因此获取到的特性实例数组的元素个数总为 1

object[] attrs = typeof(TestEnum).GetCustomAttributes(typeof(TypeInfoAttribute),
false);
if (attrs.Length > 0)
{
    TypeInfoAttribute ti = (TypeInfoAttribute)attrs[0];
    Console.WriteLine("TestEnum 枚举的描述信息: {0}", ti.Description);
}

attrs = typeof(Goods).GetCustomAttributes(typeof(TypeInfoAttribute), false);
if (attrs.Length > 0)
{
    TypeInfoAttribute ti = (TypeInfoAttribute)attrs[0];
    Console.WriteLine("Goods 类的描述信息: {0}", ti.Description);
}
```

运行应用程序后，得到如图 3-41 所示的结果。

TestEnum枚举的描述信息：这是我们定义的枚举类型。
Goods类的描述信息：这是我们定义的一个类。

图 3-41　输出特性的属性值

完整的示例代码请参考\第 3 章\Example_21。

第 12 集

3.15　数组

数组是从单词 array 翻译过来的，array 的大致含意是"排列，大量，一系列"。因此，从单词的字面意思也可以得知，数组就是把一系列类型相同的元素聚集在一起的一种数据结构。比如，将 1、2、3 三个 int 类型的数值放到一起，便构成了一个带有三个元素的 int 数组。

3.15.1　定义数组的几种方法

定义表示数组的变量与声明普通变量一样，只是要在类型后加上一对空的中括号（[]），例如：

```
char[] chars;
```

上面代码声明了一个 char 数组，即数组中的每个元素都是 char 类型。声明数组后就要对其赋值，一种方法是明确指定数组的元素个数。

```
int[] nums = new int[3];
nums[0] = 6;
nums[1] = 20;
```

上面代码通过 new 运算符创建数组实例，并在后面的一对中括号中指定数组中元素的个数。在上面代码中，nums 数组中包含 3 个 int 类型的元素。需要通过索引来访问数组中的元素，数组的索引是从 0 开始的，即第一个元素的索引为 0，第二个元素的索引为 1，第三个元素的索引为 2……以此类推。索引值依旧包含在一对中括号中，如上面例子中，nums[0]就是访问数组中的第一个元素。上面代码在创建数组实例后，将第一个元素的值设置为 6，第二个元素的值设置为 20，而第三个元素的值是 0，因为 int 类型的变量默认值为 0。也就是说，在创建数组实例的同时，会对其中所包含的元素进行初始化，如果数组包含的元素是引用类型（比如 string 类型）就初始化为 null。

另一种方法是直接用元素列表来填充数组，数组会根据所列出的元素来计算数组的大小，比如：

```
string[] names = new string[] { "abc", "def" };
```

以上代码在创建数组实例的同时，也对各元素进行了初始化，names 数组中定义了两个元素。还可以简写为以下形式

```
string[] names = { "abc", "def" };
```

数组默认继承 System.Array 类，所以数组本身是引用类型。从 Array 类的派生是由编译器自动完成的，开发者不能手动从 Array 类派生新类。不过，在代码中定义的数组变量可以使用 Array 类中所公开的成员。比如，可以通过访问 Length 或 LongLength 属性来获取数组中所包含元素的个数。Length 属性是 int 类型，用得较多，如果数组中的元素很多，超出了 int 的有效范围，则可以访问 LongLength 属性来得到元素个数。

可以通过 for 循环来访问数组中的每个元素，如

```
for (int i = 0; i < nums.Length; i++)
{
```

```
        Console.WriteLine(nums[i]);
}
```

由于 Array 类实现了 IEnumerable 接口，因此还可以用 foreach 语句来访问数组中的每个元素。例如：

```
foreach (int n in nums)
{
        Console.WriteLine(n);
}
```

以下示例介绍了数组的基本使用方法。

（1）在 Visual Studio 开发环境中新建一个控制台应用程序。

（2）声明一个 int 数组，并进行赋值，然后打印数组中的每个元素。代码如下：

```
int[] ints = new int[4];
ints[0] = 100;
ints[1] = 25;
ints[2] = 32;
ints[3] = 900;
Console.WriteLine("通过 for 循环显示数组的所有元素：");
for (int n = 0; n < ints.Length; n++)
{
        Console.Write("{0} ", ints[n]);
}
Console.WriteLine("\n 通过 foreach 循环显示数组的所有元素：");
foreach (int x in ints)
{
        Console.Write("{0} ", x);
}
```

（3）创建一个 string 数组并初始化，然后输出数组中的元素。

```
string[] strs = { "cat", "car", "food" };
Console.WriteLine("\n\n 字符串数组中的元素列表：");
// 通过 Join 方法将字符串数组的各元素进行拼接
Console.WriteLine(string.Join(", ", strs));
```

（4）修改上面创建的字符串数组中第二个元素的内容，然后再输出一次。

```
// 修改数组中的元素
strs[1] = "sound";
// 重新输出数组的元素
Console.WriteLine("\n 修改后的数组：");
Console.WriteLine(string.Join(", ", strs));
```

图 3-42　数组示例的运行结果

整个示例的运行结果如图 3-42 所示。

完整的示例代码请参考\第 3 章\Example_22。

3.15.2　多维数组

前面所提及的是一维数组，其实数组是可以定义为多维的，但是在实际编程中用得不多。多维数组中通常也仅用到二维数组，维度较高的数组极少会用到。

声明多维数组的方法和一维数组一样，在一维数组的声明中使用的是一对空的中括号，而对于二维数组，在中括号中加上一个逗号分隔，以表示两个维度，如

```
int[ , ] arr;
```

同理，如果要声明三维数组，中括号中应使用两个逗号，如下面代码所示

```
int[, ,] arr;
```

访问多维数组中的元素，方法与访问一维数组中的元素一样，索引依旧从 0 开始。只是在中括号内部要指明元素的位置，如

```
arr[0, 2] = 50;
```

每个维度的索引用逗号隔开。在上面的代码中，该元素位于第一维度的 0 索引和第二维度的 2 索引处。从字面上不太好理解，因此还是通过实例来研究多维数组的结构。此处将以二维数组为例。

在 Visual Studio 开发环境中新建一个控制台应用程序项目（完整的示例代码请参考\第 3 章 \Example_23）。待项目创建后，在 Main 方法中声明一个 int 类型的二维数组，代码如下：

```
// 声明二维组数
int[,] arr1 = new int[2, 3];
```

向数组中的元素赋值。

```
// 为数组中的元素赋值
arr1[0, 0] = 1;
arr1[0, 1] = 2;
arr1[0, 2] = 3;
arr1[1, 0] = 4;
arr1[1, 1] = 5;
arr1[1, 2] = 6;
```

接着输出数组中的元素。

```
// 输出数组中的元素
for (int j = 0; j < 2; j++)
{
    for (int k = 0; k < 3; k++)
    {
        Console.Write(arr1[j, k] + " ");
    }
    Console.Write("\n");
}
```

得到如图 3-43 所示的结果。

在上面的代码中，二维数组中元素的总个数等于各维度上元素个数的乘积。比如上面代码中的 arr1 数组，第一维度是 2 个元素，第二维度是 3 个元素，因此该数组的元素总数为 $2 \times 3 = 6$。

可以把一维数组用一维表格来表示，二维数组用二维表格来表示，于是便绘制出图 3-44 模拟数组内部各元素的排列结构。

一维数组

二维数组

图 3-43　输出二维数组的元素　　　　图 3-44　数组内部元素的排列结构

与一维数组类似，在实例化二维数组时，可以不指定元素个数，而是直接向数组中填充元素，数组实例会自动计算元素的个数，如下面代码所示

```
// 二维数组的另一种声明方式
char[,] arr2 = { { 'a', 'b', 'c', 'd' }, { 'e', 'f', 'g', 'h' }, { 'i', 'j', 'k', 'l' } };
// 使用 GetLength 方法获取指定维度上元素的个数
int len1 = arr2.GetLength(0);
int len2 = arr2.GetLength(1);
// 输出数组中的元素
for (int d = 0; d < len1; d++)
{
    for (int i = 0; i < len2; i++)
    {
        Console.Write(arr2[d, i] + " ");
    }
    Console.WriteLine();
}
```

对于多维数组，可以通过 GetLength 方法获取特定维度上的元素个数，参数为从 0 开始的整数值，表示维度，即 0 表示第一维度，1 表示第二维度，依此类推。最后的输出结果如图 3-45 所示。

图 3-45　char 二维数组中的元素

3.15.3　嵌套数组

要注意多维数组和嵌套数组二者之间的区别，嵌套数组也叫数组的数组，或叫交错数组，是通过以下方式来声明变量的

```
int[3][2] arr;
```

数组中的每个元素也是数组，也就是数组中包含数组。请考虑下面的代码

```
char[][] ccs = new char[][]
{
    new char[] {'a', 'b'},
    new char[] {'c', 'd'},
    new char[] {'e', 'f', 'w'}
};
```

在上面代码中，声明了一个嵌套数组，该数组从外到内有两层，最外层包含三个元素，而每个元素又是一个 char 数组。第一个 char 数组包含两个元素，第二个 char 数组也包含了两个元素，第三个 char 数组则包含了三个元素。

嵌套数组要比多维数组复杂，它是从外向内一层一层地进行嵌套。其实在声明嵌套数组时，可以通过中括号的对数来确定嵌套数组所包含的层数。比如，int[][] 表示该数组包含两层数组，int[][][] 则表示其中包含三层数组。

下面用一个示例来演示一个三层嵌套的数组，嵌套数组变量的声明如下：

```
// 三层嵌套的数组
int[][][] ints = new int[3][][]          //第一层
{
    new int[2][]                         //第二层
    {
        new int[] { 20, 32, 2 },         //第三层
        new int[] { 1, 11, 29, 6 }       //第三层
```

```
    },
    new int[2][]                                        //第二层
    {
        new int[] { 27, 26, 17 },                       //第三层
        new int[] { 199 }                               //第三层
    },
    new int[2][]                                        //第二层
    {
        new int[] { 40, 74, 81 },                       //第三层
        new int[] { 120, 95 }                           //第三层
    }
};
```

该数组有三个层次（int[][][]），第一层有三个元素，每个元素又是一个两层嵌套的数组（in[][]），第二层中每个元素又是一个数组（int[]），第三层才是单个int数值。可以用图3-46描述这个嵌套数组的内部层次结构。

把这个嵌套数组的所有元素输出到屏幕。

```
Console.WriteLine(ints.GetType().Name);
for (int i = 0; i < ints.Length; i++)                   //第一层
{
    Console.WriteLine(" {0}", ints[i].GetType().Name);
    for (int j = 0; j < ints[i].Length; j++)            //第二层
    {
        Console.WriteLine("  {0}", ints[i][j].GetType().Name);
        Console.Write("    ");
        for (int k = 0; k < ints[i][j].Length; k++)     //第三层
        {
            Console.Write("{0} ", ints[i][j][k]);
        }
        Console.WriteLine();
    }
}
```

得到如图3-47所示的运行结果。

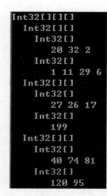

图3-46   三层嵌套数组的内部层次结构   图3-47   在屏幕上输出嵌套数组

完整的示例代码请参考\第 3 章\Example_24。

嵌套数组的结构有些类似 Windows 操作系统中的文件目录结构，可以把嵌套数组的层次与系统中的文件夹层次作类比，从外向内层层嵌套，而最后一层便是数组中的单个元素，类似于文件夹内部的单个文件。在实际开发过程中很少会使用嵌套数组，也不建议读者使用，如果对嵌套数组的层次结构理解不清楚，很容易造成不必要的错误；况且，为了方便他人阅读代码，也不宜将数组结构定义得过于复杂。

3.15.4　复制数组

复制数组就是把源数组中部分或全部元素复制到另一个数组中。Array 类公开了两个方法，可以完成数组的复制功能。

（1）Copy 方法：它定义为静态方法，可以直接调用，支持复制一维数组和多维数组。

（2）CopyTo 方法：该方法为实例方法，必须由 Array 类的实例来调用。此方法只能复制一维数组。如果调用 CopyTo 方法来复制多维数组，会引发错误。

用于接收复制元素的数组的容量不能小于源数组的容量。如果源数组的大小为 3，那么目标数组的大小可以大于或等于 3，但不能小于 3。如果目标数组的大小为 2，就无法容纳复制过来的元素。如果目标数组的大小大于源数组的大小，只用复制过来的元素修改相应的位置的值，其他元素的值不变。例如，源数组大小为 2，而目标数组的大小为 4，如果复制数组是从目标数组的 0 索引处开始写入，那么目标数组只有前两个元素被复制过来的元素改写，而另外两个元素不变。

以下示例将进行三次数组复制，并且每次复制后都在屏幕上输出目标数组中的元素，完整的示例代码请参考\第 3 章\Example_25。

第一次，复制一维数组。

```
int[] srcArr = new int[6] { 1, 2, 3, 4, 5, 6 };
int[] disArr = new int[8];
// 复制
srcArr.CopyTo(disArr, 0);
// 或者 Array.Copy(srcArr, disArr, srcArr.Length);
Array.Copy(srcArr, disArr, srcArr.Length);
// 输出
Console.Write("复制一维组数后目标数组中的元素：\n");
foreach (int b in disArr)
{
    Console.Write(b + " ");
}
```

第二次，复制二维数组。

```
int[,] srcArrd = new int[3, 2]
{
    { 30, 50 }, { 35, 16 }, { 27, 19 }
};
int[,] disArrd = new int[3, 2];
// 复制
Array.Copy(srcArrd, disArrd, disArrd.Length);
// 输出
Console.Write("\n\n复制二维数组后目标数组中的元素：\n");
foreach (int i in disArrd)
{
```

```
        Console.Write(i + " ");
    }
```

第三次，复制嵌套数组。

```
int[][] srcArrm = new int[][]
{
    new int[] { 0, 2, 7},
    new int[] { 9, 12, 21}
};
int[][] disArrm = new int[2][];
// 复制
srcArrm.CopyTo(disArrm, 0);
// 或者 Array.Copy(srcArrm, disArrm, disArrm.Length);
// 输出
Console.Write("\n\n 复制嵌套数组后目标数组中的元素：\n");
foreach (int[] x in disArrm)
{
    foreach (int y in x)
    {
        Console.Write(y + " ");
    }
}
```

最终的输出结果如图 3–48 所示。

3.15.5 反转数组

反转就是数组中的元素反过来重新排序，比如某数组中元素的次序为 1、2、3，数组反转后，元素的次序就变为 3、2、1。调用 System.Array 类的 Reverse 方法实现数组反转，该方法为静态方法，可以直接调用。

以下示例将演示如何反转数组中元素的次序（完整的示例代码请参考\第 3 章\Example_26）。

```
// 定义数组
byte[] arr = new byte[] { 5, 6, 7, 8 };
Console.WriteLine("反转前数组的元素及次序：");
for (int i = 0; i < arr.Length; i++)
{
    Console.WriteLine("[{0}] - {1}", i, arr[i]);
}

// 反转数组
Array.Reverse(arr);

// 反转后再次输出
Console.WriteLine("\n 反转后数组的元素及次序：");
for (int n = 0; n < arr.Length; n++)
{
    Console.WriteLine("[{0}] - {1}", n, arr[n]);
}
```

示例程序运行后，可以看到如图 3–49 所示的结果。

图 3-48 最终的输出结果

图 3-49 数组反转前后的输出对比

3.15.6 更改数组的大小

数组实例一旦被创建后，其大小已经固定了，但是通过 Array 类的以下方法可以修改数组实例的大小

```
public static void Resize<T>(ref T[] array, int newSize);
```

该方法是静态方法，且带有类型参数 T，这属于泛型的一种形式，本书在后面会讲解泛型有关的知识。简单地说，使用类型参数 T 可以扩大 Resize 方法的适用范围，即可以将任意数组实例传递给该方法的 array 参数。如果 T 为 int 类型，就可以传递 int 的数组实例进去；如果 T 为 string 类型，则可以传递 string 数组实例进去。

newSize 表示新分配的大小。Resize 方法是用 newSize 来创建一个新的数组实例，再把旧数组实例的元素复制到新的数组实例中取代原来的数组，通过这种方法间接达到修改数组大小的目的。

在 Visual Studio 开环境中新建一个控制台应用程序项目。声明一个大小为 3（包含 3 个元素）的 int 数组，随后调用 Array.Resize<T>静态方法修改数组的大小为 7（包含 7 个元素）。为了验证原来的数组实例是否被新创建的数组实例替代，代码在修改前后分别输出数组的大小和哈希值。如果原来数组的实例被替换了，那么两次输出的哈希值会不同。具体代码如下：

```
// 创建数组实例
int[] arr = new int[3];
// 修改大小前输出
Console.WriteLine("数组的大小：{0}，哈希值为{1}", arr.Length, arr.GetHashCode());
// 修改数组的大小
Array.Resize<int>(ref arr, 7);
// 修改大小后再次输出
Console.WriteLine("数组的大小：{0}，哈希值为{1}", arr.Length, arr.GetHashCode());
```

按下 F5 键调试运行，得到如图 3-50 所示的结果。

第一次输出的大小为 3，第二次输出的大小为 7，但是哈希值不相同。这说明 Resize<T>方法是通过替换旧数组的方式来修改数组大小的。

完整的示例代码请参考\第 3 章\Example_27。

```
数组的大小：3，哈希值为37121646
数组的大小：7，哈希值为45592480
```

图 3-50 数组的大小被修改前后的输出对比

3.15.7 在数组中查找元素

对数组的操作基本上都是由 Array 类来负责，因而该类也提供了一系列方法来帮助开发者在数组中进行查找。这些方法按照查找结果划分，大体可以分为两类，下面将分别介绍。

1. 查找元素的索引

此查找方式将返回被查找到的元素的索引，如果未找到，就返回–1。有两类方法可用，第一类方法是按照单个元素值查找，第二类方法则比较灵活，可以通过 System.Predicate<T>委托来自定义查找过程，具体可参考表 3–3。

表 3-3　查找数组中元素索引的方法

第一类	IndexOf方法	查找指定元素的索引，只要遇到符合条件的元素就停止查找。如果数组存在多个相同的元素，那么方法只返回第一个满足条件的元素的索引。例如，一个数组中有2、2、3、5四个元素，查找元素2，只返回第一个2的索引，第二个2将被忽略
	LastIndexOf方法	与IndexOf方法相似，但LastIndexOf方法返回匹配的最后一个元素的索引。例如，一个数组中包含a、b、c、c、d五个元素，在查找元素c时，只返回第二个c的索引
第二类	FindIndex方法	与IndexOf方法相似，只是可以使用Predicate<T>委托来自定义查找方式，该方法会把每个元素传给该委托，如果元素符合查找条件，则返回true，否则返回false。同样，FindIndex方法一旦找到第一个符合条件的元素就停止查找
	FindLastIndex方法	通过Predicate<T>委托来自定义查找，返回匹配查找条件的最后一个元素的索引

上面方法的参数中用到了 Predicate 委托，它的定义原型如下：

```
public delegate bool Predicate<in T>(T obj)
```

其中，T 是类型参数，该委托接受 T 类型的参数，并返回 bool 类型的方法；obj 是数组中待查找的元素，如果 obj 符合查找条件，返回 true，否则返回 false。

下面用一个示例分别演示如何使用上面所列的方法来查找元素的索引。

声明一个数组变量用于测试。

```
// 用于测试的数组
string[] testArr = new string[]
{
    /*0*/"ask", /*1*/"check", /*2*/"ask", /*3*/"food", /*4*/"ink"
};
```

数组中包含五个 string 类型的元素。随后分别用 IndexOf、LastIndexOf、FindIndex 和 FindLastIndex 四个方法来对测试数组进行查找，并在屏幕上输出查找到的索引。

```
// check 是数组的第二个元素，索引为 1
int index1 = Array.IndexOf(testArr, "check");
Console.WriteLine("check 元素的索引：{0}", index1);

// 数组中存在两个 ask，索引分别为 0 和 2
// LastIndexOf 方法只返回最后一个 ask 的索引 2
int index2 = Array.LastIndexOf(testArr, "ask");
Console.WriteLine("测试数组中有两个 ask 元素，LastIndexOf 方法返回的索引：{0}", index2);

// 通过自定义方式，查找以 k 结尾的元素
// 第一个元素 ask 就是以 k 结尾的，已满足条件，不再往下查找
// 因此返回第一个 ask 的索引 0
int index3 = Array.FindIndex(testArr, new Predicate<string>(FindProc));
Console.WriteLine("\nFindIndex 方法查找以 k 结尾的元素的索引：{0}", index3);

// 自定义方式查找以 k 结尾的元素
// 测试数组中索引 0、1、2、4 四处的元素都以 k 结尾
```

```
// 但 FindLastIndex 只返回最后一个匹配项 ink 的索引 4
int index4 = Array.FindLastIndex(testArr, new Predicate<string>(FindProc));
Console.WriteLine("FindLastIndex 方法查找以 k 结尾的元素的索引：{0}", index4);
```

"check"是数组的第二个元素，索引为 1，故 index1 的值为 1；测试数组中有两个"ask"元素，分别是第一个和第三个，LastIndexOf 方法返回匹配的最后一项的索引，虽然索引 0 和 2 处都有"ask"元素，但是由于索引 2 处是最后一处，故 index2 变量的值为 2；在测试数组中有四个元素是以 k 结尾的，但 FindIndex 只返回第一个匹配项的索引，因为第一个元素"ask"就是以 k 结尾的，符合条件，所以 index3 的值为 0；FindLastIndex 方法返回最后一个以 k 结尾的元素"ink"的索引，所以 index4 变量的值为 4。

下面代码是自定义查找方式的 FindProc 方法的处理过程。

```
private static bool FindProc(string obj)
{
    if (obj.EndsWith("k"))
    {
        return true;
    }
    return false;
}
```

运行应用程序后，得到如图 3-51 所示的运行结果。

完整的示例代码请参考\第 3 章\Example_28。

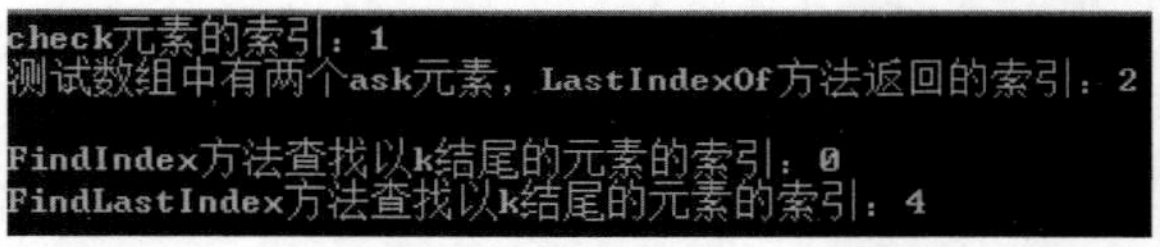

2．查找元素自身

这种查找方式的结果不是返回元素在数组中的索引，而是直接返回元素自身，也就是返回所找到的元素的值。Array 类提供三种方法用于查找元素。

图 3-51　屏幕上输出的查找结果

（1）Find 方法：查找符合条件的元素，如果找到，就不再往下查找；如果没有找到满足条件的元素，则返回类型的默认值。比如，如果要查找的目标类型是 int，在找不到符合条件的元素时就返回 int 的默认值 0。

（2）FindLast 方法：查找满足条件的元素，并返回符合条件的最后一个元素，和 FindLastIndex 方法类似。比如，一个整型数组包含 1、2、3、4 四个元素，如果查找的条件是小于 4 的元素，那么符合条件的元素有 1、2、3 三个，FindLast 方法将返回最后匹配的元素，即返回 3。

（3）FindAll 方法：按照指定的条件进行查找，返回所有符合条件的元素，以数组的形式返回。例如，一个 int 数组包含 1、2、3、4 四个元素，查找条件为小于 3 的元素，则 FindAll 方法将返回一个新的 int 数组，该数组包含符合条件的两个元素 1 和 2。

以下示例介绍如何使用上述方法在数组中查找元素。

（1）在 Visual Studio 开发环境中新建一个控制台应用程序项目。

（2）定义一个 int 数组用于测试。

```
// 声明数组变量
int[] arr = { 3, 6, 35, 10, 9, 13 };
```

（3）分别使用 Find、FindLast 和 FindAll 三种方法在数组中查找小于 10 的元素，并输出查找结果。详细代码如下：

```
// Find 方法只返回匹配的第一个元素
// 数组中第一个小于 10 的元素是 3，故返回 3
```

```
int result1 = Array.Find(arr, new Predicate<int>(FindCallback));
Console.WriteLine("Find 方法查找小于 10 的元素: {0}", result1);

// FindLast 方法返回匹配元素的最后一项
// 数组中最后一个小于 10 的元素是 9, 故返回 9
int result2 = Array.FindLast(arr, new Predicate<int>(FindCallback));
Console.WriteLine("FindLast 方法查找小于 10 的元素: {0}", result2);

// FindAll 方法返回所有匹配的元素
// 数组中 3、6、9 都小于 10
// 因此, 返回一个由 3、6、9 三个元素组成的数组
int[] result3 = Array.FindAll(arr, new Predicate<int>(FindCallback));
Console.WriteLine("\nFindAll 方法查找所有小于 10 的元素: ");
foreach (int x in result3)
{
    Console.Write(x + " ");
}
```

数组中小于 10 的有三个元素：3、6、9。Find 方法只返回第一个符合条件的元素，所以返回 3；FindLast 方法返回符合条件的最后一个元素，所以返回 9；FindAll 方法返回所有符合条件的元素，因此返回 3、6、9。

（4）以下代码定义 FindCallback 方法，用于 Predicate<T>委托。如果元素小于 10 则返回 true，否则返回 false。

```
private static bool FindCallback(int val)
{
    if (val < 10)
        return true;
    return false;
}
```

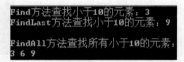

图 3-52　查找结果

示例的运行结果如图 3-52 所示。

完整的示例代码请参考\第 3 章\Example_29。

3.15.8　灵活使用 ArrayList 类

同一个数组实例中只能放置类型相同的元素。本节将介绍一个可以在其中放置不同类型的类似数组结构的类——ArrayList（位于 System.Collections 命名空间）。

ArrayList 类不仅可以添加不同类型的元素，而且容量会随着新元素的添加自动增长，也可以通过 Capacity 属性修改 ArrayList 实例的容量。

ArrayList 类虽然可以放置不同的类型，但也会在一定程度上影响性能，因此最好不要向 ArrayList 中添加过大的元素。

ArrayList 类的使用并不复杂，下面将通过一个示例来演示。

启动 Visual Studio 开发环境，并新建一个控制台应用程序项目。核心代码如下：

```
ArrayList list = new ArrayList();
// 添加 int 类型对象
list.Add(100);
// 添加 double 类型对象
list.Add(20.977d);
// 添加 string 类型对象
```

```
list.Add("hello");
// 添加 long 类型对象
list.Add(9800000L);

// 可以通过索引取得元素
// 进行类型转换
// 取出来的元素的类型要与放入时对应
Console.WriteLine("[0] - {0}", (int)list[0]);
Console.WriteLine("[3] - {0}", (long)list[3]);
// 输出元素总个数
Console.WriteLine("元素个数：{0}", list.Count);
// 删除最后一个元素
list.RemoveAt(list.Count - 1);
// 删除后再次输出元素个数
Console.WriteLine("删除后元素个数：{0}", list.Count);
```

　　代码首先创建一个 ArrayList 实例，随后向 ArrayList 实例依次添加一个 int 类型的元素、一个 double 类型的元素、一个 string 类型的元素和一个 long 类型的元素。

　　接着读出第一个和第四个元素，并输出到屏幕。然后，调用 RemoveAt 方法删除最后一个元素，索引为 list.Count – 1，因为索引是从 0 开始的，所以最后一个元素的索引应为元素总数减 1。删除元素前后向屏幕输出 ArrayList 实例的元素个数，以方便进行对比。

　　如果要删除 ArrayList 中指定的元素，而不是通过索引操作，可以使用 Remove 方法，该方法调用时向参数传递指定元素的具体值，而 RemoveAt 方法在调用时，是通过传递要删除的元素的索引作为参数的。

　　示例的运行结果如图 3–53 所示。

　　完整的示例代码请参考\第 3 章\Example_30。

图 3–53　应用程序的输出结果

第 4 章

控制台应用程序

　　前面的许多示例都是基于控制台应用程序实现的。那么，什么是控制台应用程序呢？控制台应用程序运行时，开发者看到的是一个命令提示符窗口。它的输入输出类似于传统的 DOS 应用程序，只有一个简单的窗口，并且通过简单的字符串输入输出来与用户进行交互。

　　本章将介绍一些与控制台应用程序相关的知识。

- 向控制台窗口输出文本信息
- 读入用户输入的内容
- 接收和处理命令行参数
- 修改控制台应用程序窗口的标题
- 设置输出文本的颜色
- 更改控制台窗口大小与屏幕缓冲区大小
- 了解 CancelKeyPress 事件

4.1　输出文本信息

　　System.Console 类公开了一系列静态成员，以帮助开发人员操作控制台应用程序。其中，向屏幕输出文本信息，Console 类定义了两个方法。

　　（1）Write 方法：将内容输出。该方法有多个重载，大体分为两种，一种是把传入方法参数的对象作为字符串输出，另一种是输出格式化的字符串（后面会详细介绍格式化字符串）。

　　（2）WriteLine 方法：和 Write 方法相近，只是 WriteLine 方法在输出的文本后面自动加上换行符，也就是说，每调用 WriteLine 方法一次，就输出一整行。

　　例如，下面代码将在屏幕上输出字符串"test"

```
Console.Write("test");
```

输出方法支持许多数据类型的输出，如下面代码将一个 double 类型的数值转换为字符串再输出。

```
Console.WriteLine(122.315d);
```

Write/WriteLine 方法在把传递的对象输出时，调用了对象的 ToString 方法，该方法是在 Object 类上定义的。由于所有类型都是从 Object 类派生的，并且 ToString 方法是个虚方法，因此在派生类中可以重写该方法，以自定义当前对象的字符串表示形式。

　　下面用一个示例演示如何自定义对象的字符串表示方式，并用控制台应用程序来输出。（完整的示例代码请参考\第 4 章\Example_1）。

首先，声明一个表示产品信息的 Product 类用于测试，并重写 ToString 方法。

```
public class Product
{
    /// <summary>
    /// 产品编号
    /// </summary>
    public int No { get; set; }
    /// <summary>
    /// 产品名称
    /// </summary>
    public string Name { get; set; }
    /// <summary>
    /// 生产时间
    /// </summary>
    public DateTime ProductDate { get; set; }

    public override string ToString()
    {
        return "编号：" + No.ToString() + "，产品名称：" + Name + "，日期：" + ProductDate.
ToShortDateString();
    }
}
```

在上面代码中，Product 类重写了 Object 类的 ToString 方法，把类的三个属性连接成一个字符串输出。

其次，可以在 Main 方法中创建一个 Product 类的实例，并为其属性赋值。

```
Product p = new Product()
{
    No = 101,
    Name = "洗衣机",
    ProductDate = new DateTime(2014, 3, 15)
};
```

最后，调用 Console.Write 方法把该对象实例直接以字符串的形式输出。

```
Console.Write(p);
```

运行应用程序后，得到如图 4-1 所示的结果。

Write/WriteLine 方法还有一种输出形式，即通过格式化字符串来输出内容。比如，System.Console 类的 Write 方法，有以下一种重载形式

编号：101，产品名称：洗衣机，日期：2014/3/15

图 4-1 对象的输出结果

```
public static void Write(string format, params object[ ] arg)
```

第一个参数是要显示的字符串，但是该字符串中带有格式化控制符的索引，索引从 0 开始，用一对大括号（{}）括起来，如{0}、{1}等；后面的参数是一个 object 类型的数组，由于在定义 arg 参数时加了 params 关键字，因此在调用方法时，可以在第一个参数后直接把数组的元素传过去，每个元素用一个英文的逗号分隔，比如

```
Console.Write("pages : {0}-{1}-{2}", 11, 2, 3);
```

上面代码给 arg 参数传递了三个元素，分别为 11、2、3。从第二个参数起，每个元素都与第一个参数中的格式化控制符的索引一一对应，即用 arg 数组中的第一个元素替换字符串中的{0}，用 arg 数组中的第二

个元素替换字符串中的{1}……以此类推。

再举一例

```
Console.Write("第{0}页/共{1}页", 2, 10);
```

第2页/共10页

图4-2 格式化字符串示意图

在上面代码中，arg 数组的第一个元素是 2，替换字符串中的{0}；arg 数组的第二个元素是 10，替换字符串中的{1}。最后输出的字符串为

第 2 页/共 10 页

可以用图 4-2 表示这个格式化的过程。

4.2 获取键盘输入

Console 类公开了三个方法帮助开发者在应用程序中获取用户的键盘输入，它们分别是 Read、ReadKey 和 ReadLine。

4.2.1 Read 方法

Read 方法每次只读入一个字符，如果没有可读的字符，则返回-1，对于键盘输入，一般不会返回-1，除非用户按下了 Ctrl + Z 快捷键才会返回-1。在用户输入内容时，Read 方法不会马上读取，而是等到用户按下 Enter 键才会开始读取。由于 Read 方法每次只读取一个字符，所以通常会把 Read 方法放到一个循环体中调用。

下面演示 Read 方法的使用（完整的示例代码请参考\第 4 章\Example_2）。

```
static void Main(string[] args)
{
    int input = 0;
    while ((input = Console.Read()) != -1)
    {
        // 过滤换行符和回车符
        if ((input != 13) && (input != 10))
        {
            // 将读数的整数值转换为字符并输出
            Console.WriteLine("输入了字符: {0} ({1})", (char)input, input);
        }
    }
}
```

上面代码中，通过 while 循环，反复调用 Read 方法读取输入的字符，只要 Read 方法不返回-1，循环体将不断执行。Read 方法返回的是 int 数值，其实是字符的 ASCII 编码值，代码在输出时将它转换为 char 类型以输出字符。10 和 13 分别代表的是换行符和回车符，输出这两个字符没有实际意义，因此在调用 WriteLine 方法输出之前，应当把 10 和 13 两个值过滤掉。示例的运行结果如图 4-3 所示。

按下组合键 Ctrl + Z 后，Read 方法返回-1，跳出循环，应用程序退出。

图 4-3 输出捕捉到的字符

4.2.2　ReadKey 方法

使用 ReadKey 方法读取用户输入的字符，将返回一个 ConsoleKeyInfo 结构的实例，通过 ConsoleKeyInfo 结构的几个属性可以获取有关按键的信息。因此，ReadKey 方法使用起来比 Read 方法更方便。

ConsoleKeyInfo 结构公开了以下几个属性帮助获取按键信息。

（1）KeyChar 属性：直接获取按键所表示的 Unicode 字符。

（2）Key 属性：获取用户按下了哪个键，属性返回一个 ConsoleKey 枚举，该枚举已经把键盘上各个键的键码定义好了，开发者可以直接拿来进行判断。比如，要判断用户是否按下了 Enter 键，只要比较 ReadKey 方法返回的 ConsoleKeyInfo 实例中的 Key 属性是否与 ConsoleKey.Enter 相等即可。

（3）Modifiers 属性：返回一个 ConsoleModifiers 枚举值，表示用户是否按下了 Ctrl、Alt 或者 Shift 键。因为 ConsoleModifiers 枚举应用了 FlagsAttribute 特性，所以它有可能是这三个键中的一个或多个的组合值。

下面用一个示例来演示 ReadKey 方法的使用。在 Visual Studio 开发环境中新建一个控制台应用程序项目，然后在 Main 方法中加入以下代码

```
ConsoleKeyInfo keyInfo;
do
{
    keyInfo = Console.ReadKey();
    Console.WriteLine("已按下了{0}键。", keyInfo.Key);
}
// 按下 Esc 键时退出循环
while (keyInfo.Key != ConsoleKey.Escape);
```

由于 do…while 循环先执行一次循环再去验证条件是否成立，因此在上面代码中，先通过 Console.ReadKey 方法获取 ConsoleKeyInfo 实例，然后输出按键名。跳出循环的条件是用户按下了 Esc 键，一旦跳出循环，应用程序也将退出。

运行应用程序，然后在控制台窗口中随机按下键盘上的键，会得到如图 4-4 所示的结果。

图 4-4　输出按键信息

完整的示例代码请参考\第 4 章\Example_3。

4.2.3　ReadLine 方法

ReadLine 方法每次读取一行，以字符串的形式返回，因此该方法可以一次性读取多个字符，遇到 Enter 键时返回，而读取到的一行字符串不包括最后的换行符和回车符。如果用户按下 Ctrl + Z 快捷键，则 ReadLine 方法返回 null。

以下示例为运用 ReadLine 方法读取一行字符。

在 Visual Studio 开发环境中新建一个控制台应用程序项目(完整的示例代码请参考\第 4 章\Example_4)，核心的代码如下：

```
string line = null;
do
{
    // 读取一行
    line = Console.ReadLine();
    // 输出读取到的内容
    Console.WriteLine("读入一行字符: {0}", line);
```

```
    }
    // 如果输入的是 Ctrl + Z, 则 line 为 null
    while (line != null);
```

调用 Console.ReadLine 方法读取一行，并把返回的 string 对象存放到变量 line 中，接着输出读的内容。如果用户按下 Ctrl + Z 快捷键，再按 Enter 键，ReadLine 方法将返回 null，这样就跳出循环，应用程序也随之退出。

运行结果如图 4-5 所示。

图 4-5　输出 ReadLine 方法读取的内容

4.3　命令行参数

所谓命令行参数，就是在启动应用程序时传递给应用程序的附加参数。例如，在操作系统的 "任务管理器" 窗口中，可以看到有些进程是带有命令行参数的，如图 4-6 所示。

```
C:\Windows\system32\svchost.exe -k DcomLaunch
C:\Windows\system32\svchost.exe -k RPCSS
C:\Windows\System32\svchost.exe -k LocalServiceNetworkRestricted
C:\Windows\system32\svchost.exe -k netsvcs
C:\Windows\system32\svchost.exe -k LocalService
C:\Windows\System32\svchost.exe -k LocalSystemNetworkRestricted
C:\Windows\system32\svchost.exe -k NetworkService
```

图 4-6　进程的命令行参数

在图 4-6 所列举的进程列表中，紧跟在 .exe 文件路径后面的就是命令行参数，即 -k 及其后面的内容，多个参数之间通常是以空格来隔开的，比如

```
test.exe /s /t abc
```

其中，/s、/t、abc 都是命令行参数。在开发 Windows 应用程序时，可能需要用到命令行参数。例如，一个应用程序有多种启动方式，可能不同的启动方式会向用户展示不同的内容，这样一来，可以考虑在启动应用程序时传递命令行参数，然后程序接收命令行参数，并通过分析该参数来决定如何向用户呈现特定的内容。

获取命令行参数的方法有两种。本节内容仅以控制台应用程序为例，获取命令行参数的方法在所有 Windows 应用程序项目中都通用。

接下来，将通过一个示例来对这两种方法进行逐一演示。

第一种方法也是最简单的方法。应用程序入口点 Main 方法有一个 string 数组类型的参数，比如这样

```
static void Main(string[] args)
```

其实这个 args 参数就是用来获取传递给当前应用程序的命令行参数的，如果没有命令行参数传递，则数组的大小为 0（0 个元素）。可见，直接从 args 参数中获取命令行参数是最简单的做法，如下面代码所示

```
if (args.Length > 0)
{
    Console.WriteLine("通过 Main 方法的参数获取到的命令行参数：");
    string parms = string.Join(", ", args);
    Console.WriteLine(parms);
}
```

第二种方法就是通过调用 Environment 类的 GetCommandLineArgs 方法获取，这是一个静态方法，可以直接调用。为什么要提供这个方法呢？因为从 Main 方法的参数中提取命令行参数这种方法虽然简单，但是也有一定的局限性，如果开发者正在编写的代码不在 Main 方法中，那么就不能访问 args 参数了。所以，有了 Environment.GetCommandLineArgs 方法，在代码的其他地方也能获取到传递给当前应用程序的命令行参数。

GetCommandLineArgs 方法返回一个 string 数组，其中包含了命令行参数，但是这个返回的数组和 Main 方法的 args 参数的数组不同，GetCommandLineArgs 方法返回的数组多了一个元素，这个元素存储了当前可执行文件的路径，从第二个元素开始才是命令行参数。所以，如果只希望获取参数列表，应该忽略第一个元素。示例代码如下：

```
var paramters = Environment.GetCommandLineArgs();
Console.WriteLine("\n 通过 Environment.GetCommandLineArgs 方法获取到的命令行参数：");
if (paramters.Length > 1)
{
    // 因为返回的数组中
    // 第一个元素为.exe 文件的路径
    // 因此去掉第一个元素
    string[] s = new string[paramters.Length - 1];
    // 从第二个元素开始复制
    Array.Copy(paramters, 1, s, 0, paramters.Length - 1);
    string pst = string.Join(", ", s);
    Console.WriteLine(pst);
}
```

这里使用数组复制法，在 GetCommandLineArgs 方法返回的数组中，从第二个元素开始复制（即从索引 1 开始），目标数组的大小应该为源数组的长度减去 1，因为少了一个元素未复制。这样一来，就把命令行参数都复制到新数组中了。

程序完成后，考虑如何在调试运行应用程序时传递参数。Visual Studio 开发工具已经提供了这个功能，可以预先设置一些参数来测试。方法是在"解决方案资源管理器"窗口中，右击项目，从弹出的快捷菜单中选择【属性】，打开项目属性窗口。然后选中"调试"选项卡，在启动选项下的"命令行参数"右边的输入框中输入测试参数，每个参数用空格隔开。本示例输入 a、b、c 三个参数，如图 4-7 所示。

按下 F5 键，运行结果如图 4-8 所示。

图 4-7　输入用于测试的命令行参数　　　　　　图 4-8　输出命令行参数

完整的示例代码请参考\第 4 章\Example_5。

4.4　控制台窗口的外观

由于控制台应用程序是基于命令提示符窗口的，故其窗口的外观和样式不会像平时看到的标准 Windows 窗口那么色彩斑斓。因此，这里所说的设置窗口的外观主要指设置窗口标题文本、文本颜色和文本的背景颜色。

要完成这几项设置也很简单，只需要在代码中修改以下几个属性就可以了。

（1）Title 属性：控制台应用程序的标题栏文本，默认是当前可执行文件的路径。

（2）ForegroundColor 属性：设置或获得窗口上文本的颜色。由 ConsoleColor 枚举进行规范，只需要在该枚举定义的值中选择一个即可。

（3）BackgroundColor 属性：文本的背景色，即显示在文本下面的颜色，也是由 ConsoleColor 枚举来规范的。

以下示例为设置控制台应用程序窗口的外观。在 Visual Studio 开发环境中新建一个控制台应用程序项目，然后在 Main 方法中加入以下代码

```
// 修改窗口标题文本
Console.Title = "我的应用程序";
// 将文本颜色改为绿色
Console.ForegroundColor = ConsoleColor.Green;
Console.WriteLine("第一行文本");  // 输出
// 将文本背景色改为蓝色
Console.BackgroundColor = ConsoleColor.Blue;
Console.WriteLine("第二行文本");  // 输出
// 将背景色改为白色
Console.BackgroundColor = ConsoleColor.White;
// 将文本颜色改为黑色
Console.ForegroundColor = ConsoleColor.Black;
Console.WriteLine("第三行文本");  // 输出
// 将文本颜色还原为灰色
Console.ForegroundColor = ConsoleColor.Gray;
// 将背景色还原为黑色
Console.BackgroundColor = ConsoleColor.Black;
```

其实，上面代码只做了两件事：第一件事是修改窗口标题为"我的应用程序"，第二件事就是修改窗口中文本的前景色和背景色，并在每次修改后输出一行文本。最终的效果如图 4-9 所示。

不管是对背景色还是前景色做出的修改，都会应用到后面输出的文本上，直到 ForegroundColor 或 BackgroundColor 属性被再次修改为止。

完整的示例代码请参考\第 4 章\Example_6。

图 4-9　修改窗口外观后的效果

4.5　控制台窗口的大小和位置

控制台窗口的大小指的是窗口的宽度和高度，"缓冲区"指的是窗口内部用于显示文本的矩形区域，因此缓冲区也有宽度和高度。图 4-10 描述了窗口区域与缓冲区区域之间的关系。

从图 4-10 中可以看到，缓冲区域要比窗口区域大，所以窗口出现水平和垂直滚动条。知道了这两个区域，Console 类的几个属性就好理解了。下面以分组的方式介绍这几个属性。

第一组是 WindowWidth 和 WindowHeight 属性，它们用来获取或者设置窗口的宽度和高度，WindowWidth 属性所设置的值不能超过 Console.LargestWindowWidth 的值，WindowHeight 属性所设置的值不能超过 Console.LargestWindowHeight 的值；第二组是 BufferWidth 和 BufferHeight 属性，用于获取或者设置窗口内缓冲区域的宽度和高度。为了便于开发者设置这些属性的值，Console 类还公开了两个方法：SetWindowSize

方法用来设置窗口区域的大小，SetBufferSize 方法用来设置缓冲区域的大小。

控制台应用程序的窗口或缓冲区域的大小并不是用像素来度量的，而是以行和列来度量的，行与列的相交会形成多个单元格，如同在 Excel 中看到的表格一样。在控制台窗口中，每个字符占一个单元格，例如缓冲区域的宽度为 5，高度为 3，就表示在这个区域内，垂直方向上可排列 3 行，水平方向上（每一行）可以排列 5 个字符。整个区域可以容纳 15 个字符。可以用图 4-11 模拟这些字符的布局。

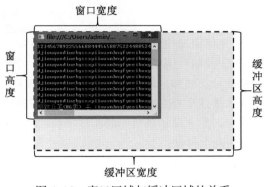

图 4-10　窗口区域与缓冲区域的关系

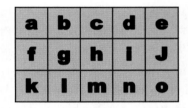

图 4-11　3 行 5 列的字符布局示意图

下面是一个示例，完整的示例代码请参考\第 4 章\Example_7，其中核心代码如下：

```
Console.Write("ABCDEFGHIJKLMNOPQRSTUVWXYZVAKLFIOXCNLWQKOWSFGHOSWOSAIELO");
// 先将窗体缩小，以便于设置缓冲区域
Console.SetWindowSize(1, 1);
Console.SetBufferSize(70, 6);
// 待缓冲区域大小设置完后再设置窗口区域大小
Console.SetWindowSize(30, 3);
```

示例的代码不多，首先调用 Console.Write 方法输出一些字符串，然后用 SetWindowSize 方法把窗口区域设置为宽度和高度均为 1。再去修改缓冲区域的大小，最后重新设置窗口区域大小。

那么，为什么要先将窗口区域的宽度和高度都改为 1 呢？把这行代码注释掉，然后再运行应用程序。

```
//Console.SetWindowSize(1, 1);
```

如图 4-12 所示，程序运行后发生错误。

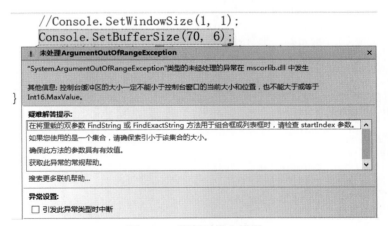

图 4-12　运行时发生错误

由于缓冲区域的大小不能小于窗口区域的大小，而在程序运行时，窗口的默认区域远比代码要设置的值要大，即窗口区域远大于要设置的缓冲区域的大小，所以才会发生错误。因此，在修改缓冲区域大小前先把窗口区域的大小改为 1，这样一来，所设置的缓冲区域肯定会比窗口区域要大，在成功设置了缓冲区域大小后，再去修改窗口区域的大小。这样一来，就可以避免错误的发生。

示例的运行结果如图 4-13 所示。

由于设置的缓冲区域大于窗口区域，所以窗口会出现滚动条。

接下来再看控制台应用程序窗口的位置。这里所说的位置，与一般 Windows 窗口的位置不同。在常规的 Windows 窗口中，位置是指窗口在屏幕上的坐标位置，或者子窗口在父容器中的坐标位置。而对于控制台应用

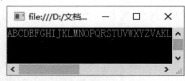

图 4-13　窗口出现滚动条

程序的窗口来说，窗口位置指的是窗口内部缓冲区域的位置。当缓冲区域大于窗口区域时，窗口会出现滚动条。因此，这里所说的位置是指窗口内部的缓冲区域在水平或垂直方向上所滚动的量。与前面所讲述的窗口区域大小一样，水平滚动条滑动的量以字符的列为单位，垂直滚动条滑动的量以字符的行为单位。比如，垂直滚动条向下滑动一个单位数值，则窗口内的文本将向上移动一行。

WindowTop 属性表示窗口垂直方向上的位置，以行为单位，WindowLeft 属性表示窗口在水平方向上的位置，以列为单位。这两个属性的设置是有条件限制的。

（1）两个属性的值不能小于 0，也不能超过 int 的最大值。

（2）WindowLeft 属性的值不能大于(BufferWidth − WindowWidth)。

（3）WindowTop 属性的值不能大于(BufferHeight − WindowHeight)。

为了方便开发者设置窗口的位置，Console 类提供了 SetWindowPosition 方法，当然也可以通过 WindowTop 和 WindowLeft 属性来分别设置。

下面将完成一个示例，在该示例中，文本缓冲区域比窗口区域要大，因此控制台应用程序的窗口出现滚动条。可以通过按下键盘上的上、下、左、右箭头键来移动窗口内的文本内容，实际上就是设置窗口的位置，按 Esc 键退出应用程序。

示例的核心代码如下：

```csharp
static void Main(string[] args)
{
    // 输出测试文本
    Console.WriteLine("<第一段文本，由于文本较长，故省略>");
    Console.WriteLine("<第二段文本，由于文本较长，故省略>");

    // 在修改缓冲区域大小前先缩小窗口区域
    Console.SetWindowSize(1, 1);
    // 设置缓冲区域的大小
    Console.SetBufferSize(82, 25);
    // 再次设置窗口区域大小
    Console.SetWindowSize(30, 8);

    // 捕捉键盘输入
    ConsoleKeyInfo keyInfo;
    do
    {
        keyInfo = Console.ReadKey(true);
        // 判断按下的键
        switch (keyInfo.Key)
```

```
        {
            case ConsoleKey.RightArrow:                    //右
                if (Console.WindowLeft < (Console.BufferWidth - Console.WindowWidth))
                {
                    Console.SetWindowPosition(Console.WindowLeft + 1, Console.
WindowTop);
                }
                break;
            case ConsoleKey.LeftArrow:                     //左
                if (Console.WindowLeft > 0)
                {
                    Console.SetWindowPosition(Console.WindowLeft - 1, Console.
WindowTop);
                }
                break;
            case ConsoleKey.UpArrow:                       //上
                if (Console.WindowTop > 0)
                {
                    Console.SetWindowPosition(Console.WindowLeft, Console.WindowTop - 1);
                }
                break;
            case ConsoleKey.DownArrow:                     //下
                if (Console.WindowTop < (Console.BufferHeight - Console.WindowHeight))
                {
                    Console.SetWindowPosition(Console.WindowLeft, Console.WindowTop + 1);
                }
                break;
        }
    } while (keyInfo.Key != ConsoleKey.Escape);
}//Main 方法末尾
```

在通过 ReadKey 方法获取到用户按键后,运用 switch 语句判断是否按下了上、下、左、右四个箭头键,并根据不同情况调用 SetWindowPosition 方法,设置窗口位置。当用户按下 Esc 键后跳出循环,结束应用程序。

运行示例程序,按左右箭头键可以水平滚动窗口中的文本(如图 4-14 所示),按上、下箭头键可以垂直滚动窗口中的文本(如图 4-15 所示)。

图 4-14 水平移动内容

图 4-15 垂直移动内容

完整的示例代码请参考\第 4 章\Example_8。

4.6 响应 CancelKeyPress 事件

在控制台应用程序中,支持使用快捷键 Ctrl + C 终止运行。当用户按下此快捷键后,会引发 Console 类的 CancelKeyPress 事件。如果应用程序是通过一个无限循环来工作的(比如循环读取网络上的数据),那么

程序代码可以响应 CancelKeyPress 事件，以便做以下处理

（1）通知用户应用程序将要退出；

（2）修改某个条件，使应用程序能跳出循环；

（3）清理应用程序正在使用的资源（比如关闭已经打开的文件，删除临时数据等）。

接下来看一个例子。该示例首先在 Program 类中声明了一个名为 running 的静态字段，当进入 Main 方法后将其设置为 true。然后执行 while 循环，只要 running 字段的值为 true，那么程序就会无限地输出文本"正在运行……"。代码如下：

```csharp
static bool running = false;
static void Main(string[] args)
{
    running = true;
    // 进入循环
    while (running)
    {
        Console.WriteLine("正在运行……");
    }
}
```

如果运行上述代码，应用程序会永远执行，除非内存资源耗尽，或者用户强行将其结束。

在进入 while 循环之前，处理 Console 类的 CancelKeyPress 事件，将 running 字段设置为 false。

```csharp
static void Main(string[] args)
{
    // 注册事件处理程序
    Console.CancelKeyPress += OnCancel;
    ......
}

private static void OnCancel(object sender, ConsoleCancelEventArgs e)
{
    Console.WriteLine("程序即将退出");
    // 修改静态字段的值
    running = false;
}
```

运行示例程序，当按下 Ctrl + C 快捷键后，while 循环结束，程序就会退出。完整的示例代码请参考\第 4 章\Example_9。

第 5 章

字符串处理与数学运算

本章将介绍两部分内容。

第一部分介绍常见的字符串处理技巧，主要包括以下内容

- 用字符串表示对象实例
- 串联和拆分字符串
- 转义字符
- 字符串的转换
- 查找和修改字符串
- 格式化字符串
- 字符串内插

第二部分介绍常用的数学计算，主要包括以下内容

- 使用 Math 类提供的接口来完成如求绝对值、三角函数、对数等数学运算
- 生成随机数
- 常见的日期和时间计算

5.1 对象的字符串表示形式

可以用一个字符串对象来表示一个类型实例的相关信息，这个信息可以由开发者自己来定义。本节介绍两种实现方法：一种是重写 ToString 方法，另一种是扩展方法。

第 13 集

5.1.1 重写 ToString 方法

前面在介绍控制台应用程序相关知识时，已经提到过通过重写 ToString 方法来实现把对象实例转换为字符串表示形式。ToString 方法是在 Object 类中定义的，其原型如下：

```
public virtual string ToString()
```

ToString 方法加了 virtual 关键字，表明它是一个虚方法，即可以在派生类中进行重写。Object 类是所有类型的公共基类，因此在定义自己的类型时，可以重写 ToString 方法来自定义返回的字符串。

启动 Visual Studio 开发环境，新建一个控制台应用程序项目（完整的示例代码请参考\第 5 章\Example_1）。

定义一个类，并重写 ToString 方法，代码如下：

```csharp
public class Student
{
    /// <summary>
    /// 学号
    /// </summary>
    public int No { get; set; }
    /// <summary>
    /// 姓名
    /// </summary>
    public string Name { get; set; }
    /// <summary>
    /// 相关课程
    /// </summary>
    public string Course { get; set; }

    /// <summary>
    /// 重写 ToString 方法，返回与 Student 类相关的信息
    /// </summary>
    public override string ToString()
    {
        return "---- 学员信息： ----\n 姓名:" + this.Name + "\n学号:" + this.No.ToString()
+ "\n课程:" + this.Course;
    }
}
```

假设 Student 类表示学员信息，在重写 ToString 方法时，返回一个表示学员信息的字符串，在该字符串中包含了 Student 类中各个属性的值。

接下来在 Program 类的 Main 方法中加入以下代码来进行测试。

```csharp
// 实例化两个 Student 类的对象
Student stu1 = new Student()
{
    Name = "小陈",
    No = 101300201,
    Course = "Visual Basic 基础入门"
};
Student stu2 = new Student()
{
    Name = "小林",
    No = 101300202,
    Course = "C 语言程序开发"
};

// 分别输出两个实例的信息
// WriteLine 方法会自动调用 ToString 方法
Console.WriteLine(stu1);
Console.WriteLine();
Console.WriteLine(stu2);
```

因为 Console.WriteLine 方法会自动调用对象的 ToString 方法，所以不需要显式调用 ToString 方法。

按 F5 键调试运行应用程序，得到屏幕上的输出信息，如图 5-1 所示。

图 5-1　两个 Student 实例的输出信息

5.1.2 扩展方法

扩展方法可以在不修改现有类型的情况下对类型进行扩展。扩展方法为静态的公共方法，在第一个参数前加上 this 关键字来指明要扩展的类型。

根据扩展方法的特点，还可以通过编写扩展方法来自定义特定类型的字符串表示形式。当要获取某个类型实例的自定义字符串表示形式时，可以直接从对象的实例调用已定义的扩展方法。

下面通过一个示例来演示如何用扩展方法来实现指定类型的字符串表示形式。为了使定义的扩展方法更具有通用性，本示例把扩展方法定义为泛型方法，即具有一个类型参数 T，由调用者决定传递给扩展方法的类型，以达到方法的通用性。扩展方法的完整代码如下：

```csharp
public static class ObjectToStringExt
{
    public static string ObjToStr<T>(this T obj)
    {
        string ret_str = string.Empty;
        // 使用反射技术获取属性信息
        System.Reflection.PropertyInfo[] props = obj.GetType().GetProperties(System.
Reflection.BindingFlags.Public | System.Reflection.BindingFlags.Instance);
        // 循环获取每个属性的信息
        foreach (System.Reflection.PropertyInfo p in props)
        {
            try
            {
                string propName = p.Name;                    //属性名
                object propValue = p.GetValue(obj);          //属性值
                string propValStr = "";
                if (propValue != null)
                {
                    propValStr = propValue.ToString();
                }
                ret_str += propName + " : " + propValStr + "\n";
            }
            catch { continue; /* 如果发生错误，则跳过本次循环 */ }
        }
        ret_str = "类型" + obj.GetType().Name + "的相关信息：\n" + ret_str;
        return ret_str;                                      // 返回结果
    }
}
```

ObjToStr 扩展方法中用到了反射技术。可以将反射理解为一种用来获取某个类型相关数据的技术，比如一个类中定义了哪些方法，有几个构造函数，定义了哪些事件，声明了哪些属性等。本示例使用反射技术来分析指定类型，找出该类型中所定义的公共属性，并获取属性的名称和对应的值，最后把获取到的属性名与属性值组成一个字符串对象返回。

为了检验该扩展方法是否具有通用性，代码定义了两个类。第一个类名为 Customer，有两个公共属性：CompanyName 属性和 Contact 属性，两者都是 string 类型。第二个类名为 Dress，定义了三个属性：Size 属性为 double 类型，Color 属性和 Brand 属性都是 string 类型。详细的代码如下：

```csharp
public class Customer
{
    public string CompanyName { get; set; }
```

```
    public string Contact { get; set; }
}
public class Dress
{
    public double Size { get; set; }
    public string Color { get; set; }
    public string Brand { get; set; }
}
```

接下来，分别创建这两个类的实例，并调用它们的 ObjToStr 扩展方法。

```
// 测试 Customer 类的输出
Customer c = new Customer();
c.CompanyName = "模拟公司";
c.Contact = "abcd@test.net";
Console.WriteLine(c.ObjToStr());

Console.WriteLine();
// 测试 Dress 类
Dress d = new Dress
{
    Color = "Black",
    Size = 24.5d,
    Brand = "test"
};
Console.WriteLine(d.ObjToStr());
```

如果 ObjToStr 扩展方法能够顺利输出 Customer 类和 Dress 类的实例中由公共属性组成的字符串信息，就表明上文中定义的扩展方法确实具备了通用性。

应用程序的运行结果如图 5-2 所示。

从屏幕输出的信息来看，两个示例所调用的 ObjToStr 扩展方法都返回了期待的效果。完整的示例代码请参考\第 5 章 \Example_2。

图 5-2　两个自定义类型的字符串表示形式

5.2　字符串的串联与拆分

字符串是一种长度可变的类型，字符串 "abc" 的长度为 3，字符串 "xy" 的长度为 2。通常，在实际开发中，需要把多个字符串合并为一个字符串，或者将一个字符串根据某个条件拆开为多个字符串。比如，字符串 "th" 和字符串 "is" 可以组合起来变成一个新的字符串 "this"；字符串 "good bye" 可以拆分为两个字符串 "good" 和 "bye"。本节将介绍几个串联和拆分字符串的方法。

5.2.1　使用+运算符串联字符串

+运算符用于数值类型（如 int、long 等），可以将两个操作数进行加法运算，而当它用于两个字符串对象时，可以把两个字符串进行组合，例如以下代码

```
string str = "a" + "b";
```

在上面代码中，+运算符把字符串 "a" 和字符串 "b" 进行串联组合，因此 str 的值应为字符串 "ab"。

再比如，请考虑下面代码

```
string s = "zh" + "o" + "ng";
```

上面代码把"zh""o"和"ng"三个字符串进行组合，所以字符串 s 的结果为"zhong"。

除了使用显式的字符串常量，还可以使用其他对象返回的字符来进行串联，例如：

```
int n = 100;
string s = "整数值为: " + n.ToString();
```

int 类型变量 n 调用 ToString 方法返回字符串"100"，接着与"整数值为："相连，最后字符串 s 为"整数值为：100"。

5.2.2　使用 Join 方法拼接字符串数组

String 类的 Join 方法是静态方法，它的功能是以特定的字符串作为分隔符，把一个数组中的各个元素进行拼接。

Join 方法有多个重载，可以在 Visual Studio 开发环境中通过"对象浏览器"窗口来查看，此处不再赘述。Join 方法的使用也是非常简单的，直接调用方法即可，执行后返回拼接后的字符串。

请看一个例子，代码如下：

```
// 串联字符串数组
string[] strarr1 = { "a", "b", "c" };
Console.WriteLine(string.Join("/", strarr1));

// 串联多个字符串
Console.WriteLine(string.Join(" -*- ", "hello", "everyone"));

// 串联一个 int 数组的元素
// 串联时调用各元素的 ToString 方法
int[] arrint = { 1, 2, 3 };
Console.WriteLine("三个整数: "+ string.Join(", ", arrint));
```

strarr1 是一个 string 数组，包含三个元素："a""b""c"，用"/"作为分隔符把数组中的元素进行串联，得到的字符串为"a/b/c"；接着用字符串"-*-"作为分隔符，把字符串"hello"和"everyone"进行串联，得到字符串"hello -*- everyone"；最后声明一个带有 1、2、3 三个元素的 int 数组，并用"，"作为分隔符，把 int 数组的各个元素进行串联，得到字符串"1, 2, 3"。具体的运行结果如图 5-3 所示。

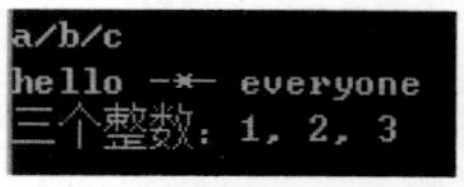

完整的示例代码请参考\第 5 章\Example_3。

图 5-3　字符串串联结果

5.2.3　使用 Concat 方法创建字符串

System.String 类公开了静态方法 Concat，调用该方法也可以创建或串联字符串。该方法有多个重载，如果调用具有单个参数的 Concat 方法，则调用传入参数的 ToString 方法取得字符串对象，并从 Concat 方法返回；如果调用了带有多个参数的 Concat 方法，则把所有参数都转换为字符串（非字符串类型的依旧调用其 ToString 方法），然后再把各个字符串连接起来返回给调用方。

下面介绍如何使用 Concat 方法。在 Visual Studio 开发环境中创建一个控制台应用程序项目。

待项目创建完成后，在 Main 方法中加入以下代码：

```
// 例一：将double类型的数值转换为字符串
double dbl = 1999.2568d;
Console.WriteLine(string.Concat(dbl));

// 例二：将一个string类型的对象和一个
// int类型的对象连接起来，并返回连接后的字符串
string part1 = "20 + 30 = ";
int part2 = 20 + 30;
Console.WriteLine(string.Concat(part1, part2));

// 例三：将三个字符串进行拼接
string str1 = "re";
string str2 = "fre";
string str3 = "sh";
Console.WriteLine(string.Concat(str1, str2, str3));
```

在注释"例一"下面的代码中，将一个 double 类型的数值用 Concat 方法转换为字符串并输出，得到字符串"1999.2568"；在注释"例二"下面的代码中，part1 是 string 类型，而 part2 是 int 类型，Concat 方法把 part2 转换为字符串（part1 原是 string 类型），然后把 part1 和 part2 直接串联，中间不带任何分隔符，因而得到字符串"20 + 30 = 50"；注释"例三"下面的代码中，三个变量都是字符串类型，直接拼接起来即可，因此得到的结果是"refresh"。

应用程序的运行结果如图 5-4 所示。

从以上示例可以看到，Concat 方法在连接多个参数的字符串时是没有任何分隔符的，仅仅是把字符串直接连起来而已，前面提到过的 Join 方法是可以设置分隔符的。完整的示例代码请参考\第 5 章 \Example_4。

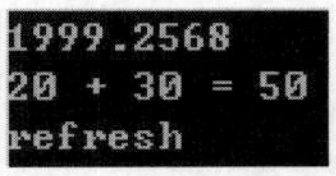

图 5-4　Concat 方法示例的运行结果

5.2.4　使用 StringBuilder 类创建字符串

StringBuilder 类（位于 System.Text 命名空间下）提供了一系列方法，可以帮助开发人员更方便地创建和处理字符串。StringBuilder 类实例表示可变的字符串，在代码中可以动态对其进行修改。

StringBuilder 对象通过管理内存缓冲区来存放字符串，最大的容量为 int 类型的最大值。考虑到性能的优化问题，一般不推荐用 StringBuilder 类来处理较为庞大的字符串。不过，在实际开发中，遇到数量非常庞大的字符串的机会也较少，通常只是使用 StringBuilder 类来创建较短的字符串，因此对性能的影响可以忽略。

StringBuilder 类中用于处理字符串的公共方法可以分为以下几组。

（1）追加：如 Append 方法、AppendLine 方法等。这些方法把从方法参数传入的对象（如果不是字符串就先转换为字符串）拼接到现有字符的后面。

（2）穿插：如 Insert 方法，即向现有字符串中插入新字符串。这与追加不同，追加字符串是在原字符串的末尾进行连接，而插入字符串则有可能在原字符串的末尾追加，也有可能在原字符串中间某个位置放入新字符串。比如，原字符串为"abce"，利用 Insert 方法，就可以在"e"前面插入字符"d"，字符串就变为"abcde"。

（3）删除：即把字符串中的某个部分去掉（如 Remove 方法）或者清除所有字符（如 Clear 方法）。

（4）替换：把字符串中某部分的内容用新的字符串来替代，主要通过 Replace 方法完成。

下面通过一个示例，将上面所提到的 StringBuilder 类的各种操作都演示一遍。具体操作步骤如下（完

整的示例代码请参考\第 5 章\Example_5）：

（1）启动 Visual Studio 开发环境，新建一个控制台应用程序项目。

（2）待项目创建后，在 Main 方法中加入以下代码

```
StringBuilder strBuilder1 = new StringBuilder();
// 追加字符串
strBuilder1.Append("hello");
strBuilder1.Append(" Tom");
// 输出字符内容
Console.WriteLine(strBuilder1.ToString());
```

上面代码中，创建了 StringBuilder 实例，然后调用两次 Append 方法向其中追加两个字符串，第一次调用加入字符串 "hello"，第二次调用则加入字符串 " Tom"。因此，Console.WriteLine 方法输出的字符串为 "hello Tom"。从代码中也可以看到，要获取 StringBuilder 中存储的字符串，直接在其实例上调用 ToString 方法即可。

（3）调用 AppendLine 方法向 StringBuilder 追加行，代码如下：

```
StringBuilder strBuilder2 = new StringBuilder();
// 追加行
strBuilder2.AppendLine("你好");
strBuilder2.AppendLine("早上好");
// 输出字符串
Console.WriteLine(strBuilder2.ToString());
```

调用 AppendLine 方法也是向字符串末尾追加内容，不过该方法所添加的内容末尾带有换行符，也就是说，每调用一次 AppendLine 方法都会向原字符串中追加一行内容。所以上述代码中的 "你好" 和 "早上好" 将分两行来输出。

（4）Append 方法还可以追加非字符串类型的内容，即对传入方法参数的对象调用其 ToString 方法。代码如下：

```
StringBuilder strBuilder3 = new StringBuilder();
// 追加 bool 类型内容
strBuilder3.Append("bool 类型: ");
strBuilder3.Append(false);
strBuilder3.Append("\n");                    //换行符
// 追加 int 类型内容
strBuilder3.Append("int 类型: ");
strBuilder3.Append((int)5002);
strBuilder3.Append("\n");                    //换行符
// 输出字符串
Console.WriteLine(strBuilder3.ToString());
```

在上述代码中，向 StringBuilder 实例追加了两个非字符串类型的内容：第一处是为 false 的 bool 类型，转换为字符串为 "False"；第二处是一个 int 类型的数值 5002，转换为字符串 "5002"。

（5）下面代码将演示如何向字符串中插入字符。

```
StringBuilder strBuilder4 = new StringBuilder();
strBuilder4.Append("This a car.");
Console.WriteLine("原来的字符串: " + strBuilder4.ToString());
// 插入字符串 is
strBuilder4.Insert(5, "is ");
// 输出字符串内容
Console.WriteLine("插入 "is " 后: " + strBuilder4.ToString());
```

代码先向 StringBuilder 对象追加字符串"This a car.",然后调用 Insert 方法,从索引 5 处插入字符串"is",所以新的字符串为 "This is a car."。字符串中的字符索引是从 0 开始的,即第一个字符(如上例中的 "T")的索引为 0,第二个字符(如上例中的 "h")的索引为 1,以此类推。注意字符串中的空格也包括在内。

因此,字符串中的最后一个字符(通常不包括结束符\0)的索引等于字符串的总长度减去 1,如果字符串的长度为 6,那么在此字符串中最后一个字符的索引就为 5。

(6)下面代码演示如何从字符串中删除部分字符。

```
StringBuilder strBuilder5 = new StringBuilder();
strBuilder5.Append("一朵美丽的好看的花");
Console.WriteLine("原来的字符串: "+strBuilder5.ToString());
// 删除字符串中的 "好看的"
strBuilder5.Remove(5, 3);
// 输出删除后的字符串
Console.WriteLine("删除后的字符串: "+strBuilder5.ToString());
```

上面代码将 "一朵美丽的好看的花" 中的 "好看的" 三个字去掉。Remove 方法有两个参数,第一个参数指定从原字符串中哪个索引开始删除,字符串 "一朵美丽的好看的花" 中 "好" 位于第 6 个字符处,即索引为 5;第二个参数指定要删除的字符数,"好看的" 共有 3 个字符,因此方法的第二参数为 3。

(7)下面代码将演示如何替换字符串。

```
StringBuilder strBuilder6 = new StringBuilder();
strBuilder6.Append("经典音乐");
Console.WriteLine("原来的字符串: " + strBuilder6.
ToString());
// 替换字符
strBuilder6.Replace('经', '古');
// 输出替换后的字符串
Console.WriteLine("替换后的字符串: " + strBuilder6.
ToString());
```

图 5-5　StringBuilder 示例的运行结果

原字符串为 "经典音乐",调用 Replace 方法把字符串中的 "经" 替换为 "古"。单个字符可以用英文的单引号括起来,如果是多个字符,就要用英文的双引号括起来。

上述各段代码综合演示了 StringBuilder 类对字符串的多种处理方法。整个示例的运行结果如图 5-5 所示。

5.2.5　使用 Split 方法拆分字符串

String.Split 方法可以将字符串根据指定的分隔符拆分为多个字符串,这些被拆分的字符串以 string 数组的形式返回。

请看下面例子,以 "*" 作为分隔符,把字符串 "a*b*c" 进行拆分。

```
// 以*为分隔符进行拆分
string[] arr1 = "a*b*c".Split('*');
Console.WriteLine("字符串 "a*b*c" 以*为分隔符拆分,得到以下结果: ");
Console.WriteLine(string.Join(", ", arr1));
```

把字符串 "a*b*c" 以 "*" 为分隔符拆开,得到一个 string 数组,其中包含被拆分的各字符串,结果如图 5-6 所示。

从结果中可以看到,字符串被拆分后是不包括分隔符的,如上面的 "a*b*c" 以 "*" 作为分隔符,则字符串被拆分后，"*" 符号就被去掉了。

接下来，以 null 作为分隔符来拆分字符串。

```
// 以 null 为分隔符
arr1 = "abcd".Split(null);
Console.WriteLine("\n 以 null 作为分隔符，字符串 "abc" 拆分结果如下：");
Console.WriteLine(string.Join(", ", arr1));
```

屏幕输出的内容如图 5-7 所示。

字符串 "a*b*c"
a, b, c

以null作为分隔符
abcd

图 5-6　字符串 a*b*c 拆分结果 　　　　图 5-7　用 null 作为分隔符来拆分字符串

以 null 作为分隔符来拆分字符串 "abcd"，结果是把原字符串作为 string 数组的一个元素返回了。也就是说，用 null 作为分隔符，并不会拆分原字符串。

那么，如果作为分隔符的字符在原字符串中找不到，会得到什么结果呢？请考虑以下代码：

```
// 以#作为分隔符
arr1 = "xyz".Split('#');
Console.WriteLine("\n 用#作为分隔符，字符串拆分结果如下：");
Console.WriteLine(string.Join(", ", arr1));
```

在上面代码中，字符串 "xyz" 中并不存在字符 "#"，字符串的拆分结果如图 5-8 所示。

从结果中可以看到，如果分隔符在原字符串中不存在，那么字符串也不会进行拆分。

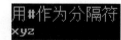

图 5-8　用原字符串中不存在的
分隔符进行拆分

完整的示例代码请参考\第 5 章\Example_6。

5.3　转义字符

在字符串中，紧跟在反斜杠（\）后面的字符表示转义字符，即这些字符自身有着特殊的含义，不能将其作为普通字符处理。编译器会对紧跟在 "\" 后面的字符进行检查，如果不是有效的符号，则会发生编译错误。

表 5-1 摘自《C#语言规范》文档，只有这些字符才能直接跟在 "\" 后面，其他字符都会报编译错误。

表 5-1　转义字符

转 义 字 符	字 符 名 称	Unicode编码
\'	单引号	0x0027
\"	双引号	0x0022
\\	反斜杠	0x005C
\0	Null	0x0000
\a	警报	0x0007
\b	Backspace	0x0008
\f	换页符	0x000C

续表

转 义 字 符	字 符 名 称	Unicode编码
\n	换行符	0x000A
\r	回车	0x000D
\t	水平制表符	0x0009
\v	垂直制表符	0x000B

例如，下面代码就会发生错误

```
Console.WriteLine("my \y");
```

因为"\y"不是有效的转义符。在实际开发中，使用最多的转义字符有以下几种。

（1）换行。如字符串"abc\nd"在字母"c"后面加了换行符，即字母"abc"占一行，而字母"d"会转到第二行。再考虑下面代码：

```
Console.WriteLine("第一行\n第二行\n第三行");
```

执行上面代码会得到如图5-9所示的结果。

（2）水平制表位。相当于键盘上的Tab键，一个水平制表位大约为四个空格的宽度，例如

```
Console.WriteLine("a\tb\tc\td");
```

执行上面代码会得到如图5-10所示的结果。

图5-9　换行转义符

图5-10　水平制表位

（3）反斜杠（\）。由于反斜杠（\）用于表示转义字符，因此如果要在字符串中使用它，就得写上两个"\"，例如

```
Console.WriteLine("F:\\Curr\\let.txt");
```

这时编译器就能够正确地把"\"解析出来，输出结果如下

```
F:\Curr\let.txt
```

（4）单引号或双引号。这里指的是英文的单引号或双引号，如果使用的是中文的单引号或双引号，是无须考虑转义问题的。一个字符串实例是包裹在一对英文双引号中的（单个字符可以包裹在一对英文单引号中），因此当在字符串中出现英文的单（双）引号时，需要在前面加上"\"。请考虑下面代码

```
Console.WriteLine("We call it \"Thread\".");
```

输出后会得到如图5-11所示的结果，单词"Thread"位于一对双引号中。

如果希望把字符串中的字符都作为原义字符，即不考虑转义字符，可以在字符串前面加上一个"@"符号，比如

```
Console.WriteLine(@"C:\tracks.doc, \t\n");
```

这时字符串中的"\"将不再被编译器看作转义符，而是被当作原义字符处理。因此，上面代码将输出如图5-12所示的文本。

尽管加了"@"符号，但是字符串实体仍然是要放在一对双引号中的，如果要在加了"@"符号的字符

串中使用双引号，可以使用两个连续的双引号，例如

```
Console.WriteLine(@"The word, ""car"" or ""cat""? ");
```

结果如图 5-13 所示，单词"car"和"cat"就可以放在一对双引号中了。

We call it "Thread".

C:\tracks.doc, \t \n

The word, "car" or "cat"?

图 5-11　在字符串中使用双引号　　图 5-12　将转义字符作为原义字符处理　　图 5-13　在原义字符串中使用双引号

完整的示例代码请参考\第 5 章\Example_7。

5.4　英文字母的大小写转换

字符串的大小写转换比较简单，调用以下两组方法即可以实现。

（1）ToLower 和 ToUpper 方法：ToLower 方法将字符串转换为小写字母，而 ToUpper 方法则是把字符串转换为大写字母。如对"abc"调用 ToUpper 方法会得到"ABC"。

（2）ToLowerInvariant 和 ToUpperInvariant 方法：这两个方法不考虑国家或区域间的语言差异，在对如文件路径中的字母进行转换时，可以考虑使用该组方法。

当然，汉字没有大小写之分，使用这些方法来处理中文字符没有实际意义。

```
string str = "hat DATa Cat QeAz ZoNe";
// 转换为大写
Console.WriteLine("全大写: " + str.ToUpper());
// 转换为小写
Console.WriteLine("全小写: " + str.ToLower());
```

在上面的代码中，第一句 Console.WriteLine 将 str 中的所有字母都转换为大写，然后输出；第二句 Console.WriteLine 则将所有字母都转换为小写字母再输出。运行后可以看到如图 5-14 所示的结果。

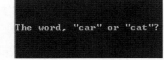

全大写: HAT DATA CAT QEAZ ZONE
全小写: hat data cat qeaz zone

完整的示例代码请参考\第 5 章\Example_8。

图 5-14　字符串的大小写转换

5.5　Parse 和 TryParse 方法

许多基本类型（如 bool、int、DateTime、long 等）都定义了两个静态方法——Parse 和 TryParse。这两个方法的作用是一样的，就是把指定的字符串转换为特定的类型。例如，调用 int.Parse 方法可以把字符串"100"转换为整型数值 100。再比如，调用 double.Parse 方法可以把字符串"12.775"转换为双精度数值 12.775。

两个方法功能相同，不过二者之间还是有区别的。

接下来通过一个示例介绍 Parse 和 TryParse 方法是如何使用的。启动 Visual Studio 开发环境，并新建一个控制台应用程序项目。

待项目创建完成后，默认会打开 Program.cs 代码文件，然后在 Main 方法中输入自定义代码。

（1）将表示整型数值的字符串转换为整型数值，代码如下：

```
string intStr = "210";
// 转换为 int 类型
int convInt = int.Parse(intStr);
// 输出内容
Console.WriteLine("将字符串"{0}"转换为 int 值: {1}", intStr, convInt);
```

上面代码调用 int.Parse 方法把字符串"210"转换为 int 类型的数值 210，因此 Console.WriteLine 输出以下信息

将字符串"210"转换为 int 值: 210

注意，上面 Console.WriteLine 方法中的双引号用的是中文的双引号，因此不需要进行转义。

（2）把表示 bool 类型的字符串转换为 bool 值，代码如下：

```
string boolStr = "True";
// 转换为 bool 类型
bool convBool = bool.Parse(boolStr);
// 输出内容
Console.WriteLine("将字符串"{0}"转换为 bool 值: {1}", boolStr, convBool);
```

在上面代码中，使用 bool.Parse 方法把字符串"True"转换为 bool 类型的值 True。屏幕将输出以下文本信息

将字符串"True"转换为 bool 值: True

（3）下面试调用 Parse 方法来转换不正确的字符串，代码如下

```
string strDouble = "16K.51F";
// 转换为 double 值
double convDouble = double.Parse(strDouble);
// 输出内容
Console.WriteLine("将字符串"{0}"转换为 double 值: {1}", strDouble, convDouble);
```

在上面代码中，字符串 strDouble 明显不是一个有效的双精度数值，代码尝试将其转换为 double 数值，所以运行程序后会出现如图 5-15 所示的错误。

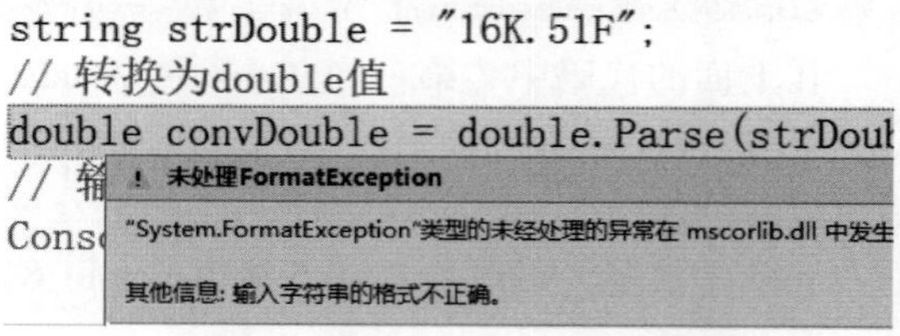

（4）面对这个问题，就可以考虑使用 TryParse 方法。该方法会尝试对输入的字符串进行转换，如果转换成功，方法返回 true，并把转换后的值存放在方法的 out 参数中；如果转换失败，不会抛出异常（错误），而是返回 false，

图 5-15 调用 Parse 方法发生错误

out 参数就包含类型的默认值。如果调用 int.TryParse 转换失败，out 参数 result 的值为 0。把上面 double 值转换的代码做以下修改

```
string strDouble = "16K.51F";
// 转换为 double 值
double convDouble;
if (double.TryParse(strDouble, out convDouble))
{
    Console.WriteLine("将字符串"{0}"转换为 double 值: {1}", strDouble, convDouble);
}
else
{
    Console.WriteLine("将字符串"{0}"转换为 double 值: {1}", strDouble, "转换失败");
}
```

由于字符串"16K.51F"不是有效的双精度数值，所以调用 double.TryParse 方法转换失败，方法返回 false，代码不再执行 if 语句后面的内容，而是执行 else 语句后面的内容。故屏幕上将输出以下文本信息

将字符串"16K.51F"转换为 double 值：转换失败

通过以上示例，可以得出 Parse 方法和 TryParse 方法的异同。

二者的功能是相同的，即把字符串转换为特定类型的值；它们的不同之处在于，Parse 方法如果转换失败会直接报告错误，即抛出异常，而 TryParse 方法不管转换成功与否，都不会抛出异常，但会通过返回值来告诉调用者是否转换成功。

完整的示例代码请参考\第 5 章\Example_9。

5.6　查找和修改字符串

使用 String 类提供的方法可以对字符串进行查找和修改。字符串的查找和前面学习过的 Array 类的查找方式相似，字符串查找可以查找索引，也可以查找子字符串。可以把字符串看作 char 的数组。

5.6.1　查找索引

String 类公开的用于查找索引的方法也可以划分为两组。

（1）IndexOf 或 IndexOfAny 方法：返回第一个符合查找条件的字符串的索引。IndexOfAny 方法可以通过一个 char 数组传入多个字符，只要原字符串中能找到 char 数组中的任意一个元素，方法就返回其索引。如果不存在要查找的内容，则返回索引–1。

（2）LastIndexOf 或 LastIndexOfAny 方法：返回最后一个匹配项的索引。LastIndexOfAny 方法通过一个 char 数组可以提供多个字符，只要能找到 char 数组中的任意一个元素，LastIndexOfAny 方法就返回其索引。如果未找到匹配项，则返回–1。

下面通过示例来演示如何查找字符串的索引。

在测试字符串中查找字符"y"和"a"的索引，代码如下：

```
string testStr = "check my app";
// 要查找的条件
char[] patts = { 'y', 'a' };
// 查找 char 数组中的元素
int index1 = testStr.IndexOfAny(patts);
// 输出
Console.WriteLine("在{0}中查找{1}的索引：{2}", testStr, string.Join(", ", patts), index1);
```

在调用 IndexOfAny 方法时，传递给参数的 char 数组包含两个字符——"y"和"a"。在待测试字符串中既有字符"y"，也有字符"a"，所以 IndexOfAny 方法会找到两个匹配项，字符"y"的索引是 7，字符"a"的索引是 9，但是 IndexOfAny 方法只返回第一个匹配项的索引，因此方法应当返回 7。故屏幕输出内容如下：

在 check my app 中查找 y, a 的索引：7

使用 LastIndexOfAny 方法把测试字符串中的最后一个匹配项的索引找出来。

```
// 查找最后一个匹配项的索引
int index2 = testStr.LastIndexOfAny(patts);
// 输出
```

```
Console.WriteLine("在{0}中查找{1}的最后一个匹配项的索引：{2}", testStr, string.Join(", ",
patts), index2);
```

前面已经分析过，在测试字符串中，char 数组中指定的两个字符"y"和"a"都存在，并且已经用 IndexOfAny 方法把 "y"的索引找出来了，而使用 LastIndexOfAny 方法返回的是最后一个匹配项的索引，即返回"a"的索引 9 了。所以屏幕输出的内容如下：

在 check my app 中查找 y, a 的最后一个匹配项的索引：9

再看下面的代码

```
testStr = "dek abf xtood lklk abf";
int index3 = testStr.IndexOf("abf");
Console.WriteLine("在{0}中查找{1}的第一个索引：{2}", testStr, "abf", index3);
```

字符串 "abf"在测试字符串中出现两次，分别在索引 4 和索引 19 处。由于 IndexOf 方法返回的是第一个匹配项的索引，因此 index3 中的值为 4。屏幕输出内容如下：

在 dek abf xtood lklk abf 中查找 abf 的第一个索引：4

下面看查找不到匹配项的情况。

```
testStr = "水草丰美的好地方";
int index4 = testStr.IndexOf("天堂");
Console.WriteLine("在"{0}"中查找"{1}",第一个匹配项的索引：{2}", testStr, "天堂", index4);
```

在字符串 "水草丰美的好地方"中查找字符串"天堂"的索引，因为测试字符串中不存在子字符串"天堂"，所以 IndexOf 方法返回-1，故屏幕输出信息如下：

在 "水草丰美的好地方"中查找"天堂"，第一个匹配项的索引：-1

完整的示例代码请参考\第 5 章\Example_10。

5.6.2　存在性查找

本节所讲述的字符串查找形式称为"存在性"查找，即只检测目标字符串中是否存在与指定字符串匹配的子字符串，并不考虑其在整个字符串中的位置。比如，检测某字符串是否以字母"x"开头。

本节依旧通过实战来完成学习任务。在 Visual Studio 开发环境中新建一个控制台应用程序项目。

首先在 Main 方法中声明一个 string 类型的局部变量，并初始化一个值，后面将用该字符串做测试。

```
string test_string = "address";
```

判断测试字符串 "address"中是否包含字符串"re"，代码如下：

```
// 判断字符串中是否存在"re"
bool result = test_string.Contains("re");
// 输出判断结果
Console.WriteLine("字符串"{0}"中{1}"re"", test_string, result ? "包含" : "不包含");
```

调用 Contains 方法并指定一个查找内容，上例中要查找 "re"，因为字符串"address"中确实存在字符 "re"，所以方法返回 true。在调用 Console.WriteLine 方法输出判断结果时，用到了三目运算符 "?"（英文问号），运算符后紧跟两个结果，用":"（英文冒号）分开。如果 "?"前面的值为 true 就返回第一个结果 "包含"，否则就返回第二个结果"不包含"。由于字符串 "address"中确实存在"re"，所以 result 的值为 true，最终屏幕输出内容如下：

字符串 "address"中包含"re"

接下来判断字符串 "address" 是否以 "ce" 开头，代码如下：

```
// 判断字符串是否以 "ce" 开头
result = test_string.StartsWith("ce");
// 输出判断结果
Console.WriteLine("字符串 "{0}"{1}以 "ce" 开头的", test_string, result ? "是" : "不是");
```

StartsWith 方法用于判断字符串是否以 "ce" 开头，方法只对字符串的起始处进行比较，其余部分将忽略。在本例中，字符串 "address" 显然不是 "ce" 开头的，因此 StartsWith 方法返回 false，即 result 变量的值为 false，故屏幕上输出以下信息

```
字符串 "address" 不是以 "ce" 开头的
```

最后判断测试字符串是否以 "ess" 结尾。

```
// 判断字符串是否以 "ess" 结尾
result = test_string.EndsWith("ess");
Console.WriteLine("字符串 "{0}"{1}以 "ess" 结尾的", test_string, result ? "是" : "不是");
```

和 StartsWith 方法相反，EndsWith 方法只关注字符串的末尾，而例子中的 "address" 确实是以 "ess" 结尾的，所以 result 变量的值为 true，屏幕输出以下信息

```
字符串 "address" 是以 "ess" 结尾的
```

完整的示例代码请参考\第 5 章\Example_11。

5.6.3　字符串的增、删、改

"增、删、改" 指的是几种修改字符串的操作，如向字符串中插入新字符、把字符串中的部分字符删掉及替换字符串中的部分内容。基本的操作方法与前面学习过的 StringBuilder 类相似。但是在原理上二者是不同的，StringBuilder 维护一个内存缓冲区，对字符串的操作都在该缓冲区中进行，因此字符串可以动态变更；而 String 类所提供的操作方法是创建新的字符串实例，所做的修改操作都作用在新创建的实例上，操作完成后将新创建的字符串实例返回。

例如，要向字符串 "abc" 的末尾加上 "de"，调用 string 类的 Insert 方法，会创建一个新的字符串，并把 "de" 插入 "abc" 的末尾，即原字符串实例为 "abc"，而新的字符串实例为 "abcde"。最后，Insert 方法把新的字符串实例返回给调用方。

下面示例介绍如何使用 String 类提供的方法来修改字符串。

（1）在字符串 "大家好" 的 "家" 后面插入 "晚上"，最终字符串变为 "大家晚上好"，代码如下：

```
string testStr = "大家好";
// 向字符串中插入字符
string resultStr = testStr.Insert(2, "晚上");
Console.Write("在字符串 "{0}" 中插入新字符：{1}\n", testStr, resultStr);
```

（2）去除字符串 "山重水复" 中的 "重" 和 "复"，最终得到字符串 "山水"，代码如下：

```
testStr = "山重水复";
// 删除字符
resultStr = testStr.Remove(1, 1).Remove(2, 1);
Console.Write("去除 "{0}" 中的 "重" 和 "复"：{1}\n", testStr, resultStr);
```

代码中使用了带两个参数的 Remove 方法，第一个参数指定从哪个索引开始删除，第二个参数指定要删除多少个字符。把 "山重水复" 中的 "重" 和 "复" 删除，由于两个字符不是连续的，所以要调用两次

Remove 方法来删除。Remove 方法调用后会返回新的字符串实例，可以在一行代码中多次调用。

第一次调用 Remove 方法将索引 1 处的"重"字去除，得到新字符串"山水复"；第二次调用 Remove 方法时去除索引 2 处的"复"字，最终得到字符串"山水"。

（3）调用 Replace 方法把单词"bag"中的"b"替换为"fl"，得到新单词"flag"。

```
testStr = "bag";
// 替换字符
resultStr = testStr.Replace("b", "fl");
Console.Write("将"{0}"中的"b"替换为"fl": {1}\n", testStr, resultStr);
```

（4）使用 Trim 方法把字符串首尾的空格去除。

```
testStr = "  name  ";
// 去除首尾的空格
resultStr = testStr.Trim();
Console.WriteLine("去除"{0}"中首尾的空格: {1}", testStr, resultStr);
```

（5）调用 TrimEnd 方法去除字符串尾部的"*"号。

```
testStr = "default*****";
// 去除字符串末尾的*号
resultStr = testStr.TrimEnd('*');
Console.WriteLine("去除"{0}"末尾的"*"号: {1}", testStr, resultStr);
```

TrimEnd 方法的参数用一个 char 数组指定要去除的字符，这里要把字符串末尾的"*"去除。如果要去除字符串首部的字符，可以调用 TrimStart 方法，使用方法与 TrimEnd 方法相同。

（6）使用 Substring 方法从原字符串中取出子字符串。

```
testStr = "abcdefg";
// 取出子字符串
resultStr = testStr.Substring(2, 3);
Console.WriteLine("从{0}中第 3 个字符开始，取出 3 个字符: {1}", testStr, resultStr);
```

这里调用的是带有两个参数的 Substring 方法，第一个参数指定要截取的开始索引，例子中是从第 3 个字符开始截取，故索引为 2；第二个参数指定要截取字符的个数，从字符串"abcdefg"中第 3 个字符开始取出 3 个字符，得到子字符串"cde"。

以上各例的运行结果如图 5-16 所示。

完整的示例代码请参考\第 5 章\Example_12。

图 5-16　修改字符串示例的运行结果

5.6.4　填充字符串

使用 String 类的 PadLeft 或者 PadRight 方法可以实现字符串的填充。比如，字符串"abc"，长度为 3，假设现在要把字符串的总长度变为 6，剩下的 3 个字符用"+"来填充。如果使用 PadLeft 方法，则"+"填充到原字符串的左侧，"abc"右对齐，即

+++abc

如果调用 PadRight 方法，"+"就填充到原字符串的右侧，"abc"左对齐，即

abc+++

不管是 PadLeft 方法还是 PadRight 方法，各自都有两个重载版本，具体描述参考表 5-2。

表 5-2　PadLeft和PadRight方法的相关说明

方　　法	说　　明
string PadLeft(int totalWidth)	参数totalWidth表示填充后返回的新字符串的长度，该值包含原有的字符。比如字符串"xyz"，调用PadLeft(5)后，会返回"　　xyz"（在左侧增加了两个空格）。该方法用空格来填充
string PadLeft(int totalWidth, char paddingChar)	paddingChar参数可以自定义用于填充的字符
string PadRight(int totalWidth)	与PadLeft方法类似，用空格填充字符串的右侧
string PadRight(int totalWidth, char paddingChar)	与PadLeft方法类似，但可以自定义用于填充的字符

在 Visual Studio 开发环境中新建一个控制台应用程序项目。待项目创建后，在 Main 方法中加入以下代码。

```
string sampleStr = "table";                          //测试字符串

// 第 1 步，用空格填充左侧，字符串右对齐
Console.WriteLine("调用 PadLeft 方法填充空格：" + sampleStr.PadLeft(10));

//第 2 步，用字符'#'填充字符串左侧
Console.WriteLine("调用 PadLeft 方法填充#：" + sampleStr.PadLeft(10, '#'));

//第 3 步，填充字符串右侧，字符串左对齐
Console.WriteLine("调用 PadRight 方法填充空格：" + sampleStr.PadRight(10));

//第 4 步，用字符'#'填充字符串的右侧
Console.WriteLine("调用 PadRight 方法填充#：" + sampleStr.PadRight(10, '#'));
```

第 1 步调用 PadLeft 方法使用空格来填充字符串的左侧，使新字符串的总长度为 10，得到结果"　　　　　table"；第 2 步调用 PadLeft 方法用"#"来填充字符串的左侧，得到新字符串"#####table"；第 3 步使用 PadRight 方法用空格填充字符串的右侧，使字符串总长度为 10，最后得到新字符串"table　　　　　"；第 4 步调用 PadRight 方法用字符"#"来填充字符串的右侧，得到新字符串"table#####"。

示例的运行结果如图 5-17 所示。

完整的示例代码请参考\第 5 章\Example_13。

图 5-17　字符填充示例的运行结果

第 14 集

5.7　格式化字符串

格式化字符串就是按照特定的区域或语言习惯，将字符串标准化处理。举个简单的例子，假设要把 100 元转换为字符串表示形式。如果应用程序是用于简体中文版的操作系统，则应该遵守语言区域的格式标准，转换为"￥100"。再比如，对于日期和时间，我们习惯使用形如"2010 年 3 月 1 日"的格式，而在一些欧美地区可能习惯使用形如"5/12/2013"的呈现格式。

格式化字符串主要是针对数字和日期时间来处理的。接下来介绍在.NET 框架中有哪些类型与字符串格式化有关。

5.7.1　IFormatProvider 接口

IFormatProvider 接口为格式控制提供了一个规范，所有实现该接口的类型都要实现以下方法

```
object GetFormat(System.Type formatType)
```

在对字符串进行格式化时，只要在传入的对象中能找到 GetFormat 方法，就可以创建相应的格式化控制器来设置相关参数。如图 5-18 所示，在"对象浏览器"窗口中可以看到有哪些类型实现了 IFormatProvider 接口。

这几个类型都位于 System.Globalization 命名空间下，那么这些类型与格式化字符串有什么关系呢？

```
▲ •○ IFormatProvider
    ▷ ▦ 基类型
    ▲ ▭ 派生类型
        ▷ ⁏ CultureInfo
        ▷ ⁏ DateTimeFormatInfo
        ▷ ⁏ NumberFormatInfo
```

图 5-18　实现了 IFormatProvider 接口的类型

还记得本节开头所举的例子吗？对于 100 元的金额，美元和人民币的表示方法有差异，这种差异是因为世界上各区域的文化背景和应用习惯不同而产生的。由此可以想到，格式化字符串与全球化有着很大的关系，故这些实现了 IFormatProvider 接口的类型都与全球化相关，才会被放到 System.Globalization 命名空间下。

5.7.2　区域性相关的信息

System.Globalization.CultureInfo 类封装了与特定语言区域相关的信息，比如用什么符号表示货币格式、常规数字保留多少位小数等。特定的语言区域可以用两组简短的字符串表示，以"–"进行分隔，第一组为两个字符的语言标记，例如英文用"en"，中文用"zh"。第二组表示国家或区域，比如中文中国表示为"zh-cn"。这些标记都符合 RFC 4646 标准。

可以在"对象浏览器"窗口中查看关于 CultureInfo 类的成员，也可以参考 MSDN 文档，这里就不重复列举了。不过，对于以上有关语言区域的讲述，理论上有些抽象，下面就通过示例，分别基于区域特性和基于语言特性列出这些语言标记。具体代码如下：

```
// 设置控制台窗口内字符的缓冲区域
Console.SetBufferSize(950, 860);
// 基于区域性
CultureInfo[] culs = CultureInfo.GetCultures(CultureTypes.SpecificCultures);
Console.WriteLine("{0,-18}{1,-50}{2,-45}", "标记", "显示名称", "英文名称");
Console.WriteLine("-------------------------------------------------------------
--------------------------------------------------------------");
foreach (CultureInfo c in culs)
{
    Console.WriteLine("{0,-18}{1,-50}{2,-45}", c.Name, c.DisplayName, c.EnglishName);
}


Console.WriteLine("*****************************************************
*********************************");

// 基于语言
CultureInfo[] ntculs = CultureInfo.GetCultures(CultureTypes.NeutralCultures);
Console.WriteLine("{0,-18}{1,-50}{2,-45}", "标记", "显示名称", "英文名称");
Console.WriteLine("-------------------------------------------------------------
-------------------------------------------------------------");
foreach (CultureInfo c in ntculs)
{
    Console.WriteLine("{0,-18}{1,-50}{2,-45}", c.Name, c.DisplayName, c.EnglishName);
}
```

调用 CultureInfo.GetCultures 方法，并根据参数中的 CultureTypes 枚举值返回一个 CultureInfo 数组，表示获取到的受支持的语言或区域特性。

运行应用程序，结果如图 5-19 所示。

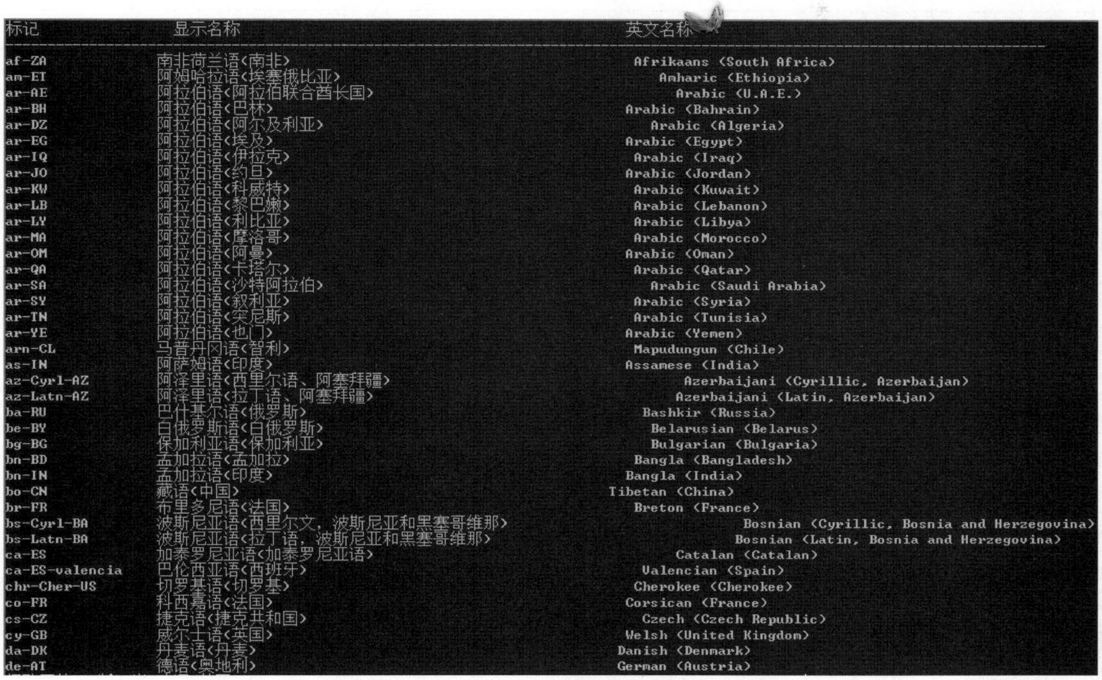

图 5-19　列举所支持的语言和区域

完整的示例代码请参考\第 5 章\Example_14。通过这个示例可以对与语言和区域相关的标识符有一个大概的了解。在实际开发中，没有必要把整个列表背下来，仅把最需要的几个记住即可。比如，表示简体中文的"zh-CHS"，表示繁体中文的"zh-CHT"等，其他的语言或区域的标识符，在需要用到的时候，可以查阅参考文档或者在互联网上搜索。

5.7.3　字符串格式化

通过 5.7.1 节和 5.7.2 节可知，对字符串进行格式化，会受语言和区域性影响，不同地区不同国家对于数字、货币、日期时间都有各自的规范。本节介绍如何把字符串进行格式化处理。

实现字符串的格式化，有许多方法可以调用，例如基本类型的 ToString 方法、Console 类的 Write/ WriteLine 方法、String 类的 Format 方法、StringBuilder 类的 AppendFormat 方法等。无论调用的是哪个方法，使用方法都一样，主要通过格式控制符和实现了 IFormatProvider 接口的类型来协同实现。如果要进行格式化的对象的区域性与当前线程相同，则只使用格式控制符即可。简单来说就是，如果应用程序是面向简体中文开发的，而要处理的字符串也是基于中文的特性进行处理的，那么就可以忽略 IFormatProvider 对象，仅使用格式控制符就可以了。

IFormatProvider 相关的类型在前面的内容中已经介绍过了，下面简单介绍格式控制符。由于微软公司提供的 MSDN 文档已经有很详细的说明了，这里不再重复说明。但考虑方便理解和实战练习，此处对常用的格式控制符进行总结，具体内容请参考表 5-3 ~ 表 5-5。

表 5-3　标准数字格式控制符

控　制　符	说　　明
G或g	常规数字，即紧凑式数值表示形式，如12345、12.35、−0.255等
N或n	带分组符号的整数或小数，如126,657、9,123,350,012等
C或c	表示货币格式的数值，如￥200.05、$900.00等
D或d	表示十进制整数，可以是正数或负数，如−12000、80000等
F或f	表示浮点数，如3.14159、−223.658等
P或p	百分比，将数值乘以100后加上"%"符号，如对数值0.37应用"P"格式后，会变为"37%"
X或x	十六进制，如果使用的是X（大写），则转换为字符串后为大写字母，如60A2D8E43FF；如果使用的是x（小写），则转换为字符串后就变为c6d7900fe8c2a7b

表 5-4　标准日期时间格式控制符

控　制　符	说　　明
D	表示长日期，如"2009年12月9日"
d	表示短日期，如"2009/12/9"
F	完整的日期–时间格式，即长时间，如"2009年12月9日 12:18:35"
f	完整的日期–时间格式，即短时间，如"2013年1月2日 8:26"
M或m	日期的月–日模式，如"1月2日"
T	长时间格式，如"8:26:03"
t	短时间格式，如"8:26"
Y或y	日期的年–月格式，如"2013年1月"

表 5-5　自定义数字和日期时间格式控制符

控　制　符	说　　明
0	数字0。作为零占位符，如果某个位上的数字是0，则转换为"0"；如果该位上的数字不是0，则将该位上的数字进行转换。例如，将数字1234使用"000000"格式转换为字符串，就会得到"001234"，由于格式化字符串中连用了6个零占位符，而数字1234只有4位，因此最左边的两位就用0来填充。再比如，把数字9662.732519使用格式化字符串"00.000"进行格式化，会得到字符串"9662.733"，尽管在数字的整数部分用了两个零占位符，但9662是非零数字，所以0被忽略，也就是"0"控制符对于非零整数是不做舍入处理的，而仅仅是舍去小数部分
#	和"0"控制符相近，"#"为数字占位符，如果不带小数点，无论是"#"还是"##"都会把小数部分舍入整数值。"#"控制符分两部分来处理数字，在整数部分将从右到左依次进行格式填充；而在小数部分则从左到右来填充。例如，将数字3936412257.7000066254823592用格式控制符"##-#-####-##.#-#-##-##"，会得到字符串"393-6-4122-57.7-0-00-1"。在整数部分，从右向左填充，首先是"##"，取出数字57来填充，随后一个"−"符号，接着是"####"，继续向左取出4个数字4122，然后又一个"−"符号，随后是"#"，继续取一个数字6，然后又是"−"符号，最后是"##"，因为已经是格式字符串的最后一项，就把剩余的393全部填充；在小数部分，从左向右匹配，先是"#"，则取出一位数字7，随后在"−"符号后也是"#"，故再取一个0，……到了最后一部分，虽然是"##"，与"#"效果相同，就直接把后面所有小数位都四舍五入为1。这里仅是举例，在实际开发中不会定义如此复杂而无实际意义的格式
.（小数点）	这个比较好理解，就是平时使用的小数点
,（分组）	为了便于阅读，对数字进行分组，通常是每三位一组，如"1,990,412"

续表

控 制 符	说　　明
%（百分号）	这个也容易理解，就是常用的百分号
E0、e0、E+0、e+0、E-0、e-0	科学记数法，如数字782000050013200，应用"#.##e+0"格式后，得到字符串"7.82e+14"，0表示指数
yyyy、yy	"yyyy"表示四位数字的年份，如2013将得到"2013"；"yy"表示两位数字的年份，如2010将得到"10"
M、MM、MMM、MMMM	这几个控制符都表示月份。以2011年5月1日为例，M表示数字0~12，应用后得到字符串"5"；MM表示数字01~12，应用后得到字符串"05"；MMM表示月份的短名称，应用后得到字符串"5月"；MMMM表示月份的全称，应用格式后得到字符串"五月"
d、dd、ddd、dddd	表示一个月中的某一天。以2012年9月7日为例，如果使用"d"格式，则得到字符串"7"；使用"dd"则得到"07"；ddd表示一周中某一天的短称，即对上面日期应用"ddd"格式会得到结果"周五"；dddd是一周中某一天的全名，对上面日期应用"dddd"格式后将得到字符串"星期五"
h、hh、H、HH	表示时间中的小时部分。H表示12小时制的数值，即1~12；hh表示采用12小时制的数值，即01~12；H表示24小时制的数值，即0~23；HH表示24小时制的数值，即00~23
m或mm	表示时间中的分钟。m的取值范围是0~59，mm的取值范围是00~59
s、ss	表示时间中的秒，s的取值范围是0~59，ss的取值范围是00~59

要真正理解格式化字符串的方法，还需要借助示例。接下来将完成两个示例。其中，第一个示例将演示数字的格式化，第二个示例演示日期和时间的字符串格式化。

启动 Visual Studio 开发环境，新建一个控制台应用程序项目（完整的示例代码请参考：\第 5 章\Example_15）。待项目创建完成后，请参照下面步骤开始练习。

（1）为了可以对比中文与英文之间不同的货币表示格式，首先分别获取与这两个区域信息相关的 CultureInfo 对象。

```
System.Globalization.CultureInfo en_cul, zh_cul;
// 中文和英文的区域信息
en_cul = System.Globalization.CultureInfo.GetCultureInfo("en");
zh_cul = System.Globalization.CultureInfo.GetCultureInfo("zh");
```

此处仅获取与语言相关的信息，因此传递给 GetCultureInfo 方法的 name 参数只用"zh"和"en"即可。

（2）将双精度数值转换为表示货币的字符串。

```
// 1. 货币
Console.WriteLine("---- 货币格式 ----");
double dcur = 199.27;
Console.WriteLine("用于{0}的货币格式：{1}", zh_cul.DisplayName, dcur.ToString("C2", zh_cul));
Console.WriteLine("用于{0}的货币格式：{1}", en_cul.DisplayName, dcur.ToString("C2", en_cul));
```

由于语言上的差异，当使用中文格式来转换货币数据时得到字符串"￥199.27"，而英文条件下则是"$199.27"。

紧跟在格式控制符后的数字表示精度，也就是常说的保留多少位小数，"C2"表示把数值转换为货币格式的字符串，并保留两位小数。

（3）将数值转换为用逗号分隔的数字符串，每三位数为一组。

```
// 2. 数字
Console.WriteLine("\n---- 数字格式 ----");
double dnv = 123562.313;
Console.WriteLine("用于{0}的数字格式：{1}", zh_cul.DisplayName, dnv.ToString("N",
zh_cul));
Console.WriteLine("用于{0}的数字格式：{1}", en_cul.DisplayName, dnv.ToString("N",
en_cul));
```

对于"N"所表示的数字字符串中，中文和英文的呈现结果相同，都输出字符串"123,562.31"。

（4）下面代码将数值转换为表示百分比的字符串，即把数值乘以 100，并在其后面加上一个百分号（%）。

```
double dp = 0.45d;
Console.WriteLine("用于{0}的百分数格式：{1}", zh_cul.DisplayName, dp.ToString("P0",
zh_cul));
Console.WriteLine("用于{0}的百分数格式：{1}", zh_cul.DisplayName, dp.ToString("P0",
zh_cul));
```

控制符"P"后面带了一个数字 0，表示不保留任何小数位，即取整，所以得到字符串"45%"。

（5）下面代码将数值转换为十六进制表示形式，主要是针对整数。大写 X 表示转换后的十六进制字符串为大写，小写 X 表示字符串为小写。

```
int nhex = 32602;
Console.WriteLine("小写的十六进制字符串：{0}", nhex.ToString("x"));
Console.WriteLine("大写的十六进制字符串：{0}", nhex.ToString("X"));
```

第一行 Console.WriteLine 输出字符串"7f5a"，第二行 Console.WriteLine 输出字符串"7F5A"。

（6）通过自定义字符串格式，输出表示摄氏温度的数值（带有"℃"单位符号）。

```
Console.WriteLine("\n---- 自定义数字格式 ----");
int num = 16;
Console.WriteLine("摄氏度格式：{0}", num.ToString("#'℃'"));
```

上面代码执行后将得到字符串"16℃"。

整个示例的运行结果如图 5-20 所示。

在 Visual Studio 主菜单上依次执行【文件】→【关闭解决方案】命令，关闭上面的示例，接着按下快捷键 Ctrl + Shift + N，再新建一个控制台应用程序项目（完整的示例代码请参考：\第 5 章\Example_16）。

（1）为了便于对比不同语言下日期时间的格式，本例将使用中文、英文和日文三种语言进行演示。因此，先要取得代表这三种语言相关信息的 CultureInfo 对象。

图 5-20　格式化数字字符串示例运行结果

```
System.Globalization.CultureInfo zh_cul = System.Globalization.CultureInfo.
GetCultureInfo("zh");
System.Globalization.CultureInfo en_cul = System.Globalization.CultureInfo.
GetCultureInfo("en");
System.Globalization.CultureInfo ja_cul = System.Globalization.CultureInfo.
GetCultureInfo("ja");
```

（2）定义一个 DateTime 对象作为测试的日期时间，以及一个表示格式字符串的变量 strFormat。

```
// 用于测试的时间
DateTime dt = new DateTime(2014, 8, 9, 17, 53, 40);
string strFormat = "";                    //格式
```

（3）使用长日期格式控制符"D"和短日期格式控制符"d"来进行格式化。

```
// 长日期
strFormat = "D";
Console.WriteLine("---------- 长日期 ----------");
Console.WriteLine("{0,-8}{1}", zh_cul.DisplayName, dt.ToString(strFormat, zh_cul));
Console.WriteLine("{0,-8}{1}", en_cul.DisplayName, dt.ToString(strFormat, en_cul));
Console.WriteLine("{0,-8}{1}", ja_cul.DisplayName, dt.ToString(strFormat, ja_cul));

// 短日期
strFormat = "d";
Console.WriteLine("\n---------- 短日期 ----------");
Console.WriteLine("{0,-8}{1}", zh_cul.DisplayName, dt.ToString(strFormat, zh_cul));
Console.WriteLine("{0,-8}{1}", en_cul.DisplayName, dt.ToString(strFormat, en_cul));
Console.WriteLine("{0,-8}{1}", ja_cul.DisplayName, dt.ToString(strFormat, ja_cul));
```

输出结果如图 5-21 所示。

（4）使用完整日期时间格式控制符"F"和"f"来进行格式化。

```
// 完整格式（长时间）
strFormat = "F";
Console.WriteLine("\n---------- 完整格式（长时间）----------");
Console.WriteLine("{0,-8}{1}", zh_cul.DisplayName, dt.ToString(strFormat, zh_cul));
Console.WriteLine("{0,-8}{1}", en_cul.DisplayName, dt.ToString(strFormat, en_cul));
Console.WriteLine("{0,-8}{1}", ja_cul.DisplayName, dt.ToString(strFormat, ja_cul));

// 完整格式（短时间）
strFormat = "f";
Console.WriteLine("\n---------- 完整格式（短时间）----------");
Console.WriteLine("{0,-8}{1}", zh_cul.DisplayName, dt.ToString(strFormat, zh_cul));
Console.WriteLine("{0,-8}{1}", en_cul.DisplayName, dt.ToString(strFormat, en_cul));
Console.WriteLine("{0,-8}{1}", ja_cul.DisplayName, dt.ToString(strFormat, ja_cul));
```

输出结果如图 5-22 所示。

图 5-21　"D"和"d"格式的输出结果 　　　图 5-22　"F"和"f"格式的输出结果

（5）输出一周中某一天的全称，代码如下：

```
strFormat = "dddd";
Console.WriteLine("--------- 一周中某天的全称 --------");
Console.WriteLine("{0,-8}{1}", zh_cul.DisplayName, dt.ToString(strFormat, zh_cul));
Console.WriteLine("{0,-8}{1}", en_cul.DisplayName, dt.ToString(strFormat, en_cul));
Console.WriteLine("{0,-8}{1}", ja_cul.DisplayName, dt.ToString(strFormat, ja_cul));
```

输出结果如图 5-23 所示。

（6）下面代码使用自定义日期格式"d"来输出一个月中的某一天。

```
strFormat = "d";
Console.WriteLine("\n--------- 一个月中的一天 --------");
Console.WriteLine("{0,-8}{1}", zh_cul.DisplayName, dt.ToString(strFormat, zh_cul));
```

```
Console.WriteLine("{0,-8}{1}", en_cul.DisplayName, dt.ToString(strFormat, en_cul));
Console.WriteLine("{0,-8}{1}", ja_cul.DisplayName, dt.ToString(strFormat, ja_cul));
```

运行程序后，输出结果如图 5-24 所示。

图 5-23　"dddd"格式的输出结果　　　　　图 5-24　"d"格式输出错误的结果

这个结果显然不正确，示例中的测试日期是 2014 年 8 月 9 日，使用自定义日期时间格式控制符"d"，本应输出数字 9，可是应用程序输出的是短日期。这是因为格式控制符重复引起冲突，导致应用程序不能正确识别自定义格式化字符串。由表 5-4 和表 5-5 可知，标准日期格式中的短日期的标识符和自定义日期格式中的天数的标识符是一样的，都是小写字母"d"，所以应用程序把自定义格式识别为短日期了。

要解决这一问题，一种方法是在格式化字符串中加入其他字符，比如

```
strFormat = "第d天";
……
Console.WriteLine("{0,-8}{1}", zh_cul.DisplayName, dt.ToString(strFormat, zh_cul));
```

此时，无论应用程序使用的语言特性是中文、英文还是日文，输出的都是"第 9 天"。即额外添加的"第"和"天"字符会干扰格式化的结果。另一种方法也很简单，只需要在控制符前面加上一个百分号（%）即可。于是把上面代码改为

```
strFormat = "%d";
……
```

运行应用程序后，就会看到正确的输出了，如图 5-25 所示。

（7）输出一年中某个月的全称。

```
strFormat = "MMMM";
Console.WriteLine("\n-------- 某个月的全称 --------");
Console.WriteLine("{0,-8}{1}", zh_cul.DisplayName, dt.ToString(strFormat, zh_cul));
Console.WriteLine("{0,-8}{1}", en_cul.DisplayName, dt.ToString(strFormat, en_cul));
Console.WriteLine("{0,-8}{1}", ja_cul.DisplayName, dt.ToString(strFormat, ja_cul));
```

输出结果如图 5-26 所示。

（8）自定义日期时间的表示方式，形如"2013 年 1 月 2 日 5 时 13 分 26 秒"。

```
strFormat = "yyyy 年 M 月 d 日 HH 时 mm 分 ss 秒";
Console.WriteLine("\n------ 自定义日期时间格式 ------");
Console.WriteLine("自定义日期时间格式: " + dt.ToString(strFormat));
```

输出结果如图 5-27 所示。

图 5-25　"d"格式输出正确的结果　　图 5-26　月份的全称　　图 5-27　自定义日期时间的格式

5.8　字符串复合格式化

复合格式化可以将多个经过格式化处理的字符串合并到一个字符串中。例如，"我在 2012 年 7 月 6 日，花了￥68 买了一把激光扫描枪"就是一个经过复合格式化的字符串，该字符串里面包含两种格式：

一是 "2012 年 7 月 6 日"（自定义的日期格式）；二是 "￥68"（货币格式）。

要在一个字符串中应用多个格式化的字符串，可以用一对大括号将格式设置相关的内容括起来，并通过索引来指定其位置，具体的语法如下：

```
{<索引> [,<对齐方式>] [:<格式控制符>]}
```

最外层是一对大括号，这是必需的，编译器通过这对大括号来识别格式设置字符串。大括号中包含索引，该索引是必需的，从 0 开始，该索引在格式化时会被具体的参数值替换。

对齐方式是可选的，紧跟索引后，前面用一个英文逗号来分隔，设置的值是一个整数，表示填充到该索引处的字符串的总宽度，如果值为正数，表示内容右对齐，如果值为负数，则表示内容左对齐。如果设定的宽度大于字符的实际内容，则采用空格来填充剩余的宽度。

以下示例将演示如何使用复合的格式化字符串。

可用于对字符串进行复合格式化的方法较多，比较常用的是 String 类的 Format 方法。在控制台应用程序中还可以使用 Console.WriteLine 方法或 Console.Write 方法。先来看一个例子

```
double price = 5.6d;
int q = 20;
Console.WriteLine("单价：{0:C}\n 数量：{1}\n 总价：{2:C}", price, q, price * q);
```

Console.WriteLine 方法要输出的字符串中有三处格式化处理，第一处索引为 0，格式控制符为 "C"，即货币格式；第二处索引为 1，不带任何格式控制符标记，即直接调用对象的 ToString 方法来处理；第三处索引为 2，同样使用货币格式。Console.WriteLine 方法从第二个参数开始，逐一与第一个参数中的索引匹配。在上面代码中，Console.WriteLine 方法的第二个参数传入变量 price 的值，将 5.6 转换为货币格式的字符串，并替换掉第一个参数中的{0}，接着用变量 q 值的字符串形式替换第一个参数中的{1}，最后用 price * q 的运算结果替换第一个参数中的{2}，并呈现为货币格式。

下面的示例使用了 String.Format 方法。

```
DateTime dt = new DateTime(2011, 5, 9);
double d = 0.125d;
string resultStr = string.Format("在{0:D}买入，当前涨幅为{1:P2}", dt, d);
Console.WriteLine("\n" + resultStr);
```

同理，在要进行复合格式化的字符串中，索引 0 为长日期格式（"D"），索引 1 处转换为百分比形式（"P"），并且保留两位小数。Format 方法用变量 dt 的值替换字符串中的{0}，用变量 d 的值替换字符串中的{1}。

再看一个设置对齐方式的例子。

```
Console.WriteLine("左对齐，宽度为 10：[{0,-10}]", "case");
Console.WriteLine("右对齐，宽度为 13：[{0,13}]", "zhang");
```

其中，{0,-10}表示替换该占位符的内容的总宽度为 10，使用负值表示内容左对齐，由于内容 "case" 只有 4 个字符，剩余的 6 个字符就用空格来填充。{0,13}表示被格式化的内容总宽度为 13，使用正值表明该内容是右对齐的，"zhang" 只有 5 个字符，其余的 8 个字符就用空格来填充。

整个示例的运行结果如图 5-28 所示。

完整的示例代码请参考\第 5 章\Example_17。

图 5-28　复合格式化示例的运行结果

第 15 集

5.9　字符串内插

与复合格式化相比，通过字符串内插的方式来完成格式设置显得更加简单。复合格式化需要借助类型方法（如 String 类的 Format 方法）来实现，而字符串内插则可以在单独的字符串实例上完成。

使用内插值的字符串需要在前面加上一个 "$" 符号（美元的货币符号），字符串内部的格式占位符不再使用索引值，而是将表达式直接包含在一对大括号中，比如

```
string name = "小明";
string str = $"你好, {name}";
```

变量 name 为字符串实例 "小明"，而变量 str 则是经过内插值格式化后的字符串实例，{name}（将变量名直接放到一对大括号中）直接引用变量 name 的值，最后 str 的值为 "你好, 小明"。

通过上面的例子可知，字符串内插用起来比复合格式化字符串要简便。字符串内插的标准格式如下：

```
$"<普通文本 1>{<表达式>[, <对齐方式>][:<格式控制符>]}<普通文本 2>";
```

从上面的标准格式中可以看到，字符串内插其实与复合格式化很相似，不同的是，内插值直接使用代码表达式，而不使用索引。对齐方式与格式控制符的写法都与复合格式化相同。

下面示例将演示字符串内插的使用方法。核心代码如下：

```
// 将表达式的计算结果直接插入字符串中
Console.WriteLine($"5 的平方: {Math.Pow(5, 2),-10:G}。");
Console.WriteLine($"-100 的绝对值: {Math.Abs(-100),10:G}。");

// 通过引用变量的值实现字符串内插
DateTime today = DateTime.Now;
Console.WriteLine($"今天是{today.ToLongDateString()}。");
```

示例运行结果如图 5-29 所示。

完整的示例代码请参考\第 5 章\Example_18。

```
5的平方: 25
-100的绝对值:        100。
今天是2015年10月2日。
```

图 5-29　字符串内插示例运行结果

5.10　生成随机数

Random 类是一个随机数生成器，使用它可以生成三种数据类型的随机数：int、byte、double。用于生成随机数的方法的名称都是以 "Next" 开头的，如 Next、NextBytes 等。

Random 类的使用并不复杂，下面用一个示例来演示。在 Visual Studio 开发环境中新建一个控制台应用程序项目，核心的代码如下：

```
// 实例化一个 Random 实例
Random rand = new Random();
// 产生一个随机整数
Console.WriteLine("产生随机整数: {0}", rand.Next());

Console.WriteLine("\n 产生一个[100,999]的随机整数数组: ");
// 创建一个 int 数组
int[] arrNums = (int[])Array.CreateInstance(typeof(int), 5);
// 用随机数填充数组
int arrLen = arrNums.Length;                           //数组中元素的个数
for (int i = 0; i < arrLen; i++)
{
```

```
/*
 * 该方法重载的原型为:
 * int Next(int minValue, int maxValue)
 * minValue 限制所产生的随机数的最小值,
 * maxValue 限制所产生的随机数的最大值。
 * 产生的随机数大于或等于 minValue,
 * 并小于 maxValue。
 * 如下面调用, minValue 参数为 100,
 * maxValue 参数为 1000, 由于所产生的随机数
 * 不包括上限的值, 即不包含 1000, 这样使得
 * 产生的随机数可以包含 999
 */
arrNums[i] = rand.Next(100, 1000);
}
Console.Write(string.Join(" ", arrNums));
```

```
// 产生一个随机的 double 值
Console.WriteLine("\n\n 产生一个随机的双精度数值: {0:G4}", rand.NextDouble());
```

在调用以下重载方法时, 有一个细节需要注意。

```
public virtual int Next(int minValue, int maxValue);
```

该方法的两个参数限定了所产生的随机数的范围, 产生的结果可以取最小值, 但不包括最大值。比如本示例中, 如果希望产生的随机数可以取到 999, maxValue 参数就应该赋值为 1000, 不能用 999。如果 maxValue 参数使用了 999, 那么产生的随机数的最大值只能取到 998。

示例的运行结果如图 5-30 所示。

完整的示例代码请参考\第 5 章\Example_19。

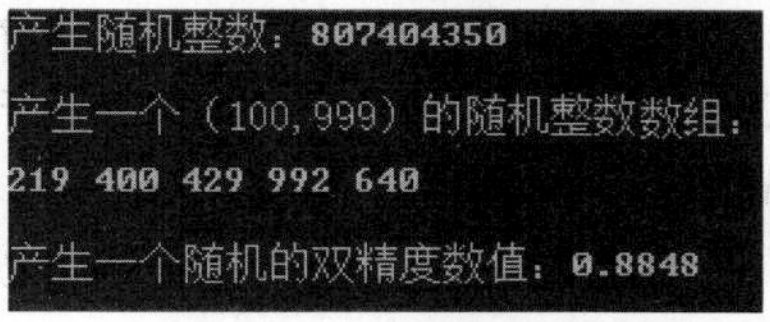

图 5-30　随机数示例的运行结果

5.11　Math 类与常用的数学运算

Math 是一个静态类, 因此它所提供的成员都是静态的。该类主要用于完成通用数学函数的计算, 如三角函数、求绝对值、指数运算等。使用方法也很简单, 直接调用对应的方法并传递正确的参数即可。

下面示例将演示 Math 类的用法。

```
// 求绝对值
decimal vl = -100M;
Console.WriteLine("{0}的绝对值: {1}", vl, Math.Abs(vl));

// 求幂运算
Console.WriteLine("2 的 10 次幂: {0}", Math.Pow(2, 10));

// 求正弦值
double dv = 45d;                              //角度
dv = dv * Math.PI / 180;                      //弧度角
Console.WriteLine("45 度角的正弦值: {0:G2}", Math.Sin(dv));

// 求最小值
int a = 0x702a3e;
int b = 0xc56fd8;
Console.WriteLine("{0:x}和{1:x}中较小的数: {2:x}", a, b, Math.Min(a, b));
```

```
// 求平方根
double dn = 256d;
Console.WriteLine("{0}的平方根：{1}", dn, Math.Sqrt(dn));

// 求以 10 为底的对数
double dtolog = 370.02d;
Console.WriteLine("{0}以 10 为底的对数：{1:0.0000}", dtolog, Math.Log10(dtolog));
```

需要注意的是，计算三角函数时（如 sin、tan、cos 等），方法参数需要的是弧度角，所以在调用与三角函数有关的方法时，要先把角度转换为弧度角，方法是用角度乘以 π 再除以 180（π 为圆周率）。π 的值可以通过 Math 类的 PI 常数来获取。

示例的运行结果如图 5–31 所示。

完整的示例代码请参考\第 5 章\Example_20。

图 5–31　Math 类示例的运行结果

5.12　常见的时间计算

与时间有关的计算一般分为两种：一种是计算时间点，比如当前时间加上 50 分钟后是什么时间；另一种是计算时间段的转换，如 30000 秒可以折合为多少小时。

为了完成这些计算，本节将介绍 DateTime 和 TimeSpan 两个结构类型（它们都位于 System 命名空间）。DateTime 结构用得较多，它专用于处理与日期时间有关的数据，表示时间点。TimeSpan 结构表示的是时间间隔，即时间段。

DateTime 定义了一些方法可以对时间进行加减运算，例如 AddHours 方法可以在当前 DateTime 对象所表示的时间上加上若干个小时，并返回一个新的 DateTime 对象，表示运算后的时间点。如果要把时间点往后推移，应传入正值的参数，比如 AddHours(3)表示 3 小时后的时间点；若传入的是负值，如 AddHours(–1)，表示 1 小时前的时间点。

TimeSpan 最大的用途是可以对某个时间段进行折算，它定义了一系列以 From 开头的静态方法，这些方法可以直接创建 TimeSpan 实例。例如，调用 FromDays(5)创建的 TimeSpan 对象表示 5 天的时间段，可以访问它的 TotalHours 属性得到 5 天总共有多少小时。

下面将通过示例进一步介绍日期时间的计算方法。在 Visual Studio 开发环境中新建一个控制台应用程序项目。待项目创建后，在打开的代码文件中找到 Main 入口点，然后参考下面代码完成示例演练。

```
// DateTime 运算
Console.WriteLine("--------- DateTime --------- ");
// 2010 年 3 月 21 日 20 时 3 分 22 秒
DateTime dtime = new DateTime(2010, 3, 21, 20, 3, 22);
// 加上 75 分钟
DateTime resDtime = dtime.AddMinutes(75);
Console.WriteLine("将{0:F}加上 75 分钟后：{1:F}", dtime, resDtime);
// 减去 8000 秒
resDtime = dtime.AddSeconds(-8000);
Console.WriteLine("将{0:F}减去 8000 秒：{1:F}", dtime, resDtime);

// TimeSpan 运算
Console.WriteLine("\n--------- TimeSpan --------");
// 60000 分钟
double mins = 60000d;
```

```
TimeSpan tsp = TimeSpan.FromMinutes(mins);
// 总共有多少秒
Console.WriteLine("{0:N0}分钟中有{1:N0}秒", mins, tsp.TotalSeconds);
// 总共有多少小时
Console.WriteLine("{0:N0}分钟中有{1:N0}小时", mins, tsp.TotalHours);
// 总共有多少天
Console.WriteLine("{0:N0}分钟中有{1:N0}天", mins, tsp.TotalDays);
```

　　在访问 TimeSpan 的属性时要注意，如果希望得到某个时间段的总数，一定要访问以 Total 开头的属性，如果要计算某段时间内总共有多少小时，就要访问 TotalHours 属性。不以 Total 开头的属性只返回其对应部分的数值，比如 3:20:6，如果访问 Minutes 属性返回的是 20，即只返回分钟部分的数值。

　　示例的运行结果如图 5-32 所示。

　　完整的示例代码请参考\第 5 章\Example_21。

图 5-32　日期计算示例的运行结果

第6章
CHAPTER 6

类 型 转 换

本章将介绍与类型转换有关的知识和技术要点。在编写程序过程中,开发者会与各种形式的数据打交道,对数据处理和传送时,通常需要将一种数据类型转换为另一种数据类型。比如,把一个表示数值的类型转换为字符串,以便输出信息与用户交互,其实格式化字符串也可以认为是一种类型转换。

本章将讲述隐式转换、显式转换、自定义转换,以及如何使用.NET 类库提供的转换帮助类等内容。

6.1 隐式转换

隐式转换就是"不明显"的类型转换。它的转换过程由编译器自动识别,无须特殊处理,而且转换后不会造成数据丢失,即"分配兼容性"。

举个例子,请考虑下面代码

```
int a = 500;
double b = a;
```

变量 a 是 int 类型,变量 b 是 double 类型,代码可以把 a 直接赋值给 b,这里就发生了隐式转换,因为 double 类型表示的是双精度数值,其可以容纳一个 int 类型的数值,因此可以完成隐式转换。反过来就不可以,如

```
double a = 999.756;
int b = a;
```

double 类型的值无法赋给 int 类型的变量,因为这样做会导致数据丢失,数值 999.756 带有小数部分 0.756,如果将其赋值给 int 类型的变量,小数部分就会丢失,这就无法保证类型安全,也破坏了数据的完整性,因此不允许进行隐式转换。

同理,下面代码也允许进行隐式转换。

```
int x = 10000;
long y = x;
```

long 表示 64 位整数,int 表示 32 位整数,由于 long 类型的变量 y 可以容纳 32 位整数的变量 x,转换后不会造成数据丢失,故此处支持隐式转换。

还有一种情况也支持类型的隐式转换,即派生程度较大的类型可以隐式转换为派生程度较小的类型。

启动 Visual Studio 开发环境,新建一个控制台应用程序项目。待项目创建后,首先定义两个类 A 和 B,其中 B 是 A 的派生类。

```
public class A
{
```

```
    public int Test1 { get; set; }
}
public class B : A
{
    public string Test2 { get; set; }
}
```

接着，在项目模板生成的 Program 类的 Main 方法中输入以下代码

```
object obj = new A();
A a = new B();
```

然后从 Visual Studio 的主菜单中执行【生成】→【生成解决方案】（或者按快捷键 Ctrl + Shift + B），如果在状态栏中看到提示"生成成功"则表明上面代码没有错误。

由于所有类型都是从 Object 类派生的，所以上面定义的 A 类也是 Object 类的子类。A 类的派生程度比 Object 类大，因此可以隐式转换为 Object 类型。

同样，B 类派生自 A 类，所以它也能隐式转换为 A 类型。B 类从 A 类继承了 Test1 属性，即 B 类同时具备 Test1 和 Test2 两个属性，把 B 类的实例赋值给 A 类的变量，可以完成分配兼容，因为变量 a 可以调用 Test1 属性。反过来就不成立了，比如

```
B b = new A();
```

由于 A 类只有 Test1 属性，而 B 类同时具有 Test1 和 Test2 两个属性，这样赋值会造成数据丢失，使得变量 b 无法访问到 Test2 属性，因此派生程度小的类型无法隐式转换为派生程度更大的类型。

这个规律同样适用于抽象类与实现类。

```
// 抽象类
public abstract class SA
{
    public abstract void DoWork();
}

// 实现类
public class EB : SA
{
    public override void DoWork()
    {
        Console.WriteLine("已实现。");
    }
}
```

在 Main 方法中进行测试。

```
SA vr = new EB();
vr.DoWork();
```

上面代码把实现了抽象类 SA 的 EB 实例赋值给 SA 类型的变量 vr，顺利完成了隐式转换。抽象类 SA 中定义了抽象方法 DoWork，EB 实现了 SA 类，也实现了 DoWork 方法。因此，上面代码中的调用不会造成数据丢失。反过来则不可以，因为抽象类不能被实例化。

隐式转换也适用于接口与实现接口的类，例如

```
// 接口
public interface ITest
{
```

```
    string Name { get; set; }
}

// 实现接口的类
public class MyTest : ITest
{
    public string Name { get; set; }
}
```

接下来，也进行一下测试。

```
ITest t = new MyTest();
t.Name = "Jim";
```

变量 t 是 ITest 接口类型，它可以用 MyTest 类的实例来填充，因为 MyTest 类实现了 ITest 接口，当然也实现了 Name 属性，隐式转换后不会导致数据丢失。反过来则不行，毕竟接口类型没有构造函数，不能实例化。

完整的示例代码请参考\第 6 章\Example_1。

通俗来说，子类可以隐式转换为基类。但是，这个过程是单向的，是不可逆的。

6.2 显式转换

显式转换也称强制转换，要求在代码中明确地进行类型转换，例如

```
int n = 100;
byte b = (byte)n;
```

上面代码中，声明了一个 int 类型的变量 n，随后将变量 n 赋值给 byte 类型的变量 b，这里需要显式的类型转换，即要把 int 类型转换为 byte 类型再赋给变量 b。

需要注意的是，显式类型转换是有风险的，比如下面的转换是不允许的。

```
string s = "abc";
double d = (double)s;
```

字符串"abc"显然不是有效的数值，不能将其转换为 double 类型，上面代码将无法通过编译，Visual Studio 会抛出编译错误。

下面代码虽然可以显式转换，但不安全。

```
float f = 20.3F;
int x = (int)f;
```

将 float 类型的数值 20.3 强制转换为 int 数值，虽然可行，但会造成数据丢失，因为 int 是整数类型，浮点数 20.3 会被去掉小数部分，变成 20。

再看下面的例子。

```
public class A {
    public int Po1 { get; set; }
}

public class B : A {
    public int Po2 { get; set; }
}
......
```

```
A a = new A();
a.Po1 = 20;
B b = (B)a;
```

上面代码声明了 A 和 B 两个类，B 是 A 的派生类，随后创建了 A 类的实例，并为属性 Po1 赋了值，再把其强制转换为 B 类的实例赋给变量 b。这样做可以通过编译，但在运行时会发生错误。B 类从 A 类派生，把 A 的实例强制转换为 B 的实例，使得 B.Po2 属性无法得到正确的分配（A 类中没有定义 Po2 属性），导致程序在运行期间出现不可预知的错误。

以下例子也会转换失败，因为结构和类是两种不同的类型，无法转换。

```
public struct T { }
public class C { }
……
C test = new C();
T tdt = (T)test;
```

以下转换是可行的。

```
enum E
{
    M1 = 2,
    M2 = 7
}
……
E dm = E.M1;
int xx = (int)dm;
Console.WriteLine(xx);
```

上面例子中，枚举 E 的变量可以强制转换为 int 值。因为枚举类型是值类型，默认的值是 int 类型，所以把 dm 转换为 int 类型赋给变量 xx 是允许的，xx 中存储的值就是枚举 E 中 M1 的值 2，故 Console.WriteLine 方法输出 "2"。

由于 C#语言继承了 C++的许多特性，故 C#也是一门强类型的编程语言。虽然允许显式转换，但一定要谨慎使用。

6.3　可以为 null 的值类型

在 System 命名空间中有一个 Nullable<T>结构，该结构使得值类型可以为 null。当引用类型为空引用时就是 null，值类型一般不为 null，但有时允许值类型为 null 是有现实意义的，比如在读写数据库时就很有用。

Nullable<T>结构中的 T 必须是值类型，如 int、byte 等。由于 Nullable<T>可以为 null，因此在取出里面的值时，应该先检测 HasValue 属性是否为 true，如果为 true，说明 Nullable<T>中存在有效的值，就可以通过 Value 属性来取得其中的值；如果 HasValue 属性为 false，说明 Nullable<T>为 null，里面没有值，访问 Value 属性会发生异常（错误）。也可以调用 GetValueOrDefault 方法来获取 Nullable<T>里所包装的值，如果有值则返回该值，如果没有值（为 null）则返回 T 类型的默认值，如果 T 为 int 就返回 0。

在 C#语言中，可以把 Nullable<T>简写为 "T?"，即在值类型名称后面直接跟一个英文的问号。例如，Nullable<int>可以简写为 "int?"。

此外，还可以使用 "??"（两个英文问号）运算符给 Nullable<int>对象自定义默认值，比如

```
int? x = null;
int i = x ?? 16;
```

"??" 运算符的含义是，如果 Nullable<int> 对象不为 null 就返回其包含的值，否则就返回 "??" 后面的值。在上面例子中，变量 x 是可为 null 的 int 类型（int?），由于代码已经将变量 x 初始化为 null，表达式 "x ?? 16" 中，x 没有值，故返回 "??" 后面的值 16，因此变量 i 中的值为 16。

再比如

```
double? dval = 0.21d;
double dv = dval ?? 0.1d;
```

由于 Nullable<double> 类型变量 dval 已经赋了非 null 值，表达式 "dval ?? 0.1d" 直接返回 dval 的值 0.21，而忽略 "??" 后面的默认值。

在 Visual Studio 开发环境中新建一个控制台应用程序项目，核心的代码如下：

```
Nullable<byte> nbt = null;
if (nbt.HasValue)
{
    Console.WriteLine("byte?变量的值：{0}", nbt.Value);
}
else
{
    Console.WriteLine("byte?变量没有值。");
}

double? dn = 0.115d;
Console.WriteLine("double?变量的值：{0}", dn ?? 0.001);
```

由于 null 的 byte? 类型变量被初始化为 null，所以 HasValue 属性返回 false。最后屏幕上输出 "byte?变量没有值"。"double?" 类型的变量因为已经赋了非 null 值，因而表达式 "dn ?? 0.001" 忽略 "??" 后面的 0.001，直接取出值 0.115，故 Console.WriteLine 方法在屏幕上输出 "double?变量的值：0.115"。

完整的示例代码请参考 \第 6 章\Example_2。

6.4　引用类型的兼容性转换

as 运算符实现引用类型或 Nullable<T> 类型的兼容性转换，如果转换成功就返回转换后对象的引用，如果转换失败也不会报错，并返回 null。

请考虑下面代码

```
object obj = "tree";
string s = obj as string;
if (s != null)
{
    // ...
}
```

以上代码声明了 object 类型的变量 obj，并用一个字符串常量 "tree" 初始化，随后使用 as 运算符将其转换为 string 类型。由于该转换是兼容的，所以 s 不为 null。

下面用一个示例来演示 as 运算符的使用方法。

首先定义 A、B、C 三个类，其中 B 类从 A 类派生，C 类独立。

```
public class A
{
```

```
    public override string ToString()
    {
        return "A";
    }
}
public class B : A
{
    public override string ToString()
    {
        return "B";
    }
}
public class C
{
    public override string ToString()
    {
        return "C";
    }
}
```

接下来请看第一段代码。

```
object oa = new A();
A ca = oa as A;                                    // 转换成功
if (ca != null)
{
    Console.WriteLine(ca.ToString());
}
```

变量 oa 虽然声明为 object 类型，但在赋值时引用了 A 类的实例，因此表达式 oa as A 转换成功，变量 ca 保存了 A 实例的引用。

再看第二段代码。

```
B ob = new B();
A va = ob as A;                                    // 转换成功
if (va != null)
{
    Console.WriteLine(va.ToString());
}
```

因为 B 类从 A 类派生，B 类的实例存在向 A 类的隐式转换，故表达式 ob as A 转换成功，变量 va 保存了对 B 类实例的引用（通过 ob 变量创建）。

下面是第三段代码。

```
object tc = new C();
B tb = tc as B;                                    // 转换无效
if (tb != null)
{
    Console.WriteLine(tb.ToString());
}
```

变量 tc 被声明为 object 类型，但赋值时引用了 C 类的实例。C 类与 B 类不存在继承关系，尽管 Object 是所有类型的共同基类，但此处 C 类与 B 类被认为是相互独立的，没有直接的联系，因此表达式 tc as B 转换失败，变量 tb 为 null。

需要注意的是，as 运算符只能用于引用类型之间的转换，不能用于值类型之间的转换。完整的示例代码请参考\第 6 章\Example_3。

6.5　类型转换帮助器

为了能够更方便地实现类型转换，.NET 类库提供了一些转换帮助类，使用这些转换帮助类可以实现基础类型之间的各种转换。常用的有两个类——Convert 类和 BitConverter 类。

其中，使用得最多的是 Convert 类，它实现了基础类型（如 byte、int、long 等）之间的类型转换。它是一个静态类，公开了一系列静态方法，开发者可以直接调用。这些方法可以归结为四类，详见表 6-1。

表 6-1　Convert类的公共方法分类

方　　法	说　　明
ChangeType方法	将实现了IConvertible接口的类型转换为目标类型。常见的基础类型（如int、short等）都实现了IConvertible接口
以To开头的方法	将参数中传入的对象转换为指定的类型对象，比如调用ToBoolean方法把参数中的对象转换为bool类型的对象实例
FromBase64String方法 FromBase64CharArray方法 ToBase64String方法 ToBase64CharArray方法	这几个方法可以轻松地实现字节数组与Base64编码的字符串之间的相互转换
IsDBNull方法	检测对应的值是否为DBNull。与null不同，DBNull主要用于数据库中对某个字段是否有值的判断

下面的示例将演示 Convert 类的使用方法，完整的示例代码请参考\第 6 章\Example_4。

（1）在 Visual Studio 开发环境中新建一个控制台应用程序项目。

（2）将字符串 "2500" 转换为 int 类型的数值。

```
string strToCvt = "2500";
int result = Convert.ToInt32(strToCvt);
Console.WriteLine("将字符串'{0}'转换为int类型：{1}", strToCvt, result);
```

调用 ToInt32 方法将 strToCvt 变量中的 "2500" 转换为 int 类型，因此 result 变量中的值为 2500。

（3）将 bool 类型的值 false 转换为 string 类型。

```
bool bval = false;
string resStr = Convert.ToString(bval);
Console.WriteLine("将bool类型值{0}转换为字符串：{0}", bval, resStr);
```

ToString 方法将 bool 类型的值 false 转换为字符串 "False"。

（4）如果转换失败，会抛出 FormatException 异常。为了防止转换失败而导致程序中断，应该捕捉并处理该异常。

```
string strval = "5x";
ushort int16val = default(ushort);
try
{
    // 未完成转换
    int16val = Convert.ToUInt16(strval);
}
```

```
catch(FormatException fex)
{
    // 处理异常
    Console.WriteLine("错误: " + fex.Message);
}
```

字符串 "5x" 明显不是一个有效整数数值，因此它无法转换为 ushort 类型。一旦转换失败，就会抛出 FormatException 类型的异常。代码应该捕捉该异常，否则应用程序会因为出错而中断。

（5）下面代码把字符串转换为 Base64 编码的字符串。

```
string origStr = "hello Tom";
// 先转换为字节数组
byte[] data = System.Text.Encoding.UTF8.GetBytes(origStr);
// 再转换为 Base64 字符串
string base64str = Convert.ToBase64String(data);
Console.WriteLine("将字符串'{0}'转换为 Base64 字符串: {1}", origStr, base64str);
```

由于 Convert.ToBase64String 方法需要字节数组（byte[]）作为参数，所以必须把要转换为 Base64 字符串的内容先转换为字节数组，System.Text.Encoding.UTF8.GetBytes 方法使用 UTF-8 编码格式把字符串转换为字节数组。得到字节数组后，就可以调用 Convert.ToBase64String 方法得到 Base64 字符串了。

整个示例的运行结果如图 6-1 所示。

与 Convert 类相似，BitConverter 类也提供了一系列可用于类型转换的静态方法。不过，BitConverter 类只用于基础类型与字节数组之间的转换，其适用范围要比 Convert 类小。

图 6-1　Convert 类示例的运行结果

BitConverter 类的 GetBytes 方法用于把基础类型转换为字节数组，反过来，以 To 开头的方法则是把字节数组转换为指定的基础类型，例如 ToDouble 方法把字节数组转换为 double 数值。

下面是示例\第 6 章\Example_5，它将演示如何使用 BitConverter 类。

（1）先将一个 double 类型的数值转换为字节数组，再把该字节数组还原为 double 数值。

```
double dval = 9.2716d;
Console.WriteLine("double 数值: {0}", dval);
// 把 double 类型的数值转换为字节数组
byte[] data = BitConverter.GetBytes(dval);
Console.WriteLine("把双精度数值转换为字节数组: \n{0}", string.Join(" ", data));
// 把字节数组转回 double 类型的数值
Console.WriteLine("把字节数组转回 double 数值: {0}", BitConverter.ToDouble(data, 0));
```

double 类型的数值占用 8 字节的存储空间，因此数值转换为字节数组后，该数组中应有 8 字节。

（2）将字节数组以字符串形式输出。

```
ulong ulval = 1236548009200356U;
// 获取 ulong 数值的字节数组
data = BitConverter.GetBytes(ulval);
// 输出此字节数组的字符串
Console.WriteLine("\n 字节数组的字符串形式: \n{0}", BitConverter.ToString(data));
```

上面代码先使用 GetBytes 方法从 ulong 数值中得到包含 8 字节的数组，随后再用 BitConverter.ToString 方法将字节数组转换为字符串形式，转换后的字符串将每字节转换为两位十六进制数值的表示形式，再用 "-" 符号将各字节的字符串连接起来，形如 "20-3C-D7-82-FF"。

（3）下面代码将一个包含 4 个元素的字节数组转换为一个 32 位整数值（int 类型）。

```
byte[] bytes = { 7, 9, 100, 1 };
int int32val = BitConverter.ToInt32(bytes, 0);
Console.WriteLine("\n将字节数组转换为 int 数值：{0}", int32val);
```

一个 int 类型的实例占用 4 字节的存储空间，上面代码声明了一个 byte 数组，数组中有 4 字节，正好可以构成一个 int 数值。调用 BitConverter.ToInt32 方法将返回一个 int 数值，第一个参数是要用到的字节数组，第二个参数是数组中的起始索引，即要从数组中哪个元素开始转换，在本例中是将字节数组中的全部元素都进行转换，故起始索引为 0。

整个示例的运行结果如图 6-2 所示。

图 6-2　BitConverter 示例的运行结果

第 16 集

6.6　自定义转换

除了前面所介绍的类型转换方式，开发人员还可以自定义转换。实现自定义类型转换，一方面可以满足实际开发中的某些需求，另一方面也使得程序代码更加灵活。

要完成自定义转换并不复杂，首先要认识两个关键字。第一个是 implicit，它用于声明隐式转换操作；第二个是 explicit，它用于声明显式转换操作。两个关键字都有统一的语法格式

```
public static <explicit 或 implicit> operator <目标类型>(<源类型> arg)
```

乍一看有点像方法声明，其实它与方法声明不同，它属于一种运算符重载形式，就是重载类型转换运算符。使用自定义转换声明，一定要注意以下几点

（1）必须声明为 public。

（2）必须声明为静态成员（static）。

（3）用要转换的目标类型的名称作为成员名称，把待转换类型的对象作为参数传入。

（4）在成员内部要用 return 关键字把转换后的对象返回给调用方。

下面分别用两个示例来演示 implicit 和 explicit 关键字的使用方法。

示例\第 6 章\Example_6 演示 implicit 关键字的用法。定义一个 Student 类，其中包含 No 和 Name 两个属性，并且通过 implicit 关键字定义 Student 类可以隐式转换为 string 对象。代码如下：

```
public class Student
{
    public int No { get; set; }
    public string Name { get; set; }
    /// <summary>
    /// Student 类隐式转换为 String
    /// </summary>
    public static implicit operator string(Student stu)
    {
        return string.Format("{0} - {1}", stu.No, stu.Name);
    }
}
```

当 Student 隐式转换为 string 时，把 No 和 Name 属性的值串联起来并返回。

```
// 实例化 Student 对象
Student stud = new Student();
// 给属性赋值
stud.No = 2013052;
stud.Name = "Yan";
// 可以把 Student 的实例直接赋值给 string 变量
string str = stud;
Console.WriteLine("学员信息: \n{0}", str);
```

Student 类型的对象可以隐式转换为 string 类型, 所以变量 stud 可以直接赋值给变量 str。屏幕输出内容如图 6-3 所示。

```
学员信息:
2013052 - Yan
```

图 6-3　自定义隐式转换

示例\第 6 章\Example_7 将演示使用 explicit 关键字实现自定义的显式类型转换。定义一个 DoSum 类, 通过构造函数把三个 int 值传递给三个字段。DoSum 可以显式转换为 int 类型的数值, 转换结果为三个字段的值相加的和。

```
public class DoSum
{
    #region 私有字段
    private int m_val1, m_val2, m_val3;
    #endregion
    public DoSum(int val1, int val2, int val3)
    {
        m_val1 = val1;
        m_val2 = val2;
        m_val3 = val3;
    }
    /// <summary>
    /// 如果要把 DoSum 转换为 int 类型, 需要强制转换
    /// </summary>
    public static explicit operator int(DoSum ds)
    {
        return ds.m_val1 + ds.m_val2 + ds.m_val3;
    }
}
```

对其进行测试。

```
// 实例化 DoSum 类
DoSum sum = new DoSum(2, 5, 3);
// 将 DoSum 对象强制转换为 int 类型
int isum = (int)sum;
// 输出转换后的值
Console.WriteLine(isum);
```

当把 DoSum 类型的变量 sum 赋值给变量 isum 时, 一定要进行强制转换。因为 explicit 关键字所声明的是显式转换操作。最后得到的 int 值是 DoSum 类中三个私有字段的和, 上面代码中用到了 2、5、3 三个数值, 因此显式转换后会得到 int 数值 10。

implicit 和 explicit 关键字可以同时在一个类中使用, 但是如果一个类型中存在两个相同的转换, 一个用 implicit 关键字声明, 另一个用 explicit 关键字声明, 比如

```
public static explicit operator int(DoSum ds)
{
    return ds.m_val1 + ds.m_val2 + ds.m_val3;
}
```

```
public static implicit operator int(DoSum ds)
{
    return ds.m_val1 + ds.m_val2 + ds.m_val3;
}
```

这样做是无法通过编译的，因为它们会产生冲突，编译器无法判断以上代码到底要实现隐式转换还是显式转换。

6.7　使用 is 运算符进行类型转换

组合运用 is 运算符与 if 语句也能实现类型转换，语法如下：

```
if(<表达式> is <目标类型> <新变量>)
{
    ......
}
```

"表达式"可以是变量名，也可以常量值，"目标类型"指定要转换的最终类型。如果类型转换成功，将转换后的值存放在"新变量"中，并且 if 语句返回 true；如果类型转换失败，if 语句返回 false。

```
object obj = "abcd";
if(obj is string s)
{
    Console.WriteLine("字符串：{0}", s);
}
```

变量 obj 被声明为 object 类型，但赋值时使用了 string（字符串）类型的常量值。代码进入 if 语句时，is 运算符判断出变量 obj 的实际类型是 string，因此将其转换为 string 类型的值，并存储在新变量 s 中。同时 if 语句返回 true，使得 Console.WriteLine 语句被执行。

将代码进行以下修改。

```
if(obj is int x)
{
    Console.WriteLine("整数值：{0}", x);
}
```

变量 obj 无法转换为 int 类型，因此 if 语句返回 false，后面的 Console.WriteLine 语句不会执行。

完整的示例代码请参考\第 6 章\Example_8。

第 7 章

泛型、集合与变体

泛型可以提高程序代码的灵活性与可重用能力。使用泛型，可以让代码尽可能地得到重复利用，增强通用性。将泛型融入集合中，可以发挥更大的作用。

由于泛型类型之间的赋值会引发类型的隐式转换问题，为了扩展泛型的灵活性，从 .NET 4 开始，引入了"变体"的概念（即协变和逆变），在本章的最后会介绍。

7.1 泛型

第 17 集

泛型相当于为代码构建一个模板，为代码中要用到的类型预先留一个"占位符"，在定义泛型类型时不指明具体的类型，仅用一些符号标识，这些符号的命名规范和变量、常量一样。直到在代码中真正使用到泛型类型时才会用实际的类型名称去替换这些类型占位符。比如，有一个泛型类定义如下：

```
class Test<A>
{
    public void Print(A a)
    {
        Console.WriteLine(a.GetType().FullName);
    }
}
```

泛型类型的占位符都放到一对尖括号（< >）中，不需要声明类型，直接命名即可，多个类型参数用英文的逗号隔开。如上面例子，Test 是一个泛型类，类型参数是 A。Test 类中定义一个 Print 方法，方法有一个 A 类型的参数。在设计该类型时，没有明确指定 A 是什么类型，而在使用该类型时，会为其指定准确的类型，如下面代码所示

```
Test<string> t1 = new Test<string>();
t1.Print("abc");

Test<ApplicationIdentity> t2 = new Test<ApplicationIdentity>();
t2.Print(new ApplicationIdentity("app"));
```

只需用具体的类型替换 Test 类的类型参数 A 即可，其他地方就与使用平常的类一样，比如例子中 Test<string>代表用字符串类型（string）替换类型参数 A，相当于把 Test 类中的 Print 方法变为以下形式

```
public void Print(string a)
{
    ......
}
```

同理，Test<ApplicationIdentity>就是用 System 命名空间下的 ApplicationIdentity 类型来替换类型参数 A

```
public void Print(ApplicationIdentity a)
{
    ......
}
```

这样一来，就节省了不少代码。前面代码中只定义了一个 Test 类，就可以分别将其用于 string 和 ApplicationIdentity 类型，不需要分别为每个类型定义一个 Test 类，如果希望用于 int 类型，直接用 Test<int> 声明变量即可。

可以看到，泛型确实成功地扮演了模板的角色。这就好比每个月的月末要汇总财务报表一样，财务人员肯定不会在每个月的月底都去重新设计一个报表，然后又把一个月来的各项资金流动逐项地算一遍。人们更愿意利用一些财务软件或者 Excel 去生成一个报表模板，每个月的月末进行结算时直接往模板中填充数据就可以了。再比如，公司要与每位员工签署合同，不可能跟每位员工签署时都去重新写一份合同，如果公司有数千名员工，那工作量会非常大。一般来说公司会将合同统一设计好，然后批量打印，一式多份，再发放给员工填写签署。这里所说的泛型也正是如此。泛型可以用于类、接口、委托等类型，也可以在类型的成员上使用，如属性、方法等。

7.1.1　泛型类

本节将通过一个示例来介绍如何定义泛型类。启动 Visual Studio 开发环境，新建一个控制台应用程序项目。

待项目创建完成后，开发环境会自动打开 Program.cs 文件，先定义一个具有两个类型参数的泛型类。

```
public class Demo<T, S>
{
    // 私有字段
    private T m_var = default(T);

    // 属性
    public T SampleProp
    {
        get { return this.m_var; }
        set { m_var = value; }
    }

    // 方法
    public void SampleAct(S[] parms)
    {
        // 显示数组中的元素
        foreach (S x in parms)
        {
            Console.WriteLine("类型：{0}，内容：{1}", x.GetType().FullName, x);
        }
    }
}
```

泛型类 Demo 有两个类型参数 T 和 S。属性 SampleProp 使用了类型 T，方法 SampleAct 有一个参数，是类型 S 对象的数组。

接下来，可以在 Main 方法中进行调用测试。

```
Demo<int, string> dm1 = new Demo<int, string>();
// 给属性赋值
dm1.SampleProp = 700;
// 输出属性的值
Console.WriteLine("Demo 实例的 SampleProp 属性值: {0}", dm1.SampleProp);

Console.WriteLine();

// 调用方法
string[] strArr = { "yes", "no", "too", "tea" };
dm1.SampleAct(strArr);
```

示例中，代码使用 int 类型来替换类型参数 T，用 string 类型来替换类型参数 S。所以，SampleProp 属性的类型就变成 int 了，SampleAct 方法的输入参数类型就成了 string 数组。应用程序运行后，会得到如图 7-1 所示的结果。

完整的示例代码请参考\第 7 章\Example_1。

图 7-1　泛型类示例的运行结果

7.1.2　泛型接口

使用泛型接口的情况会比使用泛型类多，因为接口比类的适用范围更广泛。在定义接口的同时提供类型参数，实现泛型接口的类型必须填充类型参数，既可以用具体的类型来填充，也可以用新的类型参数来填充。

以下为泛型接口示例。先定义一个 IDemo 接口，带有一个类型参数 T。

```
public interface IDemo<T>
{
    void SetObject(T t);
    T GetObject { get; }
}
```

用 float 类型填充类型参数 T。

```
public class ImpTypeA : IDemo<float>
{
    private float _value;
    public void SetObject(float t)
    {
        this._value = t;
    }

    public float GetObject
    {
        get { return this._value; }
    }
}
```

ImpTypeA 类和普通类没有区别，它已经用 float 类型替换了类型参数 T。下面的 ImpTypeB 类自身也定义为泛型类，带有类型参数 U，并且用 U 替换 IDemo 接口中的类型参数 T。

```
public class ImpTypeB<U> : IDemo<U>
{
    private U _value = default(U);
```

```
    public void SetObject(U t)
    {
        this._value = t;
    }

    public U GetObject
    {
        get { return this._value; }
    }
}
```

下面分别使用上面定义的两个类进行测试。

```
ImpTypeA tya = new ImpTypeA();
tya.SetObject(300.02f);
Console.Write("ImpTypeA.GetObject 属性的值: \n{0}\n", tya.GetObject);
……
ImpTypeB<string> tyb = new ImpTypeB<string>();
tyb.SetObject("test");
Console.Write("\nImpTypeB<string>.GetObject 属性的值: \n{0}", tyb.GetObject);
```

ImpTypeA 类没有类型参数，它实现 IDemo 接口时，已经用 float 类型替换了类型参数 T，所以 ImpTypeA 类的实例只能使用类型 float。ImpTypeB 类是泛型类，它有一个类型参数 U，因此在使用时可以指定具体的类型，本例中指定了 string 类型。

本示例的运行结果如图 7-2 所示。

完整的示例代码请参考\第 7 章\Example_2。

图 7-2　泛型接口示例的运行结果

7.1.3　泛型与类型成员

类型参数不仅可以在类型级别声明，也可以在类型的成员中声明，如属性、方法等。本节示例将演示一个泛型方法的定义和使用。

Test 类的定义代码如下：

```
public class Test
{
    /// <summary>
    /// 创建指定类型的对象数组
    /// </summary>
    /// <typeparam name="T">类型参数</typeparam>
    /// <param name="defaultVal">类型对应的默认值</param>
    /// <param name="len">数组中有多少个元素</param>
    /// <returns>新创建的数组实例</returns>
    public T[] MakeArray<T>(T defaultVal, int len)
    {
        Array arr = Array.CreateInstance(typeof(T), len);
        for (int n = 0; n < arr.Length; n++)
        {
            arr.SetValue(defaultVal, n);
        }
        return (T[])arr;
    }
}
```

MakeArray 方法有一个类型参数 T，调用方法后会返回一个 T 类型的数组实例。defaultVal 参数用来指定创建数组时，给数组中每个元素所设置的默认值，len 参数指定要创建的数组大小（元素个数）。

用 Test 类进行调用测试。

```
Test t = new Test();
// 创建 int 数组
int[] intarr = t.MakeArray<int>(100, 3);
Console.WriteLine("int 数组的元素: ");
Console.WriteLine(string.Join(" ", intarr));
// 创建字符串数组
string[] strarr = t.MakeArray("abc", 4);
Console.WriteLine("string 数组的元素: ");
Console.WriteLine(string.Join(" ", strarr));
// 创建日期时间数组
DateTime[] dtarr = t.MakeArray<DateTime>(DateTime.Now, 2);
Console.WriteLine("DateTime 数组的元素: ");
Console.WriteLine(string.Join(" ", dtarr));
```

类型参数 T 在调用方法时指定，如 MakeArray<int>(100, 3)，表明用 int 类型替换类型参数 T，所以调用后会返回一个 int[]实例。如果确定编译器可以识别传入方法输入参数的值，也可以忽略类型参数，比如上面代码中的 MakeArray("abc", 4)，由于编译器可以识别到传给 defaultVal 参数的值是 string 类型，因此可以省略类型参数的指定，方法调用后返回一个 string[]实例。运行本示例，会得到如图 7-3 所示的结果。

完整的示例代码请参考\第 7 章\Example_3。

图 7-3　泛型方法示例的运行结果

7.1.4　泛型与委托

泛型也可以用于委托，使用方法和泛型方法类似，请看以下示例。

定义两个泛型委托。

```
public delegate void MyDel1<T>(T arg);
public delegate R MyDel2<U, R>(U arg1);
```

MyDel1 委托只有一个输入参数，类型为 T；MyDel2 委托接受一个 U 类型的输入参数，返回值为 R 类型。

下面代码用于测试 MyDel1 委托。

```
MyDel1<int> test1 = new MyDel1<int>(testMethod1);
// 调用委托
test1(250);
……
 private static void testMethod1(int arg)
 {
     Console.WriteLine("参数类型为{0}，值为{1}", arg.GetType().Name, arg);
 }
```

MyDel1<int>指明与委托绑定的方法（testMethod1），具有一个 int 的参数。下面代码展示 MyDel2 委托的使用。

```
MyDel2<DateTime, string> test2 = new MyDel2<DateTime, string>(testMethod2);
// 调用委托
DateTime dt = new DateTime(2011, 9, 3);
Console.WriteLine("输出内容: " + test2(dt));
……
```

```
private static string testMethod2(DateTime arg1)
{
    return arg1.ToLongDateString();
}
```

MyDel2<DateTime, string>表明与委托关联的方法（testMethod2）的输入参数为 DateTime 类型，返回值为 string 类型。

运行上面代码，将得到如图 7-4 所示的输出。

完整的示例代码请参考\第 7 章\Example_4。

参数类型为Int32，值为250
输出内容：2011年9月3日

图 7-4　泛型委托的调用结果

其实，许多时候不必自己去定义泛型委托，.NET 类库已经准备了一批委托，基本可以满足实际开发需要。在 System 命名空间下，会看到如图 7-5 和图 7-6 所示的一系列委托。

Action
Action<T>
Action<T1, T2, T3, T4, T5, T6, T7, T8, T9, T10, T11, T12, T13, T14, T15, T16>
Action<T1, T2, T3, T4, T5, T6, T7, T8, T9, T10, T11, T12, T13, T14, T15>
Action<T1, T2, T3, T4, T5, T6, T7, T8, T9, T10, T11, T12, T13, T14>
Action<T1, T2, T3, T4, T5, T6, T7, T8, T9, T10, T11, T12, T13>
Action<T1, T2, T3, T4, T5, T6, T7, T8, T9, T10, T11, T12>
Action<T1, T2, T3, T4, T5, T6, T7, T8, T9, T10, T11>
Action<T1, T2, T3, T4, T5, T6, T7, T8, T9, T10>
Action<T1, T2, T3, T4, T5, T6, T7, T8, T9>
Action<T1, T2, T3, T4, T5, T6, T7, T8>
Action<T1, T2, T3, T4, T5, T6, T7>
Action<T1, T2, T3, T4, T5, T6>
Action<T1, T2, T3, T4, T5>
Action<T1, T2, T3, T4>
Action<T1, T2, T3>
Action<T1, T2>

Func<T, TResult>
Func<T1, T2, T3, T4, T5, T6, T7, T8, T9, T10, T11, T12, T13, T14, T15, T16, TResult>
Func<T1, T2, T3, T4, T5, T6, T7, T8, T9, T10, T11, T12, T13, T14, T15, TResult>
Func<T1, T2, T3, T4, T5, T6, T7, T8, T9, T10, T11, T12, T13, T14, TResult>
Func<T1, T2, T3, T4, T5, T6, T7, T8, T9, T10, T11, T12, T13, TResult>
Func<T1, T2, T3, T4, T5, T6, T7, T8, T9, T10, T11, T12, TResult>
Func<T1, T2, T3, T4, T5, T6, T7, T8, T9, T10, T11, TResult>
Func<T1, T2, T3, T4, T5, T6, T7, T8, T9, T10, TResult>
Func<T1, T2, T3, T4, T5, T6, T7, T8, T9, TResult>
Func<T1, T2, T3, T4, T5, T6, T7, T8, TResult>
Func<T1, T2, T3, T4, T5, T6, T7, TResult>
Func<T1, T2, T3, T4, T5, T6, TResult>
Func<T1, T2, T3, T4, T5, TResult>
Func<T1, T2, T3, T4, TResult>
Func<T1, T2, T3, TResult>
Func<T1, T2, TResult>
Func<TResult>

图 7-5　Action 委托系列　　　　　　　　　　　图 7-6　Func 委托系列

Action 委托系列用于关联无返回值的方法，从无参数到 16 个参数（T16），可以分别用于绑定符合条件的方法。Func 委托系列可以与有返回值的方法关联，在类型参数中，返回值类型 TResult 总是位于列表的末尾。也就是说，在 Func 委托中，最后一个类型参数总是代表返回值的类型，如 Func<int, string>表示该委托所关联的方法有一个 int 类型的输入参数和 string 类型的返回值。

不管是 Action 委托还是 Func 委托，凡是输入的类型参数都加了 in 关键字，凡是作为返回值的类型参数都加了 out 关键字。这说明 Action 和 Func 委托都是变体，即支持协变和逆变，相关内容会在本章 7.4.1 节介绍。

因为 Action 和 Func 都是委托，故它们也可以同时关联多个方法。不过有例外情况，当泛型委托在使用过程中出现协变或逆变时，就不能关联多个方法，此时一个委托实例只能关联一个方法。

下面代码演示 Action 委托的使用。

```
Action<string, string> act1 = new Action<string, string>(callMethod1);
// 调用委托
act1("hello", "Jack");
……
private static void callMethod1(string arg1, string arg2)
{
    Console.WriteLine(arg1 + " " + arg2);
}
```

上面代码使用的 Action 委托声明如下：

```
delegate void Action<in T1, in T2>(T1 arg1, T2 arg2);
```

Action<string, string>表明该委托将关联带有两个 string 类型的参数方法，示例中关联的是 callMethod1 方法，委托调用后，实际上是调用了 callMethod1 方法，屏幕上输出字符信息"hello Jack"。

下面代码将用到 Func 委托。

```
Func<int, int, int> f = Addition;
// 调用委托
Console.WriteLine("运算结果：{0}", f(100, 20));
……
/// <summary>
/// 加法
/// </summary>
private static int Addition(int a, int b)
{
    return a + b;
}
```

代码使用了以下 Func 委托

```
delegate TResult Func<in T1, in T2, out TResult>(T1 arg1, T2 arg2);
```

类型参数 T1 和 T2 都作为输入参数，TResult 是返回值的类型。与 Func<int, int, int>委托匹配的方法应具有两个 int 类型的输入参数，并返回 int 数值。上面代码将 Addition 方法与委托关联，将两个整型数值相加并返回计算结果。因此，委托调用后，屏幕上输出"运算结果：120"。

完整的示例代码请参考\第 7 章\Example_5。

7.1.5　泛型约束

类型参数所涉及的范围太广，有时在代码中不太好处理，就像下面代码所示的情况。

```
public class Demo<T>
{
    public T CreateInstance()
    {
        return new T();
    }
}
```

CreateInstance 方法的用途很明显，就是返回一个 T 类型的实例，于是在方法内部，使用 new 运算符创建一个 T 的实例并返回。可是，当编译上面代码时，会发生错误。原因在于编译器无法知道 T 类型是否具有默认的无参数构造函数，在泛型中，类型参数可以指代任何类型。如果可以添加一些条件来约束类型参数 T，让其只允许接受带默认构造函数的类型， new T()就能创建 T 的实例了。

添加泛型约束的方法是在泛型的声明之后用 where 关键字来限制类型参数，后跟类型参数的名称，接着是英文冒号，其后就是类型的约束条件，多个条件可以用英文逗号分隔。比如上面举的例子，可以给它定制一个 new()约束，表示类型参数 T 必须具有默认的构造函数。

```
public class Demo<T> where T : new()
{
    public T CreateInstance()
    {
        return new T();
```

```
        }
    }
```

因为已经限制了类型 T 必须具有默认的无参构造函数，所以 new T()调用就没有问题了，编译器也能识别了。

where 关键字可以使用多种约束方式，MSDN 文档也有相关说明，这里简单总结一下，详见表 7–1。

表 7-1   有效的类型约束说明

约　　束	说　　明
where T : new()	类型必须具有无参数的公共构造函数，如果和其他约束条件一起使用，必须把new()放在最后一位，例如where T : class, new()
where T : class	类型必须是引用类型，可以应用于类、接口、委托或数组类型
where T : <基类>	<基类>可以是类，可以是接口，也可以是抽象类。即泛型的类型参数必须是<基类>的派生类型。如果<基类>是接口，则类型参数指定的类型必须实现了该接口；如果<基类>是抽象类，则类型参数的类型必须实现该抽象类
where T : U	如果泛型类型带有类型参数T和U，where T : U表示类型T至少要派生自类型U。如果类型U是接口，则T必须是实现了U接口的类型；如果类型U是基类，那么类型T必须是U的派生类
where T: struct	类型必须是值类型（Nullable<T>除外），一般指的是结构，因为结构是值类型

如果有多个类型参数需要约束，就应该使用多个 where 语句，因为一个 where 语句只针对一个类型参数，如

```
interface IGmt<V, R>
        where V : new()
        where R : class, new()
……
```

下面通过示例进一步介绍如何对泛型的类型参数进行约束。

启动 Visual Studio 开发环境，然后创建一个控制台应用程序项目。

（1）声明一个 BaseType 类，作为基类，随后派生出两个类：CTest1 和 CTest2。

```
public class BaseType { }
public class CTest1 : BaseType { }
public class CTest2 : BaseType { }
```

（2）定义一个泛型类，约束类型参数必须是 BaseType 的子类。

```
/// <summary>
/// 泛型类
/// </summary>
/// <typeparam name="T">该类型必须从 BaseType 派生，并且存在无参构造函数</typeparam>
public class DemoGen<T> where T : BaseType, new()
{
    public T MakeNewObject()
    {
        return new T();
    }
}
```

这里对类型 T 做了两个约束，一是类型 T 必须是 BaseType 的派生类，二是类型 T 必须具有默认构造函数。MakeNewObject 方法中使用 new 操作符创建类型 T 的实例，并返回给方法的调用方。

（3）对 DemoGen 类进行调用测试。

```
DemoGen<CTest1> dm1 = new DemoGen<CTest1>();
// 创建 CTest1 实例
CTest1 ct1 = dm1.MakeNewObject();
Console.WriteLine("ct1 的类型: {0}", ct1.GetType().Name);

DemoGen<CTest2> dm2 = new DemoGen<CTest2>();
// 创建 CTest2 实例
CTest2 ct2 = dm2.MakeNewObject();
Console.WriteLine("ct2 的类型: {0}", ct2.GetType().Name);
```

由于 CTest1 和 CTest2 类都是从 BaseType 类派生的，因此它们都符合 DemoGen 类的类型要求。

（4）下面再完成另一段代码。定义一个 IBall 接口，后面会用它作为类型参数的约束条件。

```
public interface IBall
{
    void OnPlaying();
}
```

（5）定义两个实现 IBall 接口的类，稍后用来测试。

```
public class FootBall : IBall
{
    public void OnPlaying()
    {
        Console.WriteLine("正在踢足球……");
    }
}

public class BasketBall : IBall
{
    public void OnPlaying()
    {
        Console.WriteLine("正在打篮球……");
    }
}
```

（6）下面代码声明一个泛型类，以 IBall 接口来约束类型参数。

```
/// <summary>
/// 泛型类
/// </summary>
/// <typeparam name="B">类型 B 必须实现 IBall 接口</typeparam>
public class PlayBall<B> where B : IBall
{
    public void Play(B ball)
    {
        ball.OnPlaying();
    }
}
```

（7）下面代码将使用 PlayBall 类来调用 BasketBall 和 FootBall 的 OnPlaying 方法。

```
PlayBall<FootBall> play1 = new PlayBall<FootBall>();
play1.Play(new FootBall());

PlayBall<BasketBall> play2 = new PlayBall<BasketBall>();
play2.Play(new BasketBall());
```

play1 在声明时指定类型参数为 FootBall，当调用 play1.Play 方法时必须传递一个 FootBall 类的实例作为参数；同理，play2 指定了 BasketBall 作为参数类型，play2.Play 方法在调用时必须传递 BasketBall 类的实例。

不管使用的是 BasketBall 类还是 FootBall 类，由于它们都实现了 IBall 接口，所以 PlayBall<B>类的 Play 方法中的参数 ball 都肯定存在一个 OnPlaying 方法。

图 7-7 类型参数约束示例的运行结果

（8）下面代码会出现错误，因为 string 类型并未实现 IBall 接口，不符合类型参数的约束条件。

```
PlayBall<string> play3 = new PlayBall<string>();
```

示例的运行结果如图 7-7 所示。

完整的示例代码请参考\第 7 章\Example_6。

7.2 集合

集合把结构相近的数据组合为一个整体，可以在代码中轻松地对它们进行批量处理。前面提到的数组（映射到 System.Array 类）和 System.Collections.ArrayList 类都是集合，这里将更深入地介绍更多种类的集合。

在本节内容中，读者将会接触到三类集合。

（1）普通集合，包括栈和队列等。

（2）泛型集合，如 List<T>等带类型参数的集合。

（3）字典，以"键-值"对结构来存储数据的集合。

这几类集合并非相互独立，它们之间可能会有交集。比如，泛型集合和字典集合就存在相交的区域。字典集合中的键和值可以通过泛型指定，它既是字典集合也是泛型集合。

不管是普通（非泛型）集合还是泛型集合，在实际开发过程中，都可以灵活地使用它们。

7.2.1 普通集合

本节将讲述两个比较有代表性的非泛型集合——Stack（栈，后进先出）和 Queue（队列，先进先出）。

1. Stack

Stack，即数据结构中所说的栈。可以将其比喻为一个箱子，通常箱子只有一个口，既是入口也是出口。所以放进箱子里的东西都是堆叠起来的，先放进去的东西被压在箱子底部，而最后放进去的东西就在最顶端。当人们要从箱子里取出东西时，只好从最上面的开始取。在 Stack 集合中，元素被取出的顺序正好与其被放入的顺序相反，所以叫"后进先出"。

绘制如图 7-8 所示的 Stack 数据结构示意图来模拟 Stack 的数据结构。"入栈"表示把元素放进 Stack 中的情景，"出栈"表示从 Stack 中取出数

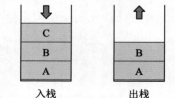

图 7-8 Stack 数据结构示意图

据的情景。

接下来将完成一个与 Stack 相关的示例。启动 Visual Studio 开发环境，新建一个控制台应用程序项目。

由于 Stack 类位于 System.Collections 命名空间，为了方便输入代码，应当先用 using 语句引入该命名空间。不过，这里有一个技巧，因为项目模板生成的 Program.cs 文件中的 using 块中默认引入了 System.Collections. Generic 命名空间，可以把这一行代码的 “.Generic” 删除，删除后该行代码就变为

```
......
using System.Collections;
......
```

本示例分为两个操作，第一个操作是向 Stack 容器中添加 4 个元素，代码如下：

```
Stack stack = new Stack();
// 向 Stack 容器中添加 4 个元素
Console.WriteLine("向 Stack 中放入元素的顺序：");
// 声明 4 个元素
string element1 = "赵";
string element2 = "钱";
string element3 = "孙";
string element4 = "李";
// 把元素放入 Stack 中（入栈）
stack.Push(element1);
Console.Write(element1 + " -> ");
stack.Push(element2);
Console.Write(element2 + " -> ");
stack.Push(element3);
Console.Write(element3 + " -> ");
stack.Push(element4);
Console.Write(element4 + " -> ");
Console.WriteLine("\nStack 中的元素个数：{0}", stack.Count);
```

从上面代码中可以看到，要向 Stack 中投放元素，应调用 Push 方法，输入参数是 object 类型，即可以放入不限定类型的对象。最先放入的元素位于 Stack 的底部，待把 4 个元素投放完毕后，位于底部的元素是 “赵”，位于最上面的元素是 “李”。

接着，把 Stack 中的元素逐个 “弹” 出来，因而出栈也叫弹栈，代码如下：

```
// 取出 Stack 中的元素（出栈）
Console.WriteLine("\n 从 Stack 中取出元素的顺序：");
string popele = stack.Pop() as string;
Console.Write("{0} -> ", popele ?? "<无>");
popele = stack.Pop() as string;
Console.Write("{0} -> ", popele ?? "<无>");
popele = stack.Pop() as string;
Console.Write("{0} -> ", popele ?? "<无>");
popele = stack.Pop() as string;
Console.Write("{0}\n", popele ?? "<无>");
Console.WriteLine("Stack 中的元素个数：{0}", stack.Count);
```

在上面代码中，从 Stack 中取出元素是调用 Pop 方法，每调用一次 Pop 方法就取出一个元素。因为 Pop 方法取出元素的同时会把该元素从 Stack 中删除，每 Pop 一次 Stack 中的元素总数就会递减 1。如果 Stack 中已经没有元素了，则调用 Pop 方法会引发 InvalidOperationException 异常。

代码中在输出取出来的元素时使用了 ??（两个英文问号）运算符，是为了防止 popele 变量为 null，如

果确实为 null 就返回"<无>"。其实在本例中 popele 是不会为 null 的，这里仅为了演示??运算符的用法。

另外，从 Stack 中取出元素也可以调用 Peek 方法，用法与 Pop 方法一样，只是处理方式不同而已。Peek 方法取出元素后不会修改 Stack，而 Pop 方法取出元素后会在 Stack 中把元素删除。

示例的运行结果如图 7-9 所示。

完整的示例代码请参考\第 7 章\Example_7。

2. Queue

Queue 即队列，与 Stack 不同的是，Queue 是"先进先出"的，先放进去的元素先出来。队列好比一根水管，两端各有一个口，一个为入口另一个为出口，放入队列中的元素从一端进入并从另一端出来。可以用图 7-10 模拟队列的结构。

图 7-9 Stack 示例的运行结果

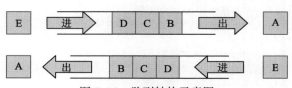

图 7-10   队列结构示意图

下面通过示例来介绍如何使用 Queue 类，核心代码如下：

```
Queue myQueue = new Queue();
// 向队列中添加元素
myQueue.Enqueue("大家好");
myQueue.Enqueue(", ");
myQueue.Enqueue("我是");
myQueue.Enqueue("Jack");
// 取出队列中的元素
while (myQueue.Count > 0)
{
    Console.Write(myQueue.Dequeue() as string);
}
```

在上面代码中，首先创建一个 Queue 实例，然后向 Queue 对象中添加一些字符串对象，把元素放进队列调用的是 Enqueue 方法（入队）。随后使用 Dequeue 方法取出元素（出列）。Dequeue 方法每调用一次就返回一个元素，并把该元素从 Queue 中删除。如果希望取出元素而不删除元素，可以调用 Peek 方法。

由于 Dequeue 方法会删除被取出的元素，所以每次调用都会使 Queue 的 Count 属性减 1，因此通过一个 while 循环可以把 Queue 中的元素全部取完，直到 Count 属性为 0 时跳出循环。示例运行后会在屏幕上输出"大家好，我是 Jack"。

完整的示例代码请参考\第 7 章\Example_8。

7.2.2 泛型集合

第 18 集

与普通集合相比，泛型集合显得更为规范。泛型集合通过类型参数对集合中的元素类型进行有效的控制和约束，可以使得集合具有更高的类型安全性。

一方面，在使用 foreach 语句循环访问泛型集合中的元素时，可以明确指定变量的类型，节省了因为类型转换而带来的性能成本；另一方面，也便于对集合的元素进行批量操作。如果集合中的所有元素都是 object 类型，不仅需要进行额外的转换操作，在批量处理元素时也会带来许多不便。例如，如果明确集合中的所有元素都是 int 类型，要从集合中取出部分元素进行数学运算，也不会担心出现问题，因为可以保证取出来的元素都是 int 类型，避免了会意外出现 string 类型的情况，大大提高代码操作的准确率。

接下来介绍几个最常用也较有代表性的泛型集合。

1. List<T>

List<T>类的实用价值很高，在实际开发中使用频率较高。该类提供了这样一个列表：

（1）它是一个强类型的集合，类型参数 T 指定了列表中元素所允许的类型；

（2）它可以动态添加和删除元素，也可以在某个位置插入新元素；

（3）它支持通过索引来访问元素，也支持对元素的查找操作。

下面将通过实际操作来学习如何使用 List<T>类。

在 Visual Studio 开发环境中新建一个控制台应用程序项目。待项目创建完成后，可以按照以下步骤，逐步完成示例程序。

（1）将 List<T>对象实例化。调用 Add 方法向列表中添加元素，每次调用仅添加一个元素。

```
// 实例化 List<T>对象
List<byte> byteList = new List<byte>();

// 向列表中添加元素
byteList.Add(25);
byteList.Add(37);
```

（2）上一步中已经向列表中添加了两个元素，对象中所有元素都是 byte 类型。如果希望一次性添加多个元素，可以调用 AddRange 方法，向参数传递一个数组实例即可，这也是最为简单的方法。

```
byteList.AddRange(new byte[] { 2, 16, 150 });
```

（3）元素添加完成后，可以把列表中的元素输出到屏幕上。通过访问 Count 属性可以得知列表中所包含元素的个数。和数组相似，可以通过索引来访问 List<T>对象中的某个元素。

```
Console.Write("元素总数: {0}", byteList.Count);
Console.Write(" {");
int listCount = byteList.Count;
for (int i = 0; i < listCount; i++)
{
    // 通过索引可以获取列表中的元素
    Console.Write(" " + byteList[i]);
}
Console.Write(" }\n");
```

byteList[i]就是访问列表中索引为 i（第 i + 1 个元素）的元素。

（4）在列表中第三个元素处（即索引为 2）插入一个元素。

```
byteList.Insert(2, 82);
```

为了检验是否插入了新元素，再次把列表信息输出到屏幕上。

```
Console.Write("插入元素后: {");
foreach (byte b in byteList)
{
    Console.Write(" " + b);
}
Console.Write(" }\n");
```

从上面的代码中可以看到，使用 foreach 语句也能访问 List<T>中的每个元素。

（5）把列表中的最后两个元素删除。可分两步进行，每步只移除最后一个元素，每完成一步就输出一次列表的信息，以便于能实时观察列表中元素的变化。

```
byteList.RemoveAt(byteList.Count - 1); //第一次删除
Console.Write("\n第一次删除元素后，剩余元素个数：{0}", byteList.Count);
Console.Write("\n {0}", string.Join(" ", byteList.ToArray()));
byteList.RemoveAt(byteList.Count - 1); //第二次删除
Console.Write("\n第二次删除元素后，剩余元素个数：{0}", byteList.Count);
Console.Write("\n {0}", string.Join(" ", byteList.ToArray()));
```

RemoveAt 方法可以删除指定索引处的元素。要注意的是，每删除一个元素，列表的 Count 属性都会变化，比如列表中有 3 个元素，Count 属性为 3，如果删去了一个元素，Count 属性就会变为 2。尤其是使用循环来删除多个元素时，一定要注意 Count 属性是动态变化的。如果要一次性把列表中的所有元素删除，直接调用 Clear 方法即可。另外，调用 ToArray 方法可以将 List<T>对象转换为数组。

运行该示例程序后，可以看到如图 7-11 所示的结果。

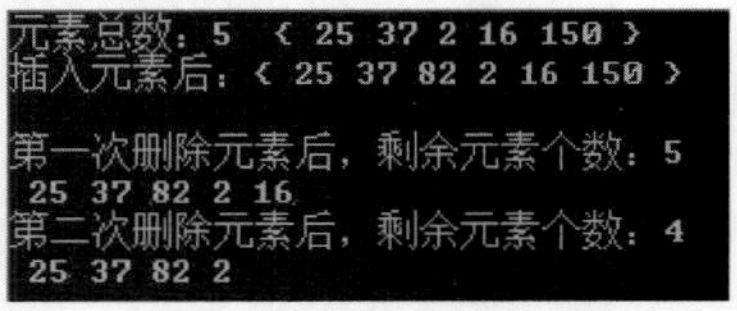

完整的示例代码请参考\第 7 章\Example_9。

List<T>类也公开了一系列用于查找元素的方法，这些方法均以 Find 开头，功能上与前面介绍过的 Array 类的查找类似。同样也会用到以下委托

图 7-11　List<T>示例的运行结果

```
delegate bool Predicate<T>(T obj)
```

该委托所关联的方法接收一个参数（列表中的元素），Predicate 委托会被多次调用，每次调用就传递一个元素进去，如果元素符合查找条件则返回 true，不符合就返回 false。

下面是在 List<T>列表查找元素的示例，参考代码位于\第 7 章\Example_10。

以下代码是查找包含字符串"ar"的元素。

```
List<string> list = new List<string>();
// 向列表中添加元素
list.Add("star");
list.Add("start");
list.Add("are");
list.Add("fill");
list.Add("green");
list.Add("ask");
list.Add("car");
list.Add("desk");
list.Add("let");

// 找出列表中带有字符串"ar"的第一个元素
string resstr = list.Find(new Predicate<string>(FindStringFirst));
Console.WriteLine("第一个包含"ar"的元素：{0}", resstr);
……
private static bool FindStringFirst(string obj)
{
    if (obj.IndexOf("ar") != -1)
    {
        return true;
    }
    return false;
}
```

Find 方法只要找到第一个匹配的元素就停止查找，示例中第一个元素 "star" 已经符合要求，因此返回 "star" 并终止查找。

以下代码将实现在 List<int> 中查找所有偶数（即可以被 2 整除的整数）。

```
List<int> intlist = new List<int>();
// 向列表中添加元素
intlist.AddRange(new int[] { 90, 17, 8, 5, 33, 61, 12, 11, 35});
// 找出列表中的所有偶数
List<int> resultNums = intlist.FindAll(new Predicate<int>(FindAllInt));
Console.WriteLine("列表中的偶数有: {0}", string.Join(" ", resultNums.ToArray()));
……
private static bool FindAllInt(int n)
{
    if ((n % 2) == 0)
    {
        return true;
    }
    return false;
}
```

在上述代码中，List<int> 中的偶数有三个，分别是 90、8 和 12，因此 FindAll 方法返回的新的 List<int> 对象中就包含这三个整数。

示例的运行结果如图 7-12 所示。

图 7-12 在 List<T> 对象中查找元素

2. HashSet<int>

HashSet<T> 是一个基于哈希算法来存储项的集合，它的使用和 List<T> 相近。HashSet<T> 也有以下不可忽视的亮点。

（1）HashSet<T> 中的元素是不重复的。如果集合中已有一个元素 200，当再次调用 Add 方法向集合添加元素时，会返回 false，也就是说，HashSet<T> 中的每个元素都是唯一的。

（2）支持条件删除。RemoveWhere 方法可通过参数指定删除条件，集合中符合条件的元素都会被删除。

（3）支持集合运算。对于两个 HashSet<T> 对象 A 和 B，可以判断 A 是否为 B 的子集、真子集或父集合等，也可以计算 A 和 B 中的交集（两者共有的元素），还可以对 A 和 B 进行并集（合并两个集合中的元素）。

启动 Visual Studio 开发环境，新建一个控制台应用程序项目。

下面代码演示如何向 HashSet<T> 中添加和删除元素。

```
// 实例化
HashSet<int> set1 = new HashSet<int>();
// 向集合中添加 3 个元素
set1.Add(5000);
set1.Add(-100);
set1.Add(75);
// 输出集合中的元素
Console.Write("set1 中的元素: \n");
foreach (int x in set1)
{
    Console.Write(" {0}", x);
}
// 集合中已包含元素 75，再添加一次
set1.Add(75);
```

```
// 再次输出集合中的元素
Console.Write("\n 向集合 set1 中再次添加 75 后: \n");
foreach (int x in set1)
{
    Console.Write(" {0}", x);
}
// 删除集合中的-100
set1.Remove(-100);
// 再次输出集合中的元素
Console.Write("\n 从集合 set1 中删除元素-100 后: \n");
foreach (int x in set1)
{
    Console.Write(" {0}", x);
}
```

从上面的代码中可以看到，如果集合已经存在某个元素，就不会再添加，这体现了 HashSet<T>中元素的唯一性。若要删除某个元素，直接调用 Remove 方法即可。

下面代码演示条件删除。首先向集合中添加一些字符串元素，然后通过条件删除将以"d"结尾的元素删除。

```
HashSet<string> set2 = new HashSet<string>(new string[]{
    "move", "head", "tree", "bad", "read", "full"
});
// 输出集合中的元素
Console.Write("\n\n 集合 set2 中的元素: \n");
foreach (string s in set2)
{
    Console.Write(" {0}", s);
}
// 删除以"d"结尾的元素
set2.RemoveWhere(new Predicate<string>(OnDeleteItem));
// 输出删除后集合中的元素
Console.Write("\n 删除 set2 中以"d"结尾的元素后: \n");
foreach (string s in set2)
{
    Console.Write(" {0}", s);
}
......
private static bool OnDeleteItem(string obj)
{
    if (obj.EndsWith("d"))
    {
        return true;
    }
    return false;
}
```

RemoveWhere 方法有一个参数，用于定义删除条件，类型为 Predicate 委托。在与委托关联的 OnDeleteItem 方法的实现代码中，调用 String 类的 EndsWith 方法判断字符串是否以"d"结尾，如果是则返回 true，否则返回 false。RemoveWhere 方法会将符合条件的元素删除。

接下来再看一个集合运算的例子。

```
HashSet<int> set3 = new HashSet<int>();
// 添加元素
```

```
set3.Add(10);
set3.Add(13);
set3.Add(15);
HashSet<int> set4 = new HashSet<int>();
// 添加元素
set4.Add(13);
set4.Add(15);
bool b = set3.IsSubsetOf(set4);
Console.Write("\n\nset3{0}set4 的子集。\n", b ? "是" : "不是");
b = set3.IsSupersetOf(set4);
Console.Write("set3{0}set4 的父集。", b ? "是" : "不是");
```

　　Set3 中包含 10、13、15 三个元素，而 set4 中只有 13、15 两个元素。因此，set4 是 set3 的子集，即 set3 是 set4 的父集。

　　IsSubsetOf 方法判断当前集合（调用者，即 set3）是否为另一个集合的子集，如果是则返回 true，否则返回 false。IsSupersetOf 方法判断当前集合是否为另一集合的父集。

　　以下代码演示了两个操作：一是判断两个集合是否为交集，二是将两个集合进行合并。

```
HashSet<byte> set5 = new HashSet<byte>(new byte[] { 5, 7, 22, 43 });
HashSet<byte> set6 = new HashSet<byte>(new byte[] { 7, 20, 5, 53 });
// 判断是否为交集
b = set5.Overlaps(set6);
// 输出结果
Console.Write("\n\nset5 与 set6{0}交集。", b ? "存在" : "不存在");
// 合并两个集合
set5.UnionWith(set6);
// 输出合并后的元素
Console.Write("\n 将 set6 合并到 set5 后：\n");
foreach (byte bt in set5)
{
    Console.Write(" {0}", bt);
}
```

　　如果两个集合中存在交集，则 Overlaps 返回 true，否则返回 false。调用 UnionWith 方法将当前集合（set5）与另一个集合（set6）进行合并，重复的元素会被自动剔除。

　　整个示例的运行结果如图 7-13 所示。

　　完整的示例代码请参考\第 7 章\Example_11。

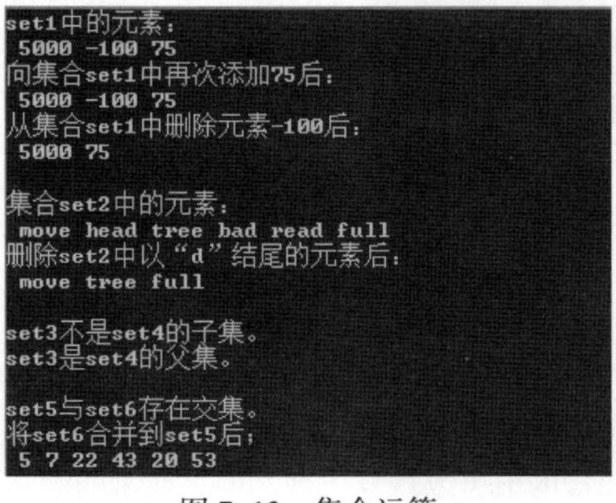

3. Stack<T>和Queue<T>

　　这两个类与本章前面学习过的 Stack 类和 Queue 类相似，使用方法也一样。不同的是，Stack<T>和 Queue<T>具有类型参数。比如，Queue<int>表示一个队列结构的对象，里面的元素都被限定为 int 类型，而前面介绍过的 Stack 类和 Queue 类是没有类型参数的，它们之所以可以添加各种类型的元素，仅仅是

图 7-13　集合运算

因为它们默认处理的元素为 object 类型，类型概念比较弱。Stack<T>与 Queue<T>通过类型参数明确指定了有效类型，即在 Stack<byte>对象中不能放入 string 类型的对象。

　　下面代码演示如何向 Stack<T>中放入元素和取出元素。

```
// 创建 Stack<T>实例
Stack<double> stack = new Stack<double>();
// 向栈中放入元素
stack.Push(0.112d);
stack.Push(0.212d);
stack.Push(0.312d);
// 取出元素
Console.WriteLine("依次从栈中取出元素: ");
double dbPop = default(double);
while (stack.Count > 0)
{
    dbPop = stack.Pop();
    Console.Write(" {0:N3}", dbPop);
}
```

Stack 对象是"后进先出"的序列，因此先放入的是 0.112，当从 Stack 中取出元素时，顺序刚好相反，0.112 最后一个被取出。

下面代码演示 Queue<T>的使用方法。

```
// 实例化对象
Queue<char> queue = new Queue<char>();
// 向队列中放入元素
queue.Enqueue('A');
queue.Enqueue('B');
queue.Enqueue('C');
queue.Enqueue('D');
queue.Enqueue('E');
// 取出元素
char c = default(char);
Console.WriteLine("\n 依次从队列中取出元素; ");
while (queue.Count > 0)
{
    c = queue.Dequeue();
    Console.Write(" {0}", c);
}
```

Queue 是"先进先出"的序列，"A"是第一个被放入队列的元素，出来时也是第一个，"E"自然是最后一个被取出的元素。

示例的运行结果如图 7-14 所示。

完整的示例代码请参考\第 7 章\Example_12。

图 7-14　泛型队列和栈的使用

7.2.3　字典

字典也是一种集合，但是它与前面介绍的集合有着很明显的区别。字典中每个元素都由键（Key）和值（Value）两部分组成，每个键对应一个值，并且键必须是唯一的。也就是说，字典使用键来标识每个元素，元素的值可以重复出现，但是元素的键则不可以。

其实，字典的结构特点与日常生活中使用的实体字典是一样的，比如人们在学习英语时会经常用到英-汉词典，字典中的每个词条都是独立存在的，查字典时可以通过索引找到要查的单词，随后就可以查看关于该单词的释义，有些词典还带有常用词组和例句等内容。再比如，在汉语字典中可以通过拼音或部首来找到某个汉字，然后再去查看关于该字的解释和出处等信息。

把实体字典抽象到字典集合，实体字典中的词条就相当于键，而有关该词条的释义正文则相当于值。

实体字典中词条与释义正文一一对应，在抽象出来的字典集合中，键与值也是一一对应的。

1. Hashtable

Hashtable 是比较典型和常用的字典类，而且使用起来也简单，可以对 Hashtable 对象进行以下操作。

（1）调用 Add 方法向字典集合中添加元素，Key 和 Value 都是 Object 类型。

（2）调用 Clear 方法清空字典集合，即删除所有元素。

（3）调用 Remove 方法删除一个元素，以元素的 Key 作为参数。

（4）通过索引器获取与指定 Key 相对应的 Value，也可以用来修改指定 Key 的元素值。例如，有一个 Hashtable 变量名为 tb，通过 tb["01"]可以获取和修改与键 "01" 相对应的元素。

下面将用示例来演示 Hashtable 类的使用方法。在 Visual Studio 中新建一个控制台应用程序项目，接着可以参照以下步骤完成示例。

（1）确保已经引入 System.Collections 命名空间，即

```
using System.Collections;
```

（2）定义一个表示员工信息的 EmpInfo 类。

```
public class EmpInfo
{
    /// <summary>
    /// 员工编号
    /// </summary>
    public string EmpID { get; set; }
    /// <summary>
    /// 员工姓名
    /// </summary>
    public string EmpName { get; set; }
    /// <summary>
    /// 员工年龄
    /// </summary>
    public int EmpAge { get; set; }
}
```

在随后的步骤中，会将 EmpInfo 对象添加到 Hashtable 中，在实际应用中，应当使用员工编号作为键，因为在一个企业内部，都会为每位员工分配一个唯一的编号，尽管身份证件号码也具有唯一性，但通常不这样做。为员工分配编号，一则便于管理，二则可以保护员工的私密信息。因此这里模拟现实的情况，将以员工编号（EmpID 属性的值）作为字典中的键。

（3）实例化一个 Hashtable 对象，并添加三个 EmpInfo 对象。

```
Hashtable hstb = new Hashtable();
// 向字典中添加三位员工的信息
// 以员工编号作为键
EmpInfo emp1 = new EmpInfo();
emp1.EmpID = "C-1001";
emp1.EmpName = "小胡";
emp1.EmpAge = 29;
hstb.Add(emp1.EmpID, emp1);
EmpInfo emp2 = new EmpInfo()
{
    EmpID = "C-1002",
    EmpName = "老李",
    EmpAge = 28
```

```
};
hstb.Add(emp2.EmpID, emp2);
EmpInfo emp3 = new EmpInfo
{
    EmpID = "C-1003",
    EmpName = "小张",
    EmpAge = 21
};
hstb.Add(emp3.EmpID, emp3);
```

（4）下面代码通过键来检索元素。

```
// 通过键获取某个元素
EmpInfo empGet = (EmpInfo)hstb["C-1002"];
if (empGet != null)
{
    Console.WriteLine("从字典中取出编号为C-1002的员工信息: ");
    Console.WriteLine("员工编号: {0}\n员工姓名: {1}\n员工年龄: {2}\n", empGet.EmpID,
empGet.EmpName, empGet.EmpAge);
}
```

获取元素的方法与数组相似，但这里用的不是索引，而是 Key，由于 Hashtable 对象处理的类型都是Object，所以在取出元素后应当进行类型转换，转换为代码所需要的 EmpInfo 类型。

（5）下面代码演示如何修改字典中的元素。

```
// 修改字典中某个元素
// 把编号为C-1003的员工的年龄改为25
// 获取元素的引用
EmpInfo empModif = (EmpInfo)hstb["C-1003"];
// 修改属性
if (empModif != null)
{
    empModif.EmpAge = 25;
}
// 把编号为C-1001的员工信息替换为另一位员工的信息
if (hstb.ContainsKey("C-1001"))
{
    hstb["C-1001"] = new EmpInfo { EmpID = "C-1001", EmpName = "小林", EmpAge = 23 };
}
```

被放进 Hashtable 中的元素是 EmpInfo 类型，它是类，是引用类型，因此通过 hstb["C-1003"]取出来的对象实例是保持了对 EmpID 为 "C-1003" 的 EmpInfo 对象的引用，故直接修改 empModif 变量即可。

（6）下面代码输出 Hashtable 中所有项。

```
// 输出字典中所有元素的信息
Console.Write("\n");
foreach (DictionaryEntry emt in hstb)
{
    string key = (string)emt.Key;
    EmpInfo info = (EmpInfo)emt.Value;
    Console.WriteLine("--------------------------------");
    // 输出键
    Console.WriteLine(key);
    // 输出值
    Console.Write("员工编号: {0}\n员工姓名: {1}\n员工年龄: {2}\n", info.EmpID, info.
EmpName, info.EmpAge);
```

```
        Console.WriteLine("--------------------------------");
    }
```

foreach 语句从 Hashtable 中取出来的对象可以用 DictionaryEntry 结构来表示，其中 Key 属性对应元素的
键，Value 属性对应着元素的值。

示例的运行结果如图 7-15 所示。

完整的示例代码请参考\第 7 章\Example_13。

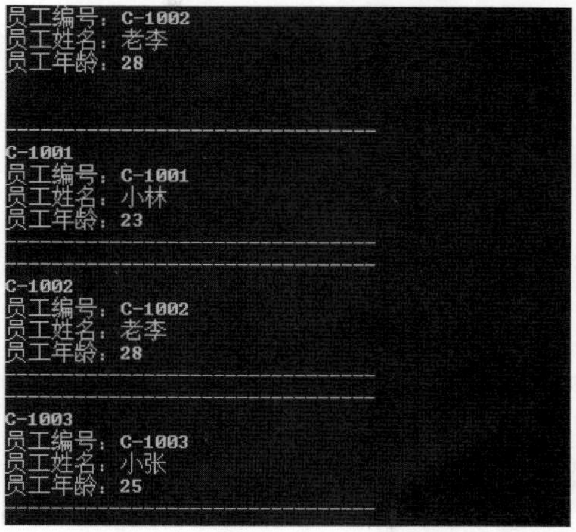

2．Dictionary<TKey, TValue>

在字典集合类型中，与上面所介绍的 Hashtable 相对应的
泛型字典为 Dictionary<TKey, TValue>类。它可以通过类型参数
来指定字典中键和值的类型。比如，Dictionary<byte, double>
表示该字典实例中，键是 byte 类型，值是 double 类型。

如果使用 foreach 语句访问 Dictionary<TKey, TValue>中的
项，所取出来的每一项都通过一个名为 KeyValuePair<TKey,
TValue>的结构来包装。其中，Key 属性代表该项的键，Value
属性则表示该项的值。

图 7-15　Hashtable 示例的运行结果

下面是有关 Dictionary<TKey, TValue>的示例。

（1）向字典中添加项，并把所有项输出到屏幕。

```
// 实例化 Dictionary<TKey, TValue>对象
Dictionary<int, string> myDic = new Dictionary<int, string>();
// 向字典中添加项
myDic.Add(1, "face");
myDic.Add(2, "nose");
myDic.Add(3, "head");
myDic.Add(4, "eye");
// 输出字典中的项
Console.Write("{0,-5}{1,-20}\n", "键", "值");
Console.WriteLine("----------------");
foreach (KeyValuePair<int, string> d in myDic)
{
    Console.Write("{0,-6}{1,-30}\n", d.Key, d.Value);
}
```

上面代码中，myDic 的键为 int 类型，值为 string 类型。调用 Add 方法向字典中添加项。由于
Dictionary<TKey, TValue>中取出来的项为 KeyValuePair 结构，在输出时，从 Key 属性中获取键，从 Value
属性中获取项的值。

（2）通过索引器来获取指定的项。

```
Dictionary<byte, float> myDic2 = new Dictionary<byte, float>();
// 向字典中添加项
myDic2.Add(0x20, 99.302f);
myDic2.Add(0x2d, 7.33f);
myDic2.Add(0x03, -1.425f);
// 从中取出键为 0x2d 的值
float getVal = myDic2[0x2d];
// 输出
Console.WriteLine("\n 键为 0x2d 的值：{0}", getVal);
```

索引器中使用的类型必须与创建 Dictionary<TKey, TValue>实例时为 TKey 指定的类型相匹配。

（3）从字典集合中删除项。

```
Dictionary<string, string> myDic3 = new Dictionary<string, string>();
// 向字典中添加项
myDic3.Add("山", "山清水秀");
myDic3.Add("春", "春回大地");
myDic3.Add("风", "风华正茂");
// 输出所有项
Console.Write("\n\n删除前：\n");
foreach (var d in myDic3)
{
    Console.WriteLine("{0} -- {1}", d.Key,d.Value);
}
// 删除键为"山"的项
myDic3.Remove("山");
// 再次输出
Console.WriteLine("\n删除后：");
foreach (var d in myDic3)
{
    Console.WriteLine("{0} -- {1}", d.Key, d.Value);
}
```

第 19 集

Remove 方法的参数为要删除的项的键，因为键可以对字典中的元素（项）进行唯一标识，所以通过键即可以准确找到要删除的元素。

示例的运行结果如图 7-16 所示。

完整的示例代码请参考\第 7 章\Example_14。

图 7-16 Dictionary 示例的运行结果

7.3　自定义排序

许多集合本身就提供了默认的排序方案。默认的排序方案通常是针对数值和字符这两个方面来确定次序的。

以下是一个默认排序的例子（完整的示例代码请参考\第 7 章\Example_15）。

```
List<int> mylist = new List<int>();
// 向列表中添加元素
mylist.Add(13);
mylist.Add(6);
mylist.Add(21);
mylist.Add(-3);
// 排序前输出
Console.Write("排序前：\n");
Console.WriteLine(string.Join(" ", mylist.ToArray()));
// 排序
mylist.Sort();
// 排序后再次输出
Console.Write("\n排序后：\n");
Console.Write("{0}\n", string.Join(" ", mylist.ToArray()));

// 表示原来数据的数组
string[] srcArr = new string[] { "tab", "lost", "foot", "do", "short", "reset", "open" };
// 输出未排序的元素
```

```
Console.WriteLine("\n 未排序：");
Console.WriteLine(string.Join(" ", srcArr));
SortedSet<string> mySet = new SortedSet<string>(srcArr);
// 输出集合中的元素
Console.WriteLine("已排序集合中的元素：");
Console.WriteLine(string.Join(" ", mySet.ToArray()));
```

List<T>需要调用 Sort 方法后才会进行排序，从示例中可以看到，在默认情况下，对于数值是按升序排列的，即从小到大进行排序。在演示字符串的默认排序时，示例使用了另一个集合类——SortedSet<T>，它在创建实例后，只要向其中添加了元素，该类会按照排序规则自动对元素进行排序。从示例中看到，对于 string 类型的元素，也是按升序排列的，即首字母从 A 到 Z 进行排序。得到的结果如图 7-17 所示。

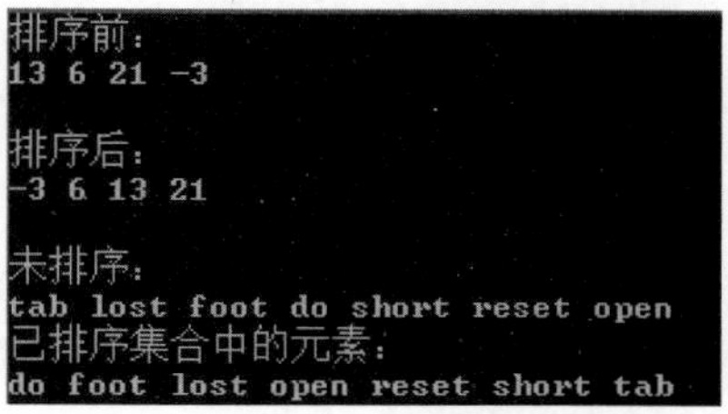

```
排序前：
13 6 21 -3

排序后：
-3 6 13 21

未排序：
tab lost foot do short reset open
已排序集合中的元素：
do foot lost open reset short tab
```

图 7-17　集合的默认排序

很明显，默认排序的局限性较大，在实际开发中，经常需要更复杂的排序方式。比如，根据某个复杂类型的某个属性或字段来进行排序，这样一来，默认的排序方案无法胜任，开发人员就需要自定义排序了。

自定义排序方案有以下两种。

（1）从 System.Collections.Generic.Comparer<T>类派生。该类是一个抽象类，它有一个静态的 Default 属性，可以获取默认的排序方式。

（2）实现 System.Collections.Generic.IComparer<T>接口。这种方法最为灵活，上面提到的 Comparer<T>抽象类也实现了该接口。实现 IComparer<T>接口必须实现 Compare 方法，集合类就是通过调用该方法来对元素进行比较的，通过比较结果来确定如何排序。

接下来将完成一个自定义排序的示例。启动 Visual Studio 开发环境，新建一个控制台应用程序项目。

在本示例中，将对表示学员信息的 Student 类的集合按照学员的年龄从小到大进行排序。因此，首先要定义一个 Student 类。

```
public class Student
{
    /// <summary>
    /// 学生姓名
    /// </summary>
    public string Name { get; set; }
    /// <summary>
    /// 学生年龄
    /// </summary>
    public int Age { get; set; }
    /// <summary>
    /// 学号
    /// </summary>
    public string ID { get; set; }
}
```

接着，定义一个实现 IComparer<in T>的类，完成两个对象的比较功能。

```
public class OrderByAge : IComparer<Student>
{
    /// <summary>
    /// 对两个 Student 对象进行比较
    /// </summary>
```

```
        /// <param name="x">要进行比较的第一个 Student 对象</param>
        /// <param name="y">要进行比较的第二个 Student 对象</param>
        /// <returns>如果两个对象中有一个或者都为 null，则无法进行比较，视为两对象相等；如果 x 的 Age
属性与 y 的 Age 属性相等，则视为两个对象相等；如果 x 的 Age 属性比 y 的 Age 属性大，则视为 x>y，否则
x<y</returns>
        public int Compare(Student x, Student y)
        {
            if (x == null || y == null)
            {
                return 0;
            }
            if (x.Age < y.Age)
            {
                return -1;
            }
            else if (x.Age == y.Age)
            {
                return 0;
            }
            return 1;
        }
}
```

通过 Compare 方法对参数 x 和 y 进行比较，通常，如果 x>y，方法就返回一个大于 0 的整数；如果
x<y，就返回一个小于 0 的整数；如果二者相等，就返回 0。

在本示例中，是要对 Student 类的 Age 属性进行排序的，所以应当用 Age 属性来进行比较，主要考虑以
下情况。

（1）如果两个对象都为 null，或者其中有一个是 null，这种情况下，无法访问 Age 属性，就视为两者
相等，让 Compare 方法返回 0。

（2）如果两个对象的 Age 属性相等，就认为两对象相等，因为在本例中，代码只关心 Age 属性的值。
Compare 方法返回 0。

（3）如果 x 的 Age 属性大于 y 的 Age 属性，就返回 1（正值），可以认为 x>y。

（4）如果 x 的 Age 属性小于 y 的 Age 属性，就返回–1（负值），可以认为 x<y。

Compare 方法对于返回值没有严格的规范，只需要区分负值、0、正值这三种结果即可。

测试上面的自定义排序是否见效。

```
// 准备数据
List<Student> students = new List<Student>();
students.Add(new Student { ID = "100022", Name = "小王", Age = 19 });
students.Add(new Student { ID = "100023", Name = "小曾", Age = 20 });
students.Add(new Student { ID = "100024", Name = "小李", Age = 27 });
students.Add(new Student { ID = "100025", Name = "小宁", Age = 26 });
students.Add(new Student { ID = "100026", Name = "小成", Age = 21 });
students.Add(new Student { ID = "100027", Name = "小陈", Age = 17 });
students.Add(new Student { ID = "100028", Name = "小黄", Age = 25 });
students.Add(new Student { ID = "100029", Name = "小顾", Age = 22 });

// 排序前输出
Console.Write("排序前：\n");
foreach (Student stu in students)
{
```

```
        Console.WriteLine("学号：{0}，姓名：{1}，年龄：{2}", stu.ID, stu.Name, stu.Age);
}

// 使用自定义方案进行排序
students.Sort(new OrderByAge());

// 排序后再次输出
Console.WriteLine("\n排序后：");
foreach (Student stu in students)
{
        Console.WriteLine("学号：{0}，姓名：{1}，年龄：{2}", stu.ID, stu.Name, stu.Age);
}
```

运行示例后，对比排序前后的结果，可以看到学员信息列表已经按照年龄从小到大进行排序了，如图 7-18 所示。

示例中是把年龄按照从小到大来排序的，那么如何让其从大到小来排序呢？其实方法不难，在实现了 IComparer<T>接口的 OrderByAge 类中，修改一下 Compare 方法即可，即把先前定义的情况反过来，比如原来返回大于 0 的整数值，就改为返回小于 0 的整数值。

```
if (x.Age < y.Age)
{
    return 1;
}
……
return -1;
```

完整的示例代码请参考\第 7 章\Example_16。

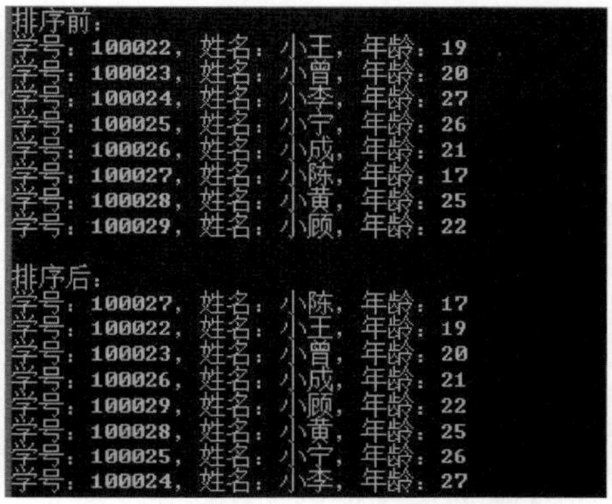

图 7-18　自定义排序

7.4　变体

变体的引入是为了使泛型类型的变量在赋值时可以对类型进行兼容性转换，以扩展泛型的灵活性。变体是相对于不变体而言的。

```
// 定义泛型委托
public delegate void DoWork<T>(T arg);
……
DoWork<A> del1 = delegate(A arg) { Console.WriteLine(arg.GetType().Name); };
DoWork<B> del2 = del1;
B bb = new B();
del2(bb);
```

A 和 B 是两个类，B 类从 A 类派生。

```
public class A { }
public class B : A { }
```

上面代码无法成功编译，因为类型无法完成转换。前面在讲述类型转换时，提到过隐式转换，即派生类型可以隐式地向基类型转换，即

```
B b = new B();
A a = b;
```

上面的例子中，委托变量 del1 是以 A 类作为类型参数的，del2 委托是以 B 类作为类型参数的。将变量 del1 赋值给 del2 后，调用 del2 时，传入参数的是 B 类型。由于 del2 中存放了 del1 的值，调用 del2(bb)实际上把 B 类型的实例 bb 传递给 del1，而 del1 是以 A 类型作为参数的，按理说，B 类型的变量是可以隐式转换并赋值给 A 类型的变量的，但是由于泛型委托 DoWork<T>中的类型参数 T 是固定的，也就是"不可变体"，因此尽管支持从 B 类到 A 类的隐式转换，然而传入 del1 参数中的是 B 类型的变量，不是 A 类型的，与类型 T 不匹配，导致 del2 = del1 赋值无法通过编译。

为了解决这一问题，变体的引入成为了客观需要。

7.4.1 协变与逆变

变体可分为协变（Covariant）和逆变（Contravariant）。不管是协变还是逆变，从其命名上可以看出它们的差别应该在于转换方向上。这个转换方向也仅仅是形式上的方向，为什么呢？不妨再来看上面有关 DoWork<T>委托的例子，如果把 DoWork 委托的定义改为如下形式

```
public delegate void DoWork<in T>(T arg);
```

修改代码后，下面的代码就可以通过编译了。

```
DoWork<A> del1 = delegate(A arg) { Console.WriteLine(arg.GetType().Name); };
DoWork<B> del2 = del1;                          //赋值成功
B bb = new B();
del2(bb);
```

上面代码的赋值形式就是逆变，它的形式是 DoWork<A>类型的变量赋值给 DoWork<B>的变量，即

```
DoWork<B> ← DoWork<A>
```

A 类与 B 类的隐式转换方向如下：

```
B → A
```

当调用 del2(bb)时，传入的是 B 类型的实例，而代码中把 del1 赋值给 del2，B 类的实例 bb 随后传递到 DoWork<A> 委托中，这时 B 类型的实例就隐式转换为 A 类型的实例。如图 7-19 所示，泛型委托变量的转换方向和类型的隐式转换方向在形式上是"逆"的，方向相反，故称之为"逆变"。

与逆变相对，协变在形式上是泛型接口或泛型委托变量中赋值的方向与类型的隐式转换方向一致。下面是一个协变的例子。

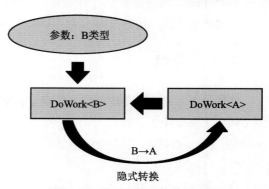

图 7-19 逆变的转换方向示意图

```
// 定义类型
public class A { }
public class B : A { }

// 泛型接口
public interface ITest<out T>
{
    T Create();
}
// 实现接口
public class Test<Y> : ITest<Y> where Y : new()
{
```

```
    public Y Create()
    {
        return new Y();
    }
}
/*  下面代码进行赋值转换  */
ITest<B> t1 = new Test<B>();
ITest<A> t2 = t1;                          //赋值成功
A a = t2.Create();
Console.WriteLine(a.GetType().Name);
```

在 ITest 接口中，类型参数 T 是作为 Create 方法的返回值传回给调用方的。在测试代码中，变量 t1 是 ITest<B>接口类型，由于接口自身不能实例化，创建实例时使用实现了该接口的 Test 类的构造函数。变量 t2 则是 ITest<A>类型。代码中将 t1 赋值给了 t2，即它们的转换方向是

```
ITest<A> ← ITest<B>
```

当执行 A a = t2.Create()后，变量 a 虽然声明时使用了 A 类型，但是实际上引用的是 B 类的实例。由于 t2 引用了 t1（t2 = t1 赋值后），故调用 t2.Create 方法实际上调用的是 t1 的 Create 方法，返回的是 B 类的实例。尽管 t2 的 Create 方法的返回类型是 A，但因为 B 类型是从 A 类型派生的，可以隐式转换后赋值给 A 类型的变量。所以，在代码中，Create 方法返回的类型的转换方向如下：

```
A ← B
```

因此，泛型变量的赋值方向与类型参数所指定类型的隐式转换的方向保持一致，如图 7-20 所示。

综上所述，不管是协变还是逆变，首先要弄清楚泛型类型变量的赋值方向，接着对类型参数中发生的隐式转换的方向进行分析。

变体仅支持泛型的接口和委托，不能将变体用于类和结构。变体这一概念，对于初学者来说不太好理解。如同上面所举的两个例子，在使用变体时，应该学会如何去分析其中的类型转换方向。

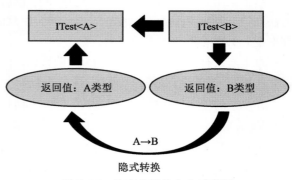

图 7-20　协变的转换方向示意图

7.4.2　类型参数的输入与输出

通过上面对协变与逆变的介绍可知，泛型定义是可以使用变体的，方法是为类型参数添加 in 或者 out 修饰符。由于变体只能用于接口和委托，所以如果要在泛型中支持协变或者逆变，抑或两者都支持，就得定义泛型接口或泛型委托。

使用 in 修饰符修饰的类型可以理解为输入类型，这些类型只能用作输入参数，如方法的参数；使用 out 修饰符表示的类型为输出类型，一般用于方法的返回值。

启动 Visual Studio 开发环境，接下来通过示例\第 7 章\Example_17 介绍如何让类型参数支持变体。

首先定义两个类：基类是 Base，Test 类从 Base 类派生。

```
public class Base { }
public class Test : Base { }
```

然后声明一个委托，类型参数 T 用 out 关键字修饰，作为返回值。

```
public delegate T MyDelegate<out T>();
```

MyDelegate 委托可以绑定一个返回 T 类型的方法。

可以用下面代码进行测试

```
MyDelegate<Test> d1 = delegate()
{
    return new Test();
}; //使用匿名方法

// 再定义一个 MyDelegate 委托，类型为 Base
MyDelegate<Base> d2 = d1;
// 测试调用委托变量 d2
Base b = d2();
// 输出变量 b 的真实类型
Console.Write("变量 b 的类型：{0}", b.GetType().Name);
```

委托变量 d1 必须绑定一个返回 Test 类实例的方法才能被调用。上面代码中使用了匿名方法，即不必显式地去定义一个方法后再与 d1 关联，而是直接用 delegate 关键字来定义一个匿名的方法，不必关心该方法叫什么名字，只需要明白它是与委托变量 d1 绑定的即可，通过调用 d1 就可以调用这个匿名方法。MyDelegate<Test>决定了 d1 调用后要返回一个 Test 类的实例，所以在匿名方法中只需要 return new Test()就可以产生一个 Test 实例。

接下来用 MyDelegate<Base>声明变量 d2，然后将 d1 赋给它。对于 d2 来说，只要返回 Base 类的实例的方法就符合委托 MyDelegate 的定义。由于将 d1 赋值给了 d2，实际上调用 d2 所返回的对象是 d1 的返回值，即变量 b 引用的是 Test 类的实例。

接下来查看委托的赋值方向和类型的转换方向。d2 = d1 的赋值方向是

```
MyDelegate<Base> ←MyDelegate<Test>
```

在变量的传递过程中，类型参数的转换方向是

```
Base ← Test
```

类型的隐式转换与委托变量赋值方向一致，因此本示例的变体属于协变。

上面的例子演示的是输出类型参数，下面来看输入类型参数的例子（完整的示例代码请参考\第 7 章 \Example_18）。

定义一个抽象类 WorkBase 作为公共基类，随后派生出三个类型，代码如下：

```
public abstract class WorkBase
{
    public abstract void Run();
}
public class FinanceMng : WorkBase
{
    public override void Run()
    {
        Console.WriteLine("财务管理");
    }
}
public class PaymentMng : WorkBase
{
    public override void Run()
    {
        Console.WriteLine("薪酬管理");
```

```
    }
}
public class JobanalyMng : WorkBase
{
    public override void Run()
    {
        Console.WriteLine("工作分析");
    }
}
```

声明泛型接口，并把类型参数标记为 in，表示输入参数。

```
public interface IWork<in W>
{
    void DoWork(W w);
}
```

类型 W 只能用作方法的输入参数，不可用于返回类型。下面代码所示的类实现 IWork 接口。

```
public class MyWork<T> : IWork<T> where T : WorkBase
{
    public void DoWork(T w)
    {
        w.Run();
    }
}
```

在类的定义上，用 where 关键字约束了类型 T 必须从 WorkBase 派生，这样可以确保 Run 方法被调用。
在 Main 方法中进行测试。先用 IWork<WorkBase>声明一个 everyWork 变量，并调用 MyWork 类的构造
函数进行实例化。

```
IWork<WorkBase> everyWork = new MyWork<WorkBase>();
```

分别对从 WorkBase 派生的三个类型进行调用。

```
// 调用一
IWork<FinanceMng> work1 = everyWork;
work1.DoWork(new FinanceMng());

// 调用二
IWork<PaymentMng> work2 = everyWork;
work2.DoWork(new PaymentMng());

// 调用三
IWork<JobanalyMng> work3 = everyWork;
work3.DoWork(new JobanalyMng());
```

work1、work2 和 work3 三个变量都引用了 everyWork。不过在调用 DoWork 方法时传递不同的实例，如
调用 work3.DoWork 方法时，就把 JobanalyMng 的实例传给参数。实际上是调用了 everyWork 的 DoWork 方法，
它需要的参数类型是 WorkBase 类，而 JobanalyMng 类是从 WorkBase 类派生的，可以隐式转换为 WorkBase
类型。对 work3 变量的赋值实际上将泛型接口做了以下转换

```
IWork<JobanalyMng> ← IWork<WorkBase>
```

传给 DoWork 方法的对象是经由以下方向的隐式转换的

```
JobanalyMng → WorkBase
```

赋值的方向与类型隐式转换的方向相反，属于逆变。

7.4.3 协变与逆变的判断技巧

除了前面提到的通过分析泛型变量的赋值方向和类型参数转换的方向来判别协变和逆变，还可以使用其他的技巧来进行判断。

通过前面的例子，可以得出这样一条规律：输入类型参数（使用 in 修饰符）都是逆变，输出类型参数（使用 out 修饰符）都是协变。不管是泛型接口还是泛型委托，.NET 类库其实也为开发者准备了一些现成的类型。查看它们的定义，就可以判别它们是属于协变还是逆变。举个例子，IComparer<T>接口的定义如下：

```
public interface IComparer<in T>
```

类型参数使用了 in 关键字，说明是逆变。再比如，Func<T1, T2, TResult>委托的定义如下：

```
public delegate TResult Func<in T1, in T2, out TResult>(
    T1 arg1,
    T2 arg2
)
```

T1 和 T2 都用了 in 关键字，是输入参数，属于逆变；TResult 使用了 out 关键字，是输出参数，用于返回值，属于协变。

还有一种方法就是分析"兼容性"来进行判别，这里说的兼容性指的是类型的派生层次，使用派生层次更小的类型兼容性更强。

假设 A 类派生出 B 类，B 类派生出 C 类，那么

```
Func<B> f1;
Func<A> f2 = f1;
```

上面代码中，声明 f1 变量时用了类型 B 作为参数，那么与该委托关联的方法只能返回 B 和 C 两种类型的值，不能返回 A 类型的值；而 f2 变量在声明时使用了类型参数 A，因此与之关联的方法可以返回 A、B、C 三种类型的值。把 f1 赋值给 f2 后，由于类型的派生层次降低了（从 B 降为 A）。原来 f1 可以返回 B 和 C 两种类型的值，f2 可以返回 A、B、C 三种类型的值，兼容性比原来扩大了，因此可以判定为协变。

但是，如果把代码改为这样

```
Action<A> act1;
Action<C> act2 = act1;
```

能够传入 act1 委托参数的类型可以是 A、B、C 三种类型，而 act2 只能传入 C 类型的对象作为参数。赋值后显然类型的派生层次变大了，兼容性变小了，因此判定为逆变。

第 8 章

纠错与单元测试

任何一位开发者都无法保证编写的代码准确无误，这也是使用开发环境而不是普通文本编辑工具来编写代码的原因。

一方面，开发环境可以为代码文本着色，比如在 C#代码中，默认情况下 Visual Studio 的代码编辑器会将代码中的关键字呈现为蓝色，使得代码能够被快速判别。另外，代码编辑器提供强大的智能提示功能，既可以提高输入代码的速度，也可以在一定程度上减少输入错误。

另一方面，代码编辑器对诸如语法错误等比较明显的错误会实时提醒，让开发者可以尽早地发现并更正错误。

明显的错误容易发现，可是一些隐性的错误就很难发现了。尤其是逻辑错误。一段代码写下来语法上是正确的，但是逻辑上就未必正确。举个简单的例子，在使用 if 语句进行分支处理时，思考不够缜密可能会有所遗漏而导致分支代码在执行阶段判断不正确。程序运行后所得到的结果不符合预期，甚至会跟初衷南辕北辙。面对这种情况，依靠编译器自身是检查不出来的，只能通过调试来逐步排错。

本章将由浅入深，通过开发工具来识别简单的错误，还会介绍如何处理和抛出异常信息。另外还包括断点调试、单元测试等技术要点。

8.1　实时纠正语法错误

初学者最容易犯的错误就是语法错误。学习编程语言和学习外语一样，在不熟悉其语法规则时，犯语法错误的频率会非常高。如果读者在学习过程中经常遇到语法错误，千万不要因此而失去学习的信心，因为对初学者来说，经常出现语法错误是很正常的。相反地，读者应该这样想：犯语法错误正好可以帮助自己巩固语法基础。语法错误并不具有持久性，等到基础知识逐渐扎实后，发生语法错误的概率会大大减小。不过偶尔出现几次也属于正常。

Visual Studio 开发环境会实时对代码进行检查，一旦发现可识别的错误（语法错误一般都可以识别），会给出提示。如图 8-1 所示，代码有两处错误，一处是 Console 类不存在 Wriate 方法（Write 方法多了一个"a"），另一处是方法调用后面的小括号不匹配（多了一个"（"）。

当代码出现语法错误时，会在代码的下方显示波浪线（与办公软件中的 Word 相似）。并且当把鼠标移到带波浪线的代码上时会出现与错误相关的信息，以帮助开发者纠正错误。

以上所举为拼写错误，也是很常见的错误，代码关键字、类型名及类型成员名都很容易出现拼写错误。使用智能提示输入代码可以大大减少拼写错误，如图 8-2 所示。

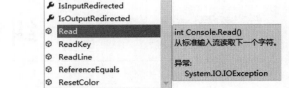

```
Console.Wriate();
```

"System.Console"并不包含"Wriate"的定义

图 8-1   出现错误的代码   图 8-2   代码的智能提示

还有一种错误也比较常见，就是括号的匹配错误，特别是代码块，当代码块内部也嵌套多层代码块时，会出现层次复杂的大括号对。很多时候开发者可能输入了左大括号，却忘了输入右大括号，比如这样

```
private void TestWork()
{
        if(isStarting)
        {
            return;
}
```

上面代码中的 if 语句块中缺少了右大括号。不管是小括号、中括号还是大括号，都可以将输入焦点放到它们的外侧（左侧或右侧均可），这时匹配的一对括号周围呈现出阴影，如图 8-3 所示。通过这种方法可以迅速找出未正确配对的括号。

另外，Visual Studio 开发环境的代码编辑器有自动补全的功能，当输入左小括号，或者左中括号、左大括号、左双引号、左单引号时会自动插入配对的符号，如图 8-4 所示。

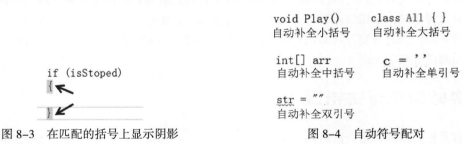

图 8-3   在匹配的括号上显示阴影   图 8-4   自动符号配对

8.2   代码调试

语法错误比较容易被编译器发现，但是编译器无法判断逻辑错误。代码执行后如果无法得到正确的结果，而在编译代码时未报告任何错误，这种情况最有可能是逻辑上的错误。对于这种错误，需要开发者自己来解决。为了让开发者能够通过单步执行代码（即代码每执行一行就停下来）或者使用断点来观察代码的执行情况，以找出错误，开发工具都会支持调试功能。

接下来将介绍两种常用的调试方法。

8.2.1   断点法

所谓"断点"，是指在某一行代码上设置一个标志，代码执行到带有标志的代码时会停下来，然后可以观察代码中各个对象及对象中各属性的值来判断代码的执行是否正确。

下面将完成一个示例，介绍如何在代码中设置断点，并观察各个对象的状态。

（1）在 Visual Studio 开发环境中新建一个控制台应用程序项目。

（2）定义一个 TestData 类，它的功能是指定一个基数，然后开始做加法运算，每进行一轮运算，便把基数减 1，一直减到 1 为止。实际上就是一个累加运算，比如基数为 6，就计算 6 + 5 + 4 + 3 + 2 + 1 的结果。代码如下：

```
public class TestData
{
    // 私有字段
    private int base_value;

    // 公共构造函数
    public TestData() { }
    public TestData(int baseVal)
    {
        this.base_value = baseVal;
    }

    // 公共属性
    public int BaseValue
    {
        get { return this.base_value; }
        set
        {
            if(value > 0)
            {
                this.base_value = value;
            }
        }
    }

    // 公共方法
    public long DoSumBybase()
    {
        long result = 0L;
        // 开始计算
        int temp = base_value;
        while (temp > 0)
        {
            // 累加
            result += temp;
            // 递减 1
            temp--;
        }
        // 返回结果
        return result;
    }
}
```

（3）在 Main 方法中，运用 TestData 类进行以基数为 5 的累加运算。

```
TestData td1 = new TestData(5);
Console.WriteLine("从{0}到 1 相加的和：{1}", td1.BaseValue, td1.DoSumBybase());
```

（4）如图8-5所示，在 DoSumBybase 方法内部，把输入焦点定位到 while 语句所在的行上，并在代码编辑器的左侧区域单击，就插入了一个断点。

（5）按下 F5 键运行应用程序。稍等片刻就会看到，代码执行到断点处停下来，如图8-6所示。

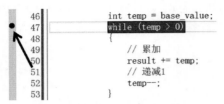

图8-5　在代码中插入断点

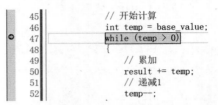

图8-6　代码执行到断点处停下

（6）单击调试工具栏上的 ▌ 按钮，或者按 F11 键单步执行代码，即每单击一次按钮就执行一行代码。

（7）把鼠标指针移到变量上，可以实时查看变量的值，如图8-7所示。

也可以在"局部变量"窗口中查看变量的值，如图8-8所示。

图8-7　查看变量的值

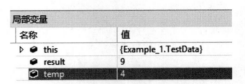

图8-8　"局部变量"窗口

如果窗口没有显示，可以依次执行菜单【调试】→【窗口】→【局部变量】来打开"局部变量"窗口。

如果希望移除刚才添加的断点，可以在断点标记上再次单击，即可移除对应的断点。如果断点非常多，可以通过执行菜单【调试】→【窗口】→【断点】打开"断点"窗口，然后在"断点"窗口中删除指定的断点。

本示例仅演示如何在代码中插入断点并进行调试。要通过断点调试来排除错误是没有固定方法的，开发者应通过观察代码中各个对象的状态变化来分析是否出现错误。掌握调试技巧主要依靠长期的实践来总结归纳。操作熟练之后，就能够得心应手地去调试代码了。

有关本示例的源代码请参考\第8章\Example_1。

8.2.2　输出信息法

有时开发者并不关心对象在运行时的状态，而仅需要验证结果是否正确，因此通过输出调试信息来判断代码的执行结果是否符合预期，比断点调试会更方便。

Debug 类（位于 System.Diagnostics 命名空间下）可以帮助开发人员完成与调试相关的操作，比如输出调试信息、断言等。用于输出调试信息的方法有以下几个。

（1）Print 方法：输出文本信息，该文本信息是带有行结尾符的，每次输出一行。

（2）Write 方法：输出调试信息，如果传递给参数的不是字符串类型，则调用该对象的 ToString 方法以获取字符串表示形式。该方法输出的调试信息末尾是不带行结尾符号的。

（3）WriteIf 方法：和 Write 方法类似，不同的是，WriteIf 方法需要指定一个条件，当条件为 true 时才会输出调试信息。

（4）WriteLine 方法：和 Write 方法类似，只是在输出内容的末尾会自动加上换行符。

（5）WriteLineIf 方法：与 WriteLine 方法相近，不过在调用时要提供一个判断条件，当条件为 true 时才输出信息。

这些方法使用起来跟 Console.Write 方法相似，只不过它们并不是把信息输出到应用程序屏幕上，默认情况下，调试信息输出到 Visual Studio 的 "输出" 窗口中。当然，通过配置也可以让调试信息同时输出到日志文件。

下面来看一个有关输出调试信息的示例。核心的代码如下：

```
Console.WriteLine("按 Esc 键退出应用程序。");
do
{
    Console.Write("请输入一个整数：");
    // 读入一行
    string numTxt = Console.ReadLine();
    // 将读入的字符串转换为数字
    long longNum;
    if (long.TryParse(numTxt, out longNum))
    {
        // 计算阶乘
        long result = 1L;
        while (longNum > 0)
        {
            // 输出调试信息
            System.Diagnostics.Debug.WriteLine("longNum 的当前值为：{0}", longNum);
            // 乘积
            result = result * longNum;
            longNum--;
        }
        // 输出计算结果
        Console.WriteLine("{0}的阶乘为：{1}", numTxt, result);
    }
} while (Console.ReadKey().Key != ConsoleKey.Escape);
```

上面例子实现了阶乘计算。用户输入一个整数值，确认后程序会计算该整数的阶乘，并输出计算结果。比如输入一个整数 5，程序会计算 5 * 4 * 3 * 2 * 1 的结果。

在每轮循环中都使用 Debug 类的 WriteLine 方法输出变量 longNum 的当前值。运行后的结果如图 8-9 所示。

调试信息显示在 "输出" 窗口。如果没有看到 "输出" 窗口，可以通过执行【调试】→【窗口】→【输出】菜单来打开 "输出" 窗口。程序在运行期间输出的调试信息如图 8-10 所示。

图 8-9　阶乘计算结果

图 8-10　"输出" 窗口中显示的调试信息

完整的示例代码请参考\第 8 章\Example_2。

8.3 断言

由于翻译的影响，"断言"的字面意思不太好理解，其英文单词为 assert。先来看 Debug 类的 Assert 方法的一些重载声明。

```
public static void Assert(bool condition);
public static void Assert(bool condition, string message);
public static void Assert(bool condition, string message, string detailMessage);
public static void Assert(bool condition, string message, string detailMessageFormat,
params object[] args);
```

可以看到，不管调用的是哪个版本的重载方法，它们都有一个 bool 类型的参数——condition。Assert 方法的功能是：当 condition 参数为 false 时显示一个错误对话框（默认），如图 8-11 所示。

在了解了 Assert 方法的功能后，就可以联想到，断言的作用是检验代码的执行是否符合预期的结果。如果不符合（condition 参数为 false）就表明断言失败，出现错误提示，并且断言失败的错误信息也同时显示在"输出"窗口中。

启动 Visual Studio 开发环境，并新建一个控制台应用程序项目。

核心的代码如下：

```
Random rand = new Random();
do
{
    // 产生两个随机数
    int num1 = rand.Next();
    int num2 = rand.Next();

    // 计算两个数的差
    int result = num1 - num2;
    // 输出结果
    Console.WriteLine("{0} - {1} = {2}", num1, num2, result);

    // 断言计算结果一定是正值（大于 0）
    System.Diagnostics.Debug.Assert(result > 0, "计算结果应该为正数，但是本次运算的结果是
0 或负数。");
}
while (Console.ReadKey(false).Key != ConsoleKey.Escape);
```

上面的代码不算复杂，首先产生两个随机整数，然后让这两个随机整数相减。示例所期待的结果是运算结果为正数，即减法运算得到的整数要大于 0。因此，计算完成后调用 Assert 方法来进行断言，断言的条件是运算结果要大于 0，即

```
Debug.Assert(result > 0, "<自定提示信息>");
```

假设的条件是 result > 0，如果条件成立，断言就顺利通过，程序不提示任何错误；如果条件不成立（result 是负数或者等于 0），断言失败，程序会弹出错误提示对话框，如图 8-12 所示。

因为两个整数是随机产生的，相减的结果有可能大于 0，可能小于 0，也可能等于 0，为了可以重复执行计算代码，以便得到更多次数的计算结果，示例中使用了 while 循环，当用户按下 Esc 键时才会跳出循环。

打开"输出"窗口（可以通过菜单执行【调试】→【窗口】命令来打开），如图 8-13 所示，断言失败的错误信息也显示在"输出"窗口中。

图 8-11　断言失败

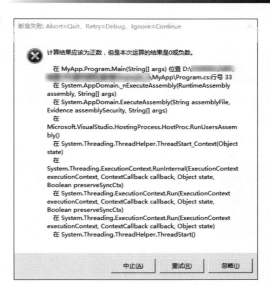

图 8-12　断言失败的错误提示

　　如果不希望应用程序在断言失败时弹出错误对话框，可以通过两种方法禁用错误对话框。这样只能在"输出"窗口中查看错误信息了。除了实时输出调试信息和错误信息，还可以将内容输出到日志文件中。

图 8-13　"输出"窗口中的断言失败信息

　　Debug 类的成员有一个 Listeners 属性，类型为 TraceListenerCollection 集合，集合中的每个对象都实现了 TraceListener 抽象类，通常在应用程序中侦听调试信息的都是 DefaultTraceListener 类，该类有一个 AssertUiEnabled 属性，它指示是否通过用户界面来向用户呈现错误信息。因此，禁用错误对话框的一种方法就是从 System.Diagnostics.Debug.Listeners 集合中找出 DefaultTraceListener 对象，并将其 AssertUiEnabled 属性设置为 false，如下面代码所示。

```
System.Diagnostics.DefaultTraceListener listener = null;
// 从 Debug.Listeners 中取出 DefaultTraceListener 实例
listener = System.Diagnostics.Debug.Listeners[0] as System.Diagnostics.
DefaultTraceListener;
if (listener != null)
{
    // 禁用用户界面模式
    listener.AssertUiEnabled = false;
}
```

　　将 AssertUiEnabled 属性设置为 false 后，再次运行应用程序，遇到断言失败的情况就不会再弹出错误提示窗口了，只是在"输出"窗口中显示信息。

　　禁用错误对话框的另一种方法就是修改应用程序的配置文件，该文件一般随同项目一起生成，名为 App.config。在应用程序生成后，会更名为<应用程序文件名>.config，比如应用程序的文件名为 MyApp.exe（包含扩展名），则对应的配置文件名为 MyApp.exe.config。配置文件其实就是一个 XML 文件，是文本格式，可以直接修改。因此，通过编辑配置文件来禁用或启用用户界面模式的好处就是不需要重新生成应用程序，只要修改配置文件并保存。

打开项目中的 App.config 文件，在 <configuration> 和 </configuration> 之间输入以下 XML

```
<system.diagnostics>
  <assert assertuienabled="true | false"/>
</system.diagnostics>
```

assert 节点的 assertuienabled 属性可以设置为 true 或 false，true 表示启用用户界面模式，false 表示禁用用户界面模式。

完整的配置文件内容如下：

```
<?xml version="1.0" encoding="utf-8" ?>
<configuration>
  <system.diagnostics>
    <assert assertuienabled="false"/>
  </system.diagnostics>
</configuration>
```

这时运行应用程序，当断言失败时，不会弹出错误提示。

以上两种方法选择其中一种就可以了。通过编辑配置文件来禁用用户界面模式比较好，因为不需要重新编译应用程序。

完整的示例代码请参考\第 8 章\Example_3。

8.4　使用日志文件

在讲述使用日志之前，先介绍一些准备知识。

应用程序有两个生成版本。

（1）Debug 版本：该版本带有调试符号，在调试代码时应该选择该版本。由于生成了调试相关的信息，因此该版本的应用程序文件的体积较大，执行效率也较低。

（2）Release 版本：发布版本，当调试完应用程序，确定无误后，就要用该版本发布应用程序以供用户使用。该版本生成少量的调试信息，或者不生成调试信息，因而文件体积较小，执行的效率也较高。

在"解决方案资源管理器"窗口中右击项目名称节点，从弹出的快捷菜单中选择【属性】命令，随后会打开"项目属性"窗口。切换到"生成"选项卡（如图 8-14 所示），就可以从窗口右侧的界面中选择不同的生成版本来修改相应的设置。

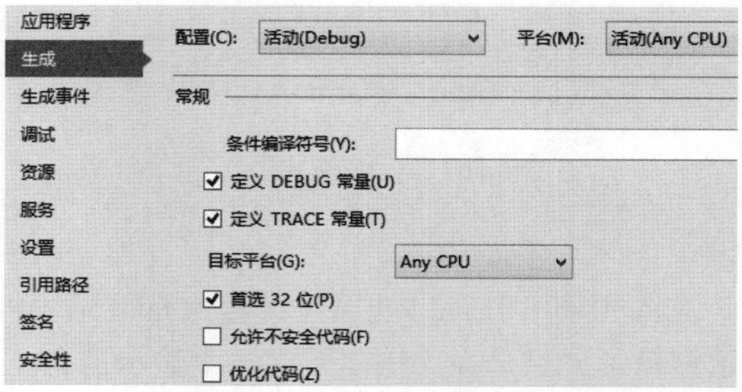

请重点关注"生成"选项卡界面上的"定义 DEBUG 常量"和"定义 TRACE 常量"两个选项。选中某个选项意味着定义与选项对应的常量。这些常量的本质就是编译符号，比如选中"定义 DEBUG 常量"会在编译时生成一个名为"DEBUG"的条件编译符号；同理，选中"定义 TRACE 常量"选项就会在编译时加上一个名为"TRACE"的条件编译符号。

那么，定义这些符号有什么作用呢？前面学习了如何使用 Debug 类来输出调试信息和对代码进行断言。现在不妨查看一下 Debug 类的公共方法的定义，比如 Write 方法的定义如下：

图 8-14　"生成"选项卡

```
[ConditionalAttribute("DEBUG")]
public static void Write(string message);
```

然后再来看另一个类——Trace（也位于 System.Diagnostics 命名空间下），它与 Debug 类的使用方法是一样的，该类用来输出跟踪信息，本质上也与 Debug 类相同，仅用途不同。Debug 类一般用于调试版本，Trace 类用于最终的发布版本，输出跟踪信息，如日志。

再看 Trace 类的公共方法的定义，以 WriteLine 为例，其定义如下：

```
[ConditionalAttribute("TRACE")]
public static void WriteLine(string message);
```

Debug 类和 Trace 类的定义都应用了一个 ConditionalAttribute 特性。该特性可以用于类和类中的方法上，功能是在 ConditionalAttribute 上指定一个编译符号，在编译时，如果指定的符号存在，才会编译应用了 ConditionalAttribute 的方法，如果符号不存在，则该方法被忽略，不参与编译。对于 Debug 类，指定的编译符号是"DEBUG"，而为 Trace 类指定的符号是"TRACE"。

通过上面的分析可知"定义 DEBUG 常量"与"定义 TRACE 常量"两个选项的作用。如果启用了"定义 DEBUG 常量"选项，则调用 Debug 类的方法的代码才会被编译，如果不启用该选项，则调用 Debug 类的方法的代码被忽略。"定义 TRACE 常量"选项的功能也类似，与 Trace 类的公共方法相关，在启用了"定义 TRACE 常量"的情况下调用 Trace 类的方法才会参与编译。

下面用一个例子来验证。在 Visual Studio 开发环境中新建一个控制台应用程序项目。待项目创建完成后，在已经打开的 Program.cs 文件顶部的 using 语句区域引入以下命名空间

```
using System.Diagnostics;
```

在 Main 方法中输入以下代码

```
Debug.WriteLine("\n***************************");
Debug.WriteLine("{0:T} 输出了调试信息。", DateTime.Now);
Debug.WriteLine("***************************\n");
```

上面代码调用 Debug 类的 WriteLine 方法输出了一些调试信息。按下 F5 键运行应用程序。待应用程序运行完毕后，打开"输出"窗口（如果没有看见"输出"窗口，可以通过执行菜单【调试】→【窗口】找到并显示"输出"窗口），可以看到应用程序输出的调试信息，如图 8-15 所示。

为了方便观察对比，可以先要将"输出"窗口中的内容清空，方法是在"输出"窗口内右击，从弹出的快捷菜单中选择【全部清除】（如图 8-16 所示），或者直接单击"输出"窗口的工具栏中的 按钮来清除所有内容。

在"解决方案资源管理器"窗口中，在项目名称节点上右击，并从弹出的快捷菜单中选择【属性】命令，打开"项目属性"窗口，然后切换到"生成"选项卡，去掉"定义 DEBUG 常量"前面的对钩，如图 8-17 所示。

图 8-15　输出调试信息

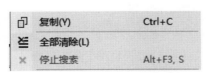

图 8-16　"全部清除"菜单

图 8-17　禁用 DEBUG 符号

保存并关闭"项目属性"窗口，重新运行程序，在代码执行完成后，再次查看"输出"窗口中的内容，这时可以看到不再输出调试信息了。

完整的示例源代码请参考\第 8 章\Example_4。

有了上面的知识基础，再去学习如何使用跟踪日志就比较好理解了。默认情况下，无论是 Debug 版本还是 Release 版本的程序都定义了 TRACE 符号，因此如果希望使用跟踪日志，通过 Trace 类来完成会比较合适。

在恰当的时候向日志文件输出一些信息，可以记录应用程序运行的状况，尤其是记录应用程序在运行时出现的错误。一方面，用户可以通过查看日志文件了解错误发生的原因，帮助解决程序故障；另一方面，用户可以把日志文件反馈给程序的开发者，开发者通过查看日志文件来了解应用程序发布后的运行状况，也可以辅助开发者修复程序的缺陷。

Debug 类和 Trace 类都有一个静态的 Listeners 属性，它是一个集合，里面可以包含实现了 TraceListener 抽象类的对象。DefaultTraceListener 类是最常用的类，在程序运行后，一般会生成一个 DefaultTraceListener 实例，该类可以直接使用。这个类在前面有关断言的示例中出现过。在断言示例中，通过设置 DefaultTraceListener.AssertUiEnabled 属性为 false 来禁用弹出错误信息对话框。同样地，要使用日志文件，需要设置它的 LogFileName 属性，指定一个文件名，当程序输出跟踪信息时会同时输出到该文件中。文件可以是完整路径，如 D:\\My.log，也可以是相对路径，如 test.log，这样就把日志文件放在与当前应用程序相同的目录下。

在 Visual Studio 开发环境中新建一个控制台应用程序项目。

在文件的顶部引入相关的命名空间，代码如下：

```
using System.Diagnostics;
```

定义一个 Test 类，分别声明构造函数和析构函数，DoTask 方法被调用时向日志文件写入记录。

```
public class Test
{
    // 构造函数
    public Test()
    {
        Trace.WriteLine("Test 类的构造函数被调用。");
    }

    // 析构函数
    ~Test()
    {
        Trace.WriteLine("Test 类的析构函数被调用。");
    }

    // 公共方法
    public void DoTask()
    {
        Trace.WriteLine("DoTask 方法被调用。");
    }
}
```

在 Main 方法中输入以下代码

```
DefaultTraceListener listener = null;
listener = Trace.Listeners[0] as DefaultTraceListener;
if (listener == null)
{
    // 如果 Listeners 中没有 DefaultTraceListener
    // 则创建一个
```

```
    listener = new DefaultTraceListener();
    Trace.Listeners.Add(listener);
}
// 设置日志文件名
listener.LogFileName = "example.log";

// 开始测试
Test t = new Test();
t.DoTask();                              //调用方法
```

由于 Main 方法是入口点，因此在该方法中，应当先设置好日志文件，将 LogFileName 属性设置为 example.log，表示日志文件和应用程序在同一个目录下。设置完成后，实例化 Test 对象，并调用 DoTask 方法。最后，应用程序执行完成就会退出，因此会调用 Test 类的析构函数。

当应用程序执行结束后，会看到"输出"窗口中已经输出了跟踪信息。此时，打开项目所在路径下的\bin\Debug 目录，找到 example.log 文件（一定要先运行示例程序，然后再找文件），用记事本打开，就能看到跟踪记录了，如图 8-18 所示。

完整的示例代码请参考\第 8 章\Example_5。

图 8-18 查看日志文件

8.5 异常处理

完整的示例代码请参考\第 8 章\Example_6。

```
int num = 0;
string str = "!@#";
// 尝试分析字符串，返回字符串表示的整数
num = int.Parse(str);
// 输出结果
Console.WriteLine("将字符串\"{0}\"转化为 int 值：{1}", str, num);
```

代码所完成的功能比较简单，即给定一个字符串实例，通过 Int32 结构的 Parse 方法将其转换为真正的 int 值。"!@#"显然不是整数值，因此运行上面代码会发生错误，如图 8-19 所示。

如果应用程序独立运行（通过双击其.exe 文件来运行），就会出现如图 8-20 所示的错误提示。

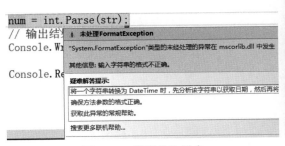

图 8-19 代码发生异常

图 8-20 独立运行程序时发生异常

程序出现非预期情况而发生错误，即发生异常。从示例中可以看到，如果开发者不去处理异常信息，而交由运行库去自行处理的话，会显得不够友好。因此，应该把有可能发生异常的代码放到 try…catch 语

句块中，该语句块的格式如下：

```
try
{
    // 可能发生异常的代码
}
catch( <要捕捉的异常类型> )
{
    // 异常处理代码
}
finally
{
    // 最后处理
}
```

try 和 catch 块是必需的。try 块主要放置可能发生异常的代码，catch 块捕捉异常对象。catch 块中可以指定要捕捉的异常类型，也可以不指定。如果不指定要捕捉的异常类型，只要发生异常都会进入 catch 块，执行自己定义的处理代码，如果 catch 块为空（只有一对大括号，而不写任何代码），则可以认为忽略异常。

finally 块是可选的，通常用来做代码清理工作，比如释放一些对象等。放在 finally 块中的代码，不论是否发生异常，都会执行。

因此，可以把示例中的代码做以下修改

```
try
{
    num = int.Parse(str);
    // 输出结果
    Console.WriteLine("将字符串\"{0}\"转化为 int 值：{1}", str, num);
}
catch (Exception ex)
{
    Console.WriteLine(ex.Message);
}
```

catch 块中捕捉的异常类型是 Exception 类，它是所有异常类的共同基类，因此无论发生哪种类型的异常都会被捕捉。

如果要捕捉较为具体的异常信息（准确到指定异常类），不妨考虑使用多个 catch 语句块，如下面代码所示。

```
string str2 = "^&";
byte b = default(byte);
// 尝试将字符串转化为 byte 值
try
{
    b = byte.Parse(str2);
}
catch (ArgumentException ex)
{
    Console.WriteLine("异常类型：{0}，异常信息：{1}", ex.GetType().Name, ex.Message);
}
catch (FormatException ex)
{
    Console.WriteLine("异常类型：{0}，异常信息：{1}", ex.GetType().Name, ex.Message);
}
```

```
catch (OverflowException ex)
{
    Console.WriteLine("异常类型：{0}，异常信息：{1}", ex.GetType().Name, ex.Message);
            }
```

调用 byte.Parse 时发生的异常是 FormatException 类型，因为字符串的格式不正确，因此捕捉的是 FormatException 异常，其他类型的异常直接跳过。

在开发人员自己编写的代码中，如果遇到异常情况，还可以使用 throw 关键字来向调用方抛出异常。可以直接选用.NET 类库中已有的异常类型，如果需要，也可以自行定义异常类型（从 Exception 类派生）。

下面示例将演示如何在代码中抛出异常。

```
/// <summary>
/// 计算圆的面积
/// </summary>
/// <param name="r">半径长度</param>
/// <returns>计算结果</returns>
static double EllArea(double r)
{
    // 半径不能小于或等于 0
    if (r <= 0d)
    {
        throw new ArgumentException("半径长度不能小于或等于 0。");
    }
    return Math.PI * r * r;
}
```

EllArea 方法用于计算圆的面积，如果半径长度为 0 或者为负数都没有实际意义，因此方法中先进行判断，如果半径长度不符合要求，就用 throw 关键字抛出一个 ArgumentException 异常。

下面，代码尝试调用 EllArea 方法来计算半径长度等于 0 的圆的面积。

```
try
{
    double res = EllArea(0d);
}
catch (ArgumentException ex)
{
    Console.WriteLine(ex.Message);
}
```

由于半径长度为 0 不符合方法要求，EllArea 方法会抛出异常。上面代码中通过 catch 语句块捕捉该异常，并输出异常信息。

完整的示例代码请参考\第 8 章\Example_7。

在某些情况下，开发者会考虑对异常信息进行过滤。比如，只捕捉符合特定条件的异常。请思考下面一段代码

```
try
{
    // 可能引发异常的代码
}
catch (FieldAccessException fex) when (fex.Source != null)
{
```

```
        // 异常处理代码
    }
```

在 catch 语句后面紧跟着 when 关键字，when 关键字后面是异常的筛选条件。在上面代码中，当
FieldAccessException 异常实例的 Source 属性不为 null 时就会捕捉该异常。

接下来通过一个示例来演示异常筛选器的用法。

定义一个 DoSomething 方法，该方法接收两个 string 类型的输入参数，在方法体中进行判断，当其中某
个参数为空时就会抛出 ArgumentException 异常。

```
static void DoSomething(string x, string y)
{
    if (string.IsNullOrWhiteSpace(x))
    {
        throw new ArgumentException("参数不能为空。", "x");
    }
    if (string.IsNullOrWhiteSpace(y))
    {
        throw new ArgumentException("参数不能为空。", "y");
    }
}
```

代码调用了 ArgumentException 类带有两个参数的构造函数，第一个参数传送异常的自定义消息，第二
个参数表示引发异常的参数名称。参数名称传递后可以通过 ParamName 属性获取，因为后续步骤中会根据
ParamName 属性的值来进行筛选。

下面尝试调用 DoSomething 方法，并对可能发生的异常进行筛选，只有在 y 参数引发异常时才会进行
捕捉。

```
try
{
    DoSomething(null, null);
}
catch (ArgumentException ex) when (ex.ParamName == "y")
{
    Console.WriteLine(ex.Message);
}
catch
{
    Console.WriteLine("其他异常信息。");
}
```

在调用 DoSomething 方法时，x 和 y 参数都传入 null 值，使得方法内部引发了针对 x 参数的异常，但由
于第一个 catch 语句在捕捉 ArgumentException 异常时对 ParamName 属性进行了筛选，只有在引发异常的参
数是 y 时才会捕捉，所以第一个 catch 语句块被跳过，最后程序代码进入并执行第二个 catch 语句块。

随后将 DoSomething 方法的调用代码进行修改，为 x 参数传递非 null 值，但 y 参数仍然保留 null 值。

```
try
{
    //DoSomething(null, null);
    DoSomething("abc", null);
}
......
```

此时，因为 x 参数的值有效，不会引发异常，但 y 参数会引发异常，所以第一个 catch 语句块的异常筛选条件成立，代码会进入并执行第一个 catch 语句块。

完整的示例代码请参考\第 8 章\Example_8。

8.6　单元测试

单元测试其实就是将项目细分为最小单元，然后对它们分别进行测试。关于"单元"的说法比较难确定，所谓细分也只是一个相对的逻辑概念，很多时候是与当前项目的具体情况有关。细分有可能会以单个类为单元，也有可能以单个窗口为单元。

如果将应用程序比作一台复杂的机器，其生产过程都有特定的工序。机器由许多的零部件组成，车间先把这些零部件生产出来，最后进行组装。因此，开发者也会考虑到，如果整台机器都组装完成后再进行检测，极有可能遇到很多问题，甚至有些问题很难跟踪查找。应在每个零部件生产出来时就进行检验，及时修正问题或去除不合格的零部件。如此一来，在整台机器组装完成后，进行综合检测时就能够避免许多问题。

所以，单元测试就相当于在生产过程对每个零部件和每道工序都进行把关，及时发现并解决问题，使应用程序更加健壮稳定，同时也大大降低了后期大量的维护成本。

通常，开发者只是运用单元测试来验证代码是否存在逻辑错误。在进行单元测试时可以通过假设的数据来验证代码的执行是否正确，通常来说，如果不发生异常就认为测试通过。倘若发现错误，一种方法是抛出异常，当前测试会被标记为未通过；另一种方法是使用 Assert 类的静态方法来进行验证，如果验证失败，表明测试未通过。

Assert 类不是 .NET 框架中的类，而是包含在 MSTest.TestFramework 框架中。该类位于 Microsoft.VisualStudio.TestPlatform.TestFramework 程序集的 Microsoft.VisualStudio.TestTools.UnitTesting 命名空间下。它公开了一系列静态方法以帮助开发人员报告测试结果，一旦断言失败，就说明测试没有通过。表 8-1 总结了这些方法的功能。

表 8-1　Assert类中常用的静态方法

方　　法	说　　明
AreEqual	判断两个对象是否相等。如果两个对象不相等，断言失败
AreNotEqual	判断对象是否不相等，如果相等，就断言失败。与AreEqual相反
AreSame与AreNotSame	与上面的AreEqual和AreNotEqual相似，但AreSame和AreNotSame比较的是两个变量的引用，即它们是否引用了相同的对象
Fail	不进行任何检查，直接报告断言失败
Inconclusive	无法验证条件。调用该方法后测试可以通过，但会加上警告标记
IsFalse	检查条件是否为false，如果不是，则断言失败，测试未通过
IsInstanceOfType	判断对象是否为指定类型的实例。如果不是，断言失败，测试未通过
IsNotInstanceOfType	与IsInstanceOfType相反
IsNull	如果指定的对象不为null，则断言失败
IsNotNull	与IsNull相反
IsTrue	如果条件不为真，则断言失败

下面演示如何使用单元测试来验证代码的逻辑是否正确，大致的操作步骤如下：

（1）在 Visual Studio 开发环境中依次执行【文件】→【新建】→【项目】，打开"新建项目"窗口。

（2）在窗口中选择 Class library，单击"下一步"按钮；输入项目和解决方案的名称，单击"下一步"按钮，选择需要的.NET 版本，最后单击"创建"按钮。新建类库项目如图 8-21 所示。

（3）定义 Sample 类，包含两个静态方法：CheckArray 方法检查 int 数组中是否都是偶数，如果出现非偶数值，就抛出异常；Area 方法用于计算矩形的面积。代码如下：

```csharp
public class Sample
{
    /// <summary>
    /// 如果数组中存在非偶数值，就抛出异常
    /// </summary>
    public static void CheckArray(int[] arr)
    {
        foreach (int x in arr)
        {
            if ((x % 2) != 0)
            {
                throw new Exception("数组中存在非偶数。");
            }
        }
    }


    /// <summary>
    /// 计算矩形的面积
    /// </summary>
    /// <param name="w">矩形的宽度</param>
    /// <param name="h">矩形的高度</param>
    /// <returns>矩形的面积</returns>
    public static double Area(double w, double h)
    {
        return w * h;
    }
}
```

（4）通过单元测试来检验上面的代码。在"解决方案资源管理器"窗口中，右击解决方案名称节点，从弹出的快捷菜单中选择【添加】→【新建项目】，在打开的"新建项目"窗口中，在模板列表中选中 Unit Test Project，单击"下一步"，输入项目的名称，单击"下一步"按钮；选择需要的.NET 版本，最后单击"创建"按钮，如图 8-22 所示。

图 8-21　新建类库项目

图 8-22　新建单元测试项目

（5）打开"解决方案资源管理器"窗口，右击创建的单元测试项目中的"依赖项"节点，从弹出的快捷菜单中选择"添加项目引用"命令，如图 8-23 所示。

在"引用管理器"窗口中，在左侧的导航栏中依次展开"解决方案"→"项目"节点，在右侧的项目列表中勾选已编写好的类库项目，如图 8-24 所示。

图 8-23　添加引用

图 8-24　引用同一解决方案中的项目

（6）回到创建的单元测试项目，在已打开的代码文件的第一行引入类库项目所包含命名空间。

```
using Demo;
```

（7）删除模板生成的类，替换为以下代码

```
[TestClass]
public class MyTest
{
    [TestMethod]
    public void TestA()
    {
        int[] arr = { 20, 11, 16 };
        // 数组中存在非偶数，下面调用将引发异常
        Sample.CheckArray(arr);
    }

    [TestMethod]
    public void TestB()
    {
        // 求矩形的面积
        double ar = Sample.Area(25d, 3d);
        // 验证结果，如果 ar 大于 0 则测试通过
        // 否则，测试不能通过
        Assert.IsTrue(ar > 0d);
    }
}
```

用于进行测试的类必须附加 TestClassAttribute；在测试类中，用作测试的方法要附加 TestMethodAttribute，并且将方法声明为公共方法，无返回值，无参数。如果方法未附加 TestMethodAttribute 会被忽略，不用于测试，也不会出现在"测试资源管理器"窗口中。

在 TestA 测试中，由于数组中的 11 不是偶数，调用 CheckArray 方法会发生异常，该测试未能通过。而在 TestB 方法中，Area 方法计算的结果是大于 0 的，Assert.IsTrue 方法验证成功，因此该测试通过。

（8）打开"测试资源管理器"窗口，方法是在 Visual Studio 中执行菜单【测试】→【测试资源管理器】，如图 8-25 所示。

（9）如果在"测试资源管理器"窗口中看不到测试项，可以按下 Shift + F6 快捷键重新生成项目。单击窗口中的"在视图中运行所有测试"按钮开始运行，如图 8-26 所示。

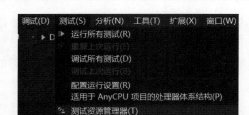

图 8-25　打开"测试资源管理器"窗口

图 8-26　查看测试列表

　　运行完成后，已通过的测试前会显示  图标，未通过的测试前面会带有 图标。窗口中还会显示执行每项测试所花费的时间。

　　完整的示例代码请参考\第 8 章\Example_9。

第 9 章

匿名方法与 Lambda 表达式

本章从介绍早期版本中的匿名方法为入口，引出与 Lambda 表达式相关的知识，进而介绍如何通过使用 Lambda 表达式让代码变得更加简洁。

9.1 匿名方法

委托实例至少要绑定一个方法才能被调用，而调用委托实际上是调用了它所关联的方法。

一般来说，需要定义一个与委托签名相符的方法，并使之与委托变量关联，如下面代码所示

第 20 集

```
// 声明并实例化委托变量
Action deleg = new Action(CallMethod);

// 与委托关联的方法
private static void CallMethod()
{
    // ...
}
```

以上的写法不够简洁，考虑到这点，在 C#的早期版本中引入了"匿名方法"的概念，从其命名上也可以知道，匿名方法是不需要命名的，用一个 delegate 关键字代表方法的名字，没有访问修饰符，也不需要返回类型。比如上面的例子，可以用匿名方法来等效处理，代码如下：

```
Action deleg = delegate()
{
    // ...
};
```

当委托既有参数又有返回值时，匿名方法中就要相应地定义参数。因为匿名方法不定义返回类型，因此如果委托的签名中有返回值，那么在匿名方法中就直接使用 return 关键字返回指定的值即可，正如下面代码所演示的那样

```
Func<int, int, int> f = delegate(int x, int y)
{
    return x + y;
};
// 调用委托
int result = f(10, 5);
```

上例中所用到的委托原型如下：

```
delegate TResult Func<in T1, in T2, out TResult>(T1 arg1, T2 arg2);
```

即该委托带有两个参数和返回值，委托与匿名方法关联，跟与命名方法进行关联的结果是一样的。如果委托要关联的方法在代码中没有重复使用，使用匿名方法会非常方便；如果某个方法在代码中多个地方都用到，就不应该使用匿名方法了，因为匿名方法没有名字，无法进行常规引用。若一个方法的内容在多处引用，那么使用匿名方法只能重复定义代码，这样做没有意义，写代码时应该尽量避免写重复的代码。

另外还要注意，匿名方法是作为一个表达式赋值给委托变量，虽然它后面有一对大括号，里面可以放置多行代码，但其本质不是方法体，如下面代码

```
Action<string> act = delegate(string arg) { Console.WriteLine(arg); };
```

从整体上看，上面代码是一个赋值语句（如图 9-1 所示），不是代码块，因此语句的最后一定要加上分号（；）表示语句结束。

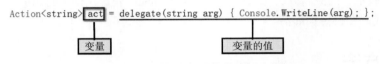

图 9-1　匿名方法赋值给委托变量

第 21 集

9.2　Lambda 表达式

本节介绍一种更简单的匿名方法表示法，称之为 Lambda 表达式。

Lambda 表达式的作用与匿名方法相同，但它使用起来更方便。Lambda 表达式以 "=>" 作为分隔符，"=>" 左边为匿名方法的参数列表，右边为匿名方法的语句。即

```
(<参数列表>) => <表达式或语句>
```

对于没有参数的委托，Lambda 表达式格式如下：

```
() => <表达式或语句>
```

Lambda 表达式并没有太大的学习难度，对于初学者而言，重点是熟练。Lambda 的语法比较灵活，在使用时可以稍微有所变化。

9.2.1　用于赋值

Lambda 表达式最基本的用法是赋值给委托变量。

启动 Visual Studio 开发环境，新建一个控制台应用程序项目。待项目创建完成后，开始练习。

（1）对于没有参数、返回值为 void 类型的委托，可以这样写

```
Action act1 = () =>
    {
        Console.WriteLine("没有参数的 Action 委托。");
    };
```

Action 委托没有参数，返回值为 void 类型，因此使用 Lambda 表达式时，"=>" 左边没有参数，只保留一对空括号即可。如果 "=>" 右边只有一句代码，可以省略大括号，写成这样

```
Action act2 = () => Console.WriteLine("省略了大括号。");
```

注意最后面的英文分号不能缺，因为 Lambda 表达式不是代码块。

（2）对于有参数的委托，Lambda 表达式的写法如下：

```
Action<string, int> act3 = (string name, int age) => Console.WriteLine("大家好，我叫
{0}，今年{1}岁。", name, age);
```

Action<string, int>委托有两个参数，一个是 string 类型，另一个是 int 类型，因此在定义 Lambda 表达式时，参数要与委托匹配。由于 Lambda 表达式可以根据委托来识别参数类型，因此可以省略(string name, int age)中的参数类型，代码如下：

```
Action<string, int> act4 = (name, age) => Console.WriteLine("我的名字叫{0}，{1}岁。",
name, age);
```

Lambda 表达式会根据委托 Action<string, int>自动推断出参数 name 为 string 类型，参数 age 为 int 类型。

（3）对于有返回值的委托（返回值为非 void 类型），Lambda 表达式的使用如下：

```
Func<int, int, int> fun1 = (a, b) =>
    {
        return a * b;
    };
```

委托变量 fun1 表示有两个 int 类型参数，并返回 int 类型的值的方法。(a, b)中 a 和 b 两个参数的类型会自动识别为 int 类型。因为委托返回 int 类型的值，所以在 "=>" 后的代码中使用 return 关键字将结果返回。

如果 "=>" 后面只有一句代码，可以把 return 关键字和一对大括号都省略，直接写上 a * b 即可，如下面例子所示

```
Func<double, string> fun2 = (n) => n.ToString("C2");
```

委托变量 fun2 返回 string 类型，在 "=>" 右边紧接着写上 n.ToString("C2")即可。ToString 方法所返回的 string 对象直接可以从 Lambda 表达式返回。

但是，如果 "=>" 右边有多条语句，就不能这样做了，这时应该用一对大括号将内容包裹起来，并且使用 return 关键字把结果返回，如下面代码所示

```
Func<bool, string> fun3 = (b) =>
    {
        if (b)
        {
            return "真";
        }
        return "假";
    };
```

（4）对于自己定义的委托，Lambda 表达式的用法也一样。

```
public delegate double Area(double r);
……
Area delarea = (r) => Math.PI * r * r;
// 调用委托
Console.WriteLine("半径为 3 的圆的面积: {0}", delarea(3d));
```

整个示例的运行结果如图 9-2 所示。

完整的示例代码请参考\第 9 章\Example_1。

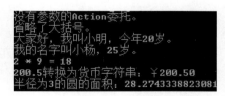

图 9-2　Lambda 表达式示例

9.2.2　用于参数传递

Lambda 表达式的另一个重要用途是作为参数传递。比如.NET 类库提供的许多扩展方法及 LINQ 表达式

都可以使用 Lambda 表达式来传递参数。就委托自身来说，一个不可忽视的作用就是可以将方法当作参数来传递，再结合 Lambda 表达式，就会变得更加方便。

以下示例演示如何结合 Lambda 表达式对一个 Student 对象列表进行排序和统计。完整的示例代码请参考\第 9 章\Example_2。

声明一个 Student 类，用于存放学员信息。

```csharp
public class Student
{
    /// <summary>
    /// 学员姓名
    /// </summary>
    public string Name { get; set; }
    /// <summary>
    /// 学员的年龄
    /// </summary>
    public int Age { get; set; }
    /// <summary>
    /// 入学日期
    /// </summary>
    public DateTime Date { get; set; }
}
```

创建一个 Student 类型的 List<T>实例。

```csharp
List<Student> stus = new List<Student>();
stus.Add(new Student { Name = "小贾", Age = 22, Date = new DateTime(2012, 9, 22) });
stus.Add(new Student { Name = "小刘", Age = 23, Date = new DateTime(2013, 1, 10) });
stus.Add(new Student { Name = "小王", Age = 28, Date = new DateTime(2012, 3, 2) });
stus.Add(new Student { Name = "小杨", Age = 30, Date = new DateTime(2010, 6, 17) });
stus.Add(new Student { Name = "小黄", Age = 24, Date = new DateTime(2013, 1, 2) });
stus.Add(new Student { Name = "小叶", Age = 27, Date = new DateTime(2009, 12, 30) });
stus.Add(new Student { Name = "小史", Age = 26, Date = new DateTime(2008, 7, 1) });
stus.Add(new Student { Name = "小胡", Age = 32, Date = new DateTime(2011, 4, 25) });
stus.Add(new Student { Name = "小彭", Age = 30, Date = new DateTime(2012, 2, 27) });
```

下面代码将对学员的入学日期进行升序排列，然后输出排序后的学员信息。

```csharp
var res = stus.OrderBy(stu => stu.Date);
// 输出
Console.WriteLine("学员的入学日期按升序排序: ");
foreach (Student s in res)
{
    Console.WriteLine("姓名: {0}, 年龄: {1}, 入学日期: {2:yyyy-M-d}", s.Name, s.Age,
s.Date);
}
```

上面代码中使用了 OrderBy 扩展方法的以下重载

```csharp
public static IOrderedEnumerable<TSource> OrderBy<TSource, TKey>(this IEnumerable
<TSource> source, Func<TSource, TKey> keySelector);
```

在调用时，主要关注 keySelector 参数，因为第一个参数是要被扩展的类型，由编译器调用。keySelector 参数是 Func<TSource, TKey>委托，输入类型为 TSource，上面代码中实为 Student，TKey 是要返回的值，OrderBy 方法将根据这个 TKey 来进行排序，因为示例中需要对学员的入学日期进行排序，因此 Lambda 表达式为 stu => stu.Date，stu 会自动被识别为 Student 类型，"=>"右边直接将 stu 的 Date 属性的值返回。OrderBy 方法通过调用传递给 keySelector 参数的委托来获取每个 Student 实例的 Date 属性值，用以进行排序。

下面代码将对学员的入学日期进行降序排序。

```
res = stus.OrderByDescending(stu => stu.Date);
……
```

OrderByDescending 方法的使用和 OrderBy 方法相同，只是排序方式不同而已。

统计学员的平均年龄。

```
double avg = stus.Average(stu => stu.Age);
……
```

调用 Average 方法时，参数是 Func<TSource, int>委托。TSource 在本例中自动识别为 Student 类型，因为在 Lambda 表达式中返回的是 Age 属性的值，因此自动匹配了 Average 方法的以下重载

```
double Average<TSource>(……,  Func<TSource, int> selector);
```

平均年龄以 double 值返回。如果希望将平均年龄输出为整数，可以应用"N0"格式化字符串，让它保留 0 位小数，即把小数部分舍去，如下面代码所示

```
Console.WriteLine("\n 学员的平均年龄：{0:N0}", avg);
```

整个示例的运行结果如图 9-3 所示。

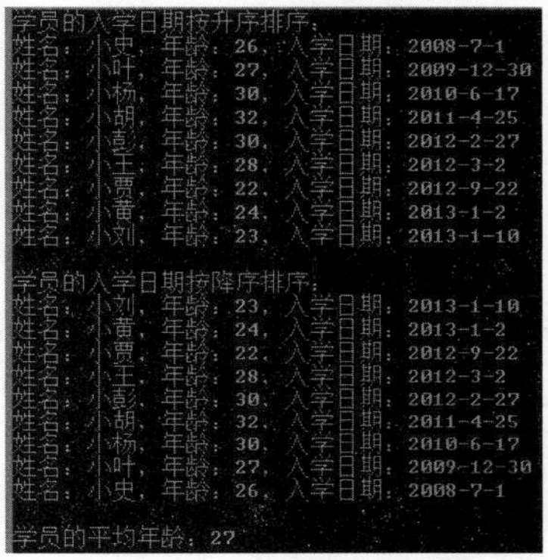

以下示例定义了一个 TestCompute 静态类，其中包括两个静态方法：EavMethod1 方法将一个 int 数组中的数值进行累加运算，EavMethod2 对 int 数组中的元素进行累乘运算。具体的代码如下：

图 9-3　Lambda 表达式传参示例

```
public static class TestCompute
{
    /// <summary>
    /// 求和
    /// </summary>
    /// <param name="nums">参与运算的数值</param>
    /// <returns>计算结果</returns>
    public static int EavMethod1(Func<int[]> nums)
    {
        // 通过调用参数传递的委托来获取
        // 包含要参与运算的数值的数组
        int[] arrNums = nums();
        if (arrNums != null)
        {
            return arrNums.Sum();
        }
        // 如果没有提供参与运算的数值，则返回 0
        return 0;
    }

    /// <summary>
    /// 累乘运算
    /// </summary>
    /// <param name="nums">参与运算的数值</param>
    /// <returns>计算结果</returns>
    public static int EavMethod2(Func<int[]> nums)
```

```
        {
            // 通过委托的调用来获取数值序列
            int[] arr = nums();
            int result = 0;
            if (arr != null)
            {
                // 因为 0 乘以任何数的结果都为 0
                // 故要先把 result 的值改为 1
                // 才能进行累乘运算
                result = 1;
                // 进行累积相乘运算
                foreach (int n in arr)
                {
                    result *= n;
                }
            }
            return result;
        }
    }
```

EavMethod1 和 EavMethod2 方法的参数都是 Func<int[]>委托类型，该委托表示的是一个可以产生一个 int 数组实例并返回的方法。通过这种传参方式，可以灵活自定义参与运算的 int 数值。

在测试 TestCompute 类时，可以先声明一个 Func<int[]>委托变量，并使用 Lambda 表达式来产生一个 int 数组实例。

```
Func<int[]> numbers = () => new int[] { 2, 6, 7, 10 };
```

然后就可以分别调用 TestCompute 类的两个静态方法了。

```
int resComp = 0;
// 累加运算
resComp = TestCompute.EavMethod1(numbers);
Console.WriteLine("累加的运算结果：{0}", resComp);
// 累乘运算
resComp = TestCompute.EavMethod2(numbers);
Console.WriteLine("累乘的运算结果：{0}", resComp);
```

调用 EavMethod1 方法将执行 2 + 6 + 7 + 10 运算，得到结果 25；同理，调用 EavMethod2 方法将完成 2 * 6 * 7 * 10 运算，结果是 840。

因为产生一个 int 数组的实例只需要一句 new 代码即可完成，因此示例中的 Lambda 表达式可以写成

```
() => new int[] { 2, 6, 7, 10 }
```

完整的示例代码请参考\第 9 章\Example_3。

9.2.3 弃元与 Lambda 表达式

弃元（discards）即被丢弃的变量。弃元与未初始化的变量一样，没有实际的值。对于一些虽然在代码中被声明却不曾使用的变量，可以声明为弃元，以减少内存使用空间。

弃元没有特定的名称，统一用 "_"（下画线）表示。

请思考以下示例（完整的示例代码请参考\第 9 章\Example_4）。

```
string val = "13.0077";
```

```
if(double.TryParse(val, out double _))
{
    Console.WriteLine("{0}是有效的double值", val);
}
else
{
    Console.WriteLine("{0}不是有效的double值", val);
}
```

此处仅通过 TryParse 方法判断字符串 val 是否表示一个有效的 double 值，而不需要将其转换为 double 类型的变量。因此，TryParse 方法的 out 参数可以声明为弃元。

当 Lambda 表达式的方法体中不需要引用传入的参数时，也可以将输入参数声明为弃元。下面以处理 Console. CancelKeyPress 事件为例，演示在 Lambda 表达式中使用弃元的方法。

核心代码如下：

```
// 表示程序主体是否执行循环
static bool looping = false;

static void Main(string[] args)
{
    Console.CancelKeyPress += (_, _) => looping = false;

    // 修改 looping 变量的值
    looping = true;
    // 进入循环
    while(looping)
    {
        // 循环内不执行任何操作
    }
}
```

在 Main 方法中，当 looping 字段为 true 时执行 while 循环。当用户按下组合键 Ctrl+C 时触发 CancelKeyPress 事件，并执行关联的 Lambda 表达式，将 looping 字段的值修改为 false，使 while 循环退出，进而退出应用程序。CancelKeyPress 事件所对应的委托类型定义如下：

```
public delegate void ConsoleCancelEventHandler(object? sender, ConsoleCancelEventArgs e);
```

从 ConsoleCancelEventHandler 委托的声明可知，与其绑定的方法要求返回值为 void 类型。ConsoleCancelEventHandler 委托具有两个输入参数——sender 和 e。在本示例中，处理 CancelKeyPress 事件只是为 looping 字段赋值，并不需要引用参数 sender 和 e，所以在绑定 Lambda 表达式时，可以将两个输入参数声明为弃元，即

```
Console.CancelKeyPress += (object _, ConsoleCancelEventArgs _) => looping = false;
```

可以简化为

```
Console.CancelKeyPress += (_, _) => looping = false;
```

完整的示例代码请参考\第 9 章\Example_5。

第 10 章

集成化查询

LINQ（Language-Integrated Query）按照字面意思直接翻译是"语言集成查询"，它是整合到 C#语言中的一种非常强大且实用的查询技术。使用 LINQ 可以轻松做到以下三点。

- 对数组、集合等数据结构进行查询、筛选、排序等操作。
- 与数据库交互。LINQ 表达式可以转换为 SQL 语句，使得开发者可以方便地访问和操作数据库。尤其是当开发者对 SQL 的语法不熟悉时，不必特意花时间去学习 SQL 相关的知识，利用 C#语言现有语法即可以与数据库交互。
- LINQ 支持对 XML 的操作，开发者不需要学习额外的知识，使用 LINQ 技术可以动态创建、筛选和修改 XML 数据，也可直接操作 XML 文件。

本章将通过丰富的实例介绍 LINQ 技术的各种使用技巧。

10.1 LINQ 基本语法

LINQ 语法与 C#语言无缝集成，因此它也是 C#语法的一部分。先看一段 LINQ 代码

```
var result = from str in list
        select str;                   // 以 select 子句结尾

var result = from s in list
        group s by s[0];              // 以 group 子句结尾
```

先不关注以上两句代码的具体含义，重点观察这两句 LINQ 查询语句在形式上有哪些特点。从以上示例代码中，可以看到 LINQ 表达式（或语句）有以下两个特点。

（1）以 from 子句开头。所有 LINQ 查询表达式都是以 from…in…开头的。

（2）以 select 或 group 子句结尾。以 select 子句结尾表示从数据源序列中筛选出所有或部分元素；以 group 子句结尾表示将从数据源序列中筛选出来的元素进行分组，并把每个分组放进查询结果集中。

在 from 和 select（或 group）子句之间，可以加入筛选、排序等查询操作，本章后续内容会分别介绍这些操作。下面来看几个简单查询的例子。

```
// 示例数据源
int[] NumsSource = { 1, 3, 5, 7, 9, 11, 13, 15 };
// 查询所有元素
IEnumerable<int> queryResult = from numvalue in NumsSource
                    select numvalue;
```

上面代码中，首先定义了一个 int 类型的数组，接着使用 LINQ 查询出该数组中的所有元素。from numvalue in NumsSource 表示访问数组中的每个元素，numvalue 是临时变量，查询执行时会不断地从数组中取出元素，并把取出来的元素暂存在变量 numvalue 中。最后，select 语句表示选取了该元素并放入查询结果 queryResult 中。

由于上面的查询没有添加任何筛选条件，即查询结果存放了 NumsSource 数组的所有元素。查询开始执行后，先从 NumsSource 取出第一个元素 1，暂存在 numvalue 变量中，然后通过 select 子句把它放进查询结果 queryResult 中；接着重复前面的操作，从 NumsSource 中取出第二个元素 3，又暂时存放在变量 numvalue 中，再通过 select 子句把它放进查询结果中，以此类推，直到抽取完 NumsSource 数组的所有元素。

上面例子代码中的临时变量 numvalue 会根据数据来源 NumsSource 自动识别为 int 类型，也可以显式地为临时变量指明数据类型，代码如下：

```
IEnumerable<int> queryResult = from int numvalue in NumsSource
                    select numvalue;
```

再看一个带筛选的 LINQ 查询

```
IEnumerable<int> filterres = from n in NumsSource
                    where n > 10
                    select n;
```

where 子句的功能是对查询进行过滤。查询执行后，同样地，将分别取出 NumsSource 中每个元素，暂存在变量 n 中，并使用 where 子句指定的条件进行过滤，如果数值大于 10 才放入查询结果中，否则将其忽略。所以当查询执行完成后，查询结果中包含元素 11、13、15。

10.1.1　对查询结果类型的巧妙处理

在前面的例子中，用于存储查询结果的变量声明的类型为 IEnumerable<out T>接口，它是一个泛型接口，类型参数支持协变转换。其实，LINQ 查询所返回的结果的类型比较难确定。

比如上面例子中的查询结果 filterres，不妨通过 GetType 方法获取其类型，并输出类型的完整名称，代码如下：

```
Console.WriteLine("\n 结果类型: " + filterres.GetType().FullName);
```

程序运行后，会输出如下信息

```
结果类型: System.Linq.Enumerable+WhereArrayIterator`1[[System.Int32, mscorlib,
Version=4.0.0.0, Culture=neutral, PublicKeyToken=b77a5c561934e089]]
```

在"对象浏览器"窗口中是看不到 System.Linq.Enumerable.WhereArrayIterator<out T>类型的，因为它没有向其他程序集公开，但是它实现了 IEnumerable<out T>接口。将存放查询结果的变量声明为 IEnumerable<out T>接口类型，根据赋值中的隐式转换原理，尽管 WhereArrayIterator 类型没有定义为 public，但在代码中仍然可以使用。

这个例子足以说明，LINQ 的查询结果的数据类型实在不容易确定，且如果查询结果中的数据是进行过分组的，查询结果的类型就变为 System.Collections.Generic.IEnumerable<System.Linq.IGrouping<T1,T2>>，实际上是 System.Linq.GroupedEnumerable<T1,T2,T3>类的实例，这个类也没有向外部程序集公开。许多情况下，查询所返回的类型也会取决于 select 子句，比如

```
byte[] arrSrc = { 20, 236, 5, 90, 82 };
IEnumerable<string> res = from b in arrSrc
                    select b.ToString("X2");
```

在上面代码中，数据源是 byte 类型的数组，里面每个元素均为 byte 类型，但由于在 select 子句中调用了 ToString 方法，将查询出来的数值转化为十六进制格式的字符串，如此一来，整个查询的结果就要声明为 IEnumerable<string>类型了。

很明显，查询结果的类型的不确定性使开发者在实际开发中会遇到许多麻烦，其实只要把推断 LINQ 查询结果类型的任务交给编译器去完成就可以了。也就是说，可以使用 var 关键字来声明变量，让编译器自动去识别类型，便可以巧妙地解决类型不确定的问题了。

接下来介绍如何使用 var 关键字来声明查询结果，示例的核心代码如下：

```
// 示例数据源
byte[] src = new byte[] { 2, 13, 99, 6, 58, 123, 73, 205, 116 };

// 查询 1，猜猜查询结果是什么类型
// IEnumerable<byte>
var qryRes1 = from b in src
        select b;
Console.WriteLine("qryRes1 的数据类型是{0}", qryRes1.GetType().FullName);

// 查询 2，猜猜查询结果是什么类型
// IEnumerable<string>
var qryRes2 = from x in src
        select "0x" + x.ToString("x2");
Console.WriteLine("\nqryRes2 的数据类型是{0}", qryRes2.GetType().FullName);
```

该示例中使用了两个查询，查询结果 qryRes1 是可以用 IEnumerable<byte>来声明的，qryRes2 变量本来应该用 IEnumerable<string>来声明。由于使用 var 关键字，编译器会自动识别类型，开发者就可以轻松地构造查询语句而不必过多地去思考其返回结果是什么，避免了因声明类型不匹配而导致的错误。如图 10-1 所示，在代码编辑器中，把鼠标指针移到与变量名对应的 var 关键字上，通过工具提示，可以看到声明变量的具体类型。

运行示例程序后，会看到如图 10-2 所示的输出信息。

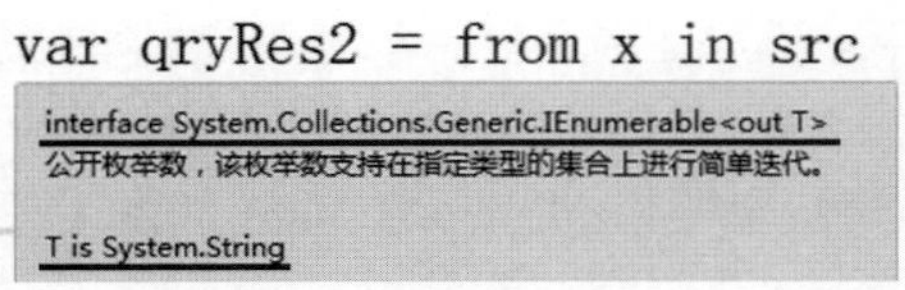

图 10-1　工具提示显示声明变量的具体类型 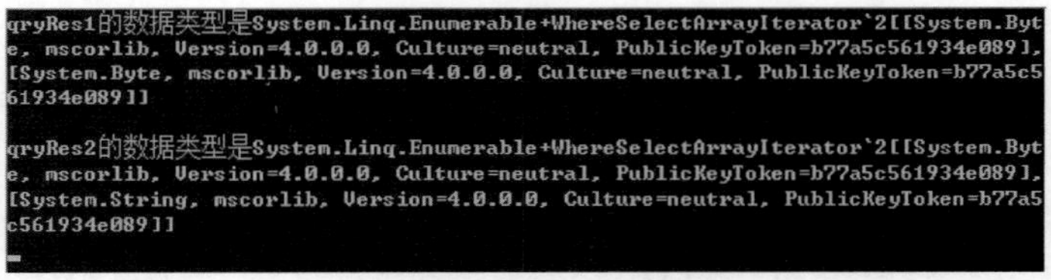　　　　图 10-2　输出查询结果的数据类型

完整的示例代码请参考\第 10 章\Example_1。

10.1.2　延迟执行与强制立即执行

考虑下面代码

```
var resQuery = from x in source select x;
```

当应用程序执行上述代码后，LINQ 查询实际上并未执行，而是仅把用于查询的"命令"存放在 resQuery 变量中，直到执行以下代码时才会执行查询

```
foreach ( int i in resQuery )
{
```

```
    //……
}
```

可以通过单步执行代码的方法来观察 LINQ 是否会真的延迟执行。启动 Visual Studio 开发环境，新建一个控制台应用程序项目。完整的示例代码请参考\第 10 章\Example_2。

待项目创建完成后，在 Main 方法中加入以下代码

```
int[] source = { 1, 2, 3, 4, 5, 6 };
// 查询不会立刻执行
var query = from n in source select n;
// 执行查询
foreach (int x in query)
{
    Console.Write(" {0}", x);
}
```

在 Visual Studio 开发环境的主菜单中依次执行【调试】→【逐语句】，或者直接按下快捷键 F11，开始单步执行代码。每按一下 F11 键，就会执行一条代码。

当代码执行到 foreach 语句块时，继续按 F11 键，会看到进入 foreach 语句块后又跳回到查询语句中的 select 子句处，从临时变量 n 中取出被筛选的元素，如图 10-3 所示。

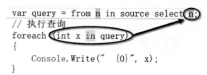

图 10-3　LINQ 延迟执行

通过本例，可以直观地看到 LINQ 查询是延迟执行的，直到程序代码运行到 foreach 语句处才开始执行。

当然也可以强制 LINQ 表达式立即执行。当调用如 Count、ToList、ToArray 等方法时，查询就会立刻执行。拿 Count 方法来说，因为它要统计查询结果中包含的元素个数，所以它必须要先执行查询才能得到结果；同理，ToArray 方法只有先执行查询才能将结果中的项以数组的形式返回。这些方法都是为实现 IEnumerable<out T>接口的类型所定义的扩展方法，位于 System.Linq 命名空间下的 Enumerable 类中。

下面通过示例演示这些方法的使用方法，完整的示例代码请参考\第 10 章\Example_3。

首先准备一些示例数据。

```
double[] data = { 0.31d, 500.499d, 99.366d, 28.54d, 48.2d, 36.32d, 6.4755d, 24.6d,
0.0052d };
```

然后声明查询变量并构造 LINQ 语句。

```
var query = from d in data where d > 10d select d;
```

强制执行查询，并把结果中的元素输出到屏幕。

```
List<double> dblist = query.ToList();
Console.Write("查询结果中共有{0}个元素，它们是: \n", dblist.Count);
for (int x = 0; x < dblist.Count; x++)
{
    Console.Write("{0,12:N3}", dblist[x]);
    // 每输出三个元素换一行
    // 判断当前输出的位置是否能被 3 整除
    if ( ((x + 1) % 3) == 0 )
    {
        Console.Write("\n");
    }
}
```

调用 ToList 方法时不需要指定类型参数 TSource，方法会自动识别为 double 类型，并返回 List<double>

实例。

接下来再尝试调用其他扩展方法。

```
// 查询结果包含项的个数
Console.WriteLine("查询结果中共有{0}项。", query.Count());

// 求出查询结果中所有数值的总和
Console.WriteLine("查询结果中各数值的和为{0}。",
query.Sum());

// 求出查询结果中的最大值和最小值
Console.WriteLine("查询结果中的最大值为{0}，最小值为
{1}。", query.Max(), query.Min());

// 求出查询结果中各数值的平均值
Console.WriteLine("结果中各数值的平均值为{0:N3}。",
query.Average());
```

图 10-4　强制立即执行查询示例运行结果

程序运行后，会得到如图 10-4 所示的结果。

10.2　筛选

在查询语句中，用 where 子句来设定筛选条件，如果 where 子句后面的内容为真则视为符合条件；若为假，则不符合条件。where 子句后面可以使用&&运算符或‖运算符来连接多个条件，使用方法与 if 语句类似。

思考下面代码

```
var res = from a in arr
        where a > 20
        select a;
```

where 子句必须放在 select 子句前，前面在讲述 LINQ 基础时介绍过，LINQ 查询语句必须以 select 或 group 子句结尾，因此筛选子句 where 应当位于 select 子句前。

上面的例子将从 arr 中逐个取出元素，并暂存到变量 a，每一轮取出的元素都会经过 where 子句的筛选，如果 a 的值大于 20 就执行 select 子句将其放入查询结果中，否则就忽略。

接下来通过示例介绍 where 子句的使用。在 Visual Studio 开发环境中新建一个控制台应用程序项目。

准备好示例数据。

```
int[] arrSrc = { 2, 6, 17, 24, 80, 75, 39, 46, 54, 31, 38, 47, 92 };
```

查询出大于 40 的数值。

```
var res = from n in arrSrc
        where n > 40
        select n;
// 输出查询结果
Console.WriteLine("大于 40 的数值有: ");
foreach (int item in res)
{
    Console.Write(" {0}", item);
}
```

使用多个条件进行筛选。下面代码将查询出大于 20 的偶数，即数值要同时符合两个条件：一是要大于 20，二是能被 2 整除。

```
res = from n in arrSrc
      where n > 20 && (n % 2) == 0
      select n;
      ......
```

下面代码将查询出能被 3 或 5 整除的数。

```
res = from n in arrSrc
      where ((n % 3) == 0) || ((n % 5) == 0)
      select n;
      ......
```

示例的运行结果如图 10-5 所示。

完整的示例代码请参考\第 10 章\Example_4。

图 10-5　筛选子句示例

10.3　排序

要对查询结果中的序列进行重排序，可以使用 orderby 子句，排序一般就是两个方向——升序和降序。要进行升序排列（从小到大），可以在 orderby 子句后面加上 ascending 关键字，也可以不加，因为默认情况下是按升序排列的；若要进行降序排列（从大到小），就必须在 orderby 子句后面显式加上 descending 关键字，因为降序排列不是默认行为，需要显式指定。

完整的示例代码请参考\第 10 章\Example_5。

本示例将演示如何对学生的成绩进行排序。先定义一个 Student 类，包含三个属性：ID 表示学号，Name 表示学生姓名，Score 表示学生的成绩。

```
public class Student
{
    /// <summary>
    /// 学号
    /// </summary>
    public uint ID { get; set; }

    /// <summary>
    /// 姓名
    /// </summary>
    public string Name { get; set; }

    /// <summary>
    /// 成绩
    /// </summary>
    public int Score { get; set; }
}
```

准备示例数据。

```
List<Student> stus = new List<Student>();
stus.Add(new Student { ID = 27001, Name = "小杨", Score = 76 });
stus.Add(new Student { ID = 27002, Name = "小王", Score = 89 });
stus.Add(new Student { ID = 27003, Name = "小彭", Score = 85 });
```

```
stus.Add(new Student { ID = 27004, Name = "小宋", Score = 71 });
stus.Add(new Student { ID = 27005, Name = "小江", Score = 67 });
stus.Add(new Student { ID = 27006, Name = "小梁", Score = 96 });
```

将学生成绩分别进行升序和降序排列，具体代码如下：

```
// 将成绩从小到大排序
var res = from s in stus
        orderby s.Score
        select s;
// 输出
Console.WriteLine("学生成绩按升序排列：");
foreach (Student stu in res)
{
    Console.WriteLine("学号：{0}，姓名：{1}，成绩：{2}", stu.ID, stu.Name, stu.Score);
}

// 学生成绩降序排列
res = from s in stus
    orderby s.Score descending
    select s;
// 输出
Console.WriteLine("\n\n学生成绩按降序排列：");
foreach (Student stu in res)
{
    Console.WriteLine("学号：{0}，姓名：{1}，成绩：{2}", stu.ID,
stu.Name, stu.Score);
}
```

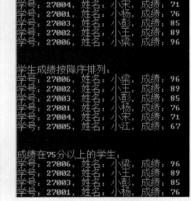

orderby 子句后面不能直接用变量 s，因为变量 s 是 Student 类，而程序要进行排序的是 Score 属性，所以在 orderby 子句后面应当指明是 Student 类的 Score 属性，即 s.Score。

下面代码将 where 子句与 orderby 子句结合起来使用。

```
res = from s in stus
    where s.Score >= 75
    orderby s.Score descending
    select s;
```

示例的运行结果如图 10-6 所示。

图 10-6　排序示例的运行结果

10.4　分组

在 LINQ 查询中加入 group 子句以实现对数据进行分组。在操作时，必须提供一个依据才能进行分组，如按字符串的首字母进行分组、按产品类别进行分组等。

正因为分组必须提供分组依据，所以 group 子句不会单独使用。group 子句后面要接上 by 关键字，格式如下：

```
group <要进行分组的元素> by <分组依据>
```

比如，要依据员工所在的部门进行分组，假设 Department 属性表示员工所属的部门，分组语句可以这样写

```
group emp by emp.Department
```

emp 变量表示从员工集合中取出的一个实例引用。

如果要对已分组的数据进行操作，可以在查询语句中临时存储各分组的数据，方法是在分组语句后面接上 into 关键字，例如：

```
group emp by emp.Department into eg
```

数据分组后会将每个分组都存入 eg 变量中，随后就可以用 select 子句把存放在 eg 中的分组选择到查询结果中，如下面代码所示

```
group emp by emp.Department into eg
    select eg
```

这时查询结果中的每个元素都是 IGrouping<TKey, TElement>类型的对象。该类型为接口，框架类库没有公开其实现类型，但不影响使用，因为 IGrouping<TKey, TElement>接口已经规范了类型必须有一个 Key 公共属性，表示用于分组的依据，比如上面的例子中，代码以员工所在的部门作为分组依据，那么对于每个分组来说，Key 属性中存放的就是部门的名称。

IGrouping<TKey, TElement>带了两个类型参数，TKey 表示分组依据（Key）的类型，TElement 表示每个分组中的元素类型。如果将表示员工信息的集合进行分组，则 TElement 表示每个员工信息实例的类型。IGrouping 接口继承自 IEnumerable<out T>接口，因此只要使用 foreach 循环就可以访问分组中的元素了。

完整的示例代码请参考\第 10 章\Example_6。

需要准备一些数据，本例将用一个字符串数组作为数据源。

```
string[] arr = { "table", "use", "up", "take", "turn", "reset", "remove", "we", "wave",
"work", "word" };
```

对数据源进行查询，并通过首字母将其分组，代码如下：

```
var res = from s in arr
          group s by s.ToUpper()[0];
// 输出查询结果
Console.WriteLine("共有{0}个分组。", res.Count());
foreach (IGrouping<char, string> item in res)
{
    Console.WriteLine("--------- {0} --------", item.Key);
    // 取出该分组中的元素
    foreach (string str in item)
    {
        Console.WriteLine(" {0}", str);
    }
    Console.WriteLine();
}
```

在 group 子句的 by 关键字后面，先调用 ToUpper 方法将字符串变为全部大写，再通过索引 0（[0]）获取字符串中的第一个字符，类型为 char。因为 string 类型其实就是一个 char 集合，一个 char 类型的实例表示一个字符，多个 char 实例放到一起就变成字符串了。

由于分组依据为 char 类型，故查询结果中的每一项都是 IGrouping<char, string>类型，在使用 foreach 语句循环访问查询结果时就可以直接将循环变量 item 声明为 IGrouping<char, string>类型。当然，也可以用 var 关键字让编译器自动识别类型。

每个 IGrouping 对象内部存储了属于该分组的元素，在本例中为 string 类型，因而只需要再嵌套一层 foreach 语句就能取出分组中的元素。

如果希望查看查询结果的结构，可以通过一个简单的方法来完成。在LINQ查询的后一行代码(即在调用Console.WriteLine方法的行)上右击，从弹出的快捷菜单中选择【运行到光标处】，如图10-7所示。

图 10-7　选择【运行到光标处】

此时，程序会调试运行，并且在右击的那行代码上停下来。在"局部变量"窗口(如果没有看到窗口，可以从"调试"菜单依次执行【窗口】→【局部变量】命令调出窗口)中找到 res 变量，并把它的"结果视图"节点全部展开，如图10-8所示，就会看到每个分组里面所存储的内容了。

示例的运行结果如图10-9所示。

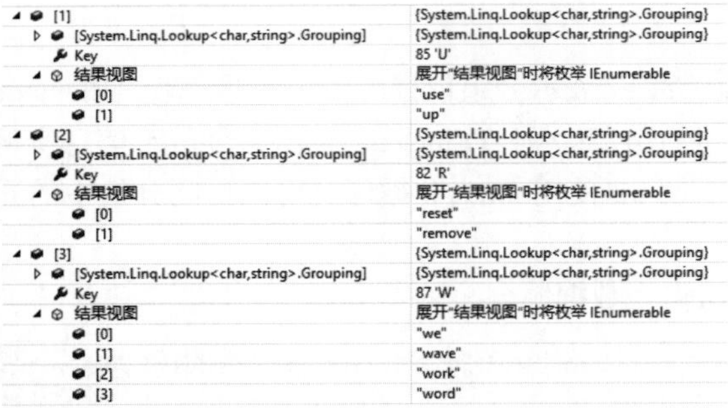

图 10-8　在"局部变量"窗口查看分组结构

图 10-9　group/by 子句示例运行结果

再看一例，完整的示例代码请参考\第 10 章\Example_7。

在本例中，假设 Student 类用于表示学员信息，StuID 属性表示学号，StuName 表示学员姓名，Course 表示学员所参加的课程。代码如下：

```csharp
public class Student
{
    /// <summary>
    /// 学员 ID
    /// </summary>
    public uint StuID { get; set; }
    /// <summary>
    /// 学员姓名
    /// </summary>
    public string StuName { get; set; }
    /// <summary>
    /// 课程
    /// </summary>
    public string Course { get; set; }
}
```

准备一个 Student 类型的数组作为测试数据。

```csharp
Student[] students =
{
    new Student { StuID = 1, StuName = "小陈", Course = "C++基础" },
    new Student { StuID = 2, StuName = "小林", Course = "VB 入门" },
```

```
        new Student { StuID = 3, StuName = "小邓", Course = "C++基础" },
        new Student { StuID = 4, StuName = "小李", Course = "C#客户端开发" },
        new Student { StuID = 5, StuName = "小唐", Course = "C++基础" },
        new Student { StuID = 6, StuName = "小周", Course = "VB 入门" },
        new Student { StuID = 7, StuName = "小张", Course = "VB 入门" },
        new Student { StuID = 8, StuName = "小吴", Course = "C#客户端开发" },
        new Student { StuID = 9, StuName = "小孙", Course = "C++基础" },
        new Student { StuID = 10, StuName = "小孟", Course = "C#客户端开发" }
};
```

查询出所有学员信息，并且以学员所参加的课程作为分组依据，对结果进行分组。

```
var res = from s in students
          group s by s.Course;
// 输出
foreach (IGrouping<string, Student> item in res)
{
    Console.WriteLine("----- {0} -----", item.Key);
    foreach (Student stu in item)
    {
        Console.WriteLine("学号：{0}，姓名：{1}，课程：{2}", stu.StuID, stu.StuName,
stu.Course);
    }
    Console.WriteLine();
}
```

因为代码是以课程属性为依据来分组的，所以在 by 后面应返回 Course 属性的值。Course 属性为 string 类型，分组后每一组的 Key 都是 string 类型。

还可以在使用 group 子句的同时，结合前面学习过的筛选和排序子句来对数据进行复杂处理。下面代码所示的查询依然是依据 Course 属性来分组，此外还使用了 orderby 子句让查询结果根据 StuID 来进行降序排列，并通过 where 子句，只筛选出 StuID 大于 5 的学员信息。

```
res = from s in students
      orderby s.StuID descending
      where s.StuID > 5
      group s by s.Course into g
      select g;
```

本示例的运行结果如图 10-10 所示。

同理，也可以在"局部变量"窗口中查看查询结果中的内容，如图 10-11 所示。

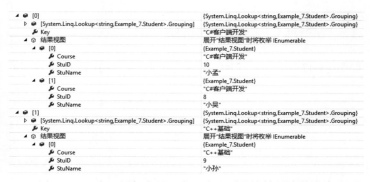

图 10-10　分组查询示例运行结果　　　　图 10-11　在"局部变量"窗口中查看查询结果中的内容

10.5　更复杂的查询

本节将在基本的 LINQ 语句基础上，探讨较为复杂的查询语句，如联合查询、嵌套查询等。

10.5.1　动态创建类型

在比较复杂的查询（如联合查询）中，查询结果通常会生成一个新的类型，以使其内部包含来自多个数据序列的属性。许多情况下，这些新类型并不是固定的，不同的查询需求会产生不同的结果，如果开发者为每一种查询结果都去定义相应的类，那代码有可能变得很复杂和凌乱。面对这种情形，使用匿名类型是较理想的选择。

匿名类型使得开发者无须事先定义类型，可以根据代码上下文的需要动态地去创建新类型。实现方法是运用 new 运算符。

```
var newObject = new
{
    Property1 = "abc",
    Property2 = 3000
};
```

由于所创建的新类型并没有确切命名，新类型的名称是由编译器自动分配的，开发者无法准确知道它叫什么，因此在声明变量时应当使用 var 关键字，由编译器来自动识别其类型。

Property1 是新类型的一个属性，通过赋值将自动识别为 string 类型；同理，Property2 也是新类型的一个属性，通过给属性赋的值编译器可以推断出它是 int 类型。

使用匿名对象的实例与使用一般的类型实例一样，也是通过成员运算符（.）来访问其属性，如下面代码所示

```
Console.Write("Property1={0},Property2={1}", newObject.Property1, newObject.Property2);
```

也可以使用 dynamic 关键字来声明用于引用匿名类型的变量。使用 dynamic 关键字声明的变量属于动态类型，在编译阶段不进行解析，只在运行时动态解析，因此当在代码中访问动态类型时一定要注意成员的名称不要写错，因为它在编译阶段不作检查，代码编辑器没有智能提示，比较容易出错。比如下面代码，用 dynamic 关键字声明一个动态类型的变量，并使用匿名类型来赋值。

```
dynamic obj = new
    {
        Name = "Jim",
        Age = 15,
        BirthDay = new DateTime(1991,2,12)
    };
```

如图 10-12 所示，在访问 obj 的成员时，由于将属性 Age 误写成 age（区分大小写），在运行时发生异常。

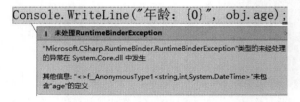

图 10-12　动态类型的成员名输入错误

正确的访问方法如下面代码所示

```
Console.WriteLine("Name = {0}, Age = {1}, BirthDay = {2:d}", obj.Name, obj.Age,
obj.BirthDay);
```

对匿名类型有一定认识后，接下来再学习 LINQ 的联合查询就容易多了。

10.5.2　联合查询

第 22 集

联合查询主要通过 join 关键字来完成。所谓联合查询，可以理解为联合多个数据序列进行查询，并从中返回查询结果。查询结果中的数据可能来源于多个数据序列。

需要提供一个联合条件才能使多个序列正确地进行联合，所以 join 关键字后面紧跟着 on 关键字，并通过 equals 关键字来判断联合条件是否成立，如下面代码所示

```
from category in categories
join prod in products on category.ID equals prod.CategoryID
```

上面代码将 categories 和 products 两个序列联合在一起进行查询，关键字 on 后面设定 category 对象的 ID 属性要与 prod 对象的 CategoryID 属性相等。

接下来通过示例介绍如何使用联合查询。

启动 Visual Studio 开发工具，新建一个控制台应用程序项目。

在本示例中，首先假设：BookInfo 类表示图书的信息，包括图书 ID、书名、分类 ID 三个属性；Category 类表示图书分类相关的信息，包括分类 ID 和分类名称两个属性。BookInfo 类的分类 ID（CateID）属性与 Category 类的 catID 属性相关联，这两个类的定义如下：

```
/// <summary>
/// 图书分类信息
/// </summary>
public class Category
{
    /// <summary>
    /// 分别 ID
    /// </summary>
    public int catID { get; set; }
    /// <summary>
    /// 分类名
    /// </summary>
    public string catName { get; set; }
}

/// <summary>
/// 图书信息
/// </summary>
public class BookInfo
{
    /// <summary>
    /// 图书 ID
    /// </summary>
    public int BookID { get; set; }
    /// <summary>
    /// 书名
    /// </summary>
```

```
    public string BookName { get; set; }
    /// <summary>
    /// 图书所属分类的 ID
    /// </summary>
    public int CateID { get; set; }
}
```

准备一些测试数据。

```
// 图书分类示例数据
List<Category> bookCategs = new List<Category>
{
    new Category { catID = 201, catName = "文学类" },
    new Category { catID = 202, catName = "经济管理类" },
    new Category { catID = 203, catName = "机械工程类" },
    new Category { catID = 204, catName = "法律基础类" }
};

// 图书信息示例数据
List<BookInfo> books = new List<BookInfo>
{
    new BookInfo { BookID = 1, BookName = "图书 01", CateID = 202 },
    new BookInfo { BookID = 2, BookName = "图书 02",CateID = 204 },
    new BookInfo { BookID = 3, BookName = "图书 03", CateID = 201 },
    new BookInfo { BookID = 4, BookName = "图书 04", CateID = 202 },
    new BookInfo { BookID = 5, BookName = "图书 05",CateID = 204 },
    new BookInfo { BookID = 6, BookName = "图书 06", CateID = 204 },
    new BookInfo { BookID = 7, BookName = "图书 07", CateID = 203 },
    new BookInfo { BookID = 8, BookName = "图书 08",CateID = 202 },
    new BookInfo { BookID = 9, BookName = "图书 09", CateID = 203 },
    new BookInfo { BookID = 10, BookName = "图书 10", CateID = 202 },
    new BookInfo { BookID = 11, BookName = "图书 11", CateID = 201 },
    new BookInfo { BookID = 12, BookName = "图书 12", CateID = 203 },
    new BookInfo { BookID = 13, BookName = "图书 13", CateID = 201 },
    new BookInfo { BookID = 14, BookName = "图书 14", CateID = 204 },
    new BookInfo { BookID = 15, BookName = "图书 15", CateID = 203 },
    new BookInfo { BookID = 16, BookName = "图书 16", CateID = 202 },
};
```

联合 books 和 bookCategs 两个数据序列，分别从 books 中查询出图书的名称，并根据 BookInfo 对象的 CateID 属性从 bookCategs 中找出图书所属分类的分类名称，代码如下：

```
var qryres = from b in books
            join c in bookCategs on b.CateID equals c.catID
            select new
            {
                b.BookName,
                c.catName
            };
// 输出结果
foreach (var bitem in qryres)
{
    Console.WriteLine("图书名：{0}，所属分类：{1}", bitem.BookName, bitem.catName);
}
```

通过以下表达式作为条件将两个序列联合起来。

```
......on b.CateID equals c.catID
```

select 子句使用 new 运算符动态创建了匿名类型，并使用 BookInfo 对象的 BookName 属性和 Category 对象的 catName 属性作为新类型的属性。也就是说，创建的匿名类型具有 BookName 和 catName 两个属性。因此在调用 Console.WriteLine 方法进行输出时可以这样访问匿名类型的属性。

```
WriteLine("图书名：{0}，所属分类：{1}", bitem.BookName, bitem.catName)
```

如果希望为动态创建的匿名类型使用自己命名的属性名，也可以这样写

```
var qryres2 =
    from bk in books
    join bc in bookCategs on bk.CateID equals bc.catID
    select new
        {
            Book_ID = bk.BookID,
            Book_Name = bk.BookName,
            Book_Cate = bc.catName
        };
```

如此一来，被动态创建的匿名类型就具有 Book_ID、Book_Name 和 Book_Cate 三个属性。示例的运行结果如图 10-13 所示。

完整的示例代码请参考\第 10 章\Example_8。

在上面的示例中，与每个 BookInfo 对象实例的 CateID 属性相对应的 Category 对象都能在 bookCategs 列表中找到，这样的联合查询可称为"内部联合"。接下来，要考虑另一种情况，即当序列 A 与序列 B 进行联合查询时，在序列 B 中找不到与序列 A 的项匹配的元素。

先看示例\第 10 章\Example_9，该示例先定义两个类：Album 类表示一张音乐专辑的基本信息，包括专辑标题、发行年份等属性；Track 类表示一首乐曲的基本信息，包括曲目、相关艺术家名字、所属专辑等信息。代码如下：

图 10-13　联合查询示例

```
/// <summary>
/// 专辑信息
/// </summary>
public class Album
{
    /// <summary>
    /// 专辑名称
    /// </summary>
    public string Title { get; set; }
    /// <summary>
    /// 发行年份
    /// </summary>
    public int Year { get; set; }
    /// <summary>
    /// 专辑描述
    /// </summary>
    public string Description { get; set; }
}

/// <summary>
```

```
    /// 曲目信息
    /// </summary>
public class Track
{
    /// <summary>
    /// 曲目名称
    /// </summary>
    public string Name { get; set; }
    /// <summary>
    /// 艺术家名字
    /// </summary>
    public string Artist { get; set; }
    /// <summary>
    /// 所属专辑
    /// </summary>
    public Album AlbumOf { get; set; }
}
```

Track 类的 AlbumOf 属性为 Album 类型，它可以与一个 Album 实例关联，表示该曲目属于某个专辑。为了更好地演示联合查询，先要为 Album 类和 Track 类分别建立两个数据序列，以生成一些模拟数据。

```
// 专辑列表
Album album1 = new Album { Title = "专辑 1", Year = 2003, Description = "这是第一张专辑。" };
Album album2 = new Album { Title = "专辑 2", Year = 2009, Description = "这是第二张专辑。" };
List<Album> albums = new List<Album> { album1, album2 };

// 曲目列表
Track track1 = new Track { Name = "曲目 1", Artist = "艺术家 1", AlbumOf = album1 };
Track track2 = new Track { Name = "曲目 2", Artist = "艺术家 2", AlbumOf = album2 };
Track track3 = new Track { Name = "曲目 3", Artist = "艺术家 3", AlbumOf = album2 };
Track track4 = new Track { Name = "曲目 4", Artist = "艺术家 4", AlbumOf = album1 };
Track track5 = new Track { Name = "曲目 5", Artist = "艺术家 5", AlbumOf = album2 };
Track track6 = new Track { Name = "曲目 6", Artist = "艺术家 6", AlbumOf = null };
List<Track> tracks = new List<Track> { track1, track2, track3, track4, track5, track6 };
```

联合查询的条件是：tracks 中的每个 Track 对象的 AlbumOf 属性所引用的对象要与 albums 中的某个 Album 对象相等。从上面代码中看到，track6 的 AlbumOf 属性为 null，即它不引用 albums 中的任何元素，因此对两个序列的联合查询会出现不对称的情况，albums 中找不到 track6 的 AlbumOf 属性所引用的对象。查询代码如下：

```
var res1 = from t in tracks
        join a in albums on t.AlbumOf equals a into g1
        from a1 in g1.DefaultIfEmpty()
        select new
        {
            TrackName = t.Name,
            Artist = t.Artist,
            AlbumName = a1.Title
        };
```

DefaultIfEmpty 方法返回分组中的所有元素，如果元素有效则返回元素自身，否则就返回元素的默认值。如本例中，如果 g1 中的 Album 对象为 null 就会返回 null。由于 albums 中没有可以与 track6 的 AlbumOf 属性相关联的对象，在 select 子句中的 AlbumName = a1.Title 就会发生异常（如图 10-14 所示），因为 a1 为 null

无法访问其 Title 属性。

图 10-14　LINQ 语句中发生异常

为了避免发生异常，可以在 select 子句中赋值时进行一下判断。

```
var res1 = from t in tracks
           join a in albums on t.AlbumOf equals a into g1
           from a1 in g1.DefaultIfEmpty()
           select new
           {
               TrackName = t.Name,
               Artist = t.Artist,
               AlbumName = a1 == null ? "未知专辑" : a1.Title
           };
```

上面代码将 select 子句中的代码做了修正，在向 AlbumName 赋值时进行判断，如果 a1 为 null 就直接用字符串"未知专辑"来赋值，否则就用 a1 的 Title 属性来赋值。这样做有效地避免了异常的发生。

还有一种方法，就是使 DefaultIfEmpty 方法总返回非 null 引用，这样也可以避免发生异常，在 select 子句中也不用进行赋值前检查。由于 DefaultIfEmpty 方法的另一个重载可以自定义指定类型的默认值来传递给方法，如在本例中，调用 DefaultIfEmpty 方法时可以向其参数传递一个 Album 对象的实例，当 albums 序列中找不到匹配的元素时，就直接返回自定义的 Album 实例，而不返回 null。查询代码如下：

```
var res2 = from t in tracks
           join a in albums on t.AlbumOf equals a into g
           from a2 in g.DefaultIfEmpty(new Album { Title = "<未知>", Year = 0, Description
= "<无>" })
                   select new
           {
               TrackName = t.Name,
               Year = a2.Year,
               Artist = t.Artist,
               AlbumName = a2.Title,
               AlbumDesc = a2.Description
           };
```

在上面查询中，对于 track6，在 albums 序列中找不到对应的 Album 对象，因此 DefaultIfEmpty 方法就把自定义的{ Title = "<未知>", Year = 0, Description = "<无>" }对象返回，使得变量 a2 不会出现 null 引用，在 select 子句中就不至于引发异常了。该查询的执行结果如图 10-15 所示。

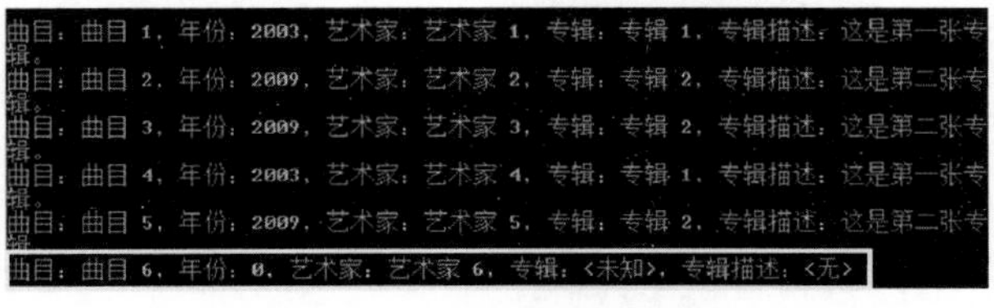

图 10-15　查询的执行结果

10.5.3 嵌套查询

嵌套查询是指在一个查询内部嵌套着另一个查询。其实嵌套查询并不复杂，只要在编写查询语句时先把思路整理好，一般都可以写出正确的查询语句。

以下示例通过 LINQ 计算某商店各种商品在第一季度的销售总额。启动 Visual Studio 开发环境，并新建一个控制台应用程序项目。

待项目创建完成后，先定义两个类——Goods 类表示商品的基本信息，包括编号、商品名称、单价等信息，一般来说，商店的商品编号使用条形码值，以便于扫描枪读取。此处仅仅是模拟；SalesOrder 类表示销售单的一条记录，包含有单据 ID、销售时间、销售量等，另外通过商品编号来与商品信息关联。两个类的定义如下：

```csharp
/// <summary>
/// 商品信息
/// </summary>
public class Goods
{
    /// <summary>
    /// 商品编号
    /// </summary>
    public string GsNo { get; set; }
    /// <summary>
    /// 商品名称
    /// </summary>
    public string GsName { get; set; }
    /// <summary>
    /// 商品单价
    /// </summary>
    public double GsPrice { get; set; }
}

/// <summary>
/// 销售单信息
/// </summary>
public class SalesOrder
{
    /// <summary>
    /// 单据 ID
    /// </summary>
    public int OrderID { get; set; }
    /// <summary>
    /// 商品编号
    /// </summary>
    public string GoodsNo { get; set; }
    /// <summary>
    /// 销售时间
    /// </summary>
    public DateTime Time { get; set; }
    /// <summary>
    /// 销售数量
```

```
        /// </summary>
        public int Qty { get; set; }
}
```

在 Main 方法中，准备一些示例数据序列，如商品列表（goodsArr）、销售单列表（orders）等。

```
// 商品信息 - 示例数据
Goods[] goodsArr =
{
    new Goods { GsNo = "G-1", GsName = "报纸", GsPrice = 1.50d },
    new Goods { GsNo = "G-2", GsName = "食盐", GsPrice = 3.65d },
    new Goods { GsNo = "G-3", GsName = "火柴", GsPrice = 0.50d },
    new Goods { GsNo = "G-4", GsName = "灯泡", GsPrice = 12.30d },
    new Goods { GsNo = "G-5", GsName = "剪刀", GsPrice = 4.50d }
};

// 销售单据 - 示例数据
SalesOrder[] orders =
{
    new SalesOrder { OrderID = 1, GoodsNo = goodsArr[0].GsNo, Qty = 3, Time = new
DateTime(2014, 1, 2) },
    new SalesOrder { OrderID = 2, GoodsNo = goodsArr[1].GsNo, Qty = 5, Time = new
DateTime(2014, 1, 4) },
    new SalesOrder { OrderID = 3, GoodsNo = goodsArr[2].GsNo, Qty = 2, Time = new
DateTime(2014, 1, 12) },
    new SalesOrder { OrderID = 4, GoodsNo = goodsArr[3].GsNo, Qty = 6, Time = new
DateTime(2014, 1, 20) },
    new SalesOrder { OrderID = 5, GoodsNo = goodsArr[4].GsNo, Qty = 1, Time = new
DateTime(2014, 2, 3) },
    new SalesOrder { OrderID = 6, GoodsNo = goodsArr[2].GsNo, Qty = 4, Time = new
DateTime(2014, 2, 9) },
    new SalesOrder { OrderID = 7, GoodsNo = goodsArr[1].GsNo, Qty = 8, Time = new
DateTime(2014, 3, 13) },
    new SalesOrder { OrderID = 8, GoodsNo = goodsArr[3].GsNo, Qty = 10, Time = new
DateTime(2014, 3, 11) },
    new SalesOrder { OrderID = 9, GoodsNo = goodsArr[0].GsNo, Qty = 15, Time = new
DateTime(2014, 3, 18) },
    new SalesOrder { OrderID = 10, GoodsNo = goodsArr[0].GsNo, Qty = 7, Time = new
DateTime(2014, 2, 22) },
    new SalesOrder { OrderID = 11, GoodsNo = goodsArr[3].GsNo, Qty = 20, Time = new
DateTime(2014, 3, 17) },
    new SalesOrder { OrderID = 12, GoodsNo = goodsArr[1].GsNo, Qty = 13, Time = new
DateTime(2014, 1, 29) },
    new SalesOrder { OrderID = 13, GoodsNo = goodsArr[2].GsNo, Qty = 8, Time = new
DateTime(2014, 2, 9) },
    new SalesOrder { OrderID = 14, GoodsNo = goodsArr[4].GsNo, Qty = 21, Time = new
DateTime(2014, 3, 16) },
    new SalesOrder { OrderID = 15, GoodsNo = goodsArr[2].GsNo, Qty = 6, Time = new
DateTime(2014, 2, 15) }
};
```

构造查询语句。在本例中就可以使用嵌套查询。首先从 goodsArr 中循环取出所有 Goods 对象，并且根据该 Goods 对象的商品编号（GsNo 属性）作为条件再执行一个嵌套查询；其次把该商品的所有销售记录都查询出来，再计算该商品的总销售量；最后将该商品的销售量与商品单价相乘，就能得出该商品的销售总额。

查询代码如下：

```
var res = from g in goodsArr
        let totalQty =
        /* 以下为嵌套查询 */
        (from od in orders
         where od.GoodsNo == g.GsNo
         select od).Sum(odr => odr.Qty)
        select new
            {
                g.GsNo,
                g.GsName,
                /* 计算总销售额 */
                Total = totalQty * g.GsPrice
            };
```

上面的查询语句使用了 let 关键字来声明临时变量 totalQty，以存储当前商品的销售数量。随后，在 select 子句中，把销售数量 totalQty 与商品的单价 g.GsPrice 相乘，就可以计算出当前商品的销售总额了。

本示例的运行结果如图 10-16 所示。

图 10-16　输出销售总额

完整的示例代码请参考\第 10 章\Example_10。

第 11 章

Windows 窗体应用程序

Windows 窗体应用程序是比较传统的桌面应用程序。Windows 操作系统的桌面中可以包含许多窗口，比如任务栏、系统托盘都可以认为是窗口，这些窗口与其他应用程序的窗口共同组成一个具有层次性的可视化对象集合。

Windows 窗体应用程序通过使用控件来进行可视化编程。控件是一种可视化部件，使用控件可以按照开发者的需要构建强大的用户界面。通过设计用户界面，让应用程序能够更好地与用户进行交互，用户也可以轻松地操作应用程序，体验更加友好。

本章将讲述 Windows 窗体应用程序开发相关的核心知识。以认识 Windows 窗体应用程序的基本结构为起点，进而会讲到如何使用窗体设计器来快速设计用户界面，以及各种控件的使用方法，最后介绍用户控件和自定义控件。

11.1 Windows 窗体应用程序的基本结构

在 Windows 操作系统中，窗口（即窗体）随处可见，如图 11-1 所示就是一个标准的 Windows 窗口。

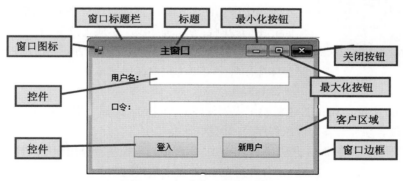

图 11-1　标准的 Windows 窗口

11.1.1 客户区域

一个标准的窗口其实就是一块矩形区域，客户区域指的是窗口内部区域。除去标题栏和边框以外的区域都可视为内部区域，称为客户区域。开发人员可以在窗口的客户区域中放置控件，也可以在其中绘制图形。图 11-2 中四个箭头所指向的范围属于窗口的客户区域。

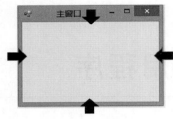

图 11-2　客户区域

可以把窗口比作计算机的显示器，标题栏和边框等非客户区域就好比显示器的外边沿，窗口的客户区域就好比显示器中的屏幕，呈现图形的矩形区域。

11.1.2　控件

控件被封装到类中，作为数据在应用程序中流动的载体。它公开一系列属性和方法，开发者可以直接调用它们来完成许多常规任务。控件也属于一类组件，控件开发者完成控件开发后会将其发布为一个或多个组件库，组件库可以被直接使用。

多数控件都支持可视化，它们充当程序与用户交互的桥梁。用户可以通过键盘、鼠标或者其他输入设备对控件进行操作。程序代码可以处理控件事件或者从控件公开的属性中获取数据来确定用户进行了哪些操作，并适当地做出响应。比如，一个按钮控件会公开一个 Click 事件，该事件会在用户单击按钮时发生，应用程序代码可以订阅该事件，只要 Click 事件发生，程序就知道用户对控件进行了操作。这时就应当按照实际需要对用户的操作给予反馈。例如，窗口中有一个"更新"按钮，用户在编辑完数据后，会单击该按钮来提交操作，程序应该监听该按钮的 Click 事件。当用户单击按钮提交时，会触发 Click 事件，紧接着程序就要先验证用户编辑后的数据是否符合要求，如果不符合，可以询问用户是否继续完善数据，还是直接放弃本次编辑操作；如果数据符合要求，就直接更新数据库。

图 11-3 所示的是比较常见的控件。

图 11-3　常见的控件

11.1.3　应用程序项目

图 11-4　Windows Forms 项目的结构

Windows 窗体应用程序也称 Windows Forms 应用程序。图 11-4 展示了一个普通的 Windows 窗体应用程序项目的基本结构，其实它与前面介绍的控制台应用程序没有本质上的区别，不同的是，在控制台应用程序中，用户只能通过输入字符的方式与应用程序交互，而 Windows 窗体应用程序可以为用户提供更丰富的可视化操作，使交互方式更加灵活和轻松。

首先要找到 Main 方法，Main 方法是整个应用程序的入口点。因此，以 Main 作为起点来认识 Windows 窗体应用程序会比较容易理解整个应用程序是如何执行的。

Windows 窗体应用程序的 Main 方法在 Program.cs 文件中，与控制台应用程序一样，项目模板生成的默认类名也叫 Program。打开代码文件后，会看到 Main 方法中的代码如下：

```
static void Main()
{
    Application.EnableVisualStyles();
    Application.SetCompatibleTextRenderingDefault(false);
    Application.Run(new Form1());
}
```

这几行代码对于理解 Windows 窗体应用程序有很大帮助。先看前面两行

```
Application.EnableVisualStyles();
Application.SetCompatibleTextRenderingDefault(false);
```

这两行代码不是很重要，一般项目模板会自动生成这两行代码。调用 EnableVisualStyles 方法可以开启可视化视觉效果。Windows 操作系统从 XP 开始使用了一种新的控件视觉效果，使得控件看起来更美观，调用该方法就是告诉操作系统，应用程序也应用视觉效果。SetCompatibleTextRenderingDefault 主要是对控件上的文本呈现做兼容性处理。

重点是第三行代码

```
Application.Run(new Form1());
```

Form1 是项目模板生成的一个窗口类，它派生自 System.Windows.Forms.Form 类，它表示一个标准的 Windows 窗口。这就可以解释为什么把 Windows 窗体应用程序称为 "Windows Forms 应用程序" 或简称为 "WinForm 应用程序" 了，因为 Form 类封装了与窗口相关的信息。

调用 Application 类的 Run 方法就会启动一个消息循环，并且需要等待消息循环退出，Run 方法才会返回。代码是一行一行地往下执行的，从 Main 方法的入口位置开始执行，当代码执行完 Main 方法后应用程序就会退出，正因为 Run 方法启动了一个消息循环，才使应用程序在 Run 方法处停下来，等到用户将其关闭或者操作系统要结束当前进程时才会退出 Main 方法。

可以用以下代码来模拟消息循环

```
void Main( … )
{
    while ( 不想退出程序 )
    {
        进行其他操作
    }
}
```

11.1.4　Windows 消息循环

应用程序进入消息循环后，会不断地从消息队列中提取消息并进行处理，直到收到 WM_QUIT 消息才会退出消息循环，随后退出应用程序。因此，消息循环不是死循环，在满足退出条件时会跳出循环。.NET 框架提供的有关 Windows 窗体应用程序开发的类库其实是对传统 Win32 应用程序的封装和增强。尽管使用 C#进行 Windows 程序开发比过去使用纯 Win32 的 API 进行开发要简单得多，但是对于初学者来说，为了能够更好地理解消息循环是如何进行的，还是有必要去了解一下如何使用 C/C++语言和 Win32 的 API 来编写 Windows 应用程序。

下面的 C 代码将演示一个简单的 Windows 应用程序的开发流程。

```
#include <Windows.h>

/* 消息处理函数 - 前导声明 */
LRESULT CALLBACK WindowProc(
    _In_  HWND hwnd,
    _In_  UINT uMsg,
    _In_  WPARAM wParam,
    _In_  LPARAM lParam
    );

/* WinMain - 程序入口点 */
int CALLBACK WinMain(
```

```
    _In_  HINSTANCE hInstance,
    _In_  HINSTANCE hPrevInstance,
    _In_  LPSTR lpCmdLine, /* 命令行参数 */
    _In_  int nCmdShow  /* 如何显示窗口 */
    )
{
    /* 窗口类名称 */
    WCHAR* className = L"MyWin";
    /* 窗口标题 */
    WCHAR* title = L"我的应用程序";

    /* 1、设计窗口类 */
    WNDCLASS wc = { 0 };
    wc.style = CS_HREDRAW | CS_VREDRAW;
    /* 关联消息处理函数 */
    wc.lpfnWndProc = (WNDPROC)WindowProc;
    /* 与当前程序的实例关联 */
    wc.hInstance = hInstance;
    /* 用于绘制窗口客户区域的画刷 */
    wc.hbrBackground = (HBRUSH)COLOR_WINDOW;
    /* 设置类名 */
    wc.lpszClassName = className;

    /* 2、注册窗口类 */
    RegisterClass(&wc);

    /* 3、创建窗口 */
    HWND hWindow = CreateWindow(
        className, /* 窗口类名 */
        title, /* 窗口标题 */
        WS_OVERLAPPEDWINDOW, /* 窗口样式 */
        120, /* 窗口 X 坐标 */
        36, /* 窗口 Y 坐标 */
        325, /* 窗口宽度 */
        260, /* 窗口高度 */
        NULL,
        NULL,
        hInstance,
        NULL);

    if (!hWindow)
        return -1;

    /* 4、显示窗口 */
    ShowWindow(hWindow, nCmdShow);

    /* 5、更新窗口 */
    UpdateWindow(hWindow);

    /* 6、进入消息循环 */
    MSG msg;
    while (GetMessage(&msg, NULL, 0, 0))
    {
        /* 传递消息 */
        TranslateMessage(&msg);
```

```
        DispatchMessage(&msg);
    }

    return 0;
}

/* 消息处理函数 */
LRESULT CALLBACK WindowProc(
    _In_   HWND hwnd,
    _In_   UINT uMsg,
    _In_   WPARAM wParam,
    _In_   LPARAM lParam
    )
{
    switch (uMsg)
    {
    case WM_DESTROY:
        PostQuitMessage(0);
        return TRUE;
        break;
    default:
        return DefWindowProc(hwnd, uMsg, wParam, lParam);
        break;
    }
    return DefWindowProc(hwnd, uMsg, wParam, lParam);
}
```

以上代码用于理解消息循环。Win32 应用程序的入口点函数名为 WinMain，相当于 C#语言中的 Main 方法。从上面代码可以看出，使用 Win32 API 创建 Windows 应用程序大致有以下几个步骤。

（1）设计窗口类，主要通过给 WNDCLASS 结构体传递参数来完成，如类名、背景颜色等。

（2）窗口类设计好了，就要向操作系统申请注册，成功注册后才能使用该窗口类。

（3）使用前面设计好并已成功注册的窗口类创建窗口。

（4）窗口创建成功后就要显示窗口，这样用户在屏幕上才能看到窗口。

（5）更新窗口。整个屏幕就像一张画纸，用户在屏幕上看到的内容都是操作系统画上去的，窗口也一样，为了让用户看到窗口显示的最新状态，需要更新它。

（6）进入消息循环。

（7）不断地接收和处理消息，直到收到 WM_QUIT 消息才退出。

消息循环由下面代码来完成

```
while (GetMessage(&msg, NULL, 0, 0))
{
    /* 传递消息 */
    TranslateMessage(&msg);
    DispatchMessage(&msg);
}
```

使用 while 循环，不断地调用 GetMessage 函数来从消息队列中提取消息，并传给消息处理函数进行响应处理。当 GetMessage 函数返回 0，说明收到 WM_QUIT 消息，由于在 C/C++中，0 表示的是 false，所以 GetMessage 函数返回 0 说明 while 循环的条件不成立，这时会跳出循环继续往下执行，直到应用程序退出。

可以绘制如图 11-5 所示的示意图来模拟消息循环的过程。

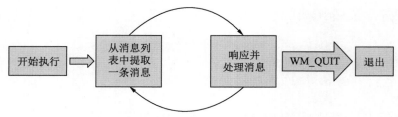

图 11-5　消息循环示意图

图 11-6　选择项目模板

11.1.5　创建一个 Windows 窗体应用程序

本节将演示在 Visual Studio 开发环境中创建 Windows 窗体应用程序项目的过程。

在 Visual Studio 开发环境的菜单栏中依次执行【文件】→【新建】→【项目】命令，打开"新建项目"窗口。在项目模板列表中找到"Windows 窗体应用"，单击"下一步"按钮（如图 11-6 所示）；输入项目名称、解决方案名称及项目存放路径，单击"下一步"按钮（如图 11-7 所示）；选择要使用的.NET 版本，最后单击"创建"按钮完成（如图 11-8 所示）。

按下 F5 键运行应用程序。如图 11-9 所示，一个完整的 Windows 窗体应用程序就顺利完成了。

图 11-7　输入项目信息

图 11-8　选择要使用的.NET 版本

完整的示例代码请参考\第 11 章\Example_1。

在 Windows 窗体应用程序项目的 Main 方法中，模板默认生成以下代码

图 11-9　示例程序的主窗口

```
Application.SetHighDpiMode(HighDpiMode.SystemAware);
Application.EnableVisualStyles();
Application.SetCompatibleTextRenderingDefault(false);
Application.Run(new Form1());
```

（1）调用 SetHighDpiMode 方法，设置应用程序窗口的 DPI 缩放行为。默认使用 SystemAware，即应用程序会检测主显示器的 DPI，并将此 DPI 设置到窗口的缩放中；哪怕窗口被拖放到其他显示器（假设一台主机连接了多个显示器）中仍然使用此 DPI 进行缩放。如果希望窗口能根据

不同显示器的 DPI 进行缩放，可以使用 PerMonitor 或者 PerMonitorV2。

（2）调用 EnableVisualStyles 方法启用窗口控件的视觉样式。从 Windows XP 系统开始，Windows 界面可以开启视觉效果，让用户界面更美观。

（3）调用 SetCompatibleTextRenderingDefault 方法设置窗口文本的绘制方式。若 defaultValue 参数设置为 true，则使用 GDI+引擎来绘制文本；若为 false，则使用兼容性较广泛的 GDI 引擎来绘制文本。

（4）调用 Run 方法，开始程序的主消息循环。窗体 Form1 将作为主窗口显示，当此窗口关闭后，主消息循环会退出，进而退出应用程序。

11.2　ApplicationContext 类

Application 类（位于 System.Windows.Forms 命名空间）公开了 Run 方法，开发者可以调用该方法来调度应用程序进入消息循环。Run 方法有三个重载。第一个重载版本不带任何参数，我们很少使用该重载，因为不带参数的 Run 方法不容易控制和处理消息。Run 方法调用后并不是立刻返回，而是进入消息循环，除非满足退出消息循环的条件出现，否则 Run 方法调用会一直处于等待状态，应用程序代码执行到这里也会停下来，这会给应用程序生命周期的控制带来许多不便。Run 方法的另外两个重载版本用得比较多，尤其是以下重载

```
static void Run(System.Windows.Forms.Form mainForm)
```

调用该重载版本，只需把希望作为主窗口的 Form 实例（包括从 Form 类派生的类）传递给 mainForm 参数即可。一旦 mainForm 关闭，整个消息循环就会退出，Run 方法返回，应用程序退出。

Run 方法的以下重载版本较为灵活

```
static void Run(System.Windows.Forms.ApplicationContext context)
```

使用 ApplicationContext 对象作为参数可以使应用程序的生命周期管理变得比较灵活。通常的做法是从 ApplicationContext 类派生，并写入开发者希望实现的代码。ApplicationContext 类也允许设置一个 Form 实例作为主窗口，也可以不设置主窗口。调用该版本的 Run 方法会在 ApplicationContext 对象中进行消息循环。调用 ApplicationContext 类的 ExitThread 方法会导致该 ApplicationContext 上的消息循环终止。

接下来通过一个实例来介绍如何使用 ApplicationContext 类。

在 Visual Studio 开发环境中新建一个 Windows 窗体应用程序项目。待项目创建后，打开"解决方案资源管理器"窗口，删除项目模板生成的 Form1.cs 文件。

打开 Program.cs 文件，从 ApplicationContext 派生出一个类，本示例将其命名为 MyAppContext，代码如下：

```
public class MyAppContext : ApplicationContext
{
    /// <summary>
    /// 用于记录窗口的个数
    /// </summary>
    static int WindowCount;

    private Form window1, window2, window3;

    public MyAppContext()
    {
```

```
            WindowCount = 0;

            // 实例化三个窗口
            window1 = new Form();
            window1.Text = "窗口 1";
            window1.Size = new System.Drawing.Size(300, 200);
            window1.Location = new System.Drawing.Point(50, 100);
            window1.Name = "form1";                    //窗口名称
            // 处理事件
            window1.FormClosed += onWindowClosed;
            // 窗口总数加 1
            WindowCount += 1;
            window2 = new Form();
            window2.Text = "窗口 2";
            window2.Size = new System.Drawing.Size(160, 270);
            window2.Location = new System.Drawing.Point(255, 69);
            window2.Name = "form2";                    //窗口名称
            // 处理事件
            window2.FormClosed += onWindowClosed;
            // 窗口总数再加 1
            WindowCount += 1;
            window3 = new Form();
            window3.Text = "窗口 3";
            window3.Size = new System.Drawing.Size(320, 200);
            window3.Location = new System.Drawing.Point(300, 180);
            window3.Name = "form3";                    //窗口名称
            // 处理事件
            window3.FormClosed += onWindowClosed;
            // 窗口总数再次加 1
            WindowCount += 1;

            // 显示三个窗口
            window1.Show();
            window2.Show();
            window3.Show();
        }

        private void onWindowClosed(object sender, FormClosedEventArgs e)
        {
            // 窗口总数减 1
            WindowCount -= 1;
            // 当窗口总数为 0 时，退出
            if (WindowCount == 0)
            {
                ExitThread();
            }
        }
    }
```

　　静态成员 WindowCount 用来记录窗口的总数。在 MyAppContext 类的构造函数中实例化三个 Form 实例，即创建三个窗口，并处理各个窗口的 FormClosed 事件。当窗口被关闭后，会发生 FormClosed 事件，在该事件的处理程序中将 WindowCount 的值减去 1，表示已关闭了一个窗口。判断 WindowCount 的值是否为 0，如果为 0，说明所有窗口都已经关闭了，这时应该退出消息循环，进而退出应用程序。要退出当前消息循环可以调用 ExitThread 方法。

在 Main 方法中对代码做如下修改

```
static void Main()
{
    ……
    // 开始消息循环
    Application.Run(new MyAppContext());
}
```

也就是在 MyAppContext 对象上进行消息循环。

运行应用程序，屏幕上会出现三个窗口，如图 11-10 所示。然后逐个关闭，当最后一个窗口被关闭后，整个应用程序就会退出。

完整的示例代码请参考\第 11 章\Example_2。

图 11-10　屏幕上出现的三个窗口

11.3　窗体设计器

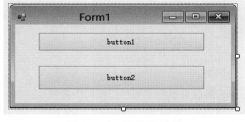

图 11-11　窗体设计器

Visual Studio 开发环境中的 Visual 是可视化的意思，Visual Studio 在界面设计方面提供了较为强大的支持，为各种类型的应用项目提供与之对应的可视化设计器。

使用设计器，可以在设计和开发阶段对用户界面进行排版，并可以实时查看界面的最终效果。图 11-11 是窗体设计器的界面。

下面将通过实践来介绍如何使用 Windows 窗体设计器来完成界面设计。

（1）在 Visual Studio 开发环境中新建一个 Windows 窗体应用程序项目。

（2）在项目创建完成后，项目模板已经生成了一个名为 Form1 的窗口。调出"解决方案资源管理器"窗口，然后在 Form1 节点上右击，从弹出的快捷菜单中选择【删除】，随后会弹出一个对话框，询问是否真的要删除文件，单击"确定"将文件删除。

（3）保持"解决方案资源管理器"窗口处于可见状态，在项目名称节点上右击，在随后弹出的快捷菜单中依次执行【添加】→【窗体（Windows 窗体）】（如图 11-12 所示），在随后打开的窗口中输入窗口的名称，注意要保留".cs"后缀名，因为一个新窗口其实就是一个 C#代码文件，窗口类是从 Form 派生的一个新类。其实还可以通过新建项来完成，读者不妨自己动手试一试。

（4）这时新建的窗口会自动用窗体设计器打开，可以通过窗口周围的三个控制点调整窗口的大小，如图 11-13 所示。

打开"属性"窗口，方法是在 Visual Studio 主界面上执行菜单【视图】→【属性窗口】。"属性"窗口并不是针对某个特定对象而设计的，它会根据被选中的目标对象自动切换界面视图。比如在"解决方案资源管理器"窗口中选中一个文件，再打开"属性"窗口，那么这时"属性"窗口中所显示的就是当前所选择文件的属性，比如文件名、完整路径等。因此，如果读者希望查看窗体设计器中正处于设计状态的窗口属性，就需要先单击一下窗口，使其被选中，再打开"属性"窗口。

这时"属性"窗口中所显示的就是窗口的属性了。Size 属性表示窗口的大小（由宽度和高度决定），当通过拖动窗口的控制点调整窗口的大小后，再打开"属性"窗口，会看到 Size 属性已经发生了变化，如图 11-14 所示。

图 11-12　新建窗口

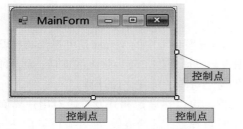

图 11-13　调整窗口大小的控制点

图 11-14　Size 属性显示在"属性"窗口中的值

在"属性"窗口的顶部有一排工具小按钮，功能是切换查看视图，如图 11-15 所示。

（5）要向窗口上放置控件，则需要用到"工具箱"窗口，调出方法是依次执行菜单【视图】→【工具箱】，当然也可以使用快速启动功能，直接搜索"工具箱"。

在"工具箱"窗口中找到需要的控件，按住鼠标左键，直接将其拖到窗口上，然后松开鼠标左键就会看到，控件已经放置到窗口中了。读者可尝试把一个 Button 控件拖到窗口上，如图 11-16 所示。

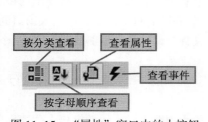

图 11-15　"属性"窗口中的小按钮

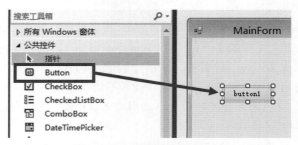

图 11-16　将控件拖到窗口上

还有一种方法，就是直接在"工具箱"窗口中双击需要的控件，控件也会自动放置到窗口上。

（6）单击拖入窗口中的 Button 控件（按钮），使其处于选中状态，然后打开"属性"窗口，找到 Text 属性，然后输入"请点击我"，如图 11-17 所示。

然后单击"属性"窗口上的 ⚡ 按钮，切换到事件列表视图，找到 Click 事件，并在右边的输入框中输入事件处理程序的名称，最后按下 Enter 键，如图 11-18 所示。也可以直接双击 Click 事件，让 Visual Studio

自动生成事件处理程序。

Text	请点击我
TextAlign	MiddleCenter
TextImageRelation	Overlay

图 11-17　修改 Text 属性

图 11-18　输入事件处理程序的名称

这时，与 Click 事件关联的方法已经生成，并自动导航到代码编辑视图。开发人员可以在该方法内输入自己的处理代码，如下面代码所示。

```
private void OnClick(object sender, EventArgs e)
{
    MessageBox.Show("快乐编程。", "应用程序", MessageBoxButtons.OK, MessageBoxIcon.
Information);
}
```

MessageBox 类公开了一系列静态方法，可以使用它来弹出一个消息对话框。

（7）由于前面删除了项目模板生成的 Form1 窗口，因此需要打开 Program.cs 文件，对 Main 方法中的 Application.Run 调用进行如下修改。

```
static void Main()
{
    ……
    Application.Run(new MainForm());
}
```

把一个 MainForm 实例传递给 Run 方法，表示应用程序以 MainForm 作为主窗口，将在其上进行消息循环。

（8）按下 F5 键调试运行应用程序。待主窗口出现后，用单击窗口上的按钮，会看到如图 11-19 所示的效果。

至此，示例程序已经完成。完成本示例的目的是让读者直观地认识窗体设计器。上述过程只是向设计器上拖放了控件，并通过"属性"窗口设置了一些属性和事件，应用程序如何才能运行起来呢？

在使用窗体设计器布局窗口并设置属性后，Visual Studio 会自动生成

图 11-19　单击按钮后弹出消息框

一些代码。调出"解决方案资源管理器"窗口，找到刚才创建的 MainForm 窗口，对应的代码文件是 MainForm.cs。然后单击其左侧的 ▷ 将其展开，会看到一个名为 MainForm.Designer.cs 的代码文件，它是根据窗口的类名来命名的，并加上了"Designer"标识，表明该文件里面的代码是设计器生成的。

打开这个由设计器生成的代码文件，就会看到设计器所生成的代码。窗口及窗口中各个控件的初始化工作都放在一个名为 InitializeComponent 的方法中，在窗口类的构造函数中调用。因此，在 MainForm.cs 上右击，从快捷菜单中选择【查看代码】，在打开的代码文件中，会看到以下代码。

```
public MainForm()
{
    InitializeComponent();
}
```

MainForm.Designer.cs 文件中的代码不能手动修改，因为它是由设计器生成的，一旦通过窗体设计器编辑了窗口，这些代码会重新生成，而所做的任何修改是不会被保留的。所以，在声明 MainForm 类时使用了

partial 关键字，表示这是一个分部类（也有些资料翻译为"部分类"）。意思是指这个类可以在不同地方定义，如在不同的代码文件中定义，但是在编译时会将它们合并，本质上它们是同一个类，只是被拆分为多个部分。

前面说过，设计器生成的代码是不能修改的，即便修改了也是徒劳无功，每次生成都会覆盖原有的代码。使用分部类就可以解决这个问题，设计器生成的 MainForm.Designer.cs 文件中的 MainForm 类不应当修改，但是 MainForm.cs 文件则可以，代码生成时不会覆盖 MainForm.cs 中的代码，因此开发人员所编写的代码就不会丢失。

所以为窗口编写自定义的代码是在 MainForm.cs 文件中进行的。以下是设计器为窗口和 Button 控件生成的代码。

```
//
// button1
//
this.button1.Location = new System.Drawing.Point(48, 78);
this.button1.Name = "button1";
this.button1.Size = new System.Drawing.Size(75, 23);
this.button1.TabIndex = 0;
this.button1.Text = "请点击我";
this.button1.UseVisualStyleBackColor = true;
this.button1.Click += new System.EventHandler(this.OnClick);
//
// MainForm
//
this.AutoScaleDimensions = new System.Drawing.SizeF(6F, 12F);
this.AutoScaleMode = System.Windows.Forms.AutoScaleMode.Font;
this.ClientSize = new System.Drawing.Size(284, 171);
this.Controls.Add(this.button1);
this.Name = "MainForm";
this.Text = "MainForm";
```

注意这一行代码：

```
this.button1.Click += new System.EventHandler(this.OnClick);
```

从这行代码中可以看出在设计器中设置的 Click 事件是如何与 OnClick 方法关联的，这里涉及前面介绍过的有关委托与事件的知识。

从"对象浏览器"窗口中可以看到，表示一个窗口的 Form 类其实是 Control 类的子类，如图 11-20 所示。

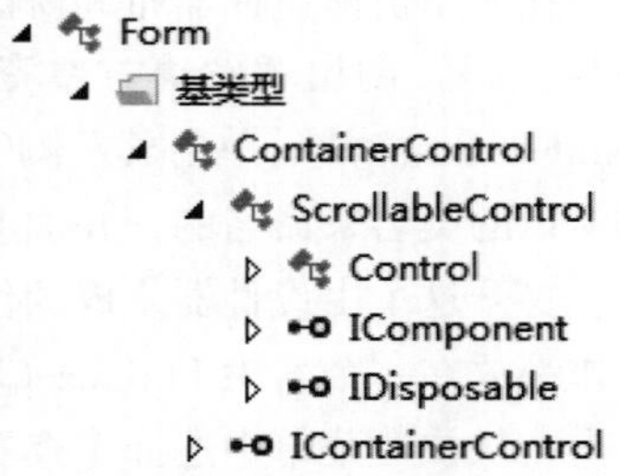

Control 是所有控件的基类，也就是说，Form 是一种特殊的控件。Control 类有一个 Controls 属性，表示一个控件集合，从"工具箱"中拖到窗口上的控件，其实就是添加到这个控件集合中，成为窗口的子控件。所以，设计器生成的代码中有这么一行：

```
▲ ⚙ Form
   ▲ ▣ 基类型
      ▲ ⚙ ContainerControl
         ▲ ⚙ ScrollableControl
            ▷ ⚙ Control
            ▷ •O IComponent
            ▷ •O IDisposable
            ▷ •O IContainerControl
```

图 11-20 From 类的继承层次

```
this.Controls.Add(this.button1);
```

就是把 Button 对象加入 Form 对象的控件集合中。

完整的示例代码请参考\第 11 章\Example_3。

11.4　控件的基类——Control

　　用于 Windows 窗体应用程序的控件都派生自 Control 类，并继承了许多通用成员，这些成员都是平时使用控件的过程最常用到的。无论要学习哪个控件的使用，都离不开这些基本成员，尤其是一些公共属性。

　　由于 Control 类规范了控件的基本特征，因此在学习如何使用各种控件之前，先介绍 Control 类。本节主要介绍 Control 类的一些基本属性，剩下一些内容会留到后面在介绍如何自己开发控件时再讨论。

　　通过"对象浏览器"窗口可以查看到 Control 类的成员列表，表 11-1 总结了一些使用频率较高的公共属性。

表 11-1　Control类的一些常用属性

属　　性	说　　明
Name	控件实例的名称，通常通过"属性"窗口设置，控件实例名称与控件变量名称相同，以便在代码中能够引用
Anchor	指示在控件的容器被调整时，控件紧贴着哪个方向的边沿。比如，一个窗口中放置了一个按钮，并将按钮的Anchor属性设置为Right + Bottom，当用户调整窗口的大小时，按钮将保持与窗口的底部和右边沿的距离不变。图11-21为窗口被调整大小之前按钮的位置，图11-22为窗口被调整大小后按钮的位置，可以看到，按钮始终紧贴着窗口的右下角不变 图 11-21　调整前　　　图 11-22　调整后
Margin和Padding	Margin属性与Padding属性都表示边距。如图11-23所示，A、B、C三个控件形成嵌套关系，假设控件B为当前控件，即以B控件作为参考。Margin指的是B控件与它的父容器A边沿之间的距离；Padding指的是控件B与它的子级控件C之间的边距。所以，Margin与Padding是相对值 图 11-23　Margin 与 Padding 的关系
Visible	指示控件是否可见，如果为true，则用户可以看到该控件，否则用户将看不到该控件
Enabled	指示控件是否可用。如果为true，说明控件处于可用状态；如果为false，表示控件不可用，控件将不与用户进行任何交互
Font	表示控件中所呈现文本的字体。包括字体、字体大小、是否加粗等
ForeColor、BackColor和BackgroundImage	ForeColor属性表示前景色，即控件上呈现的文本的颜色；BackColor属性表示控件的背景色；BackgroundImage属性可以提供一个图像实例来绘制控件的背景

属　　性	说　　明
Dock	指示控件如何填充容器中的可用空间。如果设置为Fill则表示控件将占满所有可用空间；如果设置为Top，则表示控件将占用容器上方的所有空间
Location与Left、Top	表示控件在容器中的位置，如果控件是窗口，那么它的位置就相对于桌面坐标（屏幕坐标）而定。由于Location属性的类型是Point结构，是值类型，因此不能直接修改其X和Y的值，而是向Location属性赋一个新的Point实例；也可以直接设置Left属性（X坐标）和Top属性（Y坐标）的值来调整控件的位置
Size与Width、Height	表示控件的大小，由宽度和高度两个值决定。与Location属性一样，Size属性的类型是Size结构，是值类型，不能直接修改，必须将一个新的Size实例赋给Size属性；或者直接修改控件的Width和Height属性

11.4.1　示例：设置控件的位置和大小

本示例将实现手动输入控件的 X 和 Y 坐标，以及宽度和高度，确定后动态调整控件的位置和大小。完成本示例的基本步骤如下。

（1）启动 Visual Studio 开发环境，新建一个 Windows 窗体应用程序项目。

（2）默认情况下，项目模板生成的 Form1 窗口将打开设计视图，并按照表 11-2 设置 Form1 的属性。

表 11-2　Form1 的属性设置情况

属　　性	值
Size	Width：485 Height：470
Text	设置控件的位置与大小
Location	X：35 Y：50

（3）从工具箱中拖一个 Panel（面板）控件到窗口中，设计器自动将其命名为 panel1，本示例不必修改它。随后参考表 11-3 设置 panel1 的属性。

表 11-3　panel1 的属性设置清单

属　　性	值
Dock	Top
Size	Width：469 Height：350

（4）再从工具箱中拖一个 Panel 控件放到 panel1 中，然后参考表 11-4 设置它的属性。

表 11-4　第二个Panel控件的属性设置清单

属　　性	值
Name	pnlChild
Size	Width：87 Height：74

属　　性	值
Location	X：263 Y：79
BackColor	Red

（5）拖放四个 Label 控件到窗口的底部区域，各自的 Text 属性可参考图 11-24 进行设置。

（6）从工具箱中拖出四个 TextBox 控件到窗口底部，分别放到上述的四个 Label 控件后面（如图 11-25 所示）。用于输入 X 坐标的 TextBox 控件命名为 txtLeft；用于输入 Y 坐标的 TextBox 控件命名为 txtTop；用于输入宽度的 TextBox 控件命名为 txtWidth；用于输入高度的 TextBox 控件命名为 txtHeight。

图 11-24　四个 Label 控件

图 11-25　四个 TextBox 控件

（7）拖一个 Button 控件（按钮）到窗口的右下角，参考表 11-5 设置该按钮的属性。

表 11-5　设置按钮的相关属性

属　　性	值
Name	btnSet
Size	Width：103 Height：42
Location	X：345 Y：375
Text	设置

（8）双击 btnSet 按钮，Visual Studio 会自动生成 Click 事件的处理方法，然后输入自定义的代码。具体的代码如下：

```
private void btnSet_Click(object sender, EventArgs e)
{
    int m_left, m_top, m_width, m_height;
    // 防止输入非整型数值
    // X 坐标
    if (int.TryParse(txtLeft.Text, out m_left) == false)
    {
        // 如果输入的值无效
        // 就分配一个默认值
        m_left = 36;
    }
    // Y 坐标
    if (int.TryParse(txtTop.Text, out m_top) == false)
    {
        // 如果输入的值无效
        // 就分配一个默认值
        m_top = 12;
    }
```

```
    // 宽度
    if (int.TryParse(txtWidth.Text, out m_width) == false)
    {
        // 如果输入的值无效
        // 就分配一个默认值
        m_width = 80;
    }
    // 高度
    if (int.TryParse(txtHeight.Text, out m_height) == false)
    {
        // 如果输入的值无效
        // 就分配一个默认值
        m_height = 25;
    }

    // 设置 pnl 面板的位置和大小
    this.pnlChild.Left = m_left;
    this.pnlChild.Top = m_top;
    this.pnlChild.Width = m_width;
    this.pnlChild.Height = m_height;
}
```

设置控件的位置除了可以修改 Left 和 Top 属性外，还可以设置 Location 属性，比如：

```
控件变量.Location = new Point ( X坐标, Y坐标 );
```

同理，设置控件的大小，也可以设置 Size 属性：

```
控件变量.Size = new Size ( 宽度, 高度 );
```

示例的运行结果如图 11-26 所示。

保持窗口设计器处于打开状态，然后在 Visual Studio 开发环境中依次执行【视图】→【其他窗口】→【文档大纲】菜单，打开"文档大纲"窗口，可以看到拖放到窗口上的所有控件的层次关系，如图 11-27 所示。所以，当窗口上控件比较多时，可以使用"文档大纲"窗口来快速理清窗口的布局结构。

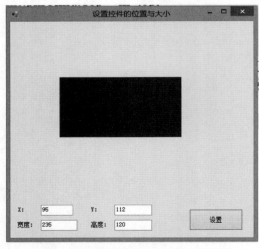

图 11-26　控件的位置和大小已设置

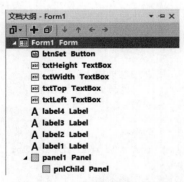

图 11-27　"文档大纲"窗口

完整的示例代码请参考\第 11 章\Example_4。

11.4.2　示例：设置控件的前景色和背景色

本示例将演示如何动态设置控件的背景色和前景色。示例运行后，可以单击对应的按钮分别为 Label 控件设置背景色和前景色。具体的操作步骤如下。

（1）在 Visual Studio 开发环境中新建一个 Windows 窗体应用程序项目。

（2）默认情况下，项目模板会生成一个名为 Form1 的窗口，在项目创建后会自动用窗体设计器打开。参考表 11–6 修改 Form1 的属性。

表 11-6　Form1 的属性设置

属　　性	值
Text	设置背景色和前景色
Size	Width：381 Height：145

（3）从工具箱中拖一个 Label 控件到窗口中，并将其命名为 lblTest，其他属性可以参考表 11–7 进行设置。

表 11-7　设置lblTest的属性

属　　性	值
Text	示例文本
Font	Name：宋体 Size：24
AutoSize	False
Size	Width：340 Height：43
Location	X：13 Y：13
TextAlign	MiddleCenter

将 AutoSize 设置为 false 取消自动计算尺寸的功能，控件的大小则按照设定的 Size 来呈现，而不是自动计算大小。

将 TextAlign 属性设置为 MiddleCenter 表示文本在水平方向上和垂直方向上都是居中对齐。

（4）从工具箱中拖两个 Button 控件放在 lblTest 控件的下方。第一个 Button 命名为 btnBackColor，将 Text 属性设置为"设置背景色"；第二个 Button 命名为 btnForeColor，将 Text 属性设置为"设置前景色"。

（5）在工具箱中找到 ColorDialog 组件，然后双击它，这时会在窗体设计器底部的组件集合区域添加一个 ColorDialog 组件实例，并自动命名为 colorDialog1，如图 11–28 所示。

组件与控件不太一样，控件呈现在窗口中，而组件是可以独立使用的。许多组件封装了系统的公共对话框，如字体、文件、颜色等选择器。由于组件不直接呈现在窗口上，所以设计器会统一将组件放到底部的区域中，与控件区分开来。

图 11–28　设计器的组件区域

ColorDialog 的功能是打开一个颜色选择窗口，用户可以在其中选择需要的颜色，完成后单击"确定"

按钮，关闭窗口。应用程序可以通过访问 ColorDialog.Color 属性来获取用户选择的颜色。

（6）分别处理 btnBackColor 按钮和 btnForeColor 按钮的 Click 事件，具体代码如下：

```
private void btnBackColor_Click(object sender, EventArgs e)
{
    // 调用 ShowDialog 方法显示用于选择颜色的窗口
    if (this.colorDialog1.ShowDialog() == System.Windows.Forms.DialogResult.OK)
    {   // 如果用户单击了"确定"按钮，ShowDialog 方法返回 DialogResult.OK
        // 设置背景色
        this.lblTest.BackColor = this.colorDialog1.Color;
    }
}

private void btnForeColor_Click(object sender, EventArgs e)
{
    if (this.colorDialog1.ShowDialog() == System.Windows.Forms.DialogResult.OK)
    {
        // 设置前景色
        this.lblTest.ForeColor = this.colorDialog1.Color;
    }
}
```

要显示选择颜色的窗口，可以调用 ShowDialog 方法。如果用户单击了"确定"按钮，ShowDialog 方法就会返回 DialogResult 枚举中的 OK 值，代码只需关注这个值就可以了，因为用户单击除"确定"以外的其他按钮都不需要进行任何操作。

示例应用程序的运行结果如图 11-29 和图 11-30 所示。

图 11-29 选择颜色的窗口

图 11-30 设置 Label 控件的背景色和前景色进行

完整的示例代码请参考\第 11 章\Example_5。

11.4.3 示例：调整控件的 Z 顺序

控件的 Z 顺序其实不难理解，当窗口或容器控件中的控件在布局过程中发生重叠时，会出现层次性，Z 顺序较大的控件会遮挡 Z 顺序较小的控件，即放在顶层的控件会挡住放在底层的控件。Z 顺序大致的结构如图 11-31 所示。

开发人员可以在设计阶段通过窗体设计器调整控件的 Z 顺序，也可以在运行阶段通过代码来调整控件的 Z 顺序。本节的示例将演示这两种情况：在设计阶段通过菜单来调整控件的 Z 顺序；当示例程序运行后，通过单击来增加控件的 Z 顺序，通过右击减小控件的 Z 顺序。为了使效果更加明显，易于观察，示例还通过处理控件的 Paint 事件来为控件绘制一个矩形边框。

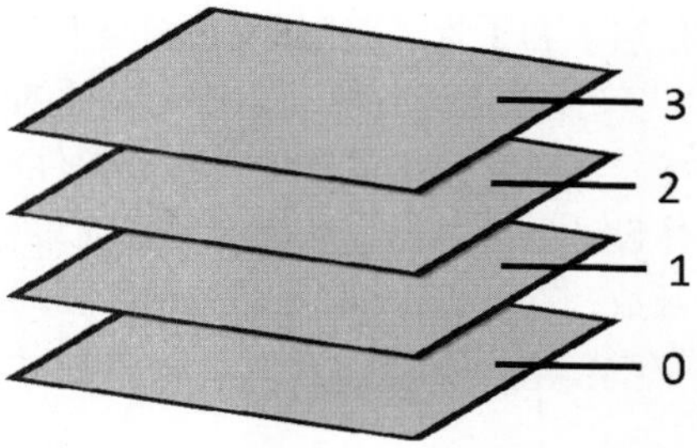

具体的实现步骤如下：

（1）启动 Visual Studio 开发环境，新建一个 Windows 窗体应用程序项目。

图 11-31　Z 顺序结构示意图

（2）默认情况下，项目模板会创建一个名为 Form1 的主窗口。参考表 11-8 设置 Form1 的属性。

表 11-8　设置Form1 的属性

属　　性	值
Text	Z顺序示例
Size	Width：339 Height：250

（3）从工具箱中拖三个 Label 控件到窗口上，控件会自动命名，并且把它们的 AutoSize 属性都设置为 False。接着，把 label1 的 Dock 属性设置为 Top，label2 的 Dock 属性设置为 Left，将 label3 的 Dock 属性设置为 Fill。然后分别将三个 Label 控件的 BackColor 属性设置为不同颜色，任意颜色都可以，仅仅是为了方便观察。对于宽度和高度，只要调整到合适的值即可，没有严格要求，大致的布局如图 11-32 所示。

图 11-32　窗口布局

（4）设置 label1 的 Text 属性为"Top"，label2 的 Text 属性为"Left"，label3 的 Text 属性为"Fill"。

（5）单击 label1 控件将其选中，然后按住 Ctrl 键不放，依次单击 label2 和 label3，将它们全部选中，打开"属性"窗口，将它们的 TextAlign 属性设置为 MiddleCenter，Font 属性的 Size 值设置为 24。

（6）在设计器中设置控件的 Z 顺序，在 label3 控件上右击，从弹出的快捷菜单中执行【置于底层】命令（如图 11-33 所示），随后 label3 控件被放到窗口的最底层，部分内容会被 label1 和 label2 遮挡住，如图 11-34 所示。

图 11-33　执行【置于底层】命令

图 11-34　label3 控件已放置到容器底层

在另外两个控件上进行操作，在 Visual Studio 菜单栏中的【格式】→【顺序】下有两个选项——【置于顶层】和【置于底层】，它们与上面的右键菜单中的选项是一样的。

（7）在运行阶段动态改变控件的 Z 顺序，操作方式是单击时增加控件的 Z 顺序，右击时减少控件的 Z 顺序。同时，为了清晰地观察到控件的布局变化，可以分别处理 label1、label2 和 label3 的 Paint 事件。在窗体设计器上右击，从弹出的快捷菜单中执行【查看代码】命令，切换到代码视图，并找到 Form1 类的构造函数，在 InitializeComponent 方法调用后面加入以下代码。

```csharp
public Form1()
{
    InitializeComponent();
    // 处理 Paint 事件
    label1.Paint += label1_Paint;
    label2.Paint += label2_Paint;
    label3.Paint += label3_Paint;
}

// 绘制 label3 的边框
void label3_Paint(object sender, PaintEventArgs e)
{
    // 用于绘制边框的笔
    Label lb = sender as Label;
    Pen pen = new Pen(Color.Yellow, 15f);
    e.Graphics.DrawRectangle(pen, new Rectangle(0, 0, lb.Width, lb.Height));
    // 释放 Pen 对象
    pen.Dispose();
}

// 绘制 label2 的边框
void label2_Paint(object sender, PaintEventArgs e)
{
    // 用于绘制边框的笔
    Label lb = sender as Label;
    Pen pen = new Pen(Color.Blue, 15f);
    e.Graphics.DrawRectangle(pen, new Rectangle(0, 0, lb.Width, lb.Height));
    // 释放 Pen 对象
    pen.Dispose();
}

// 绘制 label1 的边框
void label1_Paint(object sender, PaintEventArgs e)
{
    // 用于绘制边框的笔
    Label lb = sender as Label;
    Pen pen = new Pen(Color.Red, 15f);
    e.Graphics.DrawRectangle(pen, new Rectangle(0, 0, lb.Width, lb.Height));
    // 释放 Pen 对象
    pen.Dispose();
}
```

处理控件的 Paint 事件，可以根据需要来绘制控件的外观。

（8）分别处理三个 Label 控件的 MouseClick 事件（代码同样写在 Form1 类的构造函数中），当用户单击时，调用 BringToFront 方法增加对应控件的 Z 顺序；若用户右击，调用 SendToBack 方法来减少控件的 Z 顺序。代码如下：

```
public Form1()
{
    InitializeComponent();
    ......
    // 处理单击事件
    label1.MouseClick += OnLabelMouseClick;
    label2.MouseClick += OnLabelMouseClick;
    label3.MouseClick += OnLabelMouseClick;
}

private void OnLabelMouseClick(object sender, MouseEventArgs e)
{
    Control c = sender as Control;
    if (e.Button == System.Windows.Forms.MouseButtons.Left)
    { //单击
        c.BringToFront();                        //增加 Z 顺序
    }
    else if (e.Button == System.Windows.Forms.MouseButtons.Right)
    { //右击
        c.SendToBack();                          //减少 Z 顺序
    }
}
```

在事件处理方法 OnLabelMouseClick 中，引发事件的 sender 对象其实是被单击的 Label 控件，由于 BringToFront 和 SendToBack 方法是在 Control 类中定义的，因此不必要把 sender 转换为 Label 类的引用，使用 Control 类的引用也是可行的。

运行示例程序后，分别单击和右击窗口中的三个 Label 控件，并观察各控件的布局变化。通过该示例，可以直观地理解控件的 Z 顺序，如图 11-35 所示。

完整的示例代码请参考\第 11 章\Example_6。

图 11-35　调整控件的 Z 顺序

11.5　常规控件

使用常规控件可以完成许多常见的界面设计，比如前面介绍过的 Label 控件，可以用来在用户界面上显示文本，传递给用户一些辅助信息；也可以响应用户操作的 Button、CheckBox 等控件；还可以接受用户键盘输入的 TextBox 控件、可供用户进行选择的 ComboBox 控件等。

本书不对每个控件进行文字介绍，而是通过一些应用实例来展示各个控件的使用方法，读者也可以结合示例源代码来进一步了解各个控件的用法。

11.5.1　共享事件处理程序

第 23 集

本示例以 Button 控件为例，使用同一个方法来处理多个 Button 实例的 Click 事件，从而演示如何共享控件的事件处理程序。

具体实现步骤如下：

（1）在 Visual Studio 开发环境中新建一个 Windows 窗体应用程序项目。

（2）在默认创建的 Form1 窗口中拖放一个 Button 控件，将它的 Text 属性设置为"西瓜"。

（3）按住键盘上的 Ctrl 键不放，并拖动窗口上新增的 button1 按钮，松开鼠标的同时释放 Ctrl 键。可以发现，button1 按钮进行了复制，并产生 button2 按钮。从该操作可以发现，当按下 Ctrl 键的同时拖动控件会对控件进行复制。

（4）用同样的方法复制出一个 button3 控件，然后将 button2 的 Text 属性设置为"香蕉"，button3 的 Text 属性设置为"石榴"。

（5）再从工具箱中拖放一个 Label 控件，放在窗口底部，将其重命名为 lblMessage，清空 Text 属性。大致的布局如图 11-36 所示。

（6）为使三个按钮之间的间隔相等，看起来更加整齐，可以同时选中三个按钮，然后在 Visual Studio 窗口中执行菜单【格式】→【水平间距】→【相同间隔】命令，就会得到如图 11-37 所示的结果。

图 11-36　窗口的大致布局

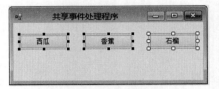

图 11-37　三个按钮的间距相等

（7）保持三个 Button 控件仍处于选中状态，打开"属性"窗口，单击 ⚡ 按钮切换到事件视图，并找到 Click 事件，在该事件右侧输入处理该事件的方法名称 OnButtonClick，然后按下 Enter 键。

（8）Visual Studio 自动生成 OnButtonClick 方法并导航到代码视图。具体代码如下：

```
private void OnButtonClick(object sender, EventArgs e)
{
    Button btnClicked = (Button)sender;
    // 显示被单击按钮的文本
    lblMessage.Text = string.Format("你单击了"{0}"按钮。", btnClicked.Text);
}
```

第一个参数 sender 表示引发事件的对象，此处表示引发事件的控件实例，即用户单击了哪个按钮，sender 参数就引用哪个按钮的实例。因此，在代码中可以直接把 sender 转化为 Button 类型的实例（其实转化为 Control 类型的实例也可以，因为 Text 属性是在 Control 类中定义的），再使用 string.format 方法格式化字符串，并把结果显示在 Label 控件中。

示例的运行结果如图 11-38 所示。

图 11-38　在 Label 控件中显示被单击按钮的文本

在"解决方案资源管理器"窗口中打开 Form1.Designer.cs 文件，在生成的代码中，会看到以下几行：

```
this.button1.Click += new System.EventHandler(this.OnButtonClick);
……
this.button2.Click += new System.EventHandler(this.OnButtonClick);
……
this.button3.Click += new System.EventHandler(this.OnButtonClick);
```

这表明，三个 Button 实例的 Click 事件已经共享了同一个处理方法。

完整的示例代码请参考\第 11 章\Example_7。

11.5.2　制作"用户登录"窗口

本示例将制作一个登录窗口，输入用户名和密码后，单击"登录"按钮，程序会校验登录信息是否正确，如果用户名和密码无误，表示登录成功。

在本例中，将用到文本输入控件 TextBox 和 HelpProvider 组件来为窗口上的控件设置帮助信息。

具体实现步骤如下：

（1）在 Visual Studio 开发环境中新建一个 Windows 窗体应用程序项目。

（2）将默认生成的 Form1 窗口的 Text 属性设置为"用户登录"。

（3）拖一个 Label 控件到窗口的顶部，将 Text 属性设置为"用户登录"，将 Font 属性的 Size 值改为 24。

（4）单击选中添加的"用户登录"Label 控件，执行【格式】→【在窗体中居中】→【水平对齐】命令，使 Label 控件在水平方向上居中对齐，如图 11-39 所示。

（5）再拖一个 Label 控件放到窗口上，把它的 Text 属性改为"用户名："。单击选中该 Label 控件，并按下键盘上的 Ctrl 键，然后把该 Label 控件向下拖动，复制一个新的 Label，放在刚才的 Label 下方，并将新复制出来的 Label 的 Text 属性改为"密码："。

（6）从工具箱中拖一个 TextBox 控件，放到"用户名"Label 的右侧，并把该 TextBox 的名称改为 txtLoginName。

（7）拖一个 TextBox 控件放到"密码"Label 的右侧，然后把该 TextBox 控件命名为 txtPassword。由于该 TextBox 是用于给用户输入密码用的，为了安全考虑，不应该使用明文，而要使用掩码，因此要把 txtPassword 的 PasswordChar 属性设置为"*"（星号），这样用户在该 TextBox 中输入的内容就显示为"*****"。当然也可以使用其他字符，如将 PasswordChar 属性设置为"#"，那么用户所输入的内容就会显示为"####"。

（8）从工具箱中拖一个 Button 控件放到窗口底部区域中，命名为 btnLogin，将 Text 属性改为"登录"。然后通过【格式】→【在窗体中居中】→【水平对齐】菜单使 Button 在窗口中水平居中对齐。窗口的最终效果如图 11-40 所示。

图 11-39　将 Label 水平居中

图 11-40　"登录"窗口的最终效果

（9）从工具箱的"组件"分组中拖一个 HelpProvider 组件到窗口中，将在设计器底部的组件区域中生成一个名为 helpProvider1 的 HelpProvider 实例。

（10）为 txtLoginName、txtPassword 和 btnLogin 三个控件设置帮助信息。首先单击 txtLoginName 控件使其被选中，然后"属性"窗口中会多出如图 11-41 所示的几个属性。

helpProvider1 上的 HelpKeyword	
helpProvider1 上的 HelpNavigator	AssociateIndex
helpProvider1 上的 HelpString	
helpProvider1 上的 ShowHelp	False

图 11-41　添加 HelpProvider 组件后控件上会出现的新属性

其他属性不需要更改，将 ShowHelp 属性设置为 true，将 HelpString 属性设置为"在这里输入您的用户名。"。

类似地，单击 txtPassword 控件使其被选中，然后将其 ShowHelp 属性设置为 true，在 HelpString 属性中输入"在这里输入密码。"；选中 btnLogin 控件，将其 ShowHelp 属性设置为 true，在 HelpString 属性后面输入"请单击该按钮进行登录验证。"。

（11）进行以上设置后，窗口标题栏中仍然不会出现带"？"（问号）的帮助按钮，因为当窗口的"最大化"和"最小化"按钮可用时，帮助按钮会被忽略，为了使窗口显示帮助按钮，需要禁用"最大化"和"最小化"按钮，方法是将 Form1 的 MaximizeBox 和 MinimizeBox 属性都设置为 false，然后把 HelpButton 属性设置为 true。

（12）双击 btnLogin 按钮，让开发工具自动生成 Click 事件处理方法。代码如下：

```csharp
private void btnLogin_Click(object sender, EventArgs e)
{
    // 如果输入内容为空
    if (string.IsNullOrWhiteSpace(txtLoginName.Text.Trim()) || string.IsNullOrWhiteSpace
(txtPassword.Text.Trim()))
    {
        MessageBox.Show("请输入用户名或密码。");
        return;
    }

    // 模拟验证
    if (txtLoginName.Text.Trim() == "admin" && txtPassword.Text.Trim() == "123")
    {
        MessageBox.Show("登录成功。");
    }
    else
    {
        MessageBox.Show("登录失败。");
    }
}
```

在访问 TextBox 的 Text 属性来获取用户输入的内容时使用了 Trim 方法，去除文本首尾的空白字符。

由于本示例仅仅是模拟登录，所以用户名和密码都直接写到代码中，并没有进行过于复杂的验证操作。

运行本示例后，单击窗口右上角"关闭"按钮左侧的帮助按钮，这时鼠标指针旁边会出现一个"？"，然后在两个输入框或登录按钮上单击，就会看到帮助信息，如图 11-42 所示。

分别在两个 TextBox 中输入用户名和密码，单击登录按钮进行验证，如图 11-43 所示。

图 11-42　显示帮助信息

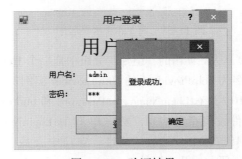

图 11-43　验证结果

完整的示例代码请参考\第 11 章\Example_8。

11.5.3　CheckBox 与 RadioButton 示例

通常把 RadioButton 称为"单选按钮"，把 CheckBox 称为"多选按钮"。这两个控件都从 ButtonBase 类派生，因而可将其视为按钮。

多个 CheckBox 之间的选择状态是相互独立的，互不影响，而多个 RadioButton 之间是互斥的，只能选择其中一个。同一个容器下的多个 RadioButton 之间互斥，来自不同容器的 RadioButton 对象是相互独立的。比如，面板控件 A 中有两个 RadioButton 控件，面板控件 B 中有三个 RadioButton 控件，即面板 A 中各个 RadioButton 控件的选择状态不会影响面板 B 中的 RadioButton 控件，因为它们来自不同的容器。

RadioButton 和 CheckBox 控件都有一个 Checked 属性，如果控件处于选择状态，则 Checked 属性的值为 true，否则为 false。当选择状态发生改变后会引发 CheckedChanged 事件，开发者可以处理该事件来实时得知控件的选择状态。

以下示例将演示 CheckBox 控件的使用。具体的操作步骤如下：

（1）在 Visual Studio 开发环境中新建一个 Windows 窗体应用程序项目。

（2）从工具箱中拖一个 CheckBox 控件放在默认生成的 Form1 中，会自动命名为 checkBox1，参考表 11-9 设置 checkBox1 的属性。

表 11-9　checkBox1 的属性

属　　性	值
Text	足球
Location	X：45 Y：23

（3）从工具箱中再次拖一个 CheckBox 到窗口中，放在 checkBox1 的下方，并将 Text 属性改为"排球"。

（4）再拖一个 CheckBox 控件放在前两个 CheckBox 实例的下方，把 Text 属性改为"乒乓球"，CheckAlign 属性改为 MiddleRight。这样一来，CheckBox 中用于呈现"√"的复选框就被放到文本的右侧，如图 11-44 所示。CheckAlign 属性用于设置 CheckBox 中复选框的对齐方式。

（5）在窗口中拖动鼠标选中三个 CheckBox 控件，然后通过执行【格式】→【垂直间距】→【相同间距】菜单来对齐。

（6）拖一个 Label 控件放到窗口底部，保留其默认命名 label1，并把 Text 属性清空。

图 11-44　CheckBox 的复选框位置

（7）再次选中三个 CheckBox 控件，打开"属性"窗口，切换到事件视图，找到 CheckedChanged 事件，并在后面的输入框中输入事件的处理方法，命名为 OnCheckedChanged，最后按 Enter 键确认。

（8）随后，开发工具会生成 OnCheckedChanged 方法并自动导航到代码编辑视图。输入以下代码：

```
private void OnCheckedChanged(object sender, EventArgs e)
{
    // 调用自定义方法
    DisplayCheckResults();
}
```

DisplayCheckResults 是定义在 Form1 中的一个私有方法，功能是在 label1 中显示处于选中状态的 CheckBox 上的文本。代码如下：

```csharp
private void DisplayCheckResults()
{
    if (label1 != null)
    {
        List<string> strList = new List<string>();
        // 将被选中的 CheckBox 的 Text 属性的内容添加到列表中
        if (checkBox1.Checked)
            strList.Add(checkBox1.Text);
        if (checkBox2.Checked)
            strList.Add(checkBox2.Text);
        if (checkBox3.Checked)
            strList.Add(checkBox3.Text);
        // 将字符串拼接
        string res = string.Join("、", strList.ToArray());
        label1.Text = string.Format("您已经选择了: {0}。", res);
    }
}
```

  首先判断 label1 是否为 null，考虑到控件的创建顺序，有可能在 CheckBox 的 CheckedChanged 事件发生时，label1 还没实例化，访问未实例化的对象会发生异常，所以这里要先做一下判断，确定 label1 已实例化再去访问它的 Text 属性。

  然后创建一个 List<string>实例，分别检查三个 CheckBox 控件的 Checked 属性是否为 True，只有当 Checked 属性返回 True 时才将对应 CheckBox 实例的 Text 属性内容添加到 List<string>实例中。接着用 string.Join 方法以顿号（、）为分隔符把列表中的字符串连接起来，生成一个新的字符串实例。最后将结果显示在 label1 控件中。

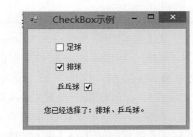

图 11-45　显示被选中的 CheckBox 中的文本

  示例的运行结果如图 11-45 所示。

  完整的示例代码请参考\第 11 章\Example_9。

  接下来将完成 RadioButton 的示例，具体步骤如下：

  （1）在 Visual Studio 开发环境中新建一个 Windows 窗体应用程序项目。

  （2）参考表 11-10 设置 Form1 的属性。

表 11-10　设置 Form1 的属性

属　　性	值
Text	RadioButton示例
Size	Width：423 Height：238

  （3）从工具箱中拖三个 RadioButton 控件，放在窗口的左侧（也可以先拖放一个 RadioButton 控件，然后按住 Ctrl 键拖动控件来复制），然后参考表 11-11 为这三个 RadioButton 控件进行命名并设置它们各自的 Text 属性。

表 11-11　三个RadioButton控件的Name和Text属性（一）

Name属性	Text属性
rdbItem1	项目1
rdbItem2	项目2
rdbItem3	项目3

　　这时的窗口布局大致如图 11–46 所示。

　　（4）拖三个 RadioButton 控件放到窗口的右侧，然后参考表 11–12 设置它们的 Name 和 Text 属性。

　　（5）在工具箱中找到 Panel 控件，单击选中，不要向窗口上拖动。在窗口上按住鼠标左键，拖动的范围经过 rdbItem4 到 rdbItem6 三个控件，最后松开鼠标左键，会在窗口上添加一个 Panel 控件，并把从 rdbItem4 到 rdbItem6 三个控件都放进 Panel 面板中，如图 11–47 所示。

图 11–46　窗口布局

表 11-12　三个RadioButton控件的Name和Text属性（二）

Name属性	Text属性
rdbItem4	项目4
rdbItem5	项目5
rdbItem6	项目6

　　按下 F5 键调试运行应用程序，运行结果如图 11–48 所示。

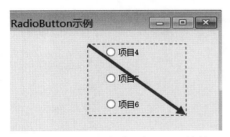

图 11–47　通过拖动添加 Panel 控件

图 11–48　应用程序运行结果

　　从"项目 1"到"项目 3"，它们的父容器都是 Form1，因此这三个项是互斥的，只能选择其中一个；同理，从"项目 4"到"项目 6"三个 RadioButton 实例的父容器都是 panel1，所以它们之间也是互斥的。不过，由于两组（位于窗口左侧和右侧）RadioButton 的父容器不同，故它们相互独立，在"项目 1"到"项目 3"三项中做出的选择操作不会影响从"项目 4"到"项目 6"这三个项的选择。

　　完整的示例代码请参考\第 11 章\Example_10。

11.5.4　使用 ListBox 控件呈现对象列表

　　ListBox 控件可以一次性呈现多个项，并且允许用户对控件中的项进行选择操作。ListBox 类公开 Items 属性，它是一个集合，类型为 ListBox.ObjectCollection，是 ListBox 的一个嵌套类，该类实现了 IList 接口，可以调用 Add 方法向列表中添加新的项。ObjectCollection 类还提供了一个 AddRange 方法，允许一次性添加多个项。

通过设置 ListBox 控件的 SelectionMode 属性可以控制 ListBox 的选择行为，它是一个枚举值，允许的有效值如表 11-13 所示。

表 11-13　SelectionMode的枚举值

枚 举 值	说 明
None	如果设置该值，则无法选择项
One	每次只能选择一项
MultiSimple	可以选择多项，第一次单击某项时将其选中，再次单击则取消选择
MultiExtended	多选，可以使用Ctrl和Shift等控制键来辅助操作

下面将通过示例来直观说明 SelectionMode 属性设置不同的值会对 ListBox 控件的选择行为产生什么样的影响，完整的示例代码请参考\第 11 章\Example_11。具体的实现步骤如下：

（1）在 Visual Studio 开发环境中新建一个 Windows 窗体应用程序项目。

（2）从工具箱中拖一个 ListBox 控件到 Form1 窗口中，单击选中该控件，打开"属性"窗口，找到 Items 属性，单击右侧的▣按钮，随即打开一个"字符串集合编辑器"窗口。在该窗口中可以输入字符串项，每项占一行，如图 11-49 所示。

编辑完成后单击"确定"按钮，就为 ListBox 控件添加了一些项。

（3）在 ListBox 右侧放置四个 RadioButton 控件，并且将它们的 Text 属性设置为 SelectionMode 枚举的四个值的名称（None、One、MultiSimple 和 MultiExtended），注意名称不能输入错误，为了确保无误，可以打开"对象浏览器"窗口，找到 System.Windows.Forms.SelectionMode 枚举，并把它的四个值的名称分别复制到四个 RadioButton 控件的 Text 属性中，因为后续在代码中会使用到。窗口的大致布局如图 11-50 所示。

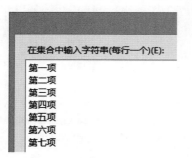

图 11-49　输入字符串项

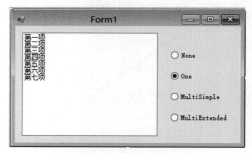

图 11-50　窗口的大致布局

（4）同时选中四个 RadioButton 控件，打开"属性"窗口，切换到事件视图，找到 CheckedChanged 事件，输入处理事件的方法名称 OnRadiobuttonCheckedChanged，然后按下 Enter 键，这样一来 OnRadiobutton-CheckedChanged 方法同时处理四个 RadioButton 控件的 CheckedChanged 事件。

（5）在代码编辑器中，完成 OnRadiobuttonCheckedChanged 方法中的代码。具体的代码如下：

```
private void OnRadiobuttonCheckedChanged(object sender, EventArgs e)
{
    // 如果 ListBox 控件未初始化，就跳过
    if (this.listBox1 == null)
        return;

    RadioButton rdbutton = sender as RadioButton;
```

```
    // 判断是否处于选中状态
    if (rdbutton.Checked)
    {
        // 取出被选中 RadioButton 的文本
        string txt = rdbutton.Text;
        /*
         * Enum.Parse 可以识别枚举值的名称
         * 并转化为指定的枚举值
         */
        // 设置 SelectionMode 属性
        listBox1.SelectionMode = (SelectionMode)Enum.Parse(typeof(SelectionMode), txt);
    }
}
```

在上面代码中，先从被选中的 RadioButton 控件的 Text 属性获取到 SelectionMode 枚举值的名称，这就是在设置 RadioButton.Text 属性时不能出现错误的原因。在学习枚举数据类型时，调用 Enum.Parse 方法可以根据提供的枚举值的名称来转换为对应的枚举值，此处正是运用这个方法，将 Parse 返回的枚举值直接赋值给 ListBox 控件的 SelectionMode 属性，从而就可以更改控件的选择行为了。

运行示例应用程序后，可以通过四个单选按钮来观察各个选择模式的区别，如图 11-51 所示。

上面示例是通过图形界面来向 ListBox 控件添加项的，前文提到过 ListBox 控件有一个 Items 属性，即可以通过自己编写代码来向 ListBox 中添加列表项。下面的示例将演示如何通过代码在运行阶段向 ListBox 控件添加项，完整的示例代码请参考\第 11 章\Example_12。

（1）在 Visual Studio 开发环境中，新建一个 Windows 窗体应用程序项目。

（2）在 Form1 窗口中拖放一个 TextBox 和一个 Button 控件，将 TextBox 控件命名为 txtInput，Button 控件命名为 btnAddItem，Text 属性改为"添加"。

（3）拖一个 ListBox 控件放在 TextBox 的下方，窗口的最终效果如图 11-52 所示。

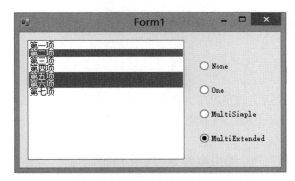

图 11-51　观察 ListBox 的各种选择模式

图 11-52　窗口的最终效果

（4）双击"添加"按钮，开发工具会自动生成 Click 事件的处理方法，并导航到代码编辑视图。在方法中输入以下代码：

```
private void btnAddItem_Click(object sender, EventArgs e)
{
    // 判断 TextBox 中的文本是否为空
    if (string.IsNullOrWhiteSpace(txtInput.Text))
    {
        return;
    }
```

```
    // 将文本框中文本加入 ListBox 的项列表中
    listBox1.Items.Add(txtInput.Text);
    // 清空 TextBox 中的文本
    txtInput.Clear();
}
```

调用 Clear 方法会清空 TextBox 中的所有文本，文本框的内容添加到 ListBox 的 Items 列表中后，就应该清空 TextBox 中的文本，以方便输入新的内容。

至此，整个示例已经完成，可以运行应用程序查看效果。

运行后，在文本框中输入内容，然后单击"添加"按钮，文本框中的内容就会被添加到 ListBox 的项列表中，如图 11-53 所示。

这个示例还存在如下一些问题：

（1）在国内，用户使用中文输入法的比例较高，而示例中的 TextBox 控件每次进行输入时都默认启用英文输入法，这样不太方便，最好在焦点进入 TextBox 时自动开启中文输入法。要解决这个问题也简单，在窗体设计器中选中对应的 TextBox 控件，将其 ImeMode 属性设置为 On 即可开启该属性，使得 TextBox 在获取输入焦点时可以打开输入法编辑器，其实可以理解为自动进入中文输入状态。

（2）通常，程序不应该把已经存在的内容再次添加到 ListBox 中，但示例中是可以添加重复内容的。要解决该问题，需要对上面 btnAddItem_Click 中的代码进行修改，在向 ListBox 控件添加项之前先判断要添加的内容是否已经存在。修改后的代码如下：

```
private void btnAddItem_Click(object sender, EventArgs e)
{
    ......
    if (listBox1.FindString(txtInput.Text) != ListBox.NoMatches)
    {
        MessageBox.Show("此项已经存在。");
        return;                        //直跳出方法，不往下执行
    }
    // 将文本框中文本加入 ListBox 的项列表中
    ......
}
```

FindString 方法会在 ListBox 控件的项列表中查找指定的字符串，如果找到，就返回该项在列表中的索引（从 0 开始）；如果找不到指定的内容，就返回-1，上面代码中使用了 ListBox.NoMatches，它是 ListBox 中定义的一个常量，其值就是-1。

单击"添加"按钮后，如果内容已经存在，应用程序会给出如图 11-54 所示的提示。

图 11-53　动态向 ListBox 中添加项

图 11-54　要添加的项已存在

　　还有一种方法可以自动把整个数据序列添加到 ListBox 的项列表中，不需要逐个处理，即设置 DataSource 属性。该属性是从 ListControl 类继承的，虽然类型定义为 object，但为了使列表项能够被识别并添加到 ListBox 中，为该属性所赋的值应为实现 System.Collections.IList 或 System.ComponentModel.IListSource 接口的对象。

　　若数据源列表中存放的是复杂对象，比如自定义的类，这时可以考虑使用 DisplayMember 和 ValueMember 属性。DisplayMember 属性指定数据源对象中哪个属性的值应该作为 ListBox 中显示在子项上的文本；而 ValueMember 属性指定数据源对象中哪个属性可以充当列表项的值，当某个项被选中时，SelectedValue 属性将返回被选中对象中由 ValueMember 属性指定的属性的值。

　　例如，一个表示学员信息的类，其中 Name 属性表示学员名字，ID 属性表示学员编号。假设把一个表示学员信息的对象数组赋给列表框件的 DataSource 属性，并设置 DisplayMember 属性的值为"Name"，ValueMember 属性的值为"ID"。那么，在程序运行后，列表控件中每个子项上所显示的文本就是对应的学员信息对象的Name属性中的值，如果用户在列表控件选择了编号为3的学员，那么列表控件的SelectedValue 属性将返回 3，因为 SelectedValue 所返回的值是由 ValueMember 属性决定的。

　　下面通过一个示例来介绍如何使用 DataSource 属性。完整的示例代码请参考\第 11 章\Example_13。

图 11-55　窗口的布局效果

　　（1）在 Visual Studio 开发环境中新建一个 Windows 窗体应用程序项目。

　　（2）从工具箱中拖一个 ListBox 控件放在 Form1 窗口中。

　　（3）从工具箱中拖一个 Button 控件放在 ListBox 控件的下方，将 Text 属性改为"获取被选中的值"。窗口的布局效果如图 11-55 所示。

　　（4）定义一个 Employee 类，表示员工信息，其中 EmpID 属性表示员工编号，EmpName 属性表示员工姓名。

```csharp
public class Employee
{
    /// <summary>
    /// 员工编号
    /// </summary>
    public string EmpID { get; set; }
    /// <summary>
    /// 员工姓名
    /// </summary>
    public string EmpName { get; set; }
}
```

　　（5）在 Form1 类的内部定义一个私有方法 GetData，用于产生一个 Employee 对象列表实例，用作示例数据源。

```csharp
private List<Employee> GetData()
{
    return new List<Employee>
    {
        new Employee { EmpID = "E-1001", EmpName = "小方" },
        new Employee { EmpID = "K-1021", EmpName = "小赵" },
        new Employee { EmpID = "F-2025", EmpName = "小卢" },
        new Employee { EmpID = "D-1230", EmpName = "小曾" },
        new Employee { EmpID = "E-1005", EmpName = "小罗" },
```

```
        new Employee { EmpID = "G-4010", EmpName = "小王" },
        new Employee { EmpID = "X-9003", EmpName = "小杜" },
        new Employee { EmpID = "L-7106", EmpName = "小纪" }
    };
}
```

（6）找到 Form1 类的构造函数，在 InitializeComponent 方法调用之后加入以下代码：

```
public Form1()
{
    InitializeComponent();
    // 处理 Button.Click 事件
    button1.Click += button1_Click;
    // 列表中显示员工的名字
    listBox1.DisplayMember = "EmpName";
    // 以员工编号作为列表的值
    listBox1.ValueMember = "EmpID";
    // 设置 ListBox.DataSource 属性
    listBox1.DataSource = GetData();
}
```

将 DisplayMember 属性设置为 "EmpName" 表示列表框控件中项将显示数据源对象的 EmpName 属性；ValueMember 属性设置为 "EmpID" 表示列表控件的 SelectedValue 属性将从数据源序列对象的 EmpID 属性中提取值。

（7）下面是 button1_Click 方法中的代码，单击按钮后，在该按钮上显示列表控件 SelectedValue 属性的值。

```
void button1_Click(object sender, EventArgs e)
{
    Button btn = sender as Button;
    if (listBox1.SelectedIndex > -1)
    {
        string empID = listBox1.SelectedValue.
ToString();
        btn.Text = string.Format("当前选中的员工
编号：{0}", empID);
    }
}
```

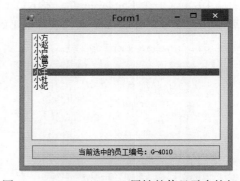

图 11-56　SelectedValue 属性的值显示在按钮上

运行应用程序，在 ListBox 中选择一项，然后单击，如图 11-56 所示，会看到被选中的 Employee 对象的 EmpID 属性值呈现在按钮上。

11.5.5　自行绘制列表控件的项

有时在列表控件中使用系统默认绘制的项不能满足实际需求。开发者希望在每个列表项上呈现更丰富的内容，比如除文本外，在每个项中显示一个小图标。在这种情况下，就可以考虑自己绘制列表控件中的项。

本节以 ListBox 控件为例进行演示。

ListBox 公开了一个 DrawMode 属性，其类型是 DrawMode 枚举，虽然枚举定义了三个值，实际上只有两种绘制模式。因为如果 DrawMode 属性设置为 Normal，就由操作系统负责绘制，允许开发者自己来绘制项的值只有以下两个。

（1）OwnerDrawFixed：列表控件中的项需自行绘制，而且每个项的大小（宽度、高度）相同。

（2）OwnerDrawVariable：需要自行绘制项，但每个项的大小可以不相等。

要自定义绘制 ListBox 控件中的项，请将属性设置为除 Normal 以外的值，随后应当处理 MeasureItem 和 DrawItem 两个事件。在 MeasureItem 事件处理过程中需要计算项的大小，对于 ListBox 控件而言，只需考虑项的高度。如果不需要计算，可以直接设置项的高度。完成 MeasureItem 事件处理后，就会引发 DrawItem 事件。在 DrawItem 事件中手动绘制列表项。ListBox 每绘制一项就会引发一次 MeasureItem 和 DrawItem 事件。

下面通过一个示例来演示如何自定义绘制 ListBox 中的项。本示例将在 ListBox 控件中显示所有系统字体，而且每个显示字体的项都使用与之对应的字体来绘制该字体的名称。

具体实现步骤如下：

（1）在 Visual Studio 开发环境中新建一个 Windows 窗体应用程序项目。

（2）从工具箱中拖一个 ListBox 控件放到窗口中，自动命名为 listBox1，并参考表 11-14 设置 listBox1 的属性。

表 11-14　设置listBox1 的属性

属　　性	值
Dock	Fill
DrawMode	OwnerDrawVariable

将 DrawMode 属性设置为 OwnerDrawVariable，后面才可以自定义绘制列表项。

（3）保持 listBox1 处于选中状态，打开"属性"窗口，切换到事件视图分别双击 MeasureItem 和 DrawItem 事件，让开发工具生成事件处理方法。

（4）处理 MeasureItem 事件，代码如下：

```
private void listBox1_MeasureItem(object sender, MeasureItemEventArgs e)
{
    // 取出项中的文本
    string itemText = (sender as ListBox).Items[e.Index] as string;
    // 创建相应的字体
    using (Font font = new Font(itemText,FONT_SIZE))
    {
        // 计算出要绘制的文本大小（宽度与高度）
        SizeF size = e.Graphics.MeasureString(itemText, font);
        // 设置项的高度
        e.ItemHeight = Convert.ToInt32(size.Height);
    }
}
```

FONT_SIZE 是在窗口类中定义的一个常量，表示要绘制文本的字体大小，以"磅"为单位，代码如下：

```
const float FONT_SIZE = 16f;
```

Graphics.MeasureString 方法可以根据文本及用于绘制文本的字体对象来计算文本内容的大小，包括文本的宽度和高度。把高度赋值给事件参数 e 的 ItemHeight 可以设置当前要绘制项的高度。

（5）下面代码处理 DrawItem 事件。

```
private void listBox1_DrawItem(object sender, DrawItemEventArgs e)
{
```

```
        // 取出与当前项相关的文本
        string itemText = (sender as ListBox).Items[e.Index] as string;
        // 创建用于绘制文本的字体对象
        using (Font font = new Font(itemText, FONT_SIZE))
        {
            // 创建用于设置文本格式的对象
            StringFormat sf = new StringFormat();
            // 文本在水平方向上左对齐
            sf.Alignment = StringAlignment.Near;
            // 文本在垂直方向上居中对齐
            sf.LineAlignment = StringAlignment.Center;
            // 绘制默认背景
            e.DrawBackground();
            // 绘制文本
            if ((e.State & DrawItemState.Selected) == DrawItemState.Selected)
            {
                // 当前项被选中
                e.Graphics.DrawString(itemText, font, SystemBrushes.HighlightText, e.
Bounds, sf);
            }
            else
            {
                // 当前项未被选中
                e.Graphics.DrawString(itemText, font, SystemBrushes.ControlText, e.Bounds, sf);
            }
            // 释放资源
            sf.Dispose();
        }
}
```

调用 e.DrawBackground 方法可以使用系统默认的画刷来绘制项的背景。e.State 属性表示当前项的状态，由于当前项在被选中时应高亮显示，故将 e.State 属性的值与 DrawItemState.Selected 进行"与"运算，如果 State 属性包含 Selected 所标识的位，则运算后的结果会把非 Selected 值的位设置为 0，只保留 Selected 的位，所以上面代码通过"与"运算来检测某个经组合后的枚举值是否含有某个值

```
if ((e.State & DrawItemState.Selected) == DrawItemState.Selected)
```

还有一种方法也可以检测枚举的标记位是否存在某个值，即 HasFlag 方法，代码如下：

```
if(e.State.HasFlag(DrawItemState.Selected))
```

绘制文本调用 Graphics.DrawString 方法，本例中使用了系统默认的画刷来绘制，SystemBrushes 类把所有可用的系统画刷以静态成员的形式公开，可以直接使用。

示例的运行结果如图 11-57 所示。

完整的示例代码请参考\第 11 章\Example_14。

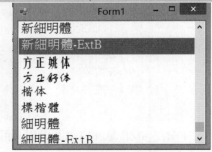

图 11-57 手动绘制的 ListBox 项

11.5.6 组合框

组合框控件 ComboBox 与 ListBox 控件的使用方法几乎一样，不同的是，ComboBox 控件具备三种呈现形式，可通过设置 DropDownStyle 属性来改变其呈现形式，该属性的类型为 ComboBoxStyle 枚举，相关说明

可以参考表 11-15。

表 11-15　DropDownStyle属性的可用值

值	说　　明	预　　览
Simple	文本框允许编辑，并且始终显示选择框	item 3 / item 1 / item 2 / item 3 / item 4 / item 5
DropDown	文本框允许编辑，选择框以下拉框的形式出现	item 1 / item 1 / item 2 / item 3 / item 4 / item 5
DropDownList	文本呈现部分不允许编辑，只能通过单击下拉箭头打开选择框来选择列表项	item 1 / item 1 / item 2 / item 3 / item 4 / item 5

　　以下示例将演示如何使用 ComboBox 控件。示例主要实现了当用户从 ComboBox 的下拉列表中选择一个项后，把选择的结果显示在 Label 控件中。具体实现步骤如下：

　　（1）启动 Visual Studio 开发环境，新建一个 Windows 窗体应用程序项目。

　　（2）从工具箱中拖一个 ComboBox 控件到 Form1 窗口上，各属性的设置请参考表 11-16。

表 11-16　设置Form1 中ComboBox的属性

属　　性	值
Size	Width：192
	Height：20
DropDownHeight	120
DropDownStyle	DropDownList

　　DropDownHeight 属性表示下拉选择框的高度，本示例将其设置为 120。

　　（3）拖一个 Label 控件放在 ComboBox 控件的下方，并命名为 lblResult。

　　（4）选中 ComboBox 控件，然后双击它，开发工具会为 SelectedIndexChanged 事件生成处理方法。因为它是默认事件，故可以通过在设计器中双击来快速生成事件处理方法。当 ComboBox 控件的 SelectedIndex 属性发生改变后会引发 SelectedIndexChanged 事件，开发者可以在该事件的处理方法中得到当前选择的项并显示在 Label 控件中，具体代码如下：

```
private void comboBox1_SelectedIndexChanged(object sender, EventArgs e)
{
    ComboBox cb = sender as ComboBox;
```

```
    // 获取当前选中项的内容
    string itemText = cb.SelectedItem as string;
    if (!string.IsNullOrWhiteSpace(itemText) && lblResult != null)
    {
        // 显示当前选择项的内容
        this.lblResult.Text = string.Format("您选择了：{0}。", itemText);
    }
}
```

在设置 Label 控件的 Text 属性前，需要满足两个条件，而且这两个条件必须成立才能为 Text 属性赋值。一是获取到的 ComboBox 的当前选择项不能为 null 或由空格组成的字符串；二是 lblResult 不能为 null，因为在 ComboBox 的 SelectedIndexChanged 事件发生时有可能 Label 控件还没有初始化（还没有创建实例），在初始化 ComboBox 的过程中，只要向其中添加了项，就有可能引发 SelectedIndexChanged 事件。

（5）找到 Form1 的构造函数，在 InitializeComponent 方法调用之后加入以下代码来向 ComboBox 添加子项。

```
public Form1()
{
    InitializeComponent();
    // 向 ComboBox 控件的 Items 属性添加项
    comboBox1.Items.Add("梅花");
    comboBox1.Items.Add("丁香");
    comboBox1.Items.Add("牡丹");
    comboBox1.Items.Add("芍药");
    comboBox1.Items.Add("芙蓉");
    comboBox1.Items.Add("吊兰");
    comboBox1.Items.Add("翠菊");
    // 默认选择第一项
    comboBox1.SelectedIndex = 0;
}
```

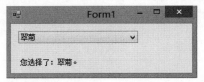

图 11-58　显示 ComboBox 中选中的项的内容

设置 SelectedIndex 属性的值为 0 表示 ComboBox 默认选中第一项，项索引是基于 0 的，第一项的索引为 0，第二项为 1，第三项为 2，等等。

示例的运行结果如图 11-58 所示。

完整的示例代码请参考\第 11 章\Example_15。

11.5.7　TextBox 的自动完成功能

TextBox 提供了辅助输入的自动完成功能，当用户向文本框输入内容时，控件会打开一个下拉列表框，与 ComboBox 控件的下拉选择框相似，用户可以从中直接选择合适的内容，这些内容就会自动放到文本框中。

与自动完成功能相关的有三个属性。

（1）AutoCompleteSource：指定自动完成提示的内容来源，它是一个 AutoCompleteSource 枚举，假设选用 FileSystem，即文本框的自动完成列表中会显示本地磁盘中的文件路径来帮助用户完成输入。

（2）AutoCompleteMode：指定自动完成的行为。如果设置为 None 则不使用自动完成功能；如果设置为 Append 则从自动完成的待选列表中选择最合适的内容追加到现有内容的后面（如图 11-59 所示）；Suggest 则显

图 11-59　Append 模式

示下拉列表提供建议,用户可从中选择合适的项来完成输入(如图 11-60 所示);SuggestAppend 则把 Suggest 和 Append 的功能进行合并,既提供建议列表,同时又从自动完成列表中选择最合适的项追加到文本末尾(如图 11-61 所示)。

```
c:\Program Files\Microsoft Office\Office15\2052\ACWIZRC.DLL
c:\Program Files\Microsoft Office\Office15\2052\ACCESS12.ACC
c:\Program Files\Microsoft Office\Office15\2052\ACCOLKI.DLL
c:\Program Files\Microsoft Office\Office15\2052\ACTIP10.HLP
c:\Program Files\Microsoft Office\Office15\2052\ACWIZRC.DLL
c:\Program Files\Microsoft Office\Office15\2052\BCSRuntimeRes.dll
c:\Program Files\Microsoft Office\Office15\2052\BHOINTL.DLL
```

图 11-60　Suggest 模式

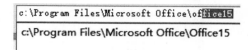

图 11-61　SuggestAppend 模式

（3）AutoCompleteCustomSource:当 AutoCompleteSource 属性设置为 CustomSource 时,表示自动完成列表可以由开发人员自己来定义。这时需要设置 AutoCompleteCustomSource 属性,向字符串集合添加用于自动完成的项。

下面示例将演示 TextBox 控件的自动完成功能,具体步骤如下:

（1）在 Visual Studio 开发环境中新建一个 Windows 窗体应用程序项目。

（2）在 Form1 窗口中拖放两个 RadioButton 控件,保留默认命名,分别将它们的 Text 属性设置为“系统资源列表”和“自定义列表”。设置其中任意一个 RadioButton 的 Checked 属性为 True,因为 RadioButton 控件是单选按钮,只需设置其中一个为选择状态即可。

（3）从工具箱中拖一个 TextBox 控件放到 Form1 中,然后参考表 11-17 设置它的属性。

表 11-17　设置TextBox的属性

属　　性	值
AutoCompleteMode	Suggest
AutoCompleteSource	AllSystemSources
AutoCompleteCustomSource	单击属性右侧的▦按钮,在打开的窗口中输入以下内容,每行输入一个:Application、check、food、tool、menu、size。最后单击“确定”按钮

（4）同时选中前面添加的两个 RadioButton,打开“属性”窗口,切换到事件视图,找到 CheckedChanged 事件,输入 OnCheckedChanged,最后按下 Enter 键,生成事件处理方法 OnCheckedChanged。其中的处理代码如下:

```csharp
private void OnCheckedChanged(object sender, EventArgs e)
{
    RadioButton rdb = sender as RadioButton;
    if (rdb.Checked)
    {
        if (rdb.Text == "系统资源列表")                // 使用系统资源列表
            textBox1.AutoCompleteSource = AutoCompleteSource.AllSystemSources;
        else                                          // 使用自定义列表
            textBox1.AutoCompleteSource = AutoCompleteSource.CustomSource;
    }
}
```

如果文本为“系统资源列表”的 RadioButton 控件被选中,则设置 textBox1 的 AutoCompleteSource 属性为 AllSystemSources,表示使用系统资源作为自动完成的列表;否则就设置为 CustomSource,使用自定义列表。

运行示例应用程序，先选用"系统资源列表"，并在文本框中输入"c:\"，完成列表自动打开，并提供参考列表，如图 11-62 所示。

然后选择"自定义列表"，再在文本框中输入内容，这时会使用上述自定义的列表作为自动完成的源列表，如图 11-63 所示。

图 11-62　以系统资源作为自动完成的列表

图 11-63　自定义自动完成列表

完整的示例代码请参考\第 11 章\Example_16。

11.5.8　多视图列表

ListView 控件与 ListBox 控件有些类似，也用来呈现列表。不过，ListView 允许多种视图，在 Windows 操作系统中看到的文件浏览器窗口就是使用 ListView 控件来显示文件和目录列表的。用户可以选择大图标视图（如图 11-64 所示）、小图标视图（如图 11-65 所示）、列表视图（如图 11-66 所示）、详细信息视图（如图 11-67 所示）等。

图 11-64　大图标视图

图 11-65　小图标视图

图 11-66　列表视图

图 11-67　详细信息视图

从上述各个视图也可以看到，ListView 控件允许为列表项设置一个图标。在详细信息视图中，列表控件可以呈现多个列，每一列可以显示相关的信息。大图标、小图标和列表视图都比较相近。

下面示例实现在 ListView 控件中显示一组学员信息，并在每一个项中包含每一位学员的照片。为了完成本示例，需要准备大小为 16×16 和 32×32 的位图文件各五张，16×16 是小图标的尺寸，32×32 是大图标的尺寸，单位都是像素。这些图片仅仅用来练习，比较随意。

（1）启动 Visual Studio 开发环境，新建一个 Windows 窗体应用程序项目。

（2）从工具箱中拖一个 ComboBox 到 Form1 窗口中，把 DropDownStyle 属性设置为 DropDownList。

（3）从工具箱中拖一个 ListView 控件到窗口上，保持 ListView 控件处于选中状态，打开"属性"窗口，找到 Columns 属性，并单击右侧的▦按钮，打开"ColumnHeader 集合编辑器"窗口。

（4）在"ColumnHeader 集合编辑器"窗口中，单击"添加"按钮，新增一个列，把 Name 属性设置为 colName，Text 属性为"姓名"，Width 属性为 85，如图 11-68 所示。

Text 属性表示列标头上显示的文本，Width 属性指定列宽，列标头只有在详细视图下才可见。

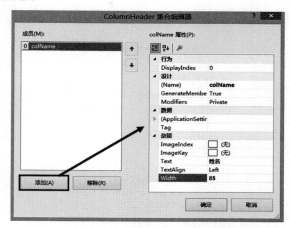

图 11-68 向 ListView 中添加列

采取同样的方法，向 ListView 控件中再添加两列，属性设置可以参考表 11-18。

表 11-18 ListView控件中另外两列的属性设置

Name属性	Text属性	Width属性
colCourse	课程	200
colDate	上课日期	80

最后，单击窗口右下角的"确定"按钮关闭窗口。

（5）从工具箱中拖一个 ImageList 组件到窗口中，命名为 largeImageList，接着打开"属性"窗口，找到 Images 属性，单击右侧的▦按钮，打开"图像集合编辑器"窗口。

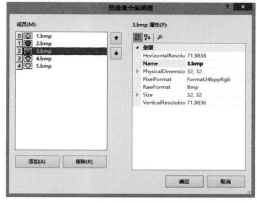

图 11-69 向 largeImageList 添加图像文件

（6）在"图像集合编辑器"窗口中，单击"添加"按钮，然后选择五张 32×32 像素的位图文件，并单击"确定"按钮，如图 11-69 所示。

（7）从工具箱中再拖一个 ImageList 组件到窗口中，将其命名为 smallImageList，用上面的方法把五张 16×16 像素的位图添加到 smallImageList 的 Images 属性中。

（8）选中 listView1，打开"属性"窗口，单击 LargeImageList 属性右侧的下拉箭头，从列表中选择 largeImageList，接着单击 SmallImageList 属性右侧的下拉箭头，从列表中选择 smallImageList。在 ListView 中显示的大图标将从 LargeImageList 属性引用的 ImageList 组件中查找图标；同理，小图标则从 SmallImageList 属性引用的 ImageList 组件中查找图标。

（9）切换到代码编辑视图，在 Form1 类中定义一个方法，用来向 ListView 控件添加示例项。

```
private void AddSampleItems()
{
    listView1.Items.Clear();

    ListViewItem item1 = new ListViewItem();
    // 设置项文本
    item1.Text = "小陈";
    // 设置要显示图标的索引
    item1.ImageIndex = 0;
    // 添加子项
    item1.SubItems.Add("C 语言入门");
    item1.SubItems.Add("3 月 6 日");

    ListViewItem item2 = new ListViewItem();
    // 设置项文本
    item2.Text = "小黄";
    // 要显示图标的索引
    item2.ImageIndex = 1;
    // 添加子项
    item2.SubItems.Add("VB 实战");
    item2.SubItems.Add("2 月 27 日");
......
    // 把项添加到 ListView 中
    listView1.Items.AddRange(new ListViewItem[] { item1, item2, item3, item4, item5 });
}
```

ListView 控件的每一项都由 ListViewItem 来表示。其中，Text 属性表示要在该项上显示的文本，不管 ListView 控件使用哪个视图，Text 属性中设置的值都会被显示。SubItems 集合是子项列表，只有在详细信息视图下才会显示子项。

（10）找到 Form1 类的构造函数，在 InitializeComponent 方法调用后调用 AddSampleItems 方法。

```
public Form1()
{
    InitializeComponent();
    AddSampleItems();
}
```

（11）在 Form1 类的构造函数中，AddSampleItems 方法调用后，加入以下代码

```
// 处理 SelectedIndexChanged 事件，当 ComboBox 中
// 选中的项更改时及时更新 ListView 的视图
comboBox1.SelectedIndexChanged += comboBox1_SelectedIndexChanged;
// 获取 View 枚举的各个值的名称
string[] views = Enum.GetNames(typeof(View));
// 把各视图名称加入 ComboBox 中
foreach (string s in views)
{
    comboBox1.Items.Add(s);
}
// 默认选中第一项
comboBox1.SelectedIndex = 0;
```

Enum.GetNames 方法可以把 View 枚举的各个值的名称放到一个字符串数组中，然后返回这个字符串数组。得到这个数组后，把其中的所有元素都添加到 ComboBox 控件的项集合中，然后设置 SelectedIndex 属性的值为 0，表示默认选中第一项。

（12）下面代码处理 ComboBox 的 SelectedIndexChanged 事件。

```
void comboBox1_SelectedIndexChanged(object sender, EventArgs e)
{
    string view = (sender as ComboBox).SelectedItem as string;
    // 从字符串中还原枚举值
    View v = (View)Enum.Parse(typeof(View), view);
    // 设置 ListView 的视图
    listView1.View = v;
}
```

把 ComboBox 当前选中的项取出来，转换为字符串类型，然后通过 Enum.Parse 方法根据值的名称转换为对应的 View 枚举实例，再赋值给 ListView 的 View 属性以改变视图。

为什么在这里不需要判断 listView1 是否为 null 呢？因为上面代码中 comboBox1.SelectedIndexChanged 事件附加事件处理方法是在 InitializeComponent 方法调用之后，这时 listView1 已经完成初始化了，不会为 null，因此就不必要去进行判断了。

运行该示例，然后从 ComboBox 下拉列表中选择不同的视图，并观察在不同视图下，ListView 控件中呈现的项列表有何变化。如图 11-70 ~ 图 11-74 所示。

图 11-70　大图标视图

图 11-71　小图标视图

图 11-72　列表视图

图 11-73　平铺视图

图 11-74　详细视图

其实在详细信息视图中，第一列是项的文本，第二列和第三列才是子项，但是，在访问 ListViewItem.SubItems 时会发现其中包含三个子项，其中第一项的 Text 属性与当前 ListViewItem 的 Text 属性相同，即从第二项起才是子项。

在 Form1 类的构造函数最后加上以下代码来输出调试信息。

```
foreach (ListViewItem item in listView1.Items)
{
    string msg = "项文本: " + item.Text;
    msg += "\n 子项列表: ";
    foreach (ListViewItem.ListViewSubItem st in item.SubItems)
    {
        msg += st.Text + "  ";
    }
    msg += "\n";
    System.Diagnostics.Debug.WriteLine(msg);
}
```

然后重新运行应用程序，再打开"输出"窗口，就会看到如图 11-75 所示的输出。

从输出的调试信息中看到，子项集合中的第一项确实与当前列表项的文本相同。因此，如果要访问每一项中的子项，应该从 SubItems 中索引 1 处开始访问。

完整的示例代码请参考\第 11 章\Example_17。

输出
显示输出来源(S): 调试
项文本: 小黄
子项列表: 小黄　VB实战　2月27日
项文本: 小卜
子项列表: 小卜　汇编初级教程　3月10日
项文本: 小胡
子项列表: 小胡　PHP网站开发　4月12日

图 11-75　输出的调试信息

11.5.9　图像呈现控件

可以使用 PictureBox 控件呈现图像，图像资源可以来自文件，也可以是存放在内存中的位图对象。PictureBox 控件可以显示本地图像文件或来自网络的图片，也可以显示来自项目资源文件中的图像。

1. 显示资源中的文件

下面示例将演示如何显示来自项目资源中的图像。完整的示例代码请参考\第 11 章\Example_18。

打开项目属性窗口，切换到"资源"选项卡，然后按下快捷键 Ctrl + 2（数字 2，不是小键盘上的 2 键），资源类型切换为"图像"。单击顶部工具栏上"添加资源"按钮右侧的下拉箭头，从菜单中选择【新建图像】→【PNG 图像】，如图 11-76 所示。

在随后弹出的对话框中为新图像命名，如图 11-77 所示。

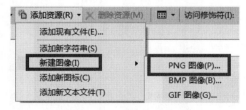

图 11-76　新建图像资源

图 11-77　为新图像命名

单击"添加"按钮完成新建，此时会用图像编辑器打开新建的图像。打开"属性"窗口，设置图像的宽度为 60，高度为 48，如图 11-78 所示。

如图 11-79 所示，使用工具栏上的工具随意绘制一些图像，然后保存并关闭编辑窗口。

保存并关闭项目属性窗口。打开 Form1 窗口，从工具箱中拖一个 PictureBox 控件到窗口上，打开"属性"窗口，找到 Image 属性，并单击右侧的...按钮，打开"选择资源"对话框，在对话框中选中"项目资源文件"，选择刚才创建的新图像（如图 11-80 所示），然后单击"确定"按钮。

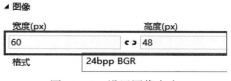

图 11-78　设置图像大小

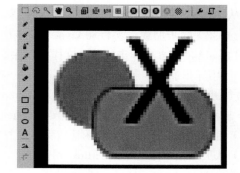

图 11-79　绘制新图像

可以看到，完成后，PictureBox 中已经显示指定的图像了，如图 11-81 所示。

图 11-80　选择项目中的资源

图 11-81　PictureBox 中显示的图像

那么，PictureBox 的 Image 属性是如何与上述创建的图像关联的呢？打开 Form1.Designer.cs 文件，找到以下代码

```
this.pictureBox1.Image = global::Example_18.Properties.Resources.NewImage;
```

接着，在 NewImage 上右击，从弹出的快捷菜单中选择【转到定义】，就看到以下代码

```
internal class Resources {
    ......
    internal static System.Drawing.Bitmap NewImage {
        get {
            object obj = ResourceManager.GetObject("NewImage", resourceCulture);
            return ((System.Drawing.Bitmap)(obj));
        }
    }
}
```

原来，开发工具已经生成一个 Resources 类，用来访问项目中的资源，并把每个资源以静态属性的形式公开，使得开发者在程序代码中可以直接使用。PictureBox 控件的 Image 属性就是引用了开发工具生成的 Resources 类的 NewImage 属性，公开的资源属性与资源的名称相同，这样会更方便开发人员管理应用程序资源。

2. 从URI加载图像文件

调用 Load（同步加载）或 LoadAsync（异步加载）方法都可以从指定的 URI 加载图像。如果图像较大，可以使用 LoadAsync 方法异步加载，这样可以保证用户界面能够响应应用户操作，而不会出现"卡死"现象。

如果使用异步加载，还可以处理 LoadProgressChanged 事件，当加载的进度发生改变时会引发该事件，当图像被加载完成或取消加载时会发生 LoadCompleted 事件。

接下来将完成一个异步加载图片并实时显示加载进度的示例程序。

（1）启动 Visual Studio 开发环境，新建一个 Windows 窗体应用程序项目。

（2）从工具箱中拖一个 TextBox 到窗口上，命名为 txtURI，把 AutoCompleteMode 属性设置为 Suggest，AutoCompleteSource 属性设置为 AllSystemSources，以开启自动完成功能，辅助输入。

（3）拖一个 Button 控件到 TextBox 的右侧，并将 Text 属性改为"加载"。

（4）拖一个 Label 控件到 txtURI 的下方，命名为 lblMsg。

（5）拖一个 PictureBox 控件到窗口底部。

窗口的大致布局如图 11–82 所示。

（6）双击"加载"按钮，生成 Click 事件处理方法，并在方法中输入以下代码

图 11–82　窗口的大致布局

```
if (string.IsNullOrWhiteSpace(txtURI.Text))
{
    MessageBox.Show("请输入图像 URI。", "提示", MessageBoxButtons.OK, MessageBoxIcon.Warning);
    return;
}

button1.Enabled = false;
// 异步加载图像
pictureBox1.LoadAsync(txtURI.Text);
```

先判断文本框中是否已输入内容，如果文本框中不是空字符串，就调用 pictureBox1.LoadAsync 方法启动异步加载。

（7）回到窗体设计器，选中 PictureBox 控件，将 WaitOnLoad 属性设置为 False，该属性默认为 False。

（8）保持 PictureBox 控件处于选中状态，在"属性"窗口中切换到事件视图，分别为 LoadProgressChanged 和 LoadCompleted 事件生成处理方法，具体代码如下：

```
private void pictureBox1_LoadProgressChanged(object sender, ProgressChangedEventArgs e)
{
    // 显示进度
    this.lblMsg.Text = string.Format("当前进度: {0}%。", e.ProgressPercentage);
}

private void pictureBox1_LoadCompleted(object sender, AsyncCompletedEventArgs e)
{
    // 发生错误
```

```
        if (e.Error != null)
        {
            lblMsg.Text = "错误信息: " + e.Error.Message;
            return;
        }
        // 已取消
        if (e.Cancelled)
        {
            lblMsg.Text = "操作被取消。";
        }
        else
        {
            lblMsg.Text = "加载完成。";
        }

        // 将按钮还原为可用状态
        button1.Enabled = true;
    }
```

在 LoadCompleted 事件发生时，如果加载过程发生错误，则事件参数 e 的 Error 属性会包含一个表示异常信息的对象，如果该属性为 null，说明没有发生错误。如果 Cancelled 属性为 True，说明加载被取消。

为防止用户多次点击，上文在处理按钮的 Click 事件时把 button1 按钮禁用了。在加载结束后发生 LoadCompleted 事件，此时加载操作已结束，需要把 button1 按钮的状态恢复为可用状态，故要设置 button1.Enabled 为 True。

运行应用程序，在文本框中输入图像 URI，可以是本地的图像文件的完整路径，也可以使用网络上的图片地址，然后单击"加载"按钮开始加载，如图 11-83 和图 11-84 所示。

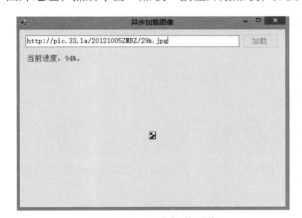

图 11-83　正在加载图像

图 11-84　图像加载完成

完整的示例代码请参考\第 11 章\Example_19。

3. 图像的定位

PictureBox 类的 SizeMode 属性可以指定图像在 PictureBox 中如何呈现。该属性是一个 PictureBoxSizeMode 枚举，只需通过一个实例就可以直观地了解各个值的含义。

窗口的布局如图 11-85 所示。与前面学习 ListView 控件的 View 属性的示例类似，窗口上方是一个 ComboBox 控件，用来选择 PictureBoxSizeMode 枚举的各个值，窗口底部是一个 PictureBox 控件。

选中 pictureBox1 控件，打开"属性"窗口，单击 Image 属性右侧的▁▁按钮，打开"选择资源"对话框，选择"本地资源"，单击"导入"按钮，选择本地磁盘上一个图像文件，然后单击"确定"按钮完成，如图 11-86 所示。

图 11-85　窗口布局

图 11-86　导入图像文件

在 Form1 窗口的构造函数中加入以下代码

```
public Form1()
{
    InitializeComponent();

    // 处理 SelectedIndexChanged 事件
    comboBox1.SelectedIndexChanged += comboBox1_SelectedIndexChanged;

    // 获取 PictureBoxSizeMode 枚举各值的名称
    string[] values = Enum.GetNames(typeof(PictureBoxSizeMode));
    // 向 ComboBox 添加项
    comboBox1.Items.AddRange(values);
    // 默认选择第一项
    comboBox1.SelectedIndex = 0;
}
```

上面代码将 PictureBoxSizeMode 枚举的各个值转换为字符串表示形式，并添加到 ComboBox 控件的项集合中。

处理 comboBox1.SelectedIndexChanged 事件，以便在更改 ComboBox 的当前选择项后立即改变 pictureBox1 控件的 SizeMode 属性，下面是事件处理方法的具体代码。

```
void comboBox1_SelectedIndexChanged(object sender, EventArgs e)
{
    string val = comboBox1.SelectedItem as string;
    // 从字符串名称创建枚举值
    PictureBoxSizeMode sizeMode = (PictureBoxSizeMode)Enum.
Parse(typeof(PictureBoxSizeMode), val);
    // 设置 PictureBox 中图像的定位方式
    pictureBox1.SizeMode = sizeMode;
}
```

　　把当前选中的列表项转换为字符串，然后根据字符串生成对应的 PictureBoxSizeMode 枚举值，最后把枚举值赋给 pictureBox1 的 SizeMode 属性。

　　运行应用程序，然后通过 ComboBox 的下拉列表选择不同的定位方式，就可以实时看到效果，如图 11-87 和图 11-88 所示。

图 11-87　拉伸图像　　　　　　　　　图 11-88　等比例缩放图像

　　完整的示例代码请参考\第 11 章\Example_20。

11.5.10　实时报告进度

第 24 集

　　当应用程序在进行比较花时间的处理时，会导致程序"假死"，不能及时响应用户的操作。要使得应用程序在处理耗时任务的同时能够快速响应用户操作，较常用的方法是异步操作，即开启后台线程来处理任务。.NET 类库提供了一个 BackgroundWorker 组件（位于 System.ComponentModel 命名空间），该组件为后台线程操作进行了封装，简化了手动创建和启动线程的工作，使用起来非常方便。

　　实例化 BackgroundWorker 组件后，处理其 DoWork 事件，在事件处理代码中实现耗时任务。调用 RunWorkerAsync 方法开始执行后台任务。

　　有时任务执行的时间确实很长，用户可能希望可以取消任务。调用 CancelAsync 方法可以取消 BackgroundWorker 正在执行的后台任务。前提条件是要将 WorkerSupportsCancellation 属性设置为 True。当调用 CancelAsync 方法取消任务后，CancellationPending 属性会返回 True，在 DoWork 事件处理代码中应该及时检查 CancellationPending 属性是否为 True，如果为 True 就退出任务。

　　由于在后台进行的任务通常是比较耗时的，开发人员应该及时把处理的进度反馈给用户，不然用户启动任务后长时间没有得到有效的反馈，也不知道后台任务是否正确地执行，自然会降低用户体验。通常是报告处理的百分比，比如使用 BackgroundWorker 组件在后台下载来自网络上的大文件，程序应该实时告诉用户下载进度，好让用户决定是否继续下载。

　　在代码中调用 BackgroundWorker.ReportProgress 方法会实时报告进度，然后引发 ProgressChanged 事件。处理该事件可以把进度显示在程序界面上，使用户能够看到。要让 BackgroundWorker 组件支持进度报告功能，需要将 WorkerReportsProgress 属性设置为 True。

　　为了使用户在界面上可以看到更直观的进度，通常会使用到进度条控件，即 ProgressBar 类。开发者可以为进度条控件设置显示进度的最小值（Minimum 属性，默认为 0）和最大值（Maximum 属性，默认为 100）。Value 属性则代表进度条的当前进度，当前进度值应在 Minimum 和 Maximum 之间（包括这两个值）。比如，最大值为 10，最小值为 0，那么 Value 的值可以取 0，可以取 10，也可以取 5，如果值为 15 就没有意义了，而且会引发 ArgumentException 异常。

下面示例将综合运用 BackgroundWorker 组件和 ProgressBar 控件来完成。该示例的主要功能是让用户输入一个基数，然后在后台计算基数的阶乘，完成后显示计算结果。阶乘的算法并不复杂，比如基数为 n，计算结果 $= 1 \times 2 \times 3 \times \cdots \times n$。

具体操作步骤如下：

（1）在 Visual Studio 开发环境中新建一个 Windows 窗体应用程序项目。

（2）从工具箱中拖一个 TextBox 控件到窗口中，将其命名为 txtBaseNum，用户在此文本框中输入计算基数。

（3）拖两个 Button 控件到窗口中。第一个按钮命名为 btnStart，Text 属性设置为"开始计算"；第二个按钮命名为 btnCancel，Text 属性设置为"取消计算"。由于在初始状态下，"开始计算"按钮应当处于可用状态，而"取消计算"按钮应当禁用，所以设置"取消计算"按钮的 Enabled 属性为 False。

（4）从工具箱中拖一个 ProgressBar 控件到窗口中，保留各属性的默认值。

（5）再往窗口上放一个 TextBox 控件，命名为 txtResult，将 Multiline 属性设置为 True，表示该文本框支持多行显示文本；把 ReadOnly 属性改为 True，表示文本框是只读的，注意此处的只读指用户不能对控件中的文本进行编辑，但程序代码可以修改控件的 Text 属性。

整个窗口的布局如图 11-89 所示。

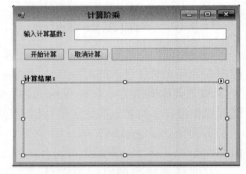

（6）从工具箱的"组件"分组下找到 BackgroundWorker 组件，然后双击，就在窗口的组件区域中添加了一个名为 backgroundWorker1 的 BackgroundWorker 组件实例。打开"属性"窗口，把 WorkerReportsProgress 和 WorkerSupportsCancellation 属性都改为 True。因为在本示例中，要求 BackgroundWorker 支持进度报告和取消任务两项功能。

（7）确保 backgroundWorker1 仍处于选中状态，在"属性"窗口中切换到事件视图，分别为 DoWork、ProgressChanged 和 RunWorkerCompleted 三个事件生成处理方法。

图 11-89　整个窗口的布局

以下代码处理 DoWork 事件，后台任务代码应在此处编写。

```
private void backgroundWorker1_DoWork(object sender, DoWorkEventArgs e)
{
    BackgroundWorker bw = sender as BackgroundWorker;
    // 从参数中取出基数
    long baseNumber = (long)e.Argument;
    // 用于存储计算结果
    // 初始值不能为 0，因为 0 与任何数相乘都等于 0
    // 所以只能初始化为 1
    long result = 1L;
    // 当前正在计算的值
    long currentVal = 1L;
    // 开始计算阶乘
    while (currentVal <= baseNumber)
    {
        // 如果用户取消了任务就跳出
        if (bw.CancellationPending)
```

```
            {
                e.Cancel= ture;
                   break;
            }
            // 相乘，并把结果存放到结果变量中
            result *= currentVal;
            // 计算出当前处理进度
            int currentProgress = (int)(((float)currentVal) / ((float)baseNumber) * 100f);
            // 报告进度
            bw.ReportProgress(currentProgress);
            // 将表示当前数值的变量累加 1
            currentVal++;
        }
        // 注意不要忘记这一步
        // 设置计算结果
        e.Result = result;
    }
```

在进入循环计算后，每一轮循环都要先检测 CancellationPending 属性是否为 True，如果为 True 表明用户取消了任务，就要马上跳出循环，不再进行计算。事件参数 DoWorkEventArgs 的 Result 属性允许程序设置任务的执行结果，如果任务没有处理结果就不必设置。在本例中，在后台任务结束后，需要得到计算结果，所以要把计算结果赋给 Result 属性。

在计算处理进度时要注意，不能直接用两个 long 类型的值相除，因为它们是整型，相除后结果的小数部分会被忽略，这样乘以 100 后只能得到 0 和 100 两个值，无法得到确切的百分比。因此，应把数值先转换为浮点数值再相除，乘以 100 后再强制转回整型值。调用 ReportProgress 方法报告实时进度。

以下代码处理 ProgressChanged 事件，当调用 ReportProgress 报告进度后引发。可以在此事件处理代码中更新进度条的进度。

```
private void backgroundWorker1_ProgressChanged(object sender, ProgressChanged
EventArgs e)
{
    // 更新进度条控件
    progressBar1.Value = e.ProgressPercentage;
}
```

下面代码处理 RunWorkerCompleted 事件，在后台任务结束后发生。

```
private void backgroundWorker1_RunWorkerCompleted(object sender, RunWorkerCompleted
EventArgs e)
{
    // 判断是否出错
    if (e.Error != null)
    {
        txtResult.Text = "错误信息: " + e.Error.Message;
        return;
    }
    // 判断用户是否取消了操作
    if (e.Cancelled)
    {
        txtResult.Text = "用户已取消操作。";
    }
    else
    {
```

```
            txtResult.Text = "计算完成。";
        }
        // 提取计算结果
        txtResult.AppendText("\r\n计算结果：" + e.Result.ToString());
        // 更改按钮的状态
        btnStart.Enabled = true;
        btnCancel.Enabled = false;
    }
```

如果后台任务在执行过程中发生错误，e.Error 属性包含对应的异常信息，如果没有发生错误，就为 null。如果用户取消了任务，e.Cancelled 属性返回 True。最后从 e.Result 属性获取后台任务的执行结果。

（8）分别处理"开始计算"和"取消计算"两个按钮的 Click 事件。

```
private void btnStart_Click(object sender, EventArgs e)
{
    long baseNum = default(long);
    if (!long.TryParse(txtBaseNum.Text, out baseNum))
    {
        txtResult.Text = "输入的基数格式错误。";
        return;
    }
    txtResult.Clear();
    // 开始执行后台任务
    backgroundWorker1.RunWorkerAsync(baseNum);
    // 改变两个按钮的状态
    btnStart.Enabled = false;
    btnCancel.Enabled = true;
}

private void btnCancel_Click(object sender, EventArgs e)
{
    // 取消后台任务
    backgroundWorker1.CancelAsync();
}
```

调用 RunWorkerAsync 方法开始执行后台任务。

运行应用程序，输入一个基数，然后单击"开始计算"按钮，就会开始计算输入基数的阶乘，如图 11-90 所示。

在测试本示例时，最好输入较小的基数值，如果数值较大，计算出来的结果可能很大，超出 long 的范围后就不能得到正确的结果，如图 11-91 所示。

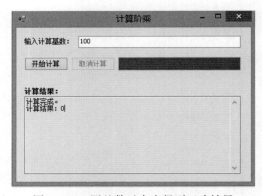

图 11-90　阶乘计算结果　　　　图 11-91　因基数过大未得到正确结果

如果希望能计算较大基数的阶乘，可以考虑使用 System.Numerics 命名空间的 BigInteger 来存放计算结果，而不是使用 long 值。BigInteger 可以存放任意大的整数值。

要使用 BigInteger 结构，先要引用 System.Numerics 程序集，打开"解决方案资源管理器"窗口，右击"引用"节点，从弹出来的快捷菜单中选择【添加引用】命令，在随后打开的窗口中勾选 System.Numerics 程序集，然后单击"确定"按钮完成。

在 Form1.cs 代码文件中引入相应的命名空间。

```
using System.Numerics;
```

将 backgroundWorker1_DoWork 方法中的代码做如下修改

```
private void backgroundWorker1_DoWork(object sender, DoWorkEventArgs e)
{
    ......
    BigInteger result = new BigInteger(1L);
    ......
```

即把存储计算结果的变量类型改为 BigInteger，在实例化 BigInteger 结构时，可以用一个数值来对其进行初始化，1L 表示值为 1 的 long 值。

再次运行示例应用程序，输入一个较大的值，然后进行阶乘计算，结果如图 11-92 所示。

输入的基数过大不仅会耗很长的时间，而且有可能耗尽处理器资源，造成程序无响应。因此，在测试时，输入的基数不要太大。

完整的示例代码请参考\第 11 章\Example_21。

图 11-92　计算较大基数的阶乘

11.5.11　选择日期和时间

DateTimePicker 控件提供一个弹出式界面，用户可以在弹出区域选择日期，也可以直接在控件上输入日期、时间，或者同时输入日期和时间。

使用 DateTimePicker 控件也比较简单，通常只需设置日期/时间的最大值（MaxDate 属性）和最小值（MinDate 属性），以及显示的格式即可。访问 Value 属性可以获取 DateTimePicker 控件中当前选择的日期/时间，若要在 Value 的值更改后及时做出响应，可以处理 ValueChanged 事件。

Format 属性用于设置日期或时间的显示格式，它是一个 DateTimePickerFormat 枚举，提供了短日期（Short）、长日期（Long）及只显示时间部分（Time）三个预设格式。如果预设的格式不能满足需求，还可以将 Format 属性设置为 Custom，然后通过 CustomFormat 属性设置自定义的格式字符串。

下面将通过示例来演示如何使用 DateTimePicker 控件。

（1）启动 Visual Studio 开发环境，新建一个 Windows 窗体应用程序项目。

（2）在窗口中放置两个 DateTimePicker 控件，其中 dateTimePicker1 使用预设的日期/时间格式来显示内容，而 dateTimePicker2 则使用自定义格式来显示内容。两个控件的属性设置可以参考表 11-19 和表 11-20。

表 11-19　设置dateTimePicker1 的属性

属　性	值
Format	Long
MaxDate	2025−12−31
MinDate	1990−1−1

表 11-20　设置dateTimePicker2 的属性

属　性	值
Format	Custom
CustomFormat	yyyy年MM月dd日　HH时mm分ss秒
MaxDate	2020−12−31
MinDate	2000−1−1

（3）在窗口中再放入两个 TextBox 控件。textBox1 用于显示 dateTimePicker1 选择的值，textBox2 用于显示 dateTimePicker2 选择的值。

程序窗口的最终效果如图 11-93 所示。

（4）在窗口设计器中分别双击 dateTimePicker1 和 dateTimePicker2 控件，生成 ValueChanged 事件的处理方法，具体的代码如下：

```
private void dateTimePicker1_ValueChanged(object sender, EventArgs e)
{
    textBox1.Text = dateTimePicker1.Value.ToString("F");
}

private void dateTimePicker2_ValueChanged(object sender, EventArgs e)
{
    textBox2.Text = dateTimePicker2.Value.ToString("F");
}
```

因为 Value 属性的类型是 DateTime，而 TextBox.Text 属性是字符串，因此需要调用 ToString 方法将日期时间对象转换为字符串实例再赋值给 Text 属性，“F”表示日期/时间的完整表示形式，即包含日期部分和时间部分，相关信息可以参阅 MSDN 文档。

运行应用程序，可以单击 DateTimePicker 控件右侧的小图标来选择日期，也可以直接用键盘输入，如图 11-94 所示。

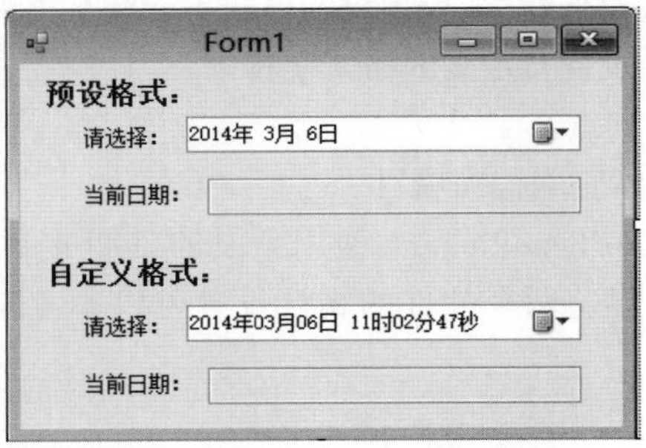

图 11-93　程序窗口的最终效果

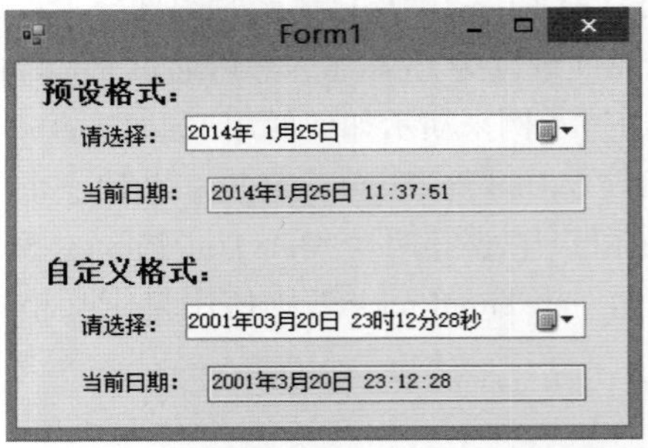

图 11-94　通过 DateTimePicker 选择日期时间

完整的示例代码请参考\第 11 章\Example_22。

11.5.12　规范用户输入

MaskedTextBox 控件是一种特殊的文本框，它可以通过 Mask 属性设置格式标记符。在应用程序运行后，用户只能输入 Mask 属性所允许的内容，比如日期、电话号码等。

首先通过一个简单示例来演示 MaskedTextBox 控件的使用。在 Visual Studio 开发环境中新建一个 Windows 窗体应用程序项目。

在 Form1 窗口中拖放一个 MaskedTextBox 控件，接着打开"属性"窗口，找到 Mask 属性，然后单击右侧的▦按钮，打开"输入掩码"对话框，如图 11-95 所示。

图 11-95　编辑输入掩码

此时会看到，开发环境已经预设了许多掩码类型，本例中需要输入日期，所以应当从列表中选择"长日期格式"，如图 11-96 所示。

最后单击"确定"按钮完成 Mask 属性的设置。

运行应用程序，可以看到在输入框控件中已经设定好形如"＿＿年＿月＿日"的格式，这就好像做填空题一样，只需在对应的地方填上内容即可，如图 11-97 所示。

图 11-96　选择长日期格式

图 11-97　MaskedTextBox 控件在运行时的效果

完整的示例代码请参考\第 11 章\Example_23。

TextBox 控件中的内容是完全由用户来输入的，而 MaskedTextBox 控件的输入区域带有掩码，用户不需要输入全部内容，仅完成"填空"即可。在"输入掩码"对话框的右下角有一个"使用 ValidatingType"的复选框，其实 ValidatingType 是 MaskedTextBox 类的一个属性，它的类型是 System.Type。MaskedTextBox 控件默认可以验证数值、日期/时间等类型，可以通过设置 ValidatingType 属性来让 MaskedTextBox 控件支持其他类型的验证，如果希望对自定义的类型进行验证，那么类型的成员中必须存在以下方法中的一个或全部。

```csharp
public static Object Parse(string);
public static Object Parse(string, IFormatProvider);
```

Parse 方法必须以字符串类型作为参数，方法必须是静态的公共方法，返回类型就是当前类型。

下面演示如何使用 MaskedTextBox 控件来验证自定义的类型。

首先定义一个 Employee 类，表示一位员工的基本信息。

```csharp
public class Employee
{
    /// <summary>
    /// 员工名字
    /// </summary>
    public string Name { get; set; }
    /// <summary>
    /// 员工编号
    /// </summary>
    public string No { get; set; }

    // 构造函数
    public Employee(string name, string no)
    {
        Name = name;
        No = no;
    }
    // 构造函数
    public Employee() : this(string.Empty, string.Empty) { }

    /// <summary>
    /// 通过此方法从字符串产生 Employee 实例
    /// </summary>
    /// <param name="info">字符串，格式：员工名字-员工编号</param>
    public static Employee Parse(string info)
    {
        if (string.IsNullOrWhiteSpace(info))
        {
            throw new ArgumentException("字符串参数不能为空。");
        }
        int index = info.IndexOf('-');
        if (index == -1)
        {
            throw new FormatException("字符串参数必须用“-”来分隔员工名字和员工编号。");
        }
        if (index == 0)
        {
            throw new FormatException("缺少员工名字。");
        }
        if (index == (info.Length - 1))
        {
            throw new FormatException("缺少员工编号。");
```

```
    }
    // 分隔字符串
    string[] parms = info.Split('-');
    if (parms.Length != 2)
    {
        throw new FormatException("字符串参数格式不正确。");
    }
    if (string.IsNullOrWhiteSpace(parms[0]))
    {
        throw new FormatException("员工名字不能为空。");
    }
    if (string.IsNullOrWhiteSpace(parms[1]))
    {
        throw new FormatException("员工编号不能为空。");
    }

    return new Employee(parms[0].Trim(), parms[1].Trim());
    }
}
```

这是一个比较简单的类，Name 属性表示员工名字，No 属性表示员工编号。为了使 MaskedTextBox 的 ValidatingType 属性能够验证输入的字符串是否可以产生 Employee 实例，需要定义一个静态的公共方法 Parse 来对传入的字符串进行分析。在本例中，所定义的格式形式为"员工名字–员工编号"，比如小刘–C2000030。

在 Parse 方法中，如果检测到传入的字符串不符合要求，应当使用 throw 语句抛出异常。MaskedTextBox 控件接收到异常信息就可以认定输入的字符串不符合要求。

接着打开 Form1 窗口的设计视图，从工具箱中拖放一个 MaskedTextBox 控件、一个 TextBox 控件和一个 Button 控件。MaskedTextBox 是本示例的"主角"，需要一个 TextBox 控件主要是为了能在窗口上切换输入焦点，因为输入框会在失去输入焦点时进行验证，因此这里的 TextBox 只是个"配角"。另外，需要一个名为 lblMessage 的 Label 控件，主要用来显示"验证成功"或"验证失败"等文本信息。窗口的整体布局如图 11–98 所示。

从工具箱中的"组件"分组下找到 ErrorProvider 组件，然后双击，就会在窗口的组件区域中添加一个 ErrorProvider 组件实例，如图 11–99 所示。

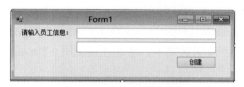

图 11–98　窗口的整体布局

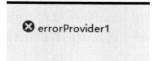

图 11–99　将 ErrorProvider 组件添加到窗口中

ErrorProvider 控件可以在验证失败的输入控件旁边显示一个小图标，以提示用户输入的内容有误。

切换到代码视图，找到 Form1 类的构造函数，在 InitializeComponent 方法调用后加入以下代码

```
public Form1()
{
    InitializeComponent();
    // 将 AsciiOnly 设置为 false
```

```
        // MaskedTextBox 可以输入除字母以外的字符
        this.maskedTextBox1.AsciiOnly = false;
        // 设置要验证的自定义类型
        this.maskedTextBox1.ValidatingType = typeof(Employee);
        // 设置掩码，一个 "C" 表示一个字符
        this.maskedTextBox1.Mask = "CCCCCCCCCC-CCCCCCCCCC";
        // 处理 TypeValidationCompleted 事件
        this.maskedTextBox1.TypeValidationCompleted += maskedTextBox1_TypeValidation
Completed;
    }
```

首先，代码将 MaskedTextBox 的 AsciiOnly 属性设置为 false，这样才能更好地输入中文字符，否则只能输入字母。

紧接着，把 ValidatingType 属性设置为定义的 Employee 类的 Type，通过 typeof 运算符获取。随后设置输入掩码，即 Mask 属性，有关掩码字符的使用，可以参考 MSDN 参考文档上有关 Mask 属性的说明，获取方法是直接在代码中选中 "Mask"，然后按下 F1 键，这里不再赘述。

当 MaskedTextBox 进行验证后会发生 TypeValidationCompleted 事件，该事件的处理代码如下

```
void maskedTextBox1_TypeValidationCompleted(object sender, TypeValidationEventArgs e)
{
    // IsValidInput 为真表示验证成功，否则验证失败
    if (!e.IsValidInput)
    {
        // 设置错误信息
        this.errorProvider1.SetError(this.maskedTextBox1, e.Message);
        lblMessage.Text = "验证失败。";
        e.Cancel = true;
    }
    else
    {
        // 清理错误信息
        this.errorProvider1.Clear();
        lblMessage.Text = "验证成功。";
    }
}
```

如果 e.IsValidInput 返回 true 表明验证成功，否则就是验证失败。如果失败，可以从 e.Message 属性中获得异常信息。调用 ErrorProvider 的 SetError 方法可以设置错误标记，第一个参数指明要在哪个控件旁边显示错误图标，本例中是 maskedTextBox1；第二个参数设置错误信息文本，此处直接使用 e.Message 属性的内容。

如果验证失败，可以将 e.Cancel 属性设置为 true，取消通过验证，这样一来，键盘输入焦点将无法离开 MaskedTextBox 控件，直到输入正确为止。

最后，完成一个可选功能，即当用户单击按钮时，用 MaskedTextBox 中的文本来创建一个 Employee 实例。

```
private void button1_Click(object sender, EventArgs e)
{
    if (maskedTextBox1.Text == "")
    {
```

```
            return;
    }
    // 根据输入的内容创建 Employee 实例
    Employee emp = Employee.Parse(maskedTextBox1.Text);
    MessageBox.Show(string.Format("创建员工信息成功。\n 员工名字：{0}\n 员工编号：{1}",
emp.Name, emp.No));
}
```

这个做法目的是展示：MaskedTextBox 确实对输入的文本进行过验证。

运行应用程序后，在 MaskedTextBox 中"–"左侧输入员工名字，右侧输入员工编号。输入完成后在 TextBox 中单击，目的是让 MaskedTextBox 控件失去焦点并对输入的内容进行验证。如果验证没有成功，会出现如图 11-100 所示的错误提示，这是 ErrorProvider 提供的功能。

如果输入正确，单击 button1 时可以正确地创建 Employee 实例，如图 11-101 所示。

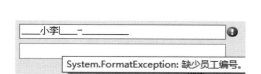

图 11-100　验证失败时显示错误提示

图 11-101　输入的文本验证成功

完整的示例代码请参考\第 11 章\Example_24。

11.6　容器控件

容器控件可以在内部承载其他控件。比如前面示例中用到的 Panel 控件，该控件作为普通面板，可以在面板中放置其他控件；再比如表示窗口的 Form 类也属于容器控件。本节将介绍 GroupBox、SplitContainer、TableLayoutPanel 等控件。

11.6.1　在容器内部显示滚动条

ScrollableControl 类公开了一个 AutoScroll 属性——布尔类型。如果希望对控件内部的内容提供滚动支持，可将该属性设置为 True，否则设置为 False。从 ScrollableControl 类派生的控件都继承这一功能。当容器控件内的控件比较多时，应当考虑开启 AutoScroll 属性，以允许用户滚动容器中的内容。

窗口更要着重考虑是否支持内容滚动。当窗口中内容较多时，在分辨率较低的显示设备上可能会显示不完整，导致窗口中部分控件无法操作。较为典型的一种情况是：窗口中控件很多，通常会将一些可供操作的按钮放到窗口底部。在屏幕分辨率较低时，这些按钮无法显示出来，导致用户无法操作。

下面以 From 类为例来进行演示。

如图 11-102 所示，在窗口中放置一些控件，控件类型和数目可以随意处理，因为重点是演示 AutoScroll 属性的使用。

选中 Form1，打开"属性"窗口，把 AutoScroll 属性改为 True。然后运行应用程序，把窗口的尺寸缩小一些，就可以看到滚动条了，这样一来就不必担心窗口中的内容显示不完整的问题了，如图 11-103 所示。

图 11-102　示例窗口的界面效果　　　　　　　　图 11-103　窗口中显示滚动条

完整的示例代码请参考\第 11 章\Example_25。

11.6.2　分组面板

GroupBox 控件与 Panel 控件类似，不过 GroupBox 允许开发人员为面板设置标题文本，通常可以使用 GroupBox 来给控件分组。比较典型的例子是 RadioButton 控件，该控件的多个实例在同一个父容器下是相互排斥的，将 RadioButton 与 GroupBox 控件结合使用，可以为不同用途的 RadioButton 控件实现分组。

依然通过示例来演示 GroupBox 控件是如何使用的。

在 Form1 窗口中先放置七个 RadioButton 控件，如图 11-104 所示。

在工具箱中找到"容器"分组下的 GroupBox 控件并单击，不要拖曳。然后按照图 11-105 所示，在"选项 1"到"选项 4"四个 RadioButton 控件所在的区域进行拖动。

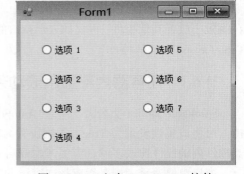

图 11-104　七个 RadioButton 控件

这样就在窗口中创建了一个 GroupBox 实例，并把左侧四个 RadioButton 控件都放入其中。按照同样的方法，再创建一个 GroupBox 实例，并把"选项 5"到"选项 7"三个 RadioButton 控件放入其中。

要设置 GroupBox 控件的标题文本，请修改其 Text 属性。示例的运行结果如图 11-106 所示。

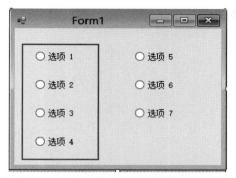

图 11-105　在要放到容器中的控件上拖动

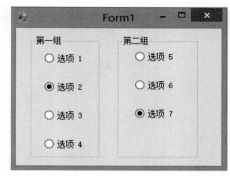

图 11-106　使用 GoupBox 对控件进行分组

完整的示例代码请参考\第 11 章\Example_26。

11.6.3　网格布局面板

网格布局面板可以通过行和列来划分出多个单元格区域，控件可以放在网格的某个单元格中，也可以跨行或跨列布局控件。可以用图 11-107 简单模拟网格面板的布局方式。

TableLayoutPanel 控件封装了网格布局所需要的功能。有两种方式可以设置控件的行和列。

（1）设置 ColumnCount 属性来指定网格中应包含的列数，设置 RowCount 属性来指定行数。

（2）向 ColumnStyles 属性所表示的集合中添加 ColumnStyle 对象来增加列，向 RowStyles 属性表示的集合中添加 RowStyle 对象增加行。

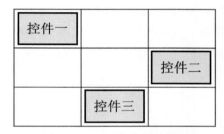

图 11-107　网格布局示意图

ColumnStyle 类公开 Width 属性用来设置列的宽度，RowStyle 类公开 Height 属性来设置行的高度,而这两个属性值的含义则取决于 SizeType，具体内容可参考表 11-21。

表 11-21　SizeType枚举中各个值的含义

值	含　　义
AutoSize	自动调整，根据单元格中放置的控件大小自动调整列宽与行高
Absolute	绝对数值。以像素为单位，比如列的宽度为30，该列的宽度就被固定为30像素
Percent	百分比。比如网格中有三行，第一行为50，为固定大小；第二行为45%。即第一行占用50像素，然后把剩下的可用空间的45%分配给第二行，余下的55%就分配给第三行

接下来将通过示例来介绍 TableLayoutPanel 控件的用法。在 Visual Studio 开发环境中新建一个 Windows 窗体应用程序项目。

从工具箱中的"容器"分组下拖一个 TableLayoutPanel 控件到 Form1 窗口中，并将它的 Dock 属性设置为 Fill。设置 ColumnCount 属性的值为 3，表示网格中有三个列。为了在应用程序运行时能够看到网格，可以将 CellBorderStyle 属性设置为非 None 值。

打开"属性"窗口，找到 ColumnStyles 属性（"属性"窗口显示为 Columns），单击右侧的按钮，打开"列和行样式"编辑窗口，在窗口中设置第一列的宽度为绝对值 65，第二列的宽度为百分比，值为 50%，第三列的宽度为百分比，值为 50%，如图 11-108 所示。

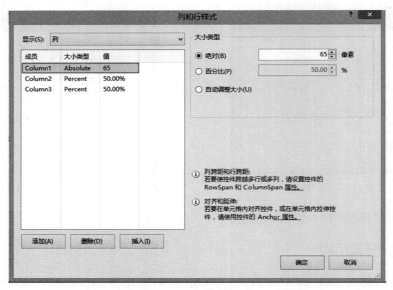

图 11-108　设置列宽

单击"显示"右侧的下拉列表框，选择"行"。设置第一行的高度为百分比，值为 100%，第二行的宽度为"自动调整大小"，如图 11-109 所示。

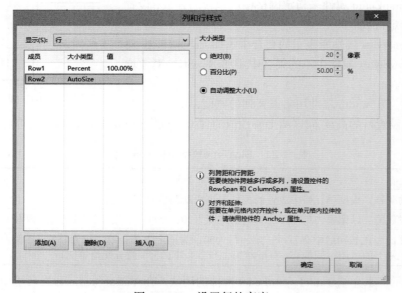

图 11-109　设置行的高度

经过以上设置后，在 TableLayoutPanel 控件中，对于列，第一列占用 65 像素的宽度，剩下的两列各占剩余空间的一半；对于行，第二行为自动调整，即第二行的高度由其内容决定，然后再把剩下的所有空间都分配给第一行。

下面向 TableLayoutPanel 控件中放置控件。从工具箱中拖一个 Button 控件出来，放到 TableLayoutPanel 控件上。选中刚创建的按钮实例，打开"属性"窗口，一种方法是直接设置 Column 和 Row 属性，另一种方法是展开 Cell 属性来修改 Column 和 Row 属性。行号和列号都是从 0 开始的，比如第一行为 0，第二行为 1。此处将 Column 的值设置为 1，Row 属性保留默认值 0，表示 button1 位于网格的第二列第一行的单元格中，如图 11–110 所示。

再从工具箱中拖一个 Button 控件到 tableLayoutPanel1 控件上，自动命名为 button2，然后设置其 Dock 属性为 Fill，Column 属性为 0，Row 属性为 1，ColumnSpan 属性为 2。表示 button2 位于 tableLayoutPanel1 控件中第一列第二行的单元格中，ColumnSpan 属性表示 button2 跨了两列，结果如图 11–111 所示。

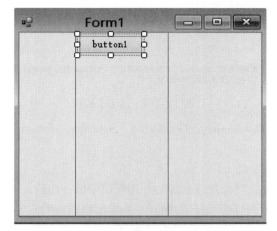

图 11–110　放置 button1 控件

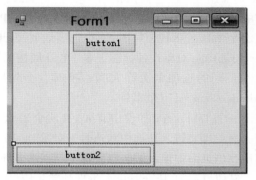

图 11–111　button2 跨了两列

再从工具箱中拖一个 CheckBox 控件到 tableLayoutPanel1 控件中，设置 Column 属性为 2，Row 属性为 0，表示 checkbox1 位于网格的第一行第三列的单元格中，如图 11–112 所示。

可以看到，放到单元格中的控件都位于单元格的左上角，如果希望 checkBox1 位于单元格的中部，那该如何设置呢？在"列和行样式"对话框中有相关的文字说明，提示可以通过设置控件的 Anchor 属性来调整控件在单元格中的对齐方式。因此，只需要将 checkBox1 的 Anchor 属性设置为 None 即可。最终结果如图 11–113 所示。

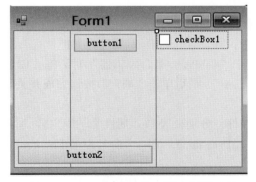

图 11–112　checkBox1 位于第一行第三列

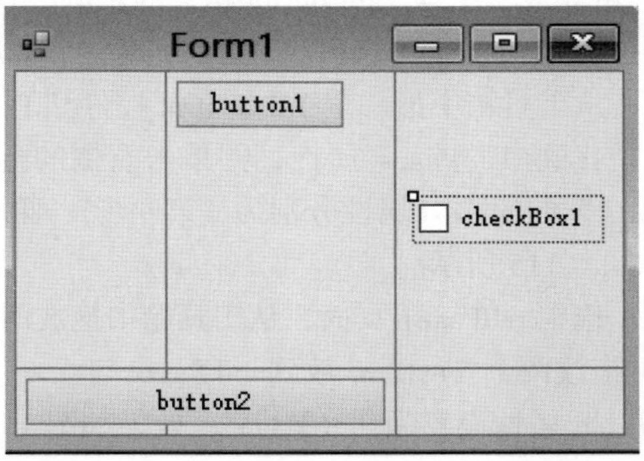

图 11–113　使控件位于单元格中部

完整的示例代码请参考\第 11 章\Example_27。

11.6.4　选项卡

不管是在操作系统的用户界面还是在平时使用的软件中，如图 11-114 所示的用户界面都很常见。这就是常说的"选项卡"控件。它提供一系列操作按钮，单击不同的按钮可以在各个页面之间进行切换，而每个页面可以呈现独立的内容。

在 Windows Forms 应用程序中，选项卡控件即 TabControl 控件，它公开 TabPages 属性，表示一个由 TabPage 对象组成的集合。TabPage 类派生自 Panel 类，因此它的使用方法和面板控件（Panel）相近，但 TabPage 所指代的是 TabControl 控件中的一个选项卡页，因此应当为每个 TabPage 对象设置标题文本（Text 属性）。

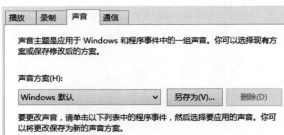

图 11-114　选项卡控件

当在不同的选项卡页面之间切换时，会先后引发 Deselecting、Deselected、Selecting、Selected 和 SelectedIndexChanged 五个事件。

假设一个 TabControl 控件中有 A、B 两个 TabPage。

当 A 页面即将进入非选中状态时先引发 Deselecting 事件，可以在该事件的处理程序中做一些验证工作，比如用户在该页面中输入了信息，就可以在该事件处理代码中验证用户的输入，如果用户输入的内容不符合要求，就通过取消 Deselecting 事件来禁止用户离开当前 TabPage；如果验证通过，就会引发 Deselected 事件。

当离开 A 页面而即将进入 B 页面时，会在 B 页面上引发 Selecting 事件，同样开发者可以在该事件上做出判断，是否允许用户进入 B 页面。比如，A、B 页面是一系列有序操作步骤，要求用户必须完成 A 页面中的操作才能进入 B 页面，如果用户没有完成 A 页面中的操作而直接要进入 B 页面，就应当取消 Selecting 事件以禁止用户进入 B 页面；当用户顺利切换到 B 页面后会引发 Selected 事件。

当 TabControl 控件完成从 A 页面到 B 页面的切换后会引发 SelectedIndexChanged 事件，该事件标识 TabControl 控件的 SelectedIndex 和 SelectedTab 属性已经发生了变化。

下面将完成一个与 TabControl 相关的示例，具体操作步骤如下：

（1）在 Visual Studio 开发环境中新建一个 Windows 窗体应用程序项目。

（2）从工具箱中拖一个 TabControl 控件到 Form1 窗口中，并设置它的 Dock 属性为 Fill。

（3）找到 TabPages 属性，并单击右侧的 ⋯ 按钮，打开"TabPage 集合编辑器"对话框，创建三个 TabPages，它们的 Text 属性分别为"第一步""第二步""第三步"，最后单击"确定"按钮完成并关闭对话框，如图 11-115 所示。

（4）选中 tabPage1 页面，从工具箱中拖放两个 Label 控件，分别设置 Text 属性为"用户名:"和"密码:"。再拖放两个 TextBox 放到 tabPage1 上，一个命名为 txtUserName，另一个命名为 txtPassword，并将 PasswordChar 属性设置为"*(星号)"，效果如图 11-116 所示。

（5）选中 tabPage2 页，从工具箱中拖放两个 Label 控件，第一个 Label 控件的 Text 属性设置为"电子邮件:"，第二个 Label 控件的 Text 属性设置为"个人简介（至少 20 个字符）:"。再拖放两个 TextBox 到 tabPage2 上，第一个命名为 txtEmail，第二个命名为 txtInfo，设置 MultiLine 属性为 True，使其支持多行文本，如图 11-117 所示。

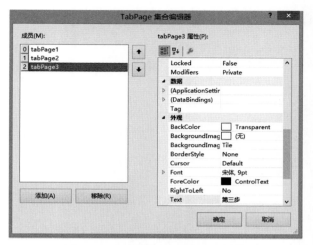

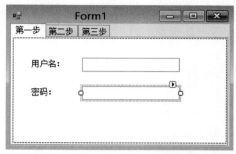

图 11-115　新建三个 TabPage 对象　　　　　　　图 11-116　"第一步"页中的布局效果

（6）选中 tabPage3，在上面放置一个名为 txtResult 的 TextBox 控件，并把它的 MultiLine 属性设置为 True，ScrollBars 属性设置为 Vertical，表示只显示垂直方向上的滚动条，把 ReadOnly 属性改为 True，表示该 TextBox 为只读模式，如图 11-118 所示。

图 11-117　"第二步"页中的布局效果　　　　　　图 11-118　"第三步"页中的布局效果

接下来将实现这样的功能：应用程序运行后，用户必须在"第一步"页面上填上用户名和密码，才能进入"第二步"；进入"第二步"页面后，用户必须输入电子邮箱地址及个人简介，才能进入"第三步"；如果用户没有输入任何信息，不允许直接跳到"第三步"。

（7）在"属性"窗口中选择 tabControl1，切换到事件视图，依次双击 Selecting、Selected 两个事件，生成事件处理方法，具体的代码如下：

```csharp
private void tabControl1_Selecting(object sender, TabControlCancelEventArgs e)
{
    // 未完成前两步不允许进入第三步
    if (e.TabPageIndex == 2)
    {
        /*
         * 需要验证的条件：
         * 1. txtUserName 中的文本不能为空
         * 2. txtPassword 中的文本不能为空
         * 3. txtEmail 中的文本不能为空
         * 4. txtInfo 中的文本不能为空
```

```
     * 5. txtInfo 中的文本长度不能小于 20 个字符
     */
    if (txtUserName.Text == "" || txtPassword.Text == "" || txtEmail.Text == ""
|| txtInfo.Text == "" || txtInfo.TextLength < 20)
    {
        e.Cancel = true;
    }
  }
}

private void tabControl1_Selected(object sender, TabControlEventArgs e)
{
    // 进入 "第三步" 后显示前两步输入的信息
    if (e.TabPageIndex == 2)
    {
        txtResult.Text = string.Format("用户名：{0}\r\n 密码：{1}\r\n 电子邮箱地址：{2}\r\n
个人简介：{3}", txtUserName.Text, txtPassword.Text, txtEmail.Text, txtInfo.Text);
    }
}
```

当 Selecting 事件发生时，如果不希望用户切换到某个页面，可以将 e.Cancel 属性设置为 True 以取消事件。

运行应用程序，如果不输入内容，就不能切换到 "第三步" 页面的，结果如图 11-119 所示。

完整的示例代码请参考\第 11 章\Example_28。

图 11-119　TabControl 控件示例的运行结果

11.6.5　自动排列内容的面板

FlowLayoutPanel 类派生自 Panel，因此它也具备了面板的特性，但 FlowLayoutPanel 面板增加了一个新功能——可以按照水平或垂直方向自动排列内容。

FlowLayoutPanel 控件默认是从左到右沿水平方向排列内容的，如果希望改变其排列方向，可以修改其 FlowDirection 属性，该属性是一个 FlowDirection 枚举值，支持从左到右、从右到左、从上到下、从下到上四种排列方式。

默认情况下，FlowLayoutPanel 在排列内容时，会自动进行换行，如果不希望容器对内容进行换行处理，可以将 WrapContents 属性设置为 False，FlowLayoutPanel 控件会把溢出容器边沿的内容裁剪掉。

应该说，FlowLayoutPanel 控件的使用并不复杂，下面通过一个简单的示例来演示该控件的用法。

（1）启动 Visual Studio 开发环境，新建一个 Windows 窗体应用程序项目。

（2）往 Form1 窗口中放一个 ComboBox 控件，待示例运行时，将通过该组合框来选择不同的排列方向。将 ComboBox 的 DropDownStyle 属性设置为 DropDownList。

（3）从工具箱的 "容器" 分组下拖一个 FlowLayoutPanel 控件到窗口中。

（4）向 FlowLayoutPanel 控件中放置六个 Button 控件。

窗口的最终效果如图 11-120 所示。

（5）切换到代码视图，找到 Form1 类的构造函数，在 InitializeComponent 方法调用后加入以下代码

```
public Form1()
{
```

```
    InitializeComponent();
    // 从 FlowDirection 枚举中取出所有值的名称
    // 并添加到 ComboBox 控件的项列表中
    string[] names = Enum.GetNames(typeof(FlowDirection));
    comboBox1.Items.AddRange(names);
    // 添加事件处理方法
    comboBox1.SelectedIndexChanged += comboBox1_SelectedIndexChanged;
    // 默认选择第一项
    comboBox1.SelectedIndex = 0;
}
```

（6）下面是 comboBox1.SelectedIndexChanged 事件的处理代码

```
void comboBox1_SelectedIndexChanged(object sender, EventArgs e)
{
    // 取出选中项的文本
    string item = comboBox1.SelectedItem as string;
    // 从文本中产生枚举值
    FlowDirection fd = (FlowDirection)Enum.Parse(typeof(FlowDirection), item);
    // 设置 FlowLayoutPanel 的排列方向
    this.flowLayoutPanel1.FlowDirection = fd;
}
```

运行应用程序，并从 ComboBox 中选择不同的值，同时观察 FlowLayoutPanel 控件中内容的变化。效果如图 11-121 ~ 图 11-123 所示。

图 11-120　窗口的最终效果

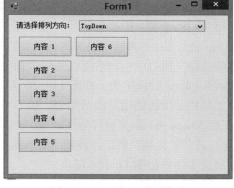

图 11-121　从上到下排列

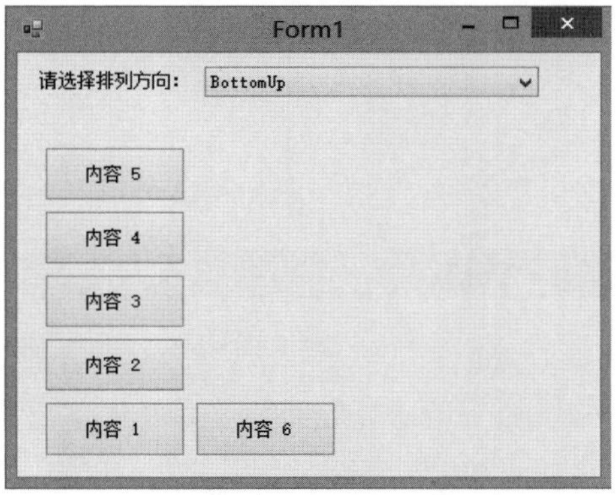

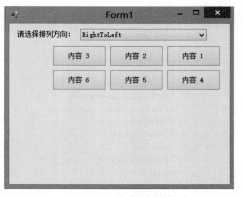

图 11-122　从下到上排列

图 11-123　从右到左排列

完整的示例代码请参考\第 11 章\Example_29。

11.7　工具栏和菜单

使用工具栏和菜单，可以将应用程序中可供用户操作的命令进行合理组合。工具栏中可以放置一些常用的功能按钮，用户通过单击这些功能按钮来快速调用一些操作；而菜单是具有层次性的命令集合，按照操作类型进行分组。

工具栏和菜单在许多常用的应用程序中都能看到。比如，开发人员所使用的 Visual Studio 开发环境中，位于窗口顶部区域就是菜单栏和工具栏，如图 11–124 所示。

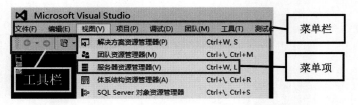

图 11–124　Visual Studio 窗口中的菜单栏和工具栏

11.7.1　工具栏

工具栏由 ToolStrip 类来进行封装和处理，考虑到表示菜单栏的 MenuStrip 类是从 ToolStrip 类派生的，因此先介绍 ToolStrip 类。

ToolStrip 公开 Items 属性，用来承载工具栏中的各个命令项。集合中对象的类型为 ToolStripItem，但是从"对象浏览器"窗口中可以看到它是一个抽象类，不能直接使用。实际上，向 Items 属性集合中添加的项都是 ToolStripItem 的派生类。如图 11–125 所示，在"对象浏览器"窗口中便可以一目了然。

这些工具栏子项的使用方法都类似。接下来通过一个示例演示工具栏的使用。

（1）在 Visual Studio 开发环境中新建一个 Windows 窗体应用程序项目。

（2）打开"工具箱"窗口，找到"菜单和工具栏"分组，双击其中的 ToolStrip 控件，就会在窗口中创建一个工具栏实例，如图 11–126 所示。

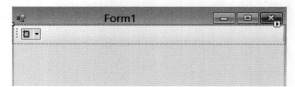

图 11–125　ToolStripItem 的派生类一览　　　　图 11–126　添加 ToolStrip 到窗口中

（3）单击工具栏上的  按钮，从如图 11-127 所示的下拉菜单中选择要添加的工具栏项。也可以选中 toolStrip1 控件，打开"属性"窗口，找到 Items 属性，然后单击右侧的 按钮打开"项集合编辑器"对话框（如图 11-128 所示）向工具栏中添加项。

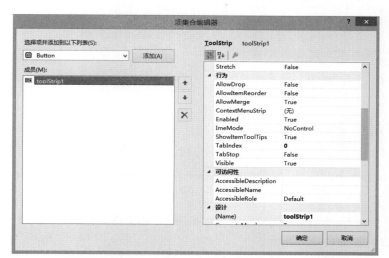

图 11-127　通过设计器的上下文菜单
　　　　　　添加工具栏项

图 11-128　　"项集合编辑器"对话框

（4）向 toolStrip1 中添加三个 Button，具体的参数设置可以参考表 11-22。

表 11-22　三个工具栏项目的属性设置

Name属性	属性设置
toolBtnAdd	Text属性设置为"新增"
toolBtnAccept	Text属性设置为"接受"
toolBtnEdit	Text属性设置为"编辑"

（5）通常来说，工具栏中的项都应该有一个可以表示其含义的图标。可以通过每个项的 Image 属性来添加图像。为了便于管理，不妨考虑使用前面在 ListView 控件中曾经使用过的 ImageList 组件。从工具箱中拖一个 ImageList 组件到窗口中，并向其中添加三个图像文件，如图 11-129 所示。

（6）由于在设计时无法设置 toolStrip1 的 ImageList 属性，只能通过代码在程序运行时进行设置。切换到代码视图，找到窗口类的构造函数，在初始化方法 InitializeComponent 调用之后加入以下代码

```
public Form1()
{
    InitializeComponent();
    // 设置 ImageList 属性
    this.toolStrip1.ImageList = this.imageList1;
    // 设置图像索引
    this.toolBtnAdd.ImageIndex = 0;
    this.toolBtnAccept.ImageIndex = 1;
    this.toolBtnEdit.ImageIndex = 2;
}
```

当运行应用程序后，就会看到 imageList1 中的图标已经应用到工具栏的项列表中了，如图 11-130 所示。

图 11-129　向 ImageList 中添加图像

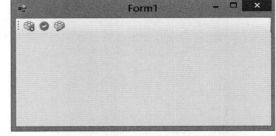

图 11-130　工具栏中的项已经应用图标

（7）如果希望同时显示文本和图像，可以将要显示文本的项的 DisplayStyle 属性设置为 ImageAndText，结果如图 11-131 所示。

（8）通过工具栏子项的 TextImageRelation 属性还可以调整文本与图像的相对位置，如图 11-132 所示。

图 11-131　同时显示图像和文本

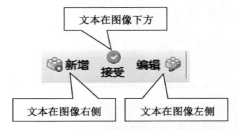

图 11-132　调整文本和图像的相对位置

（9）回到窗口设计器，单击工具栏项列表最右端的 按钮，从下拉菜单中选择 Separator，添加一个分隔条。

（10）再次单击 按钮，从下拉菜单中选择 Label，在工具栏上添加一个标签，并把 Text 属性改为"请输入关键词:"，如图 11-133 所示。

（11）再向工具栏添加一个 TextBox 和一个 Button。将 ToolStripTextBox 命名为 txttoolKeyword，将 ToolStripButton 命名为 toolBtnSubmet，Text 属性设置为"提交"，DisplayStyle 属性设置为 Text，效果如图 11-134 所示。

图 11-133　插入标签项

图 11-134　插入输入框和按钮

至此，已经向工具栏中添加一些项，接下来要解决响应用户操作的问题。最典型的是用户单击工具栏按钮后应用程序做出响应，以执行相关操作。

　　与其他控件一样，可以通过处理事件来响应用户操作。一种方法是处理单个项的 Click 事件，另一种方法是直接处理 ToolStrip 的 ItemClicked 事件，只要 ToolStrip 中某个项被单击就会引发 ItemClicked 事件。本示例将采用处理 ItemClicked 事件的方法，因为这样做比较方便，不必要为每个项添加事件处理。

　　（12）选中 toolStrip1，在"属性"窗口中切换到事件视图，找到 ItemClicked 事件，然后双击该事件，开发工具会生成事件处理方法，代码如下：

```csharp
private void toolStrip1_ItemClicked(object sender, ToolStripItemClickedEventArgs e)
{
    // 如果单击普通按钮
    if (e.ClickedItem is ToolStripButton)
    {
        // 如果单击"提交"按钮
        if (e.ClickedItem == toolBtnSubmet)
        {
            // 显示文本框中输入的文本
            if (txttoolKeyword.Text != "")
            {
                MessageBox.Show(string.Format("您输入的关键词是：{0}。", txttoolKeyword.
Text));
            }
        }
        else //单击其他按钮
        {
            MessageBox.Show(string.Format("您单击了{0}按钮。", e.ClickedItem.Text));
        }
    }
}
```

　　通过事件参数 ToolStripItemClickedEventArgs 对象的 ClickedItem 属性可以得到被单击项的引用，随后就可以做相应的处理。在本示例中，如果单击"提交"按钮，就弹出消息框并显示文本框中输入的内容；如果单击普通按钮，就显示该按钮上的 Text 属性值。

　　运行应用程序，然后尝试单击工具栏中的项并查看效果，如图 11-135 所示。

　　完整的示例代码请参考\第 11 章\Example_30。

图 11-135　对单击操作做出响应

11.7.2　菜单栏

　　菜单栏用 MenuStrip 类表示，它从 ToolStrip 类派生，因此继承了 ToolStrip 的许多特点，在使用方法上也和 ToolStrip 相似。向 Items 集合中添加 ToolStripMenuItem 对象就可以添加菜单项了。但由于菜单是具有层次结构的控件，所以向 MenuStrip 对象的 Items 集合中所添加的 ToolStripMenuItem 对象将作为顶层菜单，这些菜单项直接显示在菜单栏上。

　　每个 ToolStripMenuItem 对象拥有一个 DropDownItems 集合（继承自 ToolStripDropDownItem 类），添加到 ToolStripMenuItem 集合的菜单项将成为菜单栏的弹出部分，这部分内容默认不显示，当用户单击菜单栏中的顶层项目时才会弹出。菜单栏的大致结构可以用图 11-136 表示。

　　弹出的菜单项中也可以包含子菜单。通常来说，把菜单的层次结构控制在三层左右比较合理，层次过于复杂对用户的体验会造成负面影响。

　　使用 Windows 窗体设计器可以很轻松地定义菜单。以下步骤演示如何使用窗体设计器来定义菜单。

　　（1）启动 Visual Studio 开发环境，新建一个 Windows 窗体应用程序项目。

　　（2）打开"工具箱"，从"菜单和工具栏"分组下找到 MenuStrip 控件，然后双击，就向窗口中添加了一个 MenuStrip 对象。

　　（3）选中添加的 MenuStrip 对象，就可以通过设计器来添加菜单了。如图 11-137 所示，单击"请在此键入"，然后输入菜单项的文本。

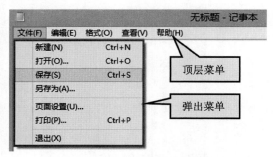

图 11-136　菜单栏结构示意图

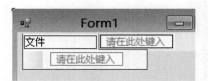

图 11-137　通过键盘输入添加菜单项

　　在输入框的右侧可以继续添加顶级菜单，在输入框的下方可以继续添加下一层次的弹出菜单项。

　　（4）继续添加更多菜单项，具体参数可以参考表 11-23。

表 11-23　示例菜单项结构

顶 级 菜 单	第二层菜单	第三层菜单
文件	新建	无
	打开	
	退出	
编辑	删除	无
	复制	
	查找	
	对齐	左
		中
		右
显示	水平线	无
	垂直线	
	对角线	

　　至此，示例程序已经具备完整的菜单栏框架了，运行应用程序后，就可以对菜单栏进行操作了，如图 11-138 所示。

　　（5）为了使菜单更有可视化效果，和工具栏一样，可以为一些菜单项添加小图标。此处以"文件"菜单下的"新建"和"打开"为例。在设计器中选中"新建"菜单项，打开"属性"窗口，找到 Image 属性，然后单击右侧的▦按钮，打开"选择资源"对话框，选中"本地资源"单选框，然后单击"导入"按钮，选择一个合适的图像文件，然后单击"确定"按钮完成，如图 11-139 所示。

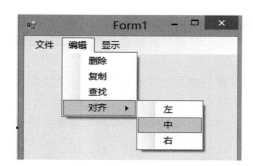

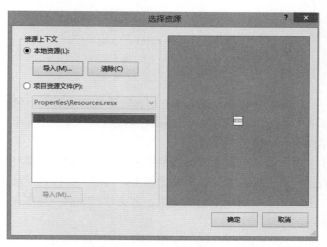

图 11-138　菜单栏运行时效果　　　　　　　　　图 11-139　导入本地图像文件

　　以同样的方式为"打开"菜单项添加图标。运行应用程序后，会看到如图 11-140 所示的效果。

　　（6）还可以为菜单项开启标记功能，即当用户单击某项菜单后，菜单上会带有一个"√"标记，再次单击，"√"标记会隐藏。在设计器中选中"显示"菜单下的"水平线"项，打开"属性"窗口，将 CheckOnClick 属性设置为 True。用同样的方法，将"垂直线"和"对角线"菜单项的 CheckOnClick 属性设置为 True。

　　再次运行应用程序，打开"显示"菜单，依次单击弹出的几个菜单项，会看到如图 11-141 所示的效果。

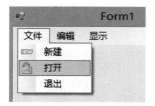

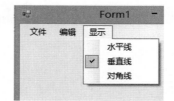

图 11-140　带小图标的菜单项　　　　　　　　　图 11-141　显示"√"标记的菜单项

　　（7）设计好菜单后，编写代码来响应用户的操作。此处只处理"新建"、"打开"和"退出"三个菜单项的 Click 事件。具体代码如下：

```
private void 新建ToolStripMenuItem_Click(object sender, EventArgs e)
{
    MessageBox.Show("您执行了"新建"命令。");
}

private void 打开ToolStripMenuItem_Click(object sender, EventArgs e)
{
    MessageBox.Show("您执行了"打开"命令。");
}

private void 退出ToolStripMenuItem_Click(object sender, EventArgs e)
{
```

```
    // 退出应用程序
    Application.Exit();
}
```

调用 Application.Exit 方法可以退出当前应用程序。

完整的示例代码请参考\第 11 章\Example_31。

11.7.3　上下文菜单

上下文菜单也叫快捷菜单，因为它是在右击后弹出来的，因此也称右键菜单。"上下文菜单"的叫法比较多见，因为是从"Context Menu"直接翻译过来的。不管是哪种叫法，读者只需要知道它是一类什么样的菜单即可。

上下文菜单与前面介绍的菜单栏不完全相同，菜单栏是固定在窗口的某个位置上的，而上下文菜单是在右击的地方弹出的。该菜单是和用户当前所操作的对象相关联，这也是"上下文"说法的由来。

上下文菜单的使用也很简单，和菜单栏类似。接下来，将展示一个示例，读者可以更直观地了解上下文菜单的用法。

（1）在 Visual Studio 开发环境中新建一个 Windows 窗体应用程序项目。

（2）通过 ContextMenuStrip 控件承载上下文菜单对象。打开"工具箱"窗口，展开"菜单和工具栏"分组，找到 ContextMenuStrip 控件，然后双击，就可以在窗口上添加一个上下文菜单了。

（3）如图 11–142 所示，和菜单栏相似，单击"请在此处键入"输入框，输入菜单的文本。本例总共添加三个菜单项，分别为"红色"、"蓝色"和"灰色"。

（4）从工具箱中拖放一个 Label 控件到窗口上，将其 Text 属性改为"示例文本"，Font 属性改为（Name ="华文行楷"，Size = 45），如图 11–143 所示。

图 11–142　添加菜单项

图 11–143　示例窗口的布局效果

（5）保持 label1 处于选中状态，打开"属性"窗口，单击 ContextMenuStrip 属性右侧的下拉箭头，并选择添加到窗口中的 ContextMenuStrip 控件。

（6）响应用户操作，为三个菜单项处理 Click 事件，通过上下文菜单来改变 Label 控件中文本的颜色，代码如下：

```
private void 绿色ToolStripMenuItem_Click(object sender, EventArgs e)
{
    this.label1.ForeColor = Color.Green;
}

private void 蓝色ToolStripMenuItem_Click(object sender, EventArgs e)
{
```

```
        this.label1.ForeColor = Color.Blue;
    }

    private void 灰色ToolStripMenuItem_Click(object
    sender, EventArgs e)
    {
        this.label1.ForeColor = Color.Gray;
    }
```

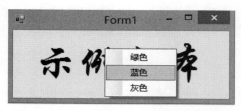

运行应用程序，然后在文本上右击，从上下文菜单中选择
不同的颜色，结果如图 11-144 所示。

完整的示例代码请参考\第 11 章\Example_32。

图 11-144　通过上下文菜单改变文本颜色

11.7.4　自定义承载控件

工具栏和菜单栏中有些控件和前面所介绍的普通控件是一样的，比如 ToolStripTextBox 类，它里面封装的就是一个 TextBox 控件，在前面的示例中已经使用过。.NET 的类库还提供了 ToolStripComboBox 和 ToolStripProgressBar 两个类，如图 11-145 所示。

图 11-145　ToolStripControlHost 的派生类

这些类型都是从 ToolStripControlHost 类派生的，ToolStripControlHost 类允许在菜单栏或者工具栏上承载自定义控件，被承载的控件是通过 ToolStripControlHost 类的构造函数的参数传递进去的，因此可以事先实例化一个控件实例，然后再实例化 ToolStripControlHost 对象，并把控件实例通过构造函数的参数传给 ToolStripControlHost 实例。虽然 ToolStripControlHost 类可以直接使用，但是不太方便。比较合理的做法是从 ToolStripControlHost 派生出一个子类，并把要承载的控件封装在该子类中，就像.NET 类库所提供的 ToolStripTextBox 那样。经过这样封装后，就可以直接调用，而不必要每次调用都手动去实例化一个控件实例，大大提升了类型的可重用性。

将一个 DateTimePicker 控件封装起来，然后作为菜单栏的菜单项来使用，具体的实现步骤如下：

（1）在 Visual Studio 开发环境中新建一个 Windows 窗体应用程序项目。

（2）定义一个 ToolStripDateTimePicker 类，派生自 ToolStripControlHost 类。

```
public class ToolStripDateTimePicker : ToolStripControlHost
{
    /// <summary>
    /// 被封装的 DateTimePicker 控件
    /// </summary>
    private DateTimePicker m_Picker = null;

    public ToolStripDateTimePicker()
        : base(new DateTimePicker())
    {
        // 赋值
        m_Picker = base.Control as DateTimePicker;
        // 对控件进行设置
        // 默认日期显示格式为自定义
        m_Picker.Format = DateTimePickerFormat.Custom;
        // 设置格式
```

```
        m_Picker.CustomFormat = "yyyy年MM月dd日";
    }

    #region 属性
    /// <summary>
    /// 允许的日期的最大值
    /// </summary>
    public DateTime MaxDate
    {
        get { return m_Picker.MaxDate; }
        set { m_Picker.MaxDate = value; }
    }

    /// <summary>
    /// 允许的日期的最小值
    /// </summary>
    public DateTime MinDate
    {
        get { return m_Picker.MinDate; }
        set { m_Picker.MinDate = value; }
    }

    /// <summary>
    /// 已选中的日期
    /// </summary>
    public DateTime Value
    {
        get { return m_Picker.Value; }
        set { m_Picker.Value = value; }
    }

    /// <summary>
    /// 获取被封装的控件
    /// </summary>
    public DateTimePicker DateTimePicker
    {
        get { return m_Picker; }
    }
    #endregion

    #region 事件
    /// <summary>
    /// 当日期选择框打开时发生
    /// </summary>
    public event EventHandler DropDown
    {
        add { m_Picker.DropDown += value; }
        remove { m_Picker.DropDown -= value; }
    }

    /// <summary>
    /// 当日期选择框关闭时发生
    /// </summary>
    public event EventHandler CloseUp
    {
```

```
        add { m_Picker.CloseUp += value; }
        remove { m_Picker.CloseUp -= value; }
    }

    /// <summary>
    /// 当前选择的日期改变时发生
    /// </summary>
    public event EventHandler ValueChanged
    {
        add { m_Picker.ValueChanged += value; }
        remove { m_Picker.ValueChanged -= value; }
    }
    #endregion
}
```

在 ToolStripDateTimePicker 的构造函数调用时，通过 base(…)调用基类的构造函数，并使用 new 运算符创建一个 DateTimePicker 实例作为参数传递。从基类的 Control 属性可以获取承载的 DateTimePicker 控件的实例，并用 DateTimePicker 属性来封装 m_Picker 字段以方便调用者获取被封装的 DateTimePicker 控件的实例。Value 属性封装了 m_Picker 的 Value 属性，表示当前已选择的日期。

DropDown、CloseUp 和 ValueChanged 三个事件分别对应 m_Picker 的三个事件，为了简化代码，示例中使用了 add 和 remove 操作符来添加和移除事件关联的方法。

（3）自定义的菜单项定义好之后，就可以投入使用了。打开 Form1 的设计视图，添加一个 MenuStrip 控件。

（4）在菜单栏中添加一个新菜单，文本设置为"报表"。接着在该菜单下添加"新建报表"和"关闭报表"两个子项，如图 11-146 所示。

（5）切换到代码视图，找到 Form1 类的构造函数，在 InitializeComponent 方法调用之后加入以下代码：

```
ToolStripDateTimePicker mndtPicker = null;
public Form1()
{
    InitializeComponent();

    // 向"报表"菜单添加自定义菜单项
    mndtPicker = new ToolStripDateTimePicker();
    mndtPicker.MaxDate = new DateTime(2050, 12, 31);
    mndtPicker.MinDate = new DateTime(2000, 1, 1);
    报表 ToolStripMenuItem.DropDownItems.Add(mndtPicker);
    // 处理事件
    mndtPicker.ValueChanged += mndtPicker_ValueChanged;
}
```

首先创建 ToolStripDateTimePicker 的实例，然后将它添加到"报表"菜单的 DropDownItems 集合中。该集合表示弹出的菜单项的集合，所要添加的菜单项是作为弹出项来处理的。

ValueChanged 事件处理代码如下：

```
void mndtPicker_ValueChanged(object sender, EventArgs e)
{
    MessageBox.Show("…您选择了: " + mndtPicker.Value.ToLongDateString());
}
```

运行应用程序，单击"报表"菜单，打开子菜单，从最后一项菜单中选择日期，完成后应用程序会弹出对话框来显示已选择的日期，如图 11-147 所示。

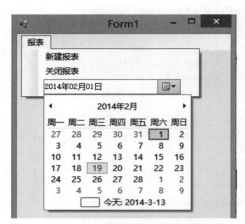

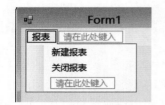

图 11-146　向菜单栏中添加菜单项　　　　图 11-147　从菜单项中选择日期

完整的示例代码请参考\第 11 章\Example_33。

11.8　对话框

对话框也是一种窗体，它主要用于与用户进行短暂性交互。如用户打开颜色选择对话框，并在其中选择一种需要的颜色，然后关闭对话框，对话框关闭后会向调用方返回一个结果，以告知调用方用户是提交了操作，还是放弃操作。如果用户选择放弃，程序就不必要做进一步处理；如果用户确认并提交了操作，程序代码就需要做出相应的处理。比如，用户通过"打开文件"对话框选取了一个文件，当用户单击"确定"按钮确认操作并关闭对话框后，应用程序就需要获取用户选择了哪个文件，以便进行下一步处理。

通常，调用与对话框相关类型的 ShowDialog 方法来弹出对话框，当用户关闭对话框后，该方法会返回一个 DialogResult 枚举值。通过该值就可以判断用户采取了什么操作，比如用户单击"确定"按钮后，对话框关闭，ShowDialog 方法返回 DialogResult.OK，据此程序就能知道用户已经确认了操作。

11.8.1　"打开文件"和"保存文件"对话框

FileDialog 类提供了选择文件对话框的基本结构，它是一个抽象类，并派生出两个子类——OpenFileDialog 和 SaveFileDialog。

OpenFileDialog 用于打开文件，SaveFileDialog 则用于保存文件时选择新文件名。两种对话框比较相近，一般而言，打开文件对话框应该选择已存在的文件，所以通过 CheckFileExists 属性控制是否检查文件的存在性，默认情况下该属性应当为 True，因为打开不存在的文件没有实际意义。当需要保存文件时，应该使用 SaveFileDialog 来选择新文件的文件名，有时候会遇到要保存的文件已经存在的情况，所以 OverwritePrompt 属性应该设置为 True，以便在遇到文件已存在的情况下提示用户是否覆盖现有文件。

Filter 属性指定在选择文件对话框中应该显示哪些文件，用一个字符串来表示，比如：

```
文本文件(*.txt)|*.txt
```

Filter 属性的每个条目均用"|"符号（管道符号，竖线）分隔。标准的做法为：先是第一种文件类型的文本说明（如文本文件(*.txt)），紧接着一个"|"符号，然后再接第一种文件类型筛选符号（如*.txt）；随

后再接一个 "|" 符号，然后是第二种文件类型的文本说明，随后又一个 "|" 符号，紧接着是第二种文件类型筛选符……依此类推。比如：

数据文件(*.data)|*.data|Word 文件(*.docx)|*.docx

如果某类文件有多个扩展名，每个扩展名之间用英文的分号（;）隔开，例如：

图像文件(*.jpg;*.bmp;*.gif)|*.jpg;*.bmp;*.gif

如果不对文件类型进行过滤，即所有文件可以用 "*.*" 扩展名，例如：

所有文件(*.*)|*.*

文本说明部分只显示在文件选择对话框中，用以提示用户所支持文件的扩展名，可以省去小括号和扩展名列表，比如：

图像文件|*.jpeg;*.jpg;*.png;*.bmp

当用户选择完文件并单击 "确定" 按钮关闭对话框后，可以从 FileName 属性中获得用户所选择文件的名称，该属性返回的是文件的全路径，包括扩展名，如 D:\Docs\test.doc。对于 OpenFileDialog 来说，如果 Multiselect 属性为 True，支持选择多个文件，可以从 FileNames 属性中得到一个 string 数组，代表用户已选择的文件列表。而 SaveFileDialog 没有 Multiselect 属性，一般情况下不会同时保存多个文件。

下面将通过示例来演示 OpenFileDialog 和 SaveFileDialog 对话框的使用。

（1）启动 Visual Studio 开发环境，新建一个 Windows 窗体应用程序项目。

（2）在窗口左侧放一个 GroupBox 控件，Text 属性设置为 "查看图片"。

（3）在 GroupBox 中放一个 PictureBox 控件，Dock 属性设置为 Fill。

（4）在窗体的右侧放置两个 Button 控件，Text 属性分别设置为 "打开文件" 和 "保存文件"。

（5）在两个 Button 之间放置一个 Label 控件，用来显示打开的文件名。AutoSize 属性设置为 False，取消自动调整尺寸功能。

窗口的整体界面如图 11-148 所示。

（6）打开工具箱，从 "对话框" 分组下分别双击 OpenFileDialog 和 SaveFileDialog 组件，把它们添加到窗口中，并将它们的 Filter 属性都设置为 "PNG 图像|*.png"。

（7）双击 "打开文件" 按钮，生成 Click 事件的处理方法，然后输入以下代码

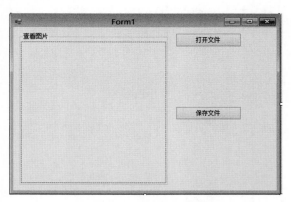

图 11-148　窗口的整体界面

```
private void openFileButton_Click(object sender, EventArgs e)
{
    // 显示打开文件对话框
    if (openFileDialog1.ShowDialog() == System.Windows.Forms.DialogResult.OK)
    {
        // 显示文件名
        lblFile.Text = openFileDialog1.FileName;
        // 加载图片
        try
        {
            using (System.IO.FileStream stream = System.IO.File.Open(openFileDialog1.
FileName,System.IO.FileMode.Open,System.IO.FileAccess.Read,System.IO.FileShare.Read))
```

```
        {
            // 创建图像
            Image img = Image.FromStream(stream);
            // 在 PictureBox 中显示图像
            pictureBox1.Image = img;
            // 关闭文件流，释放所占用的资源
            stream.Close();
        }
    }
    catch (Exception ex)
    {
        lblFile.Text = ex.Message;
    }
}
}
```

首先调用 ShowDialog 方法显示选择文件的对话框，如果用户进行了选择并单击"确定"按钮，即方法返回 DialogResult.OK，就从 FileName 属性中得到已选择文件的路径。随后通过 File 类的静态方法 Open 打开文件，并返回文件流对象；接着在该文件流基础上创建 Image 对象；最后在 PictureBox 控件中显示。

此处使用文件流来打开图像文件，旨在能够快速释放程序占用的资源，以便后续其他程序可以对文件进行操作，比如删除文件等。

（8）双击"保存文件"按钮，生成 Click 事件的处理方法，具体的处理代码如下：

```
private void saveFileButton_Click(object sender, EventArgs e)
{
    if (saveFileDialog1.ShowDialog() == System.Windows.Forms.DialogResult.OK)
    {
        // 准备写入文件
        System.IO.FileStream streamOut = null;
        try
        {
            // 创建文件流
            streamOut = new System.IO.FileStream(saveFileDialog1.FileName, System.
IO.FileMode.OpenOrCreate, System.IO.FileAccess.Write, System.IO.FileShare.Read);
            using (Bitmap bmp = new Bitmap(100,100))
            {
                Graphics g = Graphics.FromImage(bmp);
                // 填充背景色
                g.Clear(Color.DarkBlue);
                // 填充圆形区域
                g.FillEllipse(Brushes.Yellow, new Rectangle(0, 0, bmp.Width, bmp.Height));
                    // 释放对象
                g.Dispose();
                // 将图像内容写入文件流
                bmp.Save(streamOut, System.Drawing.Imaging.ImageFormat.Png);
            }
            // 显示保存成功
            MessageBox.Show("图像文件保存成功。", "提示", MessageBoxButtons.OK,
MessageBoxIcon.Information);
        }
        catch (Exception ex)
        {
            MessageBox.Show(ex.Message);
```

```
        }
        finally
        {
            // 释放文件流所占用的资源
            if (streamOut != null)
            {
                streamOut.Close();
                streamOut.Dispose();
            }
        }
    }
}
```

与打开文件相似，先调用 ShowDialog 方法打开保存文件对话框，用户输入新文件名并确认后，从 FileName 属性中取出新文件的路径，然后创建文件流对象，并通过 Graphics 类和 Bitmap 类绘制一个新图像，最后把图像以 PNG 格式保存到文件中。在 try 语句块的 finally 区域中要把文件流关闭，以释放其占用的资源，随后其他程序才能访问新保存的文件。

运行应用程序，先单击"保存文件"按钮，创建一个新的 PNG 图像文件，如图 11-149 所示，待文件创建成功后，再通过"打开文件"按钮查看保存的文件，如图 11-150 所示。

图 11-149　保存新文件

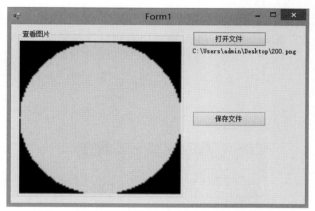

图 11-150　打开并查看文件

完整的示例代码请参考\第 11 章\Example_34。

11.8.2　字体选择对话框

FontDialog 组件封装了可以用来选择字体的对话框，属于系统对话框，不仅可以选择字体，还可以在选择时设置字体的大小和样式。

用户所选择的字体可以从 Font 属性获取，类型为 Font 对象。在调用 ShowDialog 方法显示对话框之前，可以通过 MaxSize 和 MinSize 属性来设置用户可以设置字体的最大和最小字号（以磅为单位）。

接下来将通过实例演示 FontDialog 对话框的使用，具体操作如下：

（1）启动 Visual Studio 开发环境，新建一个 Windows 窗体应用程序项目。

（2）在 Form1 窗口上放置一个 Button 控件，将 Text 属性设置为"选择字体"。

（3）在 Button 右侧放置一个 Label 控件，命名为 lblFontName，用来显示用户所选择的字体名称。

（4）拖放一个 Label 控件在 Button 控件的下方，命名为 lblTest，用于查看应用新选择字体后的效果。窗口的最终效果如图 11-151 所示。

（5）在工具箱中展开"对话框"分组，并找到 FontDialog 组件，然后双击，向窗口添加一个 FontDialog 实例。

（6）双击"选择字体"按钮，生成 Click 事件的处理方法，具体代码如下：

```
private void button1_Click(object sender, EventArgs e)
{
    // 显示选择字体对话框
    if (this.fontDialog1.ShowDialog() == System.Windows.Forms.DialogResult.OK)
    {
        // 将用户所选择的字体应用到 Label 控件上
        lblTest.Font = fontDialog1.Font;
        // 显示用户所选择字体的名称
        lblFontName.Text = fontDialog1.Font.Name;
    }
}
```

FontDialog 的 Font 属性返回一个 Font 实例的引用，表示用户所选择的字体；Font 实例的 Name 属性表示该字体的名称。

（7）运行应用程序，单击"选择字体"按钮，从打开的字体选择对话框中选择一种字体，然后单击"确定"按钮关闭对话框，就可以看到所选择字体的效果了，如图 11-152 所示。

图 11-151 窗口的布局效果

图 11-152 显示用户选择的字体

完整的示例代码请参考\第 11 章\Example_35。

11.8.3 颜色选择对话框

ColorDialog 类封装了系统默认的对话框，用户可以通过该对话框来选择颜色，所选择的颜色通过 Color 属性返回，类型为 System.Drawing.Color 结构。

ColorDialog 对话框的使用也是非常简单的，参考以下示例。

（1）启动 Visual Studio 开发环境，新建一个 Windows 窗体应用程序项目。

（2）从工具箱中的"容器"分组下拖放一个 Panel 控件到 Form1 窗口上，将其 BackColor 属性设置为 Black（黑色）。

（3）拖一个 Button 控件到 Panel 控件的右侧，将 Text 属性设置为"选择颜色"。

（4）拖一个 Label 控件放在 Panel 控件的下方，用来显示用户所选择颜色相关的数据。

整个窗体的布局效果如图 11-153 所示。

（5）从工具箱的"对话框"分组下找到 ColorDialog 组件并双击，向窗口添加一个 ColorDialog 实例。

（6）双击"选择颜色"按钮，生成 Click 事件的处理方法。在事件处理方法中加入处理代码，实现当用户通过 ColorDialog 选择颜色后，将所选择的颜色应用到 Panel 控件的 BackColor 属性（背景色）上。代码如下：

```
private void button1_Click(object sender, EventArgs e)
{
    // 显示选择颜色对话框
    if (colorDialog1.ShowDialog() == System.Windows.Forms.DialogResult.OK)
    {
        // 取得用户所选的颜色
        Color theColor = colorDialog1.Color;
        // 将颜色应用到 Panel 控件的背景色
        panel1.BackColor = theColor;
        // 显示当前所选颜色的数据
        label1.Text = string.Format("当前选中的颜色：#{0}{1}{2}", theColor.R.ToString
("X2"), theColor.G.ToString("X2"), theColor.B.ToString("X2"));
    }
}
```

在 Label 控件中以十六进制的形式分别显示颜色的 R、G、B 三个值，因此上面代码中使用 ToString 方法将值转换为十六进制格式的文本，用到了格式控制符"X"（转换为文本的十六进制数值中的字母显示为大写），后面紧跟着"2"表示数值的位数为 2，如 05、E8、7F 等。

（7）运行示例应用程序，单击"选择颜色"按钮，从打开的对话框中选择一种颜色，然后单击"确定"按钮关闭对话框，就能看到所选择的颜色已经应用到 Panel 控件的背景色属性上，如图 11-154 所示。

图 11-153　窗口布局的最终效果

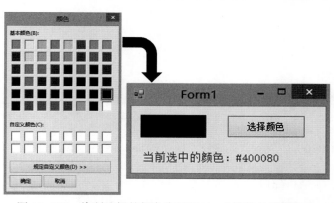

图 11-154　将所选择的颜色应用到 Panel 控件的背景色上

完整的示例代码请参考\第 11 章\Example_36。

11.8.4　自定义对话框

除使用系统提供的对话框外，开发人员也可以自己定制对话框。对话框在本质上也是窗口（Form 类或 Form 的子类）。

Form 类也公开了 ShowDialog 方法，调用它可以显示对话框。在对话框的内部处理代码中，如果希望 ShowDialog 方法返回 DialogResult 枚举的某个值，可以设置 Form.DialogResult 属性。

下面就来完成一个自定义对话框的示例。

（1）新建 Windows 窗体应用程序项目。

（2）在窗口上放一个 Button 控件，将 Text 属性设置为"新增图书信息"。

（3）新增一个 TextBox 控件，设置它的 ReadOnly 属性为 True，Multiline 属性为 True，ScrollBars 属性为 Vertical。使 TextBox 显示为一个只读的多行文本框。

窗口的布局如图 11-155 所示。

（4）新建一个窗口，命名为 frmDialog，作为自定义对话框。

（5）设置自定义对话框的 FormBorderStyle 属性为 FixedDialog；设置 MaximizeBox 和 MinimizeBox 属性为 False，以隐藏"最大化"和"最小化"按钮；将 ShowInTaskbar 属性设置为 False，当对话框显示时隐藏任务栏上的图标。

（6）向对话框中拖放两个 Label 控件，分别将它们的 Text 属性设置为"书名:"和"分类:"。

（7)向对话框中拖一个 TextBox 控件，命名为 txtBookname；拖放一个 ComboBox 控件，设置 DropDownStyle 属性为 DropDownList，并向 Items 集合中添加"文学杂说""自然科学""地理风俗""人文历史""职场励志"几个子项。

（8）拖放两个 Button 控件到对话框中，Text 属性分别设置为"确定"和"取消"。

（9）在对话框的底部放一个 Label 控件，命名为 lblMsg，用来显示提示信息。

自定义对话框的布局效果如图 11-156 所示。

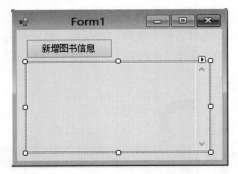

图 11-155　主窗口的整体布局

图 11-156　自定义对话框的布局效果

（10）切换到代码视图，为 frmDialog 类定义两个属性，以便于其他窗口可以获取用户输入的内容。

```
/// <summary>
/// 获取图书名称
/// </summary>
public string BookName
{
    get { return this.txtBookname.Text; }
}


/// <summary>
/// 获取图书分类
/// </summary>
```

```
public string Category
{
    get { return this.comboBox1.SelectedItem as string; }
}
```

（11）双击"确定"按钮，生成 Click 事件处理方法，具体代码如下：

```
private void button1_Click(object sender, EventArgs e)
{
    // 判断文本框是否输入了内容
    if (txtBookname.TextLength == 0)
    {
        lblMsg.Text = "请输入图书名称。";
        // 设置 DialogResult.None 值使对话框保持显示状态
        this.DialogResult = System.Windows.Forms.DialogResult.None;
        return;
    }
    // 设置 DialogResult.OK
    // 隐藏对话框，并从 ShowDialog 方法返回
    DialogResult = System.Windows.Forms.DialogResult.OK;
}
```

DialogResult 属性设置除 None 以外的其他值会使对话框隐藏，并从 ShowDialog 方法返回。ShowDialog 方法返回后，对话框其实并未关闭，除非显式地将其释放（如调用 Close 方法关闭）。

（12）双击"取消"按钮，生成 Click 事件，代码如下：

```
private void button2_Click(object sender, EventArgs e)
{
    DialogResult = System.Windows.Forms.DialogResult.Cancel;
}
```

（13）再次打开 Form1（主窗口）的设计视图，双击"新增图书信息"按钮，生成 Click 事件的处理方法。具体的处理代码如下：

```
frmDialog dialog = null;
private void button1_Click(object sender, EventArgs e)
{
    // 如果尚未创建实例，先进行实例化
    if (dialog == null)
    {
        dialog = new frmDialog();
    }
    if (dialog.ShowDialog() == System.Windows.Forms.DialogResult.OK)
    {
        // 显示对话框中输入的内容
        textBox1.Text = string.Format("图书名称：{0}\r\n 图书分类：{1}", dialog.BookName,
dialog.Category);
    }
}
```

运行应用程序，单击"新增图书信息"按钮，弹出自定义对话框，输入相关内容后，单击"确定"按钮，回到主窗口，显示输入的内容，如图 11–157 和图 11–158 所示。

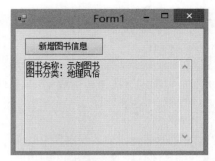

图 11-157　在自定义对话框中输入内容　　　　图 11-158　显示对话框中输入的内容

完整的示例代码请参考\第 11 章\Example_37。

或许读者会发现，Button 类也有一个 DialogResult 属性，这个属性可以简化自定义对话框的处理工作。比如，将 Button 类的 DialogResult 属性设置为 OK，当用户单击该按钮后，会自动把 DialogResult 属性的值传递给窗口（对话框）的 DialogResult 属性，并从 ShowDialog 方法返回。

新建 Windows 窗体应用程序项目后，往项目中添加一个 Windows 窗口，命名为 TestDialog，然后参考表 11-24 设置它的属性。

表 11-24　设置TestDialog窗口的属性

属　　性	值	备　注
FormBorderStyle	FixedDialog	对话框是固定的
MaximizeBox	False	不显示"最大化"按钮
MinimizeBox	False	不显示"最小化"按钮
ShowInTaskbar	False	不显示任务栏图标
StartPosition	CenterParent	确定对话框初始显示位置在父窗口的中心点处

向 TestDialog 窗口添加三个 Button 按钮。第一个 Button 控件的 Text 属性设置为"确定"，DialogResult 属性设置为 DialogResult.OK；第二个 Button 控件的 Text 属性设置为"取消"，DialogResult 属性设置为 DialogResult.Cancel；第三个 Button 控件的 Text 属性设置为"重试"， DialogResult 属性设置为 DialogResult.Retry。

回到 Form1 窗口，向窗口中放置一个 Button 控件，设置其 Text 属性为"打开对话框"，接着拖放一个 Label 控件，用来显示 ShowDialog 方法的返回值。双击 Button 生成 Click 事件的处理方法，然后输入以下代码

```
TestDialog dialog = new TestDialog();
private void button1_Click(object sender, EventArgs e)
{
    DialogResult result = dialog.ShowDialog();
    // 显示对话框结果
    label1.Text = "对话框结果: " + result.ToString();
}
```

运行结果如图 11-159 所示。

可以看到，只要为 Button 控件的 DialogResult 属性设置一个值，在应用程序运行时，用户单击该按钮就会自动为 ShowDialog 方法返回相应的值。

通常，为了便于用户操作，当用户按下 Enter 键时，就相当于单击了"确定"按钮，按下 Esc 键时就相

当于单击了"取消"按钮。这一功能可以通过 Form 类的 AcceptButton 和 CancelButton 属性来实现，把希望接收 Enter 键的 Button 实例赋给 AcceptButton 属性，希望接收 Esc 键的 Button 实例赋给 CancelButton 属性即可。

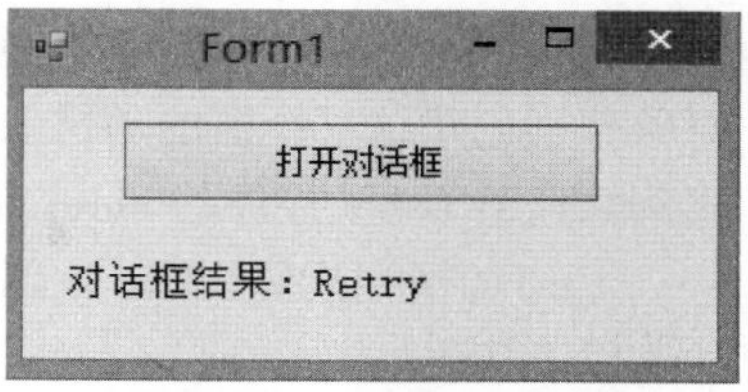

再次打开示例项目中的 TestDialog，调出"属性"窗口，单击 AcceptButton 属性右侧的下拉箭头，从列表中选择"确定"按钮 button1；同样，单击 CancelButton 属性右侧的下拉箭头，从列表中选择"取消"按钮 button2。

图 11-159　对话框返回的结果

再次运行应用程序，点击"打开对话框"按钮，待对话框打开后，可以尝试按下 Enter 键或 Esc 键来测试结果。

若按下 Esc 键没有问题，但是按下 Enter 键后被返回的值是 Retry 而不是 OK，也就是说 Enter 键对"重试"按钮起了作用而不是对"确定"按钮起作用，那么这是 Tab 键顺序造成的，解决方法是：回到 TestDialog 设计视图，同时选中三个按钮，把它们的 TabStop 属性设置为 False，从而避免 Tab 键顺序与窗口的 AcceptButton 属性所指定的按钮发生冲突。

完整的示例代码请参考\第 11 章\Example_38。

11.9　用户控件

用户控件（即 UserControl 类）提供了控件的完整功能，支持使用现有的控件在用户控件中进行组装，快速产生新的控件。UserControl 类从 ContainerControl 类派生，因此可以把用户控件视为一种容器，使用起来与窗口或面板控件类似。

如果把用户控件比作一辆汽车，那么放在用户控件中的现有控件就是汽车的零部件。零部件都是现成的，只需要按照相关的逻辑把汽车组装好，测试完成后就能投入销售市场。使用用户控件可以大大节省开发全新控件的成本，直接用现有的控件进行组合即可。

下面的示例将运用 UserControl 来制作一个带有文本随机变色效果的控件。

（1）在 Visual Studio 开发环境中新建一个 Windows 窗体应用程序项目。

（2）打开"解决方案资源管理器"窗口，右击项目节点，从弹出的快捷菜单中依次执行【添加】→【用户控件（Windows 窗体）】命令，随后打开"添加新建项"窗口，输入用户控件的名称 MyColorRenderControl，单击"确定"完成。

（3）从工具箱中拖一个 Label 控件到用户控件上，将 Text 属性改为"示例文本"，Font 属性设置为（Name = 宋体，Size = 32）。

（4）在工具箱的"组件"分组下找到 Timer 组件并双击，向用户控件中添加一个 Timer 组件。

（5）双击设计视图中的 timer1 对象，生成 Tick 事件的处理方法，然后输入以下代码

```
private void timer1_Tick(object sender, EventArgs e)
{
    // 创建一个 Random 实例
    Random rand = new Random();
    // 通过随机数产生 Color 结构
    Color c = Color.FromArgb(rand.Next(0, 256), rand.Next(0, 256), rand.Next(0, 256));
    // 改变 Label 的文本颜色
    label1.ForeColor = c;
}
```

表示颜色的 Color 结构可以从 R、G、B 三个值来创建，值范围为 0 ~ 255（包括 0 和 255）。使用 Random 对象分别创建这三个值的随机值并传递给 Color.FromArgb 方法来产生 Color 结构的实例，最后把产生的 Color 实例赋值给 Label 控件的 ForeColor 属性以改变文本的颜色。

（6）切换到代码视图，找到 MyColorRenderControl 类的构造函数，在 InitializeComponent 方法调用之后，加入以下代码

```
public MyColorRenderControl()
{
    InitializeComponent();
    // 计时间隔为 3 秒
    timer1.Interval = 3 * 1000;
    this.Load += (sender, e) =>
        {
            // 开始计时
            timer1.Start();
            /*
             * 或者
             * timer1.Enabled = true;
             */
        };
}
```

Timer 的 Interval 属性用于设置计时器的计时间隔，以毫秒为单位，3000 毫秒即 3 秒。

在用户控件的 Load 事件处理代码中调用 Start 方法开启计时器并开始计时，也可以设置 Enabled 属性为 True 来开启，两种方法只取其一即可。

计时器的用途是每隔一段时间引发一次 Tick 事件，本示例中将时间间隔设置为 3 秒，计时器每 3 秒引发一次 Tick 事件，这样就可以产生让 Label 控件中的文本动态改变颜色的效果。

（7）按下 F6 键，重新生成一下解决方案。

（8）回到 Form1 窗口的设计视图。打开工具箱，就会看到开发的用户控件 MyColorRenderControl。和使用其他控件一样，直接将它拖至窗口中，就能在 Form1 窗口中添加一个 MyColorRenderControl 实例。

运行应用程序，就可以看到不断变换颜色的文本，如图 11-160 所示。

完整的示例代码请参考\第 11 章\Example_39。

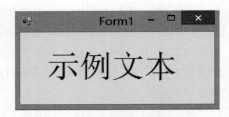

图 11-160　不断改变颜色的文本

11.10　自定义控件

如果用户控件仍然无法满足开发需要，就可以考虑自己来开发新控件。通常，为了尽可能地提高开发效率，可以优先考虑从现有的控件进行派生，并添加所需要的功能，或者直接从 Control 类派生来创作属于自己的控件。

由于开发控件需要投入较多的时间和精力，在实际开发中，也可以考虑寻找第三方控件，这些控件有免费的，也有付费的。可根据开发者的需求来决定是否购买专业的控件库。

既然控件属于图形接口的一部分，所以控件的可视化部分（即人们看到控件上有什么）是可以自行绘

制的，也可以向 Controls 集合添加现有控件。控件其实也是一种类，因此在开发控件时可以向新控件添加新成员，或者重写基类的某些成员来完成自定义处理。

接下来开发一个简单的自定义控件，实现当用户将鼠标指针移到控件上时，控件的颜色会改变，当鼠标指针离开控件后就恢复为原来的颜色。其中，HoverColor 属性用来设置当鼠标指针移动控件上时，控件应呈现的颜色。

该自定义控件不是很复杂，重点是介绍开发新控件的一般步骤。具体实现步骤如下：

（1）在 Visual Studio 开发环境中新建一个 Windows 窗体应用程序项目。

（2）在项目中新建一个类，命名为 MyControl。当代码文件创建后，在文件顶部的 using 区域中加入以下命名空间的引入

```
using System.ComponentModel;
using System.Drawing;
using System.Windows.Forms;
using System.Windows.Forms.Design;
System.Windows.Forms.Design
```

（3）虽然命名空间已经引入，但相关的程序集尚未引用。在"解决方案资源管理器"窗口中右击"引用"节点，从弹出的快捷菜单中执行【添加引用】命令，在随后打开的窗口中找到 System.Design 程序集，并勾选上，最后单击"确定"按钮完成引用的添加，如图 11–161 所示。

图 11–161　添加对 System.Design 程序集的引用

（4）MyControl 类从 Control 类派生的代码如下：

```
public class MyControl:Control
{
    #region 属性
    /// <summary>
    /// 重写该属性以设置控件的默认大小
    /// </summary>
    protected override System.Drawing.Size DefaultSize
    {
        get
        {
            return new Size(100, 100);
        }
    }
    /// <summary>
    /// 当鼠标指针移到控件区域内时的背景色
    /// </summary>
    public Color HoverColor
    {
        get { return m_hoverColor; }
        set
        {
            m_hoverColor = value;
            // 强制重绘
            Invalidate();
        }
    }
    #endregion
```

```csharp
#region 私有字段
/// <summary>
/// 该变量标识鼠标指针是否已进入控件的客户区域
/// </summary>
private bool isMouseEnter = false;
/// <summary>
/// 当鼠标进入控件区域后的背景色
/// </summary>
Color m_hoverColor;
#endregion

#region 方法
protected override void OnMouseEnter(EventArgs e)
{
    // 标识鼠标指针已进入控件客户区域
    isMouseEnter = true;
    // 强制控件发生重绘
    Invalidate();
    base.OnMouseEnter(e);
}
protected override void OnMouseLeave(EventArgs e)
{
    // 标识鼠标指针已离开控件区域
    isMouseEnter = false;
    // 强制控件发生重绘
    Invalidate();
    base.OnMouseLeave(e);
}
protected override void OnPaint(PaintEventArgs e)
{
    // 用于填充控件背景区域的画刷
    SolidBrush brush = new SolidBrush(BackColor);
    if (isMouseEnter)
    {
        brush.Color = HoverColor;
    }
    // 填充控件的整个区域
    e.Graphics.FillRectangle(brush, e.ClipRectangle);
    // 释放画刷资源
    brush.Dispose();
}
#endregion
}
```

重写 DefaultSize 属性可以定义控件的默认大小，此处定义为 100×100。

重写 OnMouseEnter 和 OnMouseLeave 方法以便在鼠标指针进入或离开控件区域后改变 isMouseEnter 变量的值。重写 OnPaint 方法对控件的外观进行绘制，当 isMouseEnter 变量的值为 True 时使用 HoverColor 属性定义的颜色来绘制。

由于控件在鼠标指针进入或进出时需要马上改变背景颜色，所以 OnMouseEnter 和 OnMouseLeave 方法要调用 Invalidate 方法来强制控件重新绘制，这样才能做到及时改变颜色的效果。

（5）重新生成项目，打开 Form1 窗口的设计视图，然后打开工具箱，会看到新开发的控件已在工具箱中了，双击后就会在窗口中添加一个 MyControl 控件的新实例。

（6）打开"属性"窗口，设置 BackColor 属性为 Gray，HoverColor 属性为 Red。

（7）按下 F5 键运行应用程序，然后把鼠标指针移到控件上，就可以看到控件的背景色的变化了，如图 11-162 所示。

（8）如果希望打开"属性"窗口时能够默认定位到 HoverColor 属性，就像在设计器中选中 Label 控件，打开"属性"窗口时会自动选中 Text 属性一样，那么可以在 MyControl 类上附加一个 DefaultPropertyAttribute 特性，并且指定默认属性的名称，代码如下：

```
[DefaultProperty("HoverColor")]
public class MyControl : Control
{
    ......
}
```

（9）在 HoverColor 属性上应用 Description 特性添加一个描述信息，在"属性"窗口中可以看到此信息，帮助控件使用者了解此属性的相关信息，代码如下：

```
[Description("当鼠标指针位于控件上时的背景色。")]
public Color HoverColor
{
    ......
```

在"属性"窗口的下方可以看到如图 11-163 所示的提示内容。

图 11-162　控件的背景色已改变

图 11-163　"属性"窗口上的说明文本

（10）可以看到，HoverColor 属性被显示在"杂项"分组上，若希望 HoverColor 属性能和 BackColor 属性一样显示在"外观"分组中，向 HoverColor 属性应用 Category 特性，指定它显示在"Appearance"分组（即"外观"分组）上。

```
[Category("Appearance")]
[Description("当鼠标指针位于控件上时的背景色。")]
public Color HoverColor
```

重新生成项目就可以看到，HoverColor 属性已经放到"外观"分组下了，如图 11-164 所示。

（11）有时还希望控件在设计阶段具备一些附加功能，比如控件在设计器中可以显示一些提示信息等。要实现控件的设计时行为，可以从 System.Windows.Forms.Design 命名空间下的 ControlDesigner 类派生出一个子类，并在该子类中添加自定义的设计时功能。

```
public class MyControlDesigner : ControlDesigner
{
    protected override void OnPaintAdornments(PaintEventArgs pe)
    {
        // 取得设计器中所承载的控件大小
```

```
        Size size = Control.Size;
        // 用来绘制文本的字体
        Font font = new Font("宋体", 11f);
        // 在设计时显示控件的大小
        pe.Graphics.DrawString(string.Format("{0}×{1}", size.Width, size.Height),
font, Brushes.White, new PointF(1f, 1f));
    }
}
```

本示例中为控件的设计时添加的功能是动态显示控件的宽度和高度。重写 OnPaintAdornments 方法，在设计视图表面绘制表示当前控件宽度和高度的字符串。

（12）把编写好的 MyControlDesigner 设计器类与 MyControl 控件进行关联，方法是在 MyControl 的类定义上应用特性。

```
[DefaultProperty("HoverColor")]
[Designer(typeof(MyControlDesigner))]
public class MyControl : Control
```

重新生成项目，再次打开 Form1 窗口的设计视图，就会看到 MyControl 控件的左上角会显示当前控件的尺寸大小。通过拖动控件周围的调整点来改变控件的大小，再次观察控件左上角的文本变化，如图 11-165 所示。

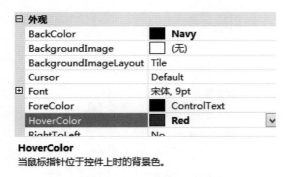

图 11-164　HoverColor 属性位于"外观"分组下

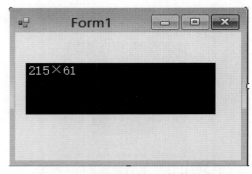

图 11-165　在设计时显示控件的大小

需要注意，设计器功能仅在设计阶段可用，不影响应用程序的最终运行结果。

开发自定义控件的步骤总结如下：

（1）开发控件类，如从 Control 类派生。开发过程中可以适当应用一些特性，如 Category 特性将某个属性放到"属性"窗口中的某个分组下。

（2）这一步是可选的，仅当开发者需要自定义设计器功能时才会考虑开发一个设计器扩展类，比如本示例中从 ControlDesigner 类派生出一个子类来添加自定义的设计时操作。完成设计器扩展类的开发后，一定要在控件类的定义上应用 Designer 特性，将控件类与设计器扩展类关联起来，否则 Windows 窗体设计器无法识别自定义的设计器扩展类型。

完整的示例代码请参考\第 11 章\Example_40。

第 12 章

WPF 应用程序

WPF 是 Windows Presentation Foundation 的首字母缩写，国内许多资料将其翻译为"Windows 呈现基础"。它为 Windows 应用程序开发提供了一套全新的框架，基于 DirectX 技术，为用户界面、二维/三维图形、文档、多媒体提供了统一且强大的引擎。并且，WPF 实现了 UI 与代码逻辑的分离，设计人员与开发人员可以很好地协同工作，提高开发效率。

正因为 WPF 具备许多新的优势和较大的灵活性，再加上它与"我佩服"三个字的拼音首字母相同，也有人开玩笑地称之为"我佩服"技术。

学习好 WPF 相关的知识，可以无缝地扩展到 Silverlight 技术、UWP 开发中去，不需要学习额外的知识就可以进行迁移，可以说是"一通百通"。

本章将介绍开发 WPF 应用程序的基础知识及一些常用的技巧，包括 XAML 的使用、属性和事件模型、控件使用、图形呈现、多媒体播放及动画等内容。

12.1 WPF 应用程序项目结构

要开发 WPF 应用程序应事先了解 WPF 项目的结构，包括里面都有哪些文件，项目模板为开发人员生成了哪些代码，等等。

在 Visual Studio 开发环境中，按下快捷键 Ctrl + Shift + N，打开"新建项目"窗口，在已安装的模板下找到"WPF 应用程序"，单击"下一步"按钮，输入项目名称和存放路径，再单击"下一步"按钮，选择.NET 版本，最后单击"创建"完成，如图 12-1 所示。

项目创建完成后，打开"解决方案资源管理器"窗口，会看到项目中包含如图 12-2 所示的文件。

后缀名为.cs 的文件即 C#代码文件，在项目中还有一种新的文件类型——.xaml，该文件主要用于存放 XAML 代码。XAML 是一种标记语言，主要用于描述应用程序界面。比如项目模板生成的 MainWindow 就是一个窗口，也是一个类，因此 MainWindow.xaml 下面会有一个代码文件与之对应，文件名为 MainWindow.xaml.cs。

打开 MainWindow.xaml.cs 文件，会看到 MainWindow 类的声明代码

```
public partial class MainWindow : Window
{
    ......
}
```

图 12-1 新建 WPF 项目

图 12-2 WPF 项目包含的文件

所以 MainWindow 类代表的是一个窗口，它从 Window 类派生。MainWindow 类用了 partial 关键字来声明，表明它还有另一个部分的代码。查看 MainWindow 类的构造函数

```
public MainWindow()
{
    InitializeComponent();
}
```

和前面介绍过的 Windows Forms 应用程序一样，这里也调用了一个 InitializeComponent 方法，由此可以推断，WPF 应用程序中的 MainWindow 窗口有一部分代码是由设计器生成的。在 InitializeComponent 方法上右击，从弹出的快捷菜单中选择【转到定义】命令，就会看到打开的代码文件位于项目所在目录下的 \obj\Debug，文件名为 MainWindow.g.i.cs，其中 "g" 代表 generated，即生成的代码；"i" 代表 intellisense，可用于代码的智能提示。这些以 .g.i.cs 结尾的文件在应用程序未编译时就已经生成。打开这些代码文件会看到类似以下形式的代码

```
public partial class MainWindow : System.Windows.Window, System.Windows.Markup.
IComponentConnector {

    private bool _contentLoaded;

    /// <summary>
    /// InitializeComponent
    /// </summary>
    [System.Diagnostics.DebuggerNonUserCodeAttribute()]
    [System.CodeDom.Compiler.GeneratedCodeAttribute("PresentationBuildTasks", "4.0.0.0")]
    public void InitializeComponent() {
        if (_contentLoaded) {
            return;
        }
        _contentLoaded = true;
        System.Uri resourceLocater = new System.Uri("/WpfApp;component/mainwindow.
xaml", System.UriKind.Relative);

        #line 1 "..\..\MainWindow.xaml"
        System.Windows.Application.LoadComponent(this, resourceLocater);

        #line default
```

```
            #line hidden
    }
    ......
}
```

这个类也使用了 partial 关键字来定义，与 MainWindow.xaml.cs 中的 MainWindow 是同一个类。WPF 应用程序的设计器所生成的代码并不在项目的默认文件组中，而是放到了 obj 目录下。

同理，项目中还有一个从 Application（位于 System.Windows 命名空间下，注意与 System.Windows.Forms 下的 Application 不是同一个类）派生的 App 类，代码如下：

```
public partial class App : Application
{
}
```

也就是说，App 类是用于管理与整个应用程序相关的操作或信息。

应用程序都有一个 Main 入口点，可是在 WPF 应用程序项目中并没有看到入口点。其实，入口点在 obj 目录下，打开 App.g.i.cs 文件，就可以看到 Main 方法了。

```
public partial class App : System.Windows.Application {

    /// <summary>
    /// InitializeComponent
    /// </summary>
    [System.Diagnostics.DebuggerNonUserCodeAttribute()]
    [System.CodeDom.Compiler.GeneratedCodeAttribute("PresentationBuildTasks", "4.0.0.0")]
    public void InitializeComponent() {

        #line 4 "..\..\App.xaml"
        this.StartupUri = new System.Uri("MainWindow.xaml", System.UriKind.Relative);

        #line default
        #line hidden
    }

    /// <summary>
    /// Application Entry Point.
    /// </summary>
    [System.STAThreadAttribute()]
    [System.Diagnostics.DebuggerNonUserCodeAttribute()]
    [System.CodeDom.Compiler.GeneratedCodeAttribute("PresentationBuildTasks", "4.0.0.0")]
    public static void Main() {
        WpfApp.App app = new WpfApp.App();
        app.InitializeComponent();
        app.Run();
    }
}
```

从上面的代码中可以看到，Main 方法通过调用 App 的基类 Application 的 Run 方法来开始执行整个应用程序，这与 Windows Forms 应用程序有些类似。

以上内容可以用图 12-3 和图 12-4 表示。

在开发过程中，开发者应当遵循如下约定：工具生成的代码不要直接进行修改，因为每次生成的代码都会把原有的内容覆盖。由于 Main 方法所在的代码文件也是开发工具生成的，因此开发人员不要把自己编

写的代码放到带 ".g" 的文件中。在 WPF 应用程序项目中，应该把项目中的 App 类当作应用程序的入口点，自行编写的代码可以放在 App.xaml.cs 文件中，这样才能避免被开发工具生成的代码所覆盖。

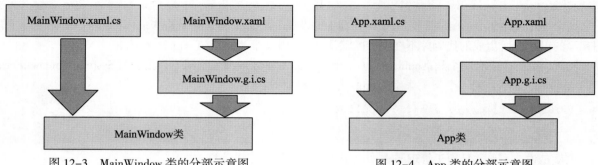

图 12-3　MainWindow 类的分部示意图　　　　　图 12-4　App 类的分部示意图

12.2　XAML 基础

XAML 是 eXtensible Application Markup Language 的首字母缩写，读音【Zamel】，中文翻译为 "可扩展应用程序语言"，本质上和 XML 标记语言相近，只是在其基础上做了增强与扩展。

XAML 文档必须且只能有一个根节点，这一点与 XML 和 HTML 一样。XAML 文档的节点表示一个对象，比如：

```
<汽车 型号="C-00011" 颜色="蓝色" 长度="300" />
```

上面的 XAML 代码声明了一个表示汽车信息的对象实例，其中 "型号"、"颜色" 和 "长度" 都是汽车的属性。转化为 C#代码可以等同于

```
class 汽车
{
    public string 型号 { get; set; }
    public string 颜色 { get; set; }
    public float 长度 { get; set; }
}
```

12.2.1　XAML 命名空间

XAML 中的命名空间与 C#语言中的命名空间用途是一样的，都是为了避免命名冲突。XAML 继承了 XML 的引入方式，使用 xmlns 来引入命名空间，比如：

```
<Object xmlns=http://test />
```

或者

```
<Object xmlns:doc=http://test />
```

第一种方法引入命名空间 http://test 后不分配别名，在当前文档的其他地方使用该命名空间就不必添加前缀；而第二种方法是引入命名空间并分配一个 doc 别名，在当前文档的其他地方使用该命名空间下的内容时需要添加 doc 前缀，比如：

```
<doc:Text>Hello</doc:Text>
```

这里的命名空间使用 http 开头只是一种习惯，它不是指某个真实的 URL 地址，仅仅是一个标识符，其

实是可以使用其他命名方式，如：

```
<Object xmlns="MyNamespace" />
```

当在 Visual Studio 中新建 XAML 文档后，一般需要引入两个命名空间。

第一个命名空间是 WPF 的默认命名空间，包含了与 WPF 相关的许多元素，比如控件、文档元素、动画元素等。命名空间定义如下：

```
xmlns="http://schemas.microsoft.com/winfx/2006/xaml/presentation"
```

该命名空间包含了 CLR 类库中的 System.Windows、System.Windows.Controls、System.Windows.Data、System.Windows.Documents、System.Windows.Media、System.Windows.Media.Animation 等命名空间。

另一个引入的命名空间是

```
xmlns:x="http://schemas.microsoft.com/winfx/2006/xaml"
```

该命名空间通常带一个前缀 x，表示与 XAML 相关的元素，比如 x:Class、x:Key 等。相关内容可以参考 MSDN 文档中.NET Framework 高级读物下的"XAML 服务"主题，里面有详细的介绍，本书不再一一罗列。

12.2.2　代码隐藏

一个新建的 WPF 窗口的 XAML 代码结构如下：

```
<Window x:Class="WpfApp.MainWindow"
        xmlns="http://schemas.microsoft.com/winfx/2006/xaml/presentation"
        xmlns:x="http://schemas.microsoft.com/winfx/2006/xaml"
        Title="MainWindow" Height="350" Width="525">
    <Grid>

    </Grid>
</Window>
```

根元素为 Window 类，表示该 XAML 文档用于描述窗口，x:Class 是 XAML 命名空间下的属性，用于指定代码隐藏中的类，如上面代码中指定的类为 WpfApp 命名空间中的 MainWindow 类，该类必须从 Window 类派生，即与 XAML 文档根元素的类型必须匹配。

假设当前 XAML 文档的文件名为 MainWindow.xaml，那么与之对应的 C#代码文件名为 MainWindow.xaml.cs。这些类都是用 partial 关键字定义的，与对应的 XAML 文档生成的<类名>.g.i.cs 文件属于同一个类。XAML 文档通过 x:Class 属性的指定，与代码中的类关联起来。这便是常说的"代码隐藏"，把用户界面与逻辑代码分开，界面设计人员和程序开发人员可以同时工作。

12.2.3　标记扩展

使用传统 XML 的标记方法有时不能满足复杂的对象声明，如复合属性、引用资源、数据绑定等操作，例如下面的类定义。

```
/// <summary>
/// 表示地址信息
/// </summary>
public class Address
{
    /// <summary>
```

```
        /// 省份
        /// </summary>
        public string Province { get; set; }
        /// <summary>
        /// 城市
        /// </summary>
        public string City { get; set; }
        /// <summary>
        /// 镇区
        /// </summary>
        public string Town { get; set; }
        /// <summary>
        /// 门牌号
        /// </summary>
        public string StreetNo { get; set; }
    }

    /// <summary>
    /// 学员信息
    /// </summary>
    public class Student
    {
        /// <summary>
        /// 姓名
        /// </summary>
        public string Name { get; set; }
        /// <summary>
        /// 年龄
        /// </summary>
        public int Age { get; set; }
        /// <summary>
        /// 地址信息
        /// </summary>
        public Address Address { get; set; }
    }
```

Student 类表示一位学员的基本信息，而表示地址信息的 Address 属性的类型是另一个自定义类型 Address，包含省份、城市、镇区和门牌号等信息。如果要在 XAML 文档中声明一个 Student 对象，对于 Address 属性就很难处理。如果有了标记扩展功能，就会变得很容易。

```
< Student x:Key="stu" Name="小刘" Age="22">
    < Student.Address>
        < Address Province="A省" City="B市" Town="C镇" StreetNo="D3002"/>
    </ Student.Address>
</ Student>
```

在上面的 XAML 代码中，将 Student 对象的 Address 属性变成一个节点，即拆分为由开始标记 <Student.Address>及结束标记</Student.Address>组成的节点，在开始标记和结束标记之间可以放置其他内容，这样就解决了为 Address 属性赋值的问题，因为可以在 Student.Address 节点的开始和结束标记之间放入一个 Address 对象。

以上例子是标记扩展中的属性扩展，此外还有用于引用资源的 StaticResource 标记、用来设置数据绑定的 Binding 标识等。

12.2.4　内容属性

前面介绍过属性扩展语法，即

```
<object>
        <object.Property>
          <Content …… />
        </object.Property>
</object>
```

为了使 XAML 的书写更加简单，可以将对象中某个属性作为 XAML 的标记内容来使用。在上面的 XAML 中，如果将 Property 属性作为内容属性，就可以将 XAML 简写为

```
<object>
      <Content ……/>
</object>
```

这样做可以把<object.Property>…</object.Property>这一层节点省去，不仅使 XAML 更简洁，而且阅读起来更方便。

只要在目标类型上应用 ContentPropertyAttribute 特性，并将要作为 XAML 内容的属性名称传递给 name 参数，被指定的属性就可以作为 XAML 的内容节点来使用。

接下来将通过示例演示如何将类型的某个属性用作 XAML 的内容节点。

定义一个 Employee 类，假设它表示一位员工的信息。其中，ID 属性表示员工编号，Name 属性表示员工的名字。

```
[System.Windows.Markup.ContentProperty("Name")]
public class Employee
{
    public int ID { get; set; }
    public string Name { get; set; }
}
```

Employee 类应用了 ContentPropertyAttribute 特性，并指定 Name 属性作为 XAML 的内容节点。

由于 Employee 不是可视化类型，不能直接应用到用户界面上，为了演示 XAML 内容节点的声明方式，可以将 Employee 类的实例声明在资源列表中。调出"解决方案资源管理器"窗口，双击打开 App.xaml 文件，在 Application 节点上用 xmlns 特性导入当前应用程序的命名空间。

```
<Application x:Class="MyApp.App"
            ……
            xmlns:local="clr-namespace: MyApp "
            ……>
    ……
</Application>
```

首先引入 CLR 命名空间，使用 clr-namespace:开头，注意后面有一个英文的冒号；然后引入 CLR 命名空间的名称，并接上英文的分号；最后加上 assembly=<程序集名>。

例如，在程序集 Test 中有一个 My 命名空间，那么在 XAML 中的引入方法如下：

```
clr-namespace:My;assembly=Test
```

如果 XAML 文档与要引入的命名空间在同一个程序集中，如本示例，则可以省略程序集名称。

```
clr-namespace:MyApp
```

接下来在 App.xaml 文档中找到<Application.Resources>节点，即应用程序的资源集合，在其中定义三个 Employee 实例

```
<Application.Resources>
    <local:Employee x:Key="e1" ID="1">小黄</local:Employee>
    <local:Employee x:Key="e2" ID="2">小韩</local:Employee>
    <local:Employee x:Key="e3" ID="3" Name="小赵"/>
</Application.Resources>
```

由于在声明 Employee 类时应用 ContentPropertyAttribute 特性指定了 Name 属性作为 XAML 的内容节点，因此前两个 Employee 实例就直接把 Name 属性的值插入<local:Employee>和</local:Employee>之间的内容区域中。

第三个 Employee 实例则使用默认的属性赋值方式，ContentPropertyAttribute 特性所指定的属性既支持默认的赋值方式，同时也支持直接将属性值作为 XAML 的内容节点来嵌入。

在 Visual Studio 开发环境中执行【生成】→【生成<项目名>】菜单，如果提示生成成功，就说明所输入的 XAML 代码正确，如果没有生成成功，请仔细检查输入的内容是否存在错误。

完整的示例代码请参考\第 12 章\Example_1。

12.3 依赖项属性

依赖项属性是从"Dependency properties"直接翻译过来的，WPF 的属性系统主要由依赖项属性组成。

依赖项属性提供了一系列的基础服务，对传统的 CLR 属性进行扩展，并且通过依赖属性可以在 WPF 中实现更为丰富的功能。因为在 WPF 中，属性的值可以有许多来源。例如，通过 XAML 标记来赋值，通过编写 C#代码来读写属性；属性的读写也有可能来自数据绑定、样式中的设置、动画处理等。而且，一个属性的改变很可能会导致另一个属性的改变，或者受到另一个属性的限制。比如，一个自定义图形具有高度和宽度两个属性，同时也公开了最大高度和最大宽度两个属性，当代码设定了高度、宽度的最大值和最小值后，在修改图形的高度或宽度时，就必须先检查所设置的值是否在有效的范围内(不能小于最小值，不能大于最大值)，如果所设置的值不在有效的范围内，可以强制将值调整到一个合理的值。例如，最小值为 5，如果赋给高度的值为 3，明显不在有效的范围内，这时可以直接把值修改为 5，并把 3 忽略。虽然在传统的 CLR 属性中也可以完成这样的处理，但是不利于统一管理，尤其是遇到动画处理的情况，一般的 CLR 属性就更难处理了，因为在许多时候，动画播放完之后，需要把属性的值还原为动画执行前的值。

依赖项属性使用 DependencyProperty 类（位于 System.Windows 命名空间）来封装，在使用依赖项属性之前必须向 WPF 的属性系统注册，注册成功后，会将新的依赖项属性加入一个全局的哈希表中，这样做可以保证每个依赖项属性都是唯一的，不能重复注册。因此，DependencyProperty 类公开了一个 GlobalIndex 属性，表示某个依赖项属性的全局索引。

索引值可以标识某个依赖项属性，但是由于它是一个整数值，不便于记忆，所以通常在定义依赖项属性时，会在类中声明一个 DependencyProperty 类型的公共静态字段来存放对某个依赖项属性的引用，而且还要加上 readonly 关键字使该字段处于只读状态。如果字段处于可写状态，而且又是公共的静态成员，很有可能会被意外修改。标识 DependencyProperty 对象的字段一旦被修改，它所引用的就不是原来的依赖项属性了，这样会造成混乱，而且破坏了原有的数据。

依赖项属性注册成功后，需要让其支持在代码中进行读写操作。虽然依赖项属性隶属于 WPF 属性系统，但毕竟它也是一种属性，要在代码中支持对属性的读写操作，就必须封装为 CLR 属性的形式，例如：

```
      public int Property
{
        get { …… }
        set { …… }
}
```

自定义的类型默认继承自 Object 类，所以直接声明 class 不能对依赖项属性的值进行操作。要读写依赖项属性的值，所定义的类型应当从 DependencyObject 类派生，该类公开了以下两个方法，可以用来读写依赖项属性。

（1）SetValue 方法：设置依赖项属性的值。第一个参数为要修改的依赖项属性的标识，即 DependencyProperty 或 DependencyPropertyKey 实例。

（2）GetValue 方法：获取依赖项属性的值。参数为要获取值的依赖项属性标识，即一个 DependencyProperty 实例。

在封装 CLR 属性的 get 和 set 访问器内部的代码中使用以上两个方法就可以对指定的依赖项属性进行读写操作了。

12.3.1　定义和使用依赖项属性

下面通过一个示例演示如何使用依赖项属性。因为 UIElement 类也是 DependencyObject 的子类，在 WPF 中也比较常用，且许多可视化对象都是从 UIElement 类派生的，所以以本示例将从 UIElement 类派生出一个 MyVisual 类，并注册一个 FillBrush 依赖项属性，用于设置一个画刷，MyVisual 对象将使用该画刷在元素上绘制一个矩形。具体的实现步骤如下：

（1）在 Visual Studio 开发环境中新建 WPF 应用程序项目。

（2）定义 MyVisual 类，代码如下：

```
public class MyVisual:UIElement
{
    #region 注册依赖项属性
    public static readonly DependencyProperty FillBrushProperty = DependencyProperty.
Register("FillBrush", typeof(Brush), typeof(MyVisual));
        #endregion

    #region 封装依赖项属性
    /// <summary>
    /// 用于绘制背景的画刷
    /// </summary>
    public Brush FillBrush
    {
        get { return (Brush)GetValue(FillBrushProperty); }
        set { SetValue(FillBrushProperty, value); }
    }
    #endregion

    protected override void OnRender(DrawingContext dc)
    {
        // 用 FillBrush 属性指定的画刷绘矩形
        dc.DrawRectangle(this.FillBrush, null, new Rect(0d, 0d, 80d, 65d));
    }
}
```

DependencyProperty 类有一个静态的 Register 方法，调用该方法向 WPF 属性系统注册新的依赖项属性。在注册过程中，需要指定属性的名称、属性值的类型及注册该依赖项属性的类型。在本示例中，属性名为 FillBrush，属性值的类型为 Brush，注册该依赖项属性的类型是 MyVisual，ownerType 参数通常使用当前类型，否则意义不大。因为随后需要将其封装为 CLR 属性，所以不应该使用其他类型。

标识依赖项属性字段的命名约定为"<属性名>Property"，即以"Property"结尾。在封装 CLR 属性时要注意，属性的名称一定要与注册依赖项属性时指定的属性名匹配，否则没有实际意义，其他人在使用该类型时有可能会产生误解。因此，类型封装一定要规范，这样才能发挥面向对象的优势。

MyVisual 类重写 OnRender 方法，以实现在元素上绘制矩形的功能，矩形的填充画刷来源于 FillBrush 属性。

（3）测试 MyVisual 类，打开 MainWindow.xaml 窗口的 XAML 文档，在根节点上引入 MyVisual 类所在的命名空间。

```
<Window x:Class="MyApp.MainWindow"
    ……
       xmlns:local="clr-namespace:MyApp"
```

（4）在 Grid 节点内声明 MyVisual 实例

```
<Grid>
    <local:MyVisual FillBrush="Red" />
</Grid>
```

如果输入代码后提示 MyVisual 类不存在，重新生成一下项目即可。

（5）按下 F5 键运行应用程序，结果如图 12-5 所示。

细心观察会发现，在设计视图中用 XAML 代码修改 FillBrush 属性后，预览窗格中的内容并没有及时刷新，那是因为 OnRender 方法是在可视化对象初始化后调用的，当 FillBrush 属性改变后，OnRender 方法没有被调用，所以 MyVisual 中绘制的矩形的填充效果没有改变。解决问题的思路就是实现对 FillBrush 属性的实时跟踪，当 FillBrush 属性改变后马上调用 InvalidateVisual 方法来触发 OnRender 方法的调用。DependencyObject 类中有一个 OnPropertyChanged 方法，可以重写它，然后调用 InvalidateVisual 就可以做到根据 FillBrush 属性的改变来重新呈现 MyVisual 元素。

在 MyVisual 元素中加入以下代码

```
protected override void OnPropertyChanged(DependencyPropertyChangedEventArgs e)
{
    if (e.Property == FillBrushProperty)
    {
        InvalidateVisual();
    }
}
```

重新生成项目，再回到 MainWindow 的设计视图。可以看到，当通过 XAML 代码改变 FillBrush 属性时，预览窗格中的内容会自动刷新，如图 12-6 所示。

对依赖项属性的改变做出及时响应，除上面的方法外，还有一种方法——在注册依赖项属性时指定元数据。相关的内容将在 12.3.2 节中讲述。

完整的示例代码请参考\第 12 章\Example_2。

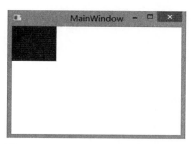

图 12-5　MyVisual 对象的呈现效果

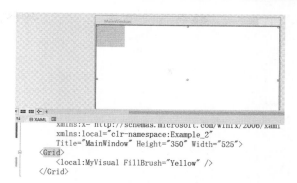

图 12-6　预览窗格自动刷新

12.3.2　使用元数据

在注册依赖项属性时，可以同时指定依赖项属性的元数据。元数据主要包括依赖项属性的默认值及两个回调的委托。

第一个委托名为 PropertyChangedCallback，当依赖项属性的值被修改后会调用。由于标识依赖项属性的字段是静态的，也就是说该字段是在类型的静态构造函数中通过 DependencyProperty.Register 方法的返回值来赋值的，因此与 PropertyChangedCallback 委托关联的方法必须声明为静态的。

第二个委托名为 CoerceValueCallback，它的作用是检查属性值是否符合要求，如果不符合，可以给依赖项属性提供一个强制的值。比如，一个表示年龄的依赖项属性，类型是 int，当此属性被设置时，小于零的值显然没有现实意义，因为年龄不能为负值。可以通过 CoerceValueCallback 委托所绑定的处理方法强制返回一个大于或等于零的值。同样，与 CoerceValueCallback 委托关联的方法也要声明为静态的，但不一定是公共方法。

下面的示例与 12.3.1 节中的示例相近，12.3.1 节的示例通过重写 DependencyObject 类的 OnProperty-Changed 方法来跟踪依赖项属性的变化，在本示例中，将使用元数据来完成这一功能，实现步骤如下：

（1）在 Visual Studio 开发环境中新建一个 WPF 应用程序项目。

（2）从 UIElement 派生出一个子类，命名为 MyVisual。

```
public class MyVisual : UIElement
{
    #region 注册依赖项属性
    public static readonly DependencyProperty FillBrushProperty = DependencyProperty.
Register("FillBrush", typeof(Brush), typeof(MyVisual), new PropertyMetadata(Brushes.
Red, new PropertyChangedCallback(FillBrushPropertyChanged)));
    // 处理属性更改
    private static void FillBrushPropertyChanged(DependencyObject d, Dependency
PropertyChangedEventArgs e)
    {
        MyVisual v = d as MyVisual;
        // 强制可视化元素重绘
        v.InvalidateVisual();
    }
    #endregion

    #region 封装依赖项属性
    /// <summary>
```

```
    /// 用于绘制图形的画刷
    /// </summary>
    public Brush FillBrush
    {
        get { return (Brush)GetValue(FillBrushProperty); }
        set { SetValue(FillBrushProperty, value); }
    }
    #endregion

    protected override void OnRender(DrawingContext dc)
    {
        // 获取呈现当前元素所需要的空间
        Size s = this.DesiredSize;
        // 计算圆心坐标
        double cx = s.Width / 2d;
        double cy = s.Height / 2d;
        // 绘制图形
        dc.DrawEllipse(this.FillBrush, null, new Point(cx, cy), 100d, 100d);
    }

    protected override Size MeasureCore(Size availableSize)
    {
        // 返回呈现该元素所需要的空间
        return new Size(300d, 300d);
    }
}
```

从上面代码中可以看到，依赖项属性的元数据是由 PropertyMetadata 类来封装的，本示例中使用了以下构造函数

```
public PropertyMetadata(object defaultValue, PropertyChangedCallback property
ChangedCallback);
```

defaultValue 参数给依赖项属性分配一个默认值，propertyChangedCallback 参数是 PropertyChanged-Callback 委托实例，当依赖项属性被修改后会调用。

PropertyChangedCallback 委托实例关联了 FillBrushPropertyChanged 方法，在该方法中，参数 d 就是依赖项属性所属的对象实例，本例中是 MyVisual 实例，获取到 MyVisual 实例后，调用其 InvalidateVisual 方法使得可视化元素强制执行重绘。

本示例使用 FillBrush 属性指定的画刷来绘制一个正圆。由于在绘制正圆时必须找到圆心的坐标，所以需要重写 MeasureCore 方法，通知 WPF 布局系统，该元素需要占用 300×300 的布局空间。通过 MeasureCore 方法的处理后，DesiredSize 属性才会返回可用的大小，否则会返回 0×0 的大小。顺利获取到可视化元素的呈现大小后，就可以计算圆心的位置了，将宽度和高度都分别除以 2，让圆心处于呈现区域 300×300 的中心位置。

（3）打开 MainWindow 窗口的设计视图，先在 XAML 中引入 MyVisual 所在命名空间。

```
<Window x:Class="MyApp.MainWindow"
    ……
    xmlns:local="clr-namespace: MyApp "
```

（4）Grid 中的元素布局如下面 XAML 代码所示

```
<Grid>
    <Grid.RowDefinitions>
```

```
            <RowDefinition/>
            <RowDefinition Height="Auto"/>
        </Grid.RowDefinitions>
        <local:MyVisual x:Name="mvs" FillBrush="SandyBrown"/>
        <StackPanel Grid.Row="1" Margin="5" Orientation="Horizontal" HorizontalAlignment=
"Center">
            <Button Content="红色" Click="red_Click"/>
            <Button Content="绿色" Click="green_Click"/>
            <Button Content="蓝色" Click="blue_Click"/>
            <Button Content="黑色" Click="black_Click"/>
            ……
        </StackPanel>
</Grid>
```

　　网格控件 Grid 被划分为两行，第一行放置一个 MyVisual 实例，第二行放了四个按钮控件，因为要实现单击按钮后，分别设置 MyVisual 的 FillBrush 属性的功能。

　　（5）四个按钮的 Click 事件处理代码如下：

```
private void red_Click(object sender, RoutedEventArgs e)
{
    this.mvs.FillBrush = Brushes.Red;
}

private void green_Click(object sender, RoutedEventArgs e)
{
    this.mvs.FillBrush = Brushes.Green;
}

private void blue_Click(object sender, RoutedEventArgs e)
{
    this.mvs.FillBrush = Brushes.Blue;
}

private void black_Click(object sender, RoutedEventArgs e)
{
    this.mvs.FillBrush = Brushes.Black;
}
```

　　（6）按下 F5 键运行应用程序，会看到如图 12-7 和图 12-8 所示的效果。

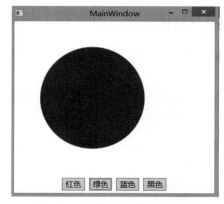

图 12-7　用绿色画刷绘制正圆

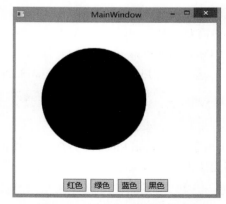

图 12-8　用蓝色画刷绘制正圆

其实要实现在依赖项属性更改时自动发生重绘还有一种更简单的方法，如图 12-9 所示，PropertyMetadata 类派生出 UIProperty-Metadata 类，再从 UIPropertyMetadata 类派生出 FrameworkProperty-Metadata 类。

在实际开发中，UIPropertyMetadata 类不太常用，一般会直接使用 FrameworkPropertyMetadata 类来定义依赖项属性的元数据。该类所定义的元数据为 WPF 框架中的布局呈现、双向数据绑定、动画处理提供了支持，扩展了依赖项属性的功能。

- ⚙ PropertyMetadata
  - ▷ ■ 基类型
  - ▲ ⬚ 派生类型
    - ▲ ⚙ UIPropertyMetadata
      - ▷ ⚙ FrameworkPropertyMetadata

图 12-9　PropertyMetadata 类的派生类

使用 FrameworkPropertyMetadata 类声明元数据，通过 FrameworkPropertyMetadataOptions 枚举指定依赖项属性的值所产生的影响范围。该枚举使用了 FlagsAttribute 特性，支持多个值组合使用。可用的值如表 12-1 所示，表 12-1 中仅列举较为常用的值，关于 FrameworkPropertyMetadataOptions 枚举的完整定义，请参考 MSDN 文档。

表 12-1　FrameworkPropertyMetadataOptions枚举的有效值

值	说　　明
None	使用WPF属性系统的默认行为
BindsTwoWayByDefault	默认开启双向数据绑定
AffectsArrange	该属性会影响元素的布局行为
AffectsMeasure	该属性会影响元素对所需布局空间的计算
AffectsParentArrange	父元素的布局排列会受到该属性的影响
AffectsParentMeasure	父元素在测量自身所需要的布局空间过程中会受到该属性的影响
AffectsRender	此属性会影响元素的呈现行为

在本例中，FillBrush 属性的设置其实影响的是可视化元素的呈现行为，因为改变 FillBrush 属性只是导致绘制正圆的画刷发生变化，而可视化元素本身的位置和大小不会发生变化。

（7）将 MyVisual 类中注册 FillBrush 依赖项属性的代码做以下修改

```
#region 注册依赖项属性
public static readonly DependencyProperty FillBrushProperty = DependencyProperty.
Register("FillBrush", typeof(Brush), typeof(MyVisual), new FrameworkProperty
Metadata(Brushes.Red, FrameworkPropertyMetadataOptions.AffectsRender));
#endregion
```

使用 FrameworkPropertyMetadata 声明元数据并设置 FrameworkPropertyMetadataOptions.AffectsRender 标志，就不再需要在 PropertyChangedCallback 委托的关联方法中调用可视化元素的 InvalidateVisual 方法。

（8）FrameworkPropertyMetadata 仅对 FrameworkElement 类以及它的子类起作用，因此还需要把 MyVisual 的基类从 UIElement 改为 FrameworkElement。

```
    public class MyVisual : FrameworkElement
{
……
```

（9）由于 FrameworkElement 类在重写 MeasureCore 方法时将其标记为 sealed，从 FrameworkElement 类派生时将无法再重写 MeasureCore 方法，只能改为重写 MeasureOverride 方法。

```
protected override Size /*MeasureCore*/MeasureOverride(Size availableSize)
{
```

```
    // 返回呈现该元素所需要的空间
    return new Size(300d, 300d);
}
```

（10）再次运行应用程序，单击不同的按钮，同样可以改变 MyVisual 对象中绘制圆的画刷，使用 FrameworkPropertyMetadata 作为依赖项属性的元数据显得更加简单。

一般来说，如果自定义的类型是从 FrameworkElement 类派生的，在注册依赖项属性时应优先考虑使用 FrameworkPropertyMetadata 来声明元数据，可以更好地与 WPF 框架集成。

完整的示例代码请参考\第 12 章\Example_3。

12.3.3　使用已注册的依赖项属性

依赖项属性注册后被存放在一个全局的哈希表中，这也是为什么用于标识依赖项属性的字段必须声明为静态（static）的原因，这为自定义依赖项属性带来方便。如果开发人员所需要的属性和已注册的依赖项属性比较相似（属性名称、属性类型相同），或者功能相近，就没有必要再去注册新的依赖项属性，只需要调用 DependencyProperty 类的 AddOwner 方法，把要求使用该依赖项属性类型的 Type 传递给 ownerType 参数就可以把已经注册的依赖项属性引用到开发者自己定义的类型中了。

若需要为依赖项属性设置与原来的依赖项属性不同的元素据，可以调用以下重载方法

```
public System.Windows.DependencyProperty AddOwner(System.Type ownerType, System.
Windows.PropertyMetadata typeMetadata)
```

该重载可以提供一个 PropertyMetadata 实例，对依赖项属性的行为进行设定。

以下示例中声明了一个 RectangleElement 类，该类在应用程序运行后在界面中绘制一个矩形。为了可以设置矩形的线条样式和填充背景，代码为 RectangleElement 类定义以下三个依赖项属性，如表 12-2 所示。

表 12-2　RectangleElement类的三个依赖项属性

属　　性	类　　型	说　　明
Fill	System.Windows.Media.Brush	获取或设置用来填充矩形内部的画刷
Stroke	System.Windows.Media.Brush	获取或设置用于绘矩形边框的画刷
StrokeThickness	double	获取或设置矩形边框的粗细

恰好位于 System.Windows.Shapes 命名空间下的 Shape 类已经注册了以上三个属性，本例就不必再注册新的依赖项属性，直接调用 AddOwner 方法将 RectangleElement 类添加进去即可。

RectangleElement 类的定义代码如下：

```
public class RectangleElement : FrameworkElement
{
    #region 依赖项属性标识字段
    public static readonly DependencyProperty FillProperty = Shape.FillProperty.
AddOwner(typeof(RectangleElement), new FrameworkPropertyMetadata(Brushes.Red,
FrameworkPropertyMetadataOptions.AffectsRender));
    public static readonly DependencyProperty StrokeProperty = Shape.StrokeProperty.
AddOwner(typeof(RectangleElement), new FrameworkPropertyMetadata(Brushes.Blue,
FrameworkPropertyMetadataOptions.AffectsRender));
    public static readonly DependencyProperty StrokeThicknessProperty = Shape.
StrokeThicknessProperty.AddOwner(typeof(RectangleElement), new FrameworkProperty
Metadata(3d, FrameworkPropertyMetadataOptions.AffectsRender));
```

```csharp
#endregion

#region 封装依赖项属性
/// <summary>
/// 用于填充矩形的画刷
/// </summary>
public Brush Fill
{
    get { return (Brush)GetValue(FillProperty); }
    set { SetValue(FillProperty, value); }
}


/// <summary>
/// 用于绘制矩形边框的画刷
/// </summary>
public Brush Stroke
{
    get { return (Brush)GetValue(StrokeProperty); }
    set { SetValue(StrokeProperty, value); }
}


/// <summary>
/// 矩形边框的粗细
/// </summary>
public double StrokeThickness
{
    get { return (double)GetValue(StrokeThicknessProperty); }
    set { SetValue(StrokeThicknessProperty, value); }
}
#endregion

protected override void OnRender(DrawingContext drawingContext)
{
    // 要绘制的矩形的位置和大小
    Rect rect = new Rect(0d, 0d, this.ActualWidth, this.ActualHeight);
    // 用于绘制矩形边框的 Pen 对象
    Pen pen = new Pen(this.Stroke, this.StrokeThickness);
    // 绘制矩形
    drawingContext.DrawRectangle(this.Fill, pen, rect);
}
}
```

用于标识依赖项属性的字段依然需要声明为静态字段，只不过无须注册新的依赖项属性，其他方面（如 CLR 属性封装的方法）都是不变的。为了在属性的值变更后能够及时使 RectangleElement 对象发生重绘，在调用 AddOwner 方法时，提供新的 FrameworkPropertyMetadata 对象并设置 AffectsRender 标志。

打开 MainWindow 的 XAML 视图，引入 RectangleElement 类所在的命名空间。

```xml
xmlns:local="clr-namespace:MyApp"
```

按下快捷键 Shift + F6 重新生成项目，随后在 Grid 元素下加入一个 RectangleElement 实例。

```
<Grid>
    <local:RectangleElement Fill="Pink" Stroke=
"DarkBlue" StrokeThickness="50"/>
</Grid>
```

在输入 XAML 代码后预览界面会跟随着 Fill、Stroke 和 StrokeThickness 三个属性的更改自动刷新，实时呈现最新效果。

运行应用程序，结果如图 12-10 所示。

完整的示例代码请参考\第 12 章\Example_4。

图 12-10　自定义可视化元素绘制的矩形

12.3.4　只读的依赖项属性

在实际开发中，有时需要禁用属性的写操作，即只读属性。依赖项属性也是如此，调用 DependencyProperty 类的 RegisterReadOnly 静态方法，可以向 WPF 属性系统注册一个只读的依赖项属性。要注意的是，RegisterReadOnly 并不返回 DependencyProperty 实例，而是返回 DependencyPropertyKey 实例。

开发者不应将 DependencyPropertyKey 标识声明为公共成员，因为如果将 DependencyPropertyKey 标识字段声明为公共成员，那么其他类型就可以通过 SetValue 方法修改对应依赖项属性的值，这样就失去只读的意义了。

DependencyPropertyKey 类公开 DependencyProperty 属性，可以将该属性对外部公开，因为依赖项属性是只读的，当调用 SetValue 方法修改它时会发生 InvalidOperationException 异常，这样一来，外部类型就不能修改依赖项属性的值了。

以下是一个与只读依赖项属性有关的示例。在示例中，定义一个名为 MyRectangleElement 的可视化元素类（从 FrameworkElement 类派生），重写它的 OnRender 方法，以随机生成的坐标点来绘制一个矩形，并声明一个 Point 依赖项属性，可以获取随机生成的坐标点的值，但该属性是只读的。

在 Visual Studio 开发环境中新建一个 WPF 应用程序项目，然后定义一个类，命名为 MyRectangleElement，具体的代码如下：

```
public class MyRectangleElement:FrameworkElement
{
    #region 注册只读依赖项属性
    private static readonly DependencyPropertyKey PointKey = DependencyProperty.
RegisterReadOnly("Point", typeof(Point), typeof(MyRectangleElement), new Framework
PropertyMetadata(new Point(), FrameworkPropertyMetadataOptions.None));
    // 以下字段声明为公共成员
    public static readonly DependencyProperty PointProperty = PointKey.DependencyProperty;
    #endregion

    #region 封装依赖项属性
    /// <summary>
    /// 所绘制矩形左上角的坐标点
    /// </summary>
    public Point Point
    {
        get { return (Point)GetValue(PointProperty); }
```

```
    }
    #endregion

    #region 方法
    Random rand = new Random();
    /// <summary>
    /// 产生一个随机点
    /// </summary>
    private void MakeNewPoint()
    {
        double newX = rand.Next(0, (int)(this.ActualWidth - 100d));
        double newY = rand.Next(0, (int)(ActualHeight - 85d));
        // 设置只读依赖项属性的值
        // 此类内部可以设置该属性
        SetValue(PointKey, new Point(newX, newY));
    }

    protected override void OnRender(DrawingContext drawingContext)
    {
        // 调用以下方法产生一个随机点
        MakeNewPoint();
        Rect r = new Rect(this.Point, new Size(100d, 85d));
        // 绘制矩形
        drawingContext.DrawRectangle(Brushes.Purple, null, r);
    }
    #endregion
}
```

在本示例中，用于标识只读依赖项属性的 DependencyPropertyKey 对象被声明为私有成员，如此一来，只有在类的内部才被允许修改 Point 依赖项属性，在类的外部无法修改。

把 DependencyPropertyKey 实例的 DependencyProperty 属性对外公开，作为依赖项属性的标识。

类定义完成后，打开项目模板生成的 MainWindow 窗口的设计视图（XAML 视图），在 XAML 文档中引入 MyEllipseElement 类所在的命名空间。

```xml
<Window x:Class="MyApp.MainWindow"
        ……
        xmlns:local="clr-namespace: MyApp "
```

在 Grid 元素的开始和结束标记之间加入以下代码

```xml
<Grid>
    <Grid.RowDefinitions>
        <RowDefinition Height="*"/>
        <RowDefinition Height="Auto"/>
    </Grid.RowDefinitions>
    <local: MyRectangleElement x:Name="ele" Grid.Row="0"/>
    <TextBlock Grid.Row="1" Margin="20,8" FontSize="20" Text="{Binding ElementName=
ele,Path=Point,StringFormat=矩形的当前位置: {0}}"/>
</Grid>
```

以上布局将 Grid 网格划分为两行，第一行放置一个 MyRectangleElement 实例，第二行放置一个 TextBlock

实例。TextBlock 元素的作用是在界面上显示文本，可以作为提示信息。在设置 TextBlock 对象的 Text 属性时使用了数据绑定的方法，数据将从 MyRectangleElement 对象的 Point 属性中提取。StringFormat 属性设置要在 TextBlock 中显示的文本格式，在运行阶段，用 Point 属性的字符串表示形式替换 StringFormat 属性中的 "{0}"，这与前面介绍的字符串格式化的方法是一样的。

图 12-11　显示矩形的当前位置

运行应用程序，得到如图 12-11 所示的结果。如果希望矩形重新绘制，只需要调整窗口的大小即可，当窗口大小改变后，可视化元素的 OnRender 方法会被调用，矩形就会重新绘制。

完整的示例代码请参考\第 12 章\Example_5。

12.3.5　附加属性

附加属性是直接从 Attached property 翻译过来的，从它的命名可以推测，附加属性是附加在其他元素上的属性。通常，附加属性会在容器元素中使用（比如面板），在父元素上注册附加属性，并在子元素中设置。比如，Grid 布局控件就公开了 Row 和 Column 两个附加属性，因为一个网格控件可以划分为许多行和列，无法在 Grid 上通过设置 Row 或 Column 属性来决定每个子元素的位置，于是就把两个属性附加在每个子元素上进行设置。这样一来，每个元素都可以根据具体情况来设置其自身定位到哪一行或哪一列。

附加属性是依赖项属性的一种特殊形式，可以调用 DependencyProperty 类的 RegisterAttached 静态方法来进行注册（如果希望附加属性只支持读操作，可以调用 RegisterAttachedReadOnly 方法注册只读的附加属性）。与普通的依赖项属性不同的是，附加属性不进行 get 和 set 访问器封装，而是定义两个静态的公共方法来对附加属性进行读写操作。

这两个静态方法的声明如下：

```
读取附加属性的方法：public static <返回类型> Get<附加属性名称>(<目标类型>);
设置附加属性的方法：public static void Set<附加属性名称>(<目标类型>, <属性值>);
```

这两个方法对命名有严格的要求，不能随意更改命名，否则在 XAML 代码中就不能被识别。

读取附加属性的方法以 "Get" 开头，后面紧跟附加属性的名称；用于设置附加属性的方法以 "Set" 开头，后面紧跟附加属性的名称。两个方法的参数和返回值类型不是固定的，只要位置和个数符合即可，其中 SetXXX 方法的返回值总是为 void。

例如，假设某类注册了一个名为 Test 的附加属性，类型为 bool，属性的标识字段为 TestProperty。那么，读取附加属性的方法应该写为

```
public static bool GetTest(DependencyObject target)
{
    return (bool)target.GetValue(TestProperty);
}
```

方法的 target 参数类型应该是 DependencyObject 或者其子类，因为在方法内部，其实也调用了 DependencyObject 的 GetValue 方法来获取值。对于用来写附加属性的方法，应该写为

```
public static void SetTest(DependencyObject target, bool value)
{
    target.SetValue(TestProperty, value);
}
```

　　用于设置附加属性方法的 target 参数类型也应为 DependencyObject 或者 DependencyObject 的派生类,因为在方法内部调用了 SetValue 方法来设置附加属性。

　　根据上面的内容可知,对附加属性的读写操作其实使用的也是 DependencyObject 类公开的 GetValue 和 SetValue 方法。

　　下面通过实例演示如何使用附加属性。在本例中,从 Panel 类直接派生一个自定义面板 MyPanel,并公开一个 Location 附加属性,面板中的子元素通过设置该附加属性来定位（在面板中的定位）。

　　（1）在 Visual Studio 开发环境中新建一个 WPF 应用程序项目。

　　（2）定义一个 MyPanel 类,从 Panel 类派生,具体的代码如下:

```csharp
public class MyPanel : Panel
{
    #region 注册附加属性
    public static readonly DependencyProperty LocationProperty = DependencyProperty.
RegisterAttached("Location", typeof(Point), typeof(MyPanel), new FrameworkProperty
Metadata(new Point(), FrameworkPropertyMetadataOptions.AffectsParentArrange));
    #endregion

    #region 用于读写附加属性的静态方法
    public static void SetLocation(UIElement el, Point locpt)
    {
        el.SetValue(LocationProperty, locpt);
    }
    public static Point GetLocation(UIElement el)
    {
        return (Point)el.GetValue(LocationProperty);
    }
    #endregion

    #region 重写基类的成员
    protected override Size ArrangeOverride(Size finalSize)
    {
        // 取出每个子元素的 Location 附加属性的值
        // 以便对子元素进行定位
        foreach (UIElement el in this.InternalChildren)
        {
            Point location = GetLocation(el);
            Size size = el.DesiredSize;
            el.Arrange(new Rect(location, size));
        }
        return finalSize;
    }

    protected override Size MeasureOverride(Size availableSize)
    {
        foreach (UIElement el in InternalChildren)
        {
            el.Measure(availableSize);
        }
        return new Size();
    }
    #endregion
}
```

代码首先调用 DependencyProperty.RegisterAttached 方法注册 Location 附加属性,方法与注册普通的依赖项属性一样,只是调用的是 RegisterAttached 方法,而不是 Register 方法。

在注册附加属性时,元数据对象应选用 FrameworkPropertyMetadata 类,并且 FrameworkProperty-MetadataOptions 枚举应选用 AffectsParentArrange。因为所定义的附加属性是附加到 MyPanel 的子元素中设置的,设置 Location 属性实际上是在子元素上设置的,所影响的是父元素(MyPanel)的布局,所以选用 FrameworkPropertyMetadataOptions.AffectsParentArrange 标志。

必须重写 MeasureOverride 方法,并调用每个子元素的 Measure 方法,否则子元素不会在 MyPanel 中显示。随后还要重写 ArrangeOverride 方法,根据 Location 附加属性的设置对子元素进行排列布局。

(3)打开项目模板默认生成的 MainWindow.xaml 文件,在 XAML 文档中引入 MyPanel 所在的命名空间。

```xml
<Window x:Class="MyApp.MainWindow"
        ......
        xmlns:local="clr-namespace: MyApp "
```

(4)在 Grid 元素下声明一个 MyPanel 实例。

```xml
<Grid>
    <local:MyPanel>

    </local:MyPanel>
</Grid>
```

(5)在 MyPanel 元素中放置一些子元素,并通过 Location 附加属性设置子元素在 MyPanel 中的位置。

```xml
<Grid>
    <local:MyPanel>
        <Rectangle local:MyPanel.Location=
"120,50" Width="80" Height="80" Fill="Blue"/>
        <Ellipse local:MyPanel.Location=
"200,180" Width="175" Height="100" Fill=
"OliveDrab"/>
        <Polygon Points="0,0  70,6  60,98" local:
MyPanel.Location="300,47" Fill=
"SaddleBrown"/>
    </local:MyPanel>
</Grid>
```

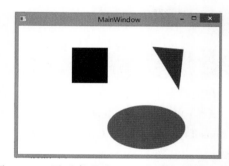

(6)运行应用程序,可以看到如图 12-12 所示的效果。完整的示例代码请参考\第 12 章\Example_6。

图 12-12　子元素通过 Location 附加属性来定位

12.4　路由事件

和依赖项属性类似,WPF 事件系统也是先将路由事件进行全局注册,并在事件所属的类型中公开一个静态并且是只读的标识字段。路由事件注册后需要进行封装,以便可以作为普通的 CLR 事件来使用。

路由事件用 RoutedEvent 类表示,注册时,调用 EventManager 类的 RegisterRoutedEvent 方法,该方法是静态方法,可以直接调用。注册成功后,RegisterRoutedEvent 方法会返回一个 RoutedEvent 实例的引用。

路由事件注册后,需要在代码中触发事件。UIElement 类提供了 RaiseEvent 方法以便在代码中引发路由事件,方法需要一个 RoutedEventArgs 或从 RoutedEventArgs 类派生的类型作为参数,以传递与路由事件有关的数据。

为了能够向路由事件添加或移除处理方法，UIElement 类还公开了 AddHandler 和 RemoveHandler 方法来向路由事件添加或移除相关联的处理方法。

下面通过一个示例演示如何注册和触发路由事件。

（1）启动 Visual Studio 开发环境，并新建一个 WPF 应用程序项目。

（2）定义一个 MyTestElement 类，派生自 FrameworkElement

```
public class MyTestElement : FrameworkElement
{
    ......
}
```

（3）注册一个名为 Click 的路由事件

```
public static readonly RoutedEvent ClickEvent = EventManager.RegisterRoutedEvent
("Click", RoutingStrategy.Bubble, typeof(RoutedEventHandler), typeof(MyTestElement));
```

与依赖项属性相似，路由事件注册成功后会得到一个 RoutedEvent 类型的实例引用，并且在类中需要公开一个只读的静态字段来保存该引用。

（4）封装 Click 路由事件，以便可以作为 CLR 事件使用

```
public event RoutedEventHandler Click
{
    add
    {
        AddHandler(ClickEvent, value);
    }
    remove
    {
        RemoveHandler(ClickEvent, value);
    }
}
```

在把路由事件封装为 CLR 事件的过程中，调用的是 UIElement 类的 AddHandler 和 RemoveHandler 方法。

（5）触发 Click 事件。在本例中，当鼠标左键按下并弹起时触发 Click 事件，因此需要重写基类的 OnMouseLeftButtonDown（在鼠标左键按下后被调用）和 OnMouseLeftButtonUp（在鼠标左键弹起时被调用）方法。

```
bool isMouseLeftButtonDown = false;
protected override void OnMouseLeftButtonDown(System.Windows.Input.MouseButtonEventArgs e)
{
    isMouseLeftButtonDown = true;
    base.OnMouseLeftButtonDown(e);
}
protected override void OnMouseLeftButtonUp(System.Windows.Input.MouseButtonEventArgs e)
{
    if (isMouseLeftButtonDown)
    {
        // 事件参数
        RoutedEventArgs arg = new RoutedEventArgs(ClickEvent);
        // 调用引发路由事件的虚方法
        OnClick(arg);
        isMouseLeftButtonDown = false;
```

```
    }
    base.OnMouseLeftButtonUp(e);
}

protected virtual void OnClick(RoutedEventArgs arg)
{
    // 引发路由事件
    RaiseEvent(arg);
}
```

　　既然是在鼠标左键弹起时才触发 Click 事件，为什么还要重写 OnMouseLeftButtonDown 方法，还要用一个 isMouseLeftButtonDown 变量来标识左键是否按下呢？因为需要考虑这样一种情况：用户在其他元素上按下了鼠标左键，然后把鼠标指针移到当前元素上再松开鼠标左键，如果在这种情况下仍然触发 Click 事件，显然不合理。

　　本示例中通过 OnClick 方法来调用 RaiseEvent 方法触发事件，而且将 OnClick 方法声明为虚方法，通常开发者都应该这样做，当其他人从自己写的类派生时，可以通过重写 OnClick 方法来决定是否触发 Click 事件，或者加入其他处理代码。

　　（6）为了使应用程序在运行阶段能够被单击，需要在当前元素内部绘制一些内容，否则一个空白元素无法捕捉鼠标事件。在本示例中，将在元素内部绘制一个四边形（菱形）和文本。

```
protected override void OnRender(System.Windows.Media.DrawingContext drawingContext)
{
    StreamGeometry sg = new StreamGeometry();
    using (StreamGeometryContext sc = sg.Open())
    {
        // 设置图形起点
        sc.BeginFigure(new Point(ActualWidth / 2d, 0d), true, true);
        // 计算另外三个点的坐标
        Point pt1 = new Point(ActualWidth, ActualHeight / 2d);
        Point pt2 = new Point(ActualWidth / 2d, ActualHeight);
        Point pt3 = new Point(0d, ActualHeight / 2d);
        List<Point> pts = new List<Point>() { pt1, pt2, pt3 };
        // 建立几何图形
        sc.PolyLineTo(pts, false, false);
    }
    // 绘制多边形
    drawingContext.DrawGeometry(Brushes.Green, null, sg);
    // 要绘制的文本
    string drawText = "请单击这里";
    FormattedText ft = new FormattedText(drawText, System.Globalization.CultureInfo.
CurrentCulture, System.Windows.FlowDirection.LeftToRight, new Typeface("宋体"), 36d,
Brushes.White);
    // 计算文本的位置
    Point ptText = new Point((ActualWidth - ft.Width) / 2d, (ActualHeight - ft.Height)
/ 2d);
    // 绘制文本
    drawingContext.DrawText(ft, ptText);
}
```

　　（7）打开项目模板生成的 MainWindow.xaml 文件，在 XAML 文档的根节点上引入 MyTestElement 类所在的命名空间。

```
<Window x:Class="MyApp.MainWindow"
        ……
        xmlns:local="clr-namespace:MyApp"
```

（8）在 Grid 中声明一个 MyTestElement 实例，并为 Click 事件添加处理程序。

```
<Grid>
    <local:MyTestElement Click="OnClick"/>
</Grid>
```

（9）在 OnClick 上右击，从弹出的快捷菜单中选择【转到定义】，开发工具会在代码文件中生成该事件处理方法，如图 12-13 所示。

（10）在生成的 OnClick 处理方法中加入以下代码

```
private void OnClick(object sender, RoutedEventArgs e)
{
    MessageBox.Show("您好，谢谢配合。");
}
```

上面代码只是调用 MessageBox.Show 方法显示一个提示对话框。当用户单击 MyTestElement 对象时会弹出提示对话框。

（11）运行应用程序，并单击可视化元素，就会看到弹出的提示框，如图 12-14 所示。

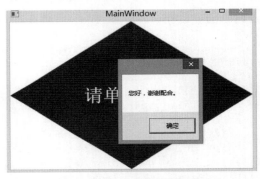

图 12-13　生成事件处理方法　　　　图 12-14　单击元素的提示信息

完整的示例代码请参考\第 12 章\Example_7。

12.4.1　路由策略

路由事件的一个显著特点就是具有"路由"功能：事件在 XAML 的元素树（即 XAML 文档中可视化元素的层次结构）中可以进行传递，这与 Windows 窗体应用程序中的事件传递机制有所不同。在 Windows 窗体应用程序项目中，事件只能由事件所属类型的当前实例触发，而在 WPF 事件系统中，事件可以由多个实例触发。

路由事件触发的路由策略由 RoutingStrategy 枚举决定，该枚举定义了以下三个值。

（1）Bubble：冒泡策略。事件从元素树的内部向外查找，就像开水沸腾时，气泡从容器的底部往外冒。

（2）Direct：该策略与 Windows 窗体应用程序中的事件处理模型相似，只能由附加事件处理程序的当前实例触发。

（3）Tunnel：隧道策略。与冒泡策略相反，即事件从元素树的最外层向内部传播，就像挖隧道一样，从最顶层向里面"挖掘"。

许多路由事件都在 UIElement 类中定义，并且具备 Bubble 和 Tunnel 策略两个版本。直接命名的事件（如 MouseMove）使用了冒泡策略，使用隧道策略注册的事件都以 Preview 开头（如 PreviewMouseMove）。不管是采用冒泡策略还是隧道策略，只是事件在元素树中的传播方向不同而已。

以下示例演示路由事件的使用方法。

在 Visual Studio 开发环境中新建一个 WPF 应用程序项目。待项目创建后，打开项目模板生成的 MainWindow.xaml 文件，在 Grid 元素的开始和结束标记之间输入以下代码

```xml
<Grid x:Name="layoutRoot">
    <Grid.ColumnDefinitions>
        <ColumnDefinition Width="*"/>
        <ColumnDefinition Width="*"/>
    </Grid.ColumnDefinitions>
    <Canvas VerticalAlignment="Bottom" Height="200" Background="#FF87F1B3">
        <Button Width="80" Height="40" Canvas.Left="25" Canvas.Top="49" Content="按钮 1"/>
        <Button Canvas.Left="165" Canvas.Top="100" Width="70" Height="40" Content="按钮 2"/>
    </Canvas>
    <StackPanel Grid.Column="1" VerticalAlignment="Top" Background="DarkSlateGray">
        <Button Height="50" Content="按钮 3"/>
        <Button Content="按钮 4" Margin="0,15,0,15"  Height="60"/>
    </StackPanel>
</Grid>
```

上面代码将 Grid 元素分配了名称 layoutRoot，后续可以在代码中方便地引用它。XAML 代码先将 Grid 元素划分为两列。第一列放了一个 Canvas 面板，面板中有两个按钮（Button）；第二列放了一个 StackPanel 面板，面板中同样放了两个 Button 控件。

切换到代码视图，找到 MainWindow 类的构造函数，在 InitializeComponent 方法调用之后加入以下代码

```csharp
public MainWindow()
{
    InitializeComponent();
    this.layoutRoot.AddHandler(Button.ClickEvent, new RoutedEventHandler(onClick));
}
```

通过 AddHandler 方法（在 UIElement 类上定义）为 Button 类的 Click 路由事件添加一个处理方法 onClick。下面是 onClick 方法的完整代码。

```csharp
private void onClick(object sender, RoutedEventArgs e)
{
    Button btn = e.Source as Button;
    if (btn != null)
    {
        string content = btn.Content as string;
        MessageBox.Show(string.Format("您点击了"{0}"按钮。", content));
    }
}
```

此处一定要注意，在路由事件处理方法中，不能通过 sender 参数来获取引发事件的对象，而应通过参数 e 的 Source 属性来获取引发 Click 事件的 Button 实例。

这一点与 Windows 窗体应用程序中的控件事件处理程序有着较大的差异。在 Windows 窗体应用程序中，事件处理方法的 sender 参数存放了引发事件对象实例的引用，而在 WPF 的路由事件中并不是如此，因为路

由事件可以让多个实例都触发同一事件，所以在 WPF 路由事件的处理方法中，sender 参数引用的是调用 AddHandler 方法的对象实例。在本示例中，是在名为 layoutRoot 的 Grid 对象上调用了 AddHandler 方法，所以事件处理方法中的 sender 参数引用了 layoutRoot 实例。要获得触发 Click 事件的 Button 实例的引用，需要访问参数 e 的 Source 属性。

运行应用程序，单击窗口上的任意按钮，都会触发 Click 事件，结果如图 12-15 所示。

完整的示例代码请参考\第 12 章\Example_8。

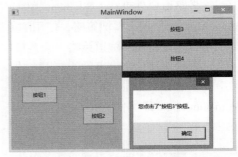

图 12-15　捕捉 Button 的 Click 路由事件

12.4.2　注册路由事件的类处理程序

除通过路由事件的路由策略捕捉路由事件外，开发者还可以将路由事件的处理程序注册为类级别。比如，为 Button 类的 Click 事件注册类级别的事件处理代码，那么无论将 Button 对象实例放在应用程序的哪个地方，都会触发 Click 事件并能够由已注册为类级别的处理方法捕捉。

只需要调用 EventManager 类的 RegisterClassHandler 方法就可以轻松地为指定类型注册类级别的事件处理程序了。

下面示例演示如何为图形类（主要指从 Shape 派生的类）的 MouseEnterEvent 和 MouseLeaveEvent 路由事件注册类级别的处理方法。这两个事件是在 UIElement 类中定义的，因为 Shape 类派生自 UIElement，因此继承了这两个事件。

在应用程序项目的 App 类中声明静态构造函数，然后在静态构造函数中注册类级别的事件处理方法。

```
static App()
{
    // 注册类级别的路由事件处理方法
    EventManager.RegisterClassHandler(typeof(Shape), UIElement.MouseEnterEvent, new
MouseEventHandler(OnMouseEnter));
    EventManager.RegisterClassHandler(typeof(Shape), UIElement.MouseLeaveEvent, new
MouseEventHandler(OnMouseLeave));
}
```

因为调用 RegisterClassHandler 方法的代码是放在静态构造函数中的（在 MainWindow 类的构造函数调用之前调用），所以用来处理事件的方法也需要加上 static 关键字。

```
private static void OnMouseLeave(object sender, MouseEventArgs e)
{
    Shape shape = e.Source as Shape;
    if (shape != null)
    {
        // 当鼠标指针离开图形时
        // 移除对象的轮廓
        shape.StrokeThickness = 0d;
        shape.Stroke = null;
    }
}

private static void OnMouseEnter(object sender, MouseEventArgs e)
{
```

```
    Shape shape = e.Source as Shape;
    if (shape != null)
    {
        // 当鼠标指针进入图形时
        // 为对象添加轮廓
        shape.Stroke = Brushes.Yellow;
        shape.StrokeThickness = 8d;
    }
}
```

打开 MainWindow.xaml 文件，在 Grid 元素中加入以下代码，将网格划分为两列两行，并且列宽与行高都是平均分配。

```
<Grid>
    <Grid.RowDefinitions>
        <RowDefinition/>
        <RowDefinition/>
    </Grid.RowDefinitions>
    <Grid.ColumnDefinitions>
        <ColumnDefinition/>
        <ColumnDefinition/>
    </Grid.ColumnDefinitions>
......
```

在各个单元格中依次放入四个图形对象。

```
<Grid>
    ......
    <Ellipse Fill="Red" Grid.Column="0" Grid.Row="0" Margin="10"/>
    <Rectangle Grid.Column="1" Grid.Row="0" Margin="10">
        <Rectangle.Fill>
            <RadialGradientBrush>
                <GradientStop Color="#FF5C1068" Offset="0"/>
                <GradientStop Color="#FFAA93DA" Offset="1"/>
            </RadialGradientBrush>
        </Rectangle.Fill>
    </Rectangle>
    <Path Grid.Column="0" Grid.Row="1" Margin="10" Fill="#FF7F1DC3" Stretch="Fill">
        <Path.Data>
            <GeometryGroup FillRule="Nonzero">
                <EllipseGeometry Center="10 10" RadiusX="5" RadiusY="10" />
                <EllipseGeometry Center="10 10" RadiusX="10" RadiusY="5"/>
            </GeometryGroup>
        </Path.Data>
    </Path>
    <Polygon Grid.Column="1" Grid.Row="1" Stretch="Fill" Points="0,0 3,5 0,10 10,5">
        <Polygon.Fill>
            <LinearGradientBrush EndPoint="0.5,1" StartPoint="0.5,0">
                <GradientStop Color="#FFEE116B" Offset="0"/>
                <GradientStop Color="#FFFBD0E9" Offset="1"/>
                <GradientStop Color="#FFD880D0" Offset="0.516"/>
            </LinearGradientBrush>
        </Polygon.Fill>
    </Polygon>
</Grid>
```

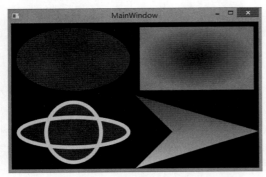

图 12-16　图形对象被加上轮廓

按下 F5 键运行应用程序。

待程序运行后，将鼠标指针移到窗口中的图形元素上，相应的图形会被加上边框，当鼠标指针离开图形后，边框消失，如图 12-16 所示。

完整的示例代码请参考\第 12 章\Example_9。

12.5　认识 WPF 控件

前面在介绍 Windows 窗体应用程序开发时提到，控件就是实现用户与应用程序交互的可视化对象。同理，在 WPF 中，控件的功能也是为了实现程序与用户的交互。不过，基于全新的结构与呈现能力，WPF 控件要比 Windows 窗体控件灵活得多。

WPF 框架实现了用户界面与逻辑代码的分离，控件可以套用独立的模板，这使得同一个控件可以同时拥有不同的外观和视觉效果。

例如，图 12-17 展示了 Button（按钮）控件分别处于正常、鼠标指针悬浮及鼠标被按下三种状态下的外观。如果使用 Windows 窗体控件来实现，可能需要分别处理每个按钮的 Paint 事件，或者从按钮

正常外观　　鼠标指针悬浮　　鼠标被按下

图 12-17　按钮控件的三个状态

控件派生出自定义子类来绘制控件的外观。而在 WPF 中，无须对 Button 类做任何修改，只要设计好控件的模板，然后应用到控件上即可。

直接套用控件模板不仅实现了用户界面与代码的分离，而且还可以重复利用。通常会把控件模板或样式放在资源集合中，当前应用程序中所有相同类型的控件都可以套用资源中的控件模板，不需要为每个控件实例去定义外观，省去了许多机械劳动，提高了代码的重复使用率。一般来说，是通过 XAML 来定义控件模板，迁移起来也很方便，只需要把 XAML 代码复制到需要使用该资源的其他地方即可。

12.5.1　Control 类

Control 类作为控件的基类，已经编写好与控件有关的大多数属性和功能。开发人员如果需要自定义控件，可以从该类派生出自己的控件类，并加入扩展代码。

为了能够更好地理解 WPF 控件的模型，下面演示开发一个简单控件的过程。

（1）启动 Visual Studio 开发环境，新建一个 WPF 应用程序项目。

（2）在项目名称节点上右击，从弹出的快捷菜单中依次选择【添加】→【新建项】，在随后打开的对话框中，找到并选择"自定义控件(WPF)"，输入文件名，最后单击"确定"按钮，向项目中添加一个新控件 MyControl。

如图 12-18 所示，开发工具除了会生成 MyControl 类的代码文件，还在项目中创建了一个名为 Themes 的文件夹，在 Themes 文件夹中有一个 Generic.xaml 文件，它是一个资源字典，里面包含了 MyControl 控件的样式声明。

```
▲ ▣ Themes
    📄 Generic.xaml
  ▾⌐ App.config
▷ 📄 App.xaml
▷ 📄 MainWindow.xaml
▷ C# MyControl.cs
```

图 12-18　自定义控件的文件结构

生成的 C#代码如下；

```
public class MyControl : Control
{
```

```
    static MyControl()
    {
        DefaultStyleKeyProperty.OverrideMetadata(typeof(MyControl), new Framework
PropertyMetadata(typeof(MyControl)));
    }
}
```

在类的静态构造函数中重写了 DefaultStyleKey 依赖项属性的元数据，并将默认值设置为引用针对
MyControl 类型的 Style 对象。这个 Style 对象在 Generic.xaml 文件中定义，代码如下：

```
<Style TargetType="{x:Type local:MyControl}">
    <Setter Property="Template">
        <Setter.Value>
            <ControlTemplate TargetType="{x:Type local:MyControl}">
                <Border Background="{TemplateBinding Background}"
                        BorderBrush="{TemplateBinding BorderBrush}"
                        BorderThickness="{TemplateBinding BorderThickness}">
                </Border>
            </ControlTemplate>
        </Setter.Value>
    </Setter>
</Style>
```

Style 元素的 TargetType 属性与代码中被重写的 DefaultStyleKey 依赖项属性的默认值相对应，如图 12-19
所示。

```
    static MyControl()
    {
    DefaultStyleKeyProperty.OverrideMetadata( typeof(MyControl) ,
    new FrameworkPropertyMetadata( typeof(MyControl) ));
    }

    <Style TargetType="{x:Type local: MyControl }">
        ……
    </Style>
```

图 12-19　C#代码与对应的 XAML 代码

（3）在 Style 节点中，控件的模板通过控件类的 Template 属性来设置，类型为 ControlTemplate，TargetType
属性指明该模板可以应用到哪个控件类，本例中为 MyControl。在 ControlTemplate 节点中，使用 Border 作为
模板的根元素，如下面 XAML 代码所示

```
<Border Background="{TemplateBinding Background}"
        BorderBrush="{TemplateBinding BorderBrush}"
        BorderThickness="{TemplateBinding BorderThickness}">
</Border>
```

在设置 Border 的属性时使用了 TemplateBinding 扩展标记，它表示属性值可以从应用该模板的控件对象
中的某个属性值来获取。比如上面 XAML 代码中，Border 元素的 Background 属性的值可以从 MyControl 类
的 Background 属性中获取。由于 MyControl 是从 Control 类派生的，所以 Background 属性会被继承。当代码
设置 MyControl 类的 Background 属性后会同时设置模板中 Border 元素的 Background 属性。

（4）将控件模板做如下修改

```
<ControlTemplate TargetType="{x:Type local:MyControl}">
    <Border x:Name="bd" Background="{TemplateBinding Background}"
```

```
                    BorderBrush="{TemplateBinding BorderBrush}"
                    BorderThickness="{TemplateBinding BorderThickness}" CornerRadius="3">
            <Grid>
                <Rectangle x:Name="rect" Stroke="Yellow" StrokeThickness="5" Opacity="0"
RenderTransformOrigin="0.5 0.5">
                    <Rectangle.RenderTransform>
                        <ScaleTransform ScaleX="0" ScaleY="0"/>
                    </Rectangle.RenderTransform>
                </Rectangle>
                <TextBlock FontFamily="{TemplateBinding FontFamily}" FontSize=
"{TemplateBinding FontSize}" FontWeight="{TemplateBinding FontWeight}" FontStyle=
"{TemplateBinding FontStyle}" Text="{TemplateBinding Text}" Foreground="{TemplateBinding
Foreground}" Margin="{TemplateBinding Padding}"/>
            </Grid>
        </Border>
</ControlTemplate>
```

为模板中的元素命名应使用 x:Name 扩展标记。如果要在模板触发器或代码中访问某个元素，应该为其设置一个名称，注意在模板内部不能出现重复的命名。上面 XAML 代码中将 Border 元素命名为 bd。

控件的模板可以按照需求任意设计，当模板中的某些元素需要使用目标控件的属性时，可以使用 TemplateBinding 标记来进行绑定。示例中将 TextBlock 元素与 MyControl 控件的 FontFamily 等属性进行绑定，当设置 MyControl 的 FontFamily 属性时，控件模板中 TextBlock 的 FontFamily 属性也会获取相应的值。FontFamily 属性的值从 MyControl 控件传递到模板中的元素上。

（5）控件模板中 TextBlock 的 Text 属性与 MyControl 控件的 Text 属性进行了绑定，但 MyControl 中并没有 Text 属性，所以需要手动声明。

```
public class MyControl : Control
{
    ……
    #region 注册依赖项属性
    public static readonly DependencyProperty TextProperty = DependencyProperty.
Register("Text", typeof(string), typeof(MyControl));
    #endregion

    #region 封装依赖项属性
    public string Text
    {
        get { return (string)GetValue(TextProperty); }
        set { SetValue(TextProperty, value); }
    }
    #endregion
}
```

需要注意的是，用于在 WPF 中进行数据绑定、样式设置，或与模板中的可视化元素相关的属性一定要声明为依赖项属性。

（6）重新生成应用程序项目。打开项目模板生成的 MainWindow.xaml 文件，引入 MyControl 类所在的命名空间。

```
<Window x:Class="MyApp.MainWindow"
        ……
        xmlns:local="clr-namespace:MyApp"
```

（7）在 Grid 中创建 MyControl 的实例

```
<Grid>
    <local:MyControl Background="DarkBlue" BorderThickness="1" BorderBrush="Orange"
Text="自定义控件" HorizontalAlignment="Center" VerticalAlignment="Center" Padding=
"15,6" FontSize="32"/>
</Grid>
```

（8）运行应用程序，得到如图 12-20 所示的效果。

控件虽然可以正常工作了，但是当对其进行操作（如鼠标在上面移动、单击等）时，控件没有做出及时反馈。为了提供良好的操作体验，通常控件应该对用户的操作做出响应，比如当控件被点击时会改变背景颜色等。这些功能可以通过控件模板的触发器来完成，触发器会实时监听某个属性的值，当属性的值符合触发器中指定的条件时，就会对特定的属性进行修改。

（9）在 MyControl 控件的模板中加入以下 XAML 代码

```
<ControlTemplate.Triggers>
    <Trigger Property="IsMouseOver" Value="True">
        <Setter TargetName="bd" Property="Background" Value="#FF10A21D"/>
    </Trigger>
</ControlTemplate.Triggers>
```

每个 Trigger 代表一个触发器对象，Property 属性指定要作为触发条件的属性，这里使用了 IsMouseOver（在 UIElement 中定义），当 IsMouseOver 属性的值为 True 时，通过 Setter 元素来修改模板中 bd 元素的背景色。

再次运行示例应用程序会看到，当鼠标移到控件上时，控件的背景颜色会改变，如图 12-21 所示。

图 12-20　自定义控件

图 12-21　控件响应用户操作

完整的示例代码请参考\第 12 章\Example_10。

从 Control 类派生并自定义控件的步骤如下：

（1）从 Control 或现有的控件派生出自定义控件类，并在 XAML 文件中声明与之对应的控件样式。

（2）设计控件模板并添加必要的触发器。

（3）实现自定义控件的代码逻辑。

（4）测试并使用控件。

其中，第（2）步和第（3）步可以互换。

12.5.2　内容控件

ContentControl（内容控件）从 Control 类派生，该控件使用了一个非常灵活模型，即内容模型。内容模型的实质是在控件模板中放置一个 ContentPresenter 元素，赋给 ContentControl 控件的 Content 属性的内容会被封装到 ContentPresenter 元素中。这样一来，开发人员或设计人员在修改控件模板时不会影响到控件的内容，ContentPresenter 就相当于一个占位符，将 ContentPresenter 放在控件模板的某个位置，表示控件内容的对象呈现在对应的地方，实现了控件内容的独立性。

从 ContentControl 派生的控件很多,比较典型的有 Button(按钮)控件、Window(表示一个窗口)类等。接下来介绍几个常见的内容控件。

1. 按钮控件

Button 控件表示一个按钮,虽然外观上比较简单,但是它被使用的频率很高,几乎每一个应用程序都离不开 Button 控件。

Button 控件通过 Content 属性来设置其内容,该属性继承自 ContentControl。也就是说,凡是从 ContentControl 类派生的类都会继承如表 12-3 所示的几个属性。

表 12-3 继承自ContentControl类的一些常用属性

属　性	说　明
Content	表示内容控件中的内容。虽然声明的类型为object,但并不是所有类型都适合,通常可以向Content属性赋值字符串类型、数值类型或者嵌套的可视化元素(主要是UIElement的派生类型)。如果所赋值的类型不在上述所列的范围内,就会调用该值的ToString方法,并使用其字符串表示形式
ContentStringFormat	内容属性的字符串格式,与前面学习到的格式化字符串一样。比如将该属性设置为"你好,{0}",而Content属性设置为"小明",则在内容控件上会显示"你好,小明"
ContentTemplate	控件的内容模板,类型为DataTemplate。与控件模板有些相似,一般用于较为复杂的内容模型。定义好内容模板后,只要向Content属性赋值,都会套用该模板
ContentTemplateSelector	内容模板选择器。类型为DataTemplateSelector,在应用程序中不直接使用该类型,而是从DataTemplateSelector派生出一个新类,然后重写SelectTemplate方法来返回一个DataTemplate实例。该选择器的作用在于,能够为不同的Content套用不同的内容模板
HasContent	该属性为只读,如果内容控件中存在有效的内容,则返回true,否则返回false

Button 控件定义了一个 Click 事件(路由事件),当用户单击它时,就会触发该事件。

下面将用一个简单的例子演示 Button 控件的使用。

XAML 代码如下:

```
<Button Content="Test"/>
```

上面的 XAML 代码为 Button 的 Content 属性赋了字符串 "Test",因此按钮最终的呈现结果如图 12-22 所示。

图 12-22　在按钮中显示文本

还可以在按钮的 Content 属性中设置更复杂的内容,如下面 XAML 代码所示

```
<Button>
    <Button.Content>
        <Grid>
            <Grid.ColumnDefinitions>
                <ColumnDefinition Width="Auto"/>
                <ColumnDefinition Width="*"/>
            </Grid.ColumnDefinitions>
            <Path Grid.Column="0" Fill="Green" Stretch="Uniform" Width="12">
                <Path.Data>
                    <PathGeometry>
                        <PathFigure StartPoint="0,50" IsClosed="True">
                            <PolyLineSegment Points="40,100 100,0 75,0 40,65 10,35" />
                        </PathFigure>
```

```
                </PathGeometry>
            </Path.Data>
        </Path>
        <TextBlock Grid.Column="1" Text="完成" Margin="3,0,0,0" VerticalAlignment=
"Center"/>
    </Grid>
</Button.Content>
</Button>
```

上面代码中，向 Button 的 Content 属性赋了一个 Grid 实例，然后将 Grid 划分为两列，第一列放置了一个自行绘制的图形，第二列放了一个 TextBlock 元素，显示文本"完成"。最后，得到如图 12-23 所示的按钮。

下面 XAML 代码声明了一个 Button 实例，并为 Click 事件添加处理方法

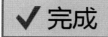

图 12-23　包含复杂内容的按钮

```
<Button Content="请点击" Click="OnButtonClick"/>
```

在 OnButtonClick 上右击，从弹出的快捷菜单中选择【转到定义】，就会导航到代码视图，并生成 OnButtonClick 方法，然后在方法中加入以下代码

```
private void OnButtonClick(object sender, RoutedEventArgs e)
{
    MessageBox.Show("您已经单击了。");
}
```

用户单击按钮后，会得到一条"您已经单击了"的消息。

完整的示例代码请参考\第 12 章\Example_11。

2. 单选框与多选框

单选框（RadioButton）和多选框（CheckBox）都是 ContentControl 的间接子类，而且它们的功能相近，因此这两个控件都继承了 ToggleButton 的 IsChecked 属性，用于指示控件选择框是否处于选中状态。当选择框处于选中状态后会触发 Checked 事件；当选择框变为未选中状态后，会触发 Unchecked 事件。

由于 CheckBox 表示的是多选框，所以多个 CheckBox 之间相互独立，互不影响。而 RadioButton 则不同，它表示的是单选框，在同一分组中（或同一容器下）的多个 RadioButton，同一时间只能允许一个 RadioButton 被选中。也就是说，多个 RadioButton 之间是互斥的，因此需要为每个 RadioButton 控件实例设置 GroupName 属性，它是一个字符串，GroupName 属性相同的 RadioButton 被视为一组，它们之间相互排斥。

下面来看一个例子，XAML 代码如下

```
<CheckBox Content="选项一" IsChecked="True"/>
<CheckBox IsChecked="False">
    <CheckBox.Content>
        <Ellipse Height="{Binding RelativeSource={RelativeSource Mode=FindAncestor,
AncestorType={x:Type CheckBox}},Path=ActualHeight}" Fill="Red" Width="20"/>
    </CheckBox.Content>
</CheckBox>
<CheckBox IsChecked="True" Content="自动更新" Foreground="Blue" FontFamily="华文行楷"
VerticalContentAlignment="Bottom"/>
```

上面的 XAML 声明了三个 CheckBox 实例：第一个 CheckBox 设置 IsChecked 属性为 True，表示该项处于选中状态；第二个 CheckBox 设置 IsChecked 属性为 False，表示未选中，并使用一个 Ellipse 元素（椭圆）作为控件的内容；第三个 CheckBox 设置内容为"自动更新"，并通过 Foreground 属性设置文本的颜色为蓝

色，通过 FontFamily 属性设置呈现文本的字体为"华文行楷"。效果如图 12-24 所示。

接下来再看一个 RadioButton 的例子

```
<RadioButton Content="选项一" GroupName="g1"/>
<RadioButton Content="选项二" GroupName="g1"/>
<RadioButton Content="选项三" GroupName="g2"/>
<RadioButton Content="选项四" GroupName="g2"/>
<RadioButton Content="选项五" GroupName="g2"/>
```

上面代码声明了五个 RadioButton 实例，"选项一"和"选项二"的 GroupName 属性都是 g1，表明它们属于同一组，即"选项一"和"选项二"之间是互斥关系；"选项三""选项四"和"选项五"的 GroupName 属性都是 g2，表示这三个选项属于同一组，即这三个选项为互斥关系。但是，由于"选项一""选项二"与"选项三""选项四""选项五"分布在不同的组中，所以 g1 和 g2 之间相互独立。选择"选项一"不会影响到"选项三"的选择状态，如图 12-25 所示。

图 12-24　三个 CheckBox 控件　　　　　图 12-25　处于不同组中的单选按钮相互独立

完整的示例代码请参考\第 12 章\Example_12。

3.　工具提示

ToolTip 提供了工具提示的实现。工具提示是一种弹出式控件，当用户将鼠标指针悬浮在某个可视化对象上时，会弹出一个提示框，当鼠标指针离开当前可视化对象或者经过某个时间段后，提示框会自动消失。

在某个控件上添加 ToolTip 对象，以告诉用户如何使用某个操作，或者执行该操作后会得到什么样的结果等信息。例如，如图 12-26 所示，在 Word 的"开始"选项卡中，当用户把鼠标指针移到"加粗"功能按钮上时，会看到一个弹出提示，告诉用户点击该按钮后会将选定的文本改为粗体显示。

要使用 ToolTip 类，最简单的方法就是直接设置目标控件的 ToolTip 属性，该属性是在 FrameworkElement 类中定义的，从 FrameworkElement 派生的类型都会继承该属性。

如下面 XAML 代码所示，为 Button 控件添加一个 ToolTip

```
<Button Content="示例按钮" ToolTip="请点击按钮。" HorizontalAlignment="Left"/>
```

在应用程序运行期间，将鼠标指针停留在该按钮上，就会看到如图 12-27 所示的提示信息。

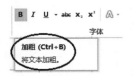

图 12-26　Word 中的工具提示　　　　　图 12-27　按钮上的工具提示

不仅可以添加文本提示，还可以添加更为丰富的提示信息，如下面 XAML 代码所示

```
<Button Content="字体" Margin="25,15,0,15">
    <Button.ToolTip>
      <ToolTip BorderBrush="#FFB9A210">
        <ToolTip.Background>
```

```
            <LinearGradientBrush EndPoint="0.5,1" StartPoint="0.5,0">
                <GradientStop Color="#FFF5F4D4" Offset="0"/>
                <GradientStop Color="#FFF0EDAA" Offset="0.857"/>
            </LinearGradientBrush>
        </ToolTip.Background>
        <Grid Margin="5">
            <Grid.RowDefinitions>
                <RowDefinition Height="Auto"/>
                <RowDefinition Height="Auto"/>
            </Grid.RowDefinitions>
            <TextBlock Grid.Row="0" Foreground="#FF4E1295" FontFamily="宋体"
FontSize="20" FontWeight="Bold" Margin="3,2" Text="选择字体"/>
            <TextBlock Text="为选定的内容选择一种字体。" Grid.Row="1" Margin="2"/>
        </Grid>
    </ToolTip>
    </Button.ToolTip>
</Button>
```

上面代码将一个以 Grid 为根节点的可视化对象设置到 ToolTip 的内容属性上。这样一来，工具提示就可以呈现更丰富的内容，如图 12-28 所示。

另外，WPF 框架提供了一个 ToolTipService 类，该类公开了一系列的附加属性，可以在需要工具提示的元素上设置相关属性。

使用 ToolTipService 类公开的附加属性也可以为可视化元素定义工具提示。

```
<TextBox Margin="20,15,0,10" Width="125" VerticalAlignment="Top">
    <ToolTipService.ToolTip>
        <ToolTip Background="Black" FontSize="15">
            <TextBlock Margin="2" Foreground="White">
                请在这里输入
                <Run Foreground="Yellow" FontStyle="Italic" Text="用户名"/>
                。
            </TextBlock>
        </ToolTip>
    </ToolTipService.ToolTip>
</TextBox>
```

应用程序运行后，将鼠标移到 TextBox（输入框）上，会看到如图 12-29 所示的工具提示。

图 12-28　工具提示使用复杂的可视化对象 　　　图 12-29　为输入框添加工具提示

还可以通过 ToolTipService 的附加属性设置提示信息相对于对象的位置

```
<TextBox Margin="20,15,0,10" Width="125" VerticalAlignment="Top"
    ToolTipService.Placement="Right"
    ToolTipService.PlacementRectangle="0,5,60,35">
......
```

Placement 属性指定提示框出现在目标对象的什么位置，它是一个 PlacementMode 枚举，比如上面代码中使用了 Right，表示提示框将出现在目标对象的右侧。PlacementRectangle 属性指定一个矩形区域，表示提示框出现的位置是在该矩形区域的右侧。运行后会看到如图 12-30 所示的效果。

完整的示例代码请参考\第 12 章\Example_13。

图 12-30　改变提示框出现的位置

4．内容控件的模板

对于内容控件，在控件模板中应当放置一个 ContentPresenter 元素，表示控件的内容区域。通常，ContentPresenter 元素会自动与内容控件的 Content、ContentStringFormat、ContentTemplate 等属性绑定。如果内容控件中表示内容对象的属性不是命名为默认的 Content，就需要通过 ContentPresenter 的 ContentSource 属性指定一个属性的基础名称。

比如，HeaderedContentControl 类除了从 ContentControl 类继承的 Content 属性外，还定义了 Header、HeaderTemplate、HeaderStringFormat 属性，因此在 HeaderedContentControl 控件的内部，就存在两个 ContentPresenter 对象，其中一个 ContentPresenter 对象应当将其 ContentSource 属性设置为 Header。控件会根据 ContentSource 自动查找相关的内容属性。

下面将以 CheckBox 为例，演示如何为内容控件自定义模板。

（1）在 Visual Studio 开发环境中新建一个 WPF 应用程序项目。

（2）在项目模板生成的 MainWindow.xaml 文件中的 Grid 元素内加入三个 CheckBox 元素。

```xml
<Grid>
    <Grid.RowDefinitions>
        <RowDefinition Height="20"/>
        <RowDefinition Height="20"/>
        <RowDefinition Height="20"/>
    </Grid.RowDefinitions>
    <CheckBox Grid.Row="0" Content="任务一"/>
    <CheckBox Grid.Row="1" Content="任务二"/>
    <CheckBox Grid.Row="2" Content="任务三"/>
</Grid>
```

（3）在【视图】菜单下找到【文档大纲】命令，打开"文档大纲"窗口。在窗口中的对象层次列表中，右击任意一个 CheckBox 元素，从弹出的快捷菜单中依次执行【编辑模板】→【编辑副本】命令，如图 12-31 所示，随后弹出"创建 Style 资源"对话框，如图 12-32 所示，输入一个有效的名称，最后单击"确定"按钮完成资源的创建。

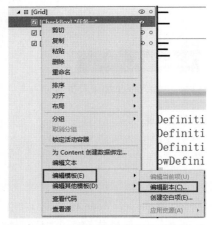

图 12-31　执行创建控件默认模板命令

图 12-32　为新创建的样式资源命名

（4）将创建的 Style 修改为以下 XAML 代码

```xml
<Style x:Key="myCheckboxStyle" TargetType="{x:Type CheckBox}">
    <Setter Property="Background" Value="{x:Null}"/>
    <Setter Property="BorderBrush" Value="{x:Null}"/>
    <Setter Property="Foreground" Value="Black"/>
    <Setter Property="BorderThickness" Value="0"/>
    <Setter Property="HorizontalAlignment" Value="Left"/>
    <Setter Property="Padding" Value="1,2,5,2"/>
    <Setter Property="Margin" Value="5,3,0,2"/>
    <Setter Property="Template">
        <Setter.Value>
            <ControlTemplate TargetType="{x:Type CheckBox}">
                <Grid>
                    <Grid.ColumnDefinitions>
                        <ColumnDefinition Width="*"/>
                        <ColumnDefinition Width="Auto"/>
                    </Grid.ColumnDefinitions>
                    <Border Grid.Column="0" Background="{TemplateBinding Background}"
BorderBrush="{TemplateBinding BorderBrush}" BorderThickness="{TemplateBinding
BorderThickness}">
                        <ContentPresenter x:Name="ctp" Margin="{TemplateBinding
Padding}" HorizontalAlignment="{TemplateBinding HorizontalContentAlignment}"
VerticalAlignment="{TemplateBinding VerticalContentAlignment}"
SnapsToDevicePixels="{TemplateBinding SnapsToDevicePixels}"/>
                    </Border>
                    <Path x:Name="mark" Opacity="0" Grid.Column="1" Stretch="Uniform"
Height="{Binding Path=ActualHeight,ElementName=ctp}" Stroke="Green" StrokeThickness=
"3" Margin="0,1,0,2">
                        <Path.Data>
                            <PathGeometry>
                                <PathFigure StartPoint="0,28" >
                                    <LineSegment Point="22,50"/>
                                    <LineSegment Point="50,0"/>
                                </PathFigure>
                            </PathGeometry>
                        </Path.Data>
                    </Path>
                </Grid>
                <ControlTemplate.Triggers>
                    <Trigger Property="IsChecked" Value="true">
                        <Setter Property="Opacity" TargetName="mark" Value="1.0"/>
                    </Trigger>
                </ControlTemplate.Triggers>
            </ControlTemplate>
        </Setter.Value>
    </Setter>
</Style>
```

在上面代码中将 CheckBox 的模板修改如下：ContentPresenter 元素放在左侧，将"√"符号放在右侧。
（5）在窗口中的三个 CheckBox 元素都引用创建的样式资源

```xml
<CheckBox Grid.Row="0" Content="任务一" Style="{StaticResource myCheckboxStyle}"/>
<CheckBox Grid.Row="1" Content="任务二" Style="{StaticResource myCheckboxStyle}"/>
<CheckBox Grid.Row="2" Content="任务三" Style="{StaticResource myCheckboxStyle}"/>
```

（6）运行应用程序，就可以看到自定义 CheckBox 控件的最终效果了，如图 12-33 所示。

完整的示例代码请参考\第 12 章\Example_14。

在自定义控件模板时，模板中的可视化元素都不是必要的。比如上面自定义 CheckBox 样式的示例，如果程序不需要呈现控件的内容对象，就可以考虑不使用 ContentPresenter；但为了保证控件原有的功能不受影响，一般来说还是保留 ContentPresenter 元素。

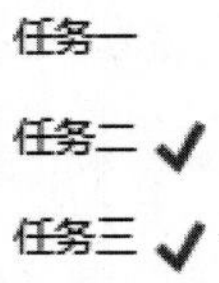

任务一
任务二 ✔
任务三 ✔

图 12-33　自定义 CheckBox 控件样式

12.5.3　输入控件

输入控件允许用户通过键盘输入字符，随后可以在代码中通过输入控件所公开的属性来获取用户输入的信息。本节将介绍 TextBox 和 PasswordBox 两种输入控件。

这两个控件都比较相似，但用途不同。TextBox 控件可用于接收普通的文本输入，而 PasswordBox 控件是专门用来输入密码的。PasswordBox 控件使用掩码来呈现文本内容，用户所输入的内容不以明文显示，例如如果掩码字符为 "*"，当用户往 PasswordBox 控件输入内容 "123" 后，控件上呈现出来的是 "***"，而不是 "123"。

这两个控件使用起来非常简单，下面就用一个示例同时演示这两个输入控件的使用方法。

在 Visual Studio 开发环境中新建一个 WPF 应用程序项目。示例将模拟一个用户登录窗口。打开项目模板生成的 MainWindow.xaml 文件，然后参考下面的 XAML 代码来设计用户界面

```xml
<Window x:Class="Example_15.MainWindow"
        xmlns="http://schemas.microsoft.com/winfx/2006/xaml/presentation"
        xmlns:x="http://schemas.microsoft.com/winfx/2006/xaml"
        Title="用户登录" Height="200" Width="350">
    <Grid Margin="20">
        <Grid.Resources>
            <Style x:Key="tbstyle" TargetType="{x:Type TextBlock}">
                <Setter Property="VerticalAlignment" Value="Center"/>
                <Setter Property="Margin" Value="1,0,12,0"/>
                <Setter Property="FontSize" Value="15"/>
            </Style>
            <Style x:Key="inputbasestyle" TargetType="{x:Type Control}">
                <Setter Property="Margin" Value="1,6,8,6"/>
                <Setter Property="VerticalAlignment" Value="Center"/>
            </Style>
        </Grid.Resources>
        <!-- 将 Grid 划分为四行两列 -->
        <Grid.ColumnDefinitions>
            <ColumnDefinition Width="auto"/>
            <ColumnDefinition Width="*"/>
        </Grid.ColumnDefinitions>
        <Grid.RowDefinitions>
            <RowDefinition Height="auto"/>
            <RowDefinition Height="auto"/>
            <RowDefinition Height="*"/>
            <RowDefinition Height="auto"/>
        </Grid.RowDefinitions>
        <TextBlock Grid.Row="0" Grid.Column="0" Text="登录名: " Style="{StaticResource tbstyle}"/>
        <TextBlock Grid.Row="1" Grid.Column="0" Text="密　码: " Style="{StaticResource
```

```
tbstyle}"/>
        <!-- 以下为输入控件的声明 -->
        <TextBox Name="txtLoginName" Grid.Row="0" Grid.Column="1" Style="{Static
Resource inputbasestyle}"/>
        <PasswordBox Grid.Row="1" Grid.Column="1" Name="passbox" Style="{Static
Resource inputbasestyle}" PasswordChar="#"/>
        <!-- 以下为按钮控件 -->
        <Button Grid.Row="2" Grid.ColumnSpan="2" Margin="35,0" Content="登　录"
VerticalAlignment="Center" Padding="20,4" Click="OnLogin"/>
        <!-- 以下为 TextBlock 控件, 用于显示输入的内容 -->
        <TextBlock Grid.Row="3" Grid.ColumnSpan="2" Name="tbresult" Foreground=
"Purple" FontSize="13"/>
    </Grid>
</Window>
```

上面代码将窗口中的 Grid 网格划分为四行两列，用来表示静态文本（即用户不可修改的文本，主要起说明作用）的两个 TextBlock 分别位于网格的前两行和第一列中；用于输入用户名的 TextBox 控件放在位于第一行、第二列的单元格中；用于输入密码的 PasswordBox 控件放在第二行、第二列上，将 PasswordChar 属性设置为 "#"，表示将使用字符 "#" 来作为密码的掩码。

在网格的第三行放置一个"登录"按钮，跨两列布局，在第四行放置一个 TextBlock 对象，用来显示输入的内容。

"登录"按钮生成一个处理 Click 事件的 OnLogin 方法，具体代码如下：

```
private void OnLogin(object sender, RoutedEventArgs e)
{
    if (this.txtLoginName.Text == "" || passbox.Password == "")
    {
        MessageBox.Show("请输入用户名和密码。");
        return;
    }
    // 显示输入的内容
    this.tbresult.Text = string.Format("用户名: {0}, 密码: {1}。", txtLoginName.Text,
passbox.Password);
}
```

若要获取 TextBox 控件中输入的文本，可以访问其 Text 属性；若要获取 PasswordBox 中输入的密码，可以访问它的 Password 属性，以字符串形式返回。

示例的运行结果如图 12-34 所示。

完整的示例代码请参考\第 12 章\Example_15。

图 12-34　模拟用户登录窗口

12.6　数据绑定与视图呈现

数据绑定是实现高效开发的一个重要环节。数据绑定可以在数据源与绑定目标之间建立一条数据通道。数据可以经过该通道，从数据来源流动到使用数据的目标对象上，这一过程都是自动完成的，不需要开发者编写代码来实现，节约开发成本。

可以用图 12-35 简单模拟数据绑定的过程。首先，代码会从数据的来源容器中获取到需要的数据；接着，需要对获取到的数据进行加工处理，因为所获得的数据，最终要呈现到用户界面上，因此不能直接把原始数据表示出来，需要进行转化；最后，将加工好的数据传播到绑定目标。

从数据流动的方向看，数据绑定可以分为单向绑定和双向绑定。单向绑定指的是完成数据绑定后，如果数据源进行了更新，则绑定目标会同步更新，但如果绑定目标进行了更新，则不会同步更新数据源，也就是说，在单向绑定中，数据只从数据源向绑定目标"流动"，而不会发生"倒流"。

图 12-35　数据绑定过程的简单示意图

双向绑定则不同。在完成数据绑定后，如果数据源进行了更新，会同步更新绑定目标；反过来，如果绑定目标进行了更新，也同样会更新数据源。即数据可以在绑定源和绑定目标之间来回"流动"。

WPF 中的数据绑定基本上都是自动完成的，不需要手动去取值和赋值，只要使用相关的类型进行数据绑定后，运行时会自动处理数据的获取与更改。

12.6.1　用于数据绑定的 XAML 扩展标记

为了能够在 XAML 文档中定义数据绑定，XAML 标准提供与数据绑定有关的几个扩展标记。其中也包括前面在定义控件模板中使用过的 TemplateBinding 扩展标记。TemplateBinding 扩展标记只能在控件模板中使用，也只能用于绑定与目标元素所在的模板的控件类型相匹配的属性。

使用较多的是{Binding}扩展标记，该标记的语法格式如下：

```
<object property="{Binding}"…/>
-or-
<object property="{Binding bindProp1=value1[, bindPropN=valueN]*}" …
/>
-or-
<object property="{Binding path}" …/>
-or
<object property="{Binding path[, bindPropN=valueN]*}" …/>
```

该标记映射的是位于 System.Windows.Data 命名空间的 Binding 类。可以在 XAML 直接使用 Binding 类，如

```
<TextBlock>
    <TextBlock.Text>
        <Binding Path="Name" Source = "…"/>
    </TextBlock.Text>
</TextBlock>
```

或者使用扩展标记，直接套用上面给出的格式即可，比如

```
<TextBlock Text = "{Binding Path=Name,Source=……}"/>
```

"Binding"后面加一个空格，随后是 Binding 类的属性列表，如上面代码中，设置了 Binding 类的 Path 与 Source 属性。扩展标记都是这样的格式，不仅仅是绑定标记，包括后面会接触到的资源引用标记亦是如此。扩展标记应当放在一对大括号中，以标记的名称开头，如 Binding、StaticResource、Type 等，接着是空格字符，然后是属性列表，每个属性用英文的逗号分隔开。MSDN 上有详细的介绍，读者如果不太熟悉，可以参考 MSDN 文档。

为了使扩展标记的书写变得更加简洁，对于默认的属性可以省略其名称。比如，Binding 标记的默认属性是 Path，上面的示例代码中将 TextBlock 元素的 Text 属性绑定到数据源的 Name 属性。由于 Path 属性可

以隐去名称，因此可以将上面的 XAML 简写为

```
<TextBlock Text = "{Binding Name}"/>
```

接下来将通过实例来演示如何使用 Binding 扩展标记。

启动 Visual Studio 开发环境，然后新建一个 WPF 应用程序项目，完整的示例代码请参考\第 12 章 \Example_16。

定义一个 Employee 类，它表示员工的基本信息，包括三个属性：Name 属性表示员工姓名；Age 属性表示员工的年龄；Partment 属性表示员工所在的职能部门。具体代码如下：

```
public class Employee
{
    /// <summary>
    /// 员工姓名
    /// </summary>
    public string Name { get; set; }
    /// <summary>
    /// 员工年龄
    /// </summary>
    public int Age { get; set; }
    /// <summary>
    /// 员工所在部门
    /// </summary>
    public string Partment { get; set; }
}
```

打开项目模板生成的 MainWindow.xaml 文件，为 Grid 元素设置一个名称，如下面 XAML 所示

```
<Grid x:Name="layoutRoot">

</Grid>
```

x:Name 和 Name 属性在许多情况下是一样的，Name 属性是 FrameworkElement 类中定义的，因而从该类派生的类型都会继承 Name 属性，而 x:Name 可使用的范围更广，尤其是对于不是从 FrameworkElement 类派生的类更有用，因为这些类没有 Name 属性，如果不能为这些类型命名，那么在代码中就很难对其进行访问。为此，对于没有 Name 属性的元素，可以使用 x:Name 来为其命名。

另外，位于控件模板（ControlTemplate 元素的子级）中的元素，只能使用 x:Name 来为元素命名，而且名称的有效范围仅限于模板内部，在模板外部是访问不到的。如果所使用的可视化对象与当前应用程序处于同一个程序集内，比如在当前程序集中实现的自定义控件，当在 XAML 文档中使用时，就不能通过 Name 属性来进行命名，只能使用 x:Name 来命名。

本例中，为 Grid 元素分配一个名称是为了方便后续在代码中访问它。

将 Grid 元素划分为三行两列的网格，第一列用于显示静态文本，第二列每一行上的单元格分别用来显示 Employee 实例的三个属性的值。不直接将数据对象的值赋给界面上的三个 TextBlock 元素，而是通过数据绑定来实现。XAML 代码如下：

```
<Grid x:Name="layoutRoot">
    <Grid.RowDefinitions>
        <RowDefinition Height="Auto"/>
        <RowDefinition Height="Auto"/>
        <RowDefinition Height="Auto"/>
    </Grid.RowDefinitions>
```

```
    <Grid.ColumnDefinitions>
        <ColumnDefinition Width="Auto"/>
        <ColumnDefinition Width="Auto"/>
    </Grid.ColumnDefinitions>
    <TextBlock Text="员工姓名: " Grid.Row="0" Grid.Column="0"/>
    <!-- 显示员工姓名 -->
    <TextBlock Grid.Row="0" Grid.Column="1">
        <TextBlock.Text>
            <Binding Path="Name"/>
        </TextBlock.Text>
    </TextBlock>
    <TextBlock Text="员工年龄: " Grid.Row="1" Grid.Column="0"/>
    <!-- 显示员工年龄 -->
    <TextBlock Grid.Column="1" Grid.Row="1" Text="{Binding Path=Age}"/>
    <TextBlock Grid.Row="2" Grid.Column="0" Text="所属部门: "/>
    <!-- 显示员工所属部门 -->
    <TextBlock Grid.Row="2" Grid.Column="1" Text="{Binding Partment}"/>
</Grid>
```

代码中的"<!--   -->"表示注释,这是 XAML 从 XML 中继承过来的特性。和 C#代码中的注释一样,仅仅起说明之用,不参与编译。

在上面 XAML 中,用于显示员工姓名的 TextBlock 元素,通过 Binding 对象与 Employee 实例的 Name 属性进行绑定。同理,其他两个 TextBlock 的 Text 属性分别与 Age 和 Partment 属性进行绑定。

在描述绑定表达式时,用于显示姓名的 TextBlock 的 Text 属性是通过直接声明 Binding 对象来设置绑定的。

```
<TextBlock Grid.Row="0" Grid.Column="1">
    <TextBlock.Text>
        <Binding Path="Name"/>
    </TextBlock.Text>
</TextBlock>
```

用于显示年龄的 TextBlock 元素则使用绑定扩展标记来实现。

```
<TextBlock Grid.Column="1" Grid.Row="1" Text="{Binding Path=Age}"/>
```

Path 属性设置要从数据源的哪个属性中获取数据,因为要获取 Age 属性的值,所以 Path 属性就设置为 Age。

用于显示员工所属部门的 TextBlock 则使用省略默认属性的、更为简洁的绑定扩展标记来声明数据绑定。

```
<TextBlock Grid.Row="2" Grid.Column="1" Text="{Binding Partment}"/>
```

其实相当于

```
<TextBlock Grid.Row="2" Grid.Column="1" Text="{Binding Path=Partment}"/>
```

因为 Binding 类的 Path 属性可以省去,所以能够简写为"{Binding <源属性名>}"。

切换到代码视图,将 Employee 实例的引用赋给 Grid 的 DataContext 属性。该代码可以写在 MainWindow 类的构造函数中。

```
public MainWindow()
{
    InitializeComponent();
    // 实例化 Employee 对象
```

```
        Employee emp = new Employee();
        emp.Name = "小陈";
        emp.Age = 25;
        emp.Partment = "财务部";
        // 设置数据上下文
        this.layoutRoot.DataContext = emp;
}
```

DataContext 属性表示一个数据上下文对象，既然叫"上下文"，即该属性会被当前元素（本例中是 Grid 元素）的子元素所继承。

由于在 Grid 上设置了 DataContext，因此放置于 Grid 中的 TextBlock 元素所使用的 Binding 是相对于父元素(Grid)的，所以用于显示员工姓名的 TextBlock 的 Text 属性所应用的 Binding 对象引用的正是 DataContext 中所设置对象（Employee 实例）的 Name 属性。依此类推，用于显示员工年龄和所属部门的两个 TextBlock 元素也如此。可以用图 12-36 模拟这个过程。

运行示例应用程序，如图 12-37 所示，可以看到三个 TextBlock 已经通过数据绑定自动获取到数据了。

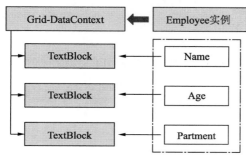

员工姓名：小陈
员工年龄：25
所属部门：财务部

图 12-36　DataContext 属性被子元素继承　　　　图 12-37　通过数据绑定自动获取数据

以上示例演示的是单向绑定，下面演示双向绑定的示例。
示例应用程序的界面设计代码如下：

```xml
<Window ……
        Title="MainWindow" Height="350" Width="525">
    <Grid>
        <Grid Margin="20" x:Name="inputBox">
            <Grid.Resources>
                ……
            </Grid.Resources>
            <Grid.RowDefinitions>
                <RowDefinition Height="Auto"/>
                <RowDefinition Height="Auto"/>
                <RowDefinition Height="*"/>
                <RowDefinition Height="Auto"/>
                <RowDefinition Height="Auto"/>
            </Grid.RowDefinitions>
            <Grid.ColumnDefinitions>
                <ColumnDefinition Width="Auto"/>
                <ColumnDefinition Width="*"/>
            </Grid.ColumnDefinitions>
            <TextBlock Text="标题: " Grid.Row="0" Grid.Column="0" Style="{Static
Resource labelStyle}"/>
            <!-- 新闻标题 -->
```

```
                <TextBox Grid.Row="0" Grid.Column="1" Style="{StaticResource textboxstyle}"
Text="{Binding Path=Title,Mode=TwoWay,UpdateSourceTrigger=PropertyChanged}"/>
                <TextBlock Grid.Row="1" Grid.Column="0" Text="作者: " Style="{Static
Resource labelStyle}"/>
                <!-- 新闻作者 -->
                <TextBox Grid.Row="1" Grid.Column="1" Style="{StaticResource textboxstyle}"
Text="{Binding Path=Author,Mode=TwoWay,UpdateSourceTrigger=PropertyChanged}"/>
                <TextBlock Grid.Row="2" Grid.Column="0" Text="正文: " Style="{Static
Resource labelStyle}"/>
                <!-- 新闻正文 -->
                <TextBox Grid.Row="2" Grid.Column="1" Style="{StaticResource textboxstyle}"
ScrollViewer.VerticalScrollBarVisibility="Visible" ScrollViewer.HorizontalScroll
BarVisibility="Disabled" Text="{Binding Path=Content,Mode=TwoWay,UpdateSource
Trigger=PropertyChanged}" TextWrapping="Wrap"/>
                <TextBlock Grid.Row="3" Grid.Column="0" Text="状态: " Style="{Static
Resource labelStyle}"/>
                <!-- 新闻状态 -->
                <CheckBox Grid.Row="3" Grid.Column="1" Content="已发布" IsChecked=
"{Binding Path= IsPublished,Mode=TwoWay,UpdateSourceTrigger=PropertyChanged}"
Style="{StaticResource controlstyle}" Margin="10,5"/>
                <TextBlock Grid.Row="4" Grid.ColumnSpan="2" Margin="12,8" FontSize="18"
FontFamily="新宋体" Foreground="Red" TextWrapping="Wrap">
                    新闻标题:<Run Text="{Binding Path=Title}"/>,新闻作者:<Run Text="{Binding
Path=Author}"/>,发布状态: <Run Text="{Binding IsPublished }"/>
                    <LineBreak/>
                    新闻正文: <LineBreak/>
                    <Run Text="{Binding Path=Content}"/>
                </TextBlock>
            </Grid>
        </Grid>
    </Grid>
</Window>
```

要实现双向绑定,只需要在使用 Binding 时,将 Mode 属性设置为 TwoWay,为了能在 TextBox 中输入的文本改变时及时更新数据源,可以设置 UpdateSourceTrigger 属性为 PropertyChanged,即当绑定目标属性发生更改时更新数据源。

为了便于观察数据是否真的实现双向绑定,窗口中还放置了一个 TextBlock 对象,并在其中对数据源进行单向绑定,如果数据源已经被更新,则该 TextBlock 会及时显示最新的值。

本示例设置数据源为一个表示新闻的对象,因此先定义一个 News 类。

```
public class News
{
    /// <summary>
    /// 新闻标题
    /// </summary>
    public string Title { get; set; }
    /// <summary>
    /// 作者
    /// </summary>
    public string Author { get; set; }
    /// <summary>
    /// 是否已发布
    /// </summary>
    public bool IsPublished { get; set; }
```

```
/// <summary>
/// 新闻正文
/// </summary>
public string Content { get; set; }
}
```

在 MainWindow 构造函数中，将一个 News 实例赋给 Grid 的 DataContext 属性。

```
public MainWindow()
{
    InitializeComponent();

    this.inputBox.DataContext = new News
    {
        Title = "测试新闻",
        Author = "小李",
        Content = "测试内容",
        IsPublished = false
    };
}
```

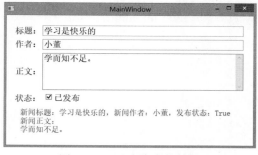

图 12-38　双向绑定的结果

运行应用程序，在文本框中编辑对应的内容，会发现窗口下方的 TextBlock 中显示的内容会随着输入的内容动态更新，如图 12-38 所示，这表明示例已实现了双向绑定。

完整的示例代码请参考\第 12 章\Example_17。

12.6.2　使用 INotifyPropertyChanged 接口

在 12.6.1 节中，完成了一个双向绑定的示例，一般情况下，要使类型支持双向绑定，就应该实现 INotifyPropertyChanged 接口。但是，12.6.1 节的示例中所定义的 News 类并没有实现 INotifyPropertyChanged 接口，而当文本框中输入的内容被更改后，可以及时更新 TextBlock 中显示的文本，这又是为什么呢？

在双向绑定的示例中，将 News 类的实例赋给了容器控件的 DataContext 属性，而位于容器控件中的控件，不管是双向绑定的 TextBox 还是单向绑定的 TextBlock 控件，它们的绑定源都继承了容器控件的 DataContext 属性，而 DataContext 属性是在 FrameworkElement 类中定义的依赖项属性。依赖项属性之间进行绑定本身就支持双向绑定，这就是示例程序中的 News 类在不实现 INotifyPropertyChanged 接口的情况下能够完成双向绑定的原因。

用示例验证以上的分析是否恰当。先定义一个 Person 类，表示一个人，然后定义两个属性，Xing 属性表示人的姓，Ming 属性表示人的名字，代码如下：

```
public class Person
{
    private string m_xing;
    /// <summary>
    /// 姓
    /// </summary>
    public string Xing
    {
        get { return m_xing; }
        set { m_xing = value; }
    }
```

```
    private string m_ming;
    /// <summary>
    /// 名
    /// </summary>
    public string Ming
    {
        get { return m_ming; }
        set { m_ming = value; }
    }
}
```

窗口中的 XAML 代码如下：

```
<Window x:Class="Example_18.MainWindow"
        xmlns="http://schemas.microsoft.com/winfx/2006/xaml/presentation"
        xmlns:x="http://schemas.microsoft.com/winfx/2006/xaml"
        Title="MainWindow" Height="350" Width="525">
    <StackPanel Margin="15" x:Name="panel">
        <StackPanel Orientation="Horizontal">
            <TextBlock Foreground="Purple" FontSize="16" Text="姓:" VerticalAlignment=
"Center"/>
            <TextBox x:Name="txtXing" Width="200" Margin="12,0,0,0"/>
        </StackPanel>
        <StackPanel Margin="0,15,0,0" Orientation="Horizontal">
            <TextBlock Text="名:" FontSize="16" Foreground="Purple" VerticalAlignment=
"Center"/>
            <TextBox x:Name="txtMing" Width="200" Margin="12,0,0,0"/>
        </StackPanel>
        <Button Margin="60,15,0,0" Padding="30,7" HorizontalAlignment="Left" Content=
"提  交" Click="OnSubmit"/>
        <Line Margin="0,20,0,13" X1="0" X2="1" Stretch="Fill" Stroke="Red" Stroke
Thickness="3"/>
        <TextBlock FontSize="15">
            <Run>此人姓</Run>
            <Run Foreground="Blue" Text="{Binding Path=Xing,Mode=OneWay}"/>
            <Run>，名</Run>
            <Run Foreground="Blue" Text="{Binding Path=Ming,Mode=OneWay}"/>
            <Run>。</Run>
        </TextBlock>
    </StackPanel>
</Window>
```

在本例中，两个用于输入信息的 TextBox 不进行绑定，而是通过 Button 的 Click 事件，在代码中去修改 Person 实例的属性。TextBlock 中的子元素则使用数据绑定，模式为单向绑定。

在 MainWindow 类的构造函数中，把一个 Person 类的实例赋给 StackPanel(已命名为 panel)的 DataContext 属性。

```
public MainWindow()
{
    InitializeComponent();
    // 将 Person 实例赋给 DataContext 属性
    this.panel.DataContext = new Person { Xing = "张", Ming = "某" };
}
```

处理"提交"按钮的 Click 事件，OnSubmit 方法的代码如下：

```
private void OnSubmit(object sender, RoutedEventArgs e)
{
    // 判断是否输入内容
    if (txtXing.Text == "" || txtMing.Text == "")
    {
        MessageBox.Show("请输入姓名。");
        return;
    }
    // 修改 Person 实例的属性
    Person p = panel.DataContext as Person;
    p.Xing = txtXing.Text;
    p.Ming = txtMing.Text;
}
```

首先判断两个 TextBox 中是否都输入了内容，如果其中有一个未输入内容，则不再往下执行。随后，从 panel.DataContext 属性中取出 Person 实例，并根据两个 TextBox 控件中输入的内容，修改 Person 实例的属性。

在本例中，两个 TextBox 控件不参与绑定，然后验证能否对 TextBlock 中的 Binding 进行及时更新。运行应用程序，在文本框中输入内容，然后单击"提交"按钮。如图 12-39 所示，此人的姓名已被改为"刘仁仁"，但 TextBlock 中显示的人仍是"张某"。

在 OnSubmit 方法中插入断点，并查看 Person 实例的属性值，发现 Person 实例的属性确实已经被修改了，但 TextBlock 中的 Binding 显然没有得到更新通知，未获取到最新的值，如图 12-40 所示。

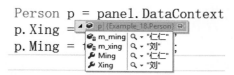

图 12-39　TextBlock 中的绑定没有被更新　　　　图 12-40　Person 实例的属性确实已更改

代码执行后没有得到预期的结果。接下来，修改 Person 类，让其实现 INotifyPropertyChanged 接口。

```
public class Person : System.ComponentModel.INotifyPropertyChanged
{
    private string m_xing;
    /// <summary>
    /// 姓
    /// </summary>
    public string Xing
    {
        get { return m_xing; }
        set
        {
            if (this.m_xing != value)
            {
                m_xing = value;
                OnPropertyChanged();
            }
        }
    }
}
```

```
        private string m_ming;
        /// <summary>
        /// 名
        /// </summary>
        public string Ming
        {
            get { return m_ming; }
            set
            {
                if (m_ming != value)
                {
                    m_ming = value;
                    OnPropertyChanged();
                }
            }
        }

        /// <summary>
        /// 通知属性已更改的方法
        /// </summary>
        protected void OnPropertyChanged([System.Runtime.CompilerServices.CallerMemberName]
string propertyname = "")
        {
            if (PropertyChanged != null)
            {
                PropertyChanged(this, new System.ComponentModel.PropertyChangedEventArgs
(propertyname));
            }
        }

        /// <summary>
        /// 来自 INotifyPropertyChanged 的事件
        /// </summary>
        public event System.ComponentModel.PropertyChangedEventHandler PropertyChanged;
}
```

INotifyPropertyChanged 接口只有一个成员——PropertyChanged 事件，当某个属性发生更改后需要引发该事件。事件参数为 PropertyChangedEventArgs 类，在引发事件时，可以调用以下构造函数来创建 PropertyChangedEventArgs 实例，并传递给 PropertyChanged 事件。

```
public PropertyChangedEventArgs(string propertyName)
```

构造函数带一个 propertyName 参数，指明被更改属性的名称。为了使代码更简单，上面代码封装了一个 OnPropertyChanged 方法，并在方法中引发 PropertyChanged 事件。方法需要一个参数，指定哪个属性被更改了。此处可以用一个巧妙的方法解决属性名称的问题，为 propertyname 参数设置空字符串作为默认值，然后在该参数上加上 CallerMemberNameAttribute 特性，这样在属性的 set 访问器中调用 OnPropertyChanged 方法时会自动将调用该方法的成员名称赋值给 propertyname 参数，不需要手动去写属性的名称，只需要如下调用即可

```
set
{
    if (this.m_xing != value)
    {
```

```
            m_xing = value;
            OnPropertyChanged();
        }
    }
```

当在 Xing 属性的 set 访问器中调用 OnPropertyChanged 方法时，会自动识别调用它的成员名称为 "Xing"，并传递给 OnPropertyChanged 方法的参数。

再次运行应用程序，输入姓名，然后单击 "提交" 按钮，可以看到，TextBlock 中的 Binding 能够及时更新了，如图 12-41 所示。

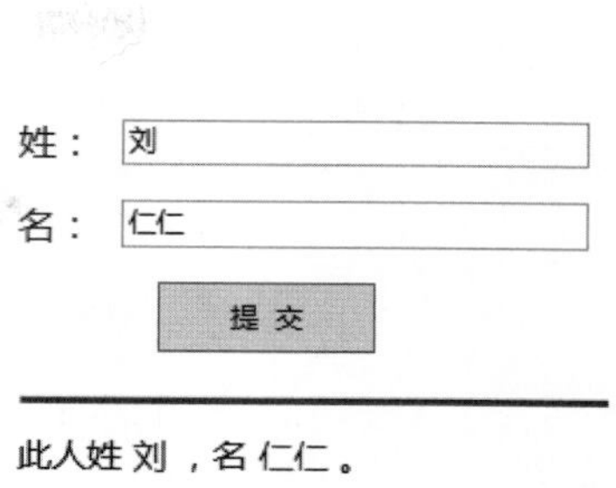

完整的示例代码请参考\第 12 章\Example_18。

图 12-41　Binding 自动更新

12.6.3　上下文绑定

所谓 "上下文绑定"，是指 XAML 文档中的元素可以相互进行绑定，或者元素的某个属性可以绑定其自身的另一个属性。

要将当前元素的某个属性绑定到另一元素的属性，可以使用以下语法

```
<object Property="{Binding Path=property, ElementName=elementname}"/>
```

其中，Path 指定作为数据源元素的属性，即数据从源的哪个属性中获取。ElementName 指定哪个元素将作为绑定源，因此必须先为绑定源元素命名，然后将名称赋给 Binding 的 ElementName 属性。

下面通过示例来进行演示。在 Visual Studio 开发环境中新建一个 WPF 应用程序项目。待项目创建完成后，打开项目模板生成的 MainWindow.xaml 文件，在 Grid 元素下加入以下 XAML

```
<StackPanel Margin="20">
    <TextBox x:Name="txtInput" FontSize="13" />
    <GroupBox Margin="2,13,2,3" Header="输入的文本">
        <TextBlock FontFamily="宋体" FontSize="15" Foreground="Blue" Text="{Binding
Path=Text,Mode=OneWay,ElementName=txtInput}"/>
    </GroupBox>
</StackPanel>
```

TextBox 控件命名为 txtInput，随后 TextBlock 的 Text 属性将以 txtInput 的 Text 属性作为数据源。实现的效果是：当 TextBox 中输入的内容改变后，TextBlock 会同步显示输入的文本，如图 12-42 所示。

完整的示例代码请参考\第 12 章\Example_19。

接下来，再演示一个更为复杂的上下文绑定示例。本示例通过绑定来设置矩形的填充颜色，表示颜色的 A、R、G、B 四个值分别来自四个 Slider 控件的 Value 属性的值。由于是根据数据源中的多个值来生成单个 Color 实例（如图 12-43 所示），因此本示例将使用到 MultiBinding 类，它可以包含多个 Binding 对象，并从这些 Binding 列表中产生一个最终值。从四个 Slider 控件的 Value 属性的值来生成一个 Color 实例，就需要用到转换器。

关于数据绑定的值转换器，后文会进行介绍。此处使用了 MultiBinding 来进行数据绑定，因此所定义的转换器类应该实现 IMultiValueConverter 接口。

IMultiValueConverter 接口有两个方法：Convert 方法将从数据源中获取的数据转换为绑定目标所需的数据，在本示例中，将来自四个 Slider 控件的 Value 属性的值转化为一个 Color 结构的实例；ConvertBack 方法则相反，当采用双向绑定时，将目标数据转化为数据源所需的数据，由于本示例中使用的是单向绑定，因此 ConvertBack 方法的实现中直接返回 null 即可。

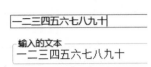

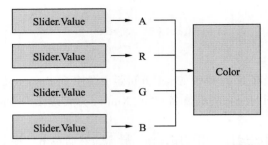

图 12-42　绑定源来自 TextBox 控件的 Text 属性　　图 12-43　从 Slider.Value 属性到 Color 实例的转换

转换类的具体实现代码如下：

```
public class ColorConverter : IMultiValueConverter
{
    public object Convert(object[] values, Type targetType, object parameter,
System.Globalization.CultureInfo culture)
    {
        // 取出四个 double 值
        byte a = System.Convert.ToByte(values[0]);
        byte r = System.Convert.ToByte(values[1]);
        byte g = System.Convert.ToByte(values[2]);
        byte b = System.Convert.ToByte(values[3]);
        // 返回 Color 结构实例
        return Color.FromArgb(a, r, g, b);
    }

    public object[] ConvertBack(object value, Type[] targetTypes, object parameter,
System.Globalization.CultureInfo culture)
    {
        return null;
    }
}
```

MultiBinding 对象中包含一个 Binding 列表，每个 Binding 对象都会从数据源获取到对应的值，因而 Convert 方法的第一个参数 values 是一个 object 数组，即有多个值。分别取出四个值，生成一个 Color 实例返回。

打开 MainWindow.xaml 文件，引入 ColorConverter 类所在的命名空间。

```
<Window ……
        xmlns:local="clr-namespace:MyApp"
```

将定义的转换器放到窗口的资源列表中，应用程序运行后会自动实例化 ColorConverter 类。

```
<Window.Resources>
    <local:ColorConverter x:Key="colorCvt"/>
</Window.Resources>
```

窗口的界面设计如下面 XAML 所示

```
<Grid Margin="20">
    <Grid.RowDefinitions>
        <RowDefinition Height="Auto"/>
        <RowDefinition Height="Auto"/>
    </Grid.RowDefinitions>
```

```xml
    <Grid Grid.Row="1" Margin="9">
        <Grid.RowDefinitions>
            <RowDefinition Height="Auto"/>
            <RowDefinition Height="Auto"/>
            <RowDefinition Height="Auto"/>
            <RowDefinition Height="Auto"/>
        </Grid.RowDefinitions>
        <Grid.ColumnDefinitions>
            <ColumnDefinition Width="Auto"/>
            <ColumnDefinition Width="*"/>
        </Grid.ColumnDefinitions>
        ……
        <!-- 静态文本 -->
        <TextBlock Grid.Row="0" Grid.Column="0" Style="{StaticResource tbstyle}"
Text="A"/>
        <TextBlock Grid.Row="1" Grid.Column="0" Style="{StaticResource tbstyle}"
Text="R"/>
        <TextBlock Grid.Row="2" Grid.Column="0" Style="{StaticResource tbstyle}"
Text="G"/>
        <TextBlock Grid.Row="3" Grid.Column="0" Style="{StaticResource tbstyle}"
Text="B"/>
        <!-- 滑动条 -->
        <Slider x:Name="sldA" Grid.Row="0" Grid.Column="1" Maximum="255" Minimum="0"
Value="255" SmallChange="1" AutoToolTipPlacement="TopLeft"/>
        <Slider x:Name="sldR" Grid.Row="1" Grid.Column="1" Maximum="255" Minimum="0"
Value="0" SmallChange="1" AutoToolTipPlacement="TopLeft"/>
        <Slider x:Name="sldG" Grid.Row="2" Grid.Column="1" Maximum="255" Minimum="0"
Value="0" SmallChange="1" AutoToolTipPlacement="TopLeft"/>
        <Slider x:Name="sldB" Grid.Row="3" Grid.Column="1" Maximum="255" Minimum="0"
Value="0" SmallChange="1" AutoToolTipPlacement="TopLeft"/>
    </Grid>
    <!-- 矩形 -->
    <Rectangle Grid.Row="0" Height="70" Width="250">
        <Rectangle.Fill>
            <SolidColorBrush>
                <SolidColorBrush.Color>
                    <MultiBinding Converter="{StaticResource colorCvt}">
                        <Binding ElementName="sldA" Path="Value" Mode="OneWay"/>
                        <Binding ElementName="sldR" Path="Value" Mode="OneWay"/>
                        <Binding ElementName="sldG" Path="Value" Mode="OneWay"/>
                        <Binding ElementName="sldB" Path="Value" Mode="OneWay"/>
                    </MultiBinding>
                </SolidColorBrush.Color>
            </SolidColorBrush>
        </Rectangle.Fill>
    </Rectangle>
</Grid>
```

上述 XAML 声明了四个 Slider 控件，并为它们命名。在 SolidColorBrush 画刷的 Color 属性中使用 MultiBinding 对象，并且引用资源中的转换器实例。其中的 Binding 列表分别绑定四个 Slider 控件的 Value 属性。

```xml
<Binding ElementName="sldA" Path="Value" Mode="OneWay"/>
<Binding ElementName="sldR" Path="Value" Mode="OneWay"/>
```

```
<Binding ElementName="sldG" Path="Value" Mode="OneWay"/>
<Binding ElementName="sldB" Path="Value" Mode="OneWay"/>
```

运行应用程序后，分别拖动窗口上的四个 Slider 控件的滑块，矩形的填充颜色会实时改变，如图 12-44 所示。

完整的示例代码请参考\第 12 章\Example_20。

上面两个例子都是绑定其他元素上的属性，有时希望让某个元素的一个属性与同一个元素的另一个属性进行绑定。要让元素与自身的属性进行绑定，应该使用 RelativeSource 的 Self 模式，请看下面例子

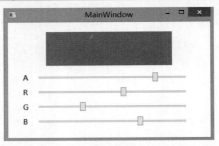

图 12-44　矩形的填充颜色可以动态调整

```
<Button Padding="30,8" FontSize="24">
    <Button.Content>
        <MultiBinding Converter="{StaticResource vct}">
            <Binding Path="ActualWidth" RelativeSource="{x:Static RelativeSource.
Self}"/>
            <Binding Path="ActualHeight" RelativeSource="{x:Static RelativeSource.
Self}"/>
        </MultiBinding>
    </Button.Content>
</Button>
```

Self 是 RelativeSource 类的静态属性，通过该属性可以快速获得 Self 模式的 RelativeSource 实例。

使用 MultiBinding 将 Button 的 Content 属性与 ActualWidth 和 ActualHeight 两个属性进行绑定，并加载一个转换器，转换器将从数据源获得的两个 double 数值转换为形如 "200×300" 的字符串，表示 Button 控件的真实宽度和高度。转换器的实现代码如下：

```
public class DoubleConverter : IMultiValueConverter
{
    public object Convert(object[] values, Type targetType, object parameter,
System.Globalization.CultureInfo culture)
    {
        // 取出两个 double 值，并转化为字符串
        string s = ((double)values[0]).ToString("N0") + " × " + ((double)values[1]).
ToString("N0");
        return s;
    }

    public object[] ConvertBack(object value, Type[] targetTypes, object parameter,
System.Globalization.CultureInfo culture)
    {
        return null;
    }
}
```

下面 XAML 演示将一个 TextBlock 的 Text 属性与自身的 FontFamily 属性进行绑定，以便在 TextBlock 中显示当前正在使用的字体名称。

```
<TextBlock Margin="5,20,5,0" FontFamily="华文行楷" FontSize="36" Text="{Binding
Path=FontFamily,RelativeSource={RelativeSource Self}}"/>
```

运行应用程序后，会看到如图 12-45 所示的结果。

完整的示例代码请参考\第 12 章\Example_21。

　　还可以绑定当前元素父节点上特定类型的对象。使用 RelativeSource.Mode 属性为 FindAncestor 查找模式，可以沿着当前元素向上查找指定类型的元素，如果找到，就进行绑定，如果找不到指定的类型，则使用 DependencyProperty.UnsetValue。

　　以下示例的 XAML 元素的嵌套层次较为复杂，位于里面的矩形的填充画刷将从其父级面板的 Background 属性中获取，即与之进行绑定。

图 12-45　元素可以与自身的属性进行绑定

```
<StackPanel Background="Pink">
    <Canvas Background="White" Height="80">
        <Rectangle Width="90" Height="40" Canvas.Left="25" Canvas.Top="16" Fill=
"{Binding Path=Background,RelativeSource={RelativeSource AncestorType=StackPanel}}"/>
    </Canvas>
    <DockPanel Background="#FFEBF5AD" Height="200">
        <DockPanel Margin="30" Background="LightBlue">
            <DockPanel Background="White" Margin="30">
                <Rectangle Width="100" Height="50" DockPanel.Dock="Right" Fill=
"{Binding Path=Background,RelativeSource={RelativeSource AncestorType=DockPanel,
AncestorLevel=3}}"/>
                <Rectangle Width="85" Height="55" Fill="{Binding Path=Background,
RelativeSource={RelativeSource AncestorType=DockPanel,AncestorLevel=2}}" />
            </DockPanel>
        </DockPanel>
    </DockPanel>
</StackPanel>
```

　　在 XAML 文档的层次结构比较复杂的情况下，可以打开"文档大纲"窗口（在"快速启动"搜索直接输入"文档大纲"就能找到该窗口）来查看。

　　AncestorType 属性指定当前元素要从其父级元素中查找的类型，AncestorLevel 属性设置应该使用所找到的第几个对象，通常为 1，表示从当前元素开始往上找到的第一个元素。例如，在上面代码中，位于 DockPanel 中的 Rectangle 元素在设置对 Fill 属性的绑定时设置了 AncestorLevel 的值为 3，即引用所找到的第三个 DockPanel 对象，于是就用该 DockPanel 的 Background 属性的值来设置当前 Rectangle 对象 Fill 属性的值，如图 12-46 所示。

　　示例的运行结果如图 12-47 所示。

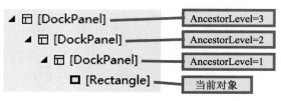

图 12-46　向上查找第三个 DockPanel 对象

图 12-47　从父元素中查找绑定源

完整的示例代码请参考\第 12 章\Example_22。

12.6.4　绑定转换器

当绑定目标所需要的类型与数据源不匹配，或者不能直接使用数据源所提供的数据时，就可以考虑使用转换器。转换器可以使用现成的，但在多数情况下开发人员需要自己来实现转换器。

对于绑定单个属性值的 Binding 对象来说，转换器应该实现 IValueConverter 接口，该接口包含两个方法，所定义的转换器类必须包含这两个方法。

（1）object Convert(object value, System.Type targetType, object parameter, System.Globalization.CultureInfo culture)。当从数据源中获取到数据后会把该数据传递给 value 参数，对数据进行转换处理后，应当返回转换后的结果。targetType 参数指示绑定目标所需要的类型；parameter 参数是在使用转换器时传递的一个自定义参数，该参数是可选的，如果不传递任何参数，则 parameter 参数为 null；culture 参数表示所使用的区域或语言信息，通常是英文（en-US）。

（2）object ConvertBack(object value, System.Type targetType, object parameter, System.Globalization.CultureInfo culture)。这里的 value 参数指的是绑定目标的值，targetType 指的是绑定源的类型。当进行双向绑定时，把绑定目标的值转换回数据源所需要的值。

在使用 MultiBinding 进行绑定时，可以实现 IMultiValueConverter 接口，方法与实现 IValueConverter 接口一样，这里不再赘述。

以下示例将实现在文本框中输入表示颜色的字符串来改变椭圆的填充色。

需要实现一个转换器，完成从字符串生成 Color 实例，再创建 SolidColorBrush 画刷返回给椭圆对象的 Fill 属性。

```
public class FillColorBrushConverter : IValueConverter
{
    public object Convert(object value, Type targetType, object parameter, System.
Globalization.CultureInfo culture)
    {
        // 取出字符串
        string strColor = value as string;
        if (!string.IsNullOrEmpty(strColor))
        {
            Color c;
            try
            {
                // 进行转化
                c = (Color)ColorConverter.ConvertFromString(strColor);
                return new SolidColorBrush(c);
            }
            catch
            {
                // 忽略异常
            }
        }
        // 此处不应该返回 null
        return DependencyProperty.UnsetValue;
    }

    public object ConvertBack(object value, Type targetType, object parameter, System.
```

```
Globalization.CultureInfo culture)
    {
        return null;
    }
}
```

由于本示例中为单向绑定，所以 ConvertBack 方法直接返回 null 就可以了。

在 Convert 方法的实现中，代码先从 value 参数中取得字符串值，然后使用 ColorConverter.Convert-FromString 静态方法将字符串转换为 Color 实例，如果转换成功，就用产生的 Color 实例创建新的 SolidColorBrush 对象并返回。一旦转换失败，并不返回 null，而是返回 DependencyProperty.UnsetValue 字段的值。这是专为依赖项属性而准备的值，它报告依赖项属性是存在的，但值未被 SetValue 方法设置，这与 null 不同。UnsetValue 是 WPF 属性系统中专用的值。

回到 MainWindow.xaml 窗口，引入定义的转换器所在的命名空间。

```
<Window x:Class="MyApp.MainWindow"
        ......
        xmlns:local="clr-namespace:MyApp"
```

把转换器的实例加入窗口的资源列表中

```
<Window.Resources>
    <local:FillColorBrushConverter x:Key="fillCvt"/>
</Window.Resources>
```

然后设计用户界面

```
<StackPanel Margin="20">
    <StackPanel Orientation="Horizontal">
        <TextBlock VerticalAlignment="Center" Text="请输入填充颜色："/>
        <TextBox Width="120" x:Name="txtInput"/>
    </StackPanel>
    <Ellipse Margin="70,35" Height="130" Fill="{Binding ElementName=txtInput,Path=Text,Converter={StaticResource fillCvt},FallbackValue={x:Static Brushes.Black}}"/>
</StackPanel>
```

将 Ellipse 对象的 Fill 属性与 TextBox 的 Text 属性进行绑定。注意在 Binding 语句中设置了 FallbackValue 属性，此处引用了 Brushes.Black 静态属性，即当绑定无法从数据源获取到数据时就使用 Brushes.Black 提供的画刷，将 Ellipse 对象填充为黑色。这就是前面在定义转换器时，当转换失败时返回 UnsetValue 的原因，如果返回 null，它在 WPF 属性系统中属于有效值，那么 Binding 就会将 null 赋值 Fill 属性，为 FallbackValue 所设置的值就不起作用了。因此，为了在转化失败后让 FallbackValue 的值起作用，转换器中的 Convert 方法就应该在转换失败时返回 UnsetValue。

运行应用程序，然后输入表示颜色的名称，如"Black""Red"等，或者直接输入颜色的十六进制表示形式，如"#CCCCCC"，就可以看到椭圆的填充颜色动态改变了，如图 12-48 所示。

完整的示例代码请参考\第 12 章\Example_23。

图 12-48　椭圆的填充颜色随文本框输入的内容而变化

12.6.5　数据集合控件

集合控件可以呈现由多个项组成的数据源。以 ItemsControl 控件为公共基类，许多集合控件都派生自

ItemsControl 类。

集合控件公开了一个 Items 属性，类型为 ItemCollection，表示控件要呈现的数据项的集合，代码既可以调用 Add 方法来手动添加数据项，也可以直接设置 ItemsControl 控件的 ItemsSource 属性来设定数据源，只要实现了 IEnumerable 接口的对象实例都可以赋值给 ItemsSource 属性。

下面代码演示通过 Add 方法手动向集合控件添加项。

```
ItemsControl itc = null;
itc = new ItemsControl();
    itc.Items.Add("abc");
    itc.Items.Add(123);
```

下面代码演示如何通过 ItemsSource 属性来设置集合控件的数据源。

```
string[] arr = { "too", "add", "true", "food" };
itc.ItemsSource = arr;
```

还可以在 XAML 中为集合控件添加项。

```
<ItemsControl>
    <ItemsControl.Items>
        <sys:String>abcde</sys:String>
        <sys:Byte>100</sys:Byte>
        <sys:Boolean>true</sys:Boolean>
    </ItemsControl.Items>
</ItemsControl>
```

由于 ItemsControl 类在定义时应用了 ContentProperty("Items")特性，因此在 XAML 文档中可以简写为

```
<ItemsControl>
    <sys:String>abcde</sys:String>
    <sys:Byte>100</sys:Byte>
    <sys:Boolean>true</sys:Boolean>
</ItemsControl>
```

接下来，以 ListBox 为例，通过示例演示如何向集合控件添加列表项。

（1）在 Visual Studio 开发环境中，新建一个 WPF 应用程序项目。

（2）在 MainWindow.xaml 文件中，将 Grid 元素划分为两行。

```
<Grid>
    <Grid.RowDefinitions>
        <RowDefinition Height="*"/>
        <RowDefinition Height="*"/>
    </Grid.RowDefinitions>
</Grid>
```

（3）在 Grid 控件的第一行中添加以下 XAML 代码。

```
<Grid Grid.Row="0" Margin="10" Background="#FFF9F2D9">
    <Grid.RowDefinitions>
        <RowDefinition Height="Auto"/>
        <RowDefinition Height="*"/>
    </Grid.RowDefinitions>
    <StackPanel Grid.Row="0" Margin="1,3" Orientation="Horizontal">
        <TextBlock Text="输入新项: " VerticalAlignment="Center"/>
        <TextBox x:Name="txtInput" Width="268"/>
        <Button Content="确定" Margin="8,0,0,0" VerticalAlignment="Center" Click=
"OnNewItem"/>
```

```
    </StackPanel>
    <ListBox x:Name="lb1" Grid.Row="1" Margin="2">
        <ListBoxItem Content="Dark"/>
        <ListBoxItem Content="Light"/>
    </ListBox>
</Grid>
```

名为"lb1"的 ListBox 中已经用 XAML 添加了两个项,用于 ListBox 控件数据项的容器控件为 ListBoxItem。不同集合控件的项容器不同,比如 ListView 控件对应的项容器为 ListViewItem。可以通过类的命名来推断与指定集合控件对应的项容器的类名,比如,与 ListBox 控件的项容器对应的类型为 ListBoxItem,ListView 控件对应的项容器类为 ListViewItem 等,这些都是在集合类的名称后面加上"Item"来命名的。另外,还可以通过集合控件的类定义来查看,例如 ListBox 类的声明代码如下:

```
[Localizability(LocalizationCategory.ListBox)]
[StyleTypedProperty(Property = "ItemContainerStyle", StyleTargetType = typeof
(ListBoxItem))]
public class ListBox : Selector
```

StyleTypedProperty 特性指定 ItemContainerStyle 中所设置的样式是特定于 ListBoxItem 类型的,从这里就可以知道用于承载 ListBox 中项的容器类型。

(4)当用户单击"确定"按钮时,会把 TextBox 中输入的文本添加到 ListBox 控件中。

```
private void OnNewItem(object sender, RoutedEventArgs e)
{
    if (string.IsNullOrWhiteSpace(txtInput.Text))
    {
        return;
    }
    lb1.Items.Add(txtInput.Text);
}
```

(5)在窗口中 Grid 元素的第二行上放置一个 ListBox 控件。

```
<ListBox x:Name="lb2" Grid.Row="1" Margin="5"/>
```

(6)切换到代码视图,在 MainWindow 类的构造函数中通过 ItemsSource 属性来向 ListBox 控件一次性添加多个项。

```
// 定义一个 int 数组
int[] arrInt = { 23556, 300001, 100054, 88300, 409900, 72668 };
// 将数组实例赋给 ItemsSource 属性
lb2.ItemsSource = arrInt;
```

运行应用程序,会看到 lb2 中已经通过 ItemsSource 属性设置了列表项,如图 12-49 所示。

对于 lb1 控件,需要先在文本框中输入内容,然后单击"确定"按钮来添加新项,如图 12-50 所示。

图 12-49　通过 ItemsSource 属性设置项列表

图 12-50　手动向 ListBox 添加项

完整的示例代码请参考\第 12 章\Example_24。

许多情况下，集合控件不仅仅用于呈现列表视图，还应当提供选择功能，以便可以与用户的操作进行交互，比如上面示例中的 ListBox 控件，提供选择处理的集合控件以 Selector 类为基础定义。Selector 类派生自 ItemsControl，主要增加对选择操作的支持。公开 SelectedIndex 属性，以指示当前被选中项的索引，索引是基于 0 来计算的，第一项的索引为 0，第二项的索引为 1，以此类推。SelectedItem 属性则表示对当前选择项的引用。

Selector 类还公开一个 IsSelected 附加属性及 Selected、Unselected 附加事件，这些附加成员，都是附加在项容器控件上设置的，以指示某个项的选择状态是否已更改。以 ListBox 为例，可以看到表示项容器的 ListBoxItem 类也有 IsSelected 依赖项属性，Selected 和 Unselected 事件（如图 12-51 所示）这些成员其实是调用 Selector 类中的附加属性/事件标识字段的 AddOwner 方法来定义的，以方便对单个列表项进行设置和操作。

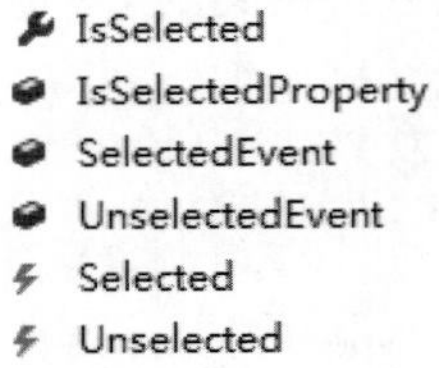

当集合控件中的列表项的选择状态发生改变后，会引发 Selector.SelectionChanged 事件。下面以 ComboBox 控件为例演示如何处理 SelectionChanged 事件。

- IsSelected
- IsSelectedProperty
- SelectedEvent
- UnselectedEvent
- Selected
- Unselected

图 12-51　ListBoxItem 类的属性和事件

（1）在 Visual Studio 开发环境中新建一个 WPF 应用程序项目。

（2）在 MainWindow.xaml 文件中加入以下 XAML 代码

```xaml
<Grid>
    <Grid.RowDefinitions>
        <RowDefinition Height="Auto"/>
        <RowDefinition Height="*"/>
    </Grid.RowDefinitions>
    <ComboBox x:Name="cb" Grid.Row="0" Margin="15,9" SelectionChanged="cb_Selection
Changed"/>
    <StackPanel Margin="13" Grid.Row="1">
        <TextBlock>
            当前选中项的索引：<Run Foreground="Blue" x:Name="runTextIndex"/>
        </TextBlock>
        <TextBlock>
            当前被选中项的内容：<Run Foreground="Blue" x:Name="runTextContent"/>
        </TextBlock>
    </StackPanel>
</Grid>
```

Grid 控件被划分为两行，第一行放了一个 ComboBox 控件，第二行放了两个 TextBlock 控件，用于在运行阶段显示相关信息。

ComboBox 控件是一种特殊的集合控件，用户单击其下拉箭头后会弹出一个列表框，当用户选择了列表框中的项或者在列表框失去焦点后会自动关闭。

（3）切换到代码视图，找到 MainWindow 类的构造函数，在 InitializeComponent 方法的调用之后加入以下代码，向 ComboBox 控件中添加一些列表项。

```csharp
public MainWindow()
{
    InitializeComponent();

    string[] items = { "选项 1", "选项 2", "选项 3", "选项 4", "选项 5" };
    cb.ItemsSource = items;
}
```

（4）处理 ComboBox 的 SelectionChanged 事件。

```
private void cb_SelectionChanged(object sender, SelectionChangedEventArgs e)
{
    if (cb.SelectedIndex < 0)
    {
        return;
    }
    // 显示当前选择项的索引和内容
    if (runTextIndex != null && runTextContent != null)
    {
        runTextIndex.Text = cb.SelectedIndex.ToString();
        runTextContent.Text = cb.SelectedItem.ToString();
    }
}
```

运行应用程序，从下拉列表框中选中一个项，窗口下方会显示与被选项相关的信息，如图 12-52 所示。完整的示例代码请参考\第 12 章\Example_25。

由于 Selector 类的 SelectedItem 属性是依赖项属性，因此还可以通过数据绑定来获取集合控件中被选中项的内容，请看下面示例。

（1）在 Visual Studio 开发环境中新建一个 WPF 应用程序项目。

（2）在 MainWindow.xaml 文件中加入以下代码

```
<Grid Margin="15">
    <Grid.RowDefinitions>
        <RowDefinition Height="*"/>
        <RowDefinition Height="Auto"/>
    </Grid.RowDefinitions>
    <ListBox x:Name="lb" Grid.Row="0" Margin="5"/>
    <TextBlock Grid.Row="1" Margin="6" FontSize="15">
        已选择的项：<Run Foreground="Orange" Text="{Binding ElementName=lb,Path=
SelectedItem}"/>
    </TextBlock>
</Grid>
```

TextBlock 内部 Run 元素的 Text 属性通过数据绑定，从 ListBox 控件的 SelectedItem 属性中获取文本内容。

（3）切换到代码视图，在 MainWindow 类的构造函数中加入以下代码

```
public MainWindow()
{
    InitializeComponent();

    string[] items = { "足球", "羽毛球", "排球", "篮球", "乒乓球" };
    lb.ItemsSource = items;
}
```

通过 ListBox 的 ItemsSource 属性将一个字符串数组设置为集合控件的项列表。

运行应用程序，在 ListBox 中随机选择一项，窗口下方显示的文本信息会随着 ListBox 中被选中项的变化而动态更新，如图 12-53 所示。

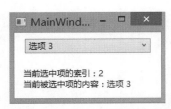

图 12-52　响应 SelectionChanged 事件　　　　图 12-53　通过数据绑定获取集合控件中被选择的项

完整的示例代码请参考\第 12 章\Example_26。

12.6.6　数据模板

在默认情况下，将一个 CLR 对象列表设置到集合控件的 ItemsSource 属性上，如果项的类型不是字符串，就会调用对象的 ToString 方法来获取对象的字符串表示形式，并使用 TextBlock 元素来显示文本。

在实际开发中，仅仅将数据项呈现为字符串有时不能满足应用需求，开发人员希望在集合控件中的项上显示对象的更多信息。比如，将某个对象的所有属性都呈现出来。

这时开发人员就要考虑使用数据模板（由 DataTemplate 类封装）了。数据模板定义集合控件中的项将如何呈现与之相关的数据项。运用数据模板既可以为集合控件中的所有数据项定义统一的呈现方式，也可以根据某个具体的数据项来选择应用不同的模板。数据模板将被应用到作为项容器的控件的内容模型中，并不影响控件自身的模板。也就是说，数据模板只应用到内容控件模板内部的 ContentPresenter 元素上。

对集合控件来说，可以通过将数据模板赋值给 ItemTemplate 属性来定义数据模板，也可以将数据模板放在资源列表中，然后通过资源引用扩展标记来获取数据模板。建议优先考虑将数据模板放到资源列表中，这样可以重复使用，在应用程序的其他地方使用相同的模板时就不需要重复去定义了。

下面代码演示如何声明内联的数据模板，即直接将 DataTemplate 对象赋值给 ItemTemplate 属性。

```
<ListBox>
    <ListBox.ItemTemplate>
        <DataTemplate>
            <StackPanel>
                <TextBlock Text="{Binding Name}"/>
                <TextBlock Text="{Binding Age}"/>
            </StackPanel>
        </DataTemplate>
    </ListBox.ItemTemplate>
</ListBox>
```

假设数据项有两个属性——Name 属性和 Age 属性，在数据模板中使用两个 TextBlock 元素来分别呈现 Name 和 Age 属性的内容。

下面代码将演示如何使用资源中的数据模板。

```
<Grid>
    <Grid.Resources>
        <DataTemplate x:Key="mytemplate">
            <StackPanel>
                <TextBlock Text="{Binding Name}"/>
                <TextBlock Text="{Binding Age}"/>
            </StackPanel>
        </DataTemplate>
```

```
        </Grid.Resources>
        <ListBox ItemTemplate="{StaticResource ResourceKey=mytemplate}"/>
</Grid>
```

以下示例演示通过自定义数据模板来显示一组学员信息。假设学员信息使用 Student 类来封装，其中包含学员编号、学员姓名、学员简介、培训课程等属性。具体代码如下：

```
public class Student
{
    /// <summary>
    /// 学员编号
    /// </summary>
    public int No { get; set; }
    /// <summary>
    /// 学员姓名
    /// </summary>
    public string Name { get; set; }
    /// <summary>
    /// 学员简介
    /// </summary>
    public string Description { get; set; }
    /// <summary>
    /// 培训课程
    /// </summary>
    public string Course { get; set; }
    /// <summary>
    /// 考试分数
    /// </summary>
    public float Mark { get; set; }
}
```

在用户界面上，放置一个 ListBox 控件，并引用在资源列表中定义的数据模板。XAML 代码如下：

```
<Grid>
    <Grid.Resources>
        <DataTemplate x:Key="itemTemplate">
            <Border>
                <StackPanel Margin="6">
                    <TextBlock>
                        <Run FontWeight="Bold" FontSize="15" Text="{Binding Name}"/>
                        <Run FontSize="12" Text="{Binding Path=No,StringFormat=({0})}"/>
                    </TextBlock>
                    <TextBlock Foreground="Gray" Text="{Binding Path=Description}"/>
                    <TextBlock>
                        <Run FontSize="13" Text="课程: "/>
                        <Run FontSize="13" Text="{Binding Course}"/>
                    </TextBlock>
                    <TextBlock FontSize="13">
                        分数: <Run Text="{Binding Path=Mark}"/>
                    </TextBlock>
                </StackPanel>
            </Border>
        </DataTemplate>
    </Grid.Resources>
    <ListBox x:Name="lbStudents" ItemTemplate="{StaticResource itemTemplate}" />
</Grid>
```

切换到代码视图，在窗口类的构造函数中为 ListBox 控件设置 ItemsSource 属性。

```
public MainWindow()
{
    InitializeComponent();

    // 设置数据源
    List<Student> listStu = new List<Student>
    {
        new Student { No = 1, Name = "小王", Description = "认真，细心。", Course = "Visual
Basic 基础课程", Mark = 73 },
        new Student { No = 2, Name = "小曾", Description = "有上进心。", Course = "C
语言", Mark = 80 },
        new Student { No = 3, Name = "小张", Description = "不太用功。", Course = "ASP.NET
专业网站开发", Mark = 48 },
        new Student { No = 4, Name = "小李", Description = "好问，好学。", Course =
"数据库设计", Mark = 81 },
        new Student { No = 5, Name = "小范", Description = "基础较弱。", Course = "C++
入门教程", Mark = 50 }
    };
    lbStudents.ItemsSource = listStu;
}
```

注意在数据模板中的可视化对象是可以通过 Binding 对象来进行绑定的，数据绑定从应用模板集合控件的 ItemsSource 属性继承下来，比如 Path 属性为 Name 的 Binding 对象表示该属性将与 Student 实例的 Name 属性进行绑定。

运行应用程序，可以看到如图 12-54 所示的效果。

可以看到，自定义数据模板后，集合控件中呈现的项就不仅仅是单一的文本了，它可以根据实际的需要呈现丰富的界面。还可以结合数据绑定的转换器来丰富数据模板的内容。下面代码定义一个 ColorBdConverter 转换器，如果学员的考试分数在 60 分以上就返回蓝色的画刷，否则返回红色的画刷。

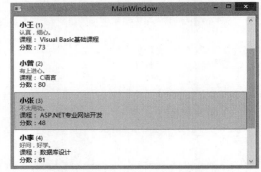

图 12-54　自定义数据模板

```
public class ColorBdConverter : IValueConverter
{
    public object Convert(object value, Type targetType, object parameter, System.
Globalization.CultureInfo culture)
    {
        Student stu = value as Student;
        if (stu.Mark < 60)
        {
            return Brushes.Red;
        }
        return Brushes.Blue;
    }

    public object ConvertBack(object value, Type targetType, object parameter, System.
Globalization.CultureInfo culture)
    {
        // 单向绑定，不需要处理
        return null;
```

```
    }
}
```

回到 XAML 文档，首先要引入转换器所在的命名空间。

```
xmlns:local="clr-namespace:MyApp"
```

把转换器的实例添加到窗口的资源中。

```
<Window.Resources>
    <local:ColorBdConverter x:Key="colorCvt" />
</Window.Resources>
```

对自定义数据模板进行修改，让 Border 元素的 BorderBrush 属性绑定到当前 Student 对象，并应用转换器。

```
                <DataTemplate x:Key="itemTemplate">
                    <Border BorderThickness="3" BorderBrush="{Binding Converter=
{StaticResource colorCvt}}">
......
```

再次运行应用程序，结果如图 12-55 所示。

完整的示例代码请参考\第 12 章\Example_27。

如果使用数据绑定转换器仍然满足不了开发需求，还可以使用数据模板选择器——DataTemplateSelector 类。在代码中不能直接使用该类，而是从该类派生出一个新类型，然后重写 SelectTemplate 方法，以决定使用哪个数据模板。SelectTemplate 方法的声明如下：

```
public virtual DataTemplate SelectTemplate
(object item, DependencyObject container)
```

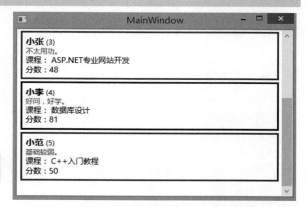

图 12-55　在数据模板中使用绑定转换器

item 参数引用的是当前数据项的实例，container 参数表示承载当前数据项的容器控件。比如，对于 ComboBox 控件来说，container 参数引用承载当前项的 ComboBoxItem 实例。

在继承 DataTemplateSelector 类时，较合理的做法是将可供选择的数据模板都声明为公共属性，这样一来，如果数据模板是在资源中定义的，就可以很方便地进行引用。

下面通过一个示例演示如何使用数据模板选择器。本示例将在 ListBox 控件中显示一个蔬菜列表（由自定义的 Vegetable 类封装）。如果数据项的编号是奇数，就把图像放在左侧；如果数据项的编号为偶数，就把图像放在右侧。具体的实现步骤如下：

（1）在 Visual Studio 开发环境中新建一个 WPF 应用程序项目。

（2）定义用于封装蔬菜信息的类，代码如下：

```
public class Vegetable
{
    /// <summary>
    /// 编号
    /// </summary>
    public int No { get; set; }
    /// <summary>
    /// 蔬菜名称
    /// </summary>
```

```
    public string Name { get; set; }
    /// <summary>
    /// 描述
    /// </summary>
    public string Description { get; set; }
    /// <summary>
    /// 预览图像
    /// </summary>
    public BitmapSource PreviewImage { get; set; }
}
```

（3）定义一个从 DataTemplateSelector 派生的类，用以选择要套用的数据模板

```
public class MyDatatemplateSelector : DataTemplateSelector
{
    /// <summary>
    /// 如果数据项的编号为奇数则使用该模板
    /// </summary>
    public DataTemplate Template1 { get; set; }
    /// <summary>
    /// 如果数据项的编号为偶数则使用该模板
    /// </summary>
    public DataTemplate Template2 { get; set; }

    /// <summary>
    /// 重写该方法以选择合适的数据模板
    /// </summary>
    public override DataTemplate SelectTemplate(object item, DependencyObject container)
    {
        Vegetable vt = item as Vegetable;
        // 检查编号是否为偶数
        if ( (vt.No % 2) == 0 )
        {
            return Template2;
        }

        return Template1;
    }
}
```

如果数据项的编号是奇数，则返回 Template1 属性所引用的数据模板；如果编号是偶数，就返回 Template2 属性所引用的数据模板。

（4）在 XAML 文档中引入模板选择器所在的命名空间

```
xmlns:local="clr-namespace:MyApp"
```

（5）在 Grid 元素的资源列表中，声明两个数据模板

```
                <!-- 数据模板 1——奇数项 -->
        <DataTemplate x:Key="template1">
            <Border Width="450" Background="#FFFBF6E1" BorderBrush="#FFF1ED95"
BorderThickness="2">
                <Grid Margin="5">
                    <Grid.ColumnDefinitions>
                        <ColumnDefinition Width="120"/>
                        <ColumnDefinition Width="*"/>
```

```
                    </Grid.ColumnDefinitions>
                    <Image Grid.Column="0" Margin="2,0" VerticalAlignment="Top"
Source="{Binding PreviewImage}" Stretch="Uniform"/>
                    <StackPanel Grid.Column="1">
                        <TextBlock FontSize="28" FontFamily="黑体" Text="{Binding
Name}"/>
                        <TextBlock FontSize="16" Foreground="Gray" Text="{Binding
Description}" TextWrapping="Wrap"/>
                    </StackPanel>
                </Grid>
            </Border>
        </DataTemplate>
        <!-- 数据模板 2——偶数项 -->
        <DataTemplate x:Key="template2">
            <Border Width="450" Background="#FFFBF6E1" BorderBrush="#FFF1ED95"
BorderThickness="2">
                <Grid Margin="5">
                    <Grid.ColumnDefinitions>
                        <ColumnDefinition Width="*"/>
                        <ColumnDefinition Width="120"/>
                    </Grid.ColumnDefinitions>
                    <Image Grid.Column="1" Margin="2,0" VerticalAlignment="Top"
Source="{Binding PreviewImage}" Stretch="Uniform"/>
                    <StackPanel Grid.Column="0">
                        <TextBlock FontSize="28" FontFamily="黑体" Text="{Binding
Name}"/>
                        <TextBlock FontSize="16" Foreground="Gray" Text="{Binding
Description}" TextWrapping="Wrap"/>
                    </StackPanel>
                </Grid>
            </Border>
        </DataTemplate>
```

（6）在上面两个 DataTemplate 后面声明数据模板选择器实例

```
<local:MyDatatemplateSelector x:Key="myselector" Template1="{StaticResource template1}"
Template2="{StaticResource template2}"/>
```

由于 MyDatatemplateSelector 的两个属性分别引用了其他两个资源，所以资源声明的顺序不能错，必须先声明 template1 和 template2，然后才能声明 myselector 资源，资源列表实例化的顺序与对象实例声明的顺序一致，如果先声明 myselector 资源再去声明 template1 或 template2 资源，由于这两项资源尚未进行初始化，会导致 myselector 的 Template1 和 Template2 属性无法引用到正确的资源，会发生异常。

（7）在 Grid 元素中定义一个 ListBox 实例，命名为 lb，并让它的 ItemTemplateSelector 属性引用资源列表中 myselector 对象

```
<ListBox x:Name="lb" ItemTemplateSelector="{StaticResource myselector}"/>
```

（8）向项目中添加六个图像文件。
（9）切换到代码视图，找到窗口类的构造函数，然后加入以下代码

```
public MainWindow()
{
    InitializeComponent();

    // 第 1 项
```

```
    Vegetable vet1 = new Vegetable();
    vet1.Name = "佛手瓜";
    vet1.No = 1;
    vet1.Description = "是一种葫芦科佛手瓜属植物, 原产于墨西哥、中美洲和西印度群岛, 1915 年传
入中国。清脆, 含有丰富营养。佛手瓜既可做菜, 又能当水果生吃。加上瓜形如两掌合十, 有佛教祝福之意, 深
受人们喜爱。";
    // 导入图像
    BitmapImage bmp = new BitmapImage();
    bmp.BeginInit();                                //开始初始化
    bmp.UriSource = new Uri("/images/佛手瓜.jpg", UriKind.Relative);
    bmp.DecodePixelWidth = 150;
    bmp.EndInit();                                  //完成初始化
    vet1.PreviewImage = bmp;
    ……


    // 第 6 项
    Vegetable vet6 = new Vegetable();
    vet6.No = 6;
    vet6.Name = "洋葱";
    vet6.Description = "属百合科、葱属, 两年生草本。起源于亚洲后传至世界各地, 20 世纪初传入我
国。洋葱含咖啡酸、芥子酸、桂皮酸、柠檬酸盐、多糖和多种氨基酸、蛋白质、钙、铁、磷、硒、B 族维生素、
维生素 C、维生素 E、粗纤维、碳水化合物等。";
    bmp = new BitmapImage();
    bmp.BeginInit();
    bmp.UriSource = new Uri("/images/洋葱.jpg", UriKind.Relative);
    bmp.DecodePixelWidth = 150;
    bmp.EndInit();
    vet6.PreviewImage = bmp;

    List<Vegetable> vetlist = new List<Vegetable>
    {
        vet1, vet2, vet3, vet4, vet5, vet6
    };
    // 设置项的数据源
    lb.ItemsSource = vetlist;
}
```

BitmapImage 类用于将图像加载到内存中, 以便可以在用户界面上呈现图像, UriSource 属性通过 URI 来引用图像文件。由于图像文件已被添加为应用程序的资源, 通过相对路径引用即可, 以 "/" 开头表示相对于当前项目的根目录。DecodePixelWidth 设定图像在解码后显示的宽度, 以像素为单位。DecodePixelHeight 和 DecodePixelWidth 属性最好不要同时设置, 不然图像的长宽比可能会被改变, 最终导致图像 "变形", 如果只设置两个属性中的一个, BitmapImage 对象就会根据原图像的长宽比自动调整图像的大小, 不会出现"变形"问题。

运行应用程序, 可以看到如图 12-56 所示的效果。数据列表中, 奇数项和偶数项都使用了不同的数据模板。

完整的示例代码请参考\第 12 章\Example_28。

图 12-56 套用不同的数据模板

12.6.7　数据视图

在特定的情况下，用户可能不愿意查看所有的数据，尤其是当数据量较大时，用户仅希望看到他所需要的那部分数据。因此，对数据视图进行排序、筛选、分组是比较常用的处理方式。

1．排序、筛选与分组

要对数据视图进行处理，直接对 ItemsControl 类的 Items 属性进行操作是最简单的，因为 Items 属性是 ItemCollection 类型，继承自 CollectionView。接下来将通过示例演示如何对数据进行排序、筛选和分组。

准备好测试数据。在本例中，将一个 Goods 类的列表作为示例数据源。Goods 类表示一件商品的基本信息，包括商品 ID、商品名称、商品单价、商品类别等信息。Goods 类的声明代码如下：

```
public class Goods
{
    /// <summary>
    /// 商品 ID
    /// </summary>
    public int ID { get; set; }

    /// <summary>
    /// 商品名称
    /// </summary>
    public string GoodsName { get; set; }

    /// <summary>
    /// 商品单价
    /// </summary>
    public decimal Price { get; set; }

    /// <summary>
    /// 商品类别
    /// </summary>
    public string Category { get; set; }

    /// <summary>
    /// 获取示例数据列表
    /// </summary>
    public static List<Goods> GetSampleData()
    {
        List<Goods> goodsList = new List<Goods>();
        goodsList.Add(new Goods { ID = 1, GoodsName = "尺子", Price = 3.5M, Category
= "文具" });
        goodsList.Add(new Goods { ID = 2, GoodsName = "铅笔", Price = 1.2M, Category
= "文具" });
        goodsList.Add(new Goods { ID = 3, GoodsName = "排球", Price = 65M, Category =
"体育用品" });
        goodsList.Add(new Goods { ID = 4, GoodsName = "篮球", Price = 130M, Category
= "体育用品" });
        goodsList.Add(new Goods { ID = 5, GoodsName = "羽毛球", Price = 5M, Category
= "体育用品" });
        goodsList.Add(new Goods { ID = 6, GoodsName = "英汉小词典", Price = 28M, Category
= "工具书" });
        goodsList.Add(new Goods { ID = 7, GoodsName = "新华字典", Price = 32.5M, Category
```

```
= "工具书" });
        goodsList.Add(new Goods { ID = 8, GoodsName = "书法字帖", Price = 8M, Category
= "工具书" });
        return goodsList;
    }
}
```

静态方法 GetSampleData 返回一个 List<Goods>列表实例，用于产生示例数据。接下来制作三个窗口，分别对以上示例数据进行排序、筛选和分组演示。

打开 App.xaml 文件，在资源列表中定义一个 DataTemplate，XAML 代码如下：

```xml
<Application.Resources>
    <DataTemplate DataType="{x:Type local:Goods}">
        <Grid Language="zh-CN">
            <Grid.Resources>
                <Style TargetType="TextBlock">
                    <Setter Property="FontFamily" Value="宋体"/>
                    <Setter Property="FontSize" Value="15"/>
                </Style>
            </Grid.Resources>
            <Grid.ColumnDefinitions>
                <ColumnDefinition Width="Auto"/>
                <ColumnDefinition Width="*"/>
            </Grid.ColumnDefinitions>
            <Grid.RowDefinitions>
                <RowDefinition Height="Auto"/>
                <RowDefinition Height="Auto"/>
                <RowDefinition Height="Auto"/>
                <RowDefinition Height="Auto"/>
            </Grid.RowDefinitions>
            <TextBlock Grid.Row="0" Grid.Column="0" Text="商品名称: "/>
            <TextBlock Grid.Row="0" Grid.Column="1" Text="{Binding Path=GoodsName}"/>
            <TextBlock Grid.Row="1" Grid.Column="0" Text="商品编号: "/>
            <TextBlock Grid.Row="1" Grid.Column="1" Text="{Binding Path=ID}"/>
            <TextBlock Grid.Row="2" Grid.Column="0" Text="单价: "/>
            <TextBlock Grid.Row="2" Grid.Column="1" Text="{Binding Path=Price,
StringFormat={}{0:C2}}"/>
            <TextBlock Grid.Row="3" Grid.Column="0" Text="分类: "/>
            <TextBlock Grid.Row="3" Grid.Column="1" Text="{Binding Path=Category}"/>
        </Grid>
    </DataTemplate>
</Application.Resources>
```

该数据模板不声明 Key 命名，而是使用 DataType 属性来指定 Goods 类的 Type。因此，只要是在当前应用程序内，不管在何处使用集合控件，只要数据项是 Goods 类型就会自动套用该数据模板。

在模板的根元素 Grid 上将 Language 属性设置为 "zh-CN"（中文/中国），是为了让商品价格显示为人民币格式，如 "￥100.00"。因为用于与 Price 属性进行绑定的 Binding 对象已将 StringFormat 设置为显示货币格式的字符串（"C" 标识符），但由于 "{0:C2}" 是以左大括号（{）开始的，在 XAML 中必须将其转义，以免与扩展标记冲突（扩展标记被包裹在一对大括号中），方法是在前面加上一对空大括号（{}），即 "{}{0:C2}"。

（1）排序窗口。本窗口将实现分别按商品编号进行升序和降序排列，界面 XAML 如下：

```xml
<Grid>
    <Grid.RowDefinitions>
```

```
        <RowDefinition Height="Auto"/>
        <RowDefinition Height="*"/>
    </Grid.RowDefinitions>
    <StackPanel Margin="0,6" Orientation="Horizontal" Grid.Row="0" HorizontalAlignment=
"Center">
        <Button Content="商品编号 - 升序" Click="OnAscendingOrder"/>
        <Button Margin="13,0,0,0" Content="商品编号 - 降序" Click="OnDescendingOrder"/>
    </StackPanel>
    <ListBox Grid.Row="1" x:Name="lb"/>
</Grid>
```

切换到代码视图，在窗口类的构造函数中为 ListBox 控件设置数据源

```
lb.ItemsSource = Goods.GetSampleData();
```

分别处理两个 Button 的 Click 事件，以实现升序和降序排序

```
private void OnAscendingOrder(object sender, RoutedEventArgs e)
{
    lb.Items.SortDescriptions.Clear();
    lb.Items.SortDescriptions.Add(new System.ComponentModel.SortDescription("ID",
System.ComponentModel.ListSortDirection.Ascending));
}

private void OnDescendingOrder(object sender, RoutedEventArgs e)
{
    lb.Items.SortDescriptions.Clear();
    lb.Items.SortDescriptions.Add(new System.ComponentModel.SortDescription("ID",
System.ComponentModel.ListSortDirection.Descending));
}
```

ItemCollection 类公开一个 SortDescriptions 属性，它是一个 SortDescription 结构实例的集合，要针对数据对象的哪个属性进行排序，只需要向 SortDescriptions 集合中添加相应的 SortDescription 实例即可。SortDescription 结构的构造函数声明如下：

```
public SortDescription(string propertyName, System.ComponentModel.ListSortDirection
direction)
```

propertyName 参数指示要按哪个属性进行排序，本例中将以商品编号进行排序，即 ID 属性；direction 是一个枚举值，指定是按升序排列还是按降序排列。

排序结果如图 12-57 所示。

升序排列

降序排列

图 12-57　对数据进行排序

（2）筛选窗口。筛选窗口中将对商品的价格进行筛选，用户可以在 TextBox 中输入一个数值，然后单击按钮，应用程序将售价大于输入值的商品筛选出来。用户界面的 XAML 如下：

```
<Grid>
    <Grid.RowDefinitions>
        <RowDefinition Height="Auto"/>
        <RowDefinition Height="*"/>
    </Grid.RowDefinitions>
    <StackPanel Grid.Row="0" Margin="2,5" Orientation="Horizontal">
        <TextBlock Text="商品价格大于: " VerticalAlignment="Center" FontSize="14"/>
        <TextBox x:Name="txtFilter" Width="80"/>
        <Button Margin="12,0,0,0" Padding="10,3" Content="筛选" Click="OnFilter"/>
        <Button Margin="5,0,0,0" Padding="10,3" Content="取消筛选" Click="OnClearFilter"/>
    </StackPanel>
    <ListBox x:Name="lb" Grid.Row="1"/>
</Grid>
```

处理筛选的代码如下：

```
private void OnFilter(object sender, RoutedEventArgs e)
{
    decimal dvalue = default(decimal);
    // 检测输入的内容是否正确
    if (decimal.TryParse(txtFilter.Text, out dvalue) == false)
    {
        MessageBox.Show("请输入正确的价格。");
        return;
    }

    lb.Items.Filter = delegate(object obj)
    {
        Goods goods = obj as Goods;
        if (goods != null)
        {
            if (goods.Price > dvalue)
            {
                return true;
            }
        }
        return false;
        /*
         * 如果符合筛选条件，则返回 true
         * 如果不符合筛选条件，则返回 false
         */
    };

}

private void OnClearFilter(object sender, RoutedEventArgs e)
{
    lb.Items.Filter = null;
}
```

　　ItemCollection 类的 Filter 属性是一个 Predicate<T>委托，T 的类型为 object。如果对象符合筛选条件，返回 true，否则返回 false。数据源中的每个数据项都会调用一次该委托，以确定哪些项被过滤掉。要清除筛选，只需要将 Filter 属性设置为 null 即可。

　　最终结果如图 12-58 所示。

　　（3）分组窗口。本例将商品列表依据商品类别（Category 属性）进行分组。界面 XAML 如下：

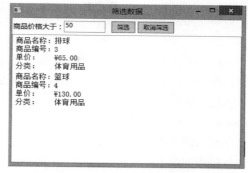

图 12-58　筛选数据

```xaml
<Grid>
    <Grid.RowDefinitions>
        <RowDefinition Height="Auto"/>
        <RowDefinition Height="*"/>
    </Grid.RowDefinitions>
    <StackPanel Grid.Row="0" Margin="0,6" Orientation="Horizontal" Horizontal
Alignment="Center">
        <Button Content="按商品类别分组" Click="OnGrouping"/>
        <Button Margin="13,0,0,0" Content="取消分组" Click="OnClearGrouping"/>
    </StackPanel>
    <ListBox x:Name="lb" Grid.Row="1">
        <ListBox.GroupStyle>
            <GroupStyle>
                <GroupStyle.HeaderTemplate>
                    <DataTemplate>
                        <Border Background="LightBlue" Padding="7">
                            <TextBlock FontFamily="黑体" FontSize="18" Text="{Binding
Name}"/>
                        </Border>
                    </DataTemplate>
                </GroupStyle.HeaderTemplate>
            </GroupStyle>
        </ListBox.GroupStyle>
    </ListBox>
</Grid>
```

　　要自定义集合控件的分组外观，可以向 GroupStyle 属性中添加 GroupStyle 对象，该样式用于设置分组视图的外观或模板，样式的目标类型是 GroupItem，它是一个内容控件。

　　本例中为 HeaderTemplate 自定义数据模板，该模板表示每个组的组标题的呈现外观。对数据进行分组后，每一个组就是一个 CollectionViewGroup 对象实例，Name 属性表示该分组的组标题，即分组依据。如本例中以商品类别进行分组，则对于每一个组来说，Name 属性就是对应的商品类别的名称。Items 属性表示该分组下的数据项列表。

　　下面代码用于对数据实施分组处理。

```csharp
private void OnGrouping(object sender, RoutedEventArgs e)
{
    lb.Items.GroupDescriptions.Clear();
    lb.Items.GroupDescriptions.Add(new PropertyGroupDescription("Category"));
}

private void OnClearGrouping(object sender, RoutedEventArgs e)
```

```
    {
        lb.Items.GroupDescriptions.Clear();
    }
```

PropertyGroupDescription 对象描述将按照哪个属性进行分组，本例中以 Goods 对象的 Category 属性为分组依据。若要对数据进行分组，只需向 GroupDescriptions 集合中添加 Property-GroupDescription 对象；若要取消分组，将 GroupDescriptions 集合中的项清空即可。

结果如图 12-59 所示。

完整的示例代码请参考\第 12 章\Example_29。

2. 主/从视图

主/从关系视图是指在不同的用户界面上绑定同一数据源，比如在一个集合控件中显示数据的部分信息，而在另一个界面区域中则呈现当前数据项的完整信息，这两个数据视图之

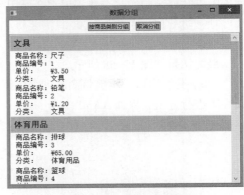

图 12-59　分组视图

间就存在主/从关系。在使用主/从视图时一定要确保两个视图中所呈现的数据统一。用户在集合控件中选择一个项，另一个数据视图则应当实时更新其内容，以达到实时同步的效果。

下面示例将在 ListView 控件中显示一个订单列表，每条订单记录仅显示订单号、下单时间、客户名称和客户联系人四个字段的信息，当用户在 ListView 中选择一个订单记录时，会在窗口下方展示整条订单记录的信息。

具体的实现步骤如下：

（1）在 Visual Studio 开发环境中新建一个 WPF 应用程序项目。

（2）定义一个 Order 类，封装一条订单记录的相关信息。

```
public class Order
{
    /// <summary>
    /// 订单号
    /// </summary>
    public int OrderID { get; set; }
    /// <summary>
    /// 下单时间
    /// </summary>
    public DateTime OrderDate { get; set; }
    /// <summary>
    /// 客户名称
    /// </summary>
    public string CustomName { get; set; }
    /// <summary>
    /// 客户联系人
    /// </summary>
    public string ContactName { get; set; }
    /// <summary>
    /// 客户联系电话
    /// </summary>
    public string ContactPhoneNo { get; set; }
    /// <summary>
    /// 客户联系邮箱
```

```
        /// </summary>
        public string ContactEmail { get; set; }
        /// <summary>
        /// 订货数量
        /// </summary>
        public float Qty { get; set; }
        /// <summary>
        /// 备注
        /// </summary>
        public string Remarks { get; set; }
}
```

（3）在项目模板生成的 MainWindow.xaml 文件中，加入以下 XAML 代码。

```
<Grid>
    <Grid.RowDefinitions>
        <RowDefinition Height="*"/>
        <RowDefinition Height="Auto"/>
    </Grid.RowDefinitions>
    <ListView Grid.Row="0" Margin="5" x:Name="lv" IsSynchronizedWithCurrentItem=
"True">
        <ListView.View>
            <GridView>
                <GridView.Columns>
                    <GridViewColumn Header="订单号" DisplayMemberBinding="{Binding
OrderID}" Width="100"/>
                    <GridViewColumn Header="客户" DisplayMemberBinding="{Binding
CustomName}" Width="130"/>
                    <GridViewColumn Header="联系人" DisplayMemberBinding="{Binding
ContactName}" Width="120"/>
                    <GridViewColumn Header="下单时间" DisplayMemberBinding="{Binding
OrderDate,StringFormat={}{0:D}}" Width="150"/>
                </GridView.Columns>
            </GridView>
        </ListView.View>
    </ListView>

    <!-- 详细视图 -->
    <StackPanel Grid.Row="1" Margin="5,3" DataContext="{Binding ElementName=lv,Path=
Items}">
        ......
        <Grid>
            <Grid.ColumnDefinitions>
                <ColumnDefinition Width="Auto"/>
                <ColumnDefinition Width="*"/>
                <ColumnDefinition Width="Auto"/>
                <ColumnDefinition Width="*"/>
            </Grid.ColumnDefinitions>
            <Grid.RowDefinitions>
                <RowDefinition Height="Auto"/>
                <RowDefinition Height="Auto"/>
                <RowDefinition Height="Auto"/>
                <RowDefinition Height="Auto"/>
            </Grid.RowDefinitions>
            <TextBlock Grid.Row="0" Grid.Column="0" Text="订单号: "/>
            <TextBlock Grid.Row="0" Grid.Column="2" Text="下单时间: "/>
```

```
            <TextBlock Grid.Row="1" Grid.Column="0" Text="客户: "/>
            <TextBlock Grid.Row="1" Grid.Column="2" Text="联系人: "/>
            <TextBlock Grid.Row="2" Grid.Column="0" Text="联系电话: "/>
            <TextBlock Grid.Row="2" Grid.Column="2" Text="联系邮箱: "/>
            <TextBlock Grid.Row="3" Grid.Column="0" Text="订货量: "/>
            <!-- 以下元素使用数据绑定 -->
            <!-- 订单号 -->
            <TextBlock Grid.Row="0" Grid.Column="1" Text="{Binding OrderID}"
Foreground="Blue" HorizontalAlignment="Left"/>
            <!-- 下单时间 -->
            <TextBlock Grid.Row="0" Grid.Column="3" Text="{Binding OrderDate,String
Format={}{0:D}}" HorizontalAlignment="Left"/>
            <!-- 客户名称 -->
            <TextBlock Grid.Row="1" Grid.Column="1" Text="{Binding CustomName}"
HorizontalAlignment="Left"/>
            <!-- 联系人 -->
            <TextBlock Grid.Row="1" Grid.Column="3" Text="{Binding ContactName}"
HorizontalAlignment="Left"/>
            <!-- 联系电话 -->
            <TextBlock Grid.Row="2" Grid.Column="1" HorizontalAlignment="Left"
Text="{Binding ContactPhoneNo}"/>
            <!-- 联系邮箱 -->
            <TextBlock Grid.Row="2" Grid.Column="3" HorizontalAlignment="Left"
Text="{Binding ContactEmail}"/>
            <!-- 订货量 -->
            <TextBlock Grid.Row="3" Grid.Column="1" HorizontalAlignment="Left"
Text="{Binding Qty}"/>
        </Grid>
        <!-- 备注信息 -->
        <GroupBox Margin="0,4,0,0" Header="备注">
            <TextBlock Margin="1,2" TextWrapping="Wrap" Text="{Binding Remarks}"/>
        </GroupBox>
    </StackPanel>
</Grid>
```

ListView 控件有一个 View 属性，可以为控件指定一个视图对象，本例中将使用 WPF 框架设计好的 GridView 视图，它是一个网格视图。GridView 视图通过 Columns 属性公开了一个列集合，程序可以向其中添加 GridViewColumn 对象。

每个 GridViewColumn 对象对应着网格中的一列，Header 属性设置列标头应呈现的内容。

注意此处一定要将 ListView 控件的 IsSynchronizedWithCurrentItem 属性设置为 True，这样当用户在 ListView 中选择列表项时，会自动将选中的项设置为数据视图列表的当前项。否则，窗口下方显示订单完整信息的视图将无法自动更新。

（4）在绑定日期/时间（DateTime）类型的属性值时，将 Binding 的 StringFormat 属性设置为 D，表示长日期格式。由于 XAML 文档默认的语言和区域特性是面向美国英语的，为了能使日期/时间格式的字段能够呈现形如"2001 年 1 月 1 日"的字符串，可以在窗口文档根节点处将 Language 属性设置为"zh-CN"。

```
<Window …… Language="zh-CN">……
```

（5）切换到代码视图，找到窗口类的构造函数。在 InitializeComponent 方法调用后，加入以下代码，为 ListView 控件的 ItemsSource 属性提供一个 Order 列表以作为测试数据源。

```
public MainWindow()
{
    InitializeComponent();

    List<Order> orders = new List<Order>()
    {
        new Order { OrderID = 1, OrderDate = new DateTime(2013,5,22), CustomName =
"A公司", ContactName = "吴先生", ContactPhoneNo = "66584485", ContactEmail =
"samp22@test.cn", Qty = 400f, Remarks = "颜色：绿色；材质：轻纱。" },
        new Order { OrderID = 2, OrderDate = new DateTime(2014,3,29), CustomName =
"B公司", ContactName = "张先生", ContactPhoneNo = "121003568", ContactEmail =
"sam32@test.net", Qty = 250f, Remarks = "材质：任意。" },
        new Order { OrderID = 3, OrderDate = new DateTime(2013,12,30), CustomName =
"C公司", ContactName = "胡女士", ContactPhoneNo = "8210924", ContactEmail =
"samp52@test.com", Qty = 650f, Remarks = "红、蓝、白三种颜色。" },
        new Order { OrderID = 4, OrderDate = new DateTime(2013,2,17), CustomName =
"D公司", ContactName = "吕先生", ContactPhoneNo = "9300002", ContactEmail =
"samp30@demo.net", Qty = 285f, Remarks = "材质：纱；颜色：纯黑。" },
        new Order { OrderID = 5, OrderDate = new DateTime(2013,10,5), CustomName =
"E公司", ContactName = "周女士", ContactPhoneNo = "133288659", ContactEmail =
"samp85@test.cn", Qty = 1000f, Remarks = "材质：棉、纱；颜色：紫、天蓝复合色。" }
    };
    lv.ItemsSource = orders;
}
```

（6）运行应用程序，然后在 ListView 控件中选择一个
子项，会看到窗口下方的可视化区域将自动呈现当前选中订
单的完整信息，如图 12-60 所示。

完整的示例代码请参考\第 12 章\Example_30。

12.6.8　ObservableCollection<T>集合

ObservableCollection<T>集合（位于 System.Collections.
ObjectModel 命名空间）是一个动态数据集合，当向该集合
中添加、移除或修改某个对象后，数据使用方会得到更改通
知，可达到实时更新数据视图的目的。

图 12-60　数据的主/从视图

将 ObservableCollection<T>集合的实例作为集合控件的数据源，当在代码中修改 ObservableCollection<T>
集合后，更改会被反映到集合控件的 UI 上。

下面示例将演示 ObservableCollection<T>集合的使用方法。该示例将实现动态向集合中添加和删除项，
窗口上的 ListBox 会动态更新其子项列表。

用户界面的 XAML 代码如下：

```
<Grid Margin="15">
    <Grid.RowDefinitions>
        <RowDefinition Height="Auto"/>
        <RowDefinition Height="*"/>
    </Grid.RowDefinitions>
    <StackPanel Grid.Row="0" Orientation="Horizontal" Margin="6">
        <TextBlock Text="请输入内容：" VerticalAlignment="Center"/>
        <TextBox x:Name="txtInput" Width="160"/>
        <Button Content="添加" Margin="10,0,0,0" Padding="12,2" Click="OnAdd"/>
```

```
        <Button Content="删除选中项" Margin="15,0,0,0" Padding="12,2" Click="OnRemove"/>
    </StackPanel>
    <ListBox Grid.Row="1" Margin="3" x:Name="lb" />
</Grid>
```

单击"添加"按钮后将向字符串集合添加新元素，单击"删除选中项"按钮后将从字符串集合中移除 ListBox 中被选择的项。

切换到代码视图，在窗口类中声明一个 ObservableCollection<string>类型的私有字段。

```
System.Collections.ObjectModel.ObservableCollection<string> m_Collection = null;
```

然后在窗口类的构造函数中对集合变量进行实例化，并与 ListBox 的 ItemsSource 属性关联。

```
public MainWindow()
{
    InitializeComponent();
    m_Collection = new System.Collections.ObjectModel.ObservableCollection<string>();
    lb.ItemsSource = m_Collection;
}
```

处理"添加"和"删除选中项"两个按钮的 Click 事件。

```
private void OnAdd(object sender, RoutedEventArgs e)
{
    // 如果未输入内容，则忽略
    if (string.IsNullOrWhiteSpace(txtInput.Text))
    {
        return;
    }
    // 如果要添加的项已存在，就不再添加
    if (m_Collection.Contains(txtInput.Text))
    {
        MessageBox.Show("此项已存在。");
        return;
    }
    // 向集合添加新项
    m_Collection.Add(txtInput.Text);
    // 添加后清除文本框中的文本
    txtInput.Clear();
}

private void OnRemove(object sender, RoutedEventArgs e)
{
    // 判断当前是否有选中的项
    if (lb.SelectedIndex > -1)
    {
        string item = lb.SelectedItem as string;
        if (item != null)
        {
            // 从集合中移除指定项
            m_Collection.Remove(item);
        }
    }
}
```

无论是添加新项还是移除现有项，上面的代码都没有直接操作 ListBox，而是操作 m_Collection 集合。

运行应用程序，在文本框中输入字符串，然后单击"添加"按钮，字符串就被添加到 ObservableCollection<string>集合中；选中 ListBox 控件中的一个列表项，单击"删除选中项"按钮将选中的项移除。在这个过程中，ListBox 控件会随着 ObservableCollection<string>集合的更改而自动更新，ObservableCollection<string>集合的动态性就体现出来了，如图 12-61 所示。

完整的示例代码请参考\第 12 章\Example_31。

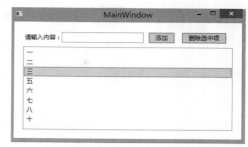

图 12-61　动态数据集合示例

12.7　布局

WPF 基础类库提供了几种布局控件，帮助开发人员在用户界面上对可视化元素进行排版。用好这些控件，可以设计出专业、美观的用户界面。

12.7.1　Panel 类

Panel 类是各种布局控件的基类，它是一个抽象类。本节将通过一个示例演示如何在一个面板容器中布局子元素。

首先，从 Panel 类派生出一个子类，命名为 MyPanel。

```
public class MyPanel : Panel
{
    /// <summary>
    /// 重写 MeasureOverride 方法以计算子元素所需要的布局空间总量
    /// </summary>
    protected override Size MeasureOverride(Size availableSize)
    {
        Size size = new Size();
        // 计算布局所有子元素所需要的空间
        foreach (UIElement ele in InternalChildren)
        {
            // 必须调用子元素的 Measure 方法
            // 以计算子元素所需要的空间大小
            ele.Measure(availableSize);
            // 调用完 Measure 后，子元素所需要的布局大小将存放在 DesiredSize 属性中
            size.Height = Math.Max(ele.DesiredSize.Height, size.Height);
            size.Width += ele.DesiredSize.Width;
        }
        return size;
    }

    protected override Size ArrangeOverride(Size finalSize)
    {
        Rect rect = new Rect();
        // 排列子元素
        foreach (UIElement ele in InternalChildren)
        {
            rect.Width = ele.DesiredSize.Width;
            rect.Height = ele.DesiredSize.Height;
```

```
                // 调用子元素的 Arrange 方法来定位
                ele.Arrange(rect);
                rect.X += ele.DesiredSize.Width;
            }
        return finalSize;
        }
}
```

对子元素进行布局处理，核心工作是重写 FrameworkElement 的 MeasureOverride 方法和 ArrangeOverride 方法。由于 Panel 类派生自 FrameworkElement 类，因此也继承了这两个方法。

子元素的布局分为两个阶段。

第一阶段是计算。此时 MeasureOverride 方法被调用，实现代码必须在该方法中计算好，布局所有子元素所需要的空间，本示例将子元素沿水平方向依次排列，如图 12-62 所示。

MyPanel 面板将子元素从左至右依次排列，因此布局子元素所需要的总宽度就是子元素的宽度总和，总高度就是子元素中高度值最大的那个。子元素集合可以通过基类的 InternalChildren 属性获取。注意一定要为每个子元素调用 Measure 方法，否则子元素的 DesiredSize 属性总是返回 0，在用户界面上就不会呈现子元素。计算完成后，将所有子元素所需要的总体空间大小返回。

第二阶段是排列。计算完成后就是对子元素进行定位了。此时 ArrangeOverride 方法会被调用，调用每个子元素的 Arrange 方法来进行定位，参数为一个 Rect 结构，表示用于定位元素的矩形区域。

测试 MyPanel 面板，在窗口的 XAML 文档中引入 MyPanel 所在的命名空间。

```
<Window x:Class="MyApp.MainWindow"
        ……
        xmlns:local="clr-namespace:MyApp"
```

然后，在 Grid 元素中放置一个 MyPanel 实例，然后再往 MyPanel 中放置一些子元素。

```
<Grid>
    <local:MyPanel>
        <Rectangle Height="80" Width="125" Fill="Green"/>
        <TextBlock FontSize="36" Text="AbcdE"/>
        <Ellipse Width="95" Height="90" Stroke="Purple" StrokeThickness="8"/>
        <Button Content="Test" Padding="15,5"/>
        <Rectangle Width="60" Height="30" Fill="Blue"/>
    </local:MyPanel>
</Grid>
```

最后，运行应用程序，查看最终效果，如图 12-63 所示。

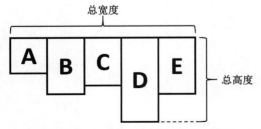

图 12-62　MyPanel 面板的布局示意图

图 12-63　在 MyPanel 中排列子元素

完整的示例代码请参考\第 12 章\Example_32。

12.7.2　网格布局

网格布局（Grid）将布局空间划分为多个行和列，并把子元素定位在由行和列相互交错所形成的单元格区域中。可以用图 12-64 模拟网格布局。从图 12-64 中可以看到，网格被划分为三行三列，共九个单元格。元素 A 位于第一行第一列的单元格中；元素 B 位于第二行第二列的单元格中；元素 C 位于第三行第一列的单元格中，不过它的宽度跨越了三列，占用了整个行的空间。

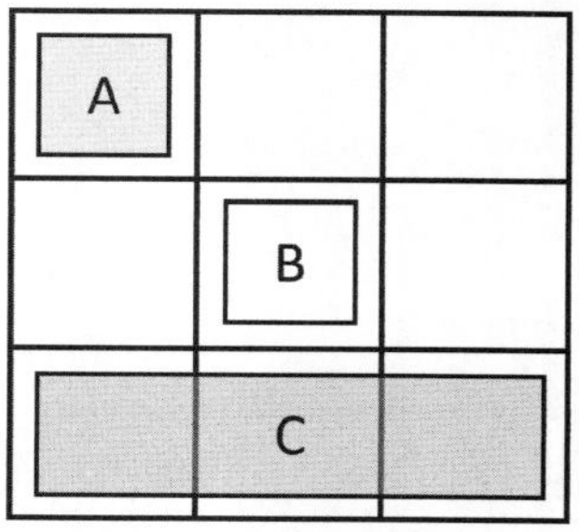

图 12-64　网格布局示意图

1. 划分单元格

Grid 公开了两个属性分别用来定义行和列。ColumnDefinitions 属性引用的是 ColumnDefinition 对象的集合，用于定义网格中的列；RowDefinitions 属性表示 RowDefinition 对象的集合，用于定义网格中的行。

不管是列宽还是行高，都可以使用三种值声明，详细说明请参阅表 12-4。

表 12-4　Grid 中列宽/行高的定义方法

定　义	说　明
Auto	自动调整。行的高度或者列的宽度将根据单元格中的对象来自动调整。例如，网格中某一行中放置了一个高度50、上边距10、下边距15的可视化对象，若行的高度设置为Auto，则该行的高度为50 + 10 + 15 = 75。行的高度应当包括内容的上下边距
具体值	该值将使列的宽度或行的高度固定，不再根据内容自动调整。比如，某列的宽度为100，不论其中所放置的子元素宽度为多少，该列的宽度始终为100
*（星号）	该值表示列的宽度或行的高度将通过计算比例来决定。例如，某Grid中有三列，第一列的宽度为200，第二列的宽度为*，则第二列的宽度将占据除第一列的200外的所有空间。 再比如，第一行的高度为*，第二行的高度为2*，第三行的高度为*，那么，在布局过程中首先把所有可用的空间平均划分为1 + 2 + 1=4等份，第一行的高度为*，占总高度的1/4；第二行的高度为2*，占总高度的2/4；第三行的高度为*，占总高度的1/4。 再举一例，某Grid中定义了四列，第一列的宽度为3*，第二列的宽度为2*，第三列的宽度为Auto，第四列的宽度为80。最后一列的宽度是明确的——80，第三列是自动调整，假设其内容的宽度为20，即第三列的宽度将调整为20。第三、四两列的总宽度可以确定为20+80=100，剩下的空间将用来分配给第一列和第二列。将剩下的可用空间平均划分为3 + 2 =5等份，第一列的宽度为3*，表示它占可用宽度的3/5；第二列的宽度为2*，表示它占可用宽度的2/5

下面来看一个示例

```
<Grid ShowGridLines="True">
    <Grid.ColumnDefinitions>
        <ColumnDefinition Width="*"/>
        <ColumnDefinition Width="2*"/>
    </Grid.ColumnDefinitions>
    <Grid.RowDefinitions>
        <RowDefinition Height="150"/>
        <RowDefinition Height="*"/>
        <RowDefinition Height="*"/>
        <RowDefinition Height="*"/>
    </Grid.RowDefinitions>
</Grid>
```

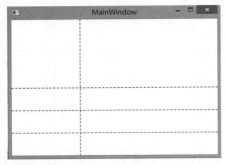

图 12-65　Grid 的单元格划分效果

将 ShowGridLines 属性设置为 True，让 Grid 显示网格线，以方便观察示例的运行结果。在上面 XAML 代码中，Grid 控件被划分为两列，把所有可用的空间平均划分为 1 + 2=3 等份，其中第一列的宽度占可用空间的 1/3，第二列的宽度占可用空间的 2/3。Grid 被划分为四行，第一行的高度是固定值 150，剩下的空间被平均分为 1 + 1 + 1=3 份，第二行到第四行每行的高度均为可用空间的 1/3。

最终的效果如图 12-65 所示。

完整的示例代码请参考\第 12 章\Example_33。

2. 定位子元素

Grid 类公开两个附加属性，帮助子元素在其内部进行定位。Column 属性指定子元素位于网格的哪一列上，Row 属性则指定子元素位于网格的哪一行上。之所以会以附加属性的形式公开，是因为一个 Grid 容器中可以放置多个子元素，而每个子元素所在的单元格并不一定相同，因此将 Column 和 Row 属性附加到某个子元素上进行设置，以指定该元素的具体位置。在定位时，行和列的索引都是从 0 开始计算的，即第一行为 0，第一列为 0，第二列为 1，等等。

请看下面的例子

```
<Grid ShowGridLines="True">
    <Grid.ColumnDefinitions>
        <ColumnDefinition Width="*"/>
        <ColumnDefinition Width="*"/>
        <ColumnDefinition Width="*"/>
    </Grid.ColumnDefinitions>
    <Grid.RowDefinitions>
        <RowDefinition Height="*"/>
        <RowDefinition Height="*"/>
        <RowDefinition Height="*"/>
    </Grid.RowDefinitions>
    <!-- 位于第一行第一列 -->
    <Rectangle Grid.Row="0" Grid.Column="0" Fill="Red"/>
    <!-- 位于第二行第二列 -->
    <Rectangle Grid.Row="1" Grid.Column="1" Fill="LightGreen"/>
    <!-- 位于第三行第三列 -->
    <Rectangle Grid.Row="2" Grid.Column="2" Fill="Pink"/>
</Grid>
```

Grid 控件被划分为三行三列，每一行的高度和每一列的宽度都是平均分配的。第一个矩形位于第一行第一列的单元格中，因此 Grid.Row 为 0，Grid.Column 为 0；第二个矩形位于第二行第二列的单元格中，所以将 Grid.Row 和 Grid.Column 附加属性设置为 1；第三个矩形位于第三行第三列的单元格中，Grid.Row 和 Grid.Column 的值应为 2。

最终效果如图 12-66 所示。

完整的示例代码请参考\第 12 章\Example_34。

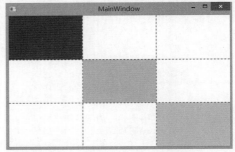

图 12-66　在 Grid 中定位子元素

3. 跨行或跨列布局

Grid 类还定义了 ColumnSpan 和 RowSpan 两个附加属性，用于指定某个子元素在网格中定位时应该跨越的行数或列数，两个属性的默认值均为 1，因为子元素在网格中定位时至少要跨越一列一行，如果默认值为 0 就没有实际意义了。

元素在网格所跨越的行数或列数将从当前所定位的行或列为起点进行计算。比如，一个子对象定位在网格的第二列（Column 属性为 1），跨两列（ColumnSpan 属性为 2），则该对象所占用的空间为第二列和第三列加起来的总宽度。

下面示例演示如何使可视化元素在 Grid 中跨行或者跨列布局。

```
<Grid ShowGridLines="True">
    <Grid.RowDefinitions>
        <RowDefinition Height="*"/>
        <RowDefinition Height="*"/>
    </Grid.RowDefinitions>
    <Grid.ColumnDefinitions>
        <ColumnDefinition Width="*"/>
        <ColumnDefinition Width="*"/>
        <ColumnDefinition Width="*"/>
    </Grid.ColumnDefinitions>
    <Rectangle Opacity="0.5" Fill="#FF82BFF1" Grid.Row="0" Grid.Column="1" Grid.
ColumnSpan="2"/>
    <Rectangle Grid.Row="0" Grid.Column="0" Grid.RowSpan="2" Opacity="0.5" Fill=
"#FFCDEE76"/>
    <TextBlock HorizontalAlignment="Center" Grid.Row="1" Grid.Column="1" Grid.
ColumnSpan="2" FontSize="125" Text="Face"/>
</Grid>
```

上面 XAML 代码将网格划分为两行三列，第一个矩形（Rectangle）放在第一行第二列的单元格中，并跨越两列，即矩形的宽度将占用第二列和第三列的总宽度。第二个矩形位于第一行第一列的单元格中，并且跨了两行，即矩形的高度为两行的高度总和。TextBlock 对象位于第二行第二列，跨两列布局，即TextBlock 元素的宽度为第二列和第三列的宽度之和。

示例的运行结果如图 12-67 所示。

完整的示例代码请参考\第 12 章\Example_35。

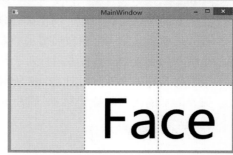

图 12-67　跨行/跨列布局

12.7.3　栈布局

第 28 集

栈布局（StackPanel）比网格布局更为简单，由 StackPanel 面板来实现。在栈结构的布局中，子元素是沿直线排列的，可以沿水平方向排列，也可以沿垂直方向排列。

Orientation 属性将决定 StackPanel 面板中子元素的排列方向，类型为 Orientation 枚举。当值为 Horizontal 时，子元素沿水平方向排列；当值为 Vertical 时，子元素将沿垂直方向排列。

下面来看一个示例

```
<Grid>
    <Grid.RowDefinitions>
        <RowDefinition Height="*"/>
        <RowDefinition Height="2*"/>
```

```
    </Grid.RowDefinitions>
    <!-- 沿水平方向布局 -->
    <StackPanel Grid.Row="0" Orientation="Horizontal" Margin="0,6">
        <Ellipse Width="130" Fill="LightBlue"/>
        <Path Stroke="Orange" StrokeThickness="15" Stretch="Uniform" Width="120">
            <Path.Data>
                <PathGeometry>
                    <PathFigure StartPoint="0,0">
                        <LineSegment Point="10,10"/>
                    </PathFigure>
                    <PathFigure StartPoint="10,0">
                        <LineSegment Point="0,10"/>
                    </PathFigure>
                </PathGeometry>
            </Path.Data>
        </Path>
        <Polygon Points="5,0 0,5 5,10 10,5" Fill="DarkGray" Stretch="Uniform"
Width="120"/>
        <TextBlock FontSize="70" FontFamily="隶书" Text="文本"/>
    </StackPanel>

    <!-- 沿垂直方向布局 -->
    <StackPanel Grid.Row="1" Margin="0,6" Orientation="Vertical">
        <Border Background="#FF5D1361" CornerRadius="15" Height="60"/>
        <TextBlock FontSize="75" FontFamily="华文新魏" Text="测试内容"/>
        <Polyline Points="0,0 25,15 50,0 75,15 100 0" Stroke="#FFDADA0C"
StrokeThickness="15" Stretch="Fill" Height="50"/>
    </StackPanel>
</Grid>
```

在上面的 XAML 代码中，网格被划分为两行，每行各放置一个栈布局面板。第一个栈布局按水平方向来排列子元素，而第二个栈布局面板则沿垂直方向排列子元素。

最后得到的用户界面如图 12-68 所示。

完整的示例代码请参考\第 12 章\Example_36。

图 12-68   使用 StackPanel 面板布局子元素

12.7.4   停靠面板

停靠面板（DockPanel）可以让子元素在其内部区域中按特定方向停靠。该类公开一个 Dock 附加属性，子元素通过该属性来进行定位。

如果将 LastChildFill 属性设置为 True，则最后放进停靠面板的元素将填充剩余的所有空间。该属性默认为 True，若不希望最后添加的元素填充所有剩余空间，需要显式将其设置为 False。

下面演示一个使用 DockPanel 面板进行布局的例子。

在 Visual Studio 开发环境中新建一个 WPF 应用程序项目。待项目创建后，在项目模板生成的 MainWindow.xaml 文件中加入以下 XAML 代码

```
<Grid>
    <Grid.RowDefinitions>
        <RowDefinition Height="*"/>
        <RowDefinition Height="Auto"/>
```

```
        </Grid.RowDefinitions>
        <DockPanel Grid.Row="0" Margin="5" LastChildFill="{Binding ElementName=
ckb,Path=IsChecked}">
            <Button Content="test content" DockPanel.Dock="Top"/>
            <Rectangle Fill="Gray" Width="37" DockPanel.Dock="Left" />
            <Ellipse Height="40" Fill="DarkGreen" DockPanel.Dock="Bottom"/>
            <Border DockPanel.Dock="Right" MinWidth="50">
                <Border.Background>
                    <LinearGradientBrush EndPoint="1,1" StartPoint="0,0">
                        <GradientStop Color="#FF17990A" Offset="0"/>
                        <GradientStop Color="#FFF9C998" Offset="1"/>
                    </LinearGradientBrush>
                </Border.Background>
            </Border>
        </DockPanel>
    <CheckBox x:Name="ckb" Grid.Row="1" Margin="6" Content="将 LastChildFill 设置为
True。"/>
</Grid>
```

　　停靠面板中包含了四个子元素：Button 对象停靠在面板的顶部区域；Rectangle 对象停靠在面板的左侧；Ellipse 对象停靠在面板的底部；Border 对象停靠在面板的右侧。

　　对停靠面板 LastChildFill 属性的设置将与 CheckBox 控件的 IsChecked 属性进行绑定，当 CheckBox 被选中时，LastChildFill 属性的值为 True，否则就为 False。

　　由于 Border 对象是最后添加到 DockPanel 面板中的子元素，因此 LastChildFill 属性的改变会影响 Border 元素的布局。

　　运行应用程序，会看到如图 12-69 所示的布局。选中"将 LastChildFill 设置为 True"选项，Border 对象的大小将自动进行调整，以填充停靠面板的剩余空间，如图 12-70 所示。

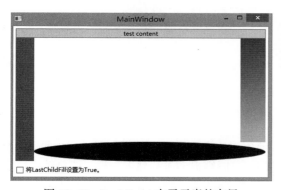

图 12-69　DockPanel 中子元素的布局

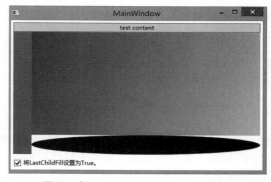

图 12-70　最后添加进 DockPanel 的子元素将填充剩余空间

　　完整的示例代码请参考\第 12 章\Example_37。

12.7.5　绝对定位

　　在绝对定位（Canvas）面板中定位子元素在性能上要比其他的布局面板优越，因为绝对定位面板是采用绝对坐标来定位子元素的，在布局可视化元素时不需要进行复杂的计算，只要按照每个子元素上所设置的 Top、Left、Right 和 Bottom 四个值就可以直接对其进行定位。

　　Top、Left、Right、Bottom 四个属性都是附加属性，因为每个子元素的位置既可以相同，也可以不同，

第 29 集

具体的值将取决于元素自身需求。四个属性的默认值都为 0，且 Left 和 Top 两个属性值的优先级高于 Right 和 Bottom。也就是说，如果同时设置了四个属性，那么 Right 和 Bottom 属性的值将被忽略。因此，在实际使用中，要么使用 Top 和 Left 的值，要么只使用 Right 和 Bottom 的值，四个属性同时使用没有实际意义。

下面示例将演示绝对定位面板的用法。

```xml
<Canvas>
    <Button Padding="8,3" Content="Button Content" Canvas.Right="20" Canvas.
Bottom="200" />
    <Ellipse Width="100" Height="100" Fill="SlateBlue" Canvas.Left="39" Canvas.
Top="67"/>
    <Path Stretch="Uniform" Fill="#FFDAC921" Width="150" Height="150" Canvas.
Left="180" Canvas.Top="140">
        <Path.Data>
            <PathGeometry>
                <PathFigure StartPoint="5,0" IsFilled="True">
                    <LineSegment Point="0,10"/>
                    <LineSegment Point="10,10"/>
                </PathFigure>
            </PathGeometry>
        </Path.Data>
    </Path>
</Canvas>
```

在 Button 上设置 Canvas.Right 属性的值为 20，Button 对象在水平方向上定位将相对于绝对定位面板的右侧来计算；同理，Canvas.Bottom 表示 Button 在垂直方向上的位置将相对于绝对定位面板的底部来计算。Ellipse 和 Path 元素的定位将相对于绝对定位面板的左侧和顶部来计算。

最终的效果如图 12-71 所示。

完整的示例代码请参考\第 12 章\Example_38。

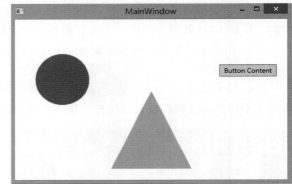

图 12-71　绝对定位面板布局

12.7.6　自动换行

与栈布局面板相近，自动换行（WrapPanel）面板也可以选择沿水平方向或沿垂直方向排列子元素。与栈布局面板不同的是，自动换行面板中的子元素在当前行空间不足时会自动排列到下一行，即自动换行。

如果需要统一指定自动换行面板中子元素的宽度和高度，可以设置 ItemWidth 和 ItemHeight 属性。默认值为 Double.NaN，相当于设置为 Auto，即根据子元素的大小自动调整。

请看下面 XAML 代码

```xml
<WrapPanel Orientation="Vertical" ItemHeight="100" ItemWidth="100">
    <Ellipse Fill="#FF4A0B5D"/>
    <Ellipse Fill="#FFA453E8"/>
    <Ellipse Fill="#FF94B945"/>
    <Ellipse Fill="#FFD8D82D"/>
    <Ellipse Fill="#FF997979"/>
    <Ellipse Fill="#FF5FF37A"/>
    <Ellipse Fill="#FF57BDCD"/>
```

```
        <Ellipse Fill="#FFE02B8E"/>
        <Ellipse Fill="#FF1168B0"/>
        <Ellipse Fill="#FFC7174F"/>
        <Ellipse Fill="#FFECAA38"/>
</WrapPanel>
```

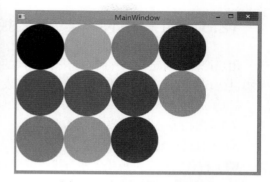

图 12-72　自动换行面板布局

上面例子在自动换行面板中放置了多个正圆，并显式指定每个子元素的宽度和高度均为 100，排列方向为垂直排列，当 WrapPanel 在垂直方向上一个行的空间不够用时，会将子元素移到下一行。

呈现效果如图 12-72 所示。

完整的示例代码请参考\第 12 章\Example_39。

12.7.7　Z 顺序

Z 顺序描述的是可视化元素在布局空间内排列时的层次性。在默认情况下，第一个放入布局容器的可视化元素的 Z 顺序为 0，第二个被放入布局容器的可视化元素的 Z 顺序为 1。而且，Z 顺序较大的元素会遮挡 Z 顺序较小的元素，越往顶层 Z 顺序越大。

Panel 类定义了一个 ZIndex 附加属性，在子元素上可以通过设置该属性来修改默认的 Z 顺序值。ZIndex 属性值是基于 0 的，可以使用大于或等于 0 的整数值。

下面示例演示 ZIndex 附加属性的使用方法。

```
<Canvas>
    <Rectangle Canvas.Left="165" Canvas.Top="85" Width="260" Height="180" Fill=
"#FFFFED34" Panel.ZIndex="1" Opacity="0.7"/>
    <Ellipse Canvas.Left="50" Canvas.Top="75" Width="200" Height="200" Fill=
"#FF0E97C3" Panel.ZIndex="0"/>
    <Path Canvas.Left="255" Canvas.Top="15" Width="220" Height="165" Fill="Red"
Stretch="Fill" Panel.ZIndex="2">
        <Path.Data>
            <PathGeometry>
                <PathFigure StartPoint="0,0" IsFilled="True">
                    <PolyLineSegment Points="5,10 10,0 5,4"/>
                </PathFigure>
            </PathGeometry>
        </Path.Data>
    </Path>
</Canvas>
```

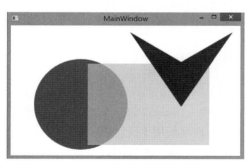

图 12-73　Z 顺序示例

上面的 XAML 代码在绝对定位面板中放入了三个元素，按照默认的情况，Rectangle 元素的 Z 顺序为 0，Ellipse 元素的 Z 顺序为 1，Path 元素的 Z 顺序为 2。由于三个元素在布局后会出现重叠，因此 Ellipse 元素会把 Rectangle 元素的部分内容遮挡住，Path 元素遮住 Rectangle 元素的部分内容。

但是，因为示例中通过 ZIndex 附加属性明确指定 Rectangle 元素的 Z 顺序为 1，Ellipse 元素的 Z 顺序为 0，最终的结果是 Rectangle 元素会遮挡 Ellipse 元素的部分内容，如图 12-73 所示。

完整的示例代码请参考\第 12 章\Example_40。

12.8　用户控件与自定义控件

用户控件和自定义控件的功能都是相同的，开发人员可以设计满足实际需求的控件。当 WPF 基础框架所提供的现有控件不能满足实际需求时，开发人员就可以考虑通过以下三个途径来获得所需要的控件。

（1）通过网络搜索，或在相关的论坛社区寻找别人开发的控件。

（2）向相关公司购买专业的控件产品。

（3）自己开发新控件。

WPF 控件实现了可视化界面与代码逻辑的分离，大大降低了控件开发的难度。当决定自己开发控件后，就要考虑通过用户控件还是自定义控件来实现。如果通过把现有控件进行组合就可以获得所需要的控件，就应该优先考虑使用用户控件。当运用现有控件进行组装也无法满足需求时，才会考虑开发自定义控件。

首先介绍如何实现用户控件。UserControl 类派生自 ContentControl，表明用户控件也属于内容控件，因此使用起来和 Window 类（窗口）类似。自行开发的用户控件就是 UserControl 的子类，好处在于它已经为开发人员定义好许多控件相关的默认行为，开发人员无须自己实现，节约了开发成本。

接下来制作一个用户控件。该用控件中的核心部分是 PasswordBox 控件，它用于输入密码，当用户输入密码时，该用户控件会动态提示密码的安全强度。规则为：密码长度小于 8 的为"弱"，显示为黄色；密码长度大于或等于 8 的，且由纯数字或字母组成的，视为"中强"，显示为绿色；密码长度大于或等于 8，且同时由字母和数字组成的，视为"最强"，显示为红色。具体实现步骤如下：

（1）启动 Visual Studio 开发环境，新建一个 WPF 应用程序项目。

（2）调出"解决方案资源管理器"，右击项目名称节点，从弹出的快捷菜单中依次执行【添加】→【用户控件】，如图 12-74 所示。

（3）在随后弹出的对话框中，输入 XAML 文件的名称，然后单击"确定"按钮即可添加新的用户控件。

（4）生成的 XAML 代码与窗口相似，默认也是使用 Grid 元素作为布局的根元素，如下面代码所示

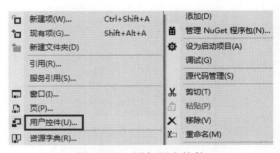

图 12-74　添加用户控件

```xml
<UserControl x:Class="Example_41.MyPasswordInput"
        xmlns="http://schemas.microsoft.com/winfx/2006/xaml/presentation"
        xmlns:x="http://schemas.microsoft.com/winfx/2006/xaml"
        xmlns:mc="http://schemas.openxmlformats.org/markup-compatibility/2006"
        xmlns:d="http://schemas.microsoft.com/expression/blend/2008"
        mc:Ignorable="d"
        d:DesignHeight="300" d:DesignWidth="300">
    <Grid>

    </Grid>
</UserControl>
```

这里引入两个命名空间，一个前缀为 d，然后通过 d:DesignHeight 和 d:DesignWidth 来设置用户控件的高度和宽度，这两个值仅在设计时有效，即 d 前缀下面的属性所设置的内容仅用于设计器，程序在运行阶段不起作用，因此就用到了另一个前缀为 mc 的命名空间，mc:Ignorable="d"表示在应用程序运行后将忽略前缀 d 所设置的属性值。

（5）在 Grid 元素的开始节点和结束节点之间输入以下 XAML 代码

```
<Grid>
    <Rectangle>
        <Rectangle.Fill>
            <LinearGradientBrush StartPoint="0.5,0" EndPoint="0.5,1">
                <GradientStop Color="Transparent" Offset="0.1"/>
                <GradientStop x:Name="stop1" Color="Transparent" Offset="1"/>
            </LinearGradientBrush>
        </Rectangle.Fill>
    </Rectangle>
    <PasswordBox x:Name="pswd" Background="{x:Null}" PasswordChanged="pswd_
PasswordChanged"/>
</Grid>
```

　　Rectangle 元素的 Fill 属性使用了渐变画刷来填充，由于后续需要在代码中修改渐变画刷中第二个渐变点的颜色，因此要为它分配一个名字 stop1。PasswordBox 控件放置在 Rectangle 对象的上方，为了不挡住下面的 Rectangle 对象，必须将 PasswordBox 控件的 Background 属性设置为 null。

　　（6）由于 PasswordBox 控件的 Password 属性不是依赖项属性，不能通过数据绑定来改变 Rectangle 的填充颜色，只能通过编写代码来实现。所以要处理 PasswordChanged 事件，以便在输入的密码改变后实时分析密码的安全强度。

```
private void pswd_PasswordChanged(object sender, RoutedEventArgs e)
{
    /*
    * t 表示密码强度类型
    *   1 - 较弱
    *   2 - 中强
    *   3 - 较强
    *   0 - 表示字符长度为 0 或由空格组成
    */
    int t = 0;
    string password = pswd.Password;
    if (string.IsNullOrWhiteSpace(password))
    {
        t = 0;
    }
    else
    {
        if (password.Length > 0 && password.Length < 8)
        {
            // 长度小于 8，强度为弱
            t = 1;
        }
        else
        {
            int letterCount = 0;
            int digitCount = 0;
            foreach (char c in password.ToCharArray())
            {
                // 查找字母
                if (char.IsLetter(c))
                {
                    letterCount++;
```

```
            }
            // 查找数字
            if (char.IsDigit(c))
            {
                digitCount++;
            }
        }
        // 如果是纯字母或纯数字密码
        // 则强度为中强
        if (letterCount == password.Length || digitCount == password.Length)
        {
            t = 2;
        }
        else
        {
            t = 3;
        }
    }
}
// 分析该呈现什么颜色
Color colorRes = Colors.Transparent;
switch (t)
{
    case 1:
        colorRes = Colors.Yellow;
        break;
    case 2:
        colorRes = Colors.Green;
        break;
    case 3:
        colorRes = Colors.Red;
        break;
    default:
        colorRes = Colors.Transparent;
        break;
}
// 设置渐变点的颜色
stop1.Color = colorRes;
}
```

使用一个 int 类型的变量 t 来标识密码的强度，随后使用 switch 语句，根据变量 t 的值来设置颜色。

（7）PasswordBox 控件是放在用户控件内部的，为了使外部代码能通过用户控件来访问 PasswordBox 控件中输入的密码，用户控件应对外公开一个支持读写的属性。

```
public string Password
{
    get { return this.pswd.Password; }
    set { this.pswd.Password = value; }
}
```

（8）至此，用户控件已经完成，下面进行测试。打开项目模板生成的 MainWindow.xaml 文件，在 Grid 元素内输入以下 XAML

```
<Grid>
    <StackPanel Orientation="Horizontal">
```

```
    <TextBlock Text="请输入密码: " FontSize="20" VerticalAlignment="Center"/>
    <local:MyPasswordInput Width="150" Height="20"/>
  </StackPanel>
</Grid>
```

local 是 MyPasswordInput 用户控件所在命名空间的前缀。

运行应用程序，然后在密码框中输入密码，并观察其颜色变
化，如图 12-75 所示。

完整的示例代码请参考\第 12 章\Example_41。

图 12-75 可指示密码安全强度的用户控件

接下来介绍如何开发新控件。一般来说，自定义新控件是最后才考虑的，毕竟开发一个新的控件需要
花一些精力。但由于 WPF 的控件模型把可视化界面和控件逻辑进行了分离，开发 WPF 控件比 Windows Forms
控件要简单且灵活得多。开发 WPF 控件，可以在控件模板中使用 XAML 来排版和设计控件的外观，然后
在控件类代码中做一些必要的逻辑处理。

下面将通过开发一个时间显示控件来演示如何开发自定义控件。该控件比较简单，就是在界面上显示
当前时间，每隔一秒钟更新一次。本示例的重点并不是开发复杂的控件，而是通过该示例演示 WPF 的自定
义控件是如何开发的。

（1）在 Visual Studio 开发环境中新建一个 WPF 应用程序项目。

（2）调出"解决方案资源管理器"窗口，右击项目名称节点，从弹出的快捷菜单中依次执行【添
加】→【新建项】。在随后打开的对话框中选择"类"，输入文件名，最后单击"确定"按钮，就可以向项
目中添加一个自定义控件类，如图 12-76 所示。

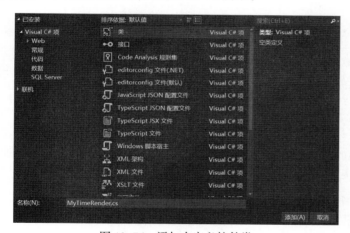

图 12-76 添加自定义控件类

图 12-77 自定义控件包含的文件

（3）添加新控件后，在项目中建立了一个名为 Themes 的目录，自定义控件的模板都统一放在这里。
Themes 目录下添加一个 XAML 文件，命名为 Generic.xaml，文件中以资源的形式定义了控件的样式，包括
控件模板，如图 12-77 所示。

（4）将新控件的样式进行以下修改

```
<Style TargetType="{x:Type local:MyTimeRender}">
    <Setter Property="Background" Value="LightYellow"/>
    <Setter Property="Foreground" Value="Red"/>
    <Setter Property="FontSize" Value="36"/>
    <Setter Property="BorderBrush" Value="Green"/>
```

```xml
        <Setter Property="BorderThickness" Value="1"/>
        <Setter Property="HorizontalContentAlignment" Value="Center"/>
        <Setter Property="VerticalContentAlignment" Value="Center"/>
        <Setter Property="Padding" Value="7,4"/>
        <Setter Property="Template">
            <Setter.Value>
                <ControlTemplate TargetType="{x:Type local:MyTimeRender}">
                    <Border x:Name="root" Background="{TemplateBinding Background}"
BorderBrush="{TemplateBinding BorderBrush}" BorderThickness="{TemplateBinding
BorderThickness}" SnapsToDevicePixels="{TemplateBinding SnapsToDevicePixels}"
CornerRadius="5">
                        <ContentControl x:Name="PART_TimePresenter" Foreground=
"{TemplateBinding Foreground}" Margin="{TemplateBinding Padding}" Horizontal
Alignment="{TemplateBinding HorizontalContentAlignment}" VerticalAlignment=
"{TemplateBinding VerticalContentAlignment}" FontFamily="{TemplateBinding
FontFamily}" FontSize="{TemplateBinding FontSize}" FontWeight="{TemplateBinding
FontWeight}" FontStyle="{TemplateBinding FontStyle}"/>
                    </Border>
                    <ControlTemplate.Triggers>
                        <Trigger Property="IsMouseOver" Value="True">
                            <Setter TargetName="root" Property="BorderBrush">
                                <Setter.Value>
                                    <LinearGradientBrush StartPoint="0.5,0" EndPoint="0.5,1">
                                        <GradientStop Color="LightBlue" Offset="0.2"/>
                                        <GradientStop Color="#FF6B84D6" Offset="1"/>
                                    </LinearGradientBrush>
                                </Setter.Value>
                            </Setter>
                            <Setter TargetName="root" Property="BorderThickness" Value="6" />
                        </Trigger>
                    </ControlTemplate.Triggers>
                </ControlTemplate>
            </Setter.Value>
        </Setter>
    </Style>
```

在控件模板中包含了一个 ContentControl 控件，控件需要在 ContentControl 上显示当前时间，即在代码中需要用到该 ContentControl 控件，因此使用 x:Name 标记为它分配一个名称。注意在控件模板中给对象命名必须使用 x:Name 标记，不能使用 Name 属性。

控件模板可以定义触发器，即在控件的某个属性值符合触发条件时，就会执行触发器下的 Setter 对象来修改指定目标对象的属性。如本例中，往控件模板中添加了以下触发器

```xml
<Trigger Property="IsMouseOver" Value="True">
    <Setter TargetName="root" Property="BorderBrush">
        <Setter.Value>
            <LinearGradientBrush StartPoint="0.5,0" EndPoint="0.5,1">
                <GradientStop Color="LightBlue" Offset="0.2"/>
                <GradientStop Color="#FF6B84D6" Offset="1"/>
            </LinearGradientBrush>
        </Setter.Value>
    </Setter>
    <Setter TargetName="root" Property="BorderThickness" Value="6" />
</Trigger>
```

　　IsMouseOver 是在 UIElement 类中定义的属性，如果鼠标指针停留在控件上，该属性的值就会变为 True，这样就符合触发条件，于是两个 Setter 对象被执行，将控件中 Border 对象的边框颜色和边框粗细进行修改；当鼠标指针不停留在控件时，IsMouseOver 属性的值为 False，则触发条件不成立，Setter 对象所做的修改会被撤销，控件就回到原先的状态。

　　（5）打开新控件类所在的代码文件，会看到在 MyTimeRender 类的静态构造函数中重写 DefaultStyleKey 依赖项属性的元数据，其使得控件自动套用针对 MyTimeRender 类型所定义的样式，即 Generic.xaml 文件中的 Style 资源。

```
static MyTimeRender()
{
    DefaultStyleKeyProperty.OverrideMetadata(typeof(MyTimeRender), new Framework
PropertyMetadata(typeof(MyTimeRender)));
}
```

　　（6）因为要在代码中使用控件模板中的 ContentControl 对象，所以需要在类中声明一个私有变量来保存对 ContentControl 实例的引用。

```
private ContentControl p_contenthost = null;
```

　　（7）因为 ContentControl 对象在模板中已分配了名称，在代码中也定义一个字符串常量来保存该名称，这样做的好处在于，在代码中引用该字符串时不容易出错。

```
public const string PART_TimePresenter = "PART_TimePresenter";
```

　　（8）控件中显示的时间每隔一秒钟更新一次，因此需要一个计时器。在控件类中声明一个 DispatcherTimer 类型的私有变量，并在公共构造函数中将它初始化。

```
public MyTimeRender()
{
    // 实例化计时器
    _timer = new System.Windows.Threading.DispatcherTimer(TimeSpan.FromSeconds(1d),
System.Windows.Threading.DispatcherPriority.Render, new EventHandler(OnTick),
System.Windows.Threading.Dispatcher.CurrentDispatcher);
}

private void OnTick(object sender, EventArgs e)
{
    if (p_contenthost != null)
    {
        p_contenthost.Content = DateTime.Now;
    }
}
```

　　（9）重写基类的 OnApplyTemplate 方法，以便在控件成功套用控件模板后获取模板中 ContentControl 对象的引用。

```
public override void OnApplyTemplate()
{
    base.OnApplyTemplate();

    if (p_contenthost != null)
    {
        p_contenthost = null;
```

```
    }
    // 从控件模板中找出 ContentControl 控件
    p_contenthost = GetTemplateChild(PART_TimePresenter) as ContentControl;
    // 设置显示时间格式
    p_contenthost.ContentStringFormat = "HH:mm:ss";
    p_contenthost.Content = DateTime.Now;
}
```

要获取控件模板中已命名的对象，可以使用 GetTemplateChild 方法。如果找不到指定的对象，则返回 null。

（10）由于新控件的模板中包含了已命名的对象，为了让开发工具或者使用该控件的人知道控件模板中需要存在该对象，应当在类上应用 TemplatePart 特性。该特性可以指定控件模板中命名部件的名称和类型。

```
[TemplatePart(Name = MyTimeRender.PART_TimePresenter, Type = typeof(ContentControl))]
public class MyTimeRender : System.Windows.Controls.Control { …… }
```

这里 Name 属性直接引用了 MyTimeRender 中定义的 PART_TimePresenter 常量，也可以直接用部件的名称，即 Name = "PART_TimePresenter"。

（11）重新生成项目，测试这个新控件。

```
<Window x:Class="Example_42.MainWindow"
        xmlns="http://schemas.microsoft.com/winfx/2006/xaml/presentation"
        xmlns:x="http://schemas.microsoft.com/winfx/2006/xaml"
        xmlns:local="clr-namespace:Example_42"
        Title="MainWindow" Height="150" Width="300">
    <Grid>
        <local:MyTimeRender HorizontalAlignment=
"Center" VerticalAlignment="Center"/>
    </Grid>
</Window>
```

最后运行应用程序，得到如图 12-78 所示的结果。

完整的示例代码请参考\第 12 章\Example_42。

图 12-78　显示当前时间的控件

12.9　样式与资源

样式由 Style 类表示，可以针对特定类型的可视化对象的属性进行集中设置。使用样式来描述对象的属性，可以实现重复利用，减少额外的工作。因此，样式通常声明为资源，以方便在不同的地方进行引用。

在资源列表中声明样式对象时，如果显式指定 x:key（资源的键，资源集合本质上是一个字典集合，通过键来访问），则 XAML 文档要使用该样式的元素必须显式引用；如果不设置 x:Key 值，则在资源集合有效范围内的所有可视化对象都会自动套用资源中的样式。

下面通过两个示例对比以上两种情况所能达到的不同效果。

先看第一个示例（完整的示例代码请参考\第 12 章\Example_43），该示例在窗口的资源列表中声明了一个针对 TextBlock 元素的样式，并指定资源键 tbstyle。

```
<Window.Resources>
    <Style x:Key="tbstyle" TargetType="{x:Type TextBlock}">
        <Setter Property="FontFamily" Value="华文行楷"/>
        <Setter Property="FontSize" Value="16"/>
        <Setter Property="FontStyle" Value="Italic"/>
    </Style>
</Window.Resources>
```

Style 对象通过 TargetType 属性指定该样式是针对哪个类型的，类型为 System.Type。在 XAML 代码中，可以使用 x:Type 扩展标记来获取指定类型的 Type，相当于 C#代码中的 typeof 运算符。

一个 Style 对象可以包含多个 Setter 对象，每个 Setter 对象都可以用来设置某个属性的值。在上面代码中，将目标 TextBlock 对象的 FontFamily（字体）属性设置为"华文行楷"，FontSize（字体大小）属性设置为 16，FontStyle（字体风格）属性设置为"Italic（斜体）"。

然后在 StackPanel 面板中放置三个 TextBlock 元素，其中第一个和第二个 TextBlock 元素没有显式引用资源中的样式，第三个 TextBlock 元素显式引用资源中的样式。

```
<StackPanel>
    <TextBlock Text="文本一"/>
    <TextBlock Text="文本二"/>
    <TextBlock Text="文本三" Style="{StaticResource tbstyle}"/>
</StackPanel>
```

引用资源中的内容，可以使用 StaticResource 或 DynamicResource 扩展标记，默认属性是 ResourceKey，它表示要引用资源项的 Key，由于 ResourceKey 是默认属性，在书写 XAML 表达式时可以省略，与 Binding 标记类似。有关 StaticResource 与 DynamicResource 标记的区别，后面会进行介绍。

最终结果如图 12–79 所示。因为只有第三个 TextBlock 元素引用了键名为"tbstyle"的样式，所以第一个和第二个 TextBlock 元素的各属性值仍保持默认样式的值，而第三个 TextBlock 则套用了前面自定义的样式。

下面来看不带资源键样式的应用效果（完整的示例代码请参考\第 12 章\Example_44）。样式声明如下：

```
<Window.Resources>
    <Style TargetType="{x:Type Rectangle}">
        <Setter Property="Fill" Value="LightGreen"/>
        <Setter Property="Stroke" Value="Blue"/>
        <Setter Property="StrokeThickness" Value="3.5"/>
        <Setter Property="Width" Value="160"/>
        <Setter Property="Height" Value="135"/>
    </Style>
</Window.Resources>
```

该样式应用于 Rectangle 对象，并对填充画刷、轮廓画刷、高度等属性进行了设置。下面将在一个 WrapPanel 面板中声明三个 Rectangle 元素。

```
<WrapPanel Orientation="Horizontal">
    <Rectangle/>
    <Rectangle/>
    <Rectangle/>
</WrapPanel>
```

如图 12-80 所示，三个 Rectangle 对象自动套用了资源中定义的样式。

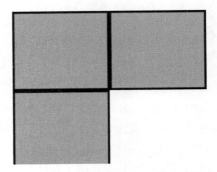

文本一
文本二
文本三

图 12-79　带 Key 的样式　　　　　　　图 12-80　套用不带 Key 的样式

12.9.1　样式中的触发器

Style 类公开了一个 Triggers 集合，允许向其中添加触发器。触发器以 TriggerBase 抽象类为基础，即只要从 TriggerBase 类派生的类型都可以添加到 Triggers 集合中。

TriggerBase 类有两个 TriggerActionCollection 类型的属性：EnterActions 表示当触发器处于活动状态时所执行的操作；ExitActions 表示当触发器不再活动时所执行的操作。触发器操作对象以 TriggerAction 类为基础，从该类派生的类型都可以添加到 EnterActions 或 ExitActions 集合中。这些操作主要以动画的形式出现。

下面示例将演示 Trigger 类的使用，完整的示例代码请参考\第 12 章\Example_45。下面 XAML 代码声明一个针对 Rectangle 对象的样式资源。

```xml
<Window.Resources>
    <Style TargetType="{x:Type Rectangle}">
        <Setter Property="Width" Value="150" />
        <Setter Property="Height" Value="100"/>
        <Setter Property="Fill" Value="Yellow"/>
        <Style.Triggers>
            <Trigger Property="IsMouseOver" Value="True">
                <Setter Property="Fill" Value="Red"/>
            </Trigger>
        </Style.Triggers>
    </Style>
</Window.Resources>
```

上面代码中触发器的触发条件是 Rectangle 对象的 IsMouseOver 属性（从 UIElement 类继承）为 True，并将填充画刷改为红色。当鼠标指针移到对象上时 IsMouseOver 属性的值就会变为 True，当鼠标指针离开对象时，IsMouseOver 属性就会还原为 False。

在界面上声明三个 Rectangle 元素，它们会自动套用上面定义的样式。

```xml
<StackPanel Margin="30" Orientation="Horizontal">
    <Rectangle/>
    <Rectangle/>
    <Rectangle/>
</StackPanel>
```

运行示例后，将鼠标指针移到 Rectangle 对象上，就会看到如图 12-81 所示的效果。

　　下面再来看一个使用动画触发器的例子，完整的示例代码请参考\第 12 章\Example_46。首先在资源集合中声明一个面向 Ellipse 类型的样式。

```
<Window.Resources>
    <Style TargetType="{x:Type Ellipse}">
        <Setter Property="Width" Value="120"/>
        <Setter Property="Height" Value="120"/>
        <Setter Property="Fill" Value="LightBlue"/>
        <Style.Triggers>
            <Trigger Property="UIElement.IsMouseOver" Value="True">
                <Trigger.EnterActions>
                    <BeginStoryboard Name="start">
                        <Storyboard RepeatBehavior="Forever">
                            <ColorAnimation Storyboard.TargetProperty="(Shape.Fill).
(SolidColorBrush.Color)" From="Orange" To="Blue" Duration="0:0:2"/>
                        </Storyboard>
                    </BeginStoryboard>
                </Trigger.EnterActions>
                <Trigger.ExitActions>
                    <StopStoryboard BeginStoryboardName="start"/>
                </Trigger.ExitActions>
            </Trigger>
        </Style.Triggers>
    </Style>
</Window.Resources>
```

　　为触发器激活时执行的 EnterActions 集合中添加一个 BeginStoryboard 对象，开始播放动画；当触发器不再激活时将执行 ExitActions 中的操作，StopStoryboard 的作用是停止在 BeginStoryboard 对象中启动的动画。

　　在示例运行后，将鼠标指针移到界面中的圆上，就可以看到如图 12-82 所示的动画变化效果。

图 12-81　应用样式触发器

图 12-82　在触发器中应用动画

12.9.2　资源的有效范围

　　在使用资源时，必须考虑它的有效范围。资源列表实际上是一个字典集合，每个资源都需要分配一个唯一的键名（Key），因此可以将存放资源列表的对象称为资源字典（由 ResourceDictionary 类表示）。支持资源字典的类型都会公开一个 Resources 属性，该属性所引用的资源字典仅该类型的当前实例及它所包含的子元素可以访问，即资源的有效范围。表 12-5 列出了公开 Resources 属性的 3 个类型。

表 12-5　公开Resources属性的类型

类　型	说　明
Application	表示应用程序级别的资源。在Application.Resources中声明的资源，其有效范围覆盖整个应用程序。只要位于当前应用程序中的代码都能访问
Style	资源的有效范围仅限于当前样式，在样式之外不可访问
FrameworkElement	当前元素及其子元素都可以访问的资源，而当前元素的父级元素或其他元素不能访问。由于WPF中许多类型都从FrameworkElement类派生，因此Resources属性也会被子类继承，如Control、TextBox等类型

下面通过一个示例介绍资源字典的有效范围。

（1）在 Visual Studio 开发环境中新建一个 WPF 应用程序项目。

（2）打开 App.xaml，声明一个应用程序级别的资源——应用于 TextBlock 对象的样式。

```
<Application.Resources>
    <Style TargetType="{x:Type TextBlock}">
        <Setter Property="FontFamily" Value="楷体"/>
        <Setter Property="FontSize" Value="20"/>
        <Setter Property="Foreground" Value="Purple"/>
    </Style>
</Application.Resources>
```

资源没有使用 x:Key 显式定义键名，表示该 Style 以类型作为资源键，声明该样式后，当前应用程序中的所有 TextBlock 元素都会自动套用该样式。

（3）打开项目模板生成的 MainWindow.xaml 文件，将窗口中的 Grid 对象划分为两列的网格。

```
<Grid>
    <Grid.ColumnDefinitions>
        <ColumnDefinition Width="auto"/>
        <ColumnDefinition Width="auto"/>
    </Grid.ColumnDefinitions>
......
```

（4）在网格的第一列中声明一个 StackPanel 元素，并在其中定义两个 TextBlock 元素。

```
<StackPanel Grid.Column="0" Margin="6">
    <TextBlock Text="示例文本 1"/>
    <TextBlock Text="示例文本 2"/>
</StackPanel>
```

这两个 TextBlock 只设置了 Text 属性，其他属性没有显式赋值，它们会自动套用 App.xaml 中定义的样式。

（5）在网格控件的第二列放置一个 StackPanel 对象，并在该 StackPanel 对象的资源列表中定义一个针对 TextBlock 元素的样式。

```
<StackPanel Grid.Column="1" Margin="8">
    <StackPanel.Resources>
        <Style TargetType="{x:Type TextBlock}">
            <Setter Property="FontFamily" Value="隶书"/>
            <Setter Property="FontSize" Value="45"/>
            <Setter Property="Foreground">
                <Setter.Value>
                    <LinearGradientBrush StartPoint="0.5,0" EndPoint="0.5,1">
```

```
                    <GradientStop Color="Blue" Offset="0"/>
                    <GradientStop Color="Yellow" Offset="0.5"/>
                    <GradientStop Color="Green" Offset="1"/>
                </LinearGradientBrush>
            </Setter.Value>
        </Setter>
    </Style>
    </StackPanel.Resources>
    ……
</StackPanel>
```

该样式设置 TextBlock 对象的字体为"隶书"，字号为 45，字体颜色将用渐变画刷来填充。该样式将会应用到 StackPanel 中所有 TextBlock 对象。

在该 StackPanel 元素下声明两个 TextBlock 对象。

```
<StackPanel Grid.Column="1" Margin="8">
    <StackPanel.Resources>
        ……
    </StackPanel.Resources>
    <TextBlock Text="示例文本"/>
    <Border Margin="2,15" Background="LemonChiffon" >
        <TextBlock Text="测试文本 2"/>
    </Border>
</StackPanel>
```

尽管第二个 TextBlock 元素被放到 Border 对象中，但是它依然是 StackPanel 的子级元素，因此 StackPanel 中定义的样式资源也会自动套用。

（6）运行应用程序，结果如图 12-83 所示。

完整的示例代码请参考\第 12 章\Example_47。

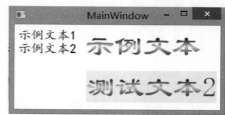

图 12-83　资源的应用范围示例

12.9.3　合并资源字典

ResourceDictionary 可以在一个单独的 XAML 文件中定义，为了让其他 XAML 文档的元素能够引用独立资源字典中的资源项，需要把独立的资源字典合并到特定对象的 Resources 属性所引用的资源字典中，如 Application 对象的 Resources 属性。

实现资源字典合并的方法是向 ResourceDictionary 对象的 MergedDictionaries 集合中添加对独立资源实例的引用。如果独立资源字典是通过 XAML 文件来声明的，可以使用指向资源所在的 XAML 的 URI 来引用。

接下来将通过示例来介绍具体的操作方法。

新建一个 WPF 应用程序项目，待项目创建完成后，调出"解决方案资源管理器"窗口，右击项目名称节点，从弹出的快捷菜单中依次执行【添加】→【资源字典】命令（如图 12-84 所示），在弹出的对话框中输入文件名，单击"添加"按钮，就会创建一个新的资源字典对象。

资源字典添加后，项目模板会生成以下 XAML 代码

```
<ResourceDictionary xmlns="http://schemas.microsoft.com/winfx/2006/xaml/presentation"
            xmlns:x="http://schemas.microsoft.com/winfx/2006/xaml">

</ResourceDictionary>
```

图 12-84　添加资源字典

xmlns 引入的两个命名空间包含了 WPF 和 XAML 的绝大部分对象。开发人员只需在 ResourceDictionary 根节点的开始和结束标记中声明资源项即可。

在新建的资源字典中添加一个 Style 对象，目标类型为 Button。

```xml
<Style x:Key="btnstyle" TargetType="{x:Type Button}">
    <Setter Property="Template">
        <Setter.Value>
            <ControlTemplate TargetType="{x:Type Button}">
                <Grid>
                    <Path Fill="{TemplateBinding Background}" Stretch="Fill">
                        <Path.Data>
                            <EllipseGeometry Center="25,25" RadiusX="25" RadiusY="17">
                                <EllipseGeometry.Transform>
                                    <RotateTransform Angle="-30" CenterX="25" CenterY="25"/>
                                </EllipseGeometry.Transform>
                            </EllipseGeometry>
                        </Path.Data>
                    </Path>
                    <ContentPresenter Margin="{TemplateBinding Padding}" Horizontal
Alignment="{TemplateBinding HorizontalContentAlignment}" VerticalAlignment=
"{TemplateBinding VerticalContentAlignment}" />
                </Grid>
            </ControlTemplate>
        </Setter.Value>
    </Setter>
    <Setter Property="Background">
        <Setter.Value>
            <RadialGradientBrush Center="0.5,0.5" >
                <GradientStop Color="#FFF0F764" Offset="0"/>
                <GradientStop Color="#FFFF7567" Offset="0.979"/>
                <GradientStop Color="#FF49F051" Offset="0.678"/>
            </RadialGradientBrush>
        </Setter.Value>
    </Setter>
    <Setter Property="Foreground" Value="Red"/>
    <Setter Property="Padding" Value="15"/>
    <Setter Property="FontSize" Value="15"/>
    <Style.Triggers>
        <Trigger Property="IsMouseOver" Value="True">
            <Setter Property="Foreground" Value="White"/>
        </Trigger>
        <Trigger Property="IsPressed" Value="True">
```

```
            <Setter Property="Foreground" Value="Blue"/>
        </Trigger>
    </Style.Triggers>
</Style>
```

样式重新定义了按钮的控件模板，并添加触发器，当鼠标指针停浮在控件上时，将按钮的前景色改为白色，当鼠标点击按钮时将前景色改为蓝色。该样式使用 x:Key 显式声明了资源键，因此它不会自动套用到 Button 对象上，必须显式引用资源。

回到 MainWindow.xaml 文件，在 Grid 元素下声明一个 Button 对象，并引用在资源字典中定义的样式。

```
<Grid>
    <Button HorizontalAlignment="Center" VerticalAlignment="Center" Content="示例按
钮" Style="{StaticResource ResourceKey=btnstyle}" Width="160" Height="60"/>
</Grid>
```

如图 12-85 所示，在 XAML 设计器的预览窗格中看到的仍然是按钮的默认样式，说明应用程序没有找到定义的资源。

为了让应用程序能够找到在独立资源字典中定义的内容，需要对资源字典进行合并。一方面，可以考虑合并到 App 的 Resources 中，这样资源将在整个应用程序范围内可用；另一方面，可以把资源字典合并到 MainWindow 的 Resources 中，这种情况下只允许在 MainWindow 的子元素中引用。

打开 App.xaml 文件，把资源字典合并到应用程序级别的资源集合中。

```
<Application.Resources>
    <ResourceDictionary>
        <ResourceDictionary.MergedDictionaries>
            <ResourceDictionary Source="MyResDictionary.xaml" />
        </ResourceDictionary.MergedDictionaries>
    </ResourceDictionary>
</Application.Resources>
```

通过 ResourceDictionary 的 Source 属性指向资源字典所在的 XAML 文件，即可以将资源字典合并到 MergedDictionaries 集合中。

运行应用程序，可以看到 Button 对象已经成功套用前面定义的样式了，如图 12-86 所示。

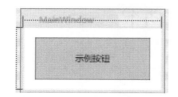 

图 12-85　按钮呈现为默认样式　　　　图 12-86　成功套用资源中的样式

完整的示例代码请参考\第 12 章\Example_48。

12.9.4　静态资源与动态资源

在引用资源时，可以选择两种扩展标记——StaticResource 和 DynamicResource。从命名上可以看出，StaticResource 表示的是静态资源，DynamicResource 表示的是动态资源，核心的问题是如何区分这两种资源引用方式。

使用文字讲述很难直观地展示两者的不同，因此通过以下示例来对比最终的效果。

在窗口的 XAML 代码中声明两个 SolidColorBrush 实例作为资源。

```
<Window.Resources>
    <SolidColorBrush x:Key="brush1" Color="Blue"/>
    <SolidColorBrush x:Key="brush2" Color="Green"/>
</Window.Resources>
```

声明两个 TextBlock 对象,Foreground 属性所使用的画刷都来自上面定义的资源。

```
<TextBlock Text="示例文本一" FontSize="50" Foreground="{StaticResource brush1}"/>
<TextBlock Margin="0,18,0,0" Text="示例文本二" FontSize="50" Foreground=
"{DynamicResource brush2}"/>
```

第一个 TextBlock 对象的 Foreground 属性使用 StaticResource 扩展标记来引用 brush1 资源,即作为静态资源,第二个 TextBlock 对象将 brush2 作为动态资源来引用。

往界面上添加一个 Button 控件,并处理其 Click 事件。

```
<Button Margin="0,15" HorizontalAlignment="Center" Padding="16,3" FontSize="26"
Content="修改资源" Click="OnClick"/>
……
        private void OnClick(object sender, RoutedEventArgs e)
        {
            // 更改第一个资源项
            SolidColorBrush brushA = new SolidColorBrush(Colors.Red);
            this.Resources["brush1"] = brushA;
            // 更改第二个资源项
            SolidColorBrush brushB = new SolidColorBrush(Colors.DeepPink);
            this.Resources["brush2"] = brushB;
        }
```

单击“修改资源”按钮后,分别将资源项 brush1 和 brush2 替换为新的 SolidColorBrush 实例。

运行应用程序,并单击“修改资源”按钮,如图 12-87 所示,使用静态资源引用的 TextBlock 的文本颜色没有改变,而作为动态资源引用的 TextBlock 的文本颜色已经改变为深粉红色。

改变前   改变后

图 12-87   静态资源与动态资源

完整的示例代码请参考\第 12 章\Example_49。

12.10   图形

WPF 提供了非常丰富的对象,帮助开发者生成和操作矢量图形。计算机根据图形的几何性质来绘制矢量图形,并且这种图形与分辨率无关,可以根据实际比例重新生成,即矢量图形被放大后不会造成失真现象。WPF 中的图形都是基于矢量图形的几何形状,以 Shape 为基类,基础框架提供了一些常用的几何图形:简单图形如矩形、椭圆、多边形等;较为复杂的图形可以通过路径(用 Path 类表示)来生成。

12.10.1　Shape 类

Shape 类被定义为抽象类,不能直接在代码中使用,必须从 Shape 类派生后才能使用,如 WPF 基础框架提供的 Polygon、Rectangle、Line 等。只要了解其基本原理,就可以轻松地使用各种图形对象。在实际操作中,只需要针对不同形状设置不同的属性参数即可。

在介绍如何实现 Shape 抽象类之前,首先简单介绍 Shape 类公开的几个非抽象成员,读者不需要硬性地去记住这些成员,有个印象就可以了,在实际开发中使用的次数多了自然就能记住了。

表 12-6 列出了 Shape 类公开的一些属性。

表 12-6　Shape类公开的一些属性

属　　性	说　　明
Fill	指定一个画刷,用来填充图形的内部区域
Stroke	指定用于描绘图形轮廓线的画刷
StrokeThickness	图形轮廓线的粗细程度
Stretch	指定如何缩放图形,如是否锁定长/宽比等
StrokeStartLineCap与StrokeEndLineCap	指定图形轮廓线开始端或结束端的锚点形状,如三角形、圆形、方形等
StrokeDashCap	指定线条两端的锚点形状,设置该属性会同时应用到线条的开始端与结束端
StrokeDashArray	如果使用虚线来绘制图形轮廓,该属性将用于指定一组double值,以确定虚线中各线段之间的距离

要实现 Shape 类,只需要实现 DefiningGeometry 属性即可,该属性返回一个 Geometry 对象,表示该图形的几何定义。比如,表示一个圆的图形,DefiningGeometry 属性所返回的对象可能需要描述圆的圆心坐标、半径长度等数据。

下面通过一个示例来介绍图形类的实现方法。本示例将创建一个表示四边形的图形,该图形由四个坐标点来定义。具体实现步骤如下:

(1)在 Visual Studio 开发环境中新建一个 WPF 应用程序项目。

(2)新建一个类,文件名为 Quadrilateral.cs。在新代码文件顶部的 using 区域中引入以下命名空间。

```
using System.Windows;
using System.Windows.Media;
using System.Windows.Shapes;
```

(3)声明 Quadrilateral 类,从 Shape 类派生。

```
public class Quadrilateral : Shape
{
......
}
```

(4)声明四个依赖项属性:Point1、Point2、Point3 和 Point4,分别表示四边形的四个顶点。

```
#region 表示依赖项属性的字段
public static readonly DependencyProperty Point1Property = null;
```

```csharp
public static readonly DependencyProperty Point2Property = null;
public static readonly DependencyProperty Point3Property = null;
public static readonly DependencyProperty Point4Property = null;
#endregion

#region 注册依赖项属性
static Quadrilateral()
{
    Point1Property = DependencyProperty.Register("Point1", typeof(Point), typeof
(Quadrilateral), new FrameworkPropertyMetadata(new Point(), FrameworkProperty
MetadataOptions.AffectsRender | FrameworkPropertyMetadataOptions.AffectsMeasure));
    Point2Property = DependencyProperty.Register("Point2", typeof(Point), typeof
(Quadrilateral), new FrameworkPropertyMetadata(new Point(), FrameworkProperty
MetadataOptions.AffectsRender | FrameworkPropertyMetadataOptions.AffectsMeasure));
    Point3Property = DependencyProperty.Register("Point3", typeof(Point), typeof
(Quadrilateral), new FrameworkPropertyMetadata(new Point(), FrameworkProperty
MetadataOptions.AffectsRender | FrameworkPropertyMetadataOptions.AffectsMeasure));
    Point4Property = DependencyProperty.Register("Point4", typeof(Point), typeof
(Quadrilateral), new FrameworkPropertyMetadata(new Point(), FrameworkProperty
MetadataOptions.AffectsRender | FrameworkPropertyMetadataOptions.AffectsMeasure));
    // 重写 Stretch 依赖项属性的元数据
    StretchProperty.OverrideMetadata(typeof(Quadrilateral), new FrameworkProperty
Metadata(Stretch.Uniform));
}
#endregion

#region 封装依赖项属性
/// <summary>
/// 四边形的第一个顶点
/// </summary>
public Point Point1
{
    get { return (Point)GetValue(Point1Property); }
    set { SetValue(Point1Property, value); }
}

/// <summary>
/// 四边形的第二个顶点
/// </summary>
public Point Point2
{
    get { return (Point)GetValue(Point2Property); }
    set { SetValue(Point2Property, value); }
}

/// <summary>
/// 四边形的第三个顶点
/// </summary>
public Point Point3
{
    get { return (Point)GetValue(Point3Property); }
    set { SetValue(Point3Property, value); }
}

/// <summary>
```

```
///  四边形的第四个顶点
///  </summary>
public Point Point4
{
    get { return (Point)GetValue(Point4Property); }
    set { SetValue(Point4Property, value); }
}
#endregion
```

在注册依赖项属性时，应使用 FrameworkPropertyMetadata 对象来定义依赖项属性的元数据，因为 Shape 派生自 FrameworkElement 类，允许使用针对框架元素的元数据。由于修改四边形任意一个顶点的坐标都会引发可视化对象的重绘，以及重新计算其所占用的空间大小，因此在实例化 FrameworkPropertyMetadata 对象时应同时使用 AffectsRender 和 AffectsMeasure 枚举值来注明。

（5）实现 DefiningGeometry 属性，返回用于描述四边形几何特性数据的 Geometry 对象。

```
protected override Geometry DefiningGeometry
{
    get
    {
        PathGeometry pg = new PathGeometry();
        // 确定路径的起点坐标
        // 左上角的顶点将作为路径起点
        PathFigure pf = new PathFigure();
        pf.StartPoint = Point1;
        pf.IsClosed = true;
        pf.IsFilled = true;
        // 将开始点与其余三个点连起来
        PolyLineSegment pline = new PolyLineSegment();
        pline.Points.Add(Point2);
        pline.Points.Add(Point3);
        pline.Points.Add(Point4);
        pf.Segments.Add(pline);
        // 将路径添加到 PathGeometry 中
        pg.Figures.Add(pf);
        // 返回 PathGeometry 对象实例
        return pg;
    }
}
```

至此，一个表示四边形的图形类就定义好了。

（6）在 XAML 文档中引入 Quadrilateral 类所在的命名空间。

```
xmlns:local="clr-namespace:MyApp"
```

（7）在界面上声明 Quadrilateral 对象，并将填充颜色设置为淡黄色，轮廓颜色为红色，大小为 12。

```
<local:Quadrilateral Point1="25,3" Point2="30,132" Point3="160,145" Point4="210,26"
Fill="LightYellow" Stroke="Red" StrokeThickness="12"/>
```

运行应用程序，最终效果如图 12-88 所示。

另外，还可以通过设置 StrokeDashArray 属性来使图形的轮廓线呈现为虚线，如下面 XAML 代码所示

```
<local:Quadrilateral Point1="25,3" Point2="30,132" Point3="160,145" Point4="210,26"
Fill="LightYellow" Stroke="Red" StrokeThickness="12" StrokeDashArray="1,2,5"/>
```

再次运行应用程序，即可看到如图 12-89 所示的效果。

StrokeDashArray 属性是一组 double 值，不管指定了多少个值，这些 double 都会被循环使用。如上面例子中，StrokeDashArray 属性使用了三个值：1、2、5。从路径的起点（四边形的左上角顶点）开始，第一段是实线段，长度为 1；第二段是虚线段，长度为 2；第三段是实线段，长度为 5。接着又进入新一轮循环。第四段为虚线段，长度为 1；第五段为实线段，长度为 2；第六段为虚线段，长度为 5……不断重复 StrokeDashArray 属性中的值，直到路径的终点（四边形右上角的顶点）。本例中的四边形是封闭图形，所以第四个顶点和第一个顶点也会被连起

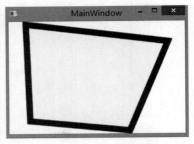

图 12-88　四边形示例

来，即 StrokeDashArray 属性所指定的值会一直被重复使用，直到回到起点，如图 12-90 所示。

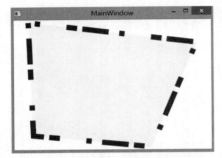

图 12-89　用虚线来绘制轮廓线

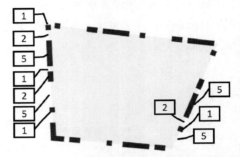

图 12-90　StrokeDashArray 中各个数值的分布状况

完整的示例代码请参考\第 12 章\Example_50。

12.10.2　基本图形

了解了 Shape 类的实现方法后，再去使用基础框架提供的图形类就比较简单了。
通过下面的示例介绍图形的使用方法。
首先，画一个矩形。

```
<Rectangle Margin="9" Fill="Black" Grid.Row="0" Grid.Column="0"/>
```

然后，画一个圆。

```
<Ellipse Grid.Column="1" Grid.Row="0" Margin="12" Fill="Gray"/>
```

接着，再画一条直线。

```
<Line Grid.Column="0" Grid.Row="1" X1="11" Y1="5" X2="145" Y2="133" Stroke="Orange"
StrokeThickness="8"/>
```

使用 Line 对象时要注意，它不需要设置 Fill 属性，因为一根直线没有内部填充区域，只需要指定其轮廓线相关的参数即可。X1 和 Y1 表示线条起点的横坐标和纵坐标，X2 和 Y2 则为线条终点的横坐标和纵坐标。
最后，画一个多边形。

```
<Polygon  Points="10,25 50,48 120,37 24,3" Stretch="Uniform" Fill="Pink" Grid.Row="1"
Grid.Column="1"/>
```

在 XAML 中输入多个坐标点时，每个坐标点之间使用至少一个空格分开。如果一个坐标点的 X 值和 Y 值之间是用空格来分隔的，那么坐标点与坐标点之间至少要使用两个空格来分开。比如，要用空格来分隔

点(15,32)和点(65,7)，在 XAML 代码中应当这样书写

```
<object Points = "15 32   65 7" />
```

完整的示例代码请参考\第 12 章\Example_51。示例运行后的结果如图 12-91 所示。

在 WPF 基础框架公开的图形对象中，路径对象（由 Path 类封装）较为复杂，一般使用它构建复杂的几何图形。核心的类成员是 Data 属性，类型为 Geometry。Geometry 是抽象类，只要从 Geometry 类派生的类都可以用于 Path.Data 属性。

下面代码将两个椭圆进行重叠，构造出一个新的路径对象。

```
<Path Grid.Row="0" Grid.Column="0" Fill="DarkGreen" Stretch="Uniform">
    <Path.Data>
        <GeometryGroup>
            <EllipseGeometry Center="100,100" RadiusX="100" RadiusY="30"/>
            <EllipseGeometry Center="100,100" RadiusX="30" RadiusY="100"/>
        </GeometryGroup>
    </Path.Data>
</Path>
```

结果如图 12-92 所示。

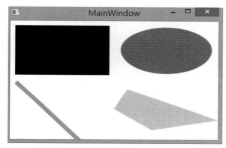

图 12-91　基本图形示例

图 12-92　将两个椭圆进行重叠

下面 XAML 代码使用 Path 对象绘制一个由两条路径组合而成的图形。

```
<Path Grid.Column="1" Grid.Row="0" Margin="8" Stroke="Purple" StrokeThickness="10"
Stretch="Uniform" StrokeEndLineCap="Triangle" StrokeStartLineCap="Triangle"
StrokeDashCap="Triangle">
        <Path.Data>
            <PathGeometry>
                <PathFigure StartPoint="0,0">
                    <LineSegment Point="0,10"/>
                    <LineSegment Point="40,0"/>
                    <LineSegment Point="40,10"/>
                </PathFigure>
                <PathFigure StartPoint="0,0">
                    <LineSegment Point="40,10"/>
                </PathFigure>
            </PathGeometry>
        </Path.Data>
    </Path>
```

每个 PathFigure 对象表示一段路径，以 StartPoint 属性所指定的坐标为起点，最后得到如图 12-93 所示的图形。

图 12-93　由两个路径组成的图形

以上关于 Path 类的示例代码可以参考\第 12 章\Example_52。

12.11　动画

简单来说，动画就是把一系列静止的画面（称为帧）拼接在一起，随着时间轴的变化而轮流显示，肉眼看起来就好像物体在运动，便产生了动画。

WPF 除了具备在控件结构上与逻辑代码分离及丰富多彩的图形呈现等特点，还有一个比较出色的特点——支持动画处理。在应用程序中适当使用动画，可以大大提升应用程序的用户体验。WPF 中的动画主要是以依赖项属性为载体来实现的，这也是依赖项属性的另一个用途。

改变依赖项属性的值可以产生动画，所以 WPF 框架类库以 AnimationTimeline 为基类，派生出针对不同数据类型的时间线类型（如图 12-94 所示），如针对 double、int、Rect、Color 等类型的动画处理对象。

时间线描述动画处理过程中各个帧与时间的关系。如图 12-95 所示，一个圆在 5 秒内从左边移动到右边，假设在整个过程中帧速率是固定的，在第 0 秒时，圆位于左边，第 3 秒时，圆所移动的距离已超过总距离的一半。

图 12-94　用于动画处理的时间线类型

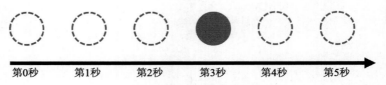

第0秒　　第1秒　　第2秒　　第3秒　　第4秒　　第5秒

图 12-95　时间线示意图

也就是说，时间的变化会影响整个动画处理的进度。时间线除了指定动画过程所持续的时间段，还要定义目标依赖项属性值的变化范围。

12.11.1　演示图板

演示图板是 Storyboard 类的翻译，为了使名称统一，本书将沿用 MSDN 的翻译。演示图板是一个时间线容器，其中可以包含多个时间线对象，在需要对多个依赖项属性或多个对象同时进行动画处理的情况下特别有用。

Storyboard 类有两个比较重要的附加属性。

（1）TargetName：指定要对其进行动画处理的对象名称。

（2）TargetProperty：要为其进行动画处理的对象的依赖项属性。要支持动画处理，目标必须是依赖项属性，普通属性不能进行动画处理。

要开始播放动画，可以调用 Storyboard 类的 Begin 方法。调用 Pause 方法可以暂停播放动画，随后可以调用 Resume 方法继续播放，调用 Stop 方法停止播放。

下面来看一个使用 Storyboard 对象播放动画的例子。

首先，在界面上以 Canvas 为布局容器，并在其中放置一个圆。

```
<Canvas Grid.Row="0" Margin="5">
    <Ellipse x:Name="el" Canvas.Left="17" Canvas.Top="35" Width="100" Height="100"
Fill="Brown"/>
</Canvas>
```

要为 Ellipse 元素分配一个名称，因为后面要对它进行动画处理。

接着，声明四个用于控制动画播放行为的按钮。

```
<StackPanel Grid.Row="1" Margin="0,10" HorizontalAlignment="Center" Orientation=
"Horizontal">
        <Button Content="播放" Click="OnPlay"/>
        <Button Margin="12,0,0,0" Content="暂停" Click="OnPause"/>
        <Button Margin="12,0,0,0" Content="继续" Click="OnResume"/>
        <Button Margin="12,0,0,0" Content="停止" Click="OnStop"/>
    </StackPanel>
```

然后，在窗口的资源字典中声明 Storyboard 对象。

```
<Window.Resources>
    <Storyboard x:Key="std">
        <DoubleAnimation Storyboard.TargetName="el" Storyboard.TargetProperty=
"(Canvas.Left)" From="0" To="300" Duration="0:0:6"/>
        <DoubleAnimation Storyboard.TargetName="el" Storyboard.TargetProperty=
"(Canvas.Top)" From="0" To="160" Duration="0:0:6"/>
    </Storyboard>
</Window.Resources>
```

Storyboard 的 TargetName 和 TargetProperty 附加属性是附加在它的子元素中设置的。本例动画处理的目标对象是名为 el 的 Ellipse 对象，处理的依赖项属性是附加在 Ellipse 对象上的 Canvas.Left 和 Canvas.Top 属性。From 属性指定要进行动画处理的依赖项属性的初始值，To 属性指定最终值。Duration 属性指定动画的持续时间为 6 秒。

切换到代码视图，从窗口的资源字典中取出 Storyboard 对象。

```
System.Windows.Media.Animation.Storyboard storyboard = null;
public MainWindow()
{
    InitializeComponent();
    storyboard = (System.Windows.Media.Animation.Storyboard)this.Resources["std"];
}
```

处理四个按钮的 Click 事件，以控制动画的播放行为。

```
private void OnPlay(object sender, RoutedEventArgs e)
{
    storyboard.Begin();                 //开始播放
}

private void OnPause(object sender, RoutedEventArgs e)
{
    storyboard.Pause();                 //暂停播放
}

private void OnResume(object sender, RoutedEventArgs e)
{
    storyboard.Resume();                //继续播放
}

private void OnStop(object sender, RoutedEventArgs e)
{
    storyboard.Stop();                  //停止播放
}
```

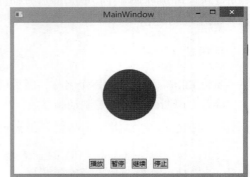

最后，运行应用程序，单击“播放”按钮开始观看动画，这时 Ellipse 对象从 Canvas 的左上角向右下角移动。在动画播放过程中，还可以对其进行暂停、继续和停止操作，如图 12-96 所示。

完整的示例代码请参考\第 12 章\Example_53。

图 12-96　控制动画播放行为

12.11.2　简单动画与关键帧动画

按照时间线的构成可以将动画分为简单动画和关键帧动画，示例 Example_53 就属于简单动画，用于处理依赖项属性值的时间线类型都以 XXXAnimation 来命名，如 ColorAnimation 类用于处理 Color 类型的依赖项属性的值。简单动画对属性值进行以下两种方式的处理。

（1）From……To：目标属性的值将从 From 所指定的值向 To 所指定值过渡。

（2）By：增量变化，即将目标属性的当前值加上 By 所指定的值来形成动画过程。比如目标属性的当前值为 100，By 的值为 50，那么动画处理的最终值 = 100 + 50，即 150；如果 By 的值为-50，那么动画的最终值为 100 − 50 = 50。

关键帧动画则相对要复杂一些。关键帧动画可以在一条时间线上指定多个关键帧。每个关键帧都设置与之相关的时间和目标值。比如，对一个 int 类型的值进行动画处理，动画总时间为 10 秒，目标属性的当前值为 0，在动画处理过程安排三个关键帧，它们分别为：在第 4 秒时目标值为 7；在第 8 秒时目标值为 13；在第 10 秒时目标值为 20。定义好关键帧后，非关键帧就会根据时间的推移自动进行过渡处理。在第 0~4 秒这段时间内，目标值必须从 0 改变到 7，当时间线到达第 8 秒时必须将目标值改为 13，而第 4~8 秒这段时间内，目标值将从 7 过渡到 13。

接下来，将通过一个示例分别演示简单动画和关键帧动画。

（1）在 Visual Studio 开发环境中新建一个 WPF 应用程序项目。

（2）在 MainWindow.xaml 中将 Grid 元素划分为两列，列宽平均分配。

```
<Grid>
    <Grid.ColumnDefinitions>
```

```
            <ColumnDefinition />
            <ColumnDefinition />
        </Grid.ColumnDefinitions>
......
```

（3）在左列中放入一个矩形对象和一个按钮，当按钮被单击后，启动动画，改变矩形的填充颜色。

```
<Grid Grid.Column="0" Margin="7">
    <Grid.RowDefinitions>
        <RowDefinition />
        <RowDefinition Height="Auto"/>
    </Grid.RowDefinitions>
    <Rectangle Grid.Row="0" Width="150" Height="200">
        <Rectangle.Fill>
            <SolidColorBrush x:Name="slbrush" Color="#FFE2D125"/>
        </Rectangle.Fill>
    </Rectangle>
    <Button Content="开始动画" Grid.Row="1" Margin="5" HorizontalAlignment="Center"
Padding="16,3">
        <Button.Triggers>
            <EventTrigger RoutedEvent="Button.Click">
                <BeginStoryboard>
                    <Storyboard>
                        <ColorAnimation Storyboard.TargetName="slbrush" Storyboard.
TargetProperty="Color" From="Red" To="DarkBlue" Duration="0:0:3"/>
                    </Storyboard>
                </BeginStoryboard>
            </EventTrigger>
        </Button.Triggers>
    </Button>
</Grid>
```

因为动画处理是作用在填充矩形的 SolidColorBrush 画刷上的，所以要为画刷对象命名，目标属性是 Color，类型是 Color 结构，因此 Storyboard 中的时间线应选用 ColorAnimation 类，该动画属于简单动画，仅仅是把 Color 值从红色变成深蓝色。

（4）在网格的右列放置一个 TextBlock 对象和一个触发动画的按钮。动画将改变 TextBlock 对象的字体大小。

```
<Grid Grid.Column="1" Margin="7">
    <Grid.RowDefinitions>
        <RowDefinition/>
        <RowDefinition Height="Auto"/>
    </Grid.RowDefinitions>
    <TextBlock x:Name="tb" Text="字" FontFamily="华文新魏" FontSize="45"
HorizontalAlignment="Center" VerticalAlignment="Center"/>
    <Button Content="开始动画" Grid.Row="1" Margin="5" HorizontalAlignment="Center"
Padding="16,3">
        <Button.Triggers>
            <EventTrigger RoutedEvent="Button.Click">
                <BeginStoryboard>
                    <Storyboard>
                        <DoubleAnimationUsingKeyFrames Storyboard.TargetName="tb"
Storyboard.TargetProperty="FontSize" Duration="0:0:5">
                            <LinearDoubleKeyFrame KeyTime="0:0:2" Value="50"/>
                            <LinearDoubleKeyFrame KeyTime="0:0:3" Value="200"/>
```

```
                  <LinearDoubleKeyFrame KeyTime="0:0:5" Value="60"/>
              </DoubleAnimationUsingKeyFrames>
          </Storyboard>
        </BeginStoryboard>
      </EventTrigger>
    </Button.Triggers>
  </Button>
</Grid>
```

动画的作用目标是 TextBlock 对象，所以要使用 x:Name 为其分配一个名称，以便访问。FontSize 属性是 double 类型，要对进行应用关键帧动画，应当选用 DoubleAnimationUsingKeyFrames 类作为时间线。

该时间线包含三个关键帧：在第 2 秒处将目标值改为 50；在第 3 秒处将目标值改为 200；在第 5 秒处将目标值改为 60。KeyTime 属性指定关键帧位于哪个时间点上，Value 属性用于指定对应的值。

在本示例中，并未使用 C#代码来操作 Storyboard 对象来播放动画，而是使用了事件触发器（EventTrigger 类），RoutedEvent 属性指定激活该触发器的路由事件。示例的要求是单击按钮后启动动画，因此 RoutedEvent 属性应当为 "Button.Click"，表示 Button 类的 Click 事件。随后在 EventTrigger 对象的内容中放置一个 BeginStoryboard 元素，表示该触发器执行后要启用某个 Storyboard 对象，所以 BeginStoryboard 元素下面紧接着就是 Storyboard 元素。

运行示例应用程序，分别单击窗口上的两个"开始动画"按钮来播放动画。如图 12-97 所示，左边列中呈现的是面向 Color 值的简单动画，动画只是对 From 和 To 之间的两个值做简单的过渡处理。右边列中用于处理 double 值的关键帧动画则相对复杂，当动画进行到第 2 秒时，必须让目标值过渡到 50；当动画进行到第 3 秒时，目标值会过渡到 200；当动画进行到第 5 秒时，目标值为 60。

图 12-97　简单动画与关键帧动画示例

完整的示例代码请参考\第 12 章\Example_54。

第 13 章

异 步 编 程

异步编程可以极大地提升用户界面的响应速度。在执行较为耗时的处理时，用户界面很容易出现"卡顿"现象，这时用户可能误认为应用程序已经崩溃，从而在"任务管理器"中将应用程序结束。这样做会导致两个结果：一是应用程序希望完成的操作无法顺利进行，二是应用程序被意外终止，可能造成数据丢失。

可见，在执行耗时操作时应当考虑选用异步编程模型，将耗时处理的代码放到另一个线程上执行，可避免阻止用户界面线程的继续执行，应用程序就不再出现"卡顿"现象了。当用户运行某个可执行文件时，程序指令会被加载到内存中来执行，进程与进程之间相互独立，A 进程退出不会影响 B 进程的执行。每个进程中可以包含多个线程，一个进程至少存在一个线程，称为主线程，当主线程被终止，进程就会随之终止，应用程序就会退出。

多个线程之间通过抢占处理器时间片来执行，比如，A 线程执行 300ms 后，可能会轮到 B 线程执行，A 线程会被暂停（挂起）；当 B 线程执行一段时间后，又轮到 A 线程继续执行。由于处理器时间片很短，很难被察觉，好像某个线程一直在执行。

.NET 框架已经把异步编程相关的类型封装好，开发者不必花时间去管理线程的底层模型，只要学会如何去运用它们即可。

本章将从以下几方面介绍异步编程方案：

- 使用 Thread 类创建新线程并执行相关操作
- 使用 Task 对象来启动异步操作
- 并发处理
- 异步等待语法

13.1 为什么要使用异步编程

什么场合应当使用异步编程？要回答这个问题，不妨先从一个示例入手。该示例是一个 Windows Forms 应用程序项目，运行后可以选择一个目录，然后应用程序将会在选定的路径下查找所有 Jpg 图像文件，并分别读出每一个图像的宽度、高度、水平分辨率和垂直分辨率，最后显示在 ListView 控件上。

本示例同时提供同步加载和异步加载两种实现，通过两个按钮来启动操作。下面是"同步加载"按钮的 Click 事件处理代码。

```
private void btnSyn_Click(object sender, EventArgs e)
{
```

```
        if (this.folderBrowserDialog1.ShowDialog() == System.Windows.Forms.DialogResult.OK)
        {
            this.listView1.Items.Clear();
            this.listView1.BeginUpdate();                           //开始更新
            // 取得目录路径
            string dir = this.folderBrowserDialog1.SelectedPath;
            // 搜索目录下的所有 Jpg 图片
            string[] jpgFiles = null;
            try
            {
                jpgFiles = Directory.GetFiles(dir, "*.jpg", SearchOption.AllDirectories);
            }
            catch { }
            if (jpgFiles != null)
            {
                foreach (string file in jpgFiles)
                {
                    // 从文件中加载图像
                    string fileName = Path.GetFileName(file);
                    int width = 0, height = 0;
                    float dpiX = 0f, dpiY = 0f;
                    // 读取图像数据
                    using (Bitmap bmp = (Bitmap)Bitmap.FromFile(file))
                    {
                        width = bmp.Width;
                        height = bmp.Height;
                        dpiX = bmp.HorizontalResolution;
                        dpiY = bmp.VerticalResolution;
                    }
                    // 向 ListView 中添加项
                    AddItemToListView(fileName, width, height, dpiX, dpiY);
                }
            }
            this.listView1.EndUpdate();                            //结束更新
        }
    }
```

下面是"异步加载"按钮的 Click 事件处理代码。

```
private void btnAsync_Click(object sender, EventArgs e)
{
    if (this.folderBrowserDialog1.ShowDialog() == System.Windows.Forms.DialogResult.OK)
    {
        // 取得用户选择的路径
        string dir = this.folderBrowserDialog1.SelectedPath;
        // 清空 ListView 中的项
        this.listView1.Items.Clear();
        this.listView1.BeginUpdate();
        this.btnAsync.Enabled = btnSyn.Enabled = false;
        Task.Run(() =>
            {
                // 获取目录下的所有 Jpg 文件
                string[] files = Directory.GetFiles(dir, "*.jpg", SearchOption.
AllDirectories);
                foreach (string imgFile in files)
                {
```

```
               string imageFileName;              //文件名
               int width, height;                 //宽度和高度
               float dpiX, dpiY;                   //水平和垂直分辨率

               imageFileName = Path.GetFileName(imgFile);
               // 加载图像
               using (Bitmap bmp = (Bitmap)Bitmap.FromFile(imgFile))
               {
                   width = bmp.Width;
                   height = bmp.Height;
                   dpiX = bmp.HorizontalResolution;
                   dpiY = bmp.VerticalResolution;
               }
               // 向 ListView 添加项
               listView1.BeginInvoke((Action<string, int, int, float, float>)
AddItemToListView, imageFileName, width, height, dpiX, dpiY);
           }

           // 完成更新
           listView1.BeginInvoke((Action)delegate()
           {
               listView1.EndUpdate();
               btnSyn.Enabled = btnAsync.Enabled = true;
           });
       });
    }
}
```

本示例的重点是对比，使用异步编程和不使用异步编程的区别。程序处理的大致过程如下：

（1）调用 ShowDialog 方法打开 FolderBrowserDialog 对话框，以便选择一个目录。

（2）如果成功选择了路径，则通过 Directory.GetFiles 静态方法获取该目录下的所有 Jpg 图像文件。由于搜索条件是针对所有 Jpg 文件的，所以 GetFiles 方法的第二个参数使用 "*.jpg"。

（3）循环访问每个文件，将其加载到 Bitmap 对象中，通过 Bitmap 对象的属性来获取图像的宽度、宽度及分辨率信息。

（4）把相关信息添加到 ListView 的项列表中。

读者可以从随书附带的示例源代码中找到\第 13 章\Example_1 项目。要测试该示例，必须先准备一些 Jpg 图片，可以从网上随意搜索，最好找一些体积比较大的图片，保存到本地硬盘后，通过复制/粘贴来产生多个 Jpg 文件，文件数量越多，对比的效果越明显。

随后运行示例程序，先单击"同步加载"按钮，选择存放 Jpg 图片文件的目录，单击"确定"按钮，应用程序就开始读取信息。在读取过程中，可以尝试进行如拖动窗口等操作，这时会发现，程序没有响应，也无法拖动。因为读取大量图像文件信息需要执行一段时间才能完成，而用户界面的线程被堵住了，无法及时接收消息，因而导致程序不能立刻响应用户的操作。很明显，这样做会降低用户体验，如果用户没有耐心等下去，可能会把程序强行结束，这样就使得整个操作被取消，所读取的数据就会丢失。

单击"异步加载"按钮，加载并读取图像信息的操作被放置到一个独立的线程上进行，控制用户界面的线程没有被堵塞，使其可以继续响应用户的操作。可以发现，在异步加载的过程中，窗口是可以拖动的，而且还能调整大小。这样用户可以知道，程序并没有"死"掉，仍然在进行处理。由于不影响用户的操作，用户体验得到改善。

通过这个示例能够很直观地看到异步编程的作用。当然，并不是在任何情况下都需要使用异步编程，只有在执行一些比较耗时的处理时，为了兼顾程序处理和用户界面的响应能力，才会优先考虑异步编程。异步编程使用不当可能会增加不必要的维护成本。

第 30 集

13.2 使用 Thread 类进行异步编程

Thread 类位于 System.Threading 命名空间，封装了创建并执行线程的相关逻辑。使用该类可以轻松地创建新的线程，并在新线程上执行所需要的代码。在创建 Thread 实例时，需要通过委托将新线程与一个现有方法进行绑定，当线程启动后，就会执行该方法中的代码。

传递给 Thread 构造函数的委托有两种：一种表示不带参数的方法的委托；另一种表示带一个 object 类型参数的方法的委托。在实例化 Thread 对象后，调用 Start 方法就可以启动并执行线程，调用 Abort 方法将中止线程并引发 ThreadStateException 异常。

下面通过一个示例演示如何使用 Thread 类来创建和运行新线程。

（1）在 Visual Studio 开发环境中新建一个 Windows 窗体应用程序项目。

（2）在项目模板默认创建的 Form1 窗口中拖放一个 ProgressBar 控件和一个 Button 控件。确保 ProgressBar 控件的 Maximum 属性值为 100，Minimum 属性值为 0，Value 属性值为 0。Button 控件的 Text 属性设置为"开始执行"，如图 13-1 所示。

（3）定义一个 DoWork 方法，随后在新创建的线程上执行该方法。

图 13-1　示例主窗口的界面设计效果

```csharp
private void DoWork()
{
    int n = 0;
    while (n < 100)
    {
        n++;
        Thread.Sleep(100);
        // 更新进度条
        this.BeginInvoke(new Action(() =>
        {
            this.progressBar1.Value = n;
        }));
    }
    this.BeginInvoke(new Action(delegate()
    {
        // 恢复按钮的可用状态
        button1.Enabled = true;
        // 恢复进度条的值为 0
        progressBar1.Value = 0;
        // 显示提示信息
        MessageBox.Show("操作完成。", "提示", MessageBoxButtons.OK, MessageBoxIcon.
Information);
    }));
}
```

出于线程安全和保护用户界面完整性的考虑，一般来说，不能跨线程修改用户界面，因此需要调用 BeginInvoke 方法并通过一个委托在用户界面所在的线程上去更新用户界面。在上面代码中，需要更新进度条的进度显示及按钮的可用状态。由于 DoWork 方法是在新建的线程上执行的，因此不能直接访问控件，必须使用 BeginInvoke 方法来间接执行对用户界面的操作。

Thread.Sleep 方法是静态方法，表示让当前线程暂停一段时间后，再往下执行，通常以毫秒为计算单位。本示例中使用 Sleep 方法来模拟耗时操作，可直观看到进度条中当前进度的变化。

（4）处理按钮的 Click 事件，创建并启动新线程。

```
private void button1_Click(object sender, EventArgs e)
{
    Thread newThread = new Thread(DoWork);
    // 禁用按钮
    button1.Enabled = false;
    // 启动新线程
    newThread.Start();
}
```

运行应用程序，然后单击"开始执行"按钮，这时新线程已经执行，并且进度条在不断更新，可以尝试拖动窗口，或改变窗口大小。将耗时操作放到另一个线程上执行，用户界面所在的线程不会被阻止，因此窗口没有出现"卡顿"现象，如图 13-2 所示。

完整的示例代码请参考\第 13 章\Example_2。

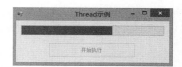

图 13-2　在新线程上执行耗时操作

13.3　线程锁

由于线程是抢占式使用处理器的时间片的，当多个线程同时访问某个资源时就会出现不一致的问题。这个问题其实也不难理解。例如，假设定义了一个包含 100 个元素的列表 List，使用多个线程来删除 List 列表中的元素，每个线程只删除一个元素，直到 List 列表中元素个数为 0。在删除一个元素之前先要用 if 条件语句判断 List 列表中的元素个数，如果已经为 0 就停止删除。于是问题就出现了，当 A 线程判断出 List 列表中还剩余 1 个元素时，因为里面还有元素，所以 A 线程就应该将这个元素删除。但是，在 A 线程判断元素个数和执行删除两条代码指令之间，碰巧 B 线程把这个仅存的最后一个元素给删除了，于是当 A 线程要删除这个元素时就会发生错误，因为这个元素意外地被 B 线程给删除了。可以用图 13-3 模拟上面的情形。

为了解决这一问题，C#语言中提供了 lock 关键字，该关键字可以对多个线程都要访问的资源进行锁定，哪个线程首先占有资源就把该资源锁定，其他想要访问该资源的线程只能等待该线程访问完成并解锁后才能访问资源。也就是说，同一时刻只允许一个线程访问资源。比如上面所举的删除 List 列表元素的例子，在判断元素个数和删除元素这段代码外面加上 lock 语句，这样当某个线程正在删除元素时，其他线程只能等待当前线程删除元素完成后才能进行操作，如此一来，就解决了 List 列表中的元素被其他线程意外删除的问题。

下面来看一个示例，使用 15 个线程来销售 10 张飞机票。大致的实现步骤如下：

（1）在 Visual Studio 开发环境中新建一个 WPF 应用程序项目。

（2）在 MainWindow 中放置一个 TextBox 和一个 Button 控件。

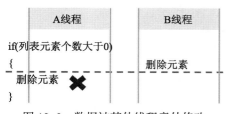

图 13-3　数据被其他线程意外修改

```xml
<Grid Margin="10">
    <Grid.RowDefinitions>
        <RowDefinition Height="*"/>
        <RowDefinition Height="Auto"/>
    </Grid.RowDefinitions>
    <TextBox x:Name="txtDisplay" Grid.Row="0" Margin="4.5" FontSize="18" ScrollViewer.
HorizontalScrollBarVisibility="Disabled" ScrollViewer.VerticalScrollBarVisibility=
"Visible" />
    <Button Grid.Row="1" Margin="3" Content="开始售票" Click="OnStart"/>
</Grid>
```

TextBox 控件负责显示剩余的机票数量，Button 控件将启动 15 个新线程来销售机票。

（3）定义 Sell 方法，以便由新创建的线程来调用。

```csharp
// 表示所剩飞机票的数量
private static int TicketNum = 10;
private void Sell()
{
    if (TicketNum > 0)
    {
        Thread.Sleep(300);
        // 数量减 1
        TicketNum--;
        // 显示剩余的票数
        string msg = string.Format("还剩余{0}张机票。\n", TicketNum.ToString());
        this.Dispatcher.BeginInvoke((Action)(delegate()
        {
            txtDisplay.AppendText(msg);
        }));
    }
}
```

静态变量 TicketNum 用于保存剩余机票的数量，在 TicketNum 大于 0 的情况下，将其减 1 表示已售出 1 张机票，然后在 TextBox 控件中显示剩余的机票数量。与 Windows Forms 应用程序类似，WPF 应用程序中也不允许跨线程直接访问用户界面元素，必须通过 Dispatcher.BeginInvoke 方法来访问用户界面元素。为了让整个售票过程的时间稍微延长一些，代码中使用 Thread.Sleep 方法来让线程暂停 300ms。

（4）处理按钮的 Click 事件，启动 15 个新线程来出售 10 张机票。

```csharp
private void OnStart(object sender, RoutedEventArgs e)
{
    TicketNum = 10;
    txtDisplay.Clear();
    // 创建 15 个线程并启动
    Thread[] ths = new Thread[15];
    for (int x = 0; x < 15; x++)
    {
        ths[x] = new Thread(Sell);
    }
    foreach (Thread t in ths)
    {
        t.Start();
    }
}
```

运行应用程序，然后单击"开始售票"按钮，如图 13-4 所示。

从运行结果中可以看到，不仅机票的剩余数量不对，而且还出现了如-2、-3 等负值，很明显，这与预期结果相差太远。

代码逻辑是正确的，示例代码中已判断只有在机票的剩余数量大于 0 时才会进行售票，而出现不正确结果的原因在于：当多个线程同时售票时，一个线程在售票过程中，另一个线程意外地修改了 TicketNum 变量的值，导致结果错误。

图 13-4　显示的机票剩余数量不合理

（5）要解决这个问题就要对 Sell 方法中的代码加上 lock。将 Sell 方法进行以下修改。

```
// 用于加锁时使用的对象
private object lockObject = new object();

private void Sell()
{
    lock (lockObject)                                    //锁定
    {
        if (TicketNum > 0)
        {
            Thread.Sleep(300);
            // 数量减 1
            TicketNum--;
            // 显示剩余的票数
            string msg = string.Format("还剩余{0}张机票。\n", TicketNum.ToString());
            this.Dispatcher.BeginInvoke((Action)(delegate()
            {
                txtDisplay.AppendText(msg);
            }));
        }
    }
}
```

lock 关键字的使用方法如下：

```
lock ( obj )
{
    ......
}
```

将要锁定的代码放到紧跟 lock 关键字的语句块中，lock 关键字要使用一个引用类型的实例来完成锁定。

图 13-5　正确显示机票的剩余数量

注意，必须是引用类型，一般为 object 类型的实例。该实例必须在所有访问锁定资源的线程看来都是唯一的。也就是说，用于 lock 的实例不能在 Sell 方法内声明，在 Sell 方法内声明的变量，其生命周期只在方法内部，方法执行结束后变量的生命周期就会终结，这样就不能在多个线程之间共享同一个实例。比较好的做法是在类中声明一个 object 类型的私有字段并实例化。Sell 方法是 MainWindow 类的方法，所以不要使用 lock(this)，因为这样有可能使窗口类实例被其他线程锁定，导致用户界面线程被堵塞。

再次运行应用程序，单击"开始售票"按钮，这次可以看到正确的结果，如图 13-5 所示。

完整的示例代码请参考\第 13 章\Example_3。

13.4　并行任务

并行任务与创建新线程来执行异步操作非常相似，但并行任务可以更好地发挥多处理器或多核处理器的优势，充分利用处理器的可用资源来执行异步操作。而且此过程都是预先封装好的，开发人员只需要调用特定的类成员就能够轻松地创建和执行并行任务，操作系统会自动调度线程在哪个处理器上执行。

13.4.1　启动简单的并行任务

Parallel 类（位于 System.Threading.Tasks 命名空间）公开了一些静态方法，用以启动多个独立的任务或者循环任务。

先来看如何并行多个独立的任务。下面示例为一个 WPF 应用程序项目，窗口的 XAML 代码如下：

```xml
<Grid Margin="10">
    ……
    <Grid Grid.Row="0">
        <Grid.ColumnDefinitions>
        ……
        <Grid.RowDefinitions>
        ……
        </Grid.RowDefinitions>
        ……
        <TextBox Grid.Column="1" Grid.Row="0" x:Name="txtInput1" Style="{Static
Resource inputstyle}"/>
        <TextBox Grid.Column="1" Grid.Row="1" x:Name="txtInput2" Style="{Static
Resource inputstyle}"/>
        <TextBox Grid.Column="1" Grid.Row="2" x:Name="txtInput3" Style="{Static
Resource inputstyle}"/>
        <TextBlock Grid.Column="2" Grid.Row="0" Style="{StaticResource resdisstyle}">
            计算结果: <Run x:Name="run1" Foreground="Blue" Text="0"/>
        </TextBlock>
        <TextBlock Grid.Column="2" Grid.Row="1" Style="{StaticResource resdisstyle}">
            计算结果: <Run x:Name="run2" Foreground="Blue" Text="0"/>
        </TextBlock>
        <TextBlock Grid.Column="2" Grid.Row="2" Style="{StaticResource resdisstyle}">
            计算结果: <Run x:Name="run3" Foreground="Blue" Text="0"/>
        </TextBlock>
    </Grid>
    <Button HorizontalAlignment="Center" Grid.Row="1" Margin="0,6" Padding="50,3"
Content="开始计算" FontSize="24" Click="OnClick"/>
</Grid>
```

三个 TextBox 分别用于输入整数值，作为运算基数，当单击按钮后，将并行启动三个任务来对三个基数进行累加运算。运算规则是：假设基数为 n，计算结果 $r = 1 + 2 + 3 + \cdots + (n - 1) + n$，即求 $1 \sim n$ 的总和。

按钮的 Click 事件处理代码如下：

```csharp
private void OnClick(object sender, RoutedEventArgs e)
{
```

```csharp
        int num1 = default(int);
        if (!int.TryParse(txtInput1.Text, out num1))
        {
            MessageBox.Show("请输入第一个基数。");
            return;
        }
        int num2 = default(int);
        if (!int.TryParse(txtInput2.Text, out num2))
        {
            MessageBox.Show("请输入第二个基数。");
            return;
        }
        int num3 = default(int);
        if (!int.TryParse(txtInput3.Text, out num3))
        {
            MessageBox.Show("请输入第三个基数。");
            return;
        }

        // 声明用于并行操作的委托实例
        Action act1 = () =>
            {
                int sum = 0;
                for (int x = 1; x <= num1; x++)
                {
                    sum += x;
                }
                // 显示结果
                this.Dispatcher.BeginInvoke(DispatcherPriority.Background, new Action(()
=> run1.Text = sum.ToString()));
            };
        Action act2 = () =>
        {
            int sum = 0;
            for (int x = 1; x <= num2; x++)
            {
                sum += x;
            }
            // 显示结果
            this.Dispatcher.BeginInvoke(DispatcherPriority.Background, new Action(() =>
run2.Text = sum.ToString()));
        };
        Action act3 = () =>
        {
            int sum = 0;
            for (int x = 1; x <= num3; x++)
            {
                sum += x;
            }
            // 显示结果
            this.Dispatcher.BeginInvoke(DispatcherPriority.Background, new Action(() =>
run3.Text = sum.ToString()));
            };

    // 开始执行并行任务
```

```
        Parallel.Invoke(act1, act2, act3);
}
```

声明三个 Action 委托的实例，分别针对 num1、num2、num3 三个基数进行求和运算。调用 Parallel 类的 Invoke 方法，并将三个委托实例都作为参数传递进去，就会自动在处理器上启动并行任务。

应用程序的执行结果如图 13-6 所示。

完整的示例代码请参考\第 13 章\Example_4。

接下来实现基于循环的并行任务。在 Visual Studio 开发环境中新建一个 WPF 应用程序项目。主窗口的布局设计如下：

图 13-6　通过并行任务来做加法运算

```xml
<Grid>
    <Grid.RowDefinitions>
        <RowDefinition Height="Auto"/>
        <RowDefinition Height="*"/>
    </Grid.RowDefinitions>
    <Grid Grid.Row="0" Margin="12,13">
        <Grid.ColumnDefinitions>
            ……
        </Grid.ColumnDefinitions>
        <Grid.RowDefinitions>
            ……
        </Grid.RowDefinitions>
        ……
        <TextBlock Text="目录: " VerticalAlignment="Center"/>
        <TextBox x:Name="txtDir" Grid.Column="1" VerticalAlignment="Center" Margin=
"0,8"/>
        <TextBlock VerticalAlignment="Center" Margin="15,0,0,0" Text="文件个数: "
Grid.Column="2"/>
        <TextBox x:Name="txtFileNum" Grid.Column="3" Width="85" Margin="0,8"/>
        <TextBlock VerticalAlignment="Center" Grid.Row="1" Text="文件大小: "/>
        <StackPanel Orientation="Horizontal" Grid.Row="1" Grid.Column="1">
            <TextBox x:Name="txtSize" Width="100" Margin="0,7"/>
            <TextBlock Text="字节" VerticalAlignment="Bottom" Margin="2,0,0,8"/>
        </StackPanel>
        <Button Content="开始" Grid.Row="1" Grid.Column="2" Grid.ColumnSpan="2"
HorizontalAlignment="Center" Padding="50,3" Margin="0,5" Click="OnClick"/>
    </Grid>
    <TextBox x:Name="txtDisplay" Grid.Row="1" Margin="5" ScrollViewer.Horizontal
ScrollBarVisibility="Disabled" ScrollViewer.VerticalScrollBarVisibility="Auto"
FontSize="16" Foreground="Red"/>
</Grid>
```

本示例主要实现这样的功能：在文本框中输入一个目录名称（可以是绝对路径或相对路径），以及要创建的文件的个数、每个文件的大小等参数。单击按钮后将通过并行任务来创建文件，并向文件中写入随机生成的字节数据。

按钮控件的 Click 事件处理代码如下：

```csharp
private void OnClick(object sender, RoutedEventArgs e)
{
    if (string.IsNullOrWhiteSpace(txtDir.Text))
    {
        MessageBox.Show("请输入有效的目录名。");
```

```
        return;
    }
    // 如果目录不存在，先创建目录
    if (!Directory.Exists(txtDir.Text))
    {
        Directory.CreateDirectory(txtDir.Text);
    }

    int fileNum = 0;
    if (!int.TryParse(txtFileNum.Text, out fileNum))
    {
        MessageBox.Show("请输入文件数量。"); return;
    }
    long fileSize = 0L;
    if (long.TryParse(txtSize.Text, out fileSize) == false)
    {
        MessageBox.Show("请输入正确的文件大小。");
        return;
    }
    // 产生文件名列表
    List<string> fileNames = new List<string>();
    for (int n = 0; n < fileNum; n++)
    {
        // 文件名
        string _filename = "file_" + (n + 1).ToString();
        // 目录的绝对路径
        string _dirpath = System.IO.Path.GetFullPath(txtDir.Text);
        // 组建新文件的全路径
        string fullPath = System.IO.Path.Combine(_dirpath, _filename);
        fileNames.Add(fullPath);
    }
    txtDisplay.Clear();
    // 用于产生随机字节
    Random rand = new Random();

    // 用于执行任务的委托实例
    Action<string> act = (file) =>
        {
            FileInfo fileInfo = new FileInfo(file);
            // 如果文件存在，则删除
            if (fileInfo.Exists)
                fileInfo.Delete();
            // 将数据写入文件
            byte[] buffer = new byte[fileSize];
            rand.NextBytes(buffer);
            using (FileStream fs = fileInfo.Create())
            {
                BinaryWriter sw = new BinaryWriter(fs);
                sw.Write(buffer);
                sw.Close();
                sw.Dispose();
            }
            // 显示结果
            string msg = string.Format("文件{0}已成功写入。\n", fileInfo.Name);
            this.Dispatcher.BeginInvoke(System.Windows.Threading.DispatcherPriority.
```

```
Normal, new Action(() => txtDisplay.AppendText(msg)));
        };

        // 启动循环任务
        Parallel.ForEach<string>(fileNames, act);
}
```

Parallel 类提供两个静态方法用于执行并行循环的任务——For 方法和 ForEach 方法。这与代码控制流程中的 for 语句和 foreach 语句很像。Parallel 类自动将这些循环操作安排到各个处理器或同一个处理器的各个核上执行，自动调度线程。

图 13-7　并行创建随机文件

上面示例代码调用了 ForEach 方法的其中一个重载，第一个参数为 IEnumerable<TSource>类型，TSource 是泛型中的类型占位符。在本示例中，将用 List<string>类型来传递；第二个参数是带一个参数的委托，当 Parallel 对 source 列表中的每个元素进行处理时都会调用一次该委托，源列表中有多少个元素，委托实例就会被调用多少次。因为源列表中的元素为 string 类型，所以委托对应的类型应为 Action<string>。

示例的执行结果如图 13-7 所示。

完整的示例代码请参考\第 13 章\Example_5。

13.4.2　Task 与 Task<TResult>类

Parallel 类一般用于启动比较简单的，并且相对独立的任务，如果希望更好地掌控后台任务，应当选用 Task 或 Task<TResult>类，使用这两个类可以显式地创建任务，并且可以由开发者来决定何时启动任务。Task<TResult>从 Task 类派生，表示带返回结果的异步任务。显式启动异步任务可以选择以下几种方法。

（1）调用 Run 静态方法。该方法返回对应的 Task 实例，Run 方法一旦调用，异步任务就会马上执行。

（2）调用 Task 的构造函数，创建新的 Task 实例，任务不会马上被执行，只有当 Start 方法被调用后才会开始执行。

（3）Task 和 Task<TResult>类都公开了 Factory 静态属性，返回一个 TaskFactory 或 TaskFactory<TResult>实例（对于 Task 类返回 TaskFactory 实例，对于 Task<TResult>类则返回 TaskFactory<TResult>实例），然后再通过这个"任务工厂"实例的相关方法来启动异步任务。

前面计算阶乘和累加运算的示例都可以改用 Task 类来完成。下面完成一个使用 Task 来执行的累加运算。应用程序要求输入一个基数，比如基数为 n，则计算方法为：$1 + 2 + 3 + \cdots + (n-1) + n$。

（1）在 Visual Studio 开发环境中新建一个 Windows 窗体应用程序项目。

（2）在 Form1 窗口上拖放一个用于输入基数的 TextBox 控件，一个用于显示计算结果的 TextBox 控件，一个用来指示计算进度的 ProgressBar 控件，一个用于激活后台任务的 Button 控件。总体效果如图 13-8 所示。

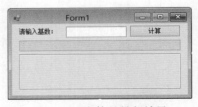

图 13-8　窗体的排版效果

（3）切换到代码视图，处理 Button 控件的 Click 事件。

```
private void button1_Click(object sender, EventArgs e)
{
```

```
    uint baseNum = 0;
    if (!uint.TryParse(textBox1.Text, out baseNum))
    {
        MessageBox.Show("请输入一个整数作为基数。");
        return;
    }

    // 更新进度条的组件
    IProgress<int> progress = new Progress<int>((p) => progressBar1.Value = p);
    // 声明后台任务
    Task<long> task = new Task<long>(() =>
    {
        long res = 0L;
        for (int n = 1; n <= baseNum; n++)
        {
            // 累加
            res += n;
            // 计算进度
            double pr = Convert.ToDouble(n) / Convert.ToDouble(baseNum) * 100d;
            // 报告进度
            progress.Report(Convert.ToInt32(pr));
        }
        return res;
    });
    textBox2.Text = "正在计算……";
    // 启动任务
    task.Start();
    // 等待任务完成
    button1.Enabled = false;
    while (!task.Wait(50))
    {
        // 在等待过程中允许程序处理其他消息
        Application.DoEvents();
    }
    button1.Enabled = true;
    // 获取计算结果
    textBox2.Text = "计算结果: " + task.Result.ToString();
}
```

因为要返回最终的计算结果，所以本示例中使用的是 Task<TResult>类，在实例化时需要提供一个委托实例，该委托定义异步任务需要执行哪些操作。在调用 Start 方法后，任务就被启动，随后可以调用 Wait方法来等待任务完成。本示例中通过一个 while 循环来等待任务完成，每一轮循环均等待 50ms，而在 while 循环内部调用 Application.DoEvents 方法是为了使应用程序在等待任务完成的过程中能够处理其他消息。当任务完成后，从 Task 实例的 Result 属性中取得计算结果。

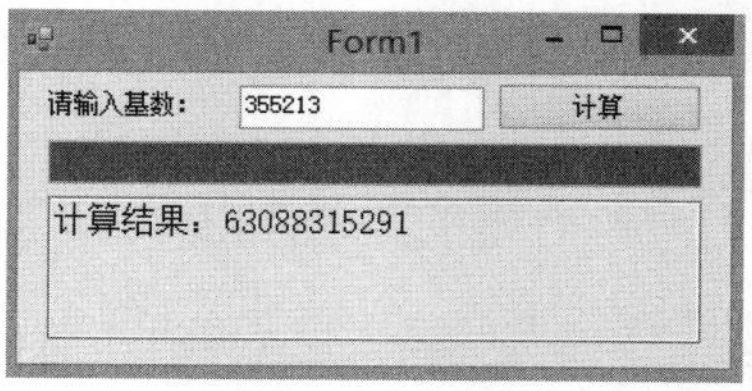

示例的运行效果如图 13-9 所示。

完整的示例代码请参考\第 13 章\Example_6。

图 13-9 异步累加运算

13.4.3 创建可取消的 Task

将 CancellationTokenSource 类与 Task 类结合起来使用，就可以创建可被取消的任务。对于需要很长时

第 31 集

间来执行的操作，用户可能不希望继续等待任务完成，因此应当考虑允许用户取消任务。

在初始化 Task 实例或者通过"任务工厂"直接启动任务时，可以传递一个 CancellationTokenSource 实例的 Token 属性值作为参数。当任务处于运行状态时，可以调用 CancellationTokenSource 对象的 Cancel 方法来取消异步操作。

仍然以计算阶乘为例，但本次示例将使用 Task 来进行后台运算，并允许用户取消操作。当操作被取消后，将显示取消时的结果值。以下为核心的代码片段

```csharp
CancellationTokenSource cts = null;

private void btnStart_Click(object sender, EventArgs e)
{
    int basenum = 0;
    ……

    // 报告进度的对象
    IProgress<int> prsReport = new Progress<int>((p) =>
    {
        this.progressBar1.Value = p;
    });
    // 如果 CancellationTokenSource 对象不为 null
    // 先将其释放
    if (cts != null)
    {
        cts.Dispose();
    }
    // 实例化 CancellationTokenSource 对象
    cts = new CancellationTokenSource();
    // 声明任务
    Task<string> task = new Task<string>(() =>
    {
        BigInteger bint = new BigInteger(1d);
        double totalProgress = (double)basenum;
        /*
         * 如果 CancellationTokenSource 对象的
         * IsCancellationRequested 属性为 true
         * 则说明操作已经取消
         */
        for (int x = 1; x <= basenum && !cts.IsCancellationRequested; x++)
        {
            bint *= x;                                    //相乘
            double pc = Convert.ToDouble(x) / totalProgress * 100d;
            // 报告进度
            prsReport.Report(Convert.ToInt32(pc));
        }
        // 返回计算结果
        return bint.ToString();
    }, cts.Token, TaskCreationOptions.LongRunning);
    // 开始执行异步处理
    task.Start();
    // 等待操作完成
    while (!task.Wait(200))
```

```
    {
        Application.DoEvents();
    }
    // 显示计算结果
    txtResult.Text = task.Result;
    ……
}

private void btnCancel_Click(object sender, EventArgs e)
{
    // 取消操作
    if (cts != null)
    {
        cts.Cancel();
    }
}
```

在窗口类中声明一个 CancellationTokenSource 类型的私有字段，然后在启动后台计算按钮的 Click 事件处理代码中，通过以下代码来初始化

```
if (cts != null)
{
    cts.Dispose();
}
// 实例化 CancellationTokenSource 对象
cts = new CancellationTokenSource();
```

因为每一次启动 Task 都需要唯一的 CancellationTokenSource 实例，所以在把 cts 变量传递给 Task 前，要重新实例化，创建一个全新的对象实例。

在 Task 中执行的代码要判断 cts 变量的 IsCancellationRequested 属性是否为 True，如果为 True，表明已经调用 Cancel 方法取消了异步任务，此时程序不应该再继续执行，而要考虑取消后面的代码处理。在本例中，将 IsCancellationRequested 属性的值也作为 for 循环的判断条件之一，只要 IsCancellationRequested 属性的值变为 False，for 循环就会退出。

运行应用程序，输入一个基数值，启动异步操作，然后单击"取消"按钮停止后台任务，并显示当前进度的计算结果，如图 13-10 所示。

完整的示例代码请参考\第 13 章\Example_7。

图 13-10　后台运算被取消

13.5　async 和 await 关键字

使用 async 和 await 关键字可以大大提高异步编程的效率。

async 和 await 关键字必须成对出现，即在调用异步方法时，使用 await 关键字等待异步操作完成，同时，在使用了 await 关键字的方法或匿名方法上需要加上 async 关键字以注明该方法内包含异步等待的语句。请思考下面的代码

```
private async void button1_Click(object sender, EventArgs e)
{
```

```
        button1.Enabled = false;
        await DoworkAsync();
        button1.Enabled = true;
    }
```

　　DoworkAsync 是一个异步方法，如果使用常规调用，由于该方法是异步的，因而调用后会立即返回，但此处应用程序希望在异步操作过程中禁用 Button 控件，等操作完成后再重新启用 Button 控件。在前面的示例中多次出现这种情况，按照常规的做法，需要在异步操作即将完成时，通过回调委托来恢复 Button 控件的可用性。

　　当异步方法在调用时加上 await 关键字后，应用程序在进入 button1_Click 方法后以同步方式执行（即未启动异步操作，代码与用户界面对象位于同一个线程中，通常是程序的主线程），接着代码禁用 Button 控件，随后遇到 await 关键字调用异步方法，此时应用程序会在这里停下来，以等待异步方法返回，但同时不会堵塞主线程，因此在等待异步方法返回的同时用户可以对用户界面进行其他操作，如拖动窗口。

　　当异步方法 DoworkAsync 返回后，主线程又继续往下执行，此时 Button 控件的可用性就会被恢复。可以用图 13-11 模拟这个执行过程。

　　由于 button1_Click 方法内部存在异步等待，因此该方法要加上 async 关键字来修饰。

　　下面介绍如何封装异步方法。其实异步方法的封装与普通方法类似，但异步方法的返回类型应为 Task 或 Task<TResult>类型，实质上是运用 Task 来启动异步任务。await 关键字可以让程序异步等待 Task 执行完成，所以下面几种思路都可以用来封装异步方法

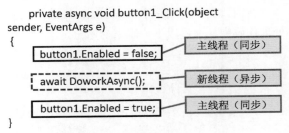

图 13-11　异步等待执行示意图

```
public Task Some1Async()
{
    return Task.Run(() => { ...... });
}

public Task<int> Some2Async()
{
    Task<int> t = new Task<int>(() => ...... );
    t.Start();
    return t;
}

public async Task Some3Async()
{
    await Task.Factory.StartNew(() => { ...... });
}
```

以下调用都是可行的

```
await DoworkAsync();
await Some1Async();
int a = await Some2Async();
/* 或者:
Task<int> t = Some2Async();
int x = await t;
*/
await Some3Async();
```

由此不难发现，await 关键字的应用与 Task 类有着密切关系，下面通过一个简单的示例分步演示。

在 Visual Studio 开发环境中新建一个 Windows 窗体应用程序项目（完整的示例代码请参考\第 13 章 \Example_8）。待项目创建完成后，在 Form1 窗口上拖放一个 ProgressBar 和一个 Button 控件，当 Button 被单击后启动异步任务并等待其完成。

```csharp
private async void button1_Click(object sender, EventArgs e)
{
    button1.Enabled = false;

    IProgress<int> reporter = new Progress<int>((v) =>
    {
        this.progressBar1.Value = v;
    });
    // 声明 Task 实例
    Task task = new Task(() =>
    {
        for (int i = 0; i <= 100; i++)
        {
            // 延迟 100ms
            System.Threading.Thread.Sleep(100);
            reporter.Report(i);                    //报告进度
        }
    });
    // 启动任务
    task.Start();
    // 等待任务完成
    await task;
    button1.Enabled = true;
}
```

从代码中看到，在调用 Start 方法启动任务后，再在 task 之前加上 await 关键字（因为 await 也是一类操作符，所以可以直接加在变量前面），这样就能异步等待 Task 完成。方法中使用了 await 关键字，需要给方法加上 async 关键字来修饰。

运行应用程序，然后单击"开始"按钮启动异步操作，在等待异步操作完成的过程中，可以对窗口进行其他操作而不会"卡顿"。

前面使用 Parallel 类开发过一个创建随机文件的示例，现在可以运用异步等待重新实现。

（1）在 Visual Studio 中新建一个 Windows 窗体应用程序项目。

（2）在主窗口上放置几个 TextBox 控件，分别用来输入目录路径、文件个数、文件大小等参数。放一个 Button 控件，用于启动异步操作，再放一个 ListBox 用来显示异步操作的进度信息。最终效果如图 13–12 所示。

（3）封装 WriteFilesAsync 方法，用于异步创建和写入文件。

图 13–12　窗口的界面布局效果

```csharp
/// <summary>
/// 异步创建和写入文件
/// </summary>
/// <param name="dirPath">文件存放的目录</param>
/// <param name="fileNum">文件个数</param>
/// <param name="fileSize">单个文件的大小（字节）</param>
```

```
/// <param name="progressReport"></param>
private Task WriteFilesAsync(string dirPath, int fileNum, ulong fileSize,
IProgress<string> progressReport)
{
    return Task.Run(() =>
        {
            Random rand = new Random();
            byte[] buffer = new byte[fileSize];
            // 获取目录的完整路径
            string fullDirPath = System.IO.Path.GetFullPath(dirPath);
            // 循环创建文件
            for (int n = 0; n < fileNum; n++)
            {
                // 拼接文件路径
                string fileFullPath = System.IO.Path.Combine(fullDirPath, "file_" +
(n + 1).ToString());
                System.IO.FileInfo fileInfo = new System.IO.FileInfo(fileFullPath);
                if (fileInfo.Exists)
                {
                    fileInfo.Delete();
                }
                // 写文件
                using (System.IO.FileStream fs = fileInfo.Create())
                {
                    rand.NextBytes(buffer);
                    System.IO.BinaryWriter writer = new System.IO.BinaryWriter(fs);
                    writer.Write(buffer);
                    writer.Flush();
                    // 关闭写入器
                    writer.Close();
                }
                // 报告进度
                if (progressReport != null)
                {
                    string msg = string.Format("文件{0}已成功写入。", fileInfo.Name);
                    progressReport.Report(msg);
                }
            }
        });
}
```

最后一个参数为 IProgress<string>类型，每成功写入一个文件后，调用一次 Report 方法以报告进度，进度信息用字符串来表示。

（4）处理按钮的 Click 事件，启动异步任务并等待其完成。

```
private async void button1_Click(object sender, EventArgs e)
{
    if (System.IO.Directory.Exists(txtDirPath.Text) == false)
    {
        // 创建目录
        System.IO.Directory.CreateDirectory(txtDirPath.Text);
    }
    int fileNum = 0;
    if (!int.TryParse(txtFileNum.Text,out fileNum))
```

```
    {
        MessageBox.Show("请输入文件个数。"); return;
    }
    ulong filesize = 0L;
    if (!ulong.TryParse(txtFileSize.Text, out filesize))
    {
        MessageBox.Show("请输入文件大小。"); return;
    }
    listBox1.Items.Clear();
    // 用于报告进度的对象
    IProgress<string> prr = new Progress<string>((s) =>
    {
        listBox1.Items.Add(s);
    });

    // 启动异步任务并等待其完成
    button1.Enabled = false;
    await WriteFilesAsync(txtDirPath.Text, fileNum, filesize, prr);
    button1.Enabled = true;
}
```

在调用 WriteFilesAsync 方法时在前面加上 await 关键字，调用方法上也要加上 async 修饰符。

（5）运行应用程序，输入相应的参数，然后单击"开始操作"按钮开始异步创建和写入文件，如图 13-13 所示。

完整的示例代码请参考\第 13 章\Example_9。

通常来说，异步方法在命名时，会在名称后面加上"Async"后缀。虽然这一约定不是硬性要求的，但是为了方便自己和他人识别，建议读者在封装异步方法时，在方法名称后面加上"Async"后缀，比如"SendAsync""WorkAsync"等。

async 和 await 关键字也可以在 Main 方法中使用，例如：

图 13-13 异步等待示例

```
static async Task Main()
{
    await DoWorkAsync ();
}
```

13.6 ThreadLocal<T>

ThreadLocal<T>类可用于以下情形：多个线程共享一个变量，但每个线程都希望具有独立的数据版本，即每个线程可以在同一个变量上同时存储不同的值。例如，假设 A、B、C 三个线程共享变量 V，线程 A 设置 V 的值为 10，线程 B 设置 V 的值为 20，线程 C 设置 V 的值为 30，那么，在线程 A 上执行的代码从变量 V 上读到的值为 10。同理，线程 B 从变量 V 上读到的值为 20，线程 C 从变量 V 上读到的值为 30。同一个变量 V，可以面向不同的线程存储独立的值，这些值之间相互隔离，互不影响。

下面示例将演示 ThreadLocal<T>类的使用方法。

本示例将创建五个新的线程来执行任务，并且所有线程都共享一个 ThreadLocal<T>变量。在线程任务中，代码首先向 ThreadLocal<T>变量赋一个随机整数，然后在控制台窗口中输出 ThreadLocal<T>变量的值。
相关的代码如下：

```
static Random rand = new Random();
static ThreadLocal<int> local = new ThreadLocal<int>();

......

static void Main(string[] args)
{
    // 启动五个线程来执行 Dowork 方法
    for(int i = 0; i < 5; i++)
    {
        Thread t = new Thread(Dowork);
        t.Start();
    }

    Console.Read();
    local.Dispose();                              //释放资源
}
```

ThreadLocal 类带有一个泛型参数 T，用于指定变量中要存储值的数据类型，当不再需要此变量实例时，
可以调用 Dispose 方法释放其占用的资源。代码中启动的新线程执行的是 Dowork 方法，该方法的具体实现
代码如下：

```
static void Dowork()
{
    // 赋值
    local.Value = rand.Next();
    // 取值
    Console.WriteLine($"当前线程 ID：{Thread.CurrentThread.ManagedThreadId},
{nameof(local)}的值：{local.Value}。");
}
```

运行应用程序后，得到如图 13-14 所示的运行结果。

从输出结果中可以看到，local 变量是所有线程共享
的，但每个线程都可以在 local 变量上写入独立的值。

完整的示例代码请参考\第 13 章\Example_10。

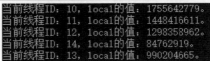

图 13-14　每个线程都可以独立存取共享的变量值

13.7　AsyncLocal<T>

在开始介绍 AsyncLocal<T>之前，先来完成一个示例（完整的示例代码请参考\第 13 章\Example_11）。

在 Visual Studio 开发环境中新建一个控制台应用程序，待项目创建完成后，在 Program 类中声明一个
ThreadLocal<T>变量

```
static ThreadLocal<int> local = new ThreadLocal<int>();
```

接着，定义一个异步方法（返回值类型为 Task），代码如下：

```
static async Task RunAsync()
{
```

```
    local.Value = 1000;                         //赋值
    Console.WriteLine("异步等待前 local 变量的值: {0}, 当前线程 ID: {1}。", local.
Value,Thread.CurrentThread.ManagedThreadId);
    await Task.Delay(60);                        //异步等待
    Console.WriteLine("异步等待后 local 变量的值: {0}, 当前线程 ID: {1}。", local.Value,
Thread.CurrentThread.ManagedThreadId);
}
```

方法首先向 local 变量赋值 1000，并输出该值，然后使用异步等待执行 Delay 方法，当异步等待返回后，再次输出变量值。

程序的运行结果如图 13-15 所示。

异步等待前1ocal变量的值: 1000，当前线程ID: 9。
异步等待后1ocal变量的值: 0，当前线程ID: 6。

图 13-15　异步等待操作前后的 ThreadLocal 变量值对比

ThreadLocal 实例的值在异步等待操作前存储的是数值 1000，但在异步操作返回之后，ThreadLocal 实例的值变成了 0。并且，从输出结果中也发现，异步等待操作前后，代码上下文处于不同的线程上，这就是 await 操作执行返回后 ThreadLocal 实例的值变为 0 的原因。异步等待操作执行前，代码所处线程的 ID 号为 9，local 变量为该线程保存了数值 1000，但是当异步等待返回后，当前线程的 ID 号为 6，这说明代码上下文已经切换到另一个线程上了，所以此时 local 变量的值只能是默认值 0，此前向 local 变量写入的值 1000 在当前线程上不可见。

Task 类所启动的异步任务都是由线程运行时自动调度的，即开发者不能通过代码来准确调配，而通常情况下，都希望在异步等待返回后还能获取到以前存储的数据。为了让异步上下文之间能够保留变量的值，需要用到 AsyncLocal<T>类。

AsyncLocal<T>类与 ThreadLocal<T>类在使用方法上类似，不同的是，AsyncLocal<T>类是专为 Task 异步等待上下文之间数据同步而提供的，这样一来，不管代码上下文被运行时分配到哪个线程上，AsyncLocal<T>变量上的值都会被保留。

下面将通过一个示例来演示 AsyncLocal<T>的功能。

先定义一个异步方法

```
static async Task RunAsync()
{
    local.Value = "context data";
    Console.WriteLine("异步等待前, local 变量的值: {0}", local.Value);
    await Task.Delay(100);
    Console.WriteLine("异步等待后, local 变量的值: {0}", local.Value);
}
```

Local 是 AsyncLocal<string>变量实例，在异步等待前将值设置为"context data"，然后进入异步等待。异步操作返回后再次输出 local 变量的值。

运行后异步上下文的数据被保留下来，结果如图 13-16 所示。

异步等待前，1ocal变量的值: context data
异步等待后，1ocal变量的值: context data

图 13-16　运行结果

从运行结果可以看出，异步等待返回之后，local 变量的值被保留。完整的示例代码请参考\第 13 章\Example_12。

13.8　通道

通道（Channel）内部自动维护着一个线程安全的队列，数据的写入与读取可以在不同的线程上完成。在"生产者/消费者"模型中，开发人员不需要为数据消费者编写线程同步代码，通道会自动进入等待状态，直到有新的数据写入。

13.8.1　Channel<T>

Channel<T> 是一个抽象类，因此不能实例化。该类有两个派生类——UnboundedChannel<T> 和 BoundedChannel<T>，泛型参数 T 表示要在通道中读写的数据类型。这两个类都是内部实现类型，在代码中无法直接访问，而是通过静态类 Channel 的公共方法来获得需要的对象实例，具体如下：

（1）CreateUnbounded<T>方法：创建并返回 UnboundedChannel<T>实例。UnboundedChannel<T>类表示一个数据容量没有限制的通道对象，可以向通道写入任意数量的子项。

（2）CreateBounded<T>方法：返回 BoundedChannel<T>类的实例。BoundedChannel<T>类所表示的通道对象有容量限制。当通道中子项的数量达到上限时，应用程序会依据 BoundedChannelFullMode 枚举（背压模式）的值来处理队列中的数据。比如，若配置为 BoundedChannelFullMode.Wait，那么通道的写入操作将会进入等待状态，直到队列中有数据被读取并释放出有效空间；若配置为 BoundedChannelFullMode.DropOldest，则删除队列中最先存入的子项，然后写入新的数据。而 BoundedChannelFullMode.DropNewest 的处理逻辑正好相反，其将队列中最后存入的子项删除，再写入新的数据。

13.8.2　ChannelWriter<T>与 ChannelReader<T>

数据生产者使用 ChannelWriter<T>类向通道中的队列写入数据；数据消费者使用 ChannelReader<T>类从通道中读取数据。这两个类也是抽象类，内部实现类分别是 BoundedChannelWriter、BoundedChannelReader 和 UnboundedChannelWriter、UnboundedChannelReader。

在实际编程中，开发人员不需要考虑它们的实现类，只需通过 Channel<T>类型对象的 Writer 和 Reader 属性来访问即可。

13.8.3　一个简单的示例

本节将演示通道的基础使用方法。

先创建一个 Task 对象，在新的线程上向通道写入四个字符串（string）类型的值，而后在主线程中依次读出这些值。

（1）在 Visual Studio 开发环境中创建控制台应用程序项目。

（2）在代码文件中引入以下命名空间。

```
using System.Threading.Tasks;
using System.Threading.Channels;
```

（3）调用 Channel.CreateUnbounded 方法创建一个无容量限制的通道实例。

```
Channel<string> cnl = Channel.CreateUnbounded<string>();
```

（4）创建新的 Task 对象，在新线程上向通道写入字符串数据。

```
_ = Task.Run(async () =>
{
    // 写入四个字符串类型的值
    await cnl.Writer.WriteAsync("item-1");
    await cnl.Writer.WriteAsync("item-2");
    await cnl.Writer.WriteAsync("item-3");
    await cnl.Writer.WriteAsync("item-4");
    // 通知数据消费者数据写入完毕
    cnl.Writer.Complete();
});
```

（5）在主线程中读出已写入的字符串。

```
while(true)
{
    try
    {
        string x = await cnl.Reader.ReadAsync();
        Console.WriteLine($"从通道中读出：{x}");
    }
    catch(ChannelClosedException)
    {
        Console.WriteLine("通道已关闭");
        break;                                    // 跳出循环
    }
}
```

当通道队列中的数据被完全读出后，通道会自动关闭。此时如果继续读取就会引发 ChannelClosedException 异常，所以读出数据的代码应该写在 try…catch…语句块中，在捕捉到异常后退出 while 循环。

完整的示例代码请参考\第 13 章\Example_13。

13.8.4　背压模式

由于硬件和软件（尤其是内存容量）资源都是有限的，因此创建具有容量限制的通道队列是比较推荐的方案。

在调用 Channel.CreateBounded 方法创建有容量限制的通道时，可以使用 BoundedChannelOptions 类的 FullMode 属性来配置背压模式。背压模式将由 BoundedChannelFullMode 枚举类型定义，其有效的选项包括

（1）Wait：这是默认值，写入操作会处于等待状态，直到通道队列腾出可用空间（被消费者线程读取）。

（2）DropOldest：先将队列中最先写入的元素删除，以腾出空间来写入新元素。

（3）DropNewest：删除队列中最后写入的元素，再写入新元素。

（4）DropWrite：删除要写入的元素，要写入的新元素将被忽略。

请看下面示例

```
// 通道队列的容量为 3
BoundedChannelOptions options = new(3);
// 设置背压模式
options.FullMode = BoundedChannelFullMode.DropOldest;
// 创建通道
Channel<int> mychan = Channel.CreateBounded<int>(options);
```

```
// 向通道写入数据
Task tw = Task.Run(async () =>
{
    for(int n = 1; n < 7; n++)
    {
        await mychan.Writer.WriteAsync(n);
        Console.WriteLine("已写入：{0}", n);
    }
    // 写入完成
    mychan.Writer.Complete();
});

// 从通道读取数据
Task tr = Task.Run(async () =>
{
    // 等待 2s 再开始读取
    await Task.Delay(2000);
    await foreach(int item in mychan.Reader.ReadAllAsync())
    {
        Console.WriteLine("从通道读出：{0}", item);
    }
});

Task.WaitAll(tw, tr);
```

示例代码创建了一个容量为 3 的通道队列，即最多只能存放 3 个数据元素。背压模式设置为 DropOldest，表示当队列中的元素数量达到上限时，如果要写入新的元素，就得先删除队列中最先存入的元素。

示例程序会向通道队列写入六个 int 类型的数值（从 1 到 6）。在 1、2、3 写入后，通道队列已达到容量上限。当写入元素 4 时，会删除队列中最先写入的元素 1，此时通道队列中的元素为 2、3、4。当写入元素 5 时，会删除元素 2，通道队列变为 3、4、5；写入元素 6 时，会删除元素 3，通道队列变为 4、5、6。因此，示例程序运行后，从通道中读出来的最终元素为 4、5、6。

在枚举通道队列的所有元素时，可以调用 Reader.ReadAllAsync 方法。该方法会返回一个实现了 IAsyncEnumerable<T>接口（位于 System.Collections.Generic 命名空间）的对象，此对象支持可异步等待的迭代（循环）语句——async foreach。当通道关闭时不会抛出 ChannelClosedException 异常，因此从通道中读取数据的代码不需要写在 try…catch…语句中。

完整的示例代码请参考\第 13 章\Example_14。

第 14 章

系统信息管理

本章主要讲述系统信息管理相关的内容。.NET 提供了相关的 API，允许应用程序获取与操作系统有关的数据，比如屏幕大小、计算机名称，以及通过 WMI 查询来获取系统中各种资源的参数等。

本章所涉及的内容有：

● 管理系统进程项
● 管理系统服务
● 获取系统参数
● WMI 查询
● 写入事件日志

14.1 管理进程

进程是操作系统为每个执行程序所分配的独立内存空间，当应用程序运行后，它将占有一块独立的内存空间。简单地说，进程就是应用程序执行状态数据的集合，包括可执行文件、启动时间、命令行参数等信息。

.NET 框架提供了 Process 类（位于 System.Diagnostics 命名空间）来封装与单个进程实例相关的数据，开发人员可以使用该类来轻松地操作进程，或者启动一个新进程。

14.1.1 管理正在运行的进程

Process 类公开了一个 GetProcesses 静态方法，可以获取当前正在运行的所有进程的实例，以 Process 数组的形式返回。

以下示例程序将获取当前计算机中正在运行的所有进程实例，并显示在用户界面上，用户还可以通过右键菜单来结束某个进程，具体的实现步骤如下：

（1）在 Visual Studio 开发环境中新建一个 WPF 应用程序项目。

（2）声明一个静态类，其中包括一个 GetData 静态方法，在方法中返回系统当前正在执行的进程列表。

```
public static class ProcessesData
{
    /// <summary>
    /// 返回 Process 数组，表示当前系统正在运行的进程列表
    /// </summary>
    public static Process[] GetData()
```

```
    {
        return Process.GetProcesses();
    }
}
```

随后将通过该类来进行数据绑定。

（3）在主窗口类中定义一个公共并且只读的静态字段，表示一个路由命令对象。

```
/// <summary>
/// 结束进程的命令
/// </summary>
public static readonly RoutedCommand KillProcessCommand = new RoutedUICommand("结束
进程", "killProcess", typeof(MainWindow));
```

RoutedUICommand 构造函数的最后一个参数为注册该命令的类型，此处是主窗口类 MainWindow。

（4）回到窗口的 XAML 视图，在窗口中声明一个 ListView 对象。

```
<ListView Margin="8" SelectionMode="Single" >
    <ListView.View>
        <GridView>
            <GridViewColumn Header="PID" Width="65" DisplayMemberBinding="{Binding
Id,IsAsync=True}"/>
            <GridViewColumn Header="名称" Width="90" DisplayMemberBinding="{Binding
ProcessName,IsAsync=True,FallbackValue=N/A}"/>
            <GridViewColumn Header="主窗口标题" Width="120" DisplayMemberBinding=
"{Binding MainWindowTitle,IsAsync=True,FallbackValue=N/A}"/>
            <GridViewColumn Header="启动时间" Width="100" DisplayMemberBinding=
"{Binding StartTime,StringFormat=d,IsAsync=True,FallbackValue=N/A}"/>
            <GridViewColumn Header="可执行模块" Width="300" DisplayMemberBinding=
"{Binding MainModule.FileName,IsAsync=True,FallbackValue=N/A}"/>
        </GridView>
    </ListView.View>
</ListView>
```

用于绑定的数据源对象是 Process 类的实例，因为 GridView 中的列应与 Process 类的属性对应。在 Binding 中将 IsAsync 属性设置为 True，表示数据绑定将异步进行，这样做不会导致用户界面线程被阻塞。

FallbackValue=N/A 表示如果绑定无法获取有效的值或者发生异常，就显示字符串 "N/A"。

（5）要使路由命令起到向上查找的作用，需要将一个 CommandBinding 实例添加到 ListView 的 CommandBindings 集合中。

```
<ListView.CommandBindings>
    <CommandBinding Command="{x:Static local:MainWindow.KillProcessCommand}" CanExecute=
"OnCanKillProcess" Executed="OnKillProcess"/>
</ListView.CommandBindings>
```

处理 CanExecute 事件以判断命令是否可以执行，在本示例中，主要判断是否可以结束指定的进程，如果条件不符合要求，就会禁用命令。命令被禁用后，使用该命令的 MenuItem 也会被禁用。这也是命令的一个作用，将用户界面上的如按钮、菜单项等执行控件与代码分开，代码中使用命令来完成相关操作，而按钮等控件只需要与命令关联即可。比如，在开发应用程序中最常见的一种情况是：菜单栏中一些菜单项（如复制、保存等）与工具栏上的按钮功能相同，这时开发者不必重复编写代码，只要把这些控件都关联到同一个命令即可。

当命令被激活后会发生 Executed 事件，响应该事件的处理代码将执行相关操作，本示例的操作是结束对应的进程。

两个事件的处理代码如下：

```
private void OnCanKillProcess(object sender, CanExecuteRoutedEventArgs e)
{
    Process p = e.Parameter as Process;
    if (p == null)
    {
        e.CanExecute = false;
        return;
    }
    else
    {
        try
        {
            // 如果进程已退出，就禁用命令
            if (p.HasExited)
            {
                e.CanExecute = false;
                return;
            }
        }
        catch { }
    }
    e.CanExecute = true;
}

private void OnKillProcess(object sender, ExecutedRoutedEventArgs e)
{
    Process p = e.Parameter as Process;
    if (p == null)
    {
        return;
    }
    try
    {
        // 结束进程
        p.Kill();
    }
    catch (Exception ex)
    {
        MessageBox.Show("异常: " + ex.Message);
    }
}
```

e.Parameter 属性返回的是传递给命令的参数，该参数通过菜单项的 CommandParameter 属性进行赋值。

（6）通过 ItemContainerStyle 属性定义 ListViewItem 的样式，为列表项添加右键菜单，并引用 KillProcessCommand 命令。

```
<ListView.ItemContainerStyle>
    <Style TargetType="{x:Type ListViewItem}">
        <Setter Property="ContextMenu">
            <Setter.Value>
                <ContextMenu>
```

```
                    <MenuItem Command="{x:Static local:MainWindow.KillProcessCommand}"
 CommandParameter="{Binding}" />
                </ContextMenu>
            </Setter.Value>
        </Setter>
    </Style>
</ListView.ItemContainerStyle>
```

注意菜单项引用的命令必须与前面 CommandBindings 集合中设置的命令是同一个实例。这也是 MainWindow.KillProcessCommand 字段要声明为静态的原因，可以确保实例的唯一性，因为 static 成员是面向类型而不是类型的实例。CommandParameter="{Binding}"是把当前项的 Process 实例传递给命令参数。

（7）在窗口的资源字典中添加一个 ObjectDataProvider 实例，通过该类，可以从特定类型的某个方法中取得数据。

```
<Window.Resources>
    <ObjectDataProvider x:Key="dataprovider" MethodName="GetData" ObjectType=
"{x:Type local:ProcessesData}" IsAsynchronous="True"/>
</Window.Resources>
```

ObjectDataProvider 指向的类型为前面定义的 ProcessesData 类，它有一个 GetData 静态方法返回 Process 数组，故 MethodName 属性设置该方法的名称。ObjectType 指定方法所属的类型，此处为 ProcessesData，将 IsAsynchronous 属性设置为 True，在应用程序运行后，基础框架将自动使用辅助线程来获取数据。

（8）让 ListView 的 ItemsSource 属性绑定到声明的 ObjectDataProvider 对象。

```
<ListView Margin="8" SelectionMode="Single"
ItemsSource="{Binding Source={StaticResource
dataprovider},IsAsync=True}"> ......
```

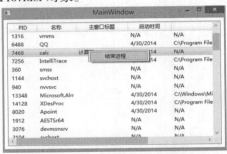

图 14-1　查看并管理进程

（9）由于结束系统进程可能导致意外错误，或者没有权限操作。为了安全地测试应用程序，可以事先运行一个应用程序，如系统自带的"计算器"程序，然后再运行本示例，就可以在窗口中看到进程列表。可以选中"计算器"进程并右击，通过右键菜单结束该进程，如图 14-1 所示。

完整的示例代码请参考\第 14 章\Example_1。

14.1.2　启动新进程

Process 类有两个版本的 Start 方法，一个是静态版本，可以直接调用，另一个是公共方法，需要实例化 Process 对象后才能调用。不管是哪个版本，使用方法都是一样的。

启动新进程时可以直接指定可执行文件（.exe），也可以指定某个文件的路径，在启动时，将选用现有的打开方式来启动进程。例如，文件名指向一个.doc 文件，调用 Start 方法后，会启动 Office 中的 Word 程序并打开该文件；如果文件指定的是一个.mp3 文件，就会打开默认的播放器并开始播放该文件。

也可以先创建一个 ProcessStartInfo 对象实例，设置好对应的参数后，把 ProcessStartInfo 对象传递给 Start 方法来启动新进程。

调用 Close 方法可以关闭进程并释放其占用的资源，由于 Process 的基类实现了 IDisposable 接口，因此如果 Process 实例是使用 using 块创建的，则可以不调用 Close 方法，因为 using 块执行完毕时会自动调用 Dispose 方法来释放对象，而 Dispose 方法又调用了 Close 方法。Kill 方法会强行退出进程，功能与在"任务管理器"中"结束进程"的操作结果相同。

　　下面来看一个简单的示例,该示例运行后,窗口上出现两个按钮,单击第一个按钮后会打开记事本程序,单击第二个按钮后会打默认的网页浏览器并定位到指定的 URI。具体的实现步骤如下:

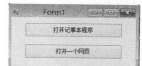

图 14-2　主窗口的排版布局

　　(1)启动 Visual Studio 开发环境,新建一个 Windows 窗体应用程序项目。

　　(2)在项目模板生成的 Form1 窗口上拖放两个 Button 控件。窗口的最终布局如图 14-2 所示。

　　(3)两个按钮的 Click 事件处理代码如下:

```csharp
private void button1_Click(object sender, EventArgs e)
{
    using (Process p = new Process())
    {
        // 设置启动参数
        ProcessStartInfo startinfo = new ProcessStartInfo("notepad.exe");
        p.StartInfo = startinfo;
        // 启动进程
        p.Start();
    }
}

private void button2_Click(object sender, EventArgs e)
{
    string url = "http://www.163.com";
    // 启动进程
    ProcessStartInfo info = new(url);
    // 必须设置该属性
    info.UseShellExecute = true;
    Process.Start(info);
}
```

　　notepad.exe 是系统自带的"记事本"程序,因为它所在的路径已经在系统变量%path%的路径列表中,因此不需要指定完整的路径。在 button2_Click 方法中,只要提供网页的 URL,系统会选择默认的浏览器来打开该地址。注意 UseShellExecute 属性默认为 False,调用浏览器进程会出现错误,因此要将该属性设置为 True。

　　(4)运行应用程序,分别单击窗口上的两个按钮来进行测试。

　　完整的示例代码请参考\第 14 章\Example_2。

14.1.3　重定向输入/输出流

　　将输入或输出流进行重定向,可以简单理解为修改进程输入/输出流的通道,使得应用程序可以直接将数据写入进程的输入流,或从进程的输出流中读取操作结果。

　　将进程的标准流进行重定向的方法是设置 ProcessStartInfo 对象的 RedirectStandardError、RedirectStandardInput 或 RedirectStandardOutput 属性为 True。这三个属性的值并不要求同时设置,如果只希望读取进程的输出结果,那么只需设置 RedirectStandardOutput 属性为 True。最后将此 ProcessStartInfo 实例传递 Process 类的 Start 方法即可。

　　接下来将完成一个获取 CMD("命令提示符"窗口)窗口执行结果的应用程序。当程序运行后,在文本框中输入要执行的 DOS 命令，然后单击"执行"按钮，应用程序会启动 cmd.exe 来执行命令，并将输出结果显示在窗口下方的文本框中。

在启动 cmd.exe 时可以加上一个选项参数"/C"，该参数表示 CMD 窗口执行完命令后马上终止。例如，要执行 ipconfig 命令（显示 IP 地址、网络接口等配置信息），可以这样启动 cmd.exe 程序

```
cmd.exe /C ipconfig
```

有时需要在后面要执行的命令上应当加上双引号（英文），因为空格会被视为参数分隔符，例如下面的启动方式，本来希望执行 dir 命令显示 D 盘下的子目录，可是由于 dir 后面有空格，故导致 cmd 误将 dir 和 d:识别为两个独立的参数。

```
cmd.exe /C dir d:
```

通常情况下，cmd 程序应该识别为两个参数，第一个是"/C"，第二个是"dir d:"，由于"dir"和"d:"之间有一个空格，致使 cmd 程序误识别为三个参数。为了防止出现该问题，对于带有空格的参数，应该加上双引号，例如：

```
cmd.exe /C "dir d:"
```

了解了大致的原理后，就可以动手实践了。

（1）在 Visual Studio 开发环境中新建一个 Windows 窗体应用程序项目。

（2）在窗口上拖放两个 TextBox 控件，一个用于输入要执行的命令，另一个用于显示 cmd 进程输出的结果；还要拖放一个 Button 控件，单击该按钮后启动新进程并获取操作结果。界面布局如图 14-3 所示。

（3）处理按钮的 Click 事件，代码如下：

图 14-3　示例程序的用户界面设计效果

```csharp
private void btnExecute_Click(object sender, EventArgs e)
{
    if (string.IsNullOrWhiteSpace(txtCmd.Text))
    {
        return;
    }

    ProcessStartInfo start = new ProcessStartInfo();
    // 文件名
    start.FileName = "cmd.exe";
    // 启动参数
    start.Arguments = string.Format("/C \"{0}\"", txtCmd.Text);
    // 不显示窗口
    start.CreateNoWindow = true;
    // 禁用 UseShellExecute
    start.UseShellExecute = false;
    // 重定向输出流
    start.RedirectStandardOutput = true;
    try
    {
        // 启动进程
        Process p = Process.Start(start);
        // 获取结果
        txtOutPut.Text = p.StandardOutput.ReadToEnd();
```

```
    }
    catch (Exception ex)
    {
        MessageBox.Show(ex.Message);
    }
}
```

创建 ProcessStartInfo 实例后，需要设置一些必备的启动参数。FileName 指的是要执行的程序或文件名称，此处为 cmd.exe，Arguments 属性指定命令行参数，因为命令提示符窗口执行完成后马上终止，因而要加上/C 参数。

将 CreateNoWindow 属性设置为 True 表示在启动 cmd.exe 后不显示其窗口，UseShellExecute 必须设置为 False 才能重定向输出流，将 RedirectStandardOutput 属性设置为 True 就可以将进程的输出流重定向到当前应用程序。

进程执行后，可以通过 Process 对象的 StandardOutput 属性读取 cmd.exe 的输出结果。

（4）运行应用程序，输入要执行的 DOS 命令，比如输入"tasklist"（不包含双引号），然后单击"执行"按钮，效果如图 14-4 所示。

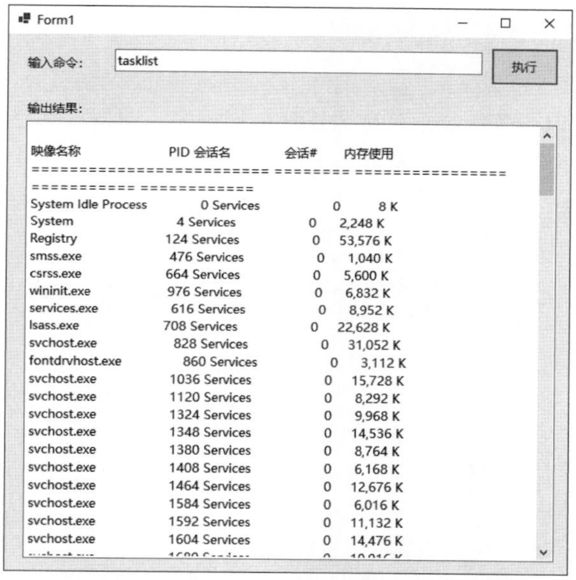

图 14-4　获取 CMD 窗口的输出结果

完整的示例代码请参考\第 14 章\Example_3。

14.2　管理服务

与进程管理相似，.NET 基础类库也提供了相关 API 来支持系统服务的管理。ServiceController 类（位于 System.ServiceProcess 命名空间）封装了可以对服务项进行基本操作（启动、暂停、继续、停止等）及获取相关信息的功能。

调用 GetServices 静态方法可以获得计算机上已安装的所有服务，如果要获取设备驱动程序相关的服务列表，可以调用 GetDevices 方法。无论使用哪个方法，所获取到的信息都以 ServiceController 数组的形式返回（类似于 Process 类的 GetProcesses 方法返回 Process 实例的数组）。

Status 属性表示服务项的当前状态，由 ServiceControllerStatus 枚举定义。对服务进行操作可以调用以下方法：Start（启动服务）、Stop（停止服务）、Pause（暂停服务）和 Continue（恢复服务）。

下面的示例与进程管理示例相近。程序运行后会加载系统中的所有服务，并且可以通过右键菜单来对服务进行操作。

（1）以管理员身份运行 Visual Studio 开发环境，然后新建一个 WPF 应用程序项目。

（2）右击项目的"依赖项"节点，从弹出的快捷菜单中选择【管理 NuGet 程序包】。

（3）在搜索框中输入"ServiceProcess"进行查找。找到名为"System.ServiceProcess.ServiceController"的程序包。

（4）单击"安装"按钮进行安装。安装成功后关闭 NuGet 程序包管理窗口。

（5）声明一个静态类，并公开一个静态方法 GetData，返回服务列表。

```csharp
public static class ServiceData
{
    public static ServiceController[] GetData()
    {
        return ServiceController.GetServices().OrderBy(s=>s.DisplayName).ToArray();
    }
}
```

OrderBy 方法让服务列表以服务的显示名称为依据进行排序，即按首字母从 A 到 Z 的顺序排列。

（6）在窗口类中公开四个命令字段，随后将通过命令来操作服务项。

```csharp
/// <summary>
/// 暂停命令
/// </summary>
public static readonly RoutedUICommand PauseCommand = new RoutedUICommand("暂停",
"pause", typeof(MainWindow));
/// <summary>
/// 恢复运行命令
/// </summary>
public static readonly RoutedUICommand ContinueCommand = new RoutedUICommand("恢复",
"continue", typeof(MainWindow));
/// <summary>
/// 停止命令
/// </summary>
public static readonly RoutedUICommand StopCommand = new RoutedUICommand("停止",
"stop", typeof(MainWindow));
/// <summary>
/// 启动命令
/// </summary>
public static readonly RoutedUICommand StartCommand = new RoutedUICommand("启动",
"start", typeof(MainWindow));
```

（7）在主窗口的资源字典中，使用 ObjectDataProvider 类从 GetData 静态方法中取得服务列表。

```xml
<Window.Resources>
    <ObjectDataProvider x:Key="datasource" MethodName="GetData" ObjectType="{x:Type
local:ServiceData}" IsAsynchronous="True"/>
</Window.Resources>
```

（8）声明一个 ListBox 控件，并让 ItemsSource 属性绑定到资源中的 ObjectDataProvider 实例。

```
<ListBox …… ItemsSource="{Binding Source={StaticResource datasource},IsAsync=True}">……
```

（9）在 ListBox 的 CommandBindings 集合中添加上面定义的四个命令的引用，并分别处理它们的 CanExecute 事件和 Executed 事件。

```
<ListBox.CommandBindings>
   <CommandBinding Command="{x:Static local:MainWindow.PauseCommand}" CanExecute=
"OnPauseCanexecute" Executed="OnPauseExecuted"/>
   <CommandBinding Command="{x:Static local:MainWindow.ContinueCommand}" CanExecute=
"OnContinueCanexecute" Executed="OnContinueExecuted"/>
   <CommandBinding Command="{x:Static local:MainWindow.StopCommand}" CanExecute=
"OnStopCanexecute" Executed="OnStopExecuted"/>
   <CommandBinding Command="{x:Static local:MainWindow.StartCommand}" CanExecute=
"OnStartCanexecute" Executed="OnStartExecuted"/>
</ListBox.CommandBindings>
```

事件的处理代码如下：

```
/*----------------------- 暂停 -----------------------*/
private void OnPauseCanexecute(object sender, CanExecuteRoutedEventArgs e)
{
    ServiceController scl = e.Parameter as ServiceController;
    if (scl == null)
    {
        e.CanExecute = false;
        return;
    }
    scl.Refresh();
    if (scl.Status == ServiceControllerStatus.Running && scl.CanPauseAndContinue)
    {
        // 服务正在运行并且支持暂停时允许操作
        e.CanExecute = true;
    }
    else
    {
        e.CanExecute = false;
    }
}
private void OnPauseExecuted(object sender, ExecutedRoutedEventArgs e)
{
    ServiceController scl = e.Parameter as ServiceController;
    if (scl == null) return;
    scl.Refresh();
    if (scl.CanPauseAndContinue)
    {
        try
        {
            scl.Pause();                              //暂停
        }
        catch (Exception ex)
        {
            MessageBox.Show(ex.Message);
        }
```

```
        }
    }
    /*----------------------- 恢复 ---------------------*/
    private void OnContinueCanexecute(object sender, CanExecuteRoutedEventArgs e)
    {
        ServiceController scl = e.Parameter as ServiceController;
        if (scl == null)
        {
            e.CanExecute = false;
            return;
        }
        scl.Refresh();
        if (scl.Status == ServiceControllerStatus.Paused && scl.CanPauseAndContinue)
        {
            // 当服务已暂停后才允许继续
            e.CanExecute = true;
        }
        else
        {
            e.CanExecute = false;
        }
    }
    private void OnContinueExecuted(object sender, ExecutedRoutedEventArgs e)
    {
        ServiceController scl = e.Parameter as ServiceController;
        if (scl == null)
        {
            return;
        }
        scl.Refresh();
        if (scl.CanPauseAndContinue)
        {
            try
            {
                scl.Continue();                          //恢复服务
            }
            catch (Exception ex)
            {
                MessageBox.Show(ex.Message);
            }
        }
    }
    /*----------------------- 停止 ---------------------*/
    private void OnStopCanexecute(object sender, CanExecuteRoutedEventArgs e)
    {
        ServiceController scl = e.Parameter as ServiceController;
        if (scl == null)
        {
            e.CanExecute = false;
            return;
```

```
        }
        scl.Refresh();
        if (scl.Status != ServiceControllerStatus.Stopped && scl.CanStop)
        {
            // 当服务处于非停止状态时才允许停止
            e.CanExecute = true;
        }
        else
        {
            e.CanExecute = false;
        }
    }
    private void OnStopExecuted(object sender, ExecutedRoutedEventArgs e)
    {
        ServiceController scl = e.Parameter as ServiceController;
        if (scl == null)
        {
            return;
        }
        scl.Refresh();
        if (scl.CanStop)
        {
            try
            {
                scl.Stop();                                    //停止服务
            }
            catch (Exception ex)
            {
                MessageBox.Show(ex.Message);
            }
        }
    }
/*--------------------------- 启动 ---------------------------*/
    private void OnStartCanexecute(object sender, CanExecuteRoutedEventArgs e)
    {
        ServiceController scl = e.Parameter as ServiceController;
        if (scl == null)
        {
            e.CanExecute = false;
            return;
        }
        scl.Refresh();
        if (scl.Status == ServiceControllerStatus.Stopped)
        {
            // 只有服务被停止后才需要启动
            e.CanExecute = true;
        }
        else
        {
            e.CanExecute = false;
```

```
    }
}
private void OnStartExecuted(object sender, ExecutedRoutedEventArgs e)
{
    ServiceController scl = e.Parameter as ServiceController;
    if (scl == null) return;
    scl.Refresh();
    // 启动服务
    try
    {
        scl.Start();
    }
    catch (Exception ex)
    {
        MessageBox.Show(ex.Message);
    }
}
```

ServiceController 类的 Refresh 方法用于刷新当前服务项的数据，在获取服务状态之前应该先调用该方法来刷新数据，使 ServiceController 实例的各个属性的值都是最新的。

（10）为 ListBox 的项定义右键菜单，并与前面定义的四个命令进行关联。

```
<ListBox.ItemContainerStyle>
    <Style TargetType="{x:Type ListBoxItem}">
        <Setter Property="ContextMenu">
            <Setter.Value>
                <ContextMenu>
                    <MenuItem Command="{x:Static local:MainWindow.PauseCommand}"
CommandParameter="{Binding IsAsync=True}"/>
                    <MenuItem Command="{x:Static local:MainWindow.ContinueCommand}"
CommandParameter="{Binding IsAsync=True}"/>
                    <MenuItem Command="{x:Static local:MainWindow.StopCommand}"
CommandParameter="{Binding IsAsync=True}"/>
                    <MenuItem Command="{x:Static local:MainWindow.StartCommand}"
CommandParameter="{Binding IsAsync=True}"/>
                </ContextMenu>
            </Setter.Value>
        </Setter>
    </Style>
</ListBox.ItemContainerStyle>
```

CommandParameter 属性引用了一个 Binding，表示把指定的 ServiceController 对象作为命令参数传递，在 CanExecute 或 Executed 事件的处理代码中，可以通过 e.Parameter 来提取该参数的内容。

（11）运行应用程序，同时打开"本地服务"管理器窗口（可以在控制面板的"管理工具"中找到），动态对比示例程序能否准确完成相关操作。程序需要管理员权限对服务进行操作，这就是前面要求以管理员身份运行 Visual Studio 的原因。开发环境以管理员身份运行，由于权限会向下传播，当开发环境调试运行应用程序时，程序也具备了管理员权限。

（12）以 Audio Service 服务为例，打开"本地服务管理器"中 Audio Service 服务的属性窗口，然后回到示例应用程序，找到 Audio Service 服务，右击，从弹出的上下文菜单中选择【停止】，接着查看 Audio Service 服务的属性窗口是否显示服务已停止（如图 14-5 所示）。再次回到示例应用程序窗口，在 Audio Service 服务上右击，从弹出的上下文菜单中执行【启动】命令，然后查看 Audio Service 服务的属性窗口，看服务是否已经处于运行状态（如图 14-6 所示）。

图 14-5　停止服务

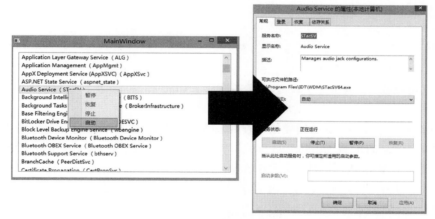

图 14-6　启动服务

完整的示例代码请参考\第 14 章\Example_4。

14.3　WMI 查询

WMI 是 Windows Management Instrumentation 的缩写，可以翻译为"Windows 管理规范"。它是一项操作系统管理技术，可以通过 WQL 语句（专用于 WMI 查询的 SQL 语句）获取系统资源信息，比如可以通过 WMI 来获取硬盘的序列号、物理内存 ID、CPU 标识等信息。

WMI 将各种信息通过类的形式进行封装，并且将不同类型的 WMI 类放置在不同的命名空间中，这跟 C#语言命名空间和类型之间的关系有些类似。最常用且被视为默认的命名空间为"\root\CIMv2"，如果需要连接并访问另一台计算机上的 WMI 服务，则默认的命名空间需要加上远程计算机的名称，如 "\\JimPC\ROOT"，其中"JimPC"是要连接的计算机名称，ROOT 是远程计算机上 WMI 服务的根命名空间。

如图 14-7 所示，WMI 服务的命名空间以 root 命名空间为根，根以下可以容纳多个层次的子命名空间，每个命名空间下便是 WMI 类。

WMI 体系中的类与面向对象编程中所说的类相似，即将某个系统对象相关的数据进行封装。类的成员有属性和方法两种。一个 WMI 类通常都会公开一些属性，但并不是所有类都有方法成员。下面是用于表示处理器信息的 Win32_Processor 类的定义

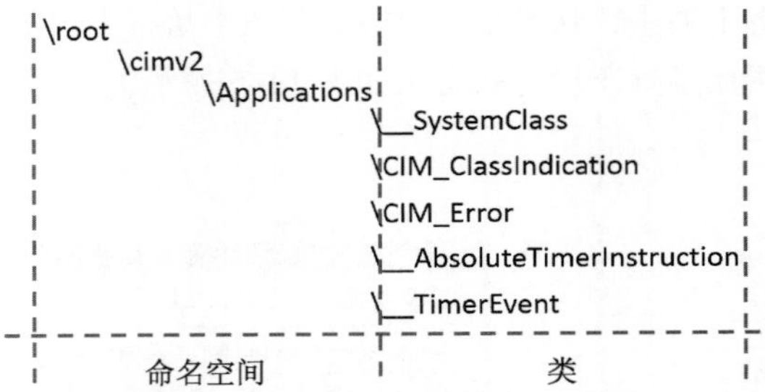

```
class Win32_Processor : CIM_Processor
{
  uint16    AddressWidth;
  ……
  string    Description;
  string    DeviceID;
  boolean   ErrorCleared;
  string    ErrorDescription;
  uint32    ExtClock;
  uint16    Family;
  datetime  InstallDate;
  uint32    L2CacheSize;
  uint32    L2CacheSpeed;
  uint32    L3CacheSize;
  uint32    L3CacheSpeed;
  ……
};
```

图 14-7 WMI 类型体系结构示意图

从上面的定义可以看到，Win32_Processor 类还继承了 CIM_Processor 类，这表明 WMI 类是具有派生层次的。

由于 WMI 的结构比较复杂，通常需要借助查询来筛选出所需要的数据，这就要用到 WQL（WMI Query Language）。从本质上说，WQL 查询语句就是 SQL 语句，但相对来说比 SQL 要简单得多，语法没有 SQL 那么丰富。WQL 的功能是从 WMI 庞大的数据体系中筛选出应用程序希望看到的数据，比如某块硬盘的序列号。

WQL 语句以 "SELECT" 关键字开头，紧接着是要查询的目标类的属性列表，比如：

```
SELECT Caption, Manufacturer, NumberOfCores FROM Win32_Processor
```

上面的 WQL 将筛选出当前计算机上每个处理器的显示名称、生产厂商及核心个数三个属性。如果计算机只有一个处理器，则返回单个实例；如果是多处理器计算机，则返回多个 Win32_Processor 的实例；如果处理器是双核的，则 NumberOfCores 属性的值为 2。

WMI 的内容繁多，且不是本书的主要内容，读者如果对 WMI 相关内容感兴趣，一方面可以通过网络搜索来获取相关信息，特别是一些概念性的知识，另一方面还可以参考 MSDN 文档的说明。在实际开发中，如非特殊需求，也不必要去深入研究 WMI，只要知道如何通过 WMI 来查询一些系统信息即可。

.NET 的基础类库也提供了相关的 API 来帮助开发者进行 WMI 查询，这些 API 都位于 System.Management 命名空间下。在 Visual Studio 开发环境中创建项目后，默认情况下是不引用 System.Management 程序集的，因此需要手动添加对 System.Management.dll 的引用。

那么在实际开发中，使用 WMI 能做些什么呢？比较典型的是用于开发软件的许可功能。一般来说，当客户有愿意购买软件产品时，开发者都会考虑向客户提供一个试用的产品版本，不会把整个产品都交付给客户使用。试用版本都会适当地对功能进行限制，该版本仅提供给客户进行体验评估，客户在试用后如果决定购买产品，开发者在收到客户支付的相关款项后才会向其提供产品的完整版本。

为了验证用户是否已经购买产品，在程序代码中必须做判断，如果验证失败，就禁止用户使用某些功能。当然，对于功能上有限制的试用版本，其实也可以考虑通过条件编译来生成，即某部分代码不参加编译，最后生成的应用程序的功能是不完整的，仅供评估之用。在客户购买产品后才编译一个完整的版本交给客户使用。

但是，还需要考虑到另一个问题：软件产品属于无形知识产权，它是可以通过各种媒介进行传播的，如网络、光盘、闪存盘（U 盘）等途径都可以将产品进行无限复制。如果某客户购买了软件产品，同时又将该产品复制给他人使用，对产品开发者来说是一项巨大的损失。

没有任何一种加密技术是绝对安全的，软件保护与软件破解是对立统一的两个实体，两者之间相互作用，此消彼长。保护软件产品开发者的合法权益重点是依靠法律手段，但同时也可以附加地使用一些技术手段，增加破解的难度。

为了使产品的授权变得唯一，最常见的做法是将软件产品与计算机进行绑定，即本产品只能在 A 电脑上使用，如果被复制到 B 电脑上，就无法使用。要实现这种绑定，其实就是要绑定硬件，因为硬件产品出厂时所带的一些标识是全球唯一的。让软件产品与计算机进行绑定，可以有效避免产品被随意传播所带来的损失。用得比较多的绑定方式如下：

（1）绑定硬盘、主板、CPU 等设备的序列号。

（2）在产品中附带加密狗，以加密狗的序列号来进行绑定。好处是客户如果更换了新电脑，只要原来的加密狗还在，就可以在新电脑上正常使用软件产品。

（3）绑定网卡的 MAC 地址。

（4）复合绑定。即在使用加密狗的同时，绑定计算机上硬件设备的标识符，如硬盘。

绑定硬件的标识，需要先获取到这些信息才能进行处理，所以需要使用 WMI，即通过 WMI 查询来得到所需要的信息。

接下来，将通过一个示例演示如何使用 WMI 查询。本示例将提取硬盘的序列号和网卡的 MAC 地址。具体的操作步骤如下：

（1）在 Visual Studio 开发环境中新建一个 Windows 窗体应用程序项目。

（2）打开"管理 NuGet 程序包"窗口，在搜索框中输入"System.Management"，找到 System.Management 程序包，并进行安装。也可以直接打开项目文件（文件后缀名为.csproj），在<Project>节点下添加以下内容来引用 System.Management 程序包。

```
<ItemGroup>
<PackageReference Include="System.Management" Version=
"5.0.0"/>
</ItemGroup>
```

（3）回到主窗口的设计器中，在"工具箱"窗口中拖放两个 TextBox 控件，分别用于显示硬盘序列号和网卡的 MAC 地址，再拖放一个按钮控件，用于执行操作。大致效果如图 14-8 所示。

（4）处理按钮的 Click 事件，代码如下：

图 14-8　主窗口的布局效果

```
private void button1_Click(object sender, EventArgs e)
{
    txtHDskID.Clear();
    txtMacAddr.Clear();
    /*
     * 磁盘信息 - Win32_DiskDrive 类
```

```
    * 网卡信息 - Win32_NetworkAdapter 类
    */
    // 使用 ManagementObjectSearcher 来进行搜索
    using (ManagementObjectSearcher searcher = new ManagementObjectSearcher())
    {
        try
        {
            // 查询 1：查找物理硬盘
            WqlObjectQuery q1 = new WqlObjectQuery("SELECT * FROM Win32_DiskDrive WHERE
MediaType = \"Fixed hard disk media\"");
            searcher.Query = q1;
            // 获取结果
            var mc = searcher.Get();
            // 读出序列号
            foreach (var mob in mc)
            {
                string str = mob["SerialNumber"] as string;
                if (string.IsNullOrWhiteSpace(str) == false)
                {
                    txtHDskID.Text = str;
                    break;
                }
            }
            // 查询 2：查找物理网卡
            WqlObjectQuery q2 = new WqlObjectQuery("SELECT * FROM Win32_NetworkAdapter
WHERE PhysicalAdapter = True");
            searcher.Query = q2;
            // 获取结果
            mc = searcher.Get();
            // 提取 MAC 地址
            foreach (var mob in mc)
            {
                string str = mob["MACAddress"] as string;
                if (!string.IsNullOrEmpty(str))
                {
                    txtMacAddr.Text = str;
                    break;
                }
            }
        }
        catch (Exception ex)
        {
            MessageBox.Show(ex.Message);
        }
    }
}
```

实例化一个 ManagementObjectSearcher 对象，使用该对象来搜索 WMI 资源；其次通过 Query 属性设置
查询对象，当 Get 方法被调用时，查询就会执行，并返回查询结果，查询结果使用 ManagementObjectCollection 集合表示，如果没有找到相关内容，则集合为空，即包含 0 个元素；最后，通过访问查询结果对象的指定属性来获取程序所需要的信息。

运行应用程序，然后单击"获取信息"按钮。结果如图 14-9所示。

图 14-9　获取硬盘序列号和网卡 MAC 地址

完整的示例代码请参考\第 14 章\Example_5。

微软公司提供了一个 WMI 查看工具，该工具可用来查看 WMI 类及类的相关成员信息。该工具的代码文件（WMICodeCreator.cs）已被复制到本示例文件夹（Example_5）下的"WMI 代码生成器"目录中，在使用时请打开 Visual Studio 开发人员的命令提示窗口，这是一个 DOS 窗口，然后输入：

```
csc /t:winexe WMICodeCreator.cs
```

按下 Enter 键后，就会生成一个.exe 文件，双击运行该文件就可以使用该工具了。

14.4　读取系统参数

.NET 基础类库提供了一些类可以帮助开发人员获取当前计算机或者操作系统相关的信息，如计算机名、操作系统版本等。接下来将分别介绍几个可用于获取系统参数的类。

14.4.1　Environment 类

Environment 类位于 System 命名空间下，该类可以获取与当前应用程序运行环境相关的信息，主要包括以下内容。

（1）传递给应用程序的命令行参数。

（2）系统版本。

（3）处理器个数及处理器架构（是否为 64 位）。

（4）当前登录系统的用户名。

（5）访问和操作环境变量列表。

（6）特殊目录的路径，如"文档""音乐"库的物理路径。

（7）公共语言运行时的当前版本。

（8）当前计算机名称。

Environment 类为静态类，即其成员都是静态成员，可以直接调用。

请看下面示例

```
static void Main(string[] args)
{
    string msg = string.Empty;
    msg += "系统版本: " + Environment.OSVersion.VersionString + "\n";
    msg += "计算机名: " + Environment.MachineName + "\n";
    msg += "处理器个数: " + Environment.ProcessorCount.ToString() + "\n";
    msg += "是否为 64 操作系统: " + (Environment.Is64BitOperatingSystem ? "是" : "否") + "\n";
    msg += "当前登录的用户名: " + Environment.UserName + "\n";
    msg += "CLR 版本: " + Environment.Version.ToString() + "\n";
    msg += "桌面的物理路径: " + Environment.GetFolderPath(Environment.SpecialFolder.
DesktopDirectory) + "\n";
    msg += ""图片"库的物理路径: " + Environment.GetFolderPath(Environment.SpecialFolder.
MyPictures) + "\n";
    msg += "---------- 当前用户的环境变量列表 ----------\n";
    var vars = Environment.GetEnvironmentVariables(EnvironmentVariableTarget.User);
    foreach (var k in vars.Keys)
    {
        msg += k.ToString() + " = " + vars[k].ToString() + "\n";
    }
```

```
    // 输出字符串
    Console.WriteLine(msg);

    Console.Read();
}
```

示例运行后，将输出如图 14-10 所示的字符串信息。

图 14-10　获取当前程序的运行环境信息

完整的示例代码请参考\第 14 章\Example_6。

14.4.2　SystemInformation 类

SystemInformation 类专为 Windows Forms 应用程序开发提供，通过该类，可以获取与窗口相关的一些具体的参数，如标准窗口的标题栏高度、当前屏幕的工作区域大小、鼠标滑轮每次滚动的行数等。

下面代码将演示 SystemInformation 类的使用方法。

```
StringBuilder strBd = new StringBuilder();
strBd.AppendLine("窗口标题栏高度: " + SystemInformation.CaptionHeight.ToString());
strBd.AppendLine("鼠标滑轮的滚动量: " + SystemInformation.MouseWheelScrollLines.
ToString() + "行");
/*
 * 屏幕的工作区域是指桌面上除去任务栏区域的剩余空间
 */
Rectangle workarerect = SystemInformation.WorkingArea;
strBd.AppendFormat("屏幕工作区域的大小: {0}×{1}\n", workarerect.Width, workarerect.
Height);
ScreenOrientation orl = SystemInformation.ScreenOrientation;
string orstr = null;
switch (orl)
{
    case ScreenOrientation.Angle0:
        orstr = "旋转 0 度";
        break;
    case ScreenOrientation.Angle180:
        orstr = "旋转 180 度";
        break;
    case ScreenOrientation.Angle270:
        orstr = "旋转 270 度";
        break;
    case ScreenOrientation.Angle90:
        orstr = "旋转 90 度";
```

```
            break;
        default:
            orstr = "未知";
            break;
    }
    strBd.AppendLine("屏幕方向: " + orstr);
    /*
     * 与电池相关的信息仅用于笔记本电脑或移动设备
     */
    strBd.AppendLine("电池剩余电量百分比: " + SystemInformation.PowerStatus.BatteryLifePercent.
    ToString("P0"));
    strBd.AppendLine("是否有可用的网络连接: " + (SystemInformation.Network ? "是" : "否"));
    strBd.AppendLine("显示器个数: " + SystemInformation.MonitorCount.ToString());
    Size msize = SystemInformation.PrimaryMonitorSize;
    strBd.AppendFormat("主显示器的屏幕大小: {0}×{1}\n", msize.Width, msize.Height);
```

　　SystemInformation 类的属性都定义为静态成员，以方便开发者直接访问。运行上面示例应用程序，会看到屏幕上输出如图 14-11 所示的系统信息。

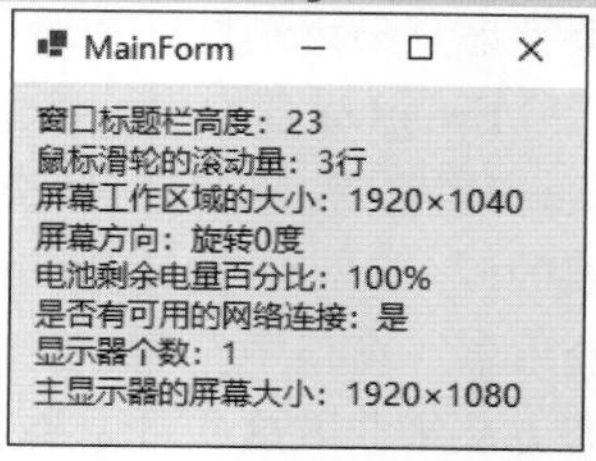

　　完整的示例代码请参考\第 14 章\Example_7。

图 14-11　输出系统信息

14.4.3　用于 WPF 的系统信息类

　　WPF 基础框架提供了以下几个类，可以获取与系统相关的信息。

　　（1）SystemParameters 类主要用于获取系统参数中一些数字值，比如窗口标题栏高度、边框宽度等。

　　（2）SystemColors 类可用于获取与系统当前主题相关的画刷。

　　（3）SystemFonts 类可以获取与字体有关的系统参数，如窗口标题栏所使用的字体。

　　这三个类都定义为静态类，可以直接访问其成员，并且每个公共属性都附带一个相应的资源键属性，以方便开发者在 XAML 代码中引用。比如，SystemColors.AppWorkspaceColor 属性就有一个与之对应的资源键属性 SystemColors.AppWorkspaceColorKey。

　　请思考下面示例

```
<Rectangle Fill="{DynamicResource {x:Static SystemColors.ActiveCaptionBrushKey}}"
Stroke="{DynamicResource {x:Static SystemColors.ActiveBorderBrushKey}}" Stroke
Thickness="{DynamicResource {x:Static SystemParameters.BorderWidthKey}}" Width=
"{DynamicResource {x:Static SystemParameters.MaximumWindowTrackWidthKey}}" Height=
"{DynamicResource {x:Static SystemParameters.CaptionHeightKey}}"/>
```

　　在引用系统信息相关的资源时，最好使用动态资源引用（DynamicResource 扩展标记），因为这些来自系统的数据有可能在应用程序运行期间被改变，使用动态资源引用可以确保所引用的内容是最新的。

　　上面 XAML 代码中声明了一个 Rectangle 对象，该矩形使用活动窗口的标题栏颜色来进行填充，使用活动窗口的边框颜色来绘制轮廓线，轮廓线的粗细则引用了标准窗口的边框大小。矩形的高度为标准窗口标题栏的高度，宽度则为窗口最大化时的宽度。

　　最终的效果如图 14-12 所示。

　　由于当前系统的窗口边框与标题栏的颜色相同，所以绘制出来的矩形看上去好像没有轮廓线。

　　完整的示例代码请参考\第 14 章\Example_8。

图 14-12　使用系统参数绘制的矩形

14.5　写入事件日志

尽管可以将应用程序的日志信息写到一个自定义的文件中，但是有时开发人员也需要考虑将日志信息写到系统的日志列表中——可以通过"事件查看器"来查看。

要将日志信息写入系统事件日志中，需要使用 EventLog 类（位于 System.Diagnostics 命名空间）。在使用 EventLog 类写入事件日志前必须配置日志的源信息（Source），可以从"控制面板"→"管理工具"→"事件查看器"打开"事件查看器"管理窗口，然后从左侧的导航栏中找到显示为"应用程序"的日志项，在窗口的中间区域中会看到许多日志列表，如图 14-13 所示。可以发现，要向事件日志列表中写入一条新日志，需要指定事件级别（信息、警告或错误）、日志内容、来源、事件 ID 等参数。

其中，日志来源是指"谁写入了该日志"，这个来源名称可以自己来定义。但是，在定义源名称时一定要考虑其易识别性，一般可以使用当前应用程序的名称。

EventLog 类公开一个静态的 SourceExists 方法，用以检测日志来源是否已经注册。在写入日志之前，需要调用该方法来验证自定义的源是否已经存在，如果不存在，则需要调用 CreateEventSource 方法创建所需要的源。对于本地计算机则不需要考虑计算机名称，但在创建源时需要指定日志类别的名称，即在"事件查看器"窗口中左侧导航窗格中看到的如"应用程序""系统""安全"等名称。可以通过 GetEventLogs 静态方法来获取这些日志类别的列表，完成这一过程需要管理员权限，因此需要以管理员身份来运行应用程序或者 Visual Studio 开发环境。

下面示例将获取所有日志分类的名称和显示名称，完整的示例代码请参考\第 14 章\Example_9。

```csharp
static void Main(string[] args)
{
    EventLog[] logs = EventLog.GetEventLogs();
    foreach (var item in logs)
    {
        Console.WriteLine("{0} - {1}", item.Log, item.LogDisplayName);
    }

    Console.Read();
}
```

结果如图 14-14 所示。

图 14-13　"事件查看器"窗口　　　　　　图 14-14　列出系统日志中的各个类别信息

对于应用程序开发者来说，只需要关注"Application"即可，开发者应当把日志记录写到应用程序分类中，这是较为合理的做法；不应该写到系统或者安全分类上去，因为那样做会导致日志信息混乱，增加系统管理人员对日志的维护成本，也不方便信息的查找与跟踪。所以，应用程序一定要把事件日志写到"Application"分类下，并在命名日志来源时最好选用当前应用程序的名称，或者便于用户识别的名称。

下面演示一个写入事件日志的示例。创建一个 Windows 窗体应用程序项目，待项目创建后，在窗口上拖放两个 Button 控件，随后通过操作这两个按钮来写入两条日志。

在窗口的 Load 事件中检查事件源是否已存在，如果不存在，就创建一个名为"MyApp"的日志源。

```
private void Form1_Load(object sender, EventArgs e)
{
    // 创建日志来源
    if (!EventLog.SourceExists("MyApp"))
    {
        EventLog.CreateEventSource("MyApp", "Application");
    }
}
```

分别处理两个按钮的 Click 事件。

```
private void button1_Click(object sender, EventArgs e)
{
    EventLog.WriteEntry("MyApp", "这是第一条日志。");
}

private void button2_Click(object sender, EventArgs e)
{
    EventLog.WriteEntry("MyApp", "这是第二条日志。");
}
```

如果日志源不太常用，可以考虑在窗口关闭时删除日志源。

```
FormClosing += Form1_FormClosing;
……
void Form1_FormClosing(object sender, FormClosingEventArgs e)
{
    if (EventLog.SourceExists("MyApp"))
    {
        EventLog.DeleteEventSource("MyApp");
    }
}
```

运行应用程序，分别单击窗口上的两个按钮，然后关闭应用程序。接着打开"事件查看器"窗口，就会看到写入的两条日志，如图 14-15 所示。

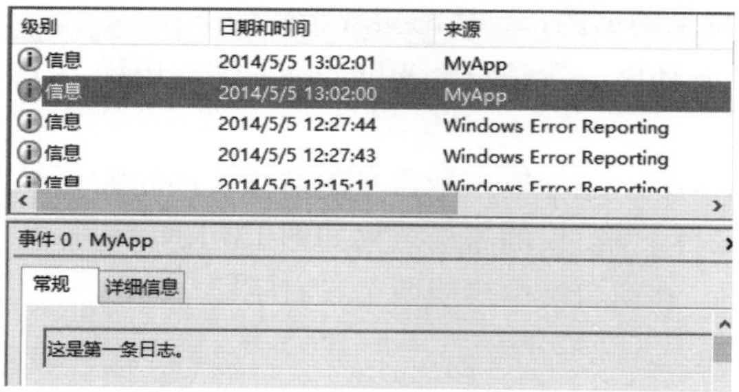

图 14-15　已写入的两条日志

完整的示例代码请参考\第 14 章\Example_10。

第 15 章

文 件 与 流

本章将讲述如何对目录、文件及流进行操作。在开发应用程序过程中，都会涉及文件数据的访问，比如将一些有价值的数据保存到磁盘上的某个文件中。应用程序是在内存中运行的，一旦应用程序结束或者计算机的电源被关闭，存在于内存中的所有数据都会丢失，这种数据称为"非持久性数据"。有时希望将一些数据长期保存下来，以便将来使用，就需要将数据保存在其他存储媒介上（如硬盘、光盘等），这种可以长期存在并能被再次访问和改写的数据称为"持久性数据"。

硬盘上存放的文件都是持久性数据，只要不发生不可抗力的事件（如硬盘损坏、人为删除或误删），数据都会一直保存下去。在实际的应用开发中，文件读写的频率很高。例如，使用 PowerPoint 设计好一个演示文稿，在关闭 PowerPoint 应用程序之前都应该将演示文稿保存起来，因为程序一旦退出，存放在内存中的数据就会被销毁。

15.1 创建和删除目录

第 32 集

凡是涉及输入/输出（I/O）相关操作的 API 都被放到 System.IO 或子命名空间下（如 System.IO.Isolated-Storage）。命名空间的作用就是作为类型的分类容器，所以在.NET 类库中，可以通过程序集或命名空间的名称来猜测其用途。

对目录进行操作可以使用 Directory 类和 DirectoryInfo 类。Directory 类是一个静态类，提供了一些便捷的方法帮助开发人员轻松地对目录进行操作。DirectoryInfo 类的功能和 Directory 类相似，但 DirectoryInfo 类公开更多的成员以获取目录信息。由于 DirectoryInfo 类是基于类实例进行操作的，因此可在代码中多次使用，而 Directory 类是基于类的，每次调用仅执行一个单独的操作。

下面演示一个创建和删除目录的示例，具体的实现步骤如下：

（1）启动 Visual Studio 开发环境，新建一个 Windows 窗体应用程序项目。

（2）在窗口上放置一个 TextBox 用于输入新目录的名称；再放置两个按钮，分别用于创建和删除目录。窗口的布局效果如图 15-1 所示。

（3）切换到代码编辑视图，在窗口类中声明两个私有字段。

图 15-1　窗口的布局效果

```
// 操作目录的对象
DirectoryInfo dirInfo = null;
// 目录名称
string dirName = string.Empty;
```

dirInfo 用于对目录进行操作，dirName 用于存放目录的名称。

（4）分别处理两个按钮的 Click 事件。

```csharp
private void btnCreate_Click(object sender, EventArgs e)
{
    if (string.IsNullOrWhiteSpace(txtName.Text))
    {
        MessageBox.Show("请输入一个有效的目录名。");
        return;
    }
    dirName = txtName.Text.Trim();

    dirInfo = new DirectoryInfo(dirName);
    // 如果目录已存在，则删除
    if (dirInfo.Exists)
    {
        dirInfo.Delete();
    }
    // 创建新目录
    dirInfo.Create();
    MessageBox.Show("目录" + dirName + "已创建。");
}

private void btnDelete_Click(object sender, EventArgs e)
{
    if (dirInfo != null && !string.IsNullOrWhiteSpace(dirName))
    {
        dirInfo.Delete();
dirInfo = null;
    }
}
```

用新目录的名称创建 DirectoryInfo 实例后，可以通过访问 Exists
属性来判断目录是否已经存在，如果存在，就调用 Delete 方法删除，
再调用 Create 方法创建新目录。

运行应用程序，输入新目录的名称，然后单击"创建"按钮，如
图 15-2 所示。待目录成功创建后，可以打开应用程序所在的目录
(bin\Debug)，并查看已创建的新目录。然后可以单击"删除"按钮将
新创建的目录删除。

图 15-2　创建新的目录

由于本示例中用于实例化 DirectoryInfo 对象的路径直接引用新目录的名称，即使用相对于当前应用程
序的目录路径，因此"我的目录"将在当前程序的.exe 文件所在目录下创建。如果希望在指定的目录下创
建新目录，可以指定绝对路径，如"C:\MyDoc\"。

完整的示例代码请参考\第 15 章\Example_1。

15.2　创建和删除文件

与目录操作相似，对于文件操作，同样有两个类可以选择——File 类和 FileInfo 类。文件的操作方法与
目录操作方法类似。

第 33 集

示例为一个 Windows 窗体应用程序项目，界面的布局效果如图 15-3 所示。
分别处理两个按钮的 Click 事件。

```csharp
// 存放新文件的名称
string fileName = string.Empty;

private void btnCreate_Click(object sender, EventArgs e)
{
    if (string.IsNullOrWhiteSpace(txtName.Text))
    {
        MessageBox.Show("请输入新文件名。"); return;
    }

    fileName = txtName.Text;
    // 如果文件已存在，则删除
    if (File.Exists(fileName))
    {
        File.Delete(fileName);
    }
    // 创建新文件
    var fs = File.Create(fileName);
    // 向文件写入 3000 字节
    Random rand = new Random();
    byte[] buffer = new byte[3000];
    rand.NextBytes(buffer);
    fs.Write(buffer, 0, buffer.Length);
    // 释放资源，否则随后无法删除文件
    fs.Dispose();
}

private void btnDelete_Click(object sender, EventArgs e)
{
    if (File.Exists(fileName))
    {
        // 删除文件
        File.Delete(fileName);
    }
}
```

File 类的 Create 方法被成功调用后会返回一个文件流实例（FileStream）的引用，使用该实例可以向文件写入数据。在使用完文件流对象后，必须及时释放其占用的资源，否则随后调用 Delete 方法删除文件时会失败。

示例的运行结果如图 15-4 所示。

图 15-3　示例界面的布局效果

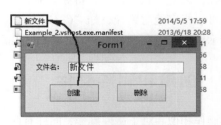

图 15-4　创建和删除文件

完整的示例代码请参考\第 15 章\Example_2。

15.3　流

流是数据传递的一个载体，它是一个以 Stream 类为公共基类的对象，其中封装了一系列成员用于对流进行读/写操作。流实际上由字节序列组成，将与数据相关的字节有序地排列在一起，包装为流对象，以供外部对象进行操作。流内部有一个"位置指针"，它用于指示当前读写的位置，假设从流的起始位置开始读取数据，如图 15-5 所示，指针位于流的起始位置，索引为 0，当读取 1 字节后，指针会向前移动一个位置，此时索引为 1；再读取 1 字节，指针就会向前移动一个位置，就到了索引为 2 的位置……依此类推。因此，流的末尾位置索引为流的总长度减 1。

以当前操作的流对象为参照，根据数据的流动方向，可以将流分为输入流和输出流。数据从外部媒介（如磁盘文件）传递到当前流对象的称为输入流；数据若从当前流对象传递到外部媒介（如向文件写入数据）就称为输出流。

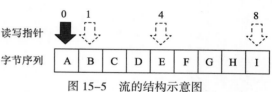

图 15-5　流的结构示意图

按照使用方式的不同，流也可以分为文件流、内存流和网络流。文件流是用于对文件进行读写操作的流对象；内存流仅存在于内存中，当应用程序退出或计算机电源关闭，内存流中的数据就会丢失，一般可以用来临时存储数据；网络流用于网络数据的传输，如在 Socket 编程中可以使用网络流来发送和接收数据。

与流有关的类型在封装时会公开相关方法以便开发人员对流进行操作，如调用 Read 方法从流中读取数据，调用 Write 方法向流中写入数据。为了使流操作变得更方便，System.IO 命名空间下还提供了以下辅助类。

（1）StreamReader 类和 StreamWriter 类：封装了对流中有关字符串的操作，如向流中写入一行字符，或者一次性读取所有字符。

（2）BinaryReader 类和 BinaryWriter 类：专用于读写二进制数据，如读取一个整型数值（int）。

15.3.1　读写文件

对文件进行读写需要用到文件流（FileStream）。可以通过以下几种方法获取文件流对象，如表 15-1 所示。

表 15-1　获取文件流对象的方法

读　取	写　入
File类的Open或OpenRead方法	File类的Create方法
	File类的Open或OpenWrite方法
FileInfo类的Open或OpenRead方法	FileInfo类的Create方法
	FileInfo类的Open或OpenWrite方法

如果仅希望简单地对文件进行读写操作，可以直接使用 File 类的 WriteAllBytes、WriteAllLines、WriteAllText、ReadAllText、ReadLines 等方法（对应的异步方法有 WriteAllBytesAsync、WriteAllLinesAsync、WriteAllTextAsync、ReadAllTextAsync 等）。

下面将通过几个简单的示例演示如何对文件进行读写操作。

下面示例依次将一个 bool 类型值、一个 int 类型值和一个 string 类型对象写入文件中，然后从文件中读出这些数据并显示在屏幕上，具体代码如下：

```csharp
const string FILE_NAME = "newFile.dat";
static void Main(string[] args)
{
    /*------------------ 写入数据 ------------------*/
    // 创建 FileStream 流实例
    using (FileStream fs = new FileStream(FILE_NAME, FileMode.OpenOrCreate,
FileAccess.Write, FileShare.Read))
    {
        BinaryWriter bw = new BinaryWriter(fs);
        // 1、写入一个 bool 值
        bw.Write(false);
        // 2、写入一个 int 值
        bw.Write((int)20045);
        // 3、写入字符串
        bw.Write("Hello");
        // 关闭对象
        bw.Close();
    }
    Console.WriteLine("文件内容已写入。");

    /*------------------ 读出数据 ------------------*/
    bool b;
    int n;
    string s;
    using (FileStream fsIn = File.OpenRead(FILE_NAME))
    {
        BinaryReader br = new BinaryReader(fsIn);
        // 读出的顺序必须与写入的顺序相同
        // 1、读出 bool 值
        b = br.ReadBoolean();
        // 2、读出 int 值
        n = br.ReadInt32();
        // 3、读出字符串
        s = br.ReadString();
        // 关闭对象
        br.Close();
    }
    // 显示结果
    Console.WriteLine("读到的布尔值：{0}", b);
    Console.WriteLine("读到的整数值：{0}", n);
    Console.WriteLine("读到的字符串：{0}", s);

    Console.Read();
}
```

将 FileStream 对象放到 using 语句块中，当代码执行完成 using 块后就会自动调用 FileStream 对象的 Dispose 方法以释放资源。示例中使用了 BinaryWriter 类来向文件流写入内容，然后通过 BinaryReader 类来读取内容。注意在读取数据时，读出的顺序必须与写入的顺序相同，否则就会得到错误的结果。如本例中，先写入的是 bool 值，在读取时，也要先读 bool 值。写入字符串放到最后来完成是因为字符串的长度是不确定的，将其放于写入数据的最后，在读取时就不会与其他数据混在一起，因为在读取字符串对象时，是无法事先确定字符串对象占用多少字节。

示例的运行结果如图 15–6 所示。

图 15–6　通过二进制方式读写文件

完整的示例代码请参考\第 15 章\Example_3。

第二个示例将演示如何使用 File 类的静态方法直接读写文件。该示例是一个 WPF 应用程序项目，主窗口的 XAML 代码如下：

```xml
<Grid>
    ......
    <TextBox Grid.Row="0" Margin="5" x:Name="txtInput" ScrollViewer.VerticalScroll
BarVisibility="Auto" ScrollViewer.HorizontalScrollBarVisibility="Disabled" TextWrapping=
"Wrap" FontSize="14"/>
    <StackPanel Grid.Row="1" Margin="0,6,0,6" Orientation="Horizontal" HorizontalAlignment=
"Center">
        <Button Width="100" Height="30" Content="写入文件" Click="OnWrite" />
        <Button Width="100" Height="30" Content="从文件读取" Margin="15,0,0,0" Click=
"OnRead"/>
    </StackPanel>
    <TextBox Grid.Row="2" Margin="5" IsReadOnly="True" x:Name="txtDisplay" ScrollViewer.
VerticalScrollBarVisibility="Auto" ScrollViewer.HorizontalScrollBarVisibility=
"Disabled" Background="#FFF9F7EA" TextWrapping="Wrap" FontSize="14"/>
</Grid>
```

位于网格第一行的 TextBox 用于在运行阶段输入文本，而放在第三行的 TextBox 则用于显示从文件中读取出来的文本内容。

两个 Button 控件的 Click 事件的处理代码如下：

```csharp
private void OnWrite(object sender, RoutedEventArgs e)
{
    if (string.IsNullOrWhiteSpace(txtInput.Text))
        return;
    // 直接将文本写入文件
    File.WriteAllText("myFile.txt", txtInput.Text);
}

private void OnRead(object sender, RoutedEventArgs e)
{
    // 如果文件不存在，则跳过
    if (!File.Exists("myFile.txt"))
        return;
    // 直接从文件读出文本
    txtDisplay.Text = File.ReadAllText("myFile.txt");
}
```

运行示例应用程序，在窗口上方的输入框中输入文本，然后单击"写入文件"按钮；随后，单击"从文件读取"按钮，将写入文件的文本读出来，并显示在窗口下方的输入框中，如图 15–7 所示。

打开应用程序运行的目录（bin\Debug 的子级），然后用记事本打开 myFile.txt 文件，会看到应用程序写入的内容，如图 15–8 所示。

图 15-7 使用 File 类直接读写文件

图 15-8 用记事本程序打开新创建的文件

完整的示例代码请参考\第 15 章\Example_4。

第三个示例将演示直接使用 FileStream 类来读写文件。

```csharp
static void Main(string[] args)
{
    Random rand = new Random();
    byte[] buffer = new byte[10];
    // 产生10个随机字节
    rand.NextBytes(buffer);
    Console.WriteLine("随机产生的字节序列如下: \n{0}", BitConverter.ToString(buffer));
    // 将随机产生的字节写入文件
    Console.WriteLine("\n 即将写入文件。");
    try
    {
        FileStream fs = File.Create("data.dt");
        // 将字节数组中的所有字节都写入文件
        fs.Write(buffer, 0, buffer.Length);
        fs.Close(); //关闭文件流
        Console.WriteLine("写入成功。");
    }
    catch (IOException ex)
    {
        Console.WriteLine(ex.Message);
    }

    // 从文件中读出数据
    // 清除字节数组中的内容
    Array.Clear(buffer, 0, buffer.Length);
    try
    {
        FileStream fs = File.OpenRead("data.dt");
        // 从文件中读出所有字节
        fs.Read(buffer, 0, buffer.Length);
        // 关闭流
        fs.Close();
    }
    catch (IOException ex)
    {
        Console.WriteLine(ex.Message);
```

```
    }
    // 输出结果
    Console.WriteLine("\n 从文件中读出的字节如下：\n{0}", BitConverter.ToString(buffer));

    Console.Read();
}
```

FileStream 类的 Write 方法声明如下：

```
public override void Write(byte[] array, int offset, int count);
```

array 参数是要写入文件的字节数组，offset 表示偏移，即从 array 中哪字节开始写入，通常该参数设置为 0，即从字节数组的第 1 字节开始写入。Count 参数表示要写入的字节数，通常设置为 array 数组的长度。Read 方法和 Write 方法相近。

上面代码首先产生 10 个随机字节，接着将这 10 字节写入文件中，最后从新文件中读出这 10 字节，并显示在屏幕上，如图 15-9 所示。

完整的示例代码请参考\第 15 章\Example_5。

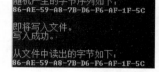

图 15-9 使用 FileStream 读写文件

15.3.2 内存流

内存流将字节序列放置于内存中进行读写，当应用程序结束或计算机关闭后就会丢失。内存流适用于对数据进行临时存储（在应用程序生命周期内可用），而且内存数据的读写速度要比外部存储（如硬盘）高，有助于提高应用程序的执行效率。

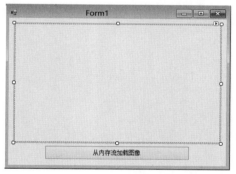

图 15-10 示例主窗口的布局

内存流按照类型可以分为托管内存流（以 MemoryStream 类为代表）和非托管内存流（以 UnmanagedMemoryStream 类为代表）。在实际开发中，使用最多的是托管内存流，而非托管内存流一般可用于操作内存映射文件。

下面示例会在内存中创建一张位图，并把新图像保存在内存流中，然后通过该内存流把图像加载并显示在 PictureBox 控件上。该示例为 Windows 窗体应用程序，主窗口的布局如图 15-10 所示。

窗口上放置了一个 PictureBox 控件，下面是一个 Button 控件。当按钮被单击后，创建一个新位图保存在内存流中，随后加载并呈现在 PictureBox 控件中。代码如下：

```
private void btnWrite_Click(object sender, EventArgs e)
{
    // 创建内存流
    MemoryStream ms = new MemoryStream();
    // 生成位图
    using (Bitmap bmp = new Bitmap(150, 150))
    {
        Graphics g = Graphics.FromImage(bmp);
        Pen mypen = new Pen(Color.Blue, 5f);
        Rectangle rect1 = new Rectangle(2, 50, 60, 50);
        Rectangle rect2 = new Rectangle(80, 2, 60, 120);
        // 绘制两个矩形
        g.DrawRectangles(mypen, new Rectangle[] { rect1, rect2 });
        mypen.Dispose();                      //释放钢笔对象
        // 填充椭圆区域
```

```
        g.FillEllipse(Brushes.Red, new Rectangle(35, 40, 90, 75));
        // 释放画布对象
        g.Dispose();
        // 将图像保存到内存流中
        bmp.Save(ms, System.Drawing.Imaging.ImageFormat.Png);
    }
    // 从内存流中加载图像
    this.pictureBox1.Image = Image.FromStream(ms);
    // 释放内存流
    ms.Dispose();
}
```

运行应用程序，然后单击"从内存流加载图像"按钮，会看到如图 15-11 所示的效果。

完整的示例代码请参考\第 15 章\Example_6。

接下来再看一个示例。该示例先将 5 字节写入内存流（调用 WriteByte 方法），然后将它们逐个读出来（调用 ReadByte 方法）。具体请看下面代码

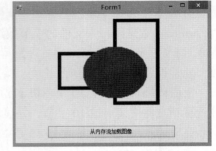

图 15-11　内存流中的图像已经正确加载

```
static void Main(string[] args)
{
    MemoryStream ms = new MemoryStream();
    // 写入 5 字节
    ms.WriteByte(40);
    ms.WriteByte(20);
    ms.WriteByte(3);
    ms.WriteByte(90);
    ms.WriteByte(100);

    // 从流中读出这 5 字节
    try
    {
        int n = default(int);
        // 如果已到达流的末尾，将返回-1
        while ((n = ms.ReadByte()) != -1)
        {
            Console.WriteLine("已读取字节：{0}", n);
        }
    }
    catch (IOException ex)
    {
        Console.WriteLine(ex.Message);
    }
    // 关闭流
    ms.Close();
    Console.Read();
}
```

运行应用程序后发现，屏幕上一片空白，内存流一字节都读不出来。这是因为在对流进行写入时，流的位置指针会不断地移动，当完成对流的写入操作后，指针正好位于流的末尾。在读取时，从流的末尾开始读，所以什么内容也读不出来，ReadByte 方法返回-1。在前面的示例中，使用 FileStream 先将数据写入文件流，再从文件流读出数据，为什么不会出现这种情况，而本示例就出现了呢？那是因为前面使用

FileStream 时，写入和读取操作所引用的不是同一个流对象，前面的示例中，是创建一个 FileStream 实例来写文件，然后释放流对象；接着，再创建一个新的 FileStream 实例来读文件，所以不存在流的当前位置已到达末尾的现象。而本例中，写入和读取操作都是针对同一个 MemoryStream 实例进行的，在写完数据后，没有释放内存流（内存流存在于内存中，如果将其释放，那么前面写入的 5 字节就会丢失），后面是直接引用同一个 MemoryStream 实例来读取数据，所以内存流的当前位置仍然位于流的末尾处。

解决方法很简单，将指示流当前位置的指针重新移到 0 处（即流的开始处）就行了。可以通过设置 Position 属性的值为 0 来移动当前位置，也可以调用 Seek 方法来重新定位。

在读取数据之前加入以下代码即可解决问题

```
ms.Position = 0L;
```

再次运行应用程序，就能得到如图 15-12 所示的结果。

完整的示例代码请参考\第 15 章\Example_7。

图 15-12　5 字节已成功读取

15.4　内存映射文件

MemoryMappedFile 类（位于 System.IO.MemoryMappedFiles 命名空间）公开了一系列 API，用于创建和读写内存映射文件。内存映射文件存在于内存中，形式上类似于磁盘上存储的文件，只是内存映射文件存放在内存中，当 MemoryMappedFile 类的实例被释放或者操作内存映射文件的最后一个进程退出后，文件就会随之被销毁。

内存映射文件可以单独存放于内存中，也可以把磁盘上的文件映射为内存文件来进行处理，当内存文件生命周期结束时，会将处理结果写入磁盘文件中。

要注意内存映射文件与内存流的区别。内存流是存放于内存空间中的流对象，不能视为独立的文件，而内存映射文件可以作为单独的文件对象来存放。并且，内存流只能由关联的代码进行操作，即只能在 MemoryStream 可以被访问的范围内（如局部变量）使用，而内存映射文件一旦创建后，只要没有被销毁，其他进程也可以访问。例如，A 应用程序创建了内存映射文件 file1，只要 file1 还在内存中，那么 B 应用程序也可以访问该文件。

下面示例将演示内存映射文件的使用方法。该示例的解决方案中包含两个 WPF 应用程序项目，第一个项目的功能是将数据写入内存映射文件中，第二个项目的功能是从内存映射文件中读取数据。

MyApp1 项目用于写入内存映射文件，在窗口类级别声明一个 MemoryMappedFile 类型的变量，由于 MemoryMappedFile 对象一旦被清理，内存映射文件就会被销毁，因此需要在窗口类级别声明变量，使其生命周期在整个窗口类中都有效，只有在窗口关闭后才会被清理，确保 MyApp2 项目能够找到该内存映射文件。

```
MemoryMappedFile mnMappFile = null;
// 文件大小
const int FILE_SIZE = 1000;
public MainWindow()
{
    InitializeComponent();
    this.Loaded += (a, b) =>
        {
            // 创建内存映射文件
            mnMappFile = MemoryMappedFile.CreateNew("my_file", FILE_SIZE);
```

```
        };
    this.Unloaded += (c, d) =>
        {
            // 销毁内存映射文件
            mnMappFile.Dispose();
        };
}
```

通过常量值 FILE_SIZE 来限定所创建文件的大小为 1000 字节，在窗口加载时调用 CreateNew 方法来创建新的内存映射文件；在窗口被销毁时释放 MemoryMappedFile 实例，以清理内存映射文件。

随后处理按钮的单击事件

```
private void OnClick(object sender, RoutedEventArgs e)
{
    if (txtInput.Text == "")
    {
        return;
    }

    using (MemoryMappedViewStream streamout = mnMappFile.CreateViewStream())
    {
        // 将字符串转换为字节数组
        byte[] buffer = Encoding.Default.GetBytes(txtInput.Text);
        // 如果要写入的字节数组长度大于
        // 内存映射文件分配的大小
        // 则忽略后面的字节
        int ncount = (buffer.Length > FILE_SIZE) ? FILE_SIZE : buffer.Length;
        // 先写入内容的长度
        streamout.Write(BitConverter.GetBytes(ncount), 0, 4);
        // 接着写入内容正文
        streamout.Write(buffer, 0, ncount);
    }
}
```

txtInput 是窗口中的一个 TextBox 控件，单击按钮后将 TextBox 中输入的内容写入内存映射文件。为了便于另一个应用程序读取内容，在写入数据时先把内容的长度写入流中，接着再写入内容正文。因为 int 值的大小是固定的（4 字节），所以在读取数据的项目中可以先从流中读入 4 字节，再将这 4 字节转换为 int 数值，这样一来，读取数据的程序就知道它要读的数据有多少字节了。

MyApp2 项目的作用是从 MyApp1 项目创建的内存映射文件中读取数据。

```
private void OnClick(object sender, RoutedEventArgs e)
{
    MemoryStream ms = new MemoryStream();
    try
    {
        using (MemoryMappedFile file = MemoryMappedFile.OpenExisting("my_file"))
        {
            using (MemoryMappedViewStream stream = file.CreateViewStream())
            {
                // 先读取内容的长度
                byte[] bufferlen = new byte[4];
                stream.Read(bufferlen, 0, 4);
                // 获取长度
                int len = BitConverter.ToInt32(bufferlen, 0);
```

```
                        // 声明一个与内容长度相等的字节数组
                        byte[] buffer = new byte[len];
                        // 把内容读到字节数组中
                        stream.Read(buffer, 0, len);
                        // 将读到的内容写入内存流
                        ms.Write(buffer, 0, buffer.Length);
                    }
                }
            }
            catch (Exception ex)
            {
                MessageBox.Show(ex.Message);
            }
            // 从内存流中读出字符串
            tbRead.Text = Encoding.Default.GetString(ms.ToArray());
            // 释放内存流
            ms.Dispose();
        }
```

上面代码将一个 MemoryStream 对象作为中间桥梁，先把数据读出来，写入内存流中，然后再从内存流中取出字符串。这样做的好处在于可以尽可能早地释放 MemoryMappedViewStream 和 MemoryMappedFile 对象，数据顺利读入 MemoryStream 对象后，就算内存映射文件已关闭或者被销毁也不会影响后面字符串内容的提取，因为数据已被读取到内存流中暂时存放起来。

示例解决方案包含两个可以执行的 WPF 项目，那么如何同时启动并运行这两个项目呢？其实只需要修改解决方案的属性即可，方法是：打开"解决方案资源管理器"窗口，右击解决方案名称节点，从弹出的快捷菜单中选择【属性】，打开解决方案属性设置对话框。在对话框左侧的导航列表中依次选择"通用属性"→"启动项目"，然后在右侧的设置页中选择"多启动项目"单选按钮，列表框中列出的所有项目的启动方式改为"启动"（如图 15-13 所示），最后单击"确定"按钮保存。

按下 F5 键，就可以同时启动两个项目。在 MyApp1 应用程序的窗口中输入一些文本，然后单击"写入内存映射文件"按钮，接着在 MyApp2 应用程序中单击"读取内存映射文件"按钮将 MyApp1 写入内存映射文件的内容读出来，如图 15-14 所示。

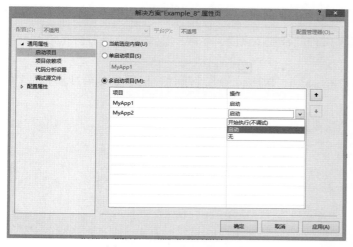

图 15-13　设置多启动项目

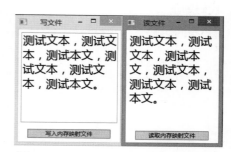

图 15-14　进程之间共享内存映射文件

本示例不仅演示了如何读写内存映射文件，而且也说明了内存映射文件可以跨进程访问。MyApp1 和 MyApp2 是两个独立的应用程序，运行在不同的进程上，内存映射文件可以在进程之间传递和共享数据。

完整的示例代码请参考\第 15 章\Example_8。

15.5　监控文件系统的变化

FileSystemWatcher 组件提供了一系列事件，帮助应用程序捕捉文件系统的变化，比如记录某个目录下的文件操作记录(新建、重命名或修改文件等)。FileSystemWatcher 类能够监视的文件更改类型由 NotifyFilter 属性来指定，属性值为 NotifyFilters 枚举的一个或多个值的组合。

Path 属性指定一个目录路径，FileSystemWatcher 将监听该目录下的文件更改消息。在默认情况下，FileSystemWatcher 只跟踪所指定目录下的文件更改，而不会捕捉子目录中文件的变化，如果希望捕捉子目录中文件的更改通知，需要将 IncludeSubdirectories 属性设置为 True，但同时会增加性能上的开销，如非必要，最好保持其默认值。

若要在文件更改后及时完成某些工作(如进行日志记录)，需要处理 Renamed、Created、Deleted、Changed 等事件。

下面将通过示例演示 FileSystemWatcher 组件的使用方法。具体的操作步骤如下：

（1）启动 Visual Studio 开发环境，新建一个 Windows 窗体应用程序项目。

（2）在窗口上拖放一个 TextBox 控件，并将它的 Dock 属性设置为 Fill，Multiline 属性设置为 True，ScrollBars 属性设置为 Vertical，只显示垂直滚动条。

（3）在工具箱中，展开 "组件" 分组，双击 FileSystemWatcher 组件，在窗口的组件区域中创建一个组件实例。

（4）设置 FileSystemWatcher 组件实例的 Path 属性为 "D:\"，让其监听 D 盘下的文件更改通知。

（5）打开 Form1.Designer.cs 文件，展开 InitializeComponent 方法，找到设置 FileSystemWatcher 属性的代码，然后在代码中将 FileSystemWatcher 组件的 NotifyFilter 属性做以下修改

```
this.fileSystemWatcher1.NotifyFilter = System.IO.NotifyFilters.FileName | System.
IO.NotifyFilters.LastAccess | System.IO.NotifyFilters.LastWrite | System.IO.
NotifyFilters.Size;
```

上面代码指示 FileSystemWatcher 组件监听文件的特性（只读、存档、隐藏等）、最后访问/改写时间及文件大小的变化。

（6）分别处理 FileSystemWatcher 组件的 Renamed、Deleted 等几个事件，记录 D 盘根目录下的文件操作，代码如下：

```
private void fileSystemWatcher1_Renamed(object sender, RenamedEventArgs e)
{
    textBox1.Invoke((Action)(() =>
    {
        textBox1.AppendText(string.Format("文件"{0}"被重命名为"{1}"。\r\n", e.OldName,
e.Name));
    }));
}

private void fileSystemWatcher1_Changed(object sender, FileSystemEventArgs e)
{
```

```
    FileInfo info = new FileInfo(e.FullPath);
    string msg = string.Format("文件"{0}"的最后访问时间为{1}，最后改写时间为{2}，文件大小为
{3}。\r\n", info.Name, info.LastAccessTime.ToString("yyyy-M-d H:m:s"), info.Last
WriteTime.ToString("yyyy-M-d H:m:s"), info.Length);
    textBox1.Invoke((Action)(() =>
    {
        textBox1.AppendText(msg);
    }));
}

private void fileSystemWatcher1_Deleted(object sender, FileSystemEventArgs e)
{
    textBox1.Invoke((Action)(() =>
    {
        textBox1.AppendText(string.Format("文件"{0}"已被删除。\r\n", e.Name));
    }));
}

private void fileSystemWatcher1_Created(object sender, FileSystemEventArgs e)
{
    textBox1.Invoke((Action)(() =>
    {
        textBox1.AppendText(string.Format("已创建文件"{0}"。\r\n", e.Name));
    }));
}
```

重命名文件会引发 Renamed 事件，删除文件会引发 Deleted 事件，创建新文件会引发 Created 事件，剩下的其他更改通知会引发 Changed 事件。本示例将 FileSystemWatcher 组件的 NotifyFilter 设置为监听文件名、访问/改写时间及文件大小改变这几项通知，重命名会由 Renamed 事件去处理，所以 Changed 事件会在文件的访问/改写时间及大小发生变化后引发。

另外要注意的是，FileSystemWatcher 组件所工作的线程与应用程序界面不在同一个线程上，所以在修改 textBox1 控件中显示的文本时，需要调用 Invoke 方法，通过委托来间接访问 textBox1 对象。

（7）运行示例程序，然后在 D 盘下新建一个文本文件，再把文本文件重命名为"My.txt"，接着用记事本程序打开文件，输入一些内容，保存并关闭记事本程序，这样会导致文件的大小增加。最后删除该文件。

（8）回到应用程序窗口，会看到如图 15-15 所示的记录信息。

完整的示例代码请参考\第 15 章\Example_9。

图 15-15 已记录的文件更改信息

15.6 独立存储

独立存储也叫隔离存储，它是一个由操作系统提供的、可以存储文件和目录的一个特殊区域。独立存储与一般的物理文件的操作相似，但是独立存储的安全性比常规文件要高，因为独立存储可以根据用户、应用程序、程序集等标识相互隔离，即 A 程序只能使用自己的存储区，而不能访问 B 程序的存储区，B 程序也不能访问 A 程序的存储区，彼此相互独立，互不影响。

要在独立存储区中进行文件操作，需要用到 IsolatedStorageFile 和 IsolatedStorageFileStream 两个类（均位于 System.IO.IsolatedStorage 命名空间）。IsolatedStorageFile 类主要用于管理存储区及目录、文件，而 IsolatedStorageFileStream 是流对象，用于读写文件。

　　独立存储的隔离范围由 IsolatedStorageScope 枚举定义，调用 IsolatedStorageFile 类的 GetStore 静态方法并向方法参数传递 IsolatedStorageScope 枚举值，将返回指定范围的 IsolatedStorageFile 对象实例，表示应用程序可以操作的独立存储区域。

　　下面示例将演示如何访问独立存储区。该示例先在独立存储区中创建一个.png 图像文件，然后将其读出来，显示在窗口上。

　　下面是创建位图文件并存入独立存储区的代码

```
try
{
    // 获取独立存储区
    using (IsolatedStorageFile isostore = IsolatedStorageFile.GetUserStoreForAssembly())
    {
        // 如果文件存在，则删除
        if (isostore.FileExists("1.png"))
        {
            isostore.DeleteFile("1.png");
        }
        using (IsolatedStorageFileStream stream = isostore.CreateFile"1.png"))
        {
            Bitmap bmp = CreateBitmap();
            // 将位图保存到流中
            bmp.Save(stream, System.Drawing.Imaging.ImageFormat.Png);
            // 释放位图对象
            bmp.Dispose();
        }
    }
    MessageBox.Show("文件已保存。");
}
catch (Exception ex)
{
    MessageBox.Show(ex.Message);
}
```

　　调用 IsolatedStorageFile.GetUserStoreForAssembly 静态方法直接返回适用于当前用户和程序集独立存储区的 IsolatedStorageFile 实例。该示例应用程序并非通过 ClickOnce 部署，不能使用 GetUserStoreForApplication 方法来获取独立存储区的访问对象，GetUserStoreForAssembly 方法与以下调用是等效的

```
GetStore(IsolatedStorageScope.Assembly | IsolatedStorageScope.User, null, null);
```

　　获得 IsolatedStorageFile 实例后，通过 FileExists 方法判断文件是否存在，如果已存在则将其删除。独立存储区中使用的是相对路径，无须指定完整的磁盘驱动器路径，因为独立存储区对于当前程序集是独立的，而且位置也是由系统分配的。

　　接着，通过 CreateFile 方法创建新文件，并返回 IsolatedStorageFileStream 的实例引用。IsolatedStorage-FileStream 派生自文件流，专用于操作独立存储区中的文件。

　　CreateBitmap 为自定义方法，用于在内存中创建位图对象，其代码如下：

```
private Bitmap CreateBitmap()
{
    // 创建图像
    Bitmap bmp = new Bitmap(200, 200);
    using (Graphics g = Graphics.FromImage(bmp))
    {
```

```
            Pen pen = new Pen(Color.Purple, 6f);
            g.DrawEllipse(pen, new Rectangle(50, 50, 100, 100));
            pen.Color = Color.Red;
            g.DrawEllipse(pen, new Rectangle(10, 10, 180, 180));
            pen.Dispose();
        }
        return bmp;
    }
```

下面的代码用于从独立存储区中读出图像文件，并显示在 PictureBox 控件中。

```
pictureBox1.Image = null;
try
{
    using (IsolatedStorageFile store = IsolatedStorageFile.GetUserStoreForAssembly())
    {
        if (store.FileExists("1.png"))
        {
            // 读取文件
            IsolatedStorageFileStream stream = store.OpenFile("1.png", FileMode.Open);
            // 从文件流创建图像
            Image img = Image.FromStream(stream);
            stream.Close();
            pictureBox1.Image = img;
        }
    }
}
catch (IsolatedStorageException ex)
{
    MessageBox.Show(ex.Message);
}
```

OpenFile 方法打开独立存储区中指定的文件，并返回可以对文件进行读写操作的流。

示例的最后一个功能是清除独立存储区，即删除独立存储区中的文件，独立存储区中的已使用大小为 0 字节（IsolatedStorageFile 对象的 UsedSize 属性返回 0）。

```
try
{
    using (IsolatedStorageFile store=IsolatedStorageFile.GetUserStoreForAssembly())
    {
        store.Remove();
        MessageBox.Show("独立存储区已删除。");
    }
}
catch (Exception ex)
{
    MessageBox.Show(ex.Message);
}
```

只需要调用 Remove 方法，就可以清空独立存储区。

运行示例应用程序，先单击"将图像写入独立存储区"按钮，图像文件 1.png 会被保存到独立存储空间中；然后单击"从独立存储区中读取图像"按钮，将保存的图像文件读出来，并显示在窗口上；最后还可以单击"释放独立存储区"按钮来清空数据。运行结果如图 15-16 所示。

独立存储区一般可以用来保存与当前应用程序关联的数据。比如，对于有搜索功能的应用程序，程序可以将用户最近使用过的关键字用文件保存起来，当用户要进行搜索时，应用程序会加载这些记录，并显示出来以供用户选择。保存用户搜索记录的文件可以存放在独立存储区中。一方面，可以排除用户移动文件后因路径变更而导致的错误，例如文件原来存放在 E:\Keys.list 文件中，由于用户把 Keys.list 文件重命名或者移动，导致应用程序无法找到文件。独立存储区在整个系统中是固定的，而且使用相对路径，不会发生路径错误的问题。另一方面，把文件放在独立存储区中也提高了安全性，因为其他应用程序是不能访问该存储空间的。

完整的示例代码请参考\第 15 章\Example_10。

图 15-16　操作独立存储区

15.7　压缩与解压缩

基础类库提供了符合行业标准的压缩和解压缩类，主要有 DeflateStream 和 GZipStream 两个类（均位于 System.IO.Compression 命名空间）。这两个类都是基于流进行压缩和解压缩的。如果对压缩没有特殊要求，可以考虑使用这两个类，如果要支持更多常见的压缩文件类型（如.rar）的读写操作，则需要购买或者使用免费的第三方类库。

GZipStream 类对于无损压缩的效果比 DeflateStream 类要好，但是 DeflateStream 类的性能比 GZipStream 类稍佳。因为 GZipStream 类在压缩过程会进行循环冗余校验（cyclic redundancy check），这一过程会消耗一些系统资源。因此，选择哪个类对数据进行压缩或解压缩，需要看开发人员的侧重点是压缩效果还是性能。

下面示例将演示如何使用 GZipStream 类来对文件进行压缩和解压缩。

以下两个自定义方法分别用于压缩文件和解压缩文件。

```csharp
#region 压缩/解压缩
/// <summary>
/// 压缩文件
/// </summary>
/// <param name="sourceFile">源文件</param>
/// <param name="distFile">目标文件</param>
private async Task CompressFileAsync(string sourceFile, string distFile)
{
    FileInfo srcFileinfo = new FileInfo(sourceFile);
    FileInfo disFileinfo = new FileInfo(distFile);
    // 排除隐藏文件
    if ((srcFileinfo.Attributes & FileAttributes.Hidden) == FileAttributes.Hidden)
        return;
    // 排除系统文件
    if (srcFileinfo.Attributes.HasFlag(FileAttributes.System))
        return;
    // 排除压缩文件
    if (srcFileinfo.Attributes.HasFlag(FileAttributes.Compressed))
        return;

    FileStream inStream = null;
    FileStream outStream = null;
```

```
        try
        {
            // 打开文件流
            inStream = srcFileinfo.OpenRead();
            outStream = disFileinfo.OpenWrite();
            // 创建压缩流
            GZipStream gstream = new GZipStream(outStream, CompressionMode.Compress);
            await inStream.CopyToAsync(gstream);
            // 关闭压缩流
            gstream.Close();
        }
        catch (Exception ex)
        {
            MessageBox.Show(ex.Message);
        }
        finally
        {
            // 关闭文件流
            if (inStream != null) inStream.Close();
            if (outStream != null) outStream.Close();
        }
    }
    /// <summary>
    /// 解压缩文件
    /// </summary>
    /// <param name="srcFile">源文件</param>
    /// <param name="disFile">目标文件</param>
    private async Task DecompressFileAsync(string srcFile, string disFile)
    {
        FileInfo srcFileinfo = new FileInfo(srcFile);
        FileInfo disFileinfo = new FileInfo(disFile);

        FileStream inStream = null, outStream = null;
        try
        {
            inStream = srcFileinfo.OpenRead();
            outStream = disFileinfo.OpenWrite();
            // 创建压缩流
            GZipStream gstream = new GZipStream(inStream, CompressionMode.Decompress);
            await gstream.CopyToAsync(outStream);
            // 关闭压缩流
            gstream.Close();
        }
        catch (Exception ex)
        {
            MessageBox.Show(ex.Message);
        }
        finally
        {
            // 关闭文件流
            if (inStream != null) inStream.Close();
            if (outStream != null) outStream.Close();
        }
    }
#endregion
```

两个方法皆以"Async"结尾，表明它们是异步方法，允许异步等待（使用 await 关键字）。无论压缩还是解压缩，使用的都是 GZipStream 类，类构造函数的第一个参数指定一个基础流，第二个参数可以通过 CompressionMode 枚举来决定是进行压缩操作还是解压缩操作。

示例程序为 Windows 窗体应用程序项目，窗口的界面设计如图 15-17 所示。

图 15-17　示例主窗口的布局效果

应用程序同时支持对文件进行压缩和解压缩，因此通过两个 RadioButton 控件来选择。在开始执行任务之前，程序允许用户选择来源文件和目标文件。选取来源文件可以通过 OpenFileDialog 对话框组件来完成，目标文件可以通过 SaveFileDialog 对话框组件来完成。代码如下：

```
private void btnBrowsFile1_Click(object sender, EventArgs e)
{
    if (rdbCompress.Checked)
    {
        openFileDialog1.Filter = "所有文件（*.*）|*.*";
    }
    else
    {
        openFileDialog1.Filter = "压缩文件（*.gz）|*.gz";
    }
    if (openFileDialog1.ShowDialog() == System.Windows.Forms.DialogResult.OK)
    {
        txtSrcFile.Text = openFileDialog1.FileName;
    }
}

private void btnBrowsFile2_Click(object sender, EventArgs e)
{
    if (rdbCompress.Checked)
    {
        saveFileDialog1.Filter = "压缩文件（*.gz）|*.gz";
    }
    else
    {
        saveFileDialog1.Filter = "所有文件（*.*）|*.*";
    }
    if (saveFileDialog1.ShowDialog() == System.Windows.Forms.DialogResult.OK)
    {
        txtDisFile.Text = saveFileDialog1.FileName;
    }
}
```

在调用 ShowDialog 方法显示对话框之前，先判断用户选择了压缩文件模式还是解压缩文件模式。如果是压缩模式，则应该将 OpenFileDialog 对话框组件的 Filter 属性设置为识别所有文件类型，SaveFileDialog 对话框组件的 Filter 属性设置为.gz 文件类型；如果是解压缩模式，则打开文件对话框的文件类型应为.gz 压缩包文件，保存文件对话框的文件类型为所有文件类型。

处理"执行"按钮的单击事件，开始对源文件进行压缩或解压缩操作。

```
private async void btnExe_Click(object sender, EventArgs e)
{
    if (File.Exists(txtSrcFile.Text) == false) return;
    if (txtDisFile.Text == "") return;
    if (rdbCompress.Checked)                          //压缩
    {
        // 开始压缩
        this.panel1.Enabled = this.panel2.Enabled = this.btnExe.Enabled = false;
        await CompressFileAsync(txtSrcFile.Text, txtDisFile.Text);
        this.panel1.Enabled = this.panel2.Enabled = this.btnExe.Enabled = true;
    }
    else                                              //解压缩
    {
        // 开始解压缩
        this.panel1.Enabled = this.panel2.Enabled = this.btnExe.Enabled = false;
        await DecompressFileAsync(txtSrcFile.Text, txtDisFile.Text);
        this.panel1.Enabled = this.panel2.Enabled = this.btnExe.Enabled = true;
    }
}
```

运行应用程序，选择压缩模式，然后选择一个任意文件作为来源文件，设置好压缩文件的保存位置，单击"执行"按钮，完成压缩，如图 15-18 所示。

选择解压缩模式，选择保存的.gz 文件作为来源文件，选取一个目标文件名，然后单击"执行"按钮，完成解压缩，如图 15-19 所示。

图 15-18　压缩/解压缩文件

图 15-19　解压缩后的文件

完整的示例代码请参考\第 15 章\Example_11。

第 16 章

CHAPTER 16

序列化与反序列化

序列化（Serialization，有的资料翻译为"串行化"）是指将对象实例转换为字节流的过程，即实现对象的持久化。简单地讲，就是把对象实例的状态保存起来。类型被实例化后，会在内存空间中分配相应的存储空间，当实例被回收或退出应用程序后，对象实例不复存在。

使用序列化技术可以将对象实例的状态保存起来，之后可以传递给其他程序使用，或者在下次使用时，可以从字节流中重新读出该对象的状态，此过程与序列化的过程相反，称为反序列化（Deserialization）。总之，序列化是将对象状态写入字节流，反序列化是从字节流还原对象状态。

图 16-1 为序列化过程示意图，该图来自官方参考文档。

序列化与反序列化的应用很广泛，特别是用于网络数据的传递。比如 Web 服务，就是通过 XML 或 SOAP 序列化来传输数据的，其优点是可以使对象数据标准化，不管接收数据的客户端是什么平台和操作系统，都能够对数据进行分析和处理，因为 XML 和 SOAP 都有统一的开放标准，使得对象数据支持跨平台传输。

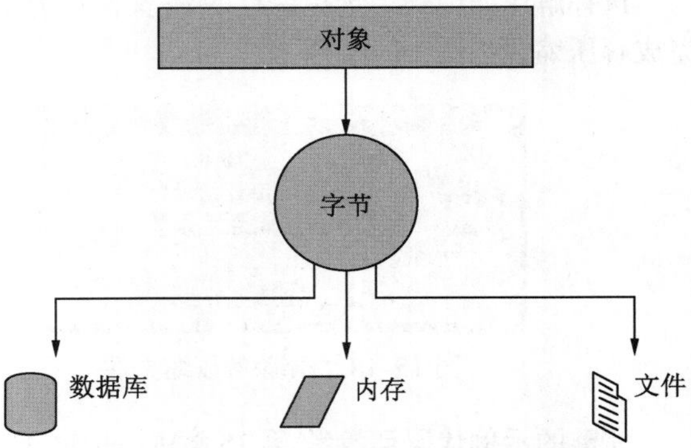

本章的主要内容如下：

● 二进制序列化与反序列化
● 基于 XML 和 SOAP 的序列化与反序列化
● 数据协定
● JSON 序列化与反序列化

图 16-1 序列化过程示意图

16.1 二进制序列化

由于序列化的过程会保存对象的状态数据，因此只能对类的字段和属性进行序列化和反序列化处理，方法和事件不能进行序列化。

二进制序列化通过 BinaryFormatter 类（位于 System.Runtime.Serialization.Formatters.Binary 命名空间）来完成，使用起来也比较简单。创建 BinaryFormatter 实例后，调用 Serialize 方法来保存对象状态，然后可以调用 Deserialize 方法来读取对象状态还原对象实例。

若希望自定义的类支持二进制序列化，需要在类上应用 SerializableAttribute 特性，比如：

```
[Serializable]
public class Test { …… }
```

附加该特性后，Test 类就可以进行序列化和反序列化了。

下面通过一个示例演示如何实现二进制序列化和反序列化。示例解决方案包含三个 Windows Forms 应用程序项目，第一个项目负责将类型实例进行序列化，第二个项目负责还原对象实例。另外还有一个类库项目，其中定义了一个 Person 类，本示例将对该类的实例进行序列化和反序列化处理。

首先定义 Person 类，并附加 Serializable 特性以支持序列化。

```csharp
[Serializable]
public class Person
{
    /// <summary>
    /// 编号
    /// </summary>
    public int No { get; set; }
    /// <summary>
    /// 姓名
    /// </summary>
    public string Name { get; set; }
    /// <summary>
    /// 生日
    /// </summary>
    public DateTime Birthday { get; set; }
}
```

该类将放到一个独立的类库项目中进行定义，其他两个 Windows Forms 项目（AppReadObject 和 AppWriteObject）都引用该类库项目。

随后在 AppWriteObject 应用程序的代码中实例化 Person 对象，并向三个属性赋值。使用 BinaryFormatter 类将其序列化并保存到文件中。

```csharp
// 创建 Person 类的实例
Person ps = new Person();
// 为属性赋值
ps.Name = txtName.Text;
ps.No = Convert.ToInt32(upnNo.Value);
ps.Birthday = dateTimePicker1.Value;
// 将对象进行序列化
FileStream outStream = null;
bool isDone = false;
try
{
    outStream = File.OpenWrite(textBox1.Text);
    // 实例化 BinaryFormatter
    BinaryFormatter formatter = new BinaryFormatter();
    // 序列化
    formatter.Serialize(outStream, ps);
    isDone = true;
}
catch (Exception ex)
{
    MessageBox.Show(ex.Message);
}
finally
{
    // 关闭文件流
```

```
        if (outStream != null)
            outStream.Close();
    }
```

要将对象实例进行序列化处理，只需调用 BinaryFormatter 类的 Serialize 方法即可，方法的第一个参数为要保存对象的流，第二个参数则是要进行序列化的对象实例。

下面是 AppReadObject 项目中进行反序列化处理的代码

```
FileStream inStream = null;
Person man = null;
try
{
    inStream = File.OpenRead(textBox1.Text);
    BinaryFormatter bf = new BinaryFormatter();
    // 反序列化
    man = (Person)bf.Deserialize(inStream);
}
catch (Exception ex)
{
    MessageBox.Show(ex.Message);
}
finally
{
    // 关闭文件流
    if (inStream != null)
    {
        inStream.Close();
    }
}
if (man != null)
{
    this.lblName.Text = man.Name;
    this.lblNo.Text = man.No.ToString();
    this.lblBirthdt.Text = man.Birthday.ToLongDateString();
}
```

调用 BinaryFormatter 对象的 Deserialize 方法从文件流中重新读出已保存的对象状态，该方法返回的类型为 Object 类型，因此需要将其返回值强制转换为 Person 类型。

最后将还原的各属性值显示在用户界面上。

同时运行两个 Windows Forms 应用程序。在 AppWriteObject 应用程序中将一个已为属性赋值的 Person 实例保存到文件中，如图 16-2 所示。

在 AppReadObject 项目中选择保存的文件，并从文件中进行反序列化，还原 Person 对象的实例，如图 16-3 所示。

图 16-2　将对象进行二进制序列化处理

图 16-3　二进制反序列化处理结果

完整的示例代码请参考\第 16 章\Example_1。

16.2　XML 序列化

二进制序列化保真程度较高，因此对类型的控制就相对严格。二进制序列化会将类型的详细信息输出到字节流中，所以参与二进制序列化和反序列化的类型必须是同一类型。这样在数据传输时就不太方便，尤其是在序列化和反序列化的字节流通过网络来传输的情况下，并不能保证数据的发送方和接收方都使用相同的类型。比如，应用程序 A 运行在 X 计算机上，应用程序 B 运行在 Y 计算机上，A 程序先将 K 对象的实例序列化后发送给 B 程序，B 程序需要将接收到的字节数据进行反序列化来还原对象状态。但是，B 程序中并没有定义 K 类型，如果使用二进制方式来执行反序列化，就有可能发生错误而无法顺利完成。

使用 XML 序列化可以解决这一问题。XML 序列化仅对类型的公共字段或公共属性起作用，而且用于序列化的类型必须声明为 public。

XML 序列化和反序列化对类型没有严格的要求，因为对象的状态被转化为 XML 文档，只要类型的结构、成员的名字和类型与 XML 文档中 XML 元素或 XML 特性相符合即可。

16.2.1　简单实现 XML 序列化和反序列化

下面将通过一个示例介绍如何完成 XML 序列化和反序列化。具体的实现步骤如下：

（1）启动 Visual Studio 开环境，新建一个控制台应用程序。

（2）在代码文件的头部引入以下命名空间

```
using System.IO;
using System.Xml. Serialization;
```

（3）定义一个 Student 类，表示一位学员的信息。

```
public class Student
{
    /// <summary>
    /// 学员姓名
    /// </summary>
    public string Name { get; set; }

    /// <summary>
    /// 学员编号
    /// </summary>
    public int No { get; set; }

    /// <summary>
    /// 城市
    /// </summary>
    public string City { get; set; }
}
```

（4）将一个 Student 实例进行序列化和反序列化。

```
static void Main(string[] args)
{
    MemoryStream ms = new MemoryStream();
    // 创建 Student 实例
```

```
        Student stu = new Student();
        // 向属性赋值
        stu.No = 100;
        stu.Name = "小钟";
        stu.City = "重庆";
        // 序列化为 XML 文档
        XmlSerializer xsz = new XmlSerializer(typeof(Student));
        xsz.Serialize(ms, stu);
        xsz = null;

        // 输出 XML 文档
        Console.WriteLine("序列化后的 XML 文档如下: ");
        string xml = Encoding.UTF8.GetString(ms.ToArray());
        Console.WriteLine(xml);

        // 进行反序列化
        Console.WriteLine("\n==================================================");
        // 将读写指针移到流的开始位置
        ms.Position = 0L;
        xsz = new XmlSerializer(typeof(Student));
        // 还原对象状态
        Student stu2 = (Student)xsz.Deserialize(ms);
        // 输出反序列化后的对象实例中各属性的值
        Console.WriteLine("学员编号: {0}\n 学员姓名: {1}\n 城市: {2}", stu2.No, stu2.Name,
stu2.City);

        Console.Read();
    }
```

创建 Student 对象实例，并为每个公共属性赋值，然后使用 XmlSerializer 类进行 XML 序列化，在调用 XmlSerializer 构造函数时，传递一个 Type 对象，表示要序列化的类型，可通过 C#语言的 typeof 运算符获取。在调用 Serialize 方法时需要提供一个流对象来保存字节流，本例使用的是内存流。

在完成 XML 序列化后，将 XML 文档输出到屏幕上。然后再通过 XmlSerializer 类的 Deserialize 方法执行反序列化，还原对象状态，并输出到屏幕上。

Student 对象序列化后生成的 XML 文档如下：

```xml
<?xml version="1.0"?>
<Student>
  <Name>小钟</Name>
  <No>100</No>
  <City>重庆</City>
</Student>
```

从以上 XML 文档中可以看到，Student 类的类型名称作为 XML 文档的根节点，每个公共属性的名称被转换为根元素下的子元素，属性的值位于子元素的开始节点和结束节点之间。

完整的示例代码请参考\第 16 章\Example_2。

16.2.2 自定义 XML 文档的节点

在 16.2.1 节的示例中，类型在执行 XML 序列化之后，类型名称及各成员的名称都与生成的 XML 文档中的节点一一对应，这是默认情况，有时需要对生成的 XML 文档中各个节点进行重命名。自定义命名节点的一个好处是可以使得序列化生成的 XML 文档被其他类型进行反序列化。

对 XML 节点进行自定义命名后，反序列化生成的类型只要与源类型结构相似，且各属性或字段的类型相同，就可以顺利完成反序列化。这对于通过网络传递的数据特别有用，可以实现平台无关性，比较典型的应用就是 Web 服务（Web Service）。Web 服务可以将一些需要发送给客户端（服务的调用者），而不需要考虑客户端应用程序是使用什么编程语言开发的，也不需要考虑其运行在哪个操作系统平台上，都可以参考 XML 的文档结构来进行反序列化，实现数据的跨平台传输。

对 XML 文档的节点进行自定义命名的方法也比较简单，只要在类级别或类的成员中应用以下几个特性即可。

（1）XmlRootAttribute：指定 XML 文档根节点名称。

（2）XmlElementAttribute：指定某个 XML 元素名称。

（3）XmlAttributeAttribute：指定成员被序列化为 XML 元素的特性。

（4）XmlIgnoreAttribute：指定某个成员在序列化时将被忽略，不对其进行序列化处理。

下面通过一个示例介绍如何重命名 XML 元素名称。首先需要定义两个类——Product 和 TaskItem。这两个类各有两个公共属性，类型相同但名称不同。然后，使用 XmlRoot 特性和 XmlElement 特性来使它们具有相同的元素名称。

```
[XmlRoot("info")]
public class Product
{
    [XmlElement("name")]
    public string ProdName { get; set; }

    [XmlElement("size")]
    public double ProdSize { get; set; }
}

[XmlRoot("info")]
public class TaskItem
{
    [XmlElement("name")]
    public string ItemName { get; set; }

    [XmlElement("size")]
    public double ItemSize { get; set; }
}
```

虽然是两个不同的类型，但是它们序列化后所生成的 XML 文档结构是相同的。因此，可以用 Product 对象来执行序列化，再用 TaskItem 对象来反序列化，代码如下：

```
static void Main(string[] args)
{
    System.IO.MemoryStream ms = new System.IO.MemoryStream();
    // 创建 Product 类的实例
    Product prd = new Product();
    // 为属性赋值
    prd.ProdName = "样品";
    prd.ProdSize = 69.771d;
    // XML 序列化
    XmlSerializer xmllzer = new XmlSerializer(typeof(Product));
    xmllzer.Serialize(ms, prd);
    // 输出 XML 文档
```

```
        Console.WriteLine("序列化后生成的 XML 文档如下: ");
        string xml = Encoding.UTF8.GetString(ms.ToArray());
        Console.WriteLine(xml);

        // 反序列化，并用 TaskItem 类来还原
        ms.Position = 0L;
        xmllzer = new XmlSerializer(typeof(TaskItem));
        TaskItem titem = (TaskItem)xmllzer.Deserialize(ms);
        // 输出反序列化后的结果
        Console.WriteLine("\n=========================================");
        if (titem != null)
        {
            Console.WriteLine("反序列化得到的 TaskItem 实例信息: ");
            string msg = string.Format("任务名称: {0}\n尺寸: {1}", titem.ItemName,
titem.ItemSize);
            Console.WriteLine(msg);
        }
        // 关闭流
        ms.Close();

        Console.Read();
}
```

Product 实例序列化后生成的 XML 文档如下:

```
<?xml version="1.0"?>
<info>
  <name>样品</name>
  <size>69.771</size>
</info>
```

TaskItem 类的结构与 Product 类相似，并且已通过 XmlRoot 和 XmlElement 两个特性重新定义了根元素和子元素的名称。因此，可以用 Product 对象序列化后生成的 XML 文档来填充 TaskItem 实例。示例的执行结果如图 16-4 所示。

完整的示例代码请参考\第 16 章\Example_3。

上面示例中的 Product 类生成的 XML 文档是将属性作为 XML 子元素来表示的，其实还可以使用 XmlAttribute 特性来使类成员表示为 XML 特性。

与前一个示例相似，先定义一个 Product 类，不同的是，本例将使用 XmlAttribute 特性将类成员标记为 XML 特性。

图 16-4　在不同类型之间实现序列化和反序列化

```
[XmlRoot("info")]
public class Product
{
    [XmlAttribute("name")]
    public string ProdName { get; set; }

    [XmlAttribute("size")]
    public double ProdSize { get; set; }
}
```

将 Product 实例进行序列化，并在屏幕上输出生成的 XML 文档。

```
MemoryStream ms = new MemoryStream();
// 创建 Product 实例
Product prd = new Product
{
    ProdName = "样品",
    ProdSize = 123.5775d
};
// XML 序列化
XmlSerializer xmlslz = new XmlSerializer(typeof(Product));
xmlslz.Serialize(ms, prd);
// 显示生成的 XML 文档
string xmldoc = Encoding.UTF8.GetString(ms.ToArray());
ms.Close(); //关闭流
Console.WriteLine(xmldoc);
```

此时，生成的 XML 文档如下：

```
<?xml version="1.0"?>
<info name="样品" size="123.5775" />
```

可以看到，两个公共属性的值被转化为 info 根元素的 name 和 size 特性的值。完整的示例代码请参考
\第 16 章\Example_4。

16.3　数据协定

类型可以以数据协定的形式来定义，数据协定为类型描绘出一个抽象"轮廓"，数据的发送方和接收方
不要求使用相同的类型，只要遵循数据协定即可。这就好比求职者与用人单位签订合同一样，具体如何去
工作由工作流程来确定，合同仅涉及双方达成的一些基本协定。数据协定就像服务器与客户端应用达成一
个协议，在数据交互过程中传输的对象不一定需要相同的类型，但必须遵照数据协定来定义。这在 WCF
服务中使用较多，数据通过网络传输时是以字节流的形式完成的，因此服务器需要将数据类型的实例进行
序列化，然后再发送出去；客户端在接收到数据后，需要进行反序列化来得到数据的内容。但是，在通信
过程中，服务器所使用的类型与客户端不一定要相同，只要符合数据协定的规范即可，这与面介绍的 XML
序列化的情况相似。

要将类型定义为数据协定，首先要在类型级别应用 DataContractAttribute，如果不指定协定的名称，则
使用类型的名称作为协定名。对于类型的成员（指字段和属性），需要应用 DataMemberAttribute，同样也可
以自定义成员的名称，如果不指定数据协定的成员名称，则使用该成员的名称作为数据协定的成员名称。

比如下面代码定义了一个数据协定

```
[DataContract]
public class TestA
{
    [DataMember]
    public int BaseVal = 0;
    [DataMember]
    public float Increase = 0f;
}
```

因为没有显式指定名称，所以 TestA 类的类协定名称为"TestA"，公共字段 BaseVal 的协定名为
"BaseVal"，Increase 字段的协定名为"Increase"。以下类型的定义都符合该数据协定。

```
[DataContract(Name = "TestA")]
public class A
{
    [DataMember(Name = "BaseVal")]
    public int VA { get; set; }
    [DataMember(Name = "Increase")]
    public float VB { get; set; }
}
```

虽然类型为 A，但 DataContract 指定的协定名 "TestA" 符合 TestA 类的协定名。只要协定名和类型符合协定，类型成员可以不完全相同，A 类将两个成员定义为公共属性，而在 TestA 类中是两个公共字段。因为 DataMember 指定的名称与数据协定的定义相同，并且数据类型也相同（一个是 int 类型，一个是 float 类型），所以是符合数据协定 "TestA" 的结构要求的。

如果成员没有应用 DataMember 特性，那么该成员就不被视为数据协定的一部分，就不会参与序列化。例如，在下面的声明中，Increase 字段不会被序列化。

```
[DataContract]
public class TestA
{
    [DataMember]
    public int BaseVal = 0;

    public float Increase = 0f;
}
```

因为 Increase 字段没有应用 DataMember 特性，不属于数据协定的范畴。

要对声明为数据协定的类型进行序列化和反序列化，应当使用 DataContractSerializer 类（位于 System.Runtime.Serialization 命名空间，需要引用 System.Runtime.Serialization 程序集），序列化时调用 WriteObject 方法，反序列化时则调用 ReadObject 方法。

下面演示一个示例，具体操作步骤如下：

（1）在 Visual Studio 开发环境中新建一个控制台应用程序项目。

（2）在代码文件头部引入以下命名空间。

```
using System.IO;
using System.Runtime.Serialization;
```

（3）声明一个 TestDemo 类，并定义数据协定。

```
[DataContract(Name = "Sample", Namespace = "http://sample")]
public class TestDemo
{
    [DataMember(Name = "Number1")]
    public short Value1 = 0;
    [DataMember(Name = "Number2")]
    public long Value2 = 0L;
    [DataMember(Name = "Number3")]
    public double Value3 = 0d;
}
```

数据协定的名称为 "Sample"，三个成员的协定名分别为 "Number1" "Number2" 和 "Number3"。协定还定义了名为 http://sample 命名空间，由于数据协定默认是序列化为 XML 文档，所以 Namespace 属性指定的命名空间将作为 XML 文档的命名空间。虽然命名空间以 http://开头，但其并不一定是真实的 URI，仅是一个符号，也可以使用其他字符串来作为 XML 的命名空间。因为 URI 地址是唯一的地址，因此许多 XML 文档都使用 URI 作为命名空间的名称，比如公司的主页。

（4）另外再定义两个类，随后程序将 TestDemo 类的实例进行序列化，再通过以下两个类来反序列化。这两个类都符合数据协定的要求，可以进行反序列化。

```
/// <summary>
/// 该类的类名与数据协定的名称相同，公共属性的名称与协定成员的名称相同，因此可以进行反序列化
/// </summary>
[DataContract(Namespace = "http://sample")]
public class Sample
{
    [DataMember]
    public short Number1 { get; set; }
    [DataMember]
    public long Number2 { get; set; }
    [DataMember]
    public double Number3 { get; set; }
}

/// <summary>
/// 虽然该类类型名称和成员名称与 TestDemo 不同，但是它的协定名称及类成员的数据类型都与 TestDemo
/// 类相同，所以可被反序列化
/// </summary>
[DataContract(Name = "Sample", Namespace = "http://sample")]
public class Task
{
    [DataMember(Name = "Number1")]
    public short Base1;
    [DataMember(Name = "Number2")]
    public long Base2;
    [DataMember(Name = "Number3")]
    public double Base3;
}
```

Sample 类的类名、成员名称都与数据协定相同，可以完成反序列化并填充数据；Task 类的数据协定及成员的类型都与 TestDemo 相同，可以被反序列化。数据协定定义了命名空间，除协定名称要匹配外，Namespace 属性的值也要与 TestDemo 类的协定相同。

（5）下面代码先将 TestDemo 实例进行序列化，然后分别用 Sample 类和 Task 的对象来反序列化。

```
using (MemoryStream ms = new MemoryStream())
{
    // 实例化 TestDemo 对象
    TestDemo td = new TestDemo();
    // 为成员赋值
    td.Value1 = 199;
    td.Value2 = 30000L;
    td.Value3 = 500.375d;
    // 序列化
    DataContractSerializer dtc = new DataContractSerializer(typeof(TestDemo));
    dtc.WriteObject(ms, td);
    // 显示序列化后生成的 XML 文档
    string xml = Encoding.UTF8.GetString(ms.ToArray());
    Console.Write("序列化生成的文档如下：\n");
```

```
        Console.WriteLine(xml);

        Console.WriteLine("================================");
        // 反序列化
        // 用 Sample 类型反序列化
        ms.Position = 0L;
        dtc = new DataContractSerializer(typeof(Sample));
        Sample sap = (Sample)dtc.ReadObject(ms);
        if (sap != null)
        {
            Console.WriteLine("类型 - Sample, 反序列化结果: ");
            Console.WriteLine("Number1 = {0}\nNumber2 = {1}\nNumber3 = {2}", sap.Number1,
    sap.Number2, sap.Number3);
        }
        // 用 Task 类型来反序列化
        ms.Position = 0L;
        dtc = new DataContractSerializer(typeof(Task));
        Task tk = (Task)dtc.ReadObject(ms);
        if (tk != null)
        {
            Console.WriteLine("\n 类型 - Task, 反序列化结果: ");
            Console.WriteLine("Base1 = {0}\nBase2 = {1}\nBase3 = {2}", tk.Base1, tk.Base2,
    tk.Base3);
        }
    }
```

调用 DataContractSerializer 类的构造函数时，需要传递一个 Type 对象，以指定要进行序列化或反序列化的类型。

示例的运行结果如图 16-5 所示。

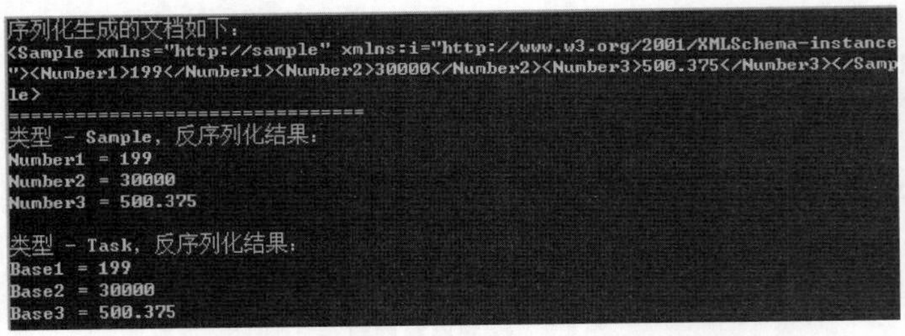

图 16-5　数据协定示例的运行结果

从示例中可以看到，参与序列化的类型是 TestDemo 类，而参与反序列化的类型是 Sample 类和 Task 类，这表明在数据协定的序列化与反序列化过程中，类型不要求相同，只要满足数据协定即可。

完整的示例代码请参考\第 16 章\Example_5。

16.4　JSON 序列化

JSON 数据使用 JavaScript 对象符号来表示，可以在 JavaScript 脚本代码中传递和处理数据。JSON 对象的结构比较简单，整个对象的结构被包含在一对大括号（{}）中，对象的每个属性之间用逗号（英文）隔开，每个属性的名称和值之间用冒号（英文）连接，属性名称用字符串表示，可以放在一对双引号或单引号中。比如，一个表示员工信息的 JSON 对象包含 name、age、city 三个属性，其结构如下：

```
{
    'name' : '小赵',
    'age' : 24,
    'city': '杭州'
}
```

JSON 序列化是数据协定序列化的另一种形式，通过 DataContractJsonSerializer 类（位于 System.Runtime.Serialization.Json 命名空间，需要引用 System.Runtime.Serialization 程序集）就可以轻松完成序列化和反序列化操作。

下面示例将演示如何实现基于 JSON 格式的序列化和反序列化。

先定义两个具有相同数据协定的类

```csharp
[DataContract(Name = "Demo")]
public class DemoA
{
    [DataMember(Name = "Item1")]
    public string StringA { get; set; }
    [DataMember(Name = "Item2")]
    public string StringB { get; set; }
}

[DataContract(Name = "Demo")]
public class DemoB
{
    [DataMember(Name = "Item1")]
    public string StringValue1 { get; set; }
    [DataMember(Name = "Item2")]
    public string StringValue2 { get; set; }
}
```

DemoA 类用于进行 JSON 序列化，DemoB 用于进行 JSON 反序列化。具体的处理代码如下：

```csharp
using (MemoryStream mostream = new MemoryStream())
{
    DemoA da = new DemoA { StringA = "test1", StringB = "test2" };
    // 序列化
    DataContractJsonSerializer djs = new DataContractJsonSerializer(typeof(DemoA));
    djs.WriteObject(mostream, da);
    // 显示 JSON 对象
    Console.WriteLine("序列化生成的 JSON 对象：");
    string json = Encoding.UTF8.GetString(mostream.ToArray());
    Console.WriteLine(json);
    // 反序列化
    Console.WriteLine("=====================");
    mostream.Position = 0L;
    djs = new DataContractJsonSerializer(typeof(DemoB));
    DemoB db = (DemoB)djs.ReadObject(mostream);
    if (db != null)
    {
        Console.WriteLine("StringValue1 = {0}\nStringValue2 = {1}", db.StringValue1,
db.StringValue2);
    }
}
```

序列化后生成的 JSON 对象如下：

```
{
    "Item1":"test1",
    "Item2":"test2"
}
```

通过本示例可以看到，基于 JSON 格式的序列化方法与 16.3 中基于 XML 的数据协定的序列化方法十分相似。把 DataContractSerializer 类换成 DataContractJsonSerializer 类即可，其余操作方法相同，而且这两个类都是从 XmlObjectSerializer 类派生出来的。不管是序列化为 XML 格式的数据，还是 JSON 格式的数据，都是 Web 服务中最为常用的数据交换形式。

完整的示例代码请参考\第 16 章\Example_6。

16.5 System.Text.Json

在 System.Text.Json 命名空间下面包含一组 API，可以高性能地完成类型对象的 JSON 序列化与反序列化。

16.5.1 JsonSerializer

JsonSerializer 是一个静态类，因此调用其成员方法前不需要实例化。在使用时，调用 Serialize（或 SerializeAsync）方法将目标对象序列化为 JSON 文档，调用 Deserialize（或 DeserializeAsync）从 JSON 文档还原目标对象。

下面通过一个示例演示 JsonSerializer 类的使用。

（1）定义一个 Demo 类，它包含三个属性——PropA、PropB 和 PropC

```
public class Demo
{
    public int PropA { get; set; }
    public string PropB { get; set; }
    public bool PropC { get; set; }
}
```

（2）实例化一个 Demo 对象

```
Demo x = new Demo();
```

（3）为各个属性赋值

```
x.PropA = -8075;
x.PropB = "实验文本";
x.PropC = true;
```

（4）将 Demo 对象序列化，并生成 JSON 格式的文本

```
string json = JsonSerializer.Serialize(x);
Console.WriteLine("序列化后：\n{0}", json);
```

（5）执行反序列化操作，还原 Demo 对象各属性的值

```
Demo y = JsonSerializer.Deserialize<Demo>(json);
// 输出反序列化后各属性的值
StringBuilder builder = new();
builder.AppendFormat("{0}: {1}\n", nameof(Demo.PropA), y.PropA);
builder.AppendFormat("{0}: {1}\n", nameof(Demo.PropB), y.PropB);
```

```
        builder.AppendFormat("{0}: {1}\n", nameof(Demo.PropC), y.PropC);
        Console.WriteLine("\n 反序列化后: ");
        Console.WriteLine(builder);
```

Demo 实例序列化后生成的 JSON 如下:

```
{"PropA":-8075,"PropB":"\u5B9E\u9A8C\u6587\u672C","PropC":true}
```

这时会发现,含有汉字字符的属性值在生成 JSON 后呈现为相应的 Unicode 编码,若希望生成的 JSON 字符串显示为原字符,可以通过 JsonSerializerOptions 类来设置需要的 Unicode 编码范围。因此,上面的序列化代码可修改为

```
JsonSerializerOptions options = new()
{
    // 输出带进缩格式的文本
    WriteIndented = true,
    Encoder = JavaScriptEncoder.Create(UnicodeRanges.BasicLatin, UnicodeRanges.
CjkUnifiedIdeographs)
};
string json = JsonSerializer.Serialize(x, options);
```

Encoder 属性设置了两个 Unicode 编码范围——BasicLatin 表示常用的拉丁字母,CjkUnifiedIdeographs 表示常用的中文、日文、韩文字符(象形文字)。

修改代码后再次运行程序,生成的 JSON 文本如下:

```
{
  "PropA": -8075,
  "PropB": "实验文本",
  "PropC": true
}
```

完整的示例代码请参考\第 16 章\Example_7。

16.5.2　自定义转换器

虽然 JsonSerializer 类能自动处理绝大多数类型的数据,但有时出于特殊用途需要对对象的属性值进行转换。System.Text.Json.Serialization 命名空间公开了一个名为 JsonConverter<T>的抽象类,其中类型参数 T 表示被序列化属性值的类型。实现该抽象类可以完成属性值的自定义转换。

其中,要求实现以下两个方法

(1) Write: 将属性的值进行转换后,通过 Utf8JsonWriter 对象把数据写入序列化的基础流。

(2) Read: 通过 Utf8JsonReader 对象从基础流中读出数据,并还原为与属性值的类型匹配的值。

本节将演示将 string 类型的属性值转换为 Base64 字符串后再进行序列化,在反序列化时,从 Base64 字符串重新读出原字符串。

下面是自定义转换器的实现代码

```
public sealed class B64Converter : JsonConverter<string>
{
    public override string Read(ref Utf8JsonReader reader, Type typeToConvert,
JsonSerializerOptions options)
    {
        string value = default;
        if (!reader.TryGetBytesFromBase64(out byte[] data))
        {
```

```
            // 无法读取时使用空字符串
            value = string.Empty;
        }
        else
        {
            // 读出原字符串
            value = Encoding.UTF8.GetString(data);
        }
        return value;
    }

    public override void Write(Utf8JsonWriter writer, string value, JsonSerializer
Options options)
    {
        byte[] data = Encoding.UTF8.GetBytes(value);
        writer.WriteBase64StringValue(data);
    }
}
```

定义一个新类，命名为 News，随后用于测试 JSON 序列化。

```
public class News
{
    public uint ID { get; set; }
    public string Title { get; set; }
    public string Content { get; set; }
}
```

News 类中 Title 和 Content 属性都是 string 类型，可以在属性上应用 JsonConverterAttribute 特性，并指定使用前文中自定义的转换器

```
public class News
{
    public uint ID { get; set; }

    [JsonConverter(typeof(B64Converter))]
    public string Title { get; set; }

    [JsonConverter(typeof(B64Converter))]
    public string Content { get; set; }
}
```

实例化一个 News 对象，并为其属性赋值

```
// 实例化对象
News x = new News();
// 设置属性值
x.ID = 5133;
x.Title = "测试标题";
x.Content = "测试正文";
```

执行序列化与反序列化操作

```
// 序列化
string json = JsonSerializer.Serialize(x);
WriteLine($"序列化后: \n{json}\n");

// 反序列化
```

```
News y = JsonSerializer.Deserialize<News>(json);
WriteLine("反序列化后: ");
WriteLine($"{nameof(News.ID)}: {y.ID}");
WriteLine($"{nameof(News.Title)}: {y.Title}");
WriteLine($"{nameof(News.Content)}: {y.Content}");
```

序列后得到的 JSON 文本如下：

```
{"ID":5133,"Title":"5rWL6K+V5qCH6aKY","Content":"5rWL6K+V5q2j5paH"}
```

完整的示例代码请参考\第 16 章\Example_8。

16.5.3　自定义属性名称

在定义新类型时，可以在属性上应用 JsonPropertyNameAttribute 特性，并为属性指定一个别名。该别名在序列化时将作为 JSON 字段的名称。当属性未应用 JsonPropertyNameAttribute 特性时，序列化时会把属性的名称作为 JSON 字段的名称。

下面示例定义了 Pet 类，并为每个属性重新分配 JSON 字段名称

```
public class Pet
{
    [JsonPropertyName("_pet_id")]
    public long Id { get; set; }

    [JsonPropertyName("_pet_name")]
    public string Name { get; set; }

    [JsonPropertyName("_pet_age")]
    public int Age { get; set; }
}
```

创建 Pet 实例并进行序列化

```
Pet v = new()
{
    Id = 205,
    Name = "Jack",
    Age = 2
};

JsonSerializerOptions opt = new JsonSerializerOptions
{
    WriteIndented = true
};
string json = JsonSerializer.Serialize(v, opt);
Console.WriteLine(json);
```

得到的 JSON 文本如下：

```
{
  "_pet_id": 205,
  "_pet_name": "Jack",
  "_pet_age": 2
}
```

完整的示例代码请参考\第 16 章\Example_9。

第 17 章

CHAPTER 17

程序集与反射

程序集是代码进行编译时的一个逻辑单元，其将相关的代码和类型进行组合，然后生成 PE 文件（如可执行文件.exe 和类库文件.dll）。之所以说程序集是一个逻辑单元，而不是一个物理单元，是因为程序集在编译后并不一定会生成单个文件，有可能会生成多个物理文件，甚至可能会生成分布在不同位置的多个物理文件。也就是说，程序集在逻辑上是一个编译单元，但在物理存储上可以有多种存在形式。静态程序集可以生成单个或多个文件，动态程序集存在于内存中。

其实，程序集在前面许多示例程序中都使用过，因为任何基于.NET 的代码在编译时都至少存在一个程序集。本书前面介绍过的控制台应用程序、Windows 窗体应用程序及 WPF 应用程序等，它们在代码逻辑上至少需要一个程序集（主程序集或启动程序集）。

本章将从编写类库项目入手，讲述如何引用程序集，然后讲述反射技术。由于程序集自身携带了类型定义的元数据，因此可以通过反射技术，在运行阶段了解程序集中的类型信息，进而动态调用类型实例的成员。

17.1 类库

控制台应用程序、Windows 应用程序和 WPF 应用程序都是生成.exe 文件，即可执行文件，可以直接运行，而类库则是一种比较特殊的项目类型，它编译后通常会生成.dll 文件（动态链接库文件），面向 CLR 的.dll 文件与 Win32 编程中的.dll 文件不同。

传统的面向 Win32 的.dll 项目，通过导出函数（dllExport）的方式对外公开其可被调用数据，基于.NET 框架的.dll 库是一个完整的程序集，调用方法与调用其他.NET 应用程序代码一样，需要事先引用该类库。

从代码结构上看，一个程序集可以包含一个或多个命名空间，而每个命名空间中又可以包含子命名空间或类型列表。由于程序集在编译后可以生成多个模块文件，因此一个物理文件并不代表它就是一个程序集，一个程序集并不一定只有一个文件。不过，在 Visual Studio 开发环境中，为了便于项目的代码管理，一个解决方案可以包含多个项目，而每个项目就是一个程序集。

类库项目程序是不能直接执行的，它需要由其他代码来调用，通常可以通过可执行程序集来调用。.NET 框架的 API 就是以类库的形式提供给开发人员使用的，如图 17-1 所示，可以看到.NET 类库中的每个程序集都是以.dll 文件的形式出现的。

在前面的示例中介绍过引用程序集的情况，当应用程序项目要使用某个类时，需要在项目中添加该类所在的程序集的引用，项目所引用的程序集会出现在"依赖项"节点下，如图 17-2 所示。

mscordbi.dll	2021/2/16 22:20	应用程序扩展	1,063 KB
mscorlib.dll	2021/2/16 22:20	应用程序扩展	56 KB
mscorrc.dll	2021/2/16 22:20	应用程序扩展	139 KB
netstandard.dll	2021/2/16 22:25	应用程序扩展	112 KB
System.AppContext.dll	2021/2/16 22:25	应用程序扩展	14 KB
System.Buffers.dll	2021/2/16 22:25	应用程序扩展	14 KB
System.Collections.Concurrent.dll	2021/2/16 22:25	应用程序扩展	187 KB
System.Collections.dll	2021/2/16 22:25	应用程序扩展	281 KB
System.Collections.Immutable.dll	2021/2/16 22:25	应用程序扩展	651 KB
System.Collections.NonGeneric.dll	2021/2/16 22:25	应用程序扩展	97 KB
System.Collections.Specialized.dll	2021/2/16 22:25	应用程序扩展	91 KB
System.ComponentModel.Annotations.dll	2021/2/16 22:25	应用程序扩展	172 KB
System.ComponentModel.DataAnnotations.dll	2021/2/16 22:25	应用程序扩展	16 KB
System.ComponentModel.dll	2021/2/16 22:25	应用程序扩展	17 KB
System.ComponentModel.EventBasedAsync.dll	2021/2/16 22:25	应用程序扩展	36 KB
System.ComponentModel.Primitives.dll	2021/2/16 22:25	应用程序扩展	62 KB
System.ComponentModel.TypeConverter.dll	2021/2/16 22:25	应用程序扩展	686 KB
System.Configuration.dll	2021/2/16 22:25	应用程序扩展	19 KB
System.Console.dll	2021/2/16 22:25	应用程序扩展	150 KB
System.Core.dll	2021/2/16 22:25	应用程序扩展	24 KB
System.Data.Common.dll	2021/2/16 22:25	应用程序扩展	2,822 KB
System.Data.DataSetExtensions.dll	2021/2/16 22:25	应用程序扩展	15 KB
System.Data.dll	2021/2/16 22:25	应用程序扩展	26 KB
System.Diagnostics.Contracts.dll	2021/2/16 22:25	应用程序扩展	15 KB

图 17-1　框架类库文件

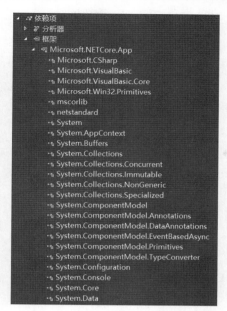

图 17-2　项目中已引用的程序集列表

下面演示编写一个类库项目，具体操作方法如下：

（1）在 Visual Studio 开发环境中，打开"新建项目"对话框，在项目模板列表中选择"类库"，然后输入项目名称和解决方案名称等参数，并选择所使用的.NET 版本，最后单击"创建"按钮，如图 17-3 所示。

（2）项目创建完成后，打开"解决方案资源管理器"窗口，会看到项目模板默认生成一个 Class1.cs 文件，并且代码中包含一个 Class1 类。为了更好地介绍一个类库项目的开发过程，示例暂时不需要模板生成的文件，在"解决方案资源管理器"窗口中右击 Class1.cs 文件，从弹出的菜单中选择【删除】命令，将该文件删除。

（3）右击项目名称节点，从弹出的快捷菜单中选择【属性】，随即打开项目属性窗口，在"应用程序"选项卡上，会看到程序集名称和默认命名空间都与项目名称相同（如图 17-4 所示），可以保留这些默认信息，也可以根据需要进行修改。

图 17-3　新建类库项目

图 17-4　程序集信息

（4）将程序集名称改为"testlib"，将默认命名空间改为"mytypes"。

（5）按快捷键 Ctrl + S 保存，然后关闭项目属性窗口。

（6）向项目中添加一个新类，命名为 Compute，具体代码如下：

```csharp
public class Compute
{
    /// <summary>
    /// 加法运算
    /// </summary>
    public int Add(int a, int b)
    {
        return a + b;
    }

    /// <summary>
    /// 乘法运算
    /// </summary>
    public int Multiply(int a, int b)
    {
        return a * b;
    }
}
```

该类包含两个公共方法，Add 方法用于进行加法运算，Multiply 方法用于进行乘法运算。

至此，一个简单的类库项目已经完成，接下来需要一个可执行的应用程序项目来引用该类库，并调用里面的类型。

（7）在"解决方案资源管理器"窗口中右击解决方案节点，从弹出的快捷菜单中选择【添加】→【新建项目】命令，向当前解决方案中添加一个控制台应用程序项目。

（8）在新建立的控制台应用程序项目"依赖项"节点上右击，从上下文菜单中选择【添加项目引用】，打开"引用管理器"对话框。在对话框左侧的导航栏中选择"解决方案"，然后会在对话框中间的列表框中列出当前解决方案中的其他程序集。

（9）找到编写的类库项目，在列表项前面的方框中打上√，注意不是选中该项，而是要在该项前面的方框中点击一下，如图 17-5 所示。最后单击"确定"按钮，添加引用后，该程序集就会出现在当前项目的引用列表中。

图 17-5　选中要引用的项目

（10）在控制台应用程序项目的代码文件中，引入类库的命名空间

```csharp
using mytypes;
```

（11）在 Main 方法中测试调用类库中的类型

```csharp
static void Main(string[] args)
{
    int x = 10;
    int y = 15;
    // 实例化 Compute 类
    Compute cp = new Compute();
    // 调用类成员
    int r1 = cp.Add(x, y);
    int r2 = cp.Multiply(x, y);
    // 输出计算结果
    Console.WriteLine("{0} + {1} = {2}", x, y, r1);
    Console.WriteLine("{0} × {1} = {2}", x, y, r2);
```

```
        Console.Read();
    }
```

（12）在"解决方案资源管理器"窗口中右击解决方案节点，从弹出的菜单中执行【属性】命令，打开解决方案属性对话框，如图 17-6 所示。请确保在"启动项目"中选择了"单启动项目"选项，并在下拉列表中选择控制台应用程序项目，因为类库项目不能直接执行，因此不能作为启动项目。最后单击"确定"按钮保存。

运行示例应用程序，得到如图 17-7 所示的结果。

图 17-6　设置单启动项目

图 17-7　调用类库的输出结果

完整的示例代码请参考\第 17 章\Example_1。

17.2　反射技术基础

反射技术可以在运行时获取程序集、类型及类型成员的相关信息，支持动态加载程序集、创建对象实例、调用实例成员等操作。

17.2.1　动态加载程序集

与反射技术相关的类型都位于 System.Reflection 命名空间下。要动态加载程序集，可以使用 Assembly 类的 Load、LoadFrom、LoadFile 等静态方法，这些方法会返回一个 Assembly 实例，表示已经加载的程序集的相关信息。

有两种方式可以动态加载程序集。

（1）通过程序集的长名称加载，一般用于加载位于全局程序集缓存中的程序集。.NET 框架的类库都位于全局程序集缓存中，以便于让当前计算机上的所有基于.NET 的应用程序都能使用。

（2）通过指定的文件来加载程序集，通常是.dll 或.exe 文件。

下面示例将演示如何加载 System 程序集，以及获取该程序集的基本信息。该示例是通过 System 程序集的全名来加载的。

在 Visual Studio 开发环境中新建一个控制台应用程序项目。待项目创建完成后，自动打开 Program.cs 文件。在代码文件头部的 using 指令区域中引入以下命名空间

```
using System.Reflection;
```

在 Main 方法中加入以下代码

```
static void Main(string[] args)
{
    // 加载 System 程序集
    Assembly assSystem = Assembly.Load("System, Version=4.0.0.0, Culture=neutral,
PublicKeyToken=b77a5c561934e089");
    // 显示程序集信息
```

```
        Console.WriteLine("程序集全名: {0}", assSystem.FullName);
        // 程序集位置
        Console.WriteLine("程序集位置: {0}", assSystem.Location);
        // CLR 版本
        Console.WriteLine("CLR 版本: {0}", assSystem.ImageRuntimeVersion);
        Console.Read();
    }
```

标识中的第一部分是程序集的名称，随后是程序集的属性列表，以英文逗号隔开。其中，Culture 为程序集的区域和语言版本，"neutral" 表示本地语言，即如果目标计算机的操作系统是简体中文版，则本地语言为 "中文中国"（zh-CN）；PublicKeyToken 是程序集签名的哈希值；Version 是版本号；processorArchitecture 是处理器架构，这个标识在加载程序集时一般会忽略，所以在上面代码中，传递给 Load 方法的字符串中并没有包含 processorArchitecture 标识。

也可以省略程序集的属性列表，即上述代码可修改为

```
// 加载 System 程序集
Assembly assSystem = Assembly.Load("System");
……
```

运行应用程序，会看到如图 17-8 所示的输出结果。

```
程序集全名: System, Version=4.0.0.0, Culture=neutral, PublicKeyToken=b77a5c561934e089
程序集位置: C:\Program Files\dotnet\shared\Microsoft.NETCore.App\5.0.4\System.dll
CLR版本: v4.0.30319
```

图 17-8　输出程序集的基本信息

完整的示例代码请参考\第 17 章\Example_2。

17.2.2　获取类型信息

Type 类封装与类型相关的成员，通常可与反射技术结合使用，以获取类型的成员列表，或动态调用类型的成员。

获取类型相关联的 Type 对象有以下几种方法

（1）通过 typeof 运算符直接返回类型的 Type。

（2）通过调用类型实例的 GetType 方法返回一个 Type 对象。

（3）通过程序集来获取其中包含类型的 Type。

Type 类公开了以下几个方法，帮助开发人员搜索指定类型的成员信息，详见表 17-1。

表 17-1　Type类公开的获取成员信息的方法

方 法 名 称	返 回 类 型	说　　明
GetProperties	PropertyInfo数组	获取类型中的属性列表
GetFields	FieldInfo数组	获取类型中的字段列表
GetMethods	MethodInfo数组	获取类型中的方法列表
GetEvents	EventInfo数组	获取类型中的事件列表
GetConstructors	ConstructorInfo数组	获取类型的构造函数列表
GetMembers	MemberInfo数组	获取类型的成员列表，列表中可能同时包含构造函数、字段、方法、事件、属性等成员

下面来看一个示例，该示例首先加载 System.Runtime 程序集，然后获取该程序集中 System.IO 命名空间下 FileStream 类的 Type，最后分别获取该 Type 的公共属性和公共方法列表，并在屏幕上打印相关信息。

示例的核心代码如下：

```
// 加载程序集
Assembly ass = Assembly.Load("System.Runtime");
// 获取 FileStream 类的 Type
Type typeofFs = ass.GetType("System.IO.FileStream", false);
if (typeofFs != null)
{
    // 获得 FileStream 类型的公共属性列表
    PropertyInfo[] props = typeofFs.GetProperties();
    // 输出属性信息
    Console.WriteLine("\n  FileStream类的公共属性列表: ");
    foreach (PropertyInfo p in props)
    {
        Console.WriteLine("  属性名:{0}, 属性类型: {1}", p.Name, p.PropertyType.Name);
    }
    // 获取 FileStream 类型的公共方法列表
    MethodInfo[] methods = typeofFs.GetMethods();
    // 输出方法成员的名称和返回值类型
    Console.WriteLine("\n  FileStream类的公共方法列表: ");
    foreach (MethodInfo mt in methods)
    {
        Console.WriteLine("  方法名称:{0}, 返回值类型: {1}", mt.Name, mt.ReturnType.Name);
    }
}
```

首先调用 Assembly.Load 静态方法加载程序集，返回 Assembly 实例。然后通过 Assembly 的 GetType 方法得到 FileStream 类的 Type 引用。最后使用 GetProperties 和 GetMethods 方法返回 FileStream 类的公共属性和公共方法列表。

示例的运行结果如图 17-9 所示。

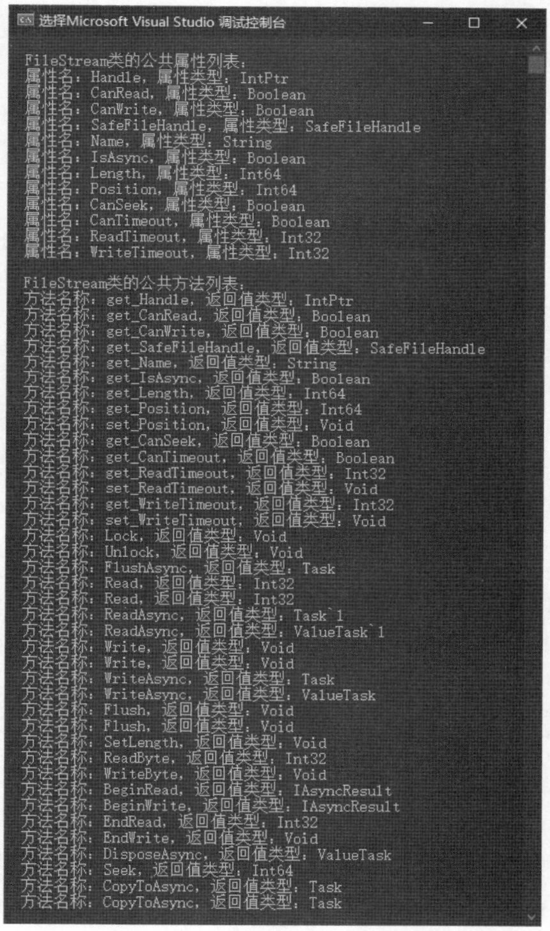

完整的示例代码请参考\第 17 章\Example_3。

图 17-9　获取类型成员信息示例

17.2.3　动态创建类型实例

反射技术除用于获取类型信息外，更重要的是它可以在运行阶段动态创建类型实例，然后可以动态地调用实例的成员。

动态创建类型实例有两种方式可以选择：一种方法是使用 Activator 类的 CreateInstance 静态方法，方法返回的对象就是对应类型的实例引用，这种方法较为简单；另一种方法是通过反射技术找出类型的构造函数，然后调用构造函数来获取实例引用。

下面来看两个示例。

第一个示例将演示如何使用 Activator 类动态创建类型实例。首先自定义一个类，该类包含一个带有单个参数的构造函数。

```
public class Test
{
    public int NumValue { get; private set; }

    public Test(int sead)
    {
        Random rand = new Random(sead);
        NumValue = rand.Next();
    }
}
```

Test 类包含一个 NumValue 公共属性，该属性允许外部类型读取数据，但只允许在类的内部设置属性值。在构造函数中，以 sead 参数指定的值为根，生成一个随机整数，赋值给 NumValue 属性。

本示例不在代码中直接调用 Test 类，而是通过反射来动态实例化 Test 对象，然后获取实例的属性值。

```
// 从当前执行的程序集中获取 Test 类型的 Type
Assembly ass = Assembly.GetExecutingAssembly();
Type tp = ass.GetType($"{nameof(MyApp)}.{nameof(Test)}", false);
if (tp != null)
{
    // 创建实例
    object instance = Activator.CreateInstance(tp, 105);
    if (instance != null)
    {
        // 获取实例的公共属性
        PropertyInfo[] props = tp.GetProperties(BindingFlags.Public | BindingFlags.
Instance);
        // 显示属性信息
        foreach (var p in props)
        {
            Console.WriteLine("{0} : {1}", p.Name, p.GetValue(instance));
        }
    }
}
```

通过 GetExecutingAssembly 方法可以返回当前正在执行的程序集。在调用 GetType 方法从程序集中获取类型信息时，方法的第一个参数指定类型的全路径，即包括命名空间名称和类型名称。如示例中 Test 类是在 MyApp 命名空间下定义的，所以传递给方法的类型全路径应为"MyApp.Test"，上面代码中使用了 nameof 运算符来获取命名空间名称和类型名称的字符串表达式。

nameof 运算符是 C# 6.0 中新增的语法特性，可以返回代码中各种标识名称的字符串表示形式。例如，在代码中声明一个名为 val 的变量，使用 nameof(val)就会返回字符串"val"。同理，在本示例中，nameof(MyApp)可以返回字符串"MyApp"。

通过 Activator.CreateInstance 方法来创建对象实例，传递给方法的第一个参数是要实例化类型的 Type，第二个参数是传递给构造函数的参数，由于 Test 类的构造函数需要一个整数值作为参数，因此可以将数值 105 通过 CreateInstance 方法传递给类型构造函数。

实例创建后，可以用 GetProperties 方法取出 Test 类的所有公共属性。在输出属性值时，调用了 PropertyInfo

类的 GetValue 方法，必须传递一个实例引用给 GetValue 方法，以标识反射机制获取哪个实例的属性值。当应用程序运行后，会输出类似以下内容的文本

```
NumValue : 1247475956
```

完整的示例代码请参考\第 17 章\Example_4。

第二个示例将演示通过调用构造函数来实例化类型，请参考以下代码

```csharp
// 从 mscorlib 程序集中获取 DateTime 结构的 Type
Type tpdatetime = Type.GetType("System.DateTime", false);
if (tpdatetime != null)
{
    // 获取具有六个参数的构造函数
    ConstructorInfo constructor = tpdatetime.GetConstructor(new Type[] { typeof(int),
typeof(int), typeof(int), typeof(int), typeof(int), typeof(int) });
    if (constructor != null)
    {
        // 调用构造函数创建实例
        object instance = constructor.Invoke(new object[] { 2017, 1, 9, 13, 25, 27 });
        // 获取实例的属性列表
        if (instance != null)
        {
            PropertyInfo[] props = tpdatetime.GetProperties(BindingFlags.Public |
BindingFlags.Instance);
            Console.WriteLine("以下是 DateTime 实例的属性值列表：");
            foreach (PropertyInfo p in props)
            {
                // 获取属性值
                object objval = p.GetValue(instance);
                // 显示属性名称与属性值
                Console.WriteLine("{0,-15} : {1}", p.Name, objval ?? string.Empty);
            }
        }
    }
}
```

调用 Type 对象的 GetConstructor 方法可以获取包含类型构造函数信息的 ConstructorInfo 对象实例，需要向方法传递一个 Type 数组，用以指定构造函数的参数类型。如果要获取没有参数的构造函数，可以将一个空的 Type 数组传递给 GetConstructor 方法；如果要获取有参数的构造函数，则需要将各个参数的 Type 传递给 GetConstructor 方法的参数。如本示例中，需要调用带有六个参数的构造函数来实例化 DateTime 结构体的实例，因此在调用时向方法传递了六个 int 类型的 Type。

得到 ConstructorInfo 对象后，调用其 Invoke 方法并传递构造函数所需要的参数，就会返回一个 object 类型的实例，即 DateTime 结构的实例。

创建 DateTime 实例后，就可以获取其各个公共属性的值，并显示在屏幕上，结果如图 17-10 所示。

完整的示例代码请参考\第 17 章\Example_5。

图 17-10　通过构造函数动态实例化类型

17.2.4　动态调用类型成员

使用反射技术动态调用类型的方式，与在代码中的调用方式相同。对于非静态成员，需要先通过构造函数创建类型实例，再访问其成员；对于静态成员，可以直接进行调用，而不必创建类型实例。

17.2.3 节介绍了如何使用反射技术来动态创建类型实例，本节将通过一个示例，演示如何动态实例化类型，并增加为类型实例的各个公共属性赋值，以及调用实例的公共方法两项功能。

在 Visual Studio 开发环境中新建一个控制台应用程序项目。待项目创建后，首先定义一个 Employee 类，代码如下：

```csharp
public class Employee
{
    public int EmpID { get; set; }
    public string EmpName { get; set; }
    public override string ToString()
    {
        return string.Format("员工编号：{0}，员工姓名：{1}", EmpID, EmpName);
    }
}
```

Employee 类有两个公共属性，并且重写了 ToString 方法来返回由 EmpID 和 EmpName 属性组成的字符串。随后，将通过反射来创建 Employee 类的实例，并向两个公共属性赋值，然后调用 ToString 方法。

在 Main 方法中输入以下代码

```csharp
// 获得 Employee 的 Type
Type tp = typeof(Employee);
// 得到 Employee 类的构造函数
ConstructorInfo constructor = tp.GetConstructor(new Type[] { });
if (constructor != null)
{
    // 调用构造函数，创建类型实例
    object instance = constructor.Invoke(null);
    if (instance != null)
    {
        // 获取 Employee 实例的公共属性
        PropertyInfo propID = tp.GetProperty("EmpID", BindingFlags.Public |
BindingFlags.Instance);
        PropertyInfo propName = tp.GetProperty("EmpName", BindingFlags.Public |
BindingFlags.Instance);
        // 向属性赋值
        propID.SetValue(instance, 101);
        propName.SetValue(instance, "老杨");
        // 获取 ToString 方法
        MethodInfo toStr = tp.GetMethod("ToString", BindingFlags.Public | BindingFlags.
Instance);
        // 调用方法，并获得返回值
        object retval = toStr.Invoke(instance, null);
        // 输出结果
        Console.WriteLine("方法调用结果：" + retval.ToString());
    }

}
```

　　由于 Employee 类型与当前应用程序位于同一个程序集中，因此直接用 typeof 运算符就能够获取到该类型的 Type。在创建对象实例后，通过 GetProperty 方法获得两个公共属性的 PropertyInfo，再调用 PropertyInfo 的 SetValue 方法就可以设置实例属性的值。

　　在动态调用方法时，先用 GetMethod 方法返回 MethodInfo 对象，再用 MethodInfo 对象的 Invoke 方法来调用，因为 ToString 方法不需要参数，所以只需将 null 传递给 Invoke 方法的参数即可。

　　示例代码动态设置 Employee 实例的 EmpID 属性为 "101"，EmpName 属性为 "老杨"，因此 ToString 方法应返回以下字符串

员工编号：101，员工姓名：老杨

　　完整的示例代码请参考\第 17 章\Example_6。

　　对于动态调用静态成员，则不需要创建类型的实例，而是通过反射将静态成员查找出来，直接调用即可。下面示例是一个简单的哈希加密程序，应用程序允许用户选择三种哈希算法（MD5、SHA1 和 SHA256），然后通过反射动态调用对应的加密算法类对输入的字符串进行哈希计算。

　　用于进行哈希计算的 API 都位于 System.Security.Cryptography 命名空间下，这些加密类的公共基类公开了一个 Create 静态方法，在派生类中重写该方法来创建类型实例；基类还公开了一个由实例调用的 ComputeHash 方法，该方法用于计算传入字节数组的哈希值，并返回计算后的字节数组。

　　根据以上特点，可以借助反射技术来动态使用以下三个哈希类：MD5 类、SHA1 和 SHA256 类。这几个类的名称和算法名称一致，因此可以将它们的类名放在一个下拉列表框中，让用户进行选择，然后根据用户的操作从下拉列表框中取出类名，接着可以通过反射来动态查找并调用类的成员，以计算输入内容的哈希值。例如，用户选择了 MD5，就调用 MD5.Create 静态方法来返回一个加密功能类（MD5CryptoService-Provider）的实例，最后调用该实例的 ComputeHash 方法计算输入数据的哈希值。

　　示例程序具体操作步骤如下：

　　（1）启动 Visual Studio 开发工具，新建一个 WPF 应用程序项目。

　　（2）程序主窗口的排版布局可以参考下面 XAML 代码

```xml
<Grid Margin="13">
    <Grid.Resources>
        <Style TargetType="{x:Type TextBlock}">
            <Setter Property="VerticalAlignment" Value="Center"/>
        </Style>
    </Grid.Resources>
    <Grid.RowDefinitions>
        <RowDefinition Height="Auto"/>
        <RowDefinition Height="Auto"/>
        <RowDefinition Height="Auto"/>
        <RowDefinition Height="Auto"/>
    </Grid.RowDefinitions>
    <Grid.ColumnDefinitions>
        <ColumnDefinition Width="Auto"/>
        <ColumnDefinition Width="250"/>
    </Grid.ColumnDefinitions>
    <TextBlock Text="请选择算法："/>
    <TextBlock Text="输入字符串：" Grid.Row="1"/>
    <TextBlock Text="加密后的字符串：" Grid.Row="2"/>
    <ComboBox x:Name="cmb" Grid.Column="1" Width="150" Margin="0,8" Horizontal
Alignment="Left"/>
```

```
    <TextBox x:Name="txtInput" Grid.Column="1" Grid.Row="1" Margin="0,8"/>
    <TextBox x:Name="txtHashed" Grid.Row="2" Grid.Column="1" Margin="0,8" IsReadOnly=
"True" Background="LightYellow" Height="32" TextWrapping="Wrap"/>
    <Button Grid.Row="3" Grid.ColumnSpan="2" Content="加密" Height="28" Click=
"OnClick"/>
</Grid>
```

ComboBox 控件可以让用户选择以哪种哈希算法来加密字符串。名为"txtInput"的 TextBox 控件可以输入待加密的字符串，名为"txtHashed"的 TextBox 控件用于显示加密后的结果。

（3）在窗口类的构造函数中加入以下代码，以向 ComboBox 控件添加选择项。

```
public MainWindow()
{
    InitializeComponent();
    this.cmb.Items.Add("MD5");
    this.cmb.Items.Add("SHA1");
    this.cmb.Items.Add("SHA256");
    // 默认选择第一项
    this.cmb.SelectedIndex = 0;
}
```

（4）处理 Button 的 Click 事件，完成加密操作。

```
private void OnClick(object sender, RoutedEventArgs e)
{
    if (string.IsNullOrWhiteSpace(txtInput.Text))
    {
        MessageBox.Show("请输入要加密的字符串。");
        return;
    }

    // 获取所选择的算法名称
    string hashName = cmb.SelectedItem as string;
    // 加载程序集
    Assembly ass = Assembly.Load("mscorlib, Version=4.0.0.0, Culture=neutral,
PublicKeyToken=b77a5c561934e089");
    // 根据选择的哈希算法获取类型
    Type tp = ass.GetType("System.Security.Cryptography." + hashName);
    if (tp != null)
    {
        // 获取 Create 静态方法
        MethodInfo createmt = tp.GetMethod("Create", new Type[] { });
        if (createmt != null)
        {
            // 调用静态方法创建实例
            object hashinstance = createmt.Invoke(null, null);
            // 从字符串生成字节数组
            byte[] buffer = Encoding.UTF8.GetBytes(txtInput.Text);
            // 调用 ComputeHash 方法计算哈希值
            MethodInfo computehash = tp.GetMethod("ComputeHash", new Type[]
{ typeof(byte[]) });
            object resdata = computehash.Invoke(hashinstance, new object[]
{ buffer });
            // 显示计算结果
            byte[] data = (byte[])resdata;
            StringBuilder strbd = new StringBuilder();
```

```
            foreach (byte b in data)
            {
                strbd.Append(b.ToString("x2"));
            }
            txtHashed.Text = strbd.ToString();
            // 释放对象
            ((IDisposable)hashinstance).Dispose();
        }
    }
}
```

因为 Create 方法是静态方法，因此在调用 MethodInfo 对象的 Invoke 方法时不需要提供实例对象，直接将 null 传递给 obj 参数即可。在获取 ComputeHash 方法时要注意该方法有以下重载

```
byte[ ] ComputeHash(byte[ ] buffer);
byte[ ] ComputeHash(byte[ ] buffer, int offset, int count);
byte[ ] ComputeHash(System.IO.Stream inputStream);
```

示例中需要用到第一个重载，即只有一个 byte[]类型参数的 ComputeHash 方法，因而在获取方法时应当使用以下代码

```
GetMethod("ComputeHash", new Type[] { typeof(byte[]) });
```

传递一个只包含一个元素的 Type 数组，GetMethod 方法在查找时会匹配只有一个参数的 ComputeHash 方法。

（5）运行示例应用程序，在下拉列表框中选择一种加密算法，然后输入要加密的字符串，单击"加密"按钮，其结果如图 17-11 所示。

图 17-11 哈希加密结果

完整的示例代码请参考\第 17 章\Example_7。

第 18 章

CHAPTER 18

网　络　编　程

网络编程一般定义为实现在两个进程之间交换信息的过程。由于存在网络通信过程，所以在网络上必然存在两个端点——数据的发送方和接收方。发送方将数据进行编码组装，然后通过物理线路发送出去；接收方收到数据后需要对其进行解码，然后读取数据的内容。

简单地说，就是使两个或两个以上运行在不同计算机或进程中的应用程序能够相互收发信息。日常生活中用到的许多工具软件也是基于网络编程相关技术开发的，比如即时聊天工具、下载工具、邮件客户端、在线视听点播等。

本章将介绍以下内容：

- 基于 Socket 的网络通信技术
- HTTP 通信
- 获取网络接口信息
- 使用 SMTP 发送邮件

在测试本章的示例应用程序时，建议将一些网络应用程序（如下载软件）关闭，因为有些网络程序会占用某些端口而导致程序执行失败。

18.1　Socket 编程

Socket 通常翻译为"套接字"，它其实是一个句柄，是存在于内存中的一个标识符，作为网络通信的一个符号。通俗地讲，可以将计算机比作一个插座（单词 Socket 本意是插座），上面有许多插孔，每个插孔都进行了编号，而且不同插孔有不同的用途，比如编号为 A 的插孔是给电视机用的，编号为 B 的插孔支持大功率，提供给空调使用。

插座和插孔映射到计算机中就是 IP 地址和端口。Socket 通过计算机的地址和端口来确定一个服务进程，每个服务进程都负责一个独立的功能（例如为空调提供电源）。IP 地址可以用来唯一标识一台计算机，重点是它的唯一性，类似于每个人的身份证号码。因此，同一个网段内不允许存在两台 IP 地址相同的主机。假设 A 主机的 IP 地址为 192.168.10.2，如果 B 主机也使用该 IP 地址，就会发生冲突，导致网络连接异常。

一台计算机可以开放多个端口进行通信，要成功进行网络连接，除了要找到目标计算机的 IP 地址，还要确定要连接的端口。端口就好比一个码头，但一个国家/地区可能有很多个码头，运送货物的商船就相当于发出网络连接的信号，首先要找到要驶往的国家或地区（目标计算机的 IP 地址），航行到了目的地后，还得考虑在哪个码头（端口）进行卸货。端口的有效值为 0 ~ 65535（包括 0 和 65535），共 65536 个值。一般在指定端口号时不使用 0，0 表示任意端口；同理，IP 地址一般不使用 0.0.0.0，全为 0 的 IP 地址表示任意地址。

两台计算机之间要完成通信，它们需要有"共同语言"，即通信协议。通信协议定义一种标准，使得数据的发送方和接收方都能够识别。发送方先将数据封装为数据包，然后发送出去；数据包经过物理通道（如网线、无线信号等）传送到目标计算机，接收方先对数据进行解包，然后读取信息，再根据收到的信息做出相应的处理。协议就好比中国人跟中国人讲话，使用普通话就能够让双方都"听得懂"；当使用普通话跟外国人说话时，如果那位外国友人不会中文，他就"听不懂"我们在说什么。所以，网络通信协议必须是符合标准的，在各种计算机上都能"听得懂"。常用的通信协议有以下两种。

（1）面向连接的 TCP（控制传输协议）。使用 TCP 进行通信之前，必须建立可靠的连接，通信结束时断开连接。正因为 TCP 是基于连接进行数据交换的，所以数据接收的顺序与发送的顺序相同。TCP 一般用于收发大型数据，如文件传输。

（2）无连接的 UDP 协议（用户数据报协议）。使用该协议进行通信之前可以建立连接，也可以不建立连接而直接发送和接收数据。UDP 对数据的发送顺序没有严格分组，先发送的数据有可能最后到达，也有可能丢失。UDP 一般可以用于发送简短的消息，如聊天信息。

18.1.1 Socket 类

Socket 类（位于 System.Net.Sockets 命名空间）封装了与套接字编程相关的 API，其内部调用了与 Winsock 相关的 Win32 API。

网络通信至少有两个通信终端，一般来说，监听并接受连接的一端称为服务器，而请求连接的一方称为客户端。

对于服务器，Socket 类的使用步骤如下：

（1）实例化 Socket 对象。

（2）调用 Bind 方法绑定本地终结点。需要指定一个本地 IP 地址和一个本地端口，Socket 将在该终结点上监听传入的客户端连接。

（3）调用 Listen 方法开始监听客户端连接。

（4）调用 Accept 相关方法接受连接，并返回一个用于与客户端进行通信的 Socket 实例。注意用于监听连接的 Socket 对象不能用于与客户端通信，要与客户端进行通信，需要使用接受连接后返回的 Socket 实例。

（5）通过 Send 方法和 Receive 方法进行收发数据。

（6）通信结束后调用 Close 关闭 Socket 对象。

对于客户端，Socket 类的使用步骤如下：

（1）实例化 Socket 实例。

（2）调用 Connect 方法进行连接，需要指定服务器的地址和端口，服务器的端口必须与服务器端绑定的监听端口一致，否则无法连接。对于像 UDP 等不需要面向连接的通信协议，可以不进行连接。

（3）调用 Send 和 Receive 方法收发数据。对于未进行连接的 Socket 对象，可以使用 ReceiveFrom 和 SendTo 进行通信。

（4）通信结束后关闭 Socket 对象。

下面通过一个示例演示如何使用 Socket 类进行网络通信。在 Visual Studio 开发环境中新建一个解决方案，该解决方案包含两个控制台应用程序项目。ServerApp 为服务器程序，ClientApp 为客户端程序。

首先实现服务器程序，具体步骤如下：

（1）引入以下命名空间

```
using System.Net;
using System.Net.Sockets;
```

（2）实例化一个用于在服务器上监听和接受客户端连接的 Socket 对象

```
Socket server = new Socket(AddressFamily.InterNetwork, SocketType.Stream, Protocol
Type.Tcp);
```

本示例中将使用 TCP 协议进行通信，因此构造函数的第三个参数应为 ProtocolType.Tcp。

（3）绑定本地终结点，监听程序将侦听此终结点上的连接

```
IPEndPoint endpoint = new IPEndPoint(IPAddress.Any, 1332);
server.Bind(endpoint);
```

IPAddress.Any 表示服务器程序将监听本机所有 IP 地址上收到的连接请求，即 IP 地址为 0.0.0.0。监听的端口为 1332，客户在连接时也需要指定该端口，否则服务器无法监听到连接请求。

（4）绑定本地终结点后，就可以开始监听连接了

```
server.Listen(15);
```

（5）接受客户端连接。此处使用了异步的方式来接受连接

```
        server.BeginAccept(new AsyncCallback(AccpCallback), server);
......
        private static void AccpCallback(IAsyncResult ar)
        {
        Socket server = (Socket)ar.AsyncState;
        // 返回表示客户端连接的 Socket
        Socket client = server.EndAccept(ar);
        Console.WriteLine("已接受客户端{0}的连接。", client.RemoteEndPoint.
ToString());
        // 向客户端发送一条消息
        byte[] data = Encoding.UTF8.GetBytes("您好，服务器已经接受连接了。");
        // 先发送内容的长度
        int len = data.Length;
        client.Send(BitConverter.GetBytes(len));
        // 然后发送内容正文
        client.Send(data);
        // 关闭 Socket
        client.Close();
        // 继续接受连接
        server.BeginAccept(new AsyncCallback(AccpCallback), server);
        }
```

当成功接受客户端连接后，会返回一个 Socket 实例，这个 Socket 实例与前面的 server 变量不是同一个 Socket，server 只负责监听和接受连接，不负责通信，而 EndAccept 方法返回的 Socket 会负责与客户端之间的通信。成功接受连接后，调用 Send 方法向客户端发送一条消息。方法的最后再次调用 BeginAccept 方法，这样做是为了让服务器可以不断地接受客户端的连接，而不是只接受一次连接。

接下来实现客户端程序。

（1）同样地，先引入以下命名空间

```
using System.Net;
using System.Net.Sockets;
```

（2）实例化一个 Socket 对象

```
Socket client = new Socket(AddressFamily.InterNetwork, SocketType.Stream, ProtocolType.Tcp);
```

（3）连接服务器，并且接收服务器发来的消息

```
try
{
    client.Connect("127.0.0.1", 1332);
    Console.WriteLine("成功连接服务器{0}。", client.RemoteEndPoint.ToString());
    // 先读取 4 字节，得到消息长度
    byte[] buffer = new byte[4];
    client.Receive(buffer);
    int len = BitConverter.ToInt32(buffer, 0);
    // 开始接收正文
    buffer = new byte[len];
    client.Receive(buffer);
    string msg = Encoding.UTF8.GetString(buffer);
    Console.WriteLine("从服务器接收到的消息：\n" + msg);
}
catch (SocketException ex)
{
    Console.WriteLine(ex.Message);
}
```

注意在调用 Connect 方法时，端口号要与服务器绑定的端口号一致。

（4）打开解决方案属性窗口，把启动方式改为"多启动项目"，并且将两个项目都标记为"启动"，如图 18-1 所示。

（5）按下 F5 键，同时启动两个项目，运行结果如图 18-2 所示。

图 18-1　设置多启动项目

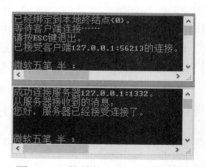

图 18-2　简单的 Socket 通信示例

本示例在发送消息时，首先将表示消息长度的 int 值转换为字节数组发送出去，然后才发送消息内容；在接收时，先读出 4 字节，并转换为 int 值，以便知道要接收消息的长度，然后再读取消息内容。

这样做主要是为了避免"粘包"问题，在网络状态不太稳定的情况下比较容易出现这一现象。因为 TCP 协议是面向连接的，在传输数据时是基于流进行操作的，在服务器和客户端不断地往来通信的过程中，就会发生后面发送的数据与前面发送的数据粘在一起，接收方在读取数据时无法确定内容的长度。例如，发送方共发送了两条消息，第一条消息长度为 5 字节，第二条消息的长度为 3 字节，但是两条消息粘在一起了，变成 8 字节。接收方在读取消息时，无法判断这 8 字节中，哪几字节是属于第一条消息的，第二条消息从哪里开始也无法判断，这就会导致数据接收错误。尤其是在发送和接收文件时，很容易导致收到的文

件缺少几字节或者多出几字节的问题，这样接收方收到的文件就不准确，有可能无法正常使用。因此，为了防止"粘包"现象的发生，最好先向对方发送内容的长度，然后再正式发送内容正文，表示长度的值可以用 int 类型或 long 类型的数值，因为这些数值所占用的字节长度是固定的，int 数值占用 4 字节，long 数值占用 8 字节，所以在接收数据时，只要先读出 4 字节或 8 字节（看具体情况），就能够得知消息内容的准确长度，保证随后读取到的内容无误。

完整的示例代码请参考\第 18 章\Example_1。

18.1.2　TcpListener 类与 TcpClient 类

TcpListener 类与 TcpClient 类是对 Socket 的进一步封装，为基于 TCP 的网络通信提供更便捷的调用方式。TcpListener 类在服务器负责监听和接受客户端的连接请求，TcpClient 类提供一系列可用于 TCP 网络通信的 API。TcpClient 类以流的方式来读写数据，调用 GetStream 方法会返回一个 NetworkStream 实例，可以像读写其他流数据一样发送和接收数据。

下面示例将演示如何使用这两个类来开发一个 TCP 通信程序。

首先看服务端，以常量的方式声明本地监听端口为 1500

```
private const int LOCAL_PORT = 1500;
```

声明 TcpListener 变量，然后进行实例化

```
TcpListener listener = null;
……
listener = new TcpListener(IPAddress.Any, LOCAL_PORT);
// 开始监听
listener.Start();
// 开始接受连接
listener.BeginAcceptTcpClient(new AsyncCallback(acceptCallback), listener);
```

在调用 TcpListener 的构造函数时传递本地 IP 地址和端口号，内部 Socket 会自动调用 Bind 方法绑定本地终结点。调用 Start 方法开始侦听客户端连接。

调用 BeginAcceptTcpClient 方法将异步接受连接，当有新的连接传入时，会触发 AsyncCallback 委托绑定的方法。在该回调用方法中调用 EndAcceptTcpClient 方法返回一个 TcpClient 实例。代码如下：

```
private void acceptCallback(IAsyncResult ar)
{
    TcpListener lstn = (TcpListener)ar.AsyncState;
    // 开始接收数据
    TcpClient client = lstn.EndAcceptTcpClient(ar);

    Task.Run(() =>
        {
            // 获取远程主机名
            string host = client.Client.RemoteEndPoint.ToString();
            // 获取流对象
            NetworkStream stream = client.GetStream();
            string msg = null;
            while(true)
            {
                // 读取长度
                byte[] buffer = new byte[4];
                stream.Read(buffer, 0, 4);
```

```
                    int len = BitConverter.ToInt32(buffer, 0);
                    // 读取正文
                    buffer = new byte[len];
                    stream.Read(buffer, 0, len);
                    string recMsg = Encoding.UTF8.GetString(buffer);
                    if (recMsg == "$END$")
                    {
                        string message = "客户端" + host + "发送了退出指令。";
                        txtRecMsgs.Invoke(new Action(() => AppendToTextBox(message)));
                        break; //退出
                    }
                    else
                    {
                        txtRecMsgs.Invoke((Action)delegate()
                        {
                            // 显示收到的消息
                            string message = string.Format("来自{0}的消息:{1}", host, recMsg);
                            AppendToTextBox(message);
                        });
                    }
                }
                client.Close();
            });
        // 继续接受连接
        lstn.BeginAcceptTcpClient(new AsyncCallback(acceptCallback), lstn);
}
```

EndAcceptTcpClient 返回 TcpClient 对象后，就可以使用该对象来收发数据了。GetStream 方法得到一个 NetworkStream 流对象，使用该流可以读写网络数据。方法的最后再次调用 BeginAcceptTcpClient 方法以接受其他客户端程序的连接请求。

接下来再看客户端的实现。可以调用 TcpClient 的构造函数并传递服务器的 IP 地址和连接端口号，对象实例化后会自动连接指定服务器。这一调用相当于先调用无参数的构造函数来实例化 TcpClient 对象，然后再调用 Connect 方法连接到目标服务器

```
client = new TcpClient(serverName, serverPort);
```

下面方法的功能是使用 TcpClient 对象向服务器发送消息

```
private void SendMessage(string msg)
{
    if (client == null) return;
    if (client.Connected == false) return;

    byte[] data = Encoding.UTF8.GetBytes(msg);
    // 发送长度
    int len = data.Length;
    byte[] buffer = BitConverter.GetBytes(len);
    client.GetStream().Write(buffer, 0, 4);
    // 发送内容
    client.GetStream().Write(data, 0, data.Length);
}
```

如果已经成功连接到服务器，则 Connected 属性返回 True，否则返回 False。在发送数据前应该判断一下，未连接上服务器的情况下是不能发送数据的。由于使用了 TCP 协议来传输数据，需要防止"粘包"现

象发生，因此发送数据时，要先发送长度，然后再发送数据正文。

示例运行结果如图 18-3 和图 18-4 所示。

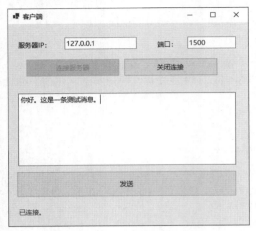

图 18-3　客户端应用程序

图 18-4　服务器应用程序

完整的示例代码请参考\第 18 章\Example_2。

18.1.3　UdpClient 类

UdpClient 类封装了基于 UDP 协议的 Socket 服务，使用该类可以更轻松地进行基于 UDP 协议的网络通信开发。在实例化 UdpClient 类时，可以调用以下重载的构造函数

```
public UdpClient(int port);
```

该构造函数在调用时传递一个本地端口给 port 参数，主要用于指定 UDP 服务在本地计算机的哪个端口上接收数据，指定该端口后，只要发送到该端口上的消息都会被接收。

由于 UDP 是不需要面向连接的，因此在实例化 UdpClient 后，可以调用 Connect 方法显式连接到远程计算机，也可以不进行连接，在发送数据时，调用以下 Send 方法的任意一个重载版本即可

```
int Send(byte[ ] dgram, int bytes, string hostname, int port);
int Send(byte[ ] dgram, int bytes, System.Net.IPEndPoint endPoint);
```

以上两个重载方法都可以指定数据要发送到的远程主机的 IP 地址和端口号。如果要接收数据，可以调用 Receive 方法。

接下来将完成一个简单的聊天程序。该程序运行后，先设置本地计算机用于接收数据的端口号，输入远程计算机的 IP 地址和端口号，然后就可以进行聊天了。

实现发送消息的代码片段如下：

```
try
{
    string msg = txtToSend.Text;
    byte[] data = Encoding.UTF8.GetBytes(msg);
    // 发送数据
    IPEndPoint ipe = new IPEndPoint(remoteIP, remotePort);
    udpClient.Send(data, data.Length, ipe);
    ......
```

```
}
catch
{
}
```

在发送数据时,除了需要提供数据内容(字节数组),还需要指定数据要发送到的远程计算机的 EndPoint
(终结点,由 IP 地址和端口号组成)。

接收数据的代码片段如下:

```
            // 开始接收消息
            try
            {
                udpClient.BeginReceive(new AsyncCallback(ReceiveMsgCallback), null);
            }
            catch { }
......
        private void ReceiveMsgCallback(IAsyncResult ar)
        {
            if (udpClient != null)
            {
                try
                {
                    // 远程主机
                    IPEndPoint remoteHost = new IPEndPoint(IPAddress.Any, 0);
                    // 接收数据
                    byte[] buffer = udpClient.EndReceive(ar, ref remoteHost);
                    string msg = Encoding.UTF8.GetString(buffer, 0, buffer.Length);
                    rtbMsgs.Invoke(new Action(delegate()
                    {
                        string str = string.Format("从{0}接收到消息【{1}】。", remoteHost.
ToString(), msg);
                        SetReceivedMessage(str);
                    }));
                }
                catch { }
            }

            // 继续接收数据
            if (udpClient != null)
            {
                try
                {
                    udpClient.BeginReceive(new AsyncCallback(ReceiveMsgCallback), null);
                }
                catch { }
            }
        }
```

一般来说,聊天程序不会只接收一次消息,而会不断接收远程计算机所发来的消息,所以调用
BeginReceive 方法异步接收数据,在 AsyncCallback 委托所关联的方法中,通过 EndReceive 方法获得接收到

的字节数组，即收到的消息内容。在处理完本次接收到的数据后，还要再次调用 BeginReceive 方法，使得 BeginReceive 和 EndReceive 方法被循环调用，才能及时接收到来自其他计算机的消息，如果只调用一次，那么应用程序只能接收到第一条发过来的消息，后面发过来的消息接收不到，也就无法进行即时通信。

生成应用程序后，同时运行当前应用程序的两个实例，然后在本地计算机端口中分别设置不同的端口号(注意，如果在同一台计算机上测试，不能使用相同的端口号，否则会出现冲突)，然后在远程计算机组合框中输入远程计算机的 IP 地址和消息接收端口，可以参考图 18-5。

设置完成后，分别在两个程序窗口的输入框中输入内容，然后单击"发送消息"按钮，如图 18-6 所示。

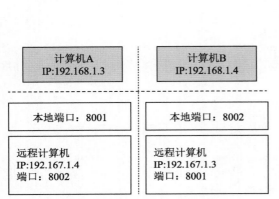

图 18-5　端口设置示意图

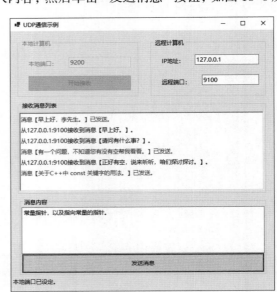

图 18-6　示例中的聊天窗口

完整的示例代码请参考\第 18 章\Example_3。

18.2　HTTP 通信

HTTP 即超文本传输协议（Hyper Text Transfer Protocol），目前它已被使用于万维网领域的相关技术中。在日常生活中，人们接触 HTTP 协议比较频繁，当打开浏览器输入一个网站地址并开始浏览网页时，就与 HTTP 协议打上交道了。

HTTP 是一种简单的传输协议，它支持各种数据的传输（文本、多媒体数据、文件等）。HTTP 协议的通信过程也比较简单，客户端（比如 Web 浏览器）向 Web 服务器发送请求，服务器根据客户端请求做出响应。

System.Net 与 System.Net.Http 等命名空间下有许多类型都可以处理 HTTP 通信，比较常用的组件有以下几个

（1）HttpWebRequest 和 HttpWebResponse：HttpWebRequest 类用于向 Web 服务器发送请求，并通过 HttpWebResponse 类得到服务器回应的消息。

（2）WebClient：该组件封装了访问 Web 服务器的常规操作，与 TcpClient 组件封装常用的 TCP 连接操作的情况相似。

（3）HttpClient：与 WebClient 类似，并支持基于 HTTP 消息形式（由 HttpRequestMessage 和 HttpResponse-Message 类表示）的传输处理。

18.2.1　HttpWebRequest 类与 HttpWebResponse 类

使用 HttpWebRequest 类与 HttpWebResponse 类来访问 Web 服务器的过程如下：

（1）用目标 URI 创建 HttpWebRequest 实例。

（2）调用 HttpWebRequest.GetRequestStream 获得一个流对象，并向其中写入要随同请求一起发送的内容。如果没有请求内容，则可以省略这一步。

（3）调用 GetResponse 方法，向 Web 服务器发送请求，然后返回一个 HttpWebResponse 对象实例，通过该实例可以获得服务器响应的信息。如果请求处理成功，StatusCode 属性会返回 HttpStatusCode.OK。

下面示例将演示如何使用 HttpWebRequest 类和 HttpWebResponse 类来从网上下载文件。其中，核心的代码如下：

```
……
try
{
    // 创建 HttpWebRequest 实例
    HttpWebRequest request = (HttpWebRequest)WebRequest.Create(txtUri.Text);
    request.Accept = "*/*";
    // 向服务器发起请求并获取响应信息
    HttpWebResponse response = (HttpWebResponse)(await request.GetResponseAsync());
    // 判断从服务器获取的是否为图片文件
    if (response.ContentType.ToLower().Contains("image"))
    {
        // 获取图片文件长度
        long len = response.ContentLength;
        // 获取标头信息
        string heads = string.Empty;
        foreach (var hd in response.Headers.AllKeys)
        {
            heads += hd + " : " + response.Headers.Get(hd) + "\r\n";
        }
        txtHeaders.Text = heads;
        // 获取流对象
        System.IO.Stream stream = response.GetResponseStream();
        this.pictureBox1.Image = Image.FromStream(stream);
        response.Close();
    }
}
catch (Exception ex)
{
    MessageBox.Show(ex.Message);
}
```

首先调用 WebRequest 的 Create 静态方法来创建一个 WebRequest 实例，由于 WebRequest 是抽象类，不能直接实例化，所以要将 Create 方法返回的对象强制转换为 HttpWebRequest 类型。

创建 HttpWebRequest 实例后，可以考虑设置 HTTP 标头或者写入相关内容，本示例仅从指定的 URI 下载图片文件，不需要向服务器写入额外的数据，因此直接调用 GetResponse 方法（示例中使用的是异步方法）向服务器发起请求，并且返回 WebResponse 对象。同样，WebResponse 类是抽象类，不能直接使用，应考虑将其强制转换为 HttpWebResponse 类型。

接下来，GetResponseStream 方法返回一个流对象，可以从流中读取服务器返回的数据。本示例中要下载指定 URI 上的图片，因此可以直接将该流对象用于 Image.FromStream 方法来创建内存图像，并呈现在用户界面上。

示例的运行结果如图 18-7 所示。

完整的示例代码请参考\第 18 章\Example_4。

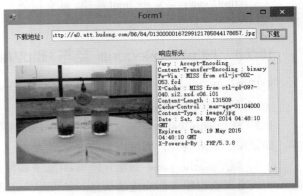

图 18-7　下载图片示例运行结果

18.2.2　WebClient 类

WebClient 类公开了一系列支持 HTTP 通信的成员，对 HttpWebRequest 和 HttpWebResponse 类做进一步封装。WebClient 类可用于 HTTP 操作的公共方法有以下几种。

（1）DownloadData：下载指定 URI 的资源，以字节数组的形式返回。

（2）DownloadFile：下载 URI 指定的文件，并保存在本地磁盘上。

（3）DownloadString：向 Web 服务器发起请求，以字符串的形式返回。

（4）UploadData：将字节数组表示的数据上传到服务器。

（5）UploadFile：将本地文件上传到服务器。

（6）UploadString：将字符串数据上传到服务器。

（7）OpenWrite：以流的方式将数据发送到服务器。

（8）OpenRead：以流的方式从服务器读取数据。

接下来将开发一个文件下载器，在应用程序窗口中输入网络文件的下载地址和要保存的本地文件路径，就可以启动异步下载文件，并动态报告下载进度。

（1）实例化 WebClient 对象

```
System.Net.WebClient webClient = new System.Net.WebClient();
```

（2）由于 WebClient 将启动异步任务来下载文件，因此要处理相关的事件，以便及时报告下载进度。

```
webClient.DownloadFileCompleted += webClient_DownloadFileCompleted;
webClient.DownloadProgressChanged += webClient_DownloadProgressChanged;
```

在下载进度发生变化时会引发 DownloadProgressChanged 事件，下载完成后，DownloadFileCompleted 事件会被触发。

（3）下面是 DownloadProgressChanged 事件和 DownloadFileCompleted 事件的处理代码

```
void webClient_DownloadProgressChanged(object sender, System.Net.DownloadProgress
ChangedEventArgs e)
{
    // 报告进度
    ......
    double dc = (double)e.BytesReceived;
```

```
        double dt = (double)e.TotalBytesToReceive;
        double prog = dc / dt * 100d;
        this.progressBar1.Value = Convert.ToInt32(prog);
    }

    void webClient_DownloadFileCompleted(object sender, AsyncCompletedEventArgs e)
    {
        if (e.Error != null)
        {
            // 如果有错误, 则显示错误信息
            lblProcess.Text = "下载失败。";
            MessageBox.Show(e.Error.Message);
        }
        else
        {
            // 下载完成
            progressBar1.Value = 100;
            lblProcess.Text = "下载完成。";
        }
        ......
    }
```

　　DownloadProgressChanged 事件在报告进度时提供了两个值, TotalBytesToReceive 属性表示要下载的总字节数, BytesReceived 属性为已经下载的字节数。如果下载过程中发生错误, DownloadFileCompleted 事件参数的 Error 属性包含一个异常对象, 如果成功完成下载, Error 属性为 null。

　　(4) 调用 DownloadFileAsync 方法开始异步下载文件

```
webClient.DownloadFileAsync(new Uri(txtUri.
Text), txtLocalFile.Text);
```

　　运行示例应用程序, 在窗口中输入文件下载地址和要保存的本地路径, 然后单击 "开始下载" 按钮启动下载任务, 如图 18-8 所示。

　　完整的示例代码请参考\第 18 章\Example_5。

图 18-8　异步下载文件

18.2.3　HttpClient 类

　　HttpClient 类(位于 System.Net.Http 命名空间)与 WebClient 类相似, 同样是对基于 HTTP 通信进行高层封装, 但 HttpClient 类侧重点是 HTTP 提交方式, 因此在 HttpClient 类的公共方法中, 以 "Get" 开头的方法用于向 Web 服务器发送 GET 请求; 以 "Post" 开头的方法用于向 Web 服务器发送 POST 请求; 以 "Put" 开头的方法则用于向服务器以 PUT 方式提交数据。

```
▲ ⚙ HttpContent
  ▷ ▣ 基类型
  ▲ ▢ 派生类型
    ▲ ⚙ ByteArrayContent
      ▷ ⚙ FormUrlEncodedContent
      ▷ ⚙ StringContent
    ▲ ⚙ MultipartContent
      ▷ ⚙ MultipartFormDataContent
    ▷ ⚙ StreamContent
```

图 18-9　HttpContent 的派生类

　　另外, HttpClient 类还公开了一个支持异步等待的 SendAsync 方法, 该方法使用 HttpRequestMessage 对象来包装要发送给服务器的信息, 调用成功后返回的 HttpResponseMessage 对象表示服务器回应的信息。

　　HttpRequestMessage 类和 HttpResponseMessage 类都有一个 Content 属性, 用于指定与 Web 服务器进行通信的 HTTP 内容正文。该属性的类型为 HttpContent 抽象类, 如图 18-9 所示, 由 HttpContent 类派生出可包装不同数据类型的子类。

HttpClient 类的许多方法在调用时都需要传递一个 HttpContent 对象作为参数。在调用这些方法前，应当先创建 HttpContent 对象，并把要发送的数据放到 HttpContent 对象中。

下面示例将演示如何使用 HttpClient 来上传文件。向服务器上传文件，应调用以下方法

```
Task<HttpResponseMessage> PostAsync(string requestUri, HttpContent content);
```

或者

```
Task<HttpResponseMessage> PostAsync(Uri requestUri, HttpContent content);
```

requestUri 参数指定服务器地址，content 参数是要发送到服务器的内容。

本示例包含两个项目——HttpServerApp 是一个简单的 HTTP 服务器程序，运用 HttpListener 类来侦听客户端的连接请求；HttpClientApp 是客户程序，通过 HttpClient 将文件上传到服务器。

服务器的实现过程如下：

（1）创建 HttpListener 实例

```
        HttpListener httpListener = null;
......
httpListener = new HttpListener();
```

（2）向 Prefixes 属性中添加 URI 前缀，这是必需的，相当于指定了服务器的 HTTP 地址

```
httpListener.Prefixes.Clear();
httpListener.Prefixes.Add(......);
```

在本机测试，可以指定形如 http://127.0.0.1:88/这样的前缀，其中 88 是端口号，可以取任意有效的端口号。

（3）启动侦听需要调用 Start 方法，若要暂停侦听可调用 Stop 方法，如果要释放 HttpListener 对象，就调用 Abort 方法。

（4）调用 Start 方法开始侦听后，应调用 GetContext 方法来等待客户连接，该方法会一直等待，直到有连接请求传入才会返回一个 HttpListenerContext 对象。为了使应用程序支持接受多个连接，本示例将使用 BeginGetContext 方法。

```
httpListener.BeginGetContext(new AsyncCallback(getContextCallback), null);
......
    private void getContextCallback(IAsyncResult ar)
    {
    try
    {
        HttpListenerContext context = httpListener.EndGetContext(ar);
        HttpListenerRequest request = context.Request;
        // 获取文件名
        string fileName = WebUtility.UrlDecode(request.Headers.Get("file-name"));
    DirectoryInfo uploadDir = new DirectoryInfo("Uploads");
    // 如果目录不存在，则先创建目录
    if (!uploadDir.Exists)
    {
        uploadDir.Create();
    }
    string localPath = Path.Combine(uploadDir.FullName, fileName);
    // 如果文件已存在，先将其删除
    if (File.Exists(localPath))
    {
        File.Delete(localPath);
```

```
            }
            // 开始读取文件
            using (FileStream fs = new FileStream(localPath, FileMode.OpenOrCreate,
FileAccess.Write))
            {
                request.InputStream.CopyTo(fs);
            }
            // 将处理结果回发给客户端
            HttpListenerResponse response = context.Response;
            response.StatusCode = (int)HttpStatusCode.OK;
            byte[] responseData = Encoding.UTF8.GetBytes("文件已接收。");
            // 设置编码信息
            response.ContentEncoding = Encoding.UTF8;
            // 设置 MIME 类型
            response.ContentType = "text/plain";
            // 设置内容长度
            response.ContentLength64 = responseData.Length;
            // 写入回应信息
            response.OutputStream.Write(responseData, 0, responseData.Length);
            // 关闭会话
            response.Close();
        }
        catch { }

        if (httpListener.IsListening)
        {
            try
            {
                // 继续接收请求
                httpListener.BeginGetContext(new AsyncCallback(getContextCallback), null);
            }
            catch { }
        }
    }
```

首先从 HttpListenerRequest 对象（包含客户端请求相关信息）的标头中获取文件的名称，接着将文件保存到与当前应用程序在同一目录下的"Uploads"文件夹中。

下面是客户端程序中上传文件的过程。

（1）实例化 HttpClient 类

```
HttpClient client = new HttpClient();
```

（2）由于所上传的内容是文件，可以通过流来传送，因此应当实例化 StreamContent 类来作为发送到服务器的内容

```
// 初始化要发送的 Content 对象
StreamContent content = new StreamContent(ms);
// 设置内容标头
content.Headers.ContentLength = fileInfo.Length;
// 自定义标头，表示文件名
content.Headers.Add("file-name", WebUtility.UrlEncode(fileInfo.Name));
```

（3）在以上准备工作完成后，可以调用 PostAsync 来提交文件

```
try
{
```

```
    // 开始向服务器 POST 数据
    HttpResponseMessage respMessage = await client.PostAsync(txtUri.Text, content);
    ms.Close();
    // 判断请求是否成功
    if (respMessage.IsSuccessStatusCode)
    {
        MessageBox.Show(await respMessage.Content.ReadAsStringAsync());
    }
}
catch (Exception ex)
{
    MessageBox.Show(ex.Message);
}
```

在上面代码中，文件上传成功后，可以通过 HttpResponseMessage 对象获取服务器的响应信息。

同时运行服务器和客户端，在服务器上单击"开始"按钮启用 HTTP 连接侦听器。然后在客户端中输入服务器的 URI，并选择一个本地文件，最后单击"上载文件"按钮，开始上传文件。运行结果如图 18-10 所示。

图 18-10   运行结果

完整的示例代码请参考\第 18 章\Example_6。

18.3   获取网络接口信息

使用 NetworkInterface 类（位于 System.Net.NetworkInformation 命名空间）可以获取当前计算机中各个网络接口的配置信息，包括物理网卡、虚拟交换机、虚拟网卡等网络接口。

NetworkInterface 是抽象类，不能直接实例化，但可以调用 GetAllNetworkInterfaces 静态方法返回本地计算机上的网络接口列表，以 NetworkInterface 数组的形式返回。

下面示例将演示如何使用 NetworkInterface 类获取计算机上已安装的网络接口的相关信息。主要的代码如下：

```
    // 获取网络接口列表
    NetworkInterface[] interfaces = NetworkInterface.GetAllNetworkInterfaces();
    // 显示每个网络接口的信息
    foreach (NetworkInterface interf in interfaces)
    {
        Console.WriteLine("接口 ID: {0}", interf.Id);
        Console.WriteLine("接口名称: {0}", interf.Name);
        Console.WriteLine("接口描述: {0}", interf.Description);
        Console.WriteLine("接口类型: {0}", interf.NetworkInterfaceType);
        Console.WriteLine("MAC 地址: {0}", interf.GetPhysicalAddress().ToString());
        Console.WriteLine("接口速率: {0}", interf.Speed);
```

```
        Console.Write("\n\n");
    }
```

示例比较简单，需要获取哪些信息，直接访问 NetworkInterface 对象相应的属性即可。示例的运行结果如图 18-11 所示。

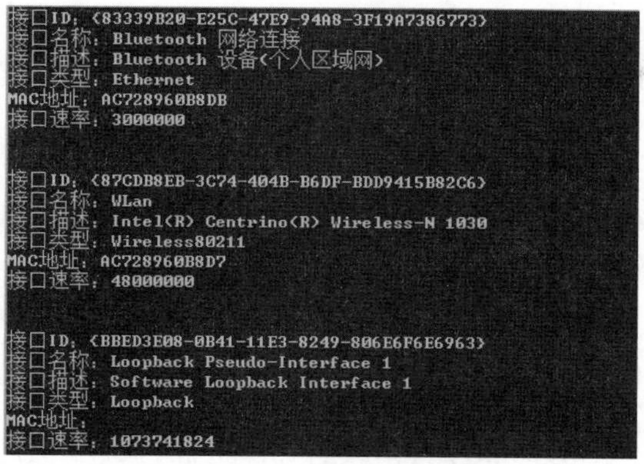

图 18-11　获取计算机网络接口的配置信息

完整的示例代码请参考\第 18 章\Example_7。

18.4　向目标计算机发送 Ping 命令

相信读者对 Ping 命令不会陌生，在排除网络故障时，常常会使用 Ping 命令发送 ICMP（Internet Control Message Protocol，因特网控制报文协议）包到指定计算机来检测网络是否正常。

使用 System.Net.NetworkInformation 命名空间下的 Ping 类可以向指定计算机发送 ICMP 报文，发送完成后会返回一个 PingReply 对象实例，该对象包含远程计算机回应的信息。

下面示例演示了 Ping 类的用法。

```
private async void btnPing_Click(object sender, EventArgs e)
{
    ......
    System.Net.NetworkInformation.Ping ping = new System.Net.NetworkInformation.
Ping();
    // 向远程主机发送 Ping 命令
    ......
    System.Net.NetworkInformation.PingReply reply = await ping.SendPingAsync
(txtHost.Text);
    ......
    // 显示结果
    if (reply != null)
    {
        string res = string.Format("目标主机 IP: {0}\r\n 状态: {1}\r\nTTL: {2}\r\n 缓冲区
大小: {3}", reply.Address.ToString(), reply.Status, reply.Options.Ttl, reply.Buffer.
Length);
        txtResult.Text = res;
    }
}
```

从代码中可以看到，实例化 Ping 类后，调用 Send、SendAsync 或 SendPingAsync 三个方法中的一个，就可以向远程主机发送 Ping 命令并获取响应信息。运行结果如图 18-12 所示。

完整的示例代码请参考\第 18 章\Example_8。

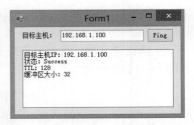

图 18-12　Ping 远程主机

18.5　用 SMTP 发送电子邮件

SmtpClient 类(位于 System.Net.Mail 命名空间)封装了使用 SMTP 服务发送邮件的功能。要注意 SmtpClient 类仅作为访问 SMTP 服务器的客户端接口，并非在本地计算机上建立 SMTP 服务器，所以 SmtpClient 类需要使用现有的 SMTP 服务器才能发送电子邮件。

不同的邮件服务提供方可能有不同的配置参数。一般来说，SMTP 服务器的命名为 smtp.<主机名>.<后缀>，比如 21cn 邮箱的 SMTP 服务器为 smtp.21cn.com，端口号默认为 25。出于安全考虑，SMTP 通常需要提供身份验证才能访问，在实例化 SmtpClient 对象后，需要用登录名和密码创建一个 NetworkCredential 实例，再把 NetworkCredential 实例赋给 SmtpClient 对象的 Credentials 属性，然后再使用以"Send"开头的方法来发送邮件。

一封电子邮件可由 MailMessage 类来包装，From 属性表示发件人的信箱地址，To 属性表示收件人地址，CC 属性表示抄送的信箱地址列表，Subject 属性表示邮件标题，Body 属性指定邮件正文。如果邮件需要附件，可以将一个或多个 Attachment 对象添加到 MailMessage 类的 Attachments 集合中。

下面示例将说明 SmtpClient 类的使用方法。该示例运行后，输入相关参数，就可以用指定的 SMTP 服务器来发送邮件(有些邮件服务器不允许在客户端访问，如果无法发送，请更换其他邮件服务器)。核心的代码如下：

```csharp
private async void btnSend_Click(object sender, EventArgs e)
{
    // 服务器地址
    string smtpServer = txtServer.Text;
    // 服务器端口
    int port = int.Parse(txtPort.Text);
    // 用户名
    string userName = txtUsername.Text;
    // 用户密码
    string userPswd = txtPwd.Text;
    // 发件人
    string emailFrom = txtFrom.Text;
    // 收件人
    string emailTo = txtTo.Text;
    // 邮件标题
    string subject = txtTitle.Text;
    // 邮件内容
    string body = txtContent.Text;
    // 实例化 SmtpClient 对象
    SmtpClient client = new SmtpClient();
    client.Host = smtpServer;                    //服务器主机
    client.Port = port;                          //端口
    // 身份验证
    NetworkCredential credential = new NetworkCredential(userName, userPswd);
    client.UseDefaultCredentials = false;
```

```
    client.Credentials = credential;
    btnSend.Enabled = false;
    // 发送邮件
    try
    {
        await client.SendMailAsync(emailFrom, emailTo, subject, body);
        MessageBox.Show("邮件已成功发送。", "", MessageBoxButtons.OK, MessageBoxIcon.
Information);
    }
    catch (Exception ex)
    {
        MessageBox.Show(ex.Message);
    }
    btnSend.Enabled = true;
}
```

从上面的示例代码中可以看到，只要设置好必备的参数，直接调用 SmtpClient 类公开的以 Send 开头的方法就可以送邮件了，使用起来比较简单。

运行结果如图 18-13 所示。

邮件成功发送后，可以登录收件邮箱查看是否已经收到邮件。有些邮件提供商会把来源不明的邮件放进"垃圾邮件"列表，如果在"收件箱"列表找不到新邮件，可以到"垃圾邮件"列表中查看，如图 18-14 所示。

图 18-13　发送电子邮件

这是一封测试邮件。

图 18-14　收到的邮件

完整的示例代码请参考\第 18 章\Example_9。

第 19 章

互 操 作 性

为了在.NET 应用程序中能够调用非托管代码编写的库函数，引入"互操作性"的概念。简单来说，就是可以在托管代码中调用非托管代码（如 C、C++等）编写的函数。本章将分别介绍 Win32 API 和 Linux 库函数的调用方法。

19.1　调用 Win32 API 函数

严格来讲，Win32 API 函数是基于 C 语言编写的，包含在系统目录下的.dll 文件中，以导出函数的形式对外公开。比如，用 C 语言编写以下函数

```
extern "C" __declspec (dllexport) int Add(int x, int y);
```

Add 函数包含两个 int 类型的参数——x 和 y，返回值的数据类型为 int。使用 C++关键字 dllexport 指示该函数可从.dll 文件中导出（可被其他程序调用），加上 extern "C" 主要是为了使函数的名称在导出后不会被编译器修改。

假设 Add 函数包含在 a.dll 文件中，可以使用以下代码将其导入.NET 项目中

```
[DllImport("a.dll")]
public static extern int Add(int x, int y);
```

或者

```
[DllImport("a.dll")]
public static extern short Add(short x, short y);
```

导入的非托管函数必须声明为静态方法，并添加 extern 关键字。还需要应用特性类——DllImportAttribute，用于指定从哪个.dll 文件中导入函数。

在将非托管类型导入为托管类型时并没有十分严格的规范，数据类型接近即可，可以参考帮助文档上的类型对照表。表 19-1 给出了部分非托管类型与托管类型对照。

表 19-1　非托管类型与托管类型对照表（部分）

非托管类型	托 管 类 型
指针（*void）	System.IntPtr、System.Char
unsigned char	System.Byte
short	System.Int16
unsigned short	System.UInt16

续表

非托管类型	托 管 类 型
字符串（如char*、LPWSTR等）	System.String 或 System.Text.StringBuilder
FLOAT	System.Single
DOUBLE	System.Double
结构体	需要使用托管类或托管结构体重新定义，并应用System.Runtime.InteropServices. StructLayoutAttribute特性

在帮助文档中能查找到每个 Win32 API 函数的原型声明，以及其位于哪个.dll 文件中，因此在导入 API 函数时，先在 MSDN 文档中找到该函数的声明，然后分析它的参数和返回值，获知函数位于哪个.dll 文件中，最后就可以将其导入为托管代码了。

例如，要将 OpenFile 函数导入托管项目中，在帮助文档中查得 OpenFile 函数的声明如下：

```
HFILE WINAPI OpenFile(
  _In_   LPCSTR lpFileName,
  _Out_  LPOFSTRUCT lpReOpenBuff,
  _In_   UINT uStyle
);
```

OpenFile 函数有三个参数：第一个参数 lpFileName 指定要打开的文件名，是字符串，可以导入为 string 类型；第二个参数是一个指向 OFSTRUCT 结构体的指针，该结构体需要在托管代码中重新定义一遍；第三个参数 uStyle 是无符号整数值，可以导入为 uint 类型。

重新定义 OFSTRUCT 结构

```
[System.Runtime.InteropServices.StructLayout(LayoutKind.Sequential)]
 public struct OFSTRUCT
 {
   public byte cBytes;
   public byte fFixedDisc;
   public UInt16 nErrCode;
   public UInt16 Reserved1;
   public UInt16 Reserved2;
   [System.Runtime.InteropServices.MarshalAs(System.Runtime.InteropServices.
UnmanagedType.ByValTStr, SizeConst = 128)]
   public string szPathName;
 }
```

从 MSDN 文档得知，OpenFile 函数位于 kernel32.dll 文件中。

导入 API 函数

```
[DllImport("kernel32.dll")]
static extern int OpenFile(string lpFileName, out OFSTRUCT lpReOpenBuff, uint uStyle);
```

在浏览器中输入 http://www.pinvoke.net，然后按 Enter 键打开 "PINVOKE.NET" 网站的主页，该网站收录了许多 API 函数的导入代码，提供了 VB.NET 和 C#两种语言版本。当需要导入某个 API 函数时，可以进入该网站，在搜索框中输入函数名称，然后单击右侧的搜索按钮，就能找到函数相关的代码，可以直接将代码复制到自己的项目中使用。

下面编写一个调用 API 函数来枚举当前屏幕中所有窗口的示例程序。要枚举当前屏幕下的所有窗口，首先要用到 EnumWindows 函数，该函数声明如下：

```
/* 位于User32.dll */
BOOL WINAPI EnumWindows(
 _In_ WNDENUMPROC lpEnumFunc,
 _In_ LPARAM lParam
);
```

lpEnumFunc 是回调函数，每当枚举一个窗口都会调用一次，函数原型如下：

```
BOOL CALLBACK EnumWindowsProc(
 _In_ HWND hwnd,
 _In_ LPARAM lParam
);
```

其实质上是函数指针，hwnd 是当前枚举的窗口句柄，lParam 是指向一个用户自定义对象的指针。在C#中有一种数据类型与 C/C++中的函数指针功能相似——委托。因此，根据 EnumWindowsProc 函数原型定义一个与之对应的委托。

```
public delegate bool EnumWindowsProc(IntPtr hwnd, IntPtr lParam);
```

在枚举窗口过程中，通过参数传入的回调函数仅仅是窗口的句柄（可以理解为窗口资源在内存中的标记，用一个整数值表示，在导入托管代码时可以将它视为指针，托管类型为 IntPtr），为了能够在用户界面上显示被枚举窗口的窗口标题，示例还需要用到另一个 API 函数——GetWindowText。该函数根据窗口的句柄获取窗口的标题栏文本，其原型声明如下：

```
/* 位于User32.dll */
int WINAPI GetWindowText(
 _In_ HWND hWnd,
 _Out_ LPTSTR lpString,
 _In_ int nMaxCount
);
```

hWnd 参数表示要从中获取标题文本的窗口句柄，lpString 为指向字符串首地址的指针，用于存放获取到的标题文本，nMaxCount 参数指定 lpString 的大小，即最大字符数。如果实际获取到的字符长度超过nMaxCount 参数所指定的大小，则超出的字符串被截掉。

以下代码将导入以上两个函数

```
[DllImport("User32.dll")]
public static extern bool EnumWindows(EnumWindowsProc lpEnumFunc, IntPtr lParam);

[DllImport("User32.dll")]
public static extern int GetWindowText(IntPtr hWnd, StringBuilder lpString, int nMaxCount);
```

下面代码将开始枚举窗口，并显示结果。

```
private void button1_Click(object sender, EventArgs e)
{
    listBox1.Items.Clear();
    EnumWindowsProc callBack = (hwnd, lParam) =>
        {
            StringBuilder strbdWindowText = new StringBuilder(100);
            // 获取窗口标题
            GetWindowText(hwnd, strbdWindowText, strbdWindowText.Capacity);
            string winText = strbdWindowText.ToString();
            if (string.IsNullOrWhiteSpace(winText))
            {
```

```
                // 如果标题文本空白
                winText = "<无标题>";
            }
            else
            {
                // 去掉字符串首尾的空格
                winText = winText.Trim();
            }
            // 将窗口标题添加到列表框中
            listBox1.Items.Add(winText);
            // 如果希望继续枚举窗口, 则返回 true
            // 如果希望停止枚举窗口, 则返回 false
            return true;
        };
    listBox1.BeginUpdate();
    // 开始枚举窗口
    EnumWindows(callBack, IntPtr.Zero);
    listBox1.EndUpdate();
}
```

所枚举的窗口的标题被添加到 ListBox 控件（Windows Forms）的项
列表中。运行结果如图 19-1 所示。

完整的示例代码请参考\第 19 章\Example_1。

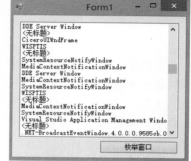

图 19-1　枚举当前屏幕中的窗口

19.2　调用 Linux 系统中的库函数

在 Linux 系统中，也可以使用 DllImport 特性导入库函数。库函数通常也使用 C 语言编写，文件后缀为.a 或.so。
下面示例将调用 gethostname 函数来获取当前计算机的主机名称。

gethostname 函数的原型定义如下：

```
int gethostname(char *name, size_t len)
```

name 参数为指向 char 类型数组的指针，用于存放所获取到的主机名称；len 参数指定数组的大小（元
素个数）。如果表示主机名称的字符串长度大于 len 所指定的大小，则字符串内容会被截断，并且不会发生
错误。gethostname 函数被成功调用后会返回整数值 0，若发生错误则返回-1。

使用 C#代码导入函数时，name 参数可以使用.NET 中的 StringBuilder 类型，代码如下：

```
[DllImport("libc")]
internal static extern int gethostname(StringBuilder sb, uint len);
```

gethostname 函数位于库 libc.so 或 libc.so.<版本号>中，它是 Linux 系统中标准的 C 语言函数库。在导入
时可以省略文件后缀名。

下面代码调用 gethostname 获取主机名称，并打印到控制台中。

```
StringBuilder strbd = new StringBuilder();
int res = gethostname(strbd, 70);
if(res == 0)
{
    Console.WriteLine($"主机名称: {strbd}");
}
```

完整的示例代码请参考\第 19 章\Example_2。

第 20 章

CHAPTER 20

综 合 实 例

前面章节的示例侧重于对单个知识点的演示，也为了尽可能做到简单易懂，极少情况下会将多个知识点综合起来使用。因此，本章将演示两个稍微复杂一些的综合示例。

在实际开发中，任何一个项目都不可能把各种技术同时用上，更多的情况下，仅仅会使用其中的几个，所以本章所提供的示例是为了介绍如何将各种技术有机地组合使用。

20.1 照片面积计算器

本示例所实现的功能为：用户可以通过文件选择器打开多个照片文件（通常为.jpg 格式），然后应用程序会计算每个图像的面积，最后应用程序将计算所选照片文件的总面积，并把计算结果写入一个日志文件中。

示例运行结果如图 20-1 所示。

接下来将分别介绍各个功能的实现方法。

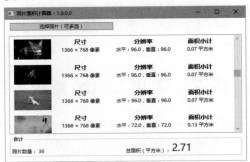

图 20-1　照片面积计算器

20.1.1 数据模型准备

本示例所需要的数据模型不多，只定义了一个名为 PhotoData 的类，用于存储单个照片的基本信息，例如宽度、高度、分辨率、面积等具体代码如下：

```
public class PhotoData : INotifyPropertyChanged
{
    #region 私有字段
    int width = default(int), height = default(int);
    double dpix = default(double), dpiy = default(double);
    BitmapImage bitmap = null;
    double area;
    #endregion

    #region INotifyPropertyChanged 成员
    public event PropertyChangedEventHandler PropertyChanged;
    #endregion

    #region 构造函数
    public PhotoData(string filePath)
    {
```

```
        // 实例化图像对象
        PhotoImage = new BitmapImage();
        PhotoImage.DecodePixelWidth = 100;
        // 初始化图像
        PhotoImage.BeginInit();
        PhotoImage.UriSource = new Uri(filePath);
        PhotoImage.EndInit();

        // 获取需要的参数
        Width = PhotoImage.PixelWidth;
        Height = PhotoImage.PixelHeight;
        DpiX = PhotoImage.DpiX;
        DpiY = PhotoImage.DpiY;
        // 计算面积
        ComputeArea();
    }
    #endregion

    #region 方法
    private void OnPropertyChanged([CallerMemberName]string prpname = "")
    {
        this.PropertyChanged?.Invoke(this, new PropertyChangedEventArgs(prpname));
    }

    /// <summary>
    /// 计算面积
    /// </summary>
    private void ComputeArea()
    {
        // 先将宽度和高度转为英寸
        double inchW = Width / DpiX;
        double inchH = Height / DpiY;
        /*
            面积单位为平方米
            1 英寸 = 2.54 厘米
        */
        Area = (inchW * 2.54d) * (inchH * 2.54d) / 10000d;
    }
    #endregion

    #region 属性
    /// <summary>
    /// 照片宽度
    /// </summary>
    public int Width
    {
        get { return width; }
        private set
        {
            if (value != width)
            {
                width = value;
                OnPropertyChanged();
            }
        }
```

```
    }

    /// <summary>
    /// 照片高度
    /// </summary>
    public int Height
    {
        get { return height; }
        private set
        {
            if (value != height)
            {
                height = value;
                OnPropertyChanged();
            }
        }
    }

    /// <summary>
    /// 水平分辨率
    /// </summary>
    public double DpiX
    {
        get { return dpix; }
        private set
        {
            if (dpix != value)
            {
                dpix = value;
                OnPropertyChanged();
            }
        }
    }

    /// <summary>
    /// 垂直分辨率
    /// </summary>
    public double DpiY
    {
        get { return dpiy; }
        private set
        {
            if (value != dpiy)
            {
                dpiy = value;
                OnPropertyChanged();
            }
        }
    }

    /// <summary>
    /// 图像实例
    /// </summary>
    public BitmapImage PhotoImage
    {
```

```
            get { return bitmap; }
            private set
            {
                if (bitmap != value)
                {
                    bitmap = value;
                    OnPropertyChanged();
                }
            }
        }

        /// <summary>
        /// 面积（平方米）
        /// </summary>
        public double Area
        {
            get { return area; }
            private set
            {
                if (value != area)
                {
                    area = value;
                    OnPropertyChanged();
                }
            }
        }
        #endregion
}
```

PhotoData 类实现了 INotifyPropertyChanged 接口，之所以这样做，是因为 PhotoData 类在实例化并绑定到用户界面上后，它的属性可能还会被更新，如照片文件在加载时可能需要消耗一定的时间（尤其是当文件比较大时），各个属性的值未来得及初始化。实现该接口可以让使用 PhotoData 实例的用户界面元素能够及时得到更改通知并更新界面上的呈现内容。

PhotoData 类在实例化时，需要向构造函数传递一个字符串类型的参数，该参数为要加载的照片文件路径，再用这个传递进来的文件路径来初始化一个 BitmapImage 对象（BitmapImage 类位于 System.Windows. Media.Imaging 命名空间，是专为 WPF 应用程序而设计的图像加载类）。

```
// 实例化图像对象
PhotoImage = new BitmapImage();
PhotoImage.DecodePixelWidth = 100;
// 初始化图像
PhotoImage.BeginInit();
PhotoImage.UriSource = new Uri(filePath);
PhotoImage.EndInit();
```

当 BitmapImage 对象初始化完成后，就可以获取与照片相关的各种数据了，比如分辨率。

```
// 获取需要的参数
Width = PhotoImage.PixelWidth;
Height = PhotoImage.PixelHeight;
DpiX = PhotoImage.DpiX;
DpiY = PhotoImage.DpiY;
```

有了以上这些数据，就能够计算单个照片的面积了。下面代码为 ComputeArea 方法的实现过程，面积单位为平方米。

```
private void ComputeArea()
{
    // 先将宽度和高度的值换算为英寸
    double inchW = Width / DpiX;
    double inchH = Height / DpiY;
    /*
        面积单位为平方米
        1 英寸 = 2.54 厘米
    */
    Area = (inchW * 2.54d) * (inchH * 2.54d) / 10000d;
}
```

这里需要注意，从 BitmapImage 对象获取到的宽度和高度的单位为像素，必须先把这两个值转换为用英寸表示的值。方法是用像素值除以分辨率，因为分辨率指的是每英寸能显示多少个像素点，运算后就可以得到以英寸为单位的宽度和高度，而且 1 英寸等于 2.54 厘米，最后就可以得到以厘米为单位的宽度和高度，就可以计算面积了。

20.1.2 让用户选择照片文件

OpenFileDialog 类封装了系统的公共组件，可以弹出打开文件的对话框，以供用户选择要打开的文件，操作完成后可以得到被选择文件的路径。

具体用法请参考下面代码

```
openFileDlg = new OpenFileDialog();
openFileDlg.Filter = "照片文件|*.jpg;*.jpeg";
openFileDlg.Title = "选择照片";
openFileDlg.Multiselect = true;
......
bool? b = openFileDlg.ShowDialog();
if (b == true)
{
    string[] files = openFileDlg.FileNames;
}
```

Filter 属性用来设置过滤待打开文件的类型，本示例仅允许选择.jpg、.jpeg 两种文件。Filter 属性的格式为

<描述 1>|<扩展名列表 1>|<描述 2>|<扩展名列表 2>|······

每一段都用一个管道符号（|）来分隔，先写上描述文件类型的文本，紧跟着是要过滤的文件扩展名列表，在扩展名列表中，每个文件扩展名都用英文的分号（;）来隔开。总之，描述文本与文件扩展名列表必须成对出现。例如，如果希望用户可以选择文本文件和 Word 文件，那么 Filter 属性可以写为

文本文件（*.txt）|*.txt|Word 文件（*.docx, *.doc）|*.doc;*.docx

"文本文件（*.txt）"与"Word 文件（*.docx, *.doc）"都是描述文本，是显示给用户看的；而真正起过滤作用的是"*.txt"与"*.doc;*.docx"，将用户可以选择的文件限定为三种类型：.txt、.doc、.docx。

将 Multiselect 属性设置为 True，表示该对话框允许用户一次性选择多个文件，如果希望用户只能选择一个文件，就将该属性设置为 False。

调用 ShowDialog 方法会显示对话框，当用户操作完成并关闭对话框后，会返回一个 bool?值，即可以为

null 的布尔值。如果用户选择了 "确定"，则返回 True；如果用户选择了 "取消" 则返回 False；如果用户直接关闭了对话框而不做出任何确认操作，则返回 null。

20.1.3 计算所选照片的总面积

前面所定义的 PhotoData 类中包含一个表示单个照片面积的属性,因此要计算用户所选照片的总面积并不难,只要把所有 PhotoData 实例放进一个集合中,然后调用 Sum 扩展方法就可以得到总面积了。请看下面代码

```
double totalArea = photolist.Sum(d =>
{
    if (double.IsInfinity(d.Area))
    {
        return 0d;
    }
    return d.Area;
});
```

这里进行了一个判断,即调用 IsInfinity 方法判断 double 值是否为无穷大。这主要考虑到个别图片文件的元数据中缺少分辨率的值,会导致单个照片的面积变成正无穷大,而任意数值与正无穷大的数值相加后,其结果就会变成正无穷大。也就是说,只要参与运算的集合中有一个值是正无穷大的,那么它们的总和就会变成正无穷大,这样的值没有实际意义,所以上面代码中要把正无穷大的值排除掉。

20.1.4 语音朗读计算结果

要实现总面积计算完成后,对计算结果进行语音朗读,可以使用 SpeechSynthesizer 类(位于 System.Speech.Synthesis 命名空间,需要引用 System.Speech 程序集)。用法很简单,请思考下面代码

```
Task.Run(() =>
{
    using (SpeechSynthesizer symthedizer = new SpeechSynthesizer())
    {
        symthedizer.Speak(msg);
    }
});
```

实例化 SpeechSynthesizer 对象后,直接调用它的 Speak 方法就可以开始朗读了,传递给方法的参数为要语音朗读的字符串内容。在本例中,将开启一个新的 Task 来完成语音朗读,这样做是为了使用户界面所在的线程不受阻塞,使应用界面可以在语音朗读的过程中继续接收用户的操作消息(比如拖动窗口)。

20.1.5 实现日志文件的写入

本书在讲述如何输出调试信息时,曾提到过将调试信息输出到日志文件的方法。本示例正是使用这种方法将面积的计算结果写入日志文件的。请参考以下代码

```
// 设置跟踪日志文件
DefaultTraceListener listener = Trace.Listeners[0] as DefaultTraceListener;
if (listener == null)
{
    listener = new DefaultTraceListener();
    Trace.Listeners.Add(listener);
```

```
}
listener.LogFileName = "trace.log";
```

LogFileName 属性用于指定要写入的日志文件的路径，此处使用的是相对路径，即日志文件位于应用程序的可执行文件（.exe）所在的目录下。

20.2　文件加密与解密工具

本示例实现了对文件的加密和解密操作，允许用户使用密码。运行的最终效果如图 20-2 所示。

下面将介绍该示例所用到的核心知识。

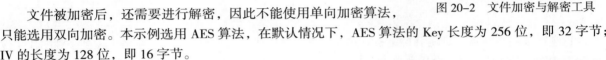

图 20-2　文件加密与解密工具

20.2.1　密码的处理

文件被加密后，还需要进行解密，因此不能使用单向加密算法，只能选用双向加密。本示例选用 AES 算法，在默认情况下，AES 算法的 Key 长度为 256 位，即 32 字节；IV 的长度为 128 位，即 16 字节。

然而，有一个问题需要解决——用户所输入的密码是文本内容，其大小是不确定的，而双向加密算法在解密时，必须使用与加密时相同的 Key 和 IV。为了解决密码问题，不妨换个思路：把用于加密/解密的 Key（32 字节）和 IV（16 字节）加起来，总共需要 48 字节，即 384 位。如果可以将用户输入的密码转换为 384 位的哈希值，那么无论用户输入的密码有多少个字符，经过哈希运算后，得到的字节数都可以固定为 48 字节。如此一来，就不用担心密码字符串的长短会影响到用于加/解密的 Key 和 IV 了。

SHA384 算法可以产生 48 字节的哈希值，因此使用该算法就可以将输入的密码转化为固定的字节数组。实现的代码如下：

```
public static byte[] GetHashBytesFromPassword(string passWord)
{
    byte[] computedData = null;
    if (string.IsNullOrWhiteSpace(passWord))
        return computedData;
    using (SHA384CryptoServiceProvider hs384 = new SHA384CryptoServiceProvider())
    {
        byte[] buffer = Encoding.UTF8.GetBytes(passWord);
        computedData = hs384.ComputeHash(buffer);
    }
    return computedData;
}
```

为了让密码字符串能够兼容更多的字符，在转换为字节数组时可以统一使用 UTF-8 编码格式。

20.2.2　提取 Key 和 IV

通过 SHA384 哈希算法可以得到大小固定为 48 字节的数据，接下来要做的是从这 48 字节中分别提取用于加密和解密的 Key 和 IV 的内容。如前所述，AES 算法所需要的 Key 为 32 字节，IV 为 16 字节，可以考虑将哈希数据的前 32 字节来填充 Key，再将后面的 16 字节来填充 IV。这样用于加密和解密操作的 Key 和 IV 数据就具备了。

实现方法是数据复制，具体代码如下：

```
byte[] key = new byte[32];
byte[] iv = new byte[16];
// 复制字节
Array.Copy(hash, 0, key, 0, 32);
Array.Copy(hash, 32, iv, 0, 16);
```

由于数组的元素索引是从 0 开始的，所以第一次复制从源数组中的第 0 个元素开始，复制元素个数为32；第二次复制从第 32 个元素开始，要复制的元素个数为 16。

20.2.3 加密与解密

做好以上准备工作后，就可以进入核心功能部分——加密与解密，具体代码如下：

```
/// <summary>
/// 加密/解密数据
/// </summary>
/// <param name="inStream">输入流</param>
/// <param name="outStream">输出流</param>
/// <param name="key">公钥 Key</param>
/// <param name="iv">初始向量 IV</param>
/// <param name="reporter">报告进度的对象</param>
/// <param name="actType">操作方式-加密？解密。默认为加密</param>
public static Task EncryptOrDecryptDataAsync(Stream inStream, Stream outStream, byte[]
key,byte[] iv, IProgress<ProgressData> reporter, ActionType actType = ActionType.
Encrypt)
{
    return Task.Factory.StartNew(() =>
        {
            if (inStream == null || outStream == null)
                throw new ArgumentException("输入流与输出流是必需的");
            if (key == null || key.Length == 0)
                throw new ArgumentException("Key 不能为空");
            if (iv == null || iv.Length == 0)
                throw new ArgumentException("IV 不能为空");

            // 开始进行加密操作
            using (AesCryptoServiceProvider aes = new AesCryptoServiceProvider())
            {
                ProgressData pdata=new ProgressData();
                pdata.TotalBytes = inStream.Length;
                ICryptoTransform transForm = null;
                if (actType == ActionType.Encrypt)
                {
                    transForm = aes.CreateEncryptor(key, iv);
                }
                else
                {
                    transForm = aes.CreateDecryptor(key, iv);
                }
                CryptoStream cstream = new CryptoStream(outStream, transForm,
CryptoStreamMode.Write);
                byte[] buffer = new byte[512 * 1024];
                int readLen = 0;
                while( (readLen = inStream.Read(buffer, 0, buffer.Length)) != 0 )
                {
```

```
                        // 向加密流写入数据
                        cstream.Write(buffer, 0, readLen);
                        // 报告进度
                        if (reporter != null)
                        {
                            pdata.ProcessedBytes += readLen;
                            reporter.Report(pdata);
                        }
                    }
                    // 关闭流
                    cstream.Close();
                }
            });
    }
```

加密和解密的操作很相似，不同的是，如果是加密操作，需要调用 AesCryptoServiceProvider 实例的 CreateEncryptor 方法；如果是解密操作，则应调用 AesCryptoServiceProvider 实例的 CreateDecryptor 方法。所以，上面代码就把加密操作和解密操作都包装到一个方法中，并通过一个自定义的 ActionType 枚举的值来判断正在进行的是加密操作还是解密操作，ActionType 枚举的定义如下：

```
enum ActionType
{
    /// <summary>
    /// 加密
    /// </summary>
    Encrypt,
    /// <summary>
    /// 解密
    /// </summary>
    Decrypt
}
```

如果文件内容比较大，处理过程会消耗大量时间，这很容易导致应用程序界面"卡死"，因而应该考虑使用异步方法。EncryptOrDecryptDataAsync 是一个异步方法，它返回 Task 类型，并且在方法的实现代码中通过以下方式来启动一个新的 Task 来异步执行操作

```
return Task.Factory.StartNew(() =>…);
```

调用时可以使用异步等待，比如：

```
await EncryptAndDecryptHelper.EncryptOrDecryptDataAsync( … );
```